MICROTECH GEFELL

microphones & acoustic systems - founded 1928 by Georg Neumann

DAkkS akkreditiertes Kalibrierlaboratorium

Die Akkreditierung von Konformitätsbewertungsstellen (Laboratorien, Inspektions- sowie Zertifizierungsstellen) ist der gesetzliche Auftrag der Deutschen Akkreditierungsstelle GmbH / DAkkS. Im Akkreditierungsverfahren wird die fachliche Kompetenz nach strengen Richtlinien begutachtet, bestätigt und überwacht.

Die DAkkS-Akkreditierung bescheinigt, dass die akkreditierten Stellen ihre Aufgaben fachkundig, nach geltenden Anforderungen erfüllen.

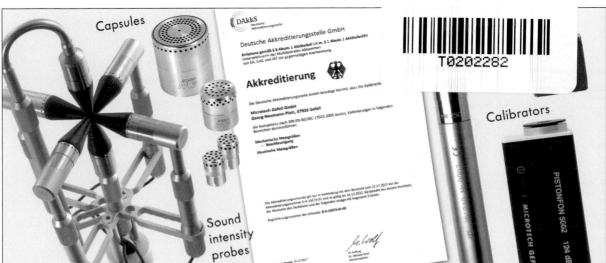

Die Microtech Gefell GmbH kalibriert im firmeneigenen Labor die physikalischen Größen Schalldruck sowie Beschleunigung und erteilt DAkkS- oder Werkszertifikate. Die Messnormale für Schalldruck sowie für Referenzmikrofone sind rückführbar auf PTB-Normale (Physikalisch Technische Bundesanstalt Braunschweig).

Die Messnormale für Beschleunigung und Referenzbeschleunigungssensoren sind rückführbar auf DKD-Normale (Deutscher Kalibrierdienst).

Serviceleistungen:

DakkS/DKD und Werkskalibrierung:

- umfangreiche Maßnahmen zur Pflege der Sensoren
- aktualisieren der Kalibrierdokumentation des Kunden
- vor Ort Service auf Anfrage

Praxis der Schwingungsmessung

EBOOK INSIDE

Die Zugangsinformationen zum eBook Inside finden Sie am Ende des Buchs.

Thomas Kuttner · Armin Rohnen

Praxis der Schwingungsmessung

Messtechnik und Schwingungsanalyse
mit MATLAB®

2., überarbeitete und erweiterte Auflage

Thomas Kuttner
Fakultät für Maschinenbau, Universität der
Bundeswehr München
Neubiberg, Deutschland

Armin Rohnen
Fakultät für Maschinenbau, Fahrzeugtechnik
Hochschule für angewandte
Wissenschaften München
München, Deutschland

ISBN 978-3-658-25047-8   ISBN 978-3-658-25048-5   (eBook)
https://doi.org/10.1007/978-3-658-25048-5

Die Deutsche Nationalbibliothek verzeichnet diese Publikation in der Deutschen Nationalbibliografie; detaillierte bibliografische Daten sind im Internet uber http://dnb.d-nb.de abrufbar.

Springer Vieweg
© Springer Fachmedien Wiesbaden GmbH, ein Teil von Springer Nature 2015, 2019
Das Buch erschien in der 1. Auflage unter dem Titel „Praxiswissen Schwingungsmesstechnik"

Lektorat: Thomas Zipsner

Springer Vieweg ist ein Imprint der eingetragenen Gesellschaft Springer Fachmedien Wiesbaden GmbH und ist ein Teil von Springer Nature.
Die Anschrift der Gesellschaft ist: Abraham-Lincoln-Str. 46, 65189 Wiesbaden, Germany

Vorwort zur 2. Auflage

Nach der positiven Aufnahme der ersten Auflage durch die Leserschaft hat der Springer Vieweg Verlag die Herausgabe einer neuen Auflage angeregt. Das vorliegende Werk hat eine grundlegende Überarbeitung, Erweiterung und Neuausrichtung erfahren. Durch die Zusammenarbeit mit Armin Rohnen als Kollegen und Freund wurde das Buch um die Inhalte in den Kapiteln 11 bis 13 und 15 erweitert und um die Signalanalyse mit MATLAB® sowie zahlreiche Beispiele aus der Messpraxis ergänzt. Mit dieser Neuausrichtung hoffen die Autoren, den aktuellen Entwicklungen in der Messtechnik und Signalverarbeitung Rechnung tragen zu können und dem Anwender eine Handreichung zur Lösung von praxisrelevanten Messaufgaben geben zu können.

Wie bereits die erste Auflage wendet sich das Buch an drei Zielgruppen:

- Studierende und Einsteiger, die erstmals mit dem Gebiet der Schwingungsmesstechnik in Kontakt kommen und einen Einstieg in dieses interdisziplinäre Fachgebiet suchen. Hier finden Sie zu Ihrer Messaufgabe die Grundlagen, das Messverfahren und Skripte zur Signalverarbeitung mit MATLAB®.
- Fachleute aus der Praxis, die Möglichkeiten und Grenzen der Messverfahren und der Auswertung ausschöpfen wollen. Hierbei geht es in der Praxis oft um einen „horizontalen" Vergleich von verschiedenen Verfahren und Methoden mit dem Ziel, das Geeignetste auszuwählen. Die Autoren hoffen, die Verfahren hinreichend in Breite und Tiefe beschrieben zu haben. Es werden nahezu ausnahmslos Verfahren vorgestellt, die in der praktischen Arbeit der Autoren zum Einsatz kommen, die Verfahren der Signalanalyse sind allesamt praktisch in Lehre und angewandter Forschung erprobt.
- Anwendungsspezialisten und technische Vertriebsmitarbeiter, die einen Teil der Messkette beherrschen und sich für den Gesamtzusammenhang interessieren. Dies ergänzt die Anforderungen der vorherigen Gruppe um eine „vertikale" Schiene, bei welcher der Gesamtzusammenhang des Signalflusses im Mittelpunkt steht.

Wie bereits in der ersten Auflage praktiziert, wird das Wissen aus Sicht der Anwendung darstellt. Der Aufbau von Messketten einschließlich der praktischen Problemlösung bei deren Inbetriebnahme, Plausibilitätsprüfung und Störungsbeseitigung sind praxisnah dargestellt. Mit dieser Ausrichtung will das Buch für die Messpraxis lösungsorientierte Ansätze vermitteln und dem Anwender praxistaugliche Lösungen in die Hand geben. Im interdisziplinär geprägten Arbeitsfeld der Schwingungsmesstechnik sind die drei miteinander verzahnten Teile in einem Buch abgehandelt: der Schwingungstechnik als von der Mechanik geprägten Teildisziplin, der Messtechnik als Bestandteil Elektronik und der Signalverarbeitung als Bereich, der verwendete Techniken stark aus der Informatik bezieht.

Es werden die grundlegenden Kenntnisse der technischen Mechanik, Elektrotechnik und Messtechnik vorausgesetzt, welche z. B. in den ersten Semestern eines Studiums des Maschinenbaues oder der Elektrotechnik vermittelt werden. Der Ansatz, alles in einem Buch darzustellen, zieht notwendigerweise eine Beschränkung auf die grundlegenden Methoden und Verfahren nach sich, um den Umfang des Werkes nicht zu sprengen. Der ausgewiesene Spezialist wird sicherlich das eine oder andere Verfahren vermissen, für das auf die weiterführende Literatur verwiesen werden muss.

In dieses Fachbuch sind nicht nur eine fast 20 jährige Berufspraxis auf diesem Gebiet, sondern auch die Unterstützung und der Austausch mit Kollegen und der Industrie eingeflossen, die nicht alle namentlich genannt werden können. Ein besonderer Dank gilt Frau Dr. Kerstin Kracht für die begleitende Durchsicht des Manuskriptes und die wertvollen Anregungen. Für die Durchsicht und die eingeflossenen Verbesserungen zum Abschnitt Kalibrierung von Beschleunigungsaufnehmern bedanken sich die Autoren bei Herrn Begoff von der Fa. SPEKTRA in Dresden. Die Autoren möchten dem Lektorat des Springer Vieweg Verlages sehr herzlich für die freundliche Begleitung und permanente Unterstützung danken.

Die Rückmeldung aus dem Leserkreis ist den Autoren ein wichtiges Anliegen, um dieses Werk weiter zu verbessern. Haben Sie Anregungen, sind Ihnen Fehler im Inhalt aufgefallen oder haben Sie Verbesserungsvorschläge zur Darstellung? Für Rückmeldungen erreichen Sie uns unter folgender E-Mail:

kontakt@professorkuttner.de
www.professorkuttner.de
armin@rohnen.net
http://schwingungsanalyse.com

München   Thomas Kuttner
Planegg   Armin Rohnen
im Januar 2019

Inhaltsverzeichnis

Schwingungen und deren Messung

1

▶ Dieses Kapitel umreißt die Thematik, zeigt das interdisziplinäre Zusammenwirken der einzelnen Teilgebiete auf und definiert Grundbegriffe. Die Einteilung der Schwingungen nach dem Zeitverlauf und dem Entstehungsmechanismus werden dargestellt und anhand der Übertragungsfunktion die möglichen Arten von Messaufgaben systematisiert. Die Planung und Konzeption von Messeinrichtungen zur Schwingungsmessung wird anhand ausgewählter Kriterien behandelt. Damit schafft dieses Kapitel die Grundlagen für das Verständnis des Schwingungsvorganges, der Messaufgabe und der Interpretation der Messergebnisse. Mit dem vertieften Wissen wird der Anwender in die Lage versetzt, seine konkreten Messaufgaben besser analysieren und planen zu können. Für die Auswahl von Messtechnik liefert der Kriterienkatalog eine Entscheidungshilfe.

1.1 Thematik und Anwendung

Schwingungsmessungen sind ein wichtiges und unverzichtbares Werkzeug für die Lösung einer Reihe von ingenieurwissenschaftlichen Aufgabenstellungen. Ohne der späteren Systematisierung in Abschn. 1.5 vorzugreifen, seien als Beispiele genannt:

- Schwingungsmessung an einem Maschinenfundament zur Messung der Schwingungseinwirkung am Aufstellort und Vergleich mit zulässigen Grenzwerten,
- Messung der Schwingungen an Fahrwerkskomponenten, um die auftretenden Belastungs-Zeit-Verläufe (Kräfte und Momente) zu messen und daraus Lastannahmen für die Auslegung abzuleiten,
- Messung der dynamischen Federsteifigkeit von Bauteilen mit dem Ziel der Ermittlung von Werkstoff- und Bauteilkennwerten unter schwingender Belastung.

© Springer Fachmedien Wiesbaden GmbH, ein Teil von Springer Nature 2019
T. Kuttner und A. Rohnen, *Praxis der Schwingungsmessung*,
https://doi.org/10.1007/978-3-658-25048-5_1

Aus den unterschiedlichen Aufgabenstellungen ist ersichtlich, dass die verwendete Messtechnik und die Durchführung der Messung an die jeweilige Messaufgabe angepasst sein muss.

Die Schwingungsmesstechnik stellt sich aus der Schnittmenge von drei Wissenschaftsdisziplinen dar: der Schwingungstechnik, der Messtechnik und der Signalverarbeitung (Abb. 1.1). Die Grundlagen der Schwingungstechnik liefern einen Hintergrund zur Definition der Messaufgabe, der Auswahl von Messprinzip und Aufnehmer sowie der Weiterverarbeitung, Auswertung und Interpretation der Messung. Mit dem Wissen zur Sensorik und Messtechnik können Aufnehmer und Messeinrichtung optimal ausgewählt und aufgebaut werden. Hierfür sind wiederum Vorabschätzungen aus der Schwingungstechnik erforderlich. Mit dem Wissen um Schwingungstechnik und Messtechnik können in Richtung der Signalverarbeitung die Anforderungen adressiert werden, um die Signale des Aufnehmers sinnvoll weiter zu verarbeiten und auszuwerten. Die Signalverarbeitung – heute fast ausschließlich als digitale Signalverarbeitung – stellt die Methoden bereit, die elektrischen Größen aus dem Aufnehmer aufzubereiten. Für eine Reihe von Aufnehmern ist die digitale Signalverarbeitung eine Grundvoraussetzung für deren Funktion (z. B. Vibrometer, magnetostriktive Weg- und Kraftmessung). Für die Signalverarbeitung ist die Beschreibung des zu messenden Schwingungsvorganges einerseits und das verwendete Messprinzip im Aufnehmer bzw. dessen mathematisches Modell andererseits eine unverzichtbare Information zur sinnvollen Weiterverarbeitung der Signale und deren richtigen Interpretation.

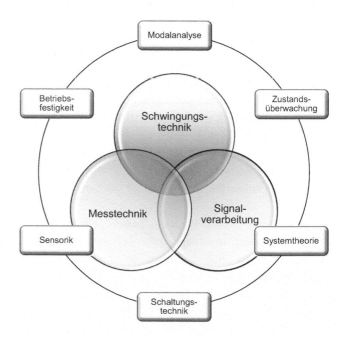

Abb. 1.1 Zusammenwirken der Teilgebiete der Schwingungsmesstechnik

Aus dem interdisziplinären Zusammenwirken der Schwingungstechnik, der Messtechnik und Signalverarbeitung lassen sich die Anwendungsfelder z. B. in der Betriebsfestigkeit, der experimentellen Modalanalyse und Zustandsüberwachung ableiten. Jedes der genannten Felder benötigt zuverlässige Messergebnisse, auf deren Basis sich Auswertung und Interpretation anschließen. Andererseits treiben die genannten Anwendungsfelder ebenfalls die Entwicklung auf dem Gebiet der Sensorik, deren Schaltungstechnik und Systemtheorie als mathematischen Hintergrund für die Signalverarbeitung voran.

1.2 Definition und Zustandsgrößen

Die DIN 1311-1 gibt als Definition für Schwingungen an [1]:

▶ Eine Schwingung ist eine Änderung einer Zustandsgröße eines Systems, bei der im Allgemeinen die Zustandsgröße abwechselnd zu- und abnimmt. Spezielle zeitliche Änderungen wie Stoß- oder Kriechvorgänge werden im erweiterten Sinne auch als Schwingungen bezeichnet.

Mechanische Schwingungsvorgänge werden über *Zustandsgrößen* in einem mechanischen System beschrieben [2]. Mechanische Zustandsgrößen sind:

- Kinematische Zustandsgrößen: Im Falle einer translatorischen Bewegung kann dies die Auslenkung sein. Ebenso kommen die Schnelle oder Beschleunigung als kinematische Größen in Betracht, die sich aus einer zeitlichen Ableitung der Auslenkung ergeben. Analog dazu sind Zustandsgrößen einer Rotationsschwingung der Winkel, die Winkelgeschwindigkeit und die Winkelbeschleunigung.
- Dynamische Zustandsgrößen: Zur Beschreibung des Zustandes eines schwingungsfähigen Systems können Schnittreaktionen dienen, z. B. Normalkraft, Querkraft, Biegemoment oder Torsionsmoment. Diese Größen können ebenso in normierter Form als Spannung (Normalspannung oder Schubspannung) verwendet werden.
- Deformatorische Zustandsgrößen: Neben den Spannungen können auch die Deformationen (Dehnungen und Schubverzerrungen) zur Beschreibung des Zustandes eines schwingungsfähigen Systems dienen.

Für die Erfüllung der Messaufgabe ist es deshalb wichtig, einerseits im schwingungsfähigen System eine geeignete und andererseits messtechnisch gut zugängliche Zustandsgröße auszuwählen.

1.3   Einteilung von Schwingungen nach deren Zeitverlauf

Im Folgenden sollen Schwingungen nach verschiedenen Gesichtspunkten klassifiziert werden. DIN 1311-1 [1] gibt einen Überblick über die Einteilung von Schwingungen nach dem zeitlichen Verlauf, der hier in modifizierter Form [2, 3] dargestellt wird (Abb. 1.2).

Hierbei werden die Schwingungen in deterministische und stochastische Schwingungen eingeteilt. *Deterministische Schwingungen* lassen sich im Zeitverlauf durch eine Funktion beschreiben. Im Zeitverlauf ist für jeden Zeitpunkt t ein Funktionswert x(t) über eine mathematische Funktion bestimmt. Als Beispiel kann hierbei die Werkstoffprüfung in einer Schwingprüfmaschine herangezogen werden, bei der möglichst genau der Kraft-Zeit-Verlauf bzw. Weg-Zeit-Verlauf bestimmt sein sollte.

Im Gegensatz dazu sind *stochastische Schwingungen* im Zeitverlauf nicht vorhersagbar. Eine genaue Trennung zwischen deterministischen und stochastischen Schwingungen ist von den jeweiligen Annahmen in der Betrachtung abhängig. Beim Beispiel der Schwingprüfmaschine ist der künftige Signalverlauf nur so lange vorhersehbar, bis die Probe bricht oder die Maschine aus sonstigen Gründen abschaltet. Ebenfalls wird sich bei genauerer Betrachtung die gemessene Schwingung nicht als reine Sinusschwingung herausstellen, sondern durch stochastische Anteile überlagert (z. B. Erschütterungen durch vorbeifahrende Fahrzeuge, Rauschen des Aufnehmers usw.). In der Praxis ist dann eine zweckmäßige Entscheidung zum Verlauf der Schwingung zu treffen. Für die Messung der Schwingung an Schwingprüfmaschinen und deren Regelung geht man

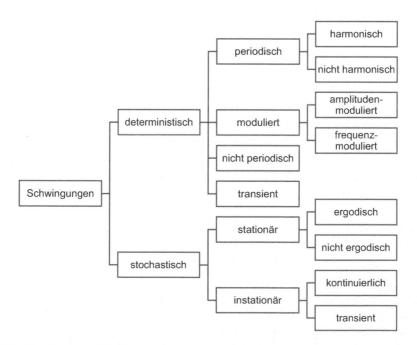

Abb. 1.2 Einteilung von Schwingungen nach deren zeitlichen Verlauf

zweckmäßig davon aus, dass die Maschine weiter läuft (und für diesen Fall Abschalt-kriterien vorzusehen sind) und die stochastischen Schwingungen vernachlässigt werden können.

Deterministische Schwingungen lassen sich weiter unterteilen in periodische Schwin-gungen. *Periodische Schwingungen* haben das charakteristische Merkmal, dass sich der Funktionsverlauf nach einer Periodendauer T wiederholt:

$$x(t) = x(t + T).\qquad\qquad(1.1)$$

Dieses Merkmal muss im gesamten betrachteten Zeitverlauf gelten. Der Ausschnitt der Länge T aus dem Funktionsverlauf wird also unendlich oft wiederholt. Damit wiederholt sich der Funktionsverlauf auch nach einer beliebigen Anzahl von Perioden. Ein konstan-tes x(t) zählt nicht zu den periodischen Schwingungen – obwohl ein Signalausschnitt mit beliebigem T wiederholt werden könnte. In den Fall x = konst. ist die periodische Zu- und Abnahme der Zustandsgröße aus der Definition für Schwingungen nicht gegeben. Ebenso gilt die Definition nicht für abklingende Schwingungen (z. B. Abschn. 3.3), da die Null-durchgänge mit einer Periodendauer T erfolgen, jedoch die Amplituden abnehmen. Der einfachste Sonderfall der periodischen Schwingungen sind die *harmonischen Schwingun-gen* , die als Sinus-Schwingungen mit beliebigem Phasenwinkel aufgefasst werden kön-nen. Aus diesem Grund zählen Cosinus-Schwingungen ebenfalls zu den harmonischen Schwingungen. In der Akustik kennzeichnet der Begriff „harmonisch" allerdings auch ein ganzzahliges Frequenzverhältnis einzelner Sinus-Schwingungen. In diesem Zusammen-hang wird der Begriff der harmonischen Schwingung hier nicht verwendet.

Modulierte Schwingungen entstehen, wenn eine harmonische Schwingung durch einen modulierenden Vorgang verändert wird. Ändert der modulierende Vorgang die Amplitude, so handelt es sich um *amplitudenmodulierte Schwingungen*. Bei Änderung der Frequenz durch den modulierenden Vorgang spricht man von *frequenzmodulierten Schwingungen*. *Nichtperiodische Schwingungen* sind deterministische Schwingungen, deren Zeitverlauf sich nicht wiederholt (z. B. Halbsinus-Stoß). *Transiente Schwingungen* werden als Übergang zwischen zwei Zuständen aufgefasst [1].

Stochastische Schwingungen können in deren zukünftigen Verlauf nicht durch einen formelmäßigen Zusammenhang beschrieben werden. Deshalb werden diese auch als *regellose Schwingungen* oder *Zufallsschwingungen* bezeichnet. Als Beispiel soll der Schwingungsvorgang beim Abrollen eines Fahrzeugrades auf einer unebenen Fahr-bahn dienen. Da die Verteilung der Fahrbahnunebenheiten i. d. R. nicht vorhersagbar ist (und die gewählte Fahrspur ebenso nicht), ist dieser Schwingungsvorgang als stochasti-sche Schwingung zu betrachten. Es können jedoch statistische Aussagen getroffen wer-den, mit welcher Wahrscheinlichkeit geringe und große Unebenheiten überrollt werden. Daraus kann z. B. der Mittelwert und die Verteilungsfunktion als Kenngrößen und Kenn-funktionen gebildet werden. Geht man davon aus, dass z. B. der Mittelwert über der Zeit unveränderlich ist, dann spricht man von einer *stationären stochastischen Schwingung*. Es bedarf sicher nur wenig Vorstellungskraft, dass dies gegeben ist, wenn sich das Fahrzeug, dessen Geschwindigkeit und der Fahrbahnzustand nicht ändern. Ändert sich hingegen

z. B. der Fahrbahnzustand, so ändert sich auch der Mittelwert. In diesem Falle handelt es sich um eine *instationäre stochastische Schwingung*.

Diese Einteilung ist abhängig vom betrachteten Zeitintervall und den verwendeten Kennwerten und Kennfunktionen. Das Zeitintervall ist von endlicher Dauer und muss überdies kürzer sein als die zu bewertende Messung, also als zeitlicher Ausschnitt über dem Signal verschiebbar sein. Verkürzt man das Zeitintervall (z. B. zum Überrollen eines einzelnen Steinchens im Straßenbelag), so treten zwangsläufig die Abweichungen deutlich zutage und die als stationär angesehene Schwingung wird instationär. Es ist also entscheidend, das Zeitintervall zur Ermittlung von Kennwerten und Kennfunktionen anzugeben (bzw. das in Normen und Regelwerken vorgegebene Zeitintervall anzuwenden).

Eine weitere Betrachtungsebene ergibt sich, wenn zusätzlich zur zeitlichen Mittelwertbildung eine Mittelwertbildung über mehrere gleichartige Prozesse durchgeführt wird. In Weiterentwicklung des Beispiels der Fahrbahnunebenheiten kann man sich vorstellen, mehrere gleichartige Fahrzeuge über den gleichen Straßenabschnitt fahren zu lassen. Neben der zeitlichen Mittelwertbildung erhält man dann zu einem Zeitpunkt (ab Start von einem festen Ausgangspunkt für alle Fahrzeuge) einen sog. Scharmittelwert. Ist der zeitliche Mittelwert gleich dem Scharmittelwert, so spricht man von einem *ergodischen Prozess*.

Diese Form der Einteilung ist nicht die einzig Mögliche. Alternative Einteilungen findet man z. B. in [4, 5], bei der die Schwingungen in stationär und nicht stationär unterschieden werden. Anschließend erfolgt in jeder der beiden Gruppen eine Unterteilung in deterministische und stochastische Schwingungen. Mit dieser Einteilung sind Mischformen zwischen stationären und nicht stationären sowie deterministische und stochastische Schwingungen einfach zu beschreiben.

▶ Aus Sicht der Messpraxis ist die Einteilung nach dem zeitlichen Verlauf von großer Bedeutung. Der zeitliche Verlauf der Schwingungen kann Hinweise zum Entstehungsmechanismus liefern. Aus diesem Grund ist es stets sinnvoll, zunächst den zeitlichen Verlauf zu erfassen und zu beurteilen, bevor weitergehende Analysen (z. B. Darstellung des Spektrums) durchgeführt werden. In der Messpraxis hängen oftmals von der Art und Eigenschaft der untersuchten Schwingungen die verwendeten Aufnehmer, die Messtechnik und die Methoden der Signalverarbeitung ab. Dies bedeutet, dass die Herangehensweise in der Messung, Erfassung und Auswertung von den zu messenden Schwingungen und deren zeitlichen Verlauf abhängig ist.

1.4   Einteilung von Schwingungen nach deren Entstehungsmechanismus

Betrachtet man Schwingungen nach dem Entstehungsmechanismus, so erhält man in Abb. 1.3 folgende Einteilung nach [1, 2]. Die nachfolgend getroffenen Aussagen gelten für lineare schwingungsfähige Systeme.

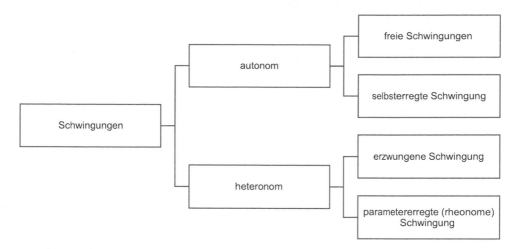

Abb. 1.3 Einteilung von Schwingungen nach deren Entstehungsmechanismus

Bei *autonomen Schwingungen* bestimmt das Schwingungssystem selbst die Frequenzen der Zeitfunktion. Zu den autonomen Schwingungen gehört die freie Schwingung. Eine freie Schwingung liegt dann vor, wenn ein schwingungsfähiges System von einer Anfangsbedingung aus sich selbst überlassen wird. Wird z. B. eine Fahrzeugtür zugeschlagen, so wird das Karosserieblech ausgelenkt (Anfangsbedingung) und führt freie Schwingungen aus. Es wird von außen keine Energie zugeführt, durch die stets vorhandene Dämpfung wird jedoch Energie abgegeben, sodass der Schwingungsvorgang zum Erliegen kommt. Zu den autonomen Schwingungen gehören weiterhin die selbsterregten Schwingungen. Diese sind durch den Ausgangszustand und die Zufuhr von Energie gekennzeichnet. Als Beispiele lassen sich Schwingungen von Bauteilen heranziehen, die sich in einer instationären Strömung befinden (Tragflügel von Flugzeugen, Masten und Fahrzeugteilen). Ebenso fallen reibungsinduzierte Schwingungen in die Gruppe der selbsterregten Schwingungen, wie z. B. Bremsenquietschen oder die Tonerzeugung an einer Violinsaite. Hier kommt die Energiezufuhr aus der fallenden Reibungskennlinie (d. h. mit steigender Geschwindigkeit wird die Reibkraft kleiner).

Heteronome Schwingungen sind durch Frequenzen charakterisiert, die durch die äußeren Einwirkungen auf das System verursacht werden. Damit schwingt das System mit der Frequenz der äußeren Einwirkung. *Erzwungene Schwingungen* werden dabei durch eine äußere Einwirkung (Erregung) auf das schwingungsfähige System hervorgerufen. Beispiel hierfür ist die Fundamentschwingung einer Presse. Das Fundament wird durch die Erregerkräfte der Presse in Schwingungen versetzt. Kennzeichen erzwungener Schwingungen ist das Vorhandensein der Erregerkräfte, wenn das System nicht schwingt. In dem Beispiel tritt dies dann auf, wenn die Presse nicht auf dem Fundament betrieben wird. Eine Auslenkung aus der Gleichgewichtslage ist hingegen nicht notwendig, um erzwungene Schwingungen anzuregen. Das System schwingt nicht

mit seiner Eigenkreisfrequenz, sondern mit der Erregerkreisfrequenz. Während des Ein-
schwingvorganges können zusätzlich noch die Eigenschwingungen des schwingungsfähigen Systems auftreten. Die klingen infolge der Dämpfung allerdings ab und das
System befindet sich im eingeschwungenen (stationären) Zustand. *Parametererregte
Schwingungen* (rheonome Schwingungen) sind durch die zeitliche Änderung eines
Parameters im schwingungsfähigen System verursacht. Überdies ist eine Auslenkung
um die Gleichgewichtslage notwendig. Beispiel hierfür sind Torsionsschwingungen in
Getrieben. Während des Abwälzvorgangs der Zahnflanken tritt eine zeitabhängige Ände-
rung der Torsionssteifigkeit der Welle auf. Zusätzlich mit der Auslenkung (Verspannung
der Zahnräder) sind damit die Voraussetzungen für das Entstehen parametererregter
Schwingungen gegeben.

▶   Für die Lösung der Messaufgabe ist es vorteilhaft, die Verbindungen von der
       Ursache der Schwingung zu deren Erscheinungsbild zu kennen. Aus dem
       Erscheinungsbild (z. B. Zeitverlauf, Frequenzspektrum usw.) können Rück-
       schlüsse auf den Entstehungsmechanismus (Ursache) gezogen werden. Damit
       kann die Messung auf die Messaufgabe optimal zugeschnitten werden (z. B.
       Aufnehmer, Signalverarbeitung). Kennt man Erscheinungsbild und Mechanis-
       mus, so kann gezielt auf den Schwingungsvorgang eingewirkt werden
       (z. B. Erhöhung der Förderleistung von Schwingförderern, Verringerung der
       Schwingungseinwirkung).

1.5   Systematisierung der Messaufgaben

Es wird nun ein schwingungsfähiges System betrachtet, welches durch äußere Kräfte
bzw. Wege erregt wird (Abb. 1.4). Die *Schwingungsantwort* des Systems ist wiederum durch eine Zustandsgröße beschreibbar (z. B. Wege, Geschwindigkeit oder
Beschleunigung). Die Verknüpfung zwischen den Zustandsgrößen am Eingang mit
denen am Ausgang erfolgt durch die *Übertragungsfunktion*, welche die Parameter des
schwingungsfähigen Systems – im einfachsten Fall Masse, Federkonstante und Dämpfung – beinhaltet. Die Übertragungsfunktion wird frequenzabhängig aufgefasst und in
einen Amplitudenanteil und einen Phasenanteil zerlegt. Den Amplitudenanteil kann man
sich als Verstärkung des Ausgangs gegenüber dem Eingang vorstellen. Der Phasenanteil
ist ein Ausdruck für die Laufzeitdifferenz zwischen dem Ausgang und dem Eingang. Die
Übertragungsfunktion verknüpft überdies die physikalischen Einheiten (z. B. Kraft am
Eingang in N und Beschleunigung am Ausgang in m/s²).
     Einem Vorschlag von [4] folgend, lassen sich die Messaufgaben in drei Kategorien
(Grundaufgaben) einteilen:

Abb. 1.4 Systematisierung
der Messaufgaben. **a** Messung
der Schwingungsantwort,
b Messung der Erregung,
c Ermittlung der
Übertragungsfunktion

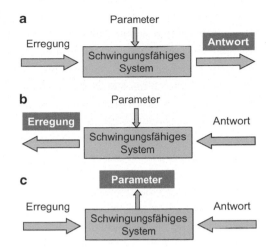

Messung der Schwingungsantwort

Diese Messaufgabe zielt auf die Messung von Zustandsgrößen am Ausgang des schwingungsfähigen Systems. Die Schwingungsantworten können anschließend mit zulässigen Grenzwerten verglichen werden. Grenzwerte können in unterschiedlicher Form vorliegen. Im einfachsten Falle liegen diese in einem Zahlenwert vor. Beispiel hierfür ist die Messung der Fundamentschwingungen in der Zustandsüberwachung von Maschinen. Hierbei wird die Schwingungsantwort am Maschinenfundament gemessen, als Effektivwert angegeben und mit einem zulässigen Grenzwert verglichen. Dieses Beispiel verdeutlicht ebenfalls, dass die Erregerkräfte und Parameter des schwingungsfähigen Systems nicht Gegenstand der Messung sind. Die Grenzen zwischen Schwingungsantwort und Erregung sind hierbei fließend und damit auch von der Definition des schwingungsfähigen Systems abhängig. Zum Beispiel kann man den Zeitverlauf der Schwingungsantwort am Fundament auch als Erregung der Geschossdecke in einem Bauwerk auffassen.

Messung der Erregung

Die Schwingungsantwort eines Systems hängt von der Erregung (z. B. Kräfte) und der Übertragungsfunktion ab. Für die Dimensionierung und Berechnung von Maschinen haben die Lastannahmen als Eingangsgrößen des schwingungsfähigen Systems eine große Bedeutung. Mit Kenntnis der Lastannahmen wird dem Konstrukteur die Voraussetzung in die Hand gegeben, Maschinen und deren Komponenten so auszulegen, dass die Anforderungen hinsichtlich der Festigkeit und der Schwingungsantwort erfüllt werden. Die Erregungsgrößen haben für die Berechnung den Vorteil, unabhängig von schwingungsfähigen System und dessen Antworten vorzuliegen. Als Beispiel soll die Messung der Betriebslasten an einem Fahrwerk eines Kraftfahrzeuges dienen. Für den

Konstrukteur ist es von zentraler Wichtigkeit, den zeitlichen Verlauf der Kräfte und Momente am Rad für die Berechnung zu kennen. Damit kann einerseits die Dimensionierung zur Erfüllung der Festigkeitsanforderungen und andererseits die Abschätzung der Beschleunigungen als Schwingungsantwort erfolgen. Im realen Fahrbetrieb entziehen sich jedoch die Kräfte und Momente am Radaufstandspunkt einer unmittelbaren Messung. Aus diesem Grund werden z. B. die Fahrbahnunebenheiten von repräsentativen Streckenabschnitten digitalisiert und als Erregung verwendet. Diese Vorgehensweise hat den Vorteil, die Schwingungsantworten an Fahrwerksteilen unabhängig vom untersuchten Fahrzeug (d. h. dessen Übertragungsfunktion) berechnen zu können.

Ermittlung der Übertragungsfunktion
Zur Ermittlung der Übertragungsfunktion werden Ausgangs- und Eingangsgröße gemessen. Die Eigenschaften des schwingungsfähigen Systems als Funktion der Frequenz können hieraus berechnet werden. Die Übertragungsfunktion liefert Aussagen zu dem Verhalten des schwingungsfähigen Systems. Darauf aufbauend legt man ein mathematisches Modell zugrunde, damit aus der Übertragungsfunktion die Parameter im mathematischen Modell bestimmt werden können. Im einfachsten Fall kann das schwingungsfähige System aus einer Masse, einer Feder und einem Dämpfer angenommen werden. Für die Ermittlung der Parameter ist eine Reihe von Annahmen notwendig. Üblich ist z. B. die Annahme eines linearen und zeitinvarianten Systems (LTI System: linear time independent system) [2, 3]. Linearität legt in der Übertragungsfunktion z. B. fest, dass die Federkonstante proportional zum Weg ist und die Dämpferkonstante einem geschwindigkeitsproportionalen Ansatz folgt. Zeitinvarianz bedeutet, dass das schwingungsfähige System keiner zeitlichen Veränderung unterliegt. Damit errechnen sich dann die starre Masse, die wegproportionale Federkonstante und die geschwindigkeitsproportionale Dämpfungskonstante. Neben der Übertragungsfunktion existiert ebenfalls z. B. die Darstellung im Zeitbereich als Bewegungsgleichung oder im Zustandsraum. Aus der Untersuchung der schwingungsfähigen Systeme können dann Maßnahmen zu deren Beeinflussung abgeleitet werden. Erkennt man beispielsweise, dass die Erregungsfrequenz mit einer Eigenfrequenz des schwingungsfähigen Systems zusammenfällt, so kann durch gezielte Veränderung der Federkonstante oder der Masse (Leichtbau) die Eigenfrequenz verändert werden bzw. durch Erhöhung der Dämpfung die Amplituden der Schwingungsantwort verringert werden.

1.6   Planung und Konzept von Messeinrichtungen

Zur Lösung von Messaufgaben stehen dem Anwender eine breite Palette von Schwingungsaufnehmern und Messeinrichtungen zur Verfügung. Diese lassen sich grob in folgende Gruppen einteilen:

- Einzweck-Messgeräte bestehen aus einem Aufnehmer und der zugehörigen Signalverarbeitung. Diese Geräte werden oft für den mobilen Einsatz, z. B. für die
Schwingungsüberwachung, verwendet. Die Anzeige des Ausgabewertes erfolgt bei
handgehaltenen Messgeräten auf einem Display. In der Regel sind diese Messgeräte
mit einer Computerschnittstelle oder einer Speicherfunktion für die Messdaten aus-
gerüstet. Alternativ kann die Signalaufbereitung als Schnittstelle an einem Notebook
und die Darstellung des Ausgabewertes über eine Softwarelösung erfolgen.
- Labor-Messplätze sind aus Komponenten für den Aufnehmer und der Signalverarbeitung modular aufgebaut. Der Aufbau zielt darauf, eine Vielzahl unterschiedlicher
und häufig wechselnder Messaufgaben lösen zu können. Die Messaufgaben sind hierbei üblicherweise nicht als Dauermessungen angelegt. Wegen des Aufbaues und der
Stromversorgung ist der Einsatz auf die Laborumgebung beschränkt. Die Signalverarbeitung erfolgt über Computerschnittstellen bzw. als Netzwerklösung.
- Mobile Messplätze bestehen aus Komponenten für Aufnehmer und Signalverarbeitung und ermöglichen häufig wechselnde Messaufgaben in Fahrzeugen, im
Betriebseinsatz, an Windkraftanlagen usw. Die Komponenten sind austauschbar,
sodass je nach Messaufgabe unterschiedliche Aufnehmer und die zugehörige Signalverarbeitung verwendet werden kann. Die Messsignale werden aufgezeichnet und
nach der Messung ausgewertet und interpretiert.
- Stationäre Messeinrichtungen sind für den Einsatz an einem festen Ort und in der
Regel mit unveränderlichen Messaufgaben aufgebaut. Der Aufbau erfolgt z. B. über
eine Festverdrahtung von Modulen auf einer sog. Hutschiene oder als Steckmodule
mit einem Datenbussystem. Häufig sind die Messaufgaben als Langzeitmessung
angelegt. Die Signalverarbeitung erfolgt über eine PC-Schnittstelle bzw. Netzwerklösung. Ebenso ist es möglich, dass die Module, z. B. in Prüfständen, eigenständige
Überwachungs- und Steuerungsfunktionen ausführen.

Diese Einteilung in vier Gruppen ist nicht streng abgetrennt, es gibt fließende Übergänge
zwischen den Gruppen. Beispielsweise können stationäre Messeinrichtungen modular
mit hochwertiger Messtechnik aufgebaut werden, sodass wechselnde Messaufgaben ausgeführt werden können und die Messeinrichtungen damit die Aufgaben der Labor-Messplätze erfüllen.

Die Gruppen der Messeinrichtungen lassen sich systematisieren, wenn die Kategorien
Mobilität der Messtechnik über der Flexibilität als Fähigkeit, unterschiedliche Messaufgaben aufgetragen wird (Abb. 1.5).

In der Phase der Planung und Konzeptfindung sind für die Auswahl der Messtechnik
zusätzlich folgende Punkte in die Betrachtung einzubeziehen [1, 3, 5, 6, 7, 8, 9] (Tab. 1.1).

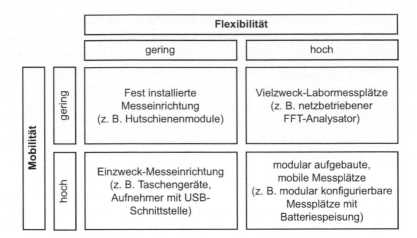

Abb. 1.5 Flexibilität und Mobilität als Merkmale der Messtechnik

Tab. 1.1 Anforderungen an die Messtechnik nach [10]

Anforderung	Art
Umfeld	Industrieumgebung Labor Prüfstand Fahrzeug Temperaturen Platz Schwingungen, Stöße
Personalqualifikation	Ingenieur Messtechniker Techniker Bediener
Eingangs- und Ausgangskanäle	Art und Anzahl Erweiterungsfähigkeit
Messwertverarbeitung	Netzwerk und Schnittstellen (LAN, USB, CAN …) Aufzeichnung und Anzeige (Datenlogger, Display …) Computer (PC, Notebook …)

Literatur

1. DIN 1311-1: Schwingungen und Schwingungsfähige Systeme. Teil 1: Grundbegriffe, Einteilung (2000)
2. Magnus, K., Popp, K., Sextro, W.: Schwingungen. Springer Vieweg, Wiesbaden (2016)
3. Zollner, M.: Frequenzanalyse. Autoren-Selbstverlag (1999)

4. Holzweißig, F., Meltzer, G.: Meßtechnik in der Maschinendynamik. VEB Fachbuchverlag, Leipzig (1973)
5. Piersol, A.: Vibration data analysis. In: Piersol, A., Paez, T. (Hrsg.) Harris' Shock and Vibration Handbook, Kap. 19. McGraw-Hill Education, New York (2009)
6. Lerch, R.: Elektrische Messtechnik. Springer, Berlin (2016)
7. Niebuhr, J., Lindner, G.: Physikalische Messtechnik mit Sensoren. Oldenbourg, München (2011)
8. Schrüfer, E., Reindl, L.M., Zagar, B.: Elektrische Messtechnik: Messung elektrischer und nichtelektrischer Größen. Carl Hanser, München (2014)
9. Trentmann, W.: PC-Messtechnik und rechnergestützte Messwertverarbeitung. In: Hoffmann, J. (Hrsg.) Handbuch der Messtechnik, S. 629–661. Carl Hanser, München (2012)
10. BMC Messsysteme: Ihre Anwendung (2014). http://www.bmcm.de/index.php/de/ihre-anwendung.html. Zugegriffen: 14 Juli 2014

Schwingungen im Zeit- und Frequenzbereich

2

> Dieses Kapitel behandelt die Grundlagen der Beschreibung der kinematischen Größen Weg, Geschwindigkeit und Beschleunigung. Diese Größen beschreiben die Bewegungsvorgänge in untersuchten schwingungsfähigen Systemen sowie in Schwingungsaufnehmern. Damit haben diese Zusammenhänge fundamentale Bedeutung für die Berechnung sowie für die Auswertung und Interpretation von Messungen. Anhand der harmonischen Schwingung werden die Größen in reeller und komplexer Schreibweise eingeführt und im Frequenzbereich dargestellt. Anschließend erfolgt eine Erweiterung auf transiente und stochastische Schwingungen.

2.1 Harmonische Schwingungen

Als einführendes Beispiel einer harmonischen Schwingung soll der Weg-Zeit-Verlauf eines Wischerblattes an einem Scheibenwischer herangezogen werden (Abb. 2.1). In der Parallelprojektion auf eine Gerade senkrecht zur Projektionsrichtung bewegt sich ein Punkt auf dem Wischerblatt linear hin und her. Der Weg als Zustandsgröße nimmt zeitlich zu und ab, somit ist die Definition einer Schwingung erfüllt. Trägt man den Weg des Punktes über die Zeit auf, so erhält man – sofern der Scheibenwischer im Dauerbetrieb arbeitet – eine harmonische Schwingung.

Der Zeitverlauf der Auslenkung x einer harmonischen Schwingung wird durch die Funktion

$$x(t) = \hat{x} \cdot \cos(\omega t + \varphi_0) \tag{2.1}$$

beschrieben [1–4]. Diese Funktion beschreibt zum Zeitpunkt t den Weg x(t) (Abb. 2.1) und wird auch als *Weg-Zeit-Funktion* bezeichnet.

© Springer Fachmedien Wiesbaden GmbH, ein Teil von Springer Nature 2019
T. Kuttner und A. Rohnen, *Praxis der Schwingungsmessung*,
https://doi.org/10.1007/978-3-658-25048-5_2

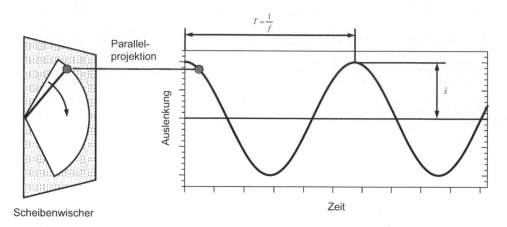

Abb. 2.1 Wischerblatt eines Scheibenwischers als Beispiel einer harmonischen Schwingung

Viele Schwingungsvorgänge in der Technik können durch harmonische Schwingungen hinreichend gut (d. h. als eine brauchbare Näherung) beschrieben werden. Für das Beispiel des Scheibenwischers ist die Beschreibung über harmonische Schwingungen nicht möglich, wenn sich die Wischerblätter ungleichförmig auf der Scheibe bewegen („rubbeln"). Auch in diesem Fall liefert die Beschreibung mittels einer harmonischen Schwingung einen Ausgangspunkt für weitergehende Betrachtungen. Aus diesem Grund hat die harmonische Schwingung eine herausragende Bedeutung und soll exemplarisch behandelt werden.

In Gl. 2.1 sind folgende Größen enthalten:

- die *Amplitude* $\hat{x}$ der Schwingung. Die Cosinus-Funktion kann Werte zwischen -1 und 1 annehmen. Die Amplitude ist die maximale Auslenkung vom Wert 0 der Cosinus-Funktion aus gesehen.
- die *Kreisfrequenz* ω.   Zwischen der Frequenz f und der Kreisfrequenz ω besteht der Zusammenhang:

$$\omega = 2\pi f. \tag{2.2}$$

Die Kreisfrequenz ω der Schwingung ist also die Frequenz f, die auf den Kreisumfang des Einheitskreises 2π bezogen wird.

▶   Zur Unterscheidung wird üblicherweise die Frequenz in Hz und die Kreis-
       frequenz in 1/s bzw. rad/s angegeben.

Frequenz f und *Periodendauer* T der Schwingung sind umgekehrt proportional zueinander:

$$T = \frac{1}{f}. \tag{2.3}$$

Einer Periodendauer von $T = 0{,}5$ s entspricht also eine Frequenz $f = 2$ Hz (2 volle Schwingungen pro Sekunde). Schließlich erhält man die Kreisfrequenz ω

$$\omega = \frac{2\pi}{T}. \tag{2.4}$$

Für einen Zeitpunkt $t = 0$ erhält man im Argument den *Nullphasenwinkel* φ_0. Eingesetzt in Gl. 2.1 ergibt sich damit die Auslenkung $x(0) = \hat{x} \cdot \cos(\varphi_0)$ für den Zeitpunkt $t = 0$, die den Nullphasenwinkel anschaulich illustriert. Der Phasenwinkel φ kann als Argument der Cosinus-Funktion aufgefasst werden und errechnet sich zu:

$$\varphi = \omega t + \varphi_0. \tag{2.5}$$

Durch die Anwendung der Additionstheoreme kann die Gl. 2.1 auch in folgende Form überführt werden:

$$x(t) = \hat{x}_C \cdot \cos(\omega t) + \hat{x}_S \cdot \sin(\omega t). \tag{2.6}$$

Diese Gleichung enthält keinen Phasenwinkel, jedoch die Amplitude des Cosinus-Anteils $\hat{x}_C$ und die Amplitude des Sinus-Anteils $\hat{x}_S$. Durch Quadrieren von Gl. 2.6 leitet sich die Beziehung zur Amplitude $\hat{x}$ her:

$$\hat{x}^2 = \hat{x}_C^2 + \hat{x}_S^2. $$

Aus Gl. 2.6 ist ebenfalls ersichtlich, dass die Beschreibung anstatt der Cosinus-Funktion auch mit der Sinus-Funktion möglich ist und auch in einem Teil der Literatur (z. B. [4, 5]) in dieser Form behandelt wird:

$$x(t) = \hat{x} \cdot \cos(\omega t + \varphi_0) = \hat{x} \cdot \sin\left(\omega t + \underbrace{\varphi_0 + 90°}_{\varphi_{0S}} \right). \tag{2.7}$$

Durch Einsetzen von $t = 0$ und $\varphi_0 = 0$ erhält man den Wert 1 für die Cosinus-Funktion. Alternativ zur Schreibweise $\varphi_0 + 90°$ kann ein Nullphasenwinkel φ_{0S} verwendet werden, der auf die Sinus-Funktion bezogen ist und nur mit dieser verwendet werden darf. Wie man sich ebenfalls leicht überzeugen kann, gilt $\hat{x} \cdot \cos(\omega t - 90°) = \hat{x} \cdot \sin(\omega t)$, d. h. die Sinus-Funktion ist gegenüber der Cosinus-Funktion um $-90°$ phasenverschoben.

Für das o. g. Beispiel des Scheibenwischers ist es neben der Weg-Zeit-Funktion ebenfalls von großer Bedeutung, die Geschwindigkeits-Zeit-Funktion und die Beschleunigungs-Zeit-Funktion zu kennen. Die Schwinggeschwindigkeit wird hierbei als *Schnelle* bezeichnet, um Verwechslungen mit der Geschwindigkeit einer sich ausbreitenden Welle vorzubeugen. Für die harmonische Schwingung erhält man die Zeitfunktion der Schnelle $\dot{x}(t)$ durch formales Ableiten der Weg-Zeit-Funktion (Gl. 2.1):

$$\dot{x}(t) = -\hat{x} \cdot \sin(\omega t + \varphi_0) \cdot \omega. \tag{2.8}$$

Nochmaliges Ableiten von Gl. 2.8 führt auf die Beschleunigungs-Zeit-Funktion $\ddot{x}(t)$:

$$\ddot{x}(t) = -\hat{x} \cdot \cos{(\omega t + \varphi_0)} \cdot \omega^2 = -x(t) \cdot \omega^2. \tag{2.9}$$

Für die harmonische Schwingung kann man also mit der Kreisfrequenz ω die Amplituden der Bewegungsgrößen Weg, Schnelle und Beschleunigung umrechnen. Das Minuszeichen in Gl. 2.8 und 2.9 für Winkel $\varphi_0 = 0$ besagt, dass zum Zeitpunkt $t = 0$ ein Maximum der Weg-Zeit-Funktion vorliegt und die Bewegungsumkehr hin zu Punkt mit den Koordinaten $x = 0$ erfolgt. Der einmaligen Ableitung entspricht also für die Amplituden die Multiplikation mit $-\omega$, der zweimaligen Differentiation eine Multiplikation mit $-\omega^2$. Ebenso entspricht einer Integration durch die Division durch $-\omega$ und einer zweimaligen Integration eine Division durch $-\omega^2$.

Für die Amplituden der Schnelle und Beschleunigung werden die Sinus- bzw. Cosinus-Funktion durch den Wert -1 ersetzt:

$$\hat{\dot{x}} = -\hat{x} \cdot \underbrace{\sin{(\omega t + \varphi_0)}}_{-1} \cdot \omega = \hat{x} \cdot \omega = \hat{x} \cdot 2\pi f \tag{2.10}$$

$$\hat{\ddot{x}} = -\hat{x} \cdot \underbrace{\cos{(\omega t + \varphi_0)}}_{-1} \cdot \omega^2 = \hat{x} \cdot \omega^2 = \hat{x} \cdot 4\pi^2 f^2. \tag{2.11}$$

Beispiel

In der Schwingprüfung von Anbauteilen soll eine Beschleunigungsamplitude von $\pm 20g$ bei einer Frequenz von 30 Hz erreicht werden. Wie groß ist die Wegamplitude an dem Schwingprüfsystem?

Die Wegamplitude wird durch Umstellen der Gl. 2.11 errechnet:

$$\hat{x} = \frac{\hat{\ddot{x}}}{4\pi^2 f^2} = \frac{20 \cdot 9{,}81 \frac{m}{s^2}}{4\pi^2 \cdot 30^2 \frac{1}{s^2}} = 0{,}0055\,\mathrm{m} = 5{,}5\,\mathrm{mm}.$$

2.2   Zeigerdiagramm

Für die Darstellung von Schwingungsvorgängen und deren Lösung hat sich deren mathematische Behandlung als *Zeiger* in der komplexen Zahlenebene bewährt [4–6]. Damit ist eine übersichtliche Darstellung und durch die Anwendung der Rechenregeln für komplexe Zahlen eine einfache Lösung von Schwingungsgleichungen möglich. Hierbei stellt man sich die harmonische Schwingung als Kreisbewegung eines Punktes und dessen Parallelprojektion auf die reelle Achse (d. h. Abszisse) vor (Abb. 2.2). Die Position des Punktes wird über die Spitze eines rotierenden Zeigers mit der Länge der Amplitude $\hat{x}$ erfasst. Die Projektion auf die reelle Achse wird als *Realteil* Re($\underline{x}$) bezeichnet, der senkrecht dazu stehende Anteil *Imaginärteil* Im($\underline{x}$) ergibt sich durch Projektion auf die imaginäre Achse. Zur Kennzeichnung der komplexen Größe wird der Zeiger unterstrichen.

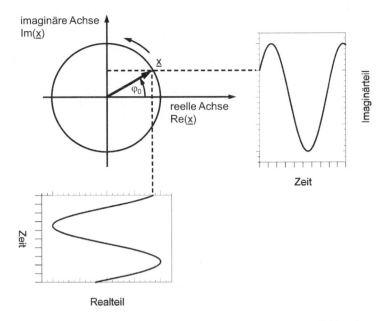

Abb. 2.2 Darstellung einer harmonischen Schwingung in der komplexen Zahlenebene

Somit beschreibt der Zeiger $\underline{x}(t)$ in der komplexen Zahlenebene die harmonische Schwingung wie folgt:

$$\underline{x}(t) = \text{Re}(\underline{x}) + j\,\text{Im}(\underline{x}) = \hat{x} \cdot \left[\cos\left(\omega t + \varphi_0\right) + j\sin\left(\omega t + \varphi_0\right)\right]. \tag{2.12}$$

Die imaginäre Einheit j ist als $j^2 = -1$ definiert. Der Zeiger rotiert im Gegenuhrzeigersinn, ebenso sind alle Winkel im mathematisch positiven Richtungssinn festgelegt. Der Nullphasenwinkel φ_0 ist der Winkel zwischen der reellen Achse und dem Zeiger zum Zeitpunkt $t = 0$. Zum Zeitpunkt $t > 0$ dreht für Kreisfrequenz $\omega > 0$ der Zeiger um ωt weiter. Für jeden definierten Zeitpunkt sind Real- und Imaginärteil in den Projektionen auf die Achsen ablesbar. Die betrachteten kinematischen Größen sind reell und weisen, auch bei Benutzung der komplexen Rechnung, nur einen Realteil auf. Der Imaginärteil existiert lediglich in der mathematischen Behandlung.

Unter Benutzung der Exponentialform schreibt man für Gl. 2.12 verkürzt:

$$\underline{x}(t) = \hat{x} \cdot e^{j(\omega t + \varphi_0)}. \tag{2.13}$$

Die künftigen Betrachtungen vereinfachen sich, da der Betrag des Exponentialausdruckes den Wert $\left|e^{j(\omega t + \varphi_0)}\right| = 1$ annimmt. Schließlich kann in Gl. 2.13 die Amplitude $\hat{x}$ durch die sog. komplexe Amplitude ersetzt werden. Die *komplexe Amplitude* $\underline{\hat{x}}$ beschreibt die Anfangslage des Zeigers bei $t = 0$, der Term $e^{j\omega t}$ wird als *Zeitfunktion* bezeichnet:

$$\underline{x}(t) = \hat{x} \cdot e^{j\varphi_0}e^{j\omega t} = \underline{\hat{x}} \cdot e^{j\omega t}. \tag{2.14}$$

Die komplexe Amplitude $\hat{\underline{x}}$ enthält sowohl die Amplitude $\hat{x}$ als auch den Nullphasenwinkel φ_0. Zwischen der komplexen Amplitude und dem Betrag des Zeigers als Ausdruck für die Amplitude besteht folgende Beziehung:

$$|\hat{\underline{x}}| = \sqrt{(\mathrm{Re}(\underline{x}))^2 + (\mathrm{Im}(\underline{x}))^2} = \hat{x}. \tag{2.15}$$

Für den Nullphasenwinkel gilt:

$$\tan \varphi_0 = \frac{\mathrm{Im}(\hat{x})}{\mathrm{Re}(\hat{x})}. \tag{2.16}$$

Die Vorteile beim Rechnen sollen abschließend durch die Herleitung der Schnelle und Geschwindigkeit dargestellt werden (Abb. 2.3).

Durch formale Differentiation nach der Zeit erhält man:

$$\dot{\underline{x}}(t) = j\omega \cdot \underline{x}(t) = j\omega \cdot \hat{x} \cdot e^{j(\omega t + \varphi_0)}. \tag{2.17}$$

Dies entspricht einer Multiplikation der Auslenkung mit $j\omega$. Nochmalige Ableitung führt auf die Beschleunigung, was äquivalent zur Multiplikation der Auslenkung mit $-\omega^2$ ist:

$$\ddot{\underline{x}}(t) = (j\omega)^2 \cdot \underline{x}(t) = -\omega^2 \cdot \hat{x} \cdot e^{j(\omega t + \varphi_0)}. \tag{2.18}$$

Beispiel

Für die Ort-Zeit-Funktion $x(t) = \hat{x} \cdot \cos(\omega t + \varphi_0)$ mit den folgenden Zahlenwerten $\hat{x} = 1$ mm, $f = 2{,}5$ Hz und $\varphi_0 = 30°$ sollen die Maxima der Schnelle und Beschleunigung berechnet werden.

Aus der Frequenz f wird die Periodendauer $T = 1/f = 0{,}4$ s berechnet. Diese Periodendauer ist als der Abstand der Maxima in Abb. 2.4 ablesbar.

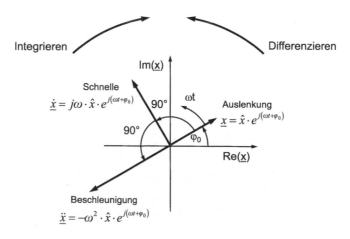

Abb. 2.3 Differentiation und Integration in Zeigerdarstellung

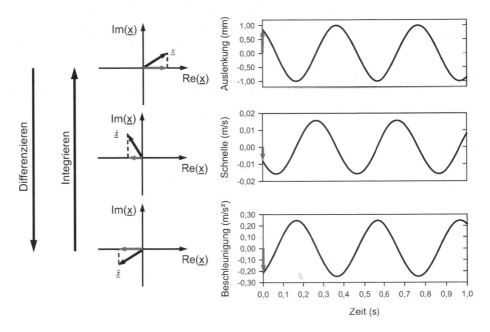

Abb. 2.4 Differentiation und Integration in Zeigerdarstellung (schematisch) und im Zeitverlauf

Mit der Frequenz f wird die Kreisfrequenz errechnet

$$\omega = 2\pi f = 2\pi \cdot 2{,}5\tfrac{1}{s} = 15{,}71\tfrac{1}{s}.$$

Somit ergibt sich die Amplitude der Schnelle zu

$$\hat{x} \cdot \omega = 10^{-3}\text{m} \cdot 15{,}71\tfrac{1}{s} = 0{,}016\tfrac{m}{s}.$$

Die Beschleunigungsamplitude wird in gleicher Vorgehensweise berechnet

$$\hat{\ddot{x}} = \hat{x} \cdot \omega^2 = 10^{-3}\text{m} \cdot 15{,}71^2\tfrac{1}{s^2} = 0{,}25\tfrac{m}{s^2}.$$

Diese Maxima können der Darstellung in Abb. 2.4 entnommen werden.

In der komplexen Zahlenebene bedeutet die Ableitung, dass der Zeiger den Betrag $\hat{x} \cdot \omega$ erhält und um +90° gedreht wird. Im Zeitbereich ist für $t = 0$ der Realteil des Zeigers aufgetragen (Abb. 2.4).

Eine zweimalige Differentiation (Abb. 2.4) entspricht im Zeigerdiagramm einer weiteren Drehung des Schnelle-Zeigers um +90°. Der Zeiger hat den Betrag $\hat{x} \cdot \omega^2$ und ein negatives Vorzeichen. Der Pfeil in der Zeitdarstellung zeigt diesen Sachverhalt wiederum für $t = 0$. Im Gegensatz zum Differenzieren im Zeitbereich kann mit der Zeigerdarstellung sofort die zweite Ableitung gebildet werden und der Wechsel zwischen Cosinus- und Sinus-Funktion entfällt.

Für eine Integration muss der Zeiger durch $j\omega$ dividiert werden, für eine zweimalige Integration erfolgt die Division durch $-\omega^2$: Die Zusammenhänge sind in der Zeitdarstellung und als Zeiger zusammenfassend in Abb. 2.4 verdeutlicht.

▶ In der Messpraxis findet die Multiplikation bzw. Division mit der Kreisfrequenz für harmonische Schwingungen Anwendung, wenn Amplituden umgerechnet werden sollen (z. B. Messung der Beschleunigungsamplitude und Berechnung der Wegamplitude).

2.3 Darstellung im Zeitbereich und Frequenzbereich

2.3.1 Begriffe

Die Grundlagen der Fourier-Transformation geht auf die historische Leistung von Jean Baptiste Joseph Baron de Fourier (1768–1830) zurück, der 1822 in seinem Buch „Analytische Theorie der Wärme" die Zerlegung beliebiger Funktionen in harmonische Schwingungen für thermodynamische Ausgleichsvorgänge beschrieb. Die Übertragung von Ergebnissen aus der Thermodynamik in die Signalverarbeitung darf als gelebtes Beispiel für einen fachübergreifenden Erkenntnistransfer gelten.

Die Darstellung der *Zeitfunktion* x(t) in der geläufigen Form (Zeit t auf der Abszisse, Funktionswert x auf der Ordinate) stellt die Funktion im *Zeitbereich* (time domain) dar. Stellt man über der Frequenz nun die Amplitude $\hat{x}$ oder den Effektivwert $\tilde{x}$ dar, so spricht man vom *Spektrum* und von der dort dargestellten Funktion als *Spektralfunktion*. Die Darstellung der *Spektralfunktion* bezeichnet man als Darstellung im *Frequenzbereich* (frequency domain) oder *Spektralbereich*. Die *Fourier-Transformation* ist die Verknüpfung zwischen Zeitbereich und Frequenzbereich und ist als übergeordneter Begriff zu verstehen, der die *Analyse* und *Synthese* umfasst. Analyse bedeutet das Zerlegen der Zeitfunktion in harmonische Schwingungen. Wird ein Spektrum zu einer Zeitfunktion erstellt, so spricht man von der *Frequenzanalyse* oder *Spektralanalyse*. Unter *Synthese* wird das Zusammensetzen (Überlagern) der einzelnen Harmonischen zu einer Zeitfunktion verstanden. Wird aus einer Zeitfunktion ein Spektrum gebildet und daraus die Zeitfunktion rekonstruiert, so wird dies als *Resynthese* bezeichnet [1, 5–10].

Verkürzend wird als Fourier-Transformation die Transformation vom Zeitbereich in den Frequenzbereich verstanden. Da das Signal im Zeitbereich gemessen wird und anschließend in den Frequenzbereich transformiert wird, findet man auch den Begriff der „Hintransformation". Die Transformation vom Frequenzbereich zurück in den Zeitbereich wird als „Rücktransformation" oder *inverse Fourier-Transformation* bezeichnet.

Für die Anwendung der Fourier-Transformation muss nach den Kriterien periodisch oder aperiodisch sowie kontinuierlich und diskret unterschieden werden. Hierfür gibt es folgende Zuordnung:

1. Eine periodische kontinuierliche Zeitfunktion wird mit der Fourier-Reihe in ein diskretes nichtperiodisches Linienspektrum transformiert (Abschn. 2.3.2).
2. Eine einmalige kontinuierliche Zeitfunktion wird mit der Fourier-Transformation in ein kontinuierliches nichtperiodisches Spektrum transformiert (Abschn. 2.3.3).
3. Eine einmalige diskrete Zeitfunktion wird mit der zeitdiskreten Fourier-Transformation (DTFT) in ein kontinuierliches periodisches Spektrum transformiert.
4. Eine diskrete Zeitfunktion wird mit der diskreten Fourier-Transformation (DFT) in ein diskretes periodisches Spektrum transformiert (Abschn. 14.4).

Die Zusammenhänge sind als Gegenüberstellung der Eigenschaften von Zeit- und Spektralfunktion nochmals in Abb. 2.5 dargestellt.

Die Fourier-Reihe und die Fourier-Transformation haben eine grundlegende Bedeutung für die Darstellungen im Frequenzbereich und werden deshalb in den folgenden Abschnitten behandelt. In der modernen Messpraxis liegen die Zeitfunktionen nach der Abtastung in zeitdiskreter Form vor und werden mit der diskreten Fourier-Transformation (DFT) bzw. mit dem effektiven Algorithmus der Fast Fourier Transform (FFT) in ein diskretes Spektrum transformiert. Wegen der besonderen Bedeutung für die Signalverarbeitung wird die DFT in Abschn. 14.4 ausführlich dargestellt.

2.3.2 Fourier-Reihe

Mittels Fourier-Analyse wird die periodische Schwingung x(t) in eine Summe harmonischer Teilschwingungen zerlegt. Die periodische Schwingung hat die Periodendauer T und die Grundkreisfrequenz $\omega = 2\pi/T$. Eine Harmonische ist in diesem Zusammenhang

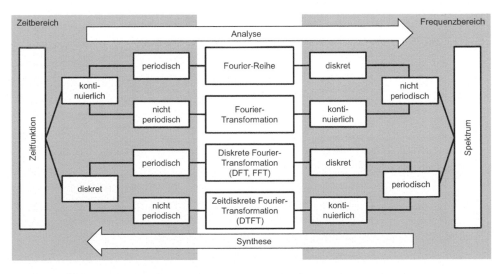

Abb. 2.5 Übersicht über die Transformationen zwischen Zeit- und Frequenzbereich

eine Cosinus-Funktion einer Kreisfrequenz $k\omega$, die ein ganzzahliges Vielfache k der Grundkreisfrequenz ω ist. In reeller Darstellung schreibt sich diese Summe wie folgt:

$$x(t) = x_0 + \sum_{k=1}^{\infty} \hat{x}_k \cdot \cos{(k\omega t + \varphi_{0k})}. \tag{2.19}$$

In Gl. 2.19 stellt x_0 den *arithmetischen Mittelwert* (Gleichanteil) dar. Die periodische Schwingung wird in eine unendliche Summe von k Harmonischen zerlegt. In der praktischen Ausführung begnügt man sich mit einer endlichen Anzahl von Harmonischen k als Näherung für die Funktion $x(t)$. Für $k = 1$ erhält man die Grundkreisfrequenz ω. Der Zähler k ist die Ordnung der harmonischen Teilschwingungen. Die k-te Harmonische wird durch die Amplitude $\hat{x}_k$ und den Nullphasenwinkel φ_{0k} beschrieben. Trägt man die Amplituden $\hat{x}_k$ über der Kreisfrequenz $k\omega$ bzw. Frequenz der Harmonischen $k\omega/(2\pi)$ auf, so erhält man das Spektrum.

Wird für die Harmonischen die gleichwertige Darstellung mit Sinus- und Cosinus-Funktion gewählt, so erhält man für die Gl. 2.19:

$$x(t) = x_0 + \sum_{k=1}^{\infty} (x_{kc} \cos{(k\omega t)} + x_{ks} \sin{(k\omega t)}). \tag{2.20}$$

In dieser Darstellungsform werden x_{kc} und x_{ks} als *Fourier-Koeffizienten* der k. Ordnung bezeichnet. Die Fourier-Koeffizienten lassen sich nach folgenden Gleichungen berechnen:

$$x_{kc} = \frac{2}{T} \int_0^T x(t) \cos{(k\omega t)} dt \tag{2.21}$$

$$x_{ks} = \frac{2}{T} \int_0^T x(t) \sin{(k\omega t)} dt. \tag{2.22}$$

Mit Gl. 2.21 und 2.22 erhält man dann für die Amplituden

$$\hat{x}_k = \sqrt{x_{kc}^2 + x_{ks}^2} \tag{2.23}$$

und den Phasenwinkel

$$\varphi_{0k} = - \arctan{\frac{x_{ks}}{x_{kc}}}. \tag{2.24}$$

Damit können beide Darstellungen ineinander überführt werden.

Beispiel

Gegeben ist die reelle Funktion $x(t) = \frac{1}{2} + \sum_{k=1}^{5} \left(\frac{1}{k} \cos(k\omega t) \right)$ (modifiziert nach [9]).

Für diese Funktion sind die Amplituden und die Harmonischen anzugeben.

Durch einen Koeffizientenvergleich mit Gl. 2.21 erhält man:

$$x(t) = x_0 + \sum_{k=1}^{5} \hat{x}_k \cdot \cos(k\omega t + \varphi_{0k})$$

$$= \underbrace{\frac{1}{2}}_{x_0} + \underbrace{1}_{\hat{x}_1} \cdot \cos(\omega t) + \underbrace{\frac{1}{2}}_{\hat{x}_2} \cdot \cos(2 \cdot \omega t) + \underbrace{\frac{1}{3}}_{\hat{x}_3} \cdot \cos(3 \cdot \omega t)$$

$$+ \underbrace{\frac{1}{4}}_{\hat{x}_4} \cdot \cos(4 \cdot \omega t) + \underbrace{\frac{1}{5}}_{\hat{x}_5} \cdot \cos(5 \cdot \omega t).$$

Zur Beschreibung der gegebenen Funktion genügen die fünf harmonischen Teilschwingungen mit der Ordnung $k = 1$ bis 5 (und der Gleichanteil). Durch die gewählte Aufgabenstellung ist der Nullphasenwinkel φ_{0k} null für die fünf harmonischen Teilschwingungen. Die graphische Auftragung ist in Abb. 2.6 ersichtlich.

Da sich die komplexe Rechnung in der Schwingungstechnik als sinnvoll erwiesen hat, soll nun die Fourier-Analyse der Funktion $x(t)$ in der komplexen Zahlenebene erfolgen. Durch Anwenden der Eulerschen Formel werden die Cosinus- und Sinusanteile wie folgt ausgedrückt:

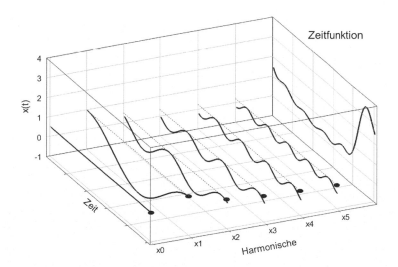

Abb. 2.6 Darstellung der periodischen Funktion $x(t)$ im Zeit- und Frequenzbereich

$$\cos k\omega t = \frac{1}{2}\left(e^{jk\omega t} + e^{-jk\omega t}\right) \tag{2.25}$$

$$\sin k\omega t = \frac{1}{2j}\left(e^{jk\omega t} - e^{-jk\omega t}\right). \tag{2.26}$$

Durch Einsetzen in Gl. 2.20 und Umordnen der Terme erhält man:

$$x(t) = \underbrace{x_0}_{\underline{X}_0} + \sum_{k=1}^{\infty} \underbrace{\frac{1}{2}(x_{kc} - jx_{ks})}_{\underline{X}_k}\, e^{jk\omega t} + \sum_{k=1}^{\infty} \underbrace{\frac{1}{2}(x_{kc} + jx_{ks})}_{\underline{X}_{-k}}\, e^{-jk\omega t}. \tag{2.27}$$

Zur Abkürzung führt man die komplexen Amplituden $\underline{X}_k$ und $\underline{X}_{-k}$ ein. Lässt man nun in der zweiten Summe den Summationsindex k von $-\infty$ bis null laufen, fällt das Minuszeichen im Exponentialterm weg und man kann damit nach Zusammenfassen der Terme schreiben:

$$x(t) = \sum_{k=-\infty}^{\infty} \underline{X}_k e^{jk\omega t}. \tag{2.28}$$

Die komplexen Amplituden$\underline{X}_k$ lassen sich wie folgt entwickeln:

$$\underline{X}_k = \frac{1}{T}\int_0^T x(t)e^{-jk\omega t}dt. \tag{2.29}$$

In Gl. 2.27 erhält man das zunächst paradoxe Ergebnis, über „negative" Frequenzen der Harmonischen zu summieren. Die Lösung dieses scheinbaren Widerspruches ergibt sich aus der Überlegung, dass die Funktion x(t) reell ist und zunächst keinen Imaginärteil enthält. Wie Gl. 2.25 anhand der reellen Cosinus-Funktion zeigt, kann diese Funktion als Summe zweier sog. konjugiert komplexer Funktionen aufgefasst werden. Im Zeigerdiagramm entspricht das zwei Zeigern, die spiegelbildlich zur x-Achse mit $+\omega$ und $-\omega$ im gegenläufigen Drehsinn umlaufen. Die komplexen Amplituden $\underline{X}_k$ sind dann ebenfalls konjugiert komplex zu den Amplituden $\underline{X}_{-k}$. Zur Kennzeichnung der konjugiert komplexen Amplituden erhalten diese einen Stern (*) und man schreibt:

$$\underline{X}_k^* = \underline{X}_{-k}. \tag{2.30}$$

Zwischen den reellen Amplitude $\hat{x}_k$ und den komplexen Amplituden $\underline{X}_k$ und $\underline{X}_k^*$ besteht für k > 0 folgender Zusammenhang:

$$\hat{x}_k = 2|\underline{X}_k| = 2\sqrt{\underline{X}_k \cdot \underline{X}_k^*}. \tag{2.31}$$

Die komplexe Fourier-Reihe liefert folglich komplexe Amplituden, die in einem Frequenzbereich von $-k\omega$ bis $+k\omega$ aufgetragen werden können. Diese Auftragung wird

als *zweiseitiges Linienspektrum* bezeichnet, in dem jeweils die Hälfte des Amplituden-
wertes bei $-k\omega$ und bei $k\omega$ enthalten ist. Dies erklärt den Vorfaktor 2 in Gl. 2.31 bei der
Umrechnung des zweiseitigen Spektrums in reelle Amplituden. Üblicher als das zweiseitige Spektrum ist in der Schwingungstechnik die Auftragung als Amplitude und Phase
über der Frequenz (einseitiges Spektrum).

▶   Durch die Entwicklung der Fourier-Reihe erhält man aus einer kontinuier-
     lichen und periodischen Zeitfunktion x(t) ein diskretes Linienspektrum. Da
     sich die Zeitfunktion nach der Periodendauer T wiederholt, ist die Analyse
     eines Zeitabschnittes der Länge T ausreichend. Im diskreten Spektrum stehen
     die Linien in ganzzahligem Verhältnis.

2.3.3   Fourier-Transformation

Nun soll der Fall betrachtet werden, für den keine Periodizität in der Zeitfunktion x(t)
vorliegt. Hier kann man sich z. B. einen einzelnen Rechteck-Impuls vorstellen. Dieser
Impuls hat keine endliche Periodendauer T und ist somit nicht durch die Fourier-Reihe
zu beschreiben. Um diesen Fall mittels Fourier-Transformation behandeln zu können,
nutzt man die Hilfsvorstellung, dass sich der Impuls nach unendlich langer Periodendauer $T \to \infty$ wiederholt. Diese Betrachtung ist allerdings nicht nur auf Impulse
beschränkt, sondern gilt z. B. auch für stationäre stochastische Schwingungen.

   Mit unendlich langer Periodendauer strebt die Zahl der Harmonischen gegen unendlich ($k \to \infty$) und der Abstand zwischen zwei Harmonischen geht über zu $d\omega$. Damit
muss die Summation in Gl. 2.28 durch eine Integration ersetzt werden:

$$x(t) = \frac{1}{2\pi} \int_{-\infty}^{\infty} X(j\omega)e^{j\omega t} d\omega. \tag{2.32}$$

Mit Übergang von der Summation zur Integration findet ebenfalls ein Übergang von den
komplexen Amplituden $\underline{X}_k$ zu der kontinuierlichen komplexen *Spektralfunktion* $X(j\omega)$
statt, die für alle Kreisfrequenzen ω definiert ist. Die berechnet sich mit dem sog. *Fourier-Integral* wie folgt:

$$X(j\omega) = \int_{-\infty}^{\infty} x(t)e^{-j\omega t} dt. \tag{2.33}$$

Die Division durch 2π in Gl. 2.32 ergibt sich durch die Integration über $d\omega = 2\pi df$. Die
Zuordnung des $1/2\pi$ Terms zu Gl. 2.32 bzw. 2.33 handhabt die Literatur nicht einheitlich
(Diskussion hier zu z. B. in [8, 10]). Die Funktion $X(j\omega)$ ist von $-\infty < \omega < +\infty$ definiert
und wird als *zweiseitiges komplexes kontinuierliches Fourier-Spektrum* bezeichnet. Die
Spektralfunktion ist eine Funktion der Frequenz und wird im Gegensatz zur Zeitfunktion

x(t) durch einen Großbuchstaben X dargestellt. Die hier gewählte Darstellung $X(j\omega)$ soll durch eine komplexe Größe symbolisieren, die vom komplexen Frequenzargument $j\omega$ abhängt. Ebenfalls ist das Symbol $\underline{X}$ möglich, wenn die Abhängigkeit von der Frequenz erkennbar ist. Ebenso sind die gleichwertigen Darstellungen als $X(f)$, $X(\omega)$ für die Amplituden und $\underline{X}(f)$, $\underline{X}(j\omega)$ oder $\underline{X}(\omega)$ für die komplexe Spektralfunktion anzutreffen.

Die komplexe Spektralfunktion $X(j\omega)$ kann als Real- und Imaginärteil dargestellt werden. Die übliche Darstellung ist jedoch eine Darstellung als Amplitudenspektrum (Betragsspektrum) $|X(j\omega)|$ und Phasenspektrum $\varphi(\omega)$:

$$X(j\omega) = |X(j\omega)|e^{j\varphi(\omega)}. \tag{2.34}$$

Das Amplitudenspektrum $|X(j\omega)|$ bzw. das Phasenspektrum $\varphi(\omega)$ stellen die Amplitude bzw. den Phasenwinkel über der Kreisfrequenz ω bzw. Frequenz f dar. Da die Zeitfunktionen reelle Größen sind, gilt für die konjugiert komplexe Größe $\underline{X}^*(j\omega)$ analog zu Gl. 2.31 die Symmetriebeziehung:

$$X^*(j\omega) = X(-j\omega). \tag{2.35}$$

Um die Einheit der Spektralfunktion zu erhalten, wird in Gl. 2.33 die Zeitfunktion x(t) z. B. in Meter eingesetzt. Die Integration über der Zeit ergibt daraus die Spektralfunktion mit der Einheit ms bzw. m/Hz. Aus diesem Grund nennt man das Amplitudenspektrum auch *spektrale Amplitudendichte* oder *Spektraldichte*. Mit der Formulierung der spektralen Amplitudendichte umgeht man in der Spektralfunktion auch das Problem, welches sich aus der unendlich großen Anzahl der Spektrallinien ergibt: die Linien liegen unendlich dicht, deren Amplituden gehen jedoch gegen null. Erst der Quotient von Amplitude und Abstand liefert einen von null verschiedenen Wert. Allerdings darf dieser Wert nicht als Differentialquotient (Steigung) fehlinterpretiert werden [6].

Beispiel

Gegeben ist ein einzelner Rechteckimpuls mit einer Amplitude $\hat{x} = 1$ und einer Impulsdauer τ (Abb. 2.7a). Mit Gl. 2.34 lässt sich das Fourier-Spektrum berechnen. Hierbei muss nur innerhalb der Grenzen von $-\tau/2$ bis $+\tau/2$ integriert werden, da außerhalb der Impulsdauer die Amplitude null beträgt:

$$X(j\omega) = \int_{-\frac{\tau}{2}}^{+\frac{\tau}{2}} \hat{x} \cdot e^{-j\omega t} dt = \frac{\hat{x}}{-j\omega}\left[e^{-j\omega t}\right]_{-\frac{\tau}{2}}^{+\frac{\tau}{2}} = \frac{\hat{x}}{j\omega}\left[e^{j\omega t}\right]_{-\frac{\tau}{2}}^{+\frac{\tau}{2}} = \frac{\hat{x}}{j\omega}\left[e^{j\omega\frac{\tau}{2}} - e^{-j\omega\frac{\tau}{2}}\right]. \tag{2.36}$$

Nach Umordnen der Terme können gem. Gl. 2.25 die Exponentialterme durch eine Sinus-Funktion ersetzt werden:

$$X(j\omega) = \frac{2\hat{x}}{\omega}\frac{\left[e^{j\omega\frac{\tau}{2}} - e^{-j\omega\frac{\tau}{2}}\right]}{2j} = \frac{2\hat{x}}{\omega}\sin\left(\omega\frac{\tau}{2}\right). \tag{2.37}$$

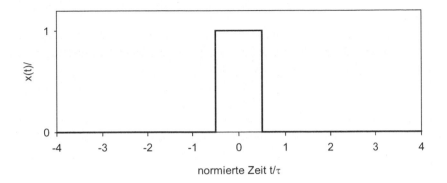

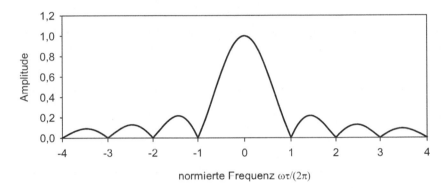

Abb. 2.7 Frequenzanalyse eines einzelnen Rechteckimpulses. Zeitbereich **a**, Frequenzbereich **b**

Erweitern mit τ und weiteres Umformen mit $\omega = 2\pi f$ führt auf die folgende Gleichung:

$$X(j\omega) = \frac{2\hat{x}\tau}{\omega\tau} \sin\left(\omega\frac{\tau}{2}\right) = \hat{x}\tau\frac{\sin\left(\omega\frac{\tau}{2}\right)}{\omega\frac{\tau}{2}} = \hat{x}\tau \, \text{si}\left(\omega\frac{\tau}{2}\right). \qquad (2.38)$$

Die Funktion $\sin(x)/x$ wird als *si-Funktion* oder Spaltfunktion bezeichnet. Das Argument $\omega\tau/2$ ist dimensionslos und kann als eine mit der Impulsdauer τ normierte Kreisfrequenz ω aufgefasst werden.

Das reelle Amplitudenspektrum zeigt für den Rechteckimpuls einen Verlauf, der in Abb. 2.7b dargestellt ist. Da die si-Funktion selbst dimensionslos ist, erhält man z. B. mit $\tau = 0{,}005\,\text{s}$ und $\hat{x} = 2\,\text{mm}$ im Ausdruck $\hat{x}\tau$ einen Zahlenwert $\hat{x}\tau = 10^{-5}\text{m} \cdot \text{s}$ (bzw. m/Hz). Dieser Zahlenwert entspricht:

- im Frequenzbereich: Schnittpunkt der Spektralfunktion mit der Ordinatenachse bei $\omega = 0$ sowie
- im Zeitbereich: Fläche unter dem Rechteckimpuls (Integral).

Bei ganzzahligen Vielfachen von π hat das Amplitudenspektrum der si-Funktion Nullstellen. Mit dem Zahlenwert $\tau = 0{,}005$ s erhält man für die erste Nullstelle der si-Funktion $2\pi f\tau/2 = \pi \rightarrow f = 1/\tau = 200$ Hz. Weitere Nullstellen liegen bei ganzzahligen Vielfachen, also 400 Hz, 600 Hz usw.

Zunächst soll betrachtet werden, welche Rolle die Nullstellen der si-Funktion bei Erregung eines schwingungsfähigen Systems mit einem Rechteckimpuls haben. Für die Frequenzen an den Nullstellen der si-Funktion ist die Erregung des schwingungsfähigen Systems sehr klein. Für die Messung von Übertragungsfunktionen (Abschn. 14.5) führt dies zu Ausdrücken in der Gestalt „null durch null"; es liegen bei diesen Frequenzen meist keine praktisch verwertbaren Ergebnisse vor.

Verkürzt man im Zeitbereich bei gleichem Flächeninhalt des Impulses die Zeitdauer τ, so steigt die Amplitude $\hat{x}$ an. Je schmaler der Rechteckimpuls ist, desto flacher und breiter verläuft das Spektrum bis zur ersten Nullstelle.

▶   Für den theoretischen Grenzfall des *Dirac-Stoßes* geht die Impulsdauer gegen null ($\tau \rightarrow 0$) und wächst die Amplitude ins Unendliche. Man erhält für $\omega\tau/2 \ll 1$ einen praktisch konstanten Verlauf der Spektralfunktion mit $X(j\omega) = \hat{x}\tau$. Das hat zur Konsequenz, dass Impulse mit kurzer Impulsdauer τ
   • ein breites Frequenzband zur Übertragung und Signalanalyse benötigen (Anforderungen an die Messtechnik Kap. 10),
   • ein schwingungsfähiges System in einem breiten Frequenzband anregen (Übertragungsfunktion Abschn. 14.5). Dies wird beispielsweise zur Ermittlung der Schwingungsantwort von Strukturen durch Anregung mit kurzzeitigen Rechteckimpulsen (z. B. Hammerschlag) genutzt.

Literatur

1. DIN 1311-1: Schwingungen und Schwingungsfähige Systeme. Teil 1: Grundbegriffe, Einteilung (2000)
2. Blake, R.E.: Basic Vibration Theory. In: Piersol, Paez (Hrsg.) Harris' Shock and Vibration Handbook, S. 2.1–2.32. McGraw-Hill Education, New York (2009)
3. Gross, D., Hauger, W., Schröder, J., Wall, W.A.: Technische Mechanik 3 Kinetik. Springer Vieweg, Berlin/Heidelberg (2015)
4. Jäger, H., Mastel, R., Knaebel, M.: Technische Schwingungslehre. Springer Vieweg, Wiesbaden (2016)
5. Magnus, K., Popp, K., Sextro, W.: Schwingungen. Springer Vieweg, Wiesbaden (2016)
6. Zollner, M.: Frequenzanalyse. Autoren-Selbstverlag, Regensburg (1999)
7. Broch, J.: Mechanical vibration and shock measurements. Brüel & Kjaer, Naerum (1984)
8. Butz, T.: Fouriertransformation für Fußgänger. Springer Vieweg, Wiesbaden (2012)
9. Heymann, J., Lingener, A.: Experimentelle Festkörpermechanik. VEB Fachbuchverlag, Leipzig (1986)
10. Hoffmann, R.: Grundlagen der Frequenzanalyse Bd. 620. expert verlag, Renningen (2011)

Freie Schwingungen

3

▶ Das Kapitel stellt die Grundlagen der freien Schwingung anhand der Translationsschwingung und Rotationsschwingung dar. Die Dämpfung wird als Bauteildämpfung und Reibungsdämpfung behandelt. Damit werden die Grundlagen für die erzwungenen Schwingungen und Darstellung als Übertragungsfunktion geschaffen. Zahlreiche Beispiele und Abbildungen veranschaulichen die Thematik und tragen zum praxisnahen Verständnis bei.

3.1   Translationsschwingungen

Das schwingungsfähige System in Abb. 3.1 besteht aus einer Masse m und einer masselosen Feder mit der Federkonstante k (Einheit N/m). Die Auslenkung um die statische Gleichgewichtslage wird mit der Koordinate x beschrieben. Da die mathematische Beschreibung der Bewegung mit einer Koordinate erfolgt, spricht man von einem Schwinger mit einem Freiheitsgrad [1–4]. Durch Auslenkung der Masse wird auf die Feder die Rückstellkraft $F_{elast}(x) = kx$ ausgeübt. Auf die Masse wirkt die d'Alembertsche Trägheitskraft $F_T(x) = m\ddot{x}$.

Nach Freischneiden der Masse wird das Kräftegleichgewicht am zentralen ebenen Kraftsystem im Schwerpunkt wie folgt aufgeschrieben:

$$-m\ddot{x} - kx = 0. \tag{3.1}$$

Da sowohl der Weg als auch die Beschleunigung als Zustandsgröße linear mit den Kraftgrößen verknüpft ist und keine Zeitabhängigkeit von Masse und Federkonstante besteht, liegt ein lineares, zeitinvariantes System (LTI: linear time-invariant system) (vgl. Abschn. 1.1) vor. Die Gl. 3.1 stellt die *Bewegungs-Differenzialgleichung* des schwingungsfähigen Systems dar.

© Springer Fachmedien Wiesbaden GmbH, ein Teil von Springer Nature 2019
T. Kuttner und A. Rohnen, *Praxis der Schwingungsmessung,*
https://doi.org/10.1007/978-3-658-25048-5_3

Abb. 3.1 Translationsschwinger

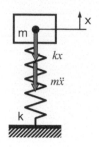

Zur eindeutigen Beschreibung der harmonischen Schwingung zum Zeitpunkt t ist neben der Auslenkung noch eine weitere Größe, z. B. die Geschwindigkeit, erforderlich. In diesem Falle wird der Nullphasenwinkel $\varphi_0 = 0$ festgelegt. Damit erhält man als zweite Größe zum Zeitpunkt t = 0 eine Schnelle $\dot{x}(0) = 0$. Nun wird als komplexe Ansatzfunktion die Gl. 2.14

$$\underline{x}(t) = \hat{x}e^{j\omega_0 t},\tag{3.2}$$

bzw. deren zweite Ableitung

$$\underline{\ddot{x}}(t) = -\omega_0^2\hat{x}e^{j\omega_0 t}\tag{3.3}$$

in die mit (-1) multiplizierte Gl. 3.1 eingesetzt:

$$k \cdot \hat{x}e^{j\omega_0 t} - \omega_0^2 m \cdot \hat{x}e^{j\omega_0 t} = 0.\tag{3.4}$$

Neben der trivialen Lösung (Amplitude $\hat{x} = 0$) erhält man eine weitere, sinnvolle Lösung, indem der Klammerausdruck null wird.

$$\left[k - \omega_0^2 m\right]\hat{x}e^{j\omega_0 t} = 0\tag{3.5}$$

Als Lösung beschreibt die *Eigenkreisfrequenz* ω_0 in Verbindung mit Gl. 3.2 die Eigenschwingung des ungedämpften Systems:

$$\omega_0 = \sqrt{\frac{k}{m}}\ .\tag{3.6}$$

Die *Eigenfrequenz* f_0 und die Periodendauer T erhält man aus den Gln. 2.4 und 2.5. In Gl. 3.6 gehen lediglich Federsteifigkeit und Masse ein. Daraus folgt unmittelbar, dass für ein lineares System mit linearer Rückstellung

- die Eigenkreisfrequenz ω_0 unabhängig von Anfangsauslenkung bzw. der Amplitude ist. Es ist ein Hinweis auf Nichtlinearitäten im schwingungsfähigen System, wenn sich mit Änderung der Amplitude die Eigenkreisfrequenz ebenfalls ändert.
- die Eigenkreisfrequenz ω_0 unabhängig von der statischen Ruhelage des schwingungsfähigen Systems ist. Eine Veränderung der Federvorspannung bewirkt (bei linearer Federkennlinie) also keine Änderung der Eigenkreisfrequenz.

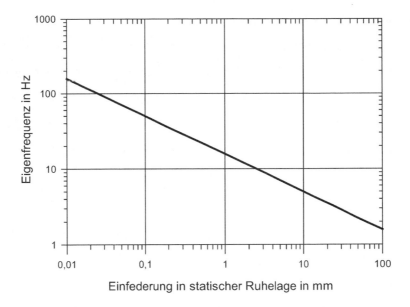

Abb. 3.2 Zusammenhang zwischen Einfederung in der statischen Ruhelage und Eigenfrequenz

Die Eigenfrequenz lässt sich aus der statischen Einfederung von Maschinenfundamenten und Fahrzeugen abschätzen (Abb. 3.2). Die Einfederung in der statischen Ruhelage $x_{st} = mg/k$ ist die Verformung der Feder durch die Belastung mit der Gewichtskraft mg. Durch Erweitern des Zählers und Nenners in Gl. 3.6 mit der Erdbeschleunigung g schreibt sich der Zusammenhang zur Eigenfrequenz f_0 wie folgt:

$$f_0 = \frac{1}{2\pi} \sqrt{\frac{k}{m} \frac{g}{g}} = \frac{1}{2\pi} \sqrt{\frac{g}{x_{st}}} \ . \tag{3.7}$$

Häufig wird für Maschinenfundamente eine geringe Eigenfrequenz f_0 angestrebt. Dies führt zu einer möglichst geringen Federkonstante k und damit wird die Einfederung x_{st} in der statischen Ruhelage größer, was wiederum unerwünscht und aus konstruktiver Sicht oftmals nicht realisierbar ist. Andererseits lässt sich auf diesem Wege bereits aus der Einfederung in der statischen Ruhelage die Eigenfrequenz abschätzen.

3.2 Rotationsschwingungen

Als Beispiel für Rotationsschwingungen soll ein schwingungsfähiges 1-Freiheitsgrad-System mit *Massenträgheitsmoment* J um die Rotationsachse und einer masselosen Feder nach DIN 1311–2 [1] mit der linearen Drehfederkonstante k_t dienen (Abb. 3.3).

Abb. 3.3 Rotationsschwinger

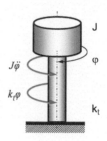

Das schwingungsfähige System führt Rotationsschwingungen um die feste z-Achse mit der Koordinate φ(t) aus. Durch Freischneiden und Aufstellen der Gleichgewichtsbedingungen erhält man:

$$-J\ddot{\varphi} - k_t\varphi = 0. \tag{3.8}$$

Durch einen Koeffizientenvergleich mit Gl. 3.1 erhält man sofort die Lösung für die Eigenkreisfrequenz ω_0:

$$\omega_0 = \sqrt{\frac{k_t}{J}}. \tag{3.9}$$

Zwischen Translations- und Rotationsschwingungen besteht also eine Analogie, durch die sich die Ergebnisse des Translationsschwingers auf den Rotationsschwinger übertragen lassen.

Für den Sonderfall einer Welle mit Vollkreisquerschnitt, der über der Länge l der Welle konstant ist, lässt sich die Drehfederkonstante k_t mit dem Schubmodul G des Werkstoffes und dem polaren Flächenmoment 2. Ordnung I_p wie folgt berechnen:

$$k_t = \frac{GI_p}{l}. \tag{3.10}$$

Die Eigenkreisfrequenz ω_0 errechnet sich dann zu:

$$\omega_0 = \sqrt{\frac{GI_p}{lJ}}. \tag{3.11}$$

Ersetzt man die Eigenkreisfrequenz ω_0 durch die Periodendauer T_0 nach Gl. 2.5 und stellt die Gleichung nach J um, so erhält man:

$$J = \frac{T_0^2}{4\pi^2}\frac{GI_p}{l}. \tag{3.12}$$

Mit Gl. 3.12 lässt sich das Massenträgheitsmoment mit der gemessenen Periodendauer der Schwingung T_0 errechnen. Hierfür wird in einem Drehschwingungsversuch die zu untersuchende Struktur (Bauteil, System) an der Drehstabfeder mit bekannter Federkonstante aufgehängt und in Schwingungen versetzt [5].

3.3   Freie gedämpfte Schwingungen

In der Praxis stets auftretende Bewegungswiderstände bewirken ein Abklingen der
Schwingung. Diese als *Dämpfung* bezeichnete Eigenschaft des schwingungsfähigen
Systems setzt sich zusammen aus der Werkstoffdämpfung, der Bauteildämpfung der
Konstruktion, der Lagerdämpfung, der Umgebungsdämpfung durch umgebende Medien
(Luft, Öl, Wasser usw.) sowie der im engeren Sinne verstandenen Dämpfung durch
Schwingungsdämpfer. DIN 1311–2 [1] spricht von dissipativen Strukturelementen. Eine
Dämpfung tritt demnach auf, wenn dissipative Strukturelemente die Energiesumme in
den Energiespeichern des schwingungsfähigen Systems vermindern.

Als einfach zu handhabender Ansatz für die mathematische Beschreibung der Dämpfung wird ein linearer Zusammenhang zwischen Dämpfungskraft F_{diss} und Geschwindigkeit (Schnelle) angenommen:

$$F_{diss}(\dot{x}) = d\dot{x}. \tag{3.13}$$

Die Dämpfungskonstante d wird in Ns/m angegeben. Dieser lineare Zusammenhang mit
der Geschwindigkeit wird als *geschwindigkeitsproportionale* bzw. *viskose Dämpfung* bzw.
nach DIN 1311–2 als Bauteildämpfung bezeichnet und kann zur Beschreibung der Mate-
rial-, Bauteil- und Flüssigkeitsdämpfung herangezogen werden. Nichtlineare Dämpfungs-
einflüsse durch z. B. turbulente Strömungen und trockene Reibung (Coulombsche
Reibung) können hingegen mit Gl. 3.13 nicht beschrieben werden.

Bei Auslenkung um die statische Gleichgewichtslage lässt sich die Kräftebilanz in
einem schwingungsfähigen System (Abb. 3.4) wie folgt aufschreiben:

$$-m\ddot{x} - d\dot{x} - kx = 0. \tag{3.14}$$

Durch Einsetzen der Eigenkreisfrequenz des ungedämpften Systems $\omega_0^2 = k/m$ und der
Abklingkonstante $\delta = d/(2\,m)$ in Gl. 3.14 erhält man

$$\ddot{x} + 2\delta\dot{x} + \omega_0^2 x = 0. \tag{3.15}$$

Für die weitere Rechnung wird als dimensionslose Größe der *Dämpfungsgrad* ϑ (auch
als Lehr'sches Dämpfungsmaß D bezeichnet) eingeführt:

$$\vartheta = \frac{\delta}{\omega_0}. \tag{3.16}$$

Abb. 3.4 Translationsschwinger mit Dämpfung

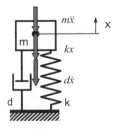

Als Lösungsansatz für diese Differenzialgleichung 2. Ordnung wird die Funktion $x(t) = Ae^{\lambda t}$ und deren Ableitungen $\dot{x}(t) = A\lambda e^{\lambda t}$ und $\ddot{x}(t) = A\lambda^2 e^{\lambda t}$ in Gl. 3.14 eingesetzt:

$$\underbrace{A\lambda^2 e^{\lambda t}}_{\ddot{x}} + 2\delta \underbrace{A\lambda e^{\lambda t}}_{\dot{x}} + \omega_0^2 \underbrace{Ae^{\lambda t}}_{x} = 0. \tag{3.17}$$

Durch Herauskürzen von $Ae^{\lambda t}$ in Gl. 3.17 erhält man die charakteristische Gleichung

$$\lambda^2 + 2\delta\lambda + \omega_0^2 = 0. \tag{3.18}$$

Diese quadratische Gleichung hat die Lösung für die beiden Eigenwerte λ:

$$\lambda_{1,2} = -\delta \pm \sqrt{\delta^2 - \omega_0^2}. \tag{3.19}$$

In Abhängigkeit welchen Zahlenwert der Wurzelausdruck in Gl. 3.19 annimmt, nimmt die Lösung unterschiedliche Form an. In der DIN 1311-2 werden folgende Fälle unterschieden, die in Tab. 3.1 zusammengefasst sind.

Der messtechnisch häufig auftretenden Fall des Dämpfungsgrades $0 < \vartheta < 1$ soll hier näher untersucht werden. Aus der Lösung der Differenzialgleichung ist zu entnehmen, dass die Schwingungen mit $Ae^{-\delta t}$ als Einhüllende abklingen. Die Dämpfung verringert die *Eigenkreisfrequenz des gedämpften Systems* ω_d um einen konstanten Faktor:

$$\omega_d = \sqrt{\omega_0^2 - \delta^2} = \omega_0 \sqrt{1 - \vartheta^2} \ . \tag{3.20}$$

Die Schwingung ist streng genommen nicht periodisch, da die Amplituden zwischen zwei Nulldurchgängen abnehmen. Da die Amplitude im betrachteten Fall nur geringfügig innerhalb einer Periode abklingt, wird die gedämpfte Schwingung als *quasi harmonische Schwingung* bezeichnet. Aufgrund der festen Periodendauer wird die Quasi-Periodendauer T_d definiert:

$$T_d = \frac{2\pi}{\omega_d} = \frac{2\pi}{\omega_0 \sqrt{1 - \vartheta^2}} \ . \tag{3.21}$$

Durch Normierung mit ω_0 und unter Benutzung von Gl. 3.16 kann die Gl. 3.21 in die Form einer Kreisgleichung gebracht werden:

$$\left(\frac{\omega_d}{\omega_0}\right)^2 + \left(\frac{\delta}{\omega_0}\right)^2 = 1. \tag{3.22}$$

Die grafische Auftragung von Gl. 3.22 in Abb. 3.5 zeigt, dass bei schwacher Dämpfung $\delta/\omega_0 \rightarrow 0$ das Verhältnis ω_d/ω_0 gegen den Wert 1 strebt, die Eigenkreisfrequenz des ungedämpften Systems ω_0 also als Näherung für die Eigenkreisfrequenz des gedämpften Systems ω_d gelten kann.

Der mit der Ordinatenachse eingeschlossene Winkel wird als *Dämpfungswinkel* Θ bezeichnet und ist analog zum Polwinkel in der Elektrotechnik definiert [6].

Tab. 3.1 Lösungen der Differenzialgleichung für die freie gedämpfte Schwingung

Bezeichnung nach DIN 1311-2	Dämpfungsgrad ϑ	Eigenwerte	Lösung der Differenzialgleichung	Weg-Zeit-Funktion
Schwach gedämpft	$\vartheta \ll 1$	Komplex $\lambda_{1,2} = -\delta \pm j\sqrt{\delta^2 - \omega_0^2}$	$x(t) = Ae^{-\delta t}[\cos(\omega_d t + \varphi_0)]$ mit $\omega_d = \sqrt{\omega_0^2 - \delta^2} = \omega_0\sqrt{1-\vartheta^2}$ A und φ_0 aus Anfangsbedingungen	
Stark gedämpft	$\vartheta < 1$			
Aperiodischer Grenzfall	$\vartheta = 1$	Reell, negativ $\lambda_1 = \lambda_2 = -\delta$	$x(t) = (A_1 t + A_2)e^{-\delta t}$ A_1 und A_2 aus Anfangsbedingungen	
Sehr starke Dämpfung	$\vartheta \geq 1$	Reell, negativ $\lambda_{1,2} = -\delta \pm \sqrt{\delta^2 - \omega_0^2}$	$x(t) = (A_1 e^{\lambda_1 t} + A_2 e^{\lambda_2 t})$ A_1 und A_2 aus Anfangsbedingungen	

Abb. 3.5 Eigenkreisfrequenz
des gedämpften Systems und
Dämpfungswinkel

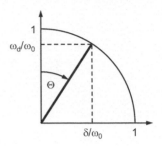

Unter Benutzung des Dämpfungsgrades aus Gl. 3.16 ergeben sich die Zahlenwerte in
Tab. 3.2.

Zur Beschreibung der Dämpfung dient ebenfalls das *logarithmische Dekrement* Λ,
welches als der natürliche Logarithmus zweier aufeinander folgender Schwingungsmaxima definiert ist (vgl. Abb. 3.6):

$$\Lambda = \ln\left(\frac{x_k(t)}{x_{k+1}(t+T_d)}\right). \tag{3.23}$$

Die beiden Schwingungsmaxima sind um 2π phasenverschoben. Das Einsetzen der
Weg-Zeit-Funktion $x(t) = Ae^{-\delta t}[\cos(\omega_d t + \varphi_0)]$ in Gl. 3.23 sowie nachfolgender Ver-
einfachung mit $\omega_d T_d = 2\pi$ kürzen sich neben A die Cosinus-Terme aufgrund deren
Periodizität mit 2π heraus:

Tab. 3.2 Einfluss des Dämpfungsgrades ϑ auf das Verhältnis Eigenkreisfrequenz des gedämpften
zum ungedämpften System ω_d/ω_0 sowie Dämpfungswinkel Θ

ϑ	0,01	0,02	0,05	0,1	0,2	0,5	0,7
ω_d/ω_0	0,9999	0,9998	0,9987	0,9950	0,9798	0,8660	0,7141
Θ in Grad	0,6	1,1	2,9	5,7	11,3	26,6	35,0

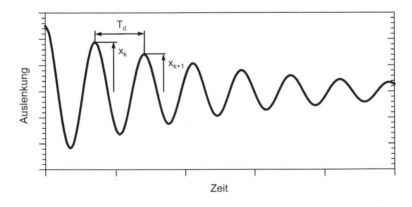

Abb. 3.6 Definition des logarithmischen Dekrementes an der schwach gedämpften Schwingung

$$\Lambda = \ln \left(\frac{A e^{-\delta t}[\cos(\omega_d t + \varphi_0)]}{A e^{-\delta(t+T_d)}[\cos(\omega_d(t + T_d) + \varphi_0)]} \right) = \ln e^{\delta T_d} = \delta T_d = \delta \frac{2\pi}{\omega_d} \ . \quad (3.24)$$

Ebenfalls kann die Dämpfung über den *Verlustfaktor* ψ beschrieben werden, der nach DIN 1311-2[1] als Verhältnis der aus dem System durch Dissipation, Fortleitung oder Abstrahlung herausgeführten Energie E_v und dem Maximum der potenziellen Energie E_r definiert ist:

$$\Psi = \frac{E_v}{E_r}. \quad (3.25)$$

Die Auftragung der Kraft über die Verformung eines Bauteils zeigt infolge der Dämpfung zwischen Belastung und Entlastung ein unterschiedliches Materialverhalten (Abb. 3.7). Im eingeschwungenen, d. h. stationären Zustand stellt die zwischen beiden Kurvenästen eingeschlossene Fläche (Hysterese) den Verlust der mechanischen Energie pro Schwingspiel E_v (am Bauteil verrichtete Dämpfungs- oder Verlustarbeit) dar. Während der maximalen Belastung wird die Formänderungsenergie E_r im Bauteil gespeichert. Dies ist die potenzielle Energie pro Schwingspiel und entspricht der Dreiecksfläche mit dem Flächeninhalt $E_r = \frac{1}{2}k_k x_k^2$. Für den zunächst unbekannten Flächeninhalt der Hysteresekurve E_v wird in Gl. 3.25 eine Näherung aus den Maxima der Hysterese getroffen. Hierbei wird E_v als Differenz der potenziellen Energie an den Stellen zweier aufeinander folgenden Maxima k und k + 1 ausgedrückt und auf Energie E_r im k + 1. Maximum bezogen:

$$\Psi = \frac{E_v}{E_r} = \frac{E_k - E_{k+1}}{E_{k+1}} = \frac{\frac{1}{2}k x_k^2 - \frac{1}{2}k x_{k+1}^2}{\frac{1}{2}k x_{k+1}^2} = \frac{\frac{1}{2}k x_k^2}{\frac{1}{2}k x_{k+1}^2} - 1 = \frac{x_k^2}{x_{k+1}^2} - 1. \quad (4.26)$$

Für den Ansatz in Gl. 3.26 wird linear-elastisches Materialverhalten mit einer Steifigkeit k und eine lineare Rückstellkraft vorausgesetzt. Die Form der Hystereseschleife und deren eingeschlossene Fläche gehen aufgrund des Ansatzes nicht in die Berechnung ein. Es wird vielmehr die Zunahme des Verlustfaktors ψ über ein Schwingspiel berechnet. Die Normierung auf das k + 1. Maximum erfolgt wegen der späteren Linearisierung. Setzt man $x_k/x_{k+1} = e^{\Lambda}$ aus Gl. 3.23 ein, so folgt:

$$\Psi = \left(e^{\Lambda}\right)^2 - 1 = e^{2\Lambda} - 1.$$

Nach Logarithmieren kann dieser Zusammenhang für kleine ψ linearisiert werden, indem eine Reihenentwicklung nach dem ersten Term abgebrochen wird ($\ln(\Psi + 1) \approx \Psi$):

$$\Psi = 2\Lambda. \quad (3.27)$$

---

[1]DIN 1311-2 verwendet als Formelzeichen η, welches wegen der Gefahr der Verwechselung mit dem Abstimmungsverhältnis hier nicht verwendet wird.

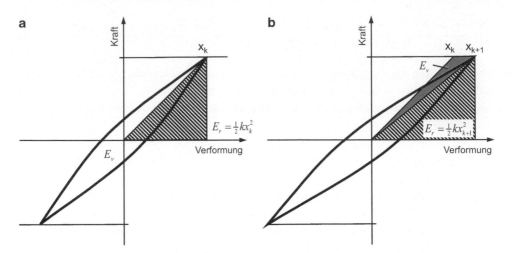

Abb. 3.7 Hysteresekurve eines Bauteils unter Belastung mit konstanter Kraftamplitude. **a** Definition des Verlustfaktors ψ im k. Maximum, **b** Näherung für E_v mit dem k + 1. Maximum

Abb. 3.8 Translationsschwinger mit Coulombscher Reibung

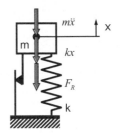

Die Eigenfrequenz und die Dämpfung der freien gedämpften Schwingung kann durch verschiedene Kenngrößen ausgedrückt werden, die ineinander überführt werden können. Die Umrechnung verschiedener Kenngrößen ist in Tab. 3.3 zusammengestellt.

Unter trockener Reibung (Coulombsche Reibung) kann der Ansatz einer konstanten Reibkraft F_R für die mathematische Beschreibung der Dämpfung dienen (Abb. 3.8). Da die Reibkraft stets entgegen der Bewegungsrichtung wirkt, muss für jede Halbschwingung eine gesonderte Schwingungsdifferenzialgleichung aufgestellt werden [4]:

$$\dot{x} > 0 : -m\ddot{x} - kx = +F_R$$
$$\dot{x} < 0 : -m\ddot{x} - kx = -F_R. \tag{3.28}$$

Beide Gleichungen unterscheiden sich nur durch das Vorzeichen der Störgliedes F_R. Die Lösung beider inhomogenen Differenzialgleichungen muss getrennt für die positiven Halbschwingungen mit $\dot{x} > 0$ und die negativen Halbschwingungen $\dot{x} < 0$ erfolgen und lautet:

Tab. 3.3 Eigenfrequenz und die Dämpfung der freien gedämpften Schwingung für Dämpfungsgrade $0 < \vartheta < 1$

	Dämpfungskoeffizient d	Abklingkoeffizient δ	Dämpfungsgrad ϑ	Logarithmisches Dekrement Λ	Dämpfungswinkel Θ	Verlustfaktor ψ
Eigenfrequenz der gedämpften Schwingung ω_d	$\omega_d = \sqrt{\frac{k}{m} - \left(\frac{d}{2m}\right)^2}$	$\omega_d = \sqrt{\omega_0^2 - \delta^2}$	$\omega_d = \omega_0\sqrt{1-\vartheta^2}$	$\omega_d = \frac{2\pi\omega_0}{\sqrt{4\pi^2+\Lambda^2}}$	$\omega_d = \omega_0\cos\Theta$	$\omega_d = \frac{\omega_0}{\sqrt{1+\left(\frac{\psi}{4\pi}\right)^2}}$
Dämpfungskoeffizient d	1	$d = 2m\delta$	$d = 2\sqrt{km}\,\vartheta$	$d = \frac{2\sqrt{km}\,\Lambda}{\sqrt{4\pi^2+\Lambda^2}}$	$d = 2\sqrt{km}\sin\Theta$	$d = \frac{\sqrt{km}\,\psi}{2\pi\sqrt{1+\left(\frac{\psi}{4\pi}\right)^2}}$
Abklingkoeffizient δ	$\delta = \frac{d}{2m}$	1	$\delta = \vartheta\omega_0$	$\delta = \frac{\omega_0\Lambda}{\sqrt{4\pi^2+\Lambda^2}}$	$\delta = \omega_0\sin\Theta$	$\delta = \frac{\omega_0\psi}{4\pi\sqrt{1+\left(\frac{\psi}{4\pi}\right)^2}}$
Dämpfungsgrad ϑ	$\vartheta = \frac{d}{2\sqrt{km}}$	$\vartheta = \frac{\delta}{\omega_0}$	1	$\vartheta = \frac{\Lambda}{\sqrt{4\pi^2+\Lambda^2}}$ $\vartheta = \frac{\Lambda}{2\pi}$ (*)	$\vartheta = \sin\Theta$	$\vartheta = \frac{\psi}{4\pi\sqrt{1+\left(\frac{\psi}{4\pi}\right)^2}}$ $\vartheta = \frac{\psi}{4\pi}$ (*)
Logarithmisches Dekrement Λ	$\Lambda = \frac{\pi\frac{d}{\sqrt{km}}}{\sqrt{1-\left(\frac{d}{2\sqrt{km}}\right)^2}}$ $\Lambda = \pi\frac{d}{\sqrt{km}}$ *	$\Lambda = \frac{2\pi\frac{\delta}{\omega_0}}{\sqrt{1-\left(\frac{\delta}{\omega_0}\right)^2}}$ $\Lambda = 2\pi\frac{\delta}{\omega_0}$ (*)	$\Lambda = \frac{2\pi\vartheta}{\sqrt{1-\vartheta^2}}$ $\Lambda = 2\pi\vartheta$ (*)	1	$\Lambda = 2\pi\tan\Theta$	$\Lambda = \frac{1}{2}\psi$
Dämpfungswinkel Θ	$\Theta = \arctan\frac{\frac{d}{\sqrt{km}}}{\sqrt{1-\left(\frac{d}{2\sqrt{km}}\right)^2}}$	$\Theta = \arctan\frac{\frac{\delta}{\omega_0}}{\sqrt{1-\left(\frac{\delta}{\omega_0}\right)^2}}$	$\Theta = \arctan\frac{\vartheta}{\sqrt{1-\vartheta^2}}$ $\Theta = \arcsin\vartheta$ (*)	$\Theta = \arctan\frac{\Lambda}{2\pi}$	1	$\Theta = \arctan\frac{\psi}{4\pi}$
Verlustfaktor ψ	$\psi = \frac{2\pi\frac{d}{\sqrt{km}}}{\sqrt{1-\left(\frac{d}{2\sqrt{km}}\right)^2}}$	$\psi = \frac{4\pi\frac{\delta}{\omega_0}}{\sqrt{1-\left(\frac{\delta}{\omega_0}\right)^2}}$	$\psi = \frac{4\pi\vartheta}{\sqrt{1-\vartheta^2}}$	$\psi = 2\Lambda$	$\psi = 4\pi\tan\Theta$	1

(*) Näherung für kleine Dämpfungen

$$\dot{x} > 0 : x(t) = A_1[\cos{(\omega_0 t + \varphi_0)}] - \frac{F_R}{k}$$

$$\dot{x} < 0 : x(t) = A_2[\cos{(\omega_0 t + \varphi_0)}] + \frac{F_R}{k}.$$

(3.29)

Die Konstanten A_1 und A_2 gelten nur in der betrachteten Halbschwingung und sind aus den jeweiligen Anfangsbedingungen zu ermitteln. Die Eigenkreisfrequenz und Periodendauer entspricht der des ungedämpften Schwingers. Bei jeder halben Schwingung verringert sich die Amplitude um den konstanten Betrag F_R/k. Wenn die Amplitude kleiner als F_R/k geworden ist, kommt die Masse zum Stillstand (Abb. 3.8).

Literatur

1. DIN 1311–2: Schwingungen und Schwingungsfähige Systeme. Teil 2: Lineare, zeitinvariante schwingungsfähige Systeme mit einem Freiheitsgrad (2002)
2. Blake, R.E.: Basic vibration theory. In: Piersol, P. (Hrsg.) Harris' Shock and Vibration Handbook, Chapter 2. McGraw-Hill Education, New York (2009)
3. Gross, D., Hauger, W., Schröder, J., Wall, W.A.: Technische Mechanik 3 Kinetik. Springer Vieweg, Berlin (2015)
4. Jäger, H., Mastel, R., Knaebel, M.: Technische Schwingungslehre. Springer Vieweg, Wiesbaden (2016)
5. Dresig, H., Holzweißig, F.: Maschinendynamik. Springer Vieweg, Berlin (2016)
6. Zollner, M.: Frequenzanalyse. Autoren-Selbstverlag, Regensburg (1999)

Erzwungene Schwingungen

4

▶ Unter der äußeren Einwirkung von periodischen Kräften und Bewegungen werden in einem schwingungsfähigen System erzwungene Schwingungen erregt. Dieser in der Praxis bedeutsame Fall tritt einerseits an den Messobjekten wie z. B. Bauteilen, Fahrzeugen, Fundamenten, Bauwerken usw. auf, ebenso können sind Schwingungsaufnehmer selbst schwingungsfähige Systeme. Damit bilden diese Betrachtungen die Grundlage für die Planung von Messaufgaben und dem Verständnis deren Ergebnisse. Anhand der Federkrafterregung werden Grundbegriffe sowie das Konzept der Übertragungsfunktionen entwickelt. Die Darstellung im Bode- und Nyquist-Diagramm wird erläutert, anschließend werden weitere Erregungsarten behandelt.

4.1 Federkrafterregung mit konstanter Kraftamplitude

Unter Einwirkung einer Erregerkraft F soll die Schwingungsantwort x in dem schwingungsfähigen System (Abb. 4.1) untersucht werden [1–6].
Ein Kräftegleichgewicht am Schwerpunkt in vertikaler Richtung führt auf die inhomogene Differenzialgleichung:

$$-m\ddot{x} - d\dot{x} - kx = -F(t). \tag{4.1}$$

Die Erregerkraft wird als harmonische Funktion mit veränderlicher *Erregerkreisfrequenz* Ω und der Amplitude $\hat{F}$ angesetzt. In Polarform lautet diese

$$\underline{F}(t) = \hat{F} \cdot e^{j\Omega t} \tag{4.2}$$

Der Nullphasenwinkel wird zu null angenommen, dies vereinfacht die Lösung. Die Kraft ist nicht von der Schwingungsantwort abhängig, es findet also keine Rückwirkung des

© Springer Fachmedien Wiesbaden GmbH, ein Teil von Springer Nature 2019
T. Kuttner und A. Rohnen, *Praxis der Schwingungsmessung*,
https://doi.org/10.1007/978-3-658-25048-5_4

Abb. 4.1 Translationsschwinger unter Krafterregung

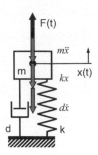

schwingungsfähigen Systems auf die Kraft statt. Die Schwingungsantwort x und deren Ableitungen werden als Zeiger mit dem Phasenwinkel ς unter Benutzung von Gl. 2.14, 2.18 und 2.19 angesetzt:

$$
\begin{aligned}
\underline{x}(t) &= \hat{x} \cdot e^{j(\Omega t - \varsigma)} \\
\underline{\dot{x}}(t) &= j\Omega\hat{x}e^{j(\Omega t - \varsigma)} \\
\underline{\ddot{x}}(t) &= -\Omega^2\hat{x}e^{j(\Omega t - \varsigma)}.
\end{aligned}
\tag{4.3}
$$

In der Praxis ist meistens der *stationäre Bewegungszustand* des Systems interessant, der sich nach dem Abklingen aller Einschwingvorgänge unter der periodisch wirkenden Erregerkraft einstellt. Als Lösung der Differenzialgleichung ist deshalb eine Partikulärlösung der inhomogenen Differenzialgleichung Gl. 4.1 gesucht, die man durch Einsetzen der Gl. 4.2 und 4.3 erhält:

$$
-\Omega^2 m\hat{x}e^{j(\Omega t - \varsigma)} + j\Omega d\hat{x}e^{j(\Omega t - \varsigma)} + k\hat{x} \cdot e^{j(\Omega t - \varsigma)} = \hat{F}e^{j\Omega t}.
\tag{4.4}
$$

Nach Zusammenfassung der Terme und Ausklammern der komplexen Amplitude ergibt sich:

$$
\left[-\Omega^2 m + k + j\Omega d\right]\hat{x}e^{j(\Omega t - \varsigma)} = \hat{F}e^{j\Omega t}.
\tag{4.5}
$$

Nun wird der Zeiger $\underline{x}(t)$ in die Zeitfunktion $e^{j\Omega t}$ und komplexe Amplitude $\underline{\hat{x}}$ aufgespalten:

$$
\underline{x}(t) = \hat{x}e^{j(\Omega t - \varsigma)} = \hat{x}e^{-j\varsigma}e^{j\Omega t} = \underline{\hat{x}}e^{j\Omega t}.
\tag{4.6}
$$

Die komplexe Amplitude $\underline{\hat{x}}$ beinhaltet den Phasenwinkel ς. Durch Einsetzen von Gl. 4.6 in Gl. 4.5 hebt sich der Term $e^{j\Omega t}$ auf der linken und rechten Seite der Gleichung heraus und lautet:

$$
\underline{\hat{x}} = \hat{F}\left[\frac{1}{-\Omega^2 m + k + j\Omega d}\right].
\tag{4.7}
$$

Damit ist die komplexe Amplitude $\underline{\hat{x}}$ proportional zur Amplitude der Kraft $\hat{F}$. Durch Multiplikation mit der Zeitfunktion $e^{j\Omega t}$ rotieren beide Zeiger $\underline{\hat{x}}$ und $\underline{\hat{F}}$ in der komplexen Zahlenebene mit der Erregerkreisfrequenz Ω.

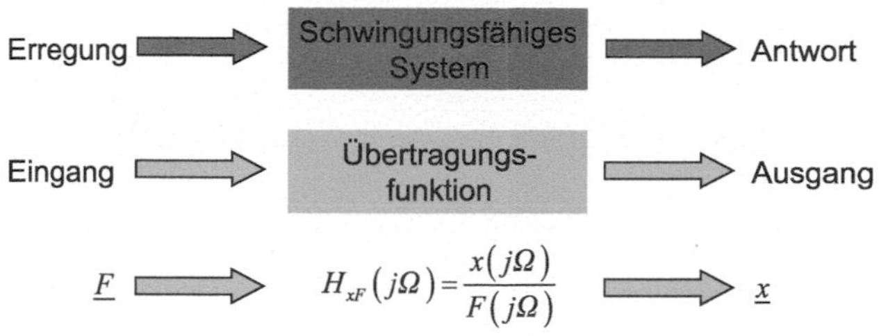

Abb. 4.2 Zur Definition der
Übertragungsfunktion

Erregung ⟹ Schwingungsfähiges System ⟹ Antwort

Eingang ⟹ Übertragungs-funktion ⟹ Ausgang

$\underline{F}$ ⟹ $H_{xF}(j\Omega) = \dfrac{x(j\Omega)}{F(j\Omega)}$ ⟹ $\underline{x}$

Stellt man nun die Erregerkraft als Eingang und die Schwingungsantwort als Ausgang eines schwingungsfähigen Systems dar, so verknüpft die *Übertragungsfunktion*[1] $H_{xF}(j\Omega)$ diese beiden Größen im Frequenzbereich (Abb. 4.2):

$$H_{xF}(j\Omega) = \frac{\hat{\underline{x}}}{\hat{\underline{F}}}. \tag{4.8}$$

Für die Ausgangs- und Eingangsgrößen werden die komplexen Amplituden benutzt, da diese Informationen über die Amplituden (d. h. Beträge) und den Phasenverschiebungswinkel enthalten sind. Die Übertragungsfunktion ist dann ebenfalls eine komplexe Größe, für die Darstellungen als Amplituden- und Phasenanteil (*Bodediagramm*, Abschn. 4.2) bzw. als Real- und Imaginärteil (*Nyquistdiagramm*, Abschn. 4.4) üblich sind.

Für die praktische Anwendung ist es von großem Nutzen, die Lösung auf dimensionslose Größen zu normieren, um die Fülle der möglichen Kombinationen der Parameter zu reduzieren. Hierfür wird einerseits der Dämpfungsgrad ϑ (Gl. 3.16) und andererseits das *Abstimmungsverhältnis* η als Verhältnis von Erregerkreisfrequenz Ω zu Eigenkreisfrequenz des ungedämpften Systems ω_0 benutzt:

$$\eta = \frac{\Omega}{\omega_0}. \tag{4.9}$$

Kennzeichnende Begriffe in Zusammenhang mit dem Abstimmungsverhältnis sind in Tab. 4.1 zusammengefasst.

Durch Einsetzen von Dämpfungsgrad ϑ und Abstimmungsverhältnis η erhält man nach Ausklammern der Federkonstante k im Nenner schließlich

$$\hat{\underline{x}} = \frac{\hat{F}}{k}\left[\frac{1}{(1-\eta^2)+j2\vartheta\eta}\right]. \tag{4.10}$$

---

[1]Komplexe Größen können durch den Unterstrich $\underline{H}$ oder in der Form $H(j\Omega)$ gekennzeichnet werden. Beide Schreibweisen werden in der Literatur gleichwertig verwendet [1, 7, 8]. In dieser Darstellung wird die Schreibweise $H(j\Omega)$ für Übertragungsfunktionen dann benutzt, wenn deren Amplituden- und Phasenanteil ausgewertet wird.

Tab. 4.1 Zusammenhang zwischen Abstimmungsverhältnis und Bezeichnungen am schwingungsfähigen System

Abstimmungsverhältnis η	Abstimmung	Erregung
$\eta \ll 1$	Hochabgestimmt	Unterkritisch
$\eta \gg 1$	Tiefabgestimmt	Überkritisch

Zur anschaulicheren Darstellung wird die Übertragungsfunktion in den Amplitudenanteil und Phasenanteil zerlegt. Den Amplitudenanteil erhält man durch Bildung des Betrags:

$$H_{xF}(\eta) = |H_{xF}(j\eta)| = \sqrt{(\mathrm{Re}\,(H_{xF}(j\eta)))^2 + (\mathrm{Im}\,(H_{xF}(j\eta)))^2}$$

$$= \frac{1}{k} \cdot \left[\frac{1}{\sqrt{\left(1 - \eta^2\right)^2 + (2\vartheta\eta)^2}} \right]. \tag{4.11}$$

Der Amplitudenfrequenzgang kann wiederum in einen dimensionsbehafteten und einen dimensionslosen Anteil aufgeteilt werden:

$$H_{xF}(\eta) = \kappa_{xF} \cdot \alpha_{xF}(\eta) = \frac{1}{k}\alpha_{xF}(\eta). \tag{4.12}$$

Der Amplitudenanteil der Übertragungsfunktion α_{xF} ist selbst dimensionslos. Der Vorfaktor κ_{xF} enthält hingegen die Einheiten. Für den Phasenanteil ergibt sich unter Berücksichtigung des Minuszeichens in der komplexen Amplitude $\hat{x}e^{-j\varsigma}$:

$$\tan \varsigma_{xF}(\eta) = -\frac{\mathrm{Im}\,(H_{xF}(j\eta))}{\mathrm{Re}\,(H_{xF}(j\eta))} = \frac{2\vartheta\eta}{1 - \eta^2}. \tag{4.13}$$

Der Phasenverschiebungswinkel ς ist als Differenz der Phasenwinkel von Erregung (Kraftzeiger) und Schwingungsantwort (Beschleunigungszeiger) zu verstehen. Amplitudenanteil und Phasenanteil sind reelle Größen. Die dimensionslose Darstellung des Amplitudenanteils der Übertragungsfunktion in Krafterregung wird in der Maschinendynamik als *Vergrößerungsfunktion* V_1 bezeichnet. Aus diesem Grund wird vereinfachend $\alpha_1 = \alpha_{xF}$ und $\varsigma_1 = \varsigma_{xF}$ gesetzt.

4.2 Amplituden- und Phasenfrequenzgang

Die Auftragung des Amplitudenanteils α_{xF} und des Frequenzanteils ς_{xF} der Übertragungsfunktion über der Erregerkreisfrequenz Ω bzw. dem Abstimmungsverhältnis η wird als *Amplitudenfrequenzgang* bzw. *Phasenfrequenzgang* bezeichnet.

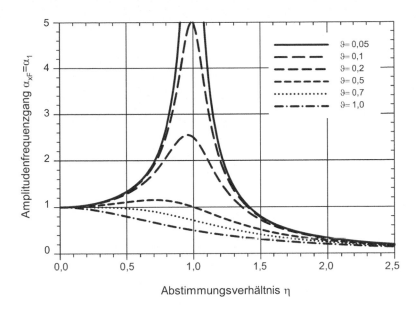

Abb. 4.3 Amplitudenfrequenzgang für Wegantwort unter Krafterregung

▶   Der Amplitudenanteil gibt den Übertragungskoeffizient (als Faktor) zwischen
    Ausgang und Eingang an. Der (positive) Phasenwinkel gibt an, um welchen
    Winkel die Schwingungsantwort der Erregung nachläuft.

Mit Amplitudenanteil und Frequenzanteil der Übertragungsfunktion ist das Übertragungsverhalten vollständig beschrieben. Amplitudenfrequenzgang bzw. Phasenfrequenzgang bilden zusammen das *Bodediagramm*. In den Abb. 4.3 und 4.4 sind für die
Funktionen α_{xF} und ς_{xF} über dem Abstimmungsverhältnis η dargestellt.

In Abhängigkeit vom Abstimmungsverhältnis η wird der Verlauf der Übertragungsfunktion wie folgt diskutiert:

- $\eta \ll 1$ *(unterkritische Erregung):* Der Amplitudenanteil geht gegen den Wert 1:
  $\alpha_{xF} \rightarrow 1$. Damit entspricht die Schwingungsantwort der statischen Einfederung
  $\hat{x} = \hat{F}/k$. Der Phasenverschiebungswinkel ς_{xF} hat den Wert 0, Erregung und Antwort
  haben den gleichen Phasenverschiebungswinkel.
- $\eta \gg 1$ *(überkritische Erregung):* Der Amplitudenanteil geht gegen den Wert 0:
  $\alpha_{xF} \rightarrow 0$. Die Masse ist also in Ruhe. Der Phasenverschiebungswinkel ς_{xF} hat den Wert
  180°, Erregung und Antwort sind 180° phasenverschoben.
- $\eta \rightarrow 1$ (Annäherung an die Resonanz): Bei Annäherung an die *Resonanzkreisfrequenz*
  Ω_r erreichen die Amplituden ein Maximum. Bei einem Dämpfungsgrad $\vartheta = 0$ würden die Amplituden theoretisch über alle Grenzen wachsen. In der Praxis begrenzen
  die Erregerleistung, sowie die tatsächlich vorhandenen Nichtlinearitäten und

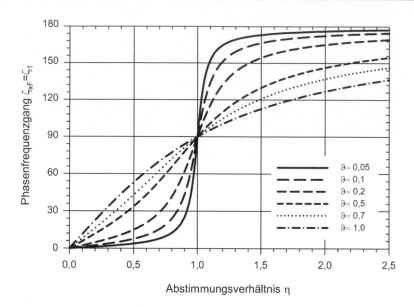

Abb. 4.4 Phasenfrequenzgang für Wegantwort unter Krafterregung

Dämpfungen die Amplituden. Für das Maximum im Amplitudenfrequenzgang erhält man durch Nullsetzen der 1. Ableitung die Resonanzkreisfrequenz Ω_{rx}.

$$\Omega_{rx} = \sqrt{1 - 2\vartheta^2}\,\omega_0. \tag{4.14}$$

Die Amplituden werden an der Stelle der Eigenkreisfrequenz des gedämpften Systems ω_d und nur für den Sonderfall $\vartheta = 0$ an der Stelle der Eigenkreisfrequenz des ungedämpften Systems ω_0 maximal. Das Maximum wird als *Resonanzüberhöhung* α_{rx} bzw. *Güte* Q bezeichnet und erreicht den Funktionswert

$$\alpha_{rx} = \frac{1}{2\vartheta\sqrt{1 - 2\vartheta^2}}. \tag{4.15}$$

Mit anwachsendem Dämpfungsgrad ϑ werden die Maxima kleiner. Bei Dämpfungsgraden $\vartheta \geq 1/\sqrt{2}$ tritt kein Maximum auf.

Eine Auswertung des Phasenfrequenzganges ergibt, dass der Phasenverschiebungswinkel ς_{xF} den Wert 90° bei $\eta = 1$ annimmt. Mit steigendem Dämpfungsgrad verlaufen die Kurven flacher, schneiden sich jedoch alle in diesem Punkt. Damit kann an der Stelle des Phasenverschiebungswinkels von 90° die Eigenkreisfrequenz des ungedämpften Systems $\omega_0 = \Omega$ (d. h. $\eta = 1$) abgelesen werden. Dies gilt auch bei höherem Dämpfungsgrad ϑ. An dieser Stelle nimmt der Amplitudenfrequenzgang folgenden Wert an:

$$\alpha_{xF}(\eta = 1) = \frac{1}{2\vartheta}. \tag{4.16}$$

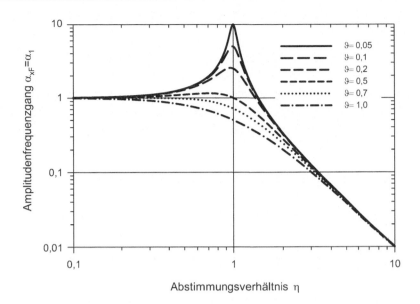

Abb. 4.5 Logarithmische Darstellung des Amplitudenfrequenzganges der Wegantwort unter Krafterregung

Aus diesem Ordinatenwert lässt sich einfach der Dämpfungsgrad ϑ ablesen.

Der Phasenverschiebungswinkel ς kann ebenfalls als *Phasenverschiebungszeit* Δt ausgedrückt werden:

$$\Delta t = \frac{\varsigma}{\Omega} = \frac{1}{\omega_0} \cdot \frac{\varsigma}{\eta}. \tag{4.17}$$

Im Phasenfrequenzgang kann unmittelbar der Quotient ς/η als Anstieg des Phasenverschiebungswinkels ς über das Abstimmungsverhältnis η abgelesen werden. Die Phasenverschiebungszeit Δt ist proportional zum Anstieg ς/η. Ein möglichst linearer Verlauf des Phasenfrequenzganges – d. h. geringe Krümmung – besagt, dass die Phasenverschiebungszeit für alle betrachteten Frequenzen gleich groß ist. Diese Eigenschaft ist z. B. bei Schwingungsaufnehmern erwünscht und wird bei bestimmten Aufnehmern durch eine Dämpfung des Aufnehmersystems durch Gas- oder Ölfüllung realisiert.

Neben der linearen Auftragung ist die doppelt logarithmische Auftragung für den Amplitudenfrequenzgang üblich (Abb. 4.5). Durch diese Auftragung wird der Bereich kleiner Funktionswerte α_{xF} gespreizt.

Für den Fall großer Abstimmungsverhältnisse η und kleiner Dämpfungsgrade ϑ kann die Gl. 4.12 vereinfachend geschrieben werden

$$\alpha_{xF}(\eta \to \infty) = \frac{1}{\left|1 - \eta^2\right|} \approx \eta^{-2}.$$

Durch Logarithmieren erhält man:

$$\log\left(\alpha_{xF}(\eta \to \infty)\right) = \log\left(\eta^{-2}\right) = -2\log(\eta).$$

Somit können in der doppelt logarithmischen Darstellung die Amplitudenfrequenzgänge durch eine Gerade mit der Neigung von -2 für große Abstimmungsverhältnisse η und kleiner Dämpfungsgrade ϑ angenähert werden (vgl. Abb. 4.5).

4.3   Übertragungsfunktionen und deren Inverse

Einführend wurden die Übertragungsfunktionen am Fall der Federkrafterregung und Wegantwort diskutiert. In der Schwingungsmesstechnik haben Übertragungsfunktionen zur Charakterisierung von schwingungsfähigen System eine sehr große Bedeutung. Die Ermittlung von dynamischen Parametern in schwingungsfähigen Systemen (z. B. Masse, Federsteifigkeit und Dämpfung) erfolgt oft durch die Auswertung von Übertragungs-funktionen [1, 9, 10, 12]. In dem diskutierten Fall der Federkrafterregung und Weg-antwort kann die Übertragungsfunktion als die *dynamische Nachgiebigkeit* (Rezeptanz) aufgefasst werden:

$$H_{xF}(j\eta) = \frac{\hat{\underline{x}}}{\hat{\underline{F}}}.$$

Der Kehrwert der dynamischen Nachgiebigkeit ist die *dynamische Steifigkeit*:

$$H_{xF}^{-1}(j\eta) = \frac{\hat{\underline{F}}}{\hat{\underline{x}}}.$$

Die dynamische Steifigkeit unterscheidet sich stark von der statischen Steifigkeit bei einer Reihe von Bauteilen (z. B. Elastomer-Lagern) und ist frequenzabhängig. Für die Schwingungsberechnung ist damit die dynamische Steifigkeit oftmals aussagekräftiger als die statische Steifigkeit.

Häufig wird in der Messpraxis jedoch nicht die Wegantwort, sondern die Schwingungsantwort als Schnelle (Schwinggeschwindigkeit) oder Beschleunigung gemessen. Ebenso gibt es zur Erfassung der Messgrößen eine Reihe von Auf-nehmern, deren Messprinzipe die Übertragungsfunktion von z. B. Krafterregung und Beschleunigungsantwort nutzen. Analog zur dynamischen Steifigkeit lässt sich aus der Geschwindigkeitsantwort und Federkrafterregung die *Admittanz* definieren:

$$H_{vF}(j\eta) = \frac{\hat{\underline{\dot{x}}}}{\hat{\underline{F}}}.$$

Die zugehörige Inverse der Übertragungsfunktion ist die *mechanische Impedanz*:

$$H_{vF}^{-1}(j\eta) = \underline{Z}_m = \frac{\hat{\underline{F}}}{\hat{\underline{\dot{x}}}}.$$

Die mechanische Impedanz gibt die Kraft in N an, die notwendig ist, um die Masse mit einer Geschwindigkeit von 1 m/s zu bewegen. Der komplexen Größe der mechanischen Impedanz wird in der Akustik das Formelzeichen $\underline{Z}_m$ zugeordnet.

Zieht man die – meist einfach messbare – Beschleunigung heran, so erhält man die *Akzeleranz*:

$$H_{aF}(j\eta) = \frac{\hat{\underline{\ddot{x}}}}{\hat{\underline{F}}}.$$

Eine große praktische Bedeutung hat deren Inverse, die *dynamische Masse*:

$$H_{aF}^{-1}(j\eta) = \frac{\hat{\underline{F}}}{\hat{\underline{\ddot{x}}}}.$$

Die dynamische Masse kann man sich als bewegte Masse im schwingungsfähigen System vorstellen.

Die Kenngrößen zur Beschreibung schwingungsfähiger Systeme lassen sich von der gemessenen Übertragungsfunktion einfach auf deren Inverse übertragen. So liefert z. B. die Akzeleranz den Kehrwert der dynamischen Masse, welcher einfach in die Masse umgerechnet werden kann.

Im Vergleich zur Wegantwort sind in Tab. 4.2 die Fälle der Schwingungsantwort als Schnelle und Beschleunigung gegenübergestellt werden.

Die Benennung der einzelnen Größen erfolgt durch zwei Indizes in der Reihenfolge Antwort, gefolgt von Erregung. Die Amplitudenfrequenzgänge ergeben sich durch Multiplikation mit dem Abstimmungsverhältnis bzw. dessen Quadrat.

Bei Schnelleantwort ist die Resonanzkreisfrequenz Ω_r gleich der Eigenkreisfrequenz ω_0. Der Amplitudenfrequenzgang ist in der Umgebung der Resonanzkreisfrequenz symmetrischer als bei Verwendung der Weg- oder Beschleunigungsantwort. Beide Tatsachen können durch die Verwendung der Schnelle für die Messung vorteilhaft genutzt werden. Im Falle der Beschleunigungsantwort erscheint die Darstellung an der Ordinate gespiegelt. Die Diskussion der Kurven lassen sich also (qualitativ) übertragen.

Tab. 4.2 Übertragungsfunktionen für die Krafterregung (Abb. 4.6, 4.7, 4.8, 4.9, 4.10 und 4.11)

Antwort	Komplexe Übertragungsfunktion	Vorfaktor κ	Amplitudenfrequenzgang $\alpha(\eta)$	Phasenfrequenzgang $\varsigma(\eta)$	Resonanzkreis-frequenz Ω_r
Weg	$H_{xF}(j\eta) = \dfrac{1}{k}\left[\dfrac{1}{(1-\eta^2)+j2\vartheta\eta}\right]$	$\kappa_{xF} = \dfrac{1}{k}$	$\alpha_{xF}(\eta) = \alpha_1(\eta)$ $= \dfrac{1}{\sqrt{(1-\eta^2)^2+(2\vartheta\eta)^2}}$	$\varsigma_{xF}(\eta) = \varsigma_1(\eta)$ $= \arctan\dfrac{2\vartheta\eta}{1-\eta^2}$	$\Omega_{rx} = \sqrt{1-2\vartheta^2}\,\omega_0$
Schnelle	$H_{vF}(j\eta) = \dfrac{1}{\sqrt{km}}\left[\dfrac{j\eta}{(1-\eta^2)+j2\vartheta\eta}\right]$	$\kappa_{vF} = \dfrac{1}{\sqrt{km}}$	$\alpha_{vF}(\eta) = \eta\alpha_1(\eta)$	$\varsigma_{vF}(\eta) = \varsigma_1(\eta) - 90°$	$\Omega_{rv} = \omega_0$
Beschleu-nigung	$H_{aF}(j\eta) = \dfrac{1}{m}\left[\dfrac{\eta^2}{(1-\eta^2)+j2\vartheta\eta}\right]$	$\kappa_{aF} = \dfrac{1}{m}$	$\alpha_{aF}(\eta) = \alpha_3(\eta) = \eta^2\alpha_1(\eta)$	$\varsigma_{aF}(\eta) = \varsigma_3(\eta)$ $= \varsigma_1(\eta) - 180°$	$\Omega_{ra} = \dfrac{\omega_0}{\sqrt{1-2\vartheta^2}}$

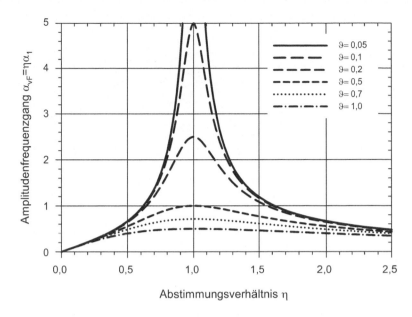

Abb. 4.6 Amplitudenfrequenzgang für Schnelleantwort unter Krafterregung

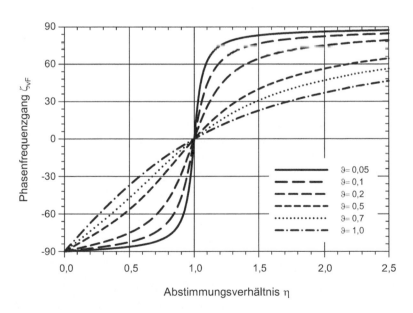

Abb. 4.7 Phasenfrequenzgang für Schnelleantwort unter Krafterregung

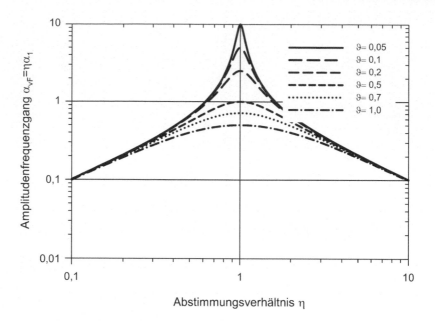

Abb. 4.8 Logarithmische Darstellung des Amplitudenfrequenzganges der Schnelleantwort unter Krafterregung

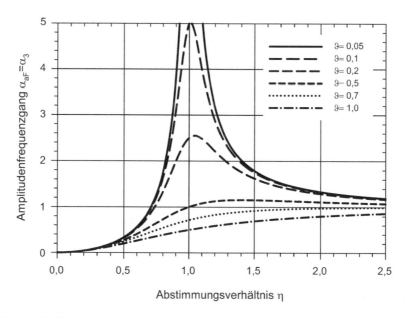

Abb. 4.9 Amplitudenfrequenzgang für Beschleunigungsantwort unter Krafterregung

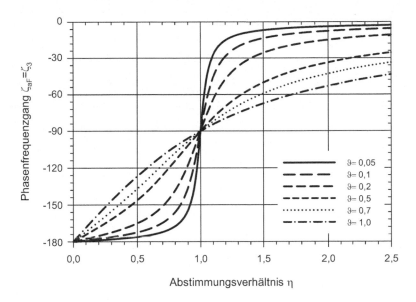

Abb. 4.10 Phasenfrequenzgang für Beschleunigungsantwort unter Krafterregung

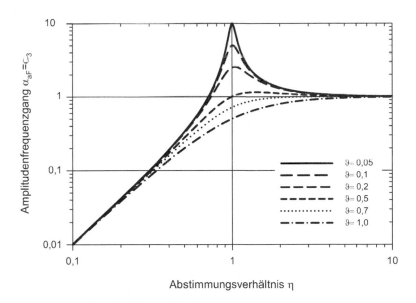

Abb. 4.11 Logarithmische Darstellung des Amplitudenfrequenzganges der Beschleunigungsantwort unter Krafterregung

4.4   Nyquistdiagramm (Ortskurven)

Eine weitere verbreitete Form der Darstellung von Übertragungsfunktionen ist die Auftragung des Imaginäranteils auf der Ordinate über dem Realanteil auf der Abszisse [10–
13] als Nyquistdiagramm bzw. Ortskurve. Für eine gegebene Erregerkreisfrequenz Ω
wird die Schwingungsantwort als Zeiger mit Amplitude $\underline{x}$ im Zeigerdiagramm dargestellt
(Abb. 4.12). Die Länge des komplexen Zeigers (Betrag) gibt Amplitudenanteil der Übertragungsfunktion an. Der Phasenverschiebungswinkel ς ist zwischen den Zeigern der
Erregung $\underline{F}$ und der Schwingungsantwort $\underline{x}$ definiert. Die Erregung $\underline{F}$ ist in Gl. 4.2 als
reelle Größe definiert, liegt also auf der Abszisse. Der Phasenverschiebungswinkel ς zur
Schwingungsantwort $\underline{x}$ ist somit im Uhrzeigersinn festgelegt. Dies ist im Einklang mit
der Definition des Phasenverschiebungswinkels ς in Gl. 4.3 mit einem negativen Vorzeichen und entspricht der üblichen Sichtweise, dass die Schwingungsantwort $\underline{x}$ der
Erregung $\underline{F}$ nachläuft.

Mit veränderter Erregerkreisfrequenz Ω erhält man einen rotierenden Zeiger. Ver-
bindet man nun die geometrischen Orte der Zeigerspitze, so erhält man die Ortskurve.
Die Kurve startet bei $\Omega = 0$ und wird im Uhrzeigersinn durchlaufen. Um zu einer normierten Darstellung zu gelangen, können in analoger Vorgehensweise die komplexe
Übertragungsfunktion $\underline{\alpha}_{xF}$ z. B. über dem Abstimmungsverhältnis η aufgetragen werden.
Man erhält die komplexe Übertragungsfunktion durch z. B. Umrechnen in die kartesi-
sche Form und Auftragung des Real- über dem Imaginärteil:

$$\underline{\alpha}_{xF}(j\eta) = \underbrace{\alpha_{xF}(\eta)\cos(\varsigma)}_{\mathrm{Re}(\underline{\alpha}_{xF}(j\eta))} + \underbrace{j\alpha_{xF}(\eta)\sin(\varsigma)}_{\mathrm{Im}(\underline{\alpha}_{xF}(j\eta))}.$$

Die Vorzeichen ergeben sich hierbei durch die Quadrantenbeziehungen der verwendeten
trigonometrischen Funktionen. Dieser Zusammenhang ist für die bereits diskutierte
Übertragungsfunktion in Abb. 4.13 aufgetragen. Die Ortskurven starten bei $\eta = 0$ und
$\alpha_{xF} = 1$ und laufen für große Abstimmungsverhältnisse gegen den Wert $\alpha_{xF} = 1$. Mit
steigendem Dämpfungsgrad ϑ verkleinert sich der Durchmesser der Kurven.

▶   Im Nyquistdiagramm können aus den Ortskurven die Größen zur Beschreibung
    des schwingungsfähigen Systems abgelesen werden. Gegenüber der Dar-
    stellung der Amplituden- und Phasenfrequenzgänge haben Ortskurven den
    Vorteil, dass Real- und Imaginärteil direkt dargestellt werden. Allerdings ist die
    Erregerkreisfrequenz bzw. das Abstimmungsverhältnis nicht mehr unmittelbar
    aus der Darstellung abzulesen.

Abb. 4.12 Zeiger der
Wegantwort bei Krafterregung

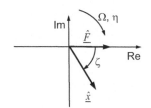

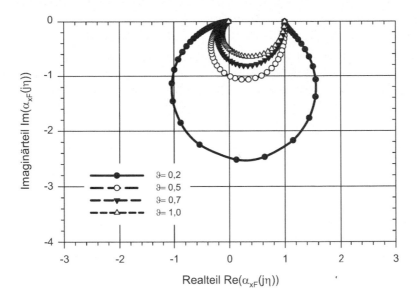

Abb. 4.13 Ortskurve für die Wegantwort bei Krafterregung

4.5 Zusammenstellung verschiedener Übertragungsfunktionen

Die verschiedenen Arten der Schwingungserregung mit harmonischen Erregerfunktionen und deren Schwingungsantworten haben einen großen Einfluss auf die ermittelte Übertragungsfunktion. Neben den bislang behandelten Fällen sollen noch weitere, für die Anwendung wichtige Übertragungsfunktionen behandelt werden.

Bereits jetzt soll vorausgeschickt werden, dass die Lösung der Schwingungsdifferenzialgleichungen in den betrachteten Fällen zu fünf verschiedenen Übertragungsfunktionen führt. Neben dem hier nicht betrachteten Fall der Erregung über den Dämpfer wurden die Lösungen für die Übertragungsfunktionen z. T. bereits entwickelt und diskutiert. Die Bezeichnung für die Übertragungsfunktionen ist in der Literatur und im Bereich der technischen Regelwerke nicht einheitlich (vgl. [1–6, 11]). Die systematische Vorgehensweise der DIN 1311-2 führt eine Reihe von unterschiedlichen Indizies zur Kennzeichnung ein [1]. In der folgenden Darstellung werden die Amplitudenanteile der Übertragungsfunktionen als α_1 bis α_4 analog zu den Vergrößerungsfunktionen V_1 bis V_4 nach [11] definiert.

Die Tabellen 4.3 bis 4.5 listen einige Schwingungsantworten mit den zugeordneten schwingungstechnischen Ersatzsystemen, den Differenzialgleichungen und den Übertragungsfunktionen auf. Diese Beschreibung stellt eine Auswahl dar, weitere Übertragungsfunktionen lassen sich aus den Erregungen und Schwingungsantworten ableiten.

Tab. 4.3 Schwingungsantworten für Krafterregung

Ersatzsystem	a) Benennung b) Schwingungsantwort c) Anwendungsbeispiel	Differenzialgleichung[a]	Amplituden-frequenzgang $H(\eta) = \kappa \cdot \alpha(\eta)$
	a) Krafterregung b) Weg c) Kraftaufnehmer (Abschn. 9.2), Beschleunigungsaufnehmer (Kap. 8)	$m\ddot{x} + d\dot{x} + kx = F(t)$	$\dfrac{\hat{x}}{\hat{F}} = \dfrac{1}{k} \cdot \alpha_1$
	a) Federkrafterregung b) Weg c) Relativaufnehmer (Abschn. 5.1.2)	$m\ddot{x} + d\dot{x} + kx = k_2 u(t)$ mit $k = k_1 + k_2$	$\dfrac{\hat{x}}{\hat{u}} = \dfrac{k_2}{k}\alpha_1$
	a) Quellenisolation b) Fußpunktkraft F_p c) Fundamentkraft bei Maschinenaufstellung	$m\ddot{x} + d\dot{x} + kx = F(t)$ Fußpunktkraft: $\hat{F}_p = k\hat{\underline{x}} + d\dot{\hat{\underline{x}}}$	$\dfrac{\hat{F}_p}{\hat{F}} = \alpha_2$

[a] Die Gleichgewichtsbeziehungen wurden mit -1 multipliziert, um positive Vorzeichen zu erhalten.

Krafterregung (Tab. 4.3)

Die Krafterregung umfasst den bereits behandelten Fall der periodisch direkt auf die Masse einwirkenden Kraft. Beispiele hierfür sind hydraulische und Gaskräfte sowie elektromagnetisch oder elektrodynamisch erzeugte Kräfte. Diese Kräfte können auch über die Bewegung einer Feder eingeleitet werden, die mit der Masse verbunden ist und der eine Weg-Zeit-Funktion u(t) vorgegeben ist. Dies entspricht den Fällen des Kraft- oder Beschleunigungsaufnehmers bzw. eines sog. Relativaufnehmers, der die Schwingwege relativ gegenüber einem ortsfesten Bezugssystem erfasst.

Fußpunkterregung (Tab. 4.4)

Bei Fußpunkterregung erfolgt die Anregung des schwingungsfähigen Systems mit einer harmonischen Weg-Zeit-Funktion am Fußpunkt des Systems (z. B. Bewegung am Aufstellungsort einer Maschine). Die Schwingungsantworten der Masse werden als absolute Schwingwege in Bezug zu einem ortsfesten Bezugssystem oder als relative

Tab. 4.4 Schwingungsantworten für Fußpunkterregung

Ersatzsystem	a) Benennung b) Schwingungs- antwort c) Anwendungsbeispiel	Differenzialgleichung	Amplituden- frequenzgang $H(\eta) = \kappa \cdot \alpha(\eta)$
	a) Empfängerisolation b) Absolutweg c) Schutz einer Fest- platte vor Schwingun- gen aus der Umgebung	$m\ddot{x} + d(\dot{x} - \dot{u}) + k(x - u) = 0$	$\dfrac{\hat{x}}{\hat{u}} = \alpha_2$
	a) – b) Relativweg x_r c) Absolutaufnehmer (Abschn. 5.1.3)	$m(\ddot{x}_r + \ddot{u}) + d\dot{x}_r + kx_r = 0$	$\dfrac{\hat{x}_r}{\hat{u}} = \alpha_3$
	a) Durchleitung b) Fußpunktkraft F_p c) Fundamentkraft bei Maschinenaufstellung	$m\ddot{x} + d(\dot{x} - \dot{u}) + k(x - u) = 0$	$\dfrac{\hat{F}_p}{\hat{u}} = k \cdot \alpha_4$

Schwingwege zur Bewegung des Fußpunktes berechnet. Der Relativweg wird in sog. Absolut- oder seismischen Aufnehmern gemessen.

Unwuchterregung (Tab. 4.5)

Erfolgt die Erregung mit einer rotierenden Unwucht, so ist die Amplitude der Erregerkraft von der Winkelgeschwindigkeit abhängig. In diesem Falle spricht man von einer Unwucht- oder *Massenkrafterregung*. Diese Anregungsart behandelt die technisch bedeutsamen Fälle der nicht ausgeglichenen Massenkräfte an Maschinen (z. B. Verbrennungsmotoren, Rotoren, Werkzeugmaschinen) sowie der Einleitung von Kräften in den Aufstellungsort.

Zusammenfassend sind in Tab. 4.6 die Amplitudenfrequenzgänge α_1 bis α_4 für die Berechnung aufgeführt. Eine weitere Diskussion der Ergebnisse in Bezug auf die Schwingungsaufnehmer erfolgt in den Kap. 5–9. Für die Ableitung von Schlussfolgerungen zur Maschinenaufstellung und -betrieb wird auf die Literatur verwiesen [2, 4–6, 11].

Der Phasenfrequenzgang für ς_2 – welcher dem Amplitudenfrequenzgang α_2 zugeordnet ist – ist in Abb. 4.14 dargestellt und wird durch folgende Gleichung beschrieben:

$$\varsigma_2(\eta) = \arctan \frac{2\vartheta\eta^3}{1 - \eta^2 + 4\vartheta^2\eta^2}. \tag{4.18}$$

Tab. 4.5 Schwingungsantworten für Unwuchterregung

Ersatzsystem	a) Benennung b) Schwingungsantwort c) Anwendungsbeispiel	Differenzialgleichung	Amplitudenfrequenz-gang $H(\eta) = \kappa \cdot \alpha(\eta)$
	a) Unwuchterregung b) Weg c) Motorschwingungen	$m\ddot{x} + d\dot{x} + kx = F(t)$ mit $m = m_u + m_1$ und $\hat{F} = m_u \hat{r} \Omega^2$	$\dfrac{\hat{x}}{\hat{r}} = \dfrac{m_u}{m} \cdot \alpha_3$
	a) – b) Fußpunktkraft F_p c) Einleitung von Motor-schwingungen in die Fahr-zeugstruktur	$m\ddot{x} + d\dot{x} + kx = F(t)$ Fußpunktkraft: $\hat{F}_p = k\underline{\hat{x}} + d\dot{\underline{\hat{x}}}$	$\dfrac{\hat{F}_p}{\hat{r}} = \dfrac{m_u}{m} k \cdot \alpha_4$

Im Gegensatz zu den Phasenfrequenzgängen für ς_1 und ς_3 (vgl. Abb. 4.4 und 4.10) ist der Phasenverschiebungswinkel von $90°$ nur noch für kleine Dämpfungsgrade ϑ nahe beim Abstimmungsverhältnis $\eta = 1$ zu finden. Mit höherem Dämpfungsgrad werden im Abstimmungsverhältnis $\eta = 1$ kleinere Phasenverschiebungswinkel erreicht. Für diesen Fall lässt sich also nicht am Phasenverschiebungswinkel von $90°$ das Abstimmungsverhältnis $\eta = 1$ und damit die Eigenkreisfrequenz des ungedämpften Schwingers ablesen. Alle dargestellten Übertragungsfunktionen gelten für den stationären Fall, d. h. für den Fall der Erregung mit harmonischen Erregerfunktionen nach hinreichend langer Zeit, in der die homogene Lösung abgeklungen ist. Instationäre Vorgänge, z. B. Einschwingvorgänge beim Ein- und Abschalten von Maschinen und bei stoßartiger Belastung von Aufnehmer können damit nicht erfasst werden.

Tab. 4.6 Zusammenstellung der Amplitudenfrequenzgänge (normiert)

$$\alpha_1 = \frac{1}{\sqrt{\left(1-\eta^2\right)^2+\left(2\vartheta\eta\right)^2}}$$

$$\alpha_2 = \sqrt{1+\left(2\vartheta\eta\right)^2}\cdot\alpha_1 = \frac{\sqrt{1+\left(2\vartheta\eta\right)^2}}{\sqrt{\left(1-\eta^2\right)^2+\left(2\vartheta\eta\right)^2}}$$

$$\alpha_3 = \eta^2\alpha_1 = \frac{\eta^2}{\sqrt{\left(1-\eta^2\right)^2+\left(2\vartheta\eta\right)^2}}$$

$$\alpha_4 = \eta^2\sqrt{1+\left(2\vartheta\eta\right)^2}\cdot\alpha_1 = \frac{\eta^2\sqrt{1+\left(2\vartheta\eta\right)^2}}{\sqrt{\left(1-\eta^2\right)^2+\left(2\vartheta\eta\right)^2}}$$

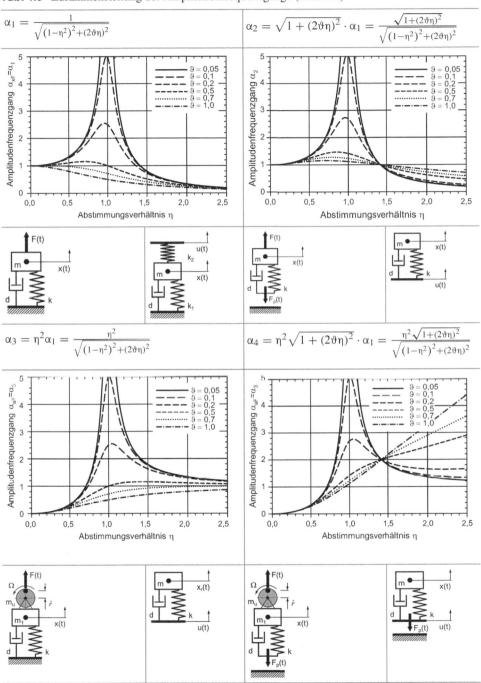

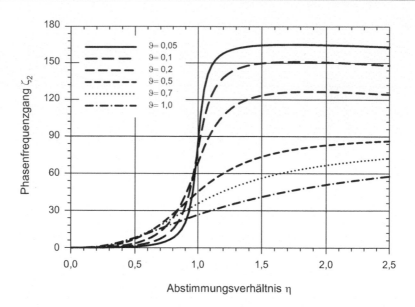

Abb. 4.14 Phasenfrequenzgang ς_2

Literatur

1. DIN 1311-2: Schwingungen und Schwingungsfähige Systeme. Teil 2: Lineare, zeitinvariante schwingungsfähige Systeme mit einem Freiheitsgrad (2002)
2. Blake, R.E.: Basic vibration theory. In: Piersol, Paez (Hrsg.) Harris' Shock and Vibration Handbook, S. 2.1–2.32, McGraw-Hill Education, New York (2009)
3. Gross, D., Hauger, W., Schröder, J., Wall, W.A.: Technische Mechanik 3. Kinetik. Springer Vieweg, Berlin (2015)
4. Hollburg, U.: Maschinendynamik. Oldenbourg, München (2007)
5. Jäger, H., Mastel, R., Knaebel, M.: Technische Schwingungslehre. Springer Vieweg, Wiesbaden (2016)
6. Magnus, K., Popp, K., Sextro, W.: Schwingungen. Springer Vieweg, Wiesbaden (2016)
7. Hoffmann, R.: Grundlagen der Frequenzanalyse Bd. 620. expert verlag, Renningen (2011)
8. Zollner, M.: Frequenzanalyse. Autoren-Selbstverlag, Regensburg (1999)
9. Broch, J.: Mechanical Vibration and Shock Measurements. Brüel & Kjaer, Naerum (1984)
10. Heymann, J., Lingener, A.: Experimentelle Festkörpermechanik. VEB Fachbuchverlag, Leipzig (1986)
11. Dresig, H., Holzweißig, F.: Maschinendynamik. Springer Vieweg, Berlin (2016)
12. DIN 1311-1: Schwingungen und Schwingungsfähige Systeme. Teil 1: Grundbegriffe, Einteilung (2000)
13. Butz, T.: Fouriertransformation für Fußgänger. Springer Vieweg, Wiesbaden (2012)

Schwingungsaufnehmer

5

▶ Dieses Kapitel behandelt die grundlegenden Messprinzipe für kinematische Größen, die sich daraus ergebenden Bauformen der verwendeten Schwingungsaufnehmer und Auswahlkriterien für den Einsatz. Ebenso werden die zur Charakterisierung von Schwingungsaufnehmern und Messketten häufig verwendeten Grundbegriffe der Frequenzbänder sowie die Pegeldarstellung erläutert. Für die Anwendung werden damit die Messprinzipe systematisiert sowie deren Möglichkeiten und Anwendungsgrenzen dargestellt.

5.1 Messprinzipe für kinematische Größen

5.1.1 Grundlagen

Schwingungsaufnehmer setzen die *Eingangsgröße* (Schwingungsgröße) in eine – meist elektrische – *Ausgabegröße* um (Abb. 5.1, Tab. 5.1) [1–4]. Im engeren Sinne wird als Eingangsgröße die *Schwingungsgröße* am Ort des Schwingungsaufnehmers verstanden, die zur Beschreibung der mechanischen Schwingung verwendet wird oder eine daraus abgeleiteten Größe [1]. In [2] wird eine Unterscheidung getroffen, dass Schwingungsaufnehmer im Wesentlichen nur für eine der kinematischen Schwingungsgrößen empfindlich sein sollen: translatorische Bewegung, rotatorische Bewegung oder deformatorische Bewegung.

Zum Teil sind in Schwingungsaufnehmern neben der Messgrößenwandlung und auch Teile der Signalverarbeitung enthalten [2]. Ist der Schwingungsaufnehmer von der übrigen Messeinrichtung räumlich getrennt, so wird die Verbindungsleitung dem Schwingungsaufnehmer zugerechnet [1].

© Springer Fachmedien Wiesbaden GmbH, ein Teil von Springer Nature 2019
T. Kuttner und A. Rohnen, *Praxis der Schwingungsmessung*,
https://doi.org/10.1007/978-3-658-25048-5_5

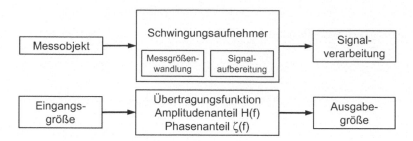

Abb. 5.1 Zusammenwirken von Messobjekt und Aufnehmer

Tab. 5.1 Unterteilung der Eingangsgrößen nach [1]

Kinematische Größe	Bezeichnung	Formelzeichen z. B.	Gebräuchliche Einheiten
Translatorische Bewegung	Schwingweg (Auslenkung)	$s(t)$, $x(t)$	m, mm, µm
	Schwinggeschwindigkeit (Schnelle)	$v(t)$, $\dot{x}(t)$	m/s, mm/s
	Schwingbeschleunigung	$a(t)$, $\ddot{x}(t)$	m/s²
Rotatorische Bewegung	Winkel (Drehwinkel)	$\beta(t)$	rad
	Winkelgeschwindigkeit (Drehgeschwindigkeit)	$\dot{\beta}(t)$, $\omega(t)$	rad/s
	Winkelbeschleunigung (Drehbeschleunigung)	$\ddot{\beta}(t)$, $\dot{\omega}(t)$	rad/s²
Deformatorische Bewegung	Dehnung	$\varepsilon(t)$	µm/m
	Torsion (Verdrehung)	$\gamma(t)$	rad/m

Die *Ausgangsgröße* eines Schwingungsaufnehmers ist im Allgemeinen die elektrische Größe am Ausgang des Aufnehmers. Die Zeitfunktion der Ausgangsgröße bezeichnet man als das *Ausgangssignal* des Aufnehmers. Oberbegriff ist die *Ausgabegröße*, die zusätzlich noch abgeleitete Größen wie Signalkenngröße (durch eine feste Bildungsvorschrift abgeleitete Größe) und Beurteilungsgröße (abgeleitete Größe zur Beurteilung von Ursachen oder Wirkungen der Eingangsgrößen) umfasst. Generell hängt vom verwendeten Aufnehmer und seinem Messprinzip die Art der Ausgangsgröße ab.

Von einem *Messsignal* wird erst nach Abbildung auf einem Informationsträger (z. B. Speicherung) gesprochen. Messsignale können nach der Eingangsgröße benannt werden (Beschleunigungssignal), nach dem Anwendungsbereich (Schwingungssignal) oder seiner Stellung im Signalpfad (Ausgangssignal) und hat die Dimension der repräsentierten Größe. Die Angabe einer Beschleunigung muss also z. B. in m/s² erfolgen. Die Angabe in Volt für einen analogen Signalausgang ist nur zulässig, wenn der Übertragungskoeffzient bekannt ist [5]. Die Bezeichnung einer zeitabhängigen Eingangsgröße als „Eingangs-signal" ist statthaft [5], obwohl dies erst nach Abbildung auf einem Informationsträger korrekt wäre.

Die kinematischen Größen eines schwingungsfähigen Systems (Schwingweg, Geschwindigkeit und Beschleunigungen) können durch die Messprinzipe des Relativauf-nehmers und des Absolutaufnehmers erfasst werden, die nachfolgend erläutert werden. Das Messprinzip für Kräfte und Momente wird in Abschn. 9.2 behandelt.

5.1.2 Relativaufnehmer

Hierbei erfasst der Aufnehmer die Messgröße gegenüber einem festen Bezugssystem (Abb. 5.2), welches sich außerhalb des Messobjektes befindet [1, 6, 7]. Zumeist befindet sich der Aufnehmer an einem festen Bezugspunkt und überträgt die kinematische Größe formschlüssig, kraftschlüssig oder berührungsfrei. Es wird also die Differenz zwischen der Bewegung des Messobjektes und dem Aufnehmer gemessen. Das Bezugssystem kann dabei auch bewegt sein, z. B. bei der Messung von Federwegen an einem Fahrzeug zwischen Radnabe und Karosserie bzw. Rahmen.

Beispiele für Aufnehmer, welche nach derartigem Prinzip arbeiten, sind z. B. Wegauf-nehmer, die in Kap. 6 behandelt werden. Der Vorteil dieses Messprinzips liegt darin, dass eine praktisch frequenzunabhängige Übertragungsfunktion mit Amplitudenanteil $\alpha(f) = 1$ und Phasenverschiebungswinkel $\varsigma = 0$ verwirklicht werden kann (vgl. Abb. 6.4a). Mes-sungen sind bis zu 0 Hz möglich (quasistatische Messungen). Analoges gilt für die Über-tragungsfunktion der Geschwindigkeit und Beschleunigung.

Relativaufnehmer benötigen keinerlei schwingungsfähiges System im Aufnehmer, um die Messaufgabe zu verwirklichen. Allerdings stellt der Aufnehmer selbst durch dessen Masse und Steifigkeit ein schwingungsfähiges System dar, welches der Feder-krafterregung in Tab. 4.3 entspricht. Der Aufnehmer mit der Masse m wird über die Federsteifigkeit k_1 mit dem Bezugssystem verbunden, die Krafteinleitung auf den Auf-nehmer erfolgt über den zu messenden Weg u(t) und der Federsteifigkeit k_2. Der Ein-fluss der Dämpfung wird vernachlässigt. Ziel ist es, dass der Aufnehmer sich nicht bewegt (x(t) = 0) und somit der gemessene Differenzweg der Messgröße u(t) entspricht.

Abb. 5.2 Prinzip des Relativaufnehmers

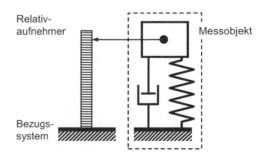

Dafür muss in der Übertragungsfunktion das Produkt $\kappa_{xF} \cdot \alpha_1$ den Wert 0 annehmen. Es lassen sich hierbei folgende Fälle diskutieren:

- hochabgestimmter Aufnehmer $\eta \ll 1$: Damit gilt $\alpha_1 \approx 1$, die Eigenkreisfrequenz des Aufnehmers ist durch kleine Masse und hohe Federsteifigkeit k_1 groß. Dies führt zu einer steifen Ankopplung des Aufnehmers an das Bezugssystem. Mit einer geringen Federsteifigkeit k_2 ergibt sich ein Vorfaktor $\kappa_{xF} = k_2/(k_1 + k_2) \approx 0$. Diese Bauform nutzen Wegaufnehmer, die mit einer hohen Steifigkeit k_1 an das (feste) Bezugssystem angekoppelt sind und über eine weiche Feder kraftschlüssig mit dem Messobjekt verbunden sind. Die berührungslose Ankopplung ist in dem Fall mit $k_2 = 0$ enthalten.
- tiefabgestimmter Aufnehmer $\eta \gg 1$: Durch eine große Masse m und geringe Federsteifigkeit k_1 wird der Aufnehmer oberhalb der Eigenfrequenz betrieben. Es gilt dann $\alpha_1 \approx 0$, d. h. der Aufnehmer schwingt nicht gegenüber dem Bezugssystem. Überdies ist aus der praktischen Anwendung heraus die Forderung nach einer geringen Federsteifigkeit $k_2 \ll k_1$ zu erfüllen. Dieser Betrieb ist in der Praxis nicht verbreitet und entspricht z. B. dem Fall eines Wegaufnehmers mit großer Masse und Ankopplung mit geringer Federkonstante an das Bezugssystem (z. B. handgehaltener Aufnehmer, Geophone) [7].

Da die Aufnehmer berührungsfrei oder mit sehr geringen bewegten Massen an das Messobjekt angekoppelt sind, zeigen diese Aufnehmer keine oder nur sehr geringe Rückwirkungen auf das Messobjekt. Der Nachteil des Messprinzips ist der in der Praxis oft nur schwierig zu verwirklichende feste Bezugspunkt. Ebenso muss der Ankopplung an das Messobjekt große Aufmerksamkeit geschenkt werden. In Tab. 5.2 sind mögliche Ankopplungsarten gegenüber gestellt.

▶   Relativaufnehmer messen relativ zu einem festen Bezugssystem, erlauben quasistatische Messungen und haben ein frequenzunabhängiges Übertragungsverhalten.

5.1.3   Absolutaufnehmer

Aufnehmer nach diesem Messprinzip erfassen die Messgröße gegenüber einem ortsfesten oder gleichförmig bewegten Bezugssystem (Inertialsystem). Derartige Aufnehmer sind als schwingungsfähiges System (Masse, Feder, ggf. Dämpfung) aufgebaut (Abb. 5.3) und nutzen die Trägheitseigenschaften der Masse im Schwerefeld der Erde. Aus diesem Grund werden die Aufnehmer auch als *seismische Aufnehmer* bezeichnet. Der Aufnehmer wird auf dem Messobjekt befestigt, die Bewegung der Ankopplungsstelle gegenüber der seismischen Masse im Aufnehmer wird als Messgröße herangezogen.

Das schwingungsfähige System des Aufnehmers bestimmt im Zusammenhang mit der Messgröße die wesentlichen Messeigenschaften. Bei Annäherung an die Eigenfrequenz des Aufnehmers weicht der Amplitudenfrequenzgang vom Wert 1 ab, d. h.

Tab. 5.2 Ankopplungsarten von Relativaufnehmern (modifiziert nach [7])

Ankopplung	Beschreibung
formschlüssig	Wirkprinzip: feste oder gelenkige Verbindung des Ankers mit dem Messobjekt Anwendung: Messung großer Wege Vorteile: • Großer nutzbarer Frequenzbereich Nachteile: • keine Bewegung des Messobjektes quer zur Messrichtung • Spiel in der Messananordnung, • Anbringen von Befestigungsteilen am Messobjekt
kraftschlüssig	Wirkprinzip: Anpressen des Ankers mit dem Messobjekt durch eine Feder Anwendung: Messung kleiner Wege Vorteile: • Geringer Vorbereitungsaufwand, kein Spiel • Bewegung des Messobjektes quer zur Messrichtung möglich Nachteile: • Abheben des Tasters bei hohen Frequenzen, • Hohe Anpresskräfte erforderlich
berührungslos	Wirkprinzip: keine mechanische Verbindung zum Messobjekt Anwendung: je nach Aufnehmer Messung kleiner oder großer Wege Vorteile: • Großer Frequenzbereich • Geringer Vorbereitungsaufwand • Bewegung des Messobjektes quer zur Messrichtung uneingeschränkt möglich Nachteile: abhängig vom Messverfahren • Höhere Anforderungen an die Messstelle (Werkstoff- und Oberflächeneigenschaften, Kalibrierung)

Figure labels: Messobjekt, Wegaufnehmer, Tauchanker mit Gelenkkopf, Tauchanker mit Taster, berührungslose Wegmessung

Abb. 5.3 Prinzip des
Absolutaufnehmers

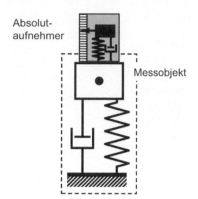

der Übertragungskoeffizient ändert sich frequenzabhängig. Ebenso ist eine Phasenverschiebung feststellbar (vgl. z. B. Abb. 4.4). Beides ist – von Ausnahmen abgesehen – unerwünscht, da ein frequenzunabhängiges Übertragungsverhalten angestrebt wird. Dies kann wiederum auf zwei Wegen erreicht werden:

- hochabgestimmter Aufnehmer $\eta \ll 1$: Kleine seismische Masse und große Federsteifigkeit führt zu einer hohen Eigenfrequenz. Der Aufnehmer wird dann im Frequenzbereich im Bereich von max. 20 … 30 % seiner Eigenfrequenz betrieben (Abb. 5.4a). Vorteil dieses Konzeptes sind vergleichsweise kleine, leichte und robuste Aufnehmer. Dieses Messprinzip kommt z. B. für Beschleunigungsaufnehmer zum Einsatz (Kap. 8).
- tiefabgestimmter Aufnehmer $\eta \gg 1$: Große seismische Massen und geringe Federsteifigkeiten ergeben Aufnehmer mit geringen Eigenfrequenzen, die ihre Messaufgabe bei Frequenzen oberhalb der Eigenfrequenz verrichten (Abb. 5.4b). Die seismische Masse, welche an weichen Federn aufgehängt ist, verbleibt bei hohen Frequenzen in

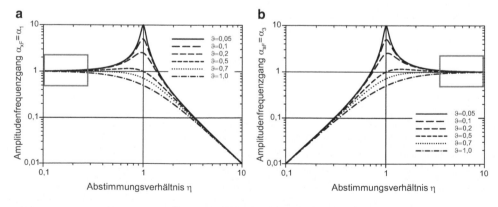

Abb. 5.4 Amplitudenanteil der Übertragungsfunktion bei **a** hoher und **b** tiefer Abstimmung

Ruhe, der Schwingweg des Aufnehmers entspricht dem Schwingweg am Messobjekt. Mit diesem Messprinzip sind hohe Empfindlichkeiten möglich. Eine Anwendung für derartige Aufnehmer sind elektrodynamische Aufnehmer (Abschn. 7.1).

Eine Dämpfung des Aufnehmers verringert das Maximum im Amplitudenfrequenzgang. Der Aufnehmer wird damit vor Überlastung geschützt und der nutzbare Frequenzbereich erweitert. Bei einem Dämpfungsgrad $\vartheta > 0{,}7$ wird das Maximum unterdrückt, die Krümmung des Phasenfrequenzganges ist dann gering. Damit wird der Forderung nach einer frequenzunabhängigen Laufzeitverschiebung im Messsignal näherungsweise entsprochen (vgl. Abschn. 4.2 und 10.6.2). Nimmt man für einen hochabgestimmten Aufnehmer einen linearen Verlauf des Phasenfrequenzganges zwischen dem Koordinatenursprung und dem Phasenverschiebungswinkel $\pi/2$ bei einem Abstimmungsverhältnis $\eta = 1$ an, so erhält man eine Laufzeitverschiebung $\Delta t = 1/(4f_n)$. Mit dieser idealisierten Betrachtung ist die Laufzeitverschiebung für alle Frequenzen im gleich groß und im unterkritischen Bereich nur von der Eigenfrequenz f_n des Aufnehmers abhängig. Für einen Aufnehmer mit der Eigenfrequenz von $f_n = 400\,\text{Hz}$ erhält man damit eine Laufzeitverschiebung von 0,6 ms.

▶   Absolutaufnehmer enthalten ein schwingungsfähiges System, messen absolut in einem festen Bezugssystem und haben ein frequenzabhängiges Übertragungsverhalten.

5.2   Auswahl des Aufnehmers und der Messgröße

Die Auswahl des Aufnehmers und der Messgröße richtet sich nach der Messaufgabe, und in der Praxis oftmals nach den verfügbaren Aufnehmern. Die Vielzahl der in der Praxis verwendeten Messprinzipe und daraus resultierenden Bauformen resultiert aus der Tatsache, dass es keinen Universalaufnehmer[1] für alle Messaufgaben gibt. Als grundsätzliche Leitlinie kann gelten, zunächst von der Messaufgabe her die Aufnehmer nach Messbereich und Frequenz auszuwählen [3, 4, 6–9]:

a) Messbereich (Absolutgröße und Dynamik, d. h. Minimum-Maximum, Signal-Rausch-Abstand des Aufnehmers),
b) Frequenz (quasistatische Messung erforderlich, untere und obere Grenzfrequenz).

---

[1] Angebotene Universalaufnehmer decken einen mehr oder weniger breiten Aufgabenbereich ab und erfüllen das Kombizangen-Theorem: Eine Kombizange erfüllt viele Aufgaben mehr oder weniger gut, für die Lösung von speziellen Aufgaben benötigt man spezielles Werkzeug.

Weitere Kriterien können herangezogen werden:

c) Abmessungen und Masse des Aufnehmers, Bezugspunkt des Aufnehmers notwendig und in welchem Abstand vorhanden bzw. benötigt,

d) Linearität des Aufnehmers (besonders bei großen Messbereichen), zeitabhängige Drift (besonders bei quasistatischen Messungen über einen langen Zeitraum),

e) Energieversorgung des Aufnehmers, bewegte Teile, Umwelteinflüsse (Temperatur, Felder, Strahlung usw.).

Eine Übersicht zur Auswahl der verwendeten Aufnehmer nach der zu messenden Größe und des Messprinzips gibt Tab. 5.3.

Deformatorische Aufnehmer (Kap. 9, wie z. B. Dehnungsmessstreifen) nehmen eine Sonderstellung ein. Hierbei wird nicht der Weg selbst, sondern eine Deformation gemessen und anschließend auf einen Weg umgerechnet. Diese Aufnehmer verwenden als Bezugssystem die unverformte Struktur, um die Dehnung zu messen und mit bekannter Ausgangslänge daraus die Längenänderung zu errechnen. Im Gegensatz zu den anderen Messprinzipen sind deformatorische Aufnehmer nicht für starre Körper anwendbar, da sich bei diesem Messprinzip die zu untersuchende Struktur verformen muss.

Die Auswahl der kinematischen Messgröße kann aus dem Vergleich der Amplituden von Beschleunigung und Auslenkung getroffen werden. Für eine konstante Beschleunigung errechnet sich die Wegamplitude in Abhängigkeit von der Frequenz durch Ersetzen der Kreisfrequenz durch die Frequenz in der Bewegungsgleichung:

$$\hat{x} = \frac{\hat{\ddot{x}}}{\omega^2} = \frac{\hat{\ddot{x}}}{(2\pi f)^2} \ .$$

Logarithmieren führt zu einer Geradengleichung mit dem Anstieg von -2 in doppeltlogarithmischer Darstellung.

$$\lg \hat{x} = -2 \cdot \lg f + \lg \left(\frac{\hat{\ddot{x}}}{4\pi^2} \right) \ . \tag{5.1}$$

Tab. 5.3 Auswahl von Aufnehmer und kinematischer Größe

Kinematische Größe	Relativaufnehmer	Absolutaufnehmer
Weg	Potenziometrisch, kapazitiv, induktiv, Wirbelstrom, Lasertriangulation	
Geschwindigkeit	Vibrometrie	Elektrodynamisch, elektromagnetisch
Beschleunigung		Piezoelektrisch, piezoresistiv, kapazitiv, DMS

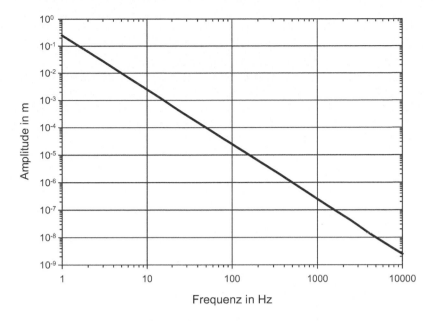

Abb. 5.5 Wegamplitude in Abhängigkeit von der Frequenz für eine Beschleunigungsamplitude 1g

In Abb. 5.5 ist für die Beschleunigungsamplitude von 1g abzulesen, dass eine Frequenz von 1 Hz eine Wegamplitude von 248,5 mm bedingt, für eine Frequenz von 10 kHz wird hingegen eine Wegamplitude von 2,485 nm benötigt. Da derartig kleine Weggrößen schwierig zu messen sind, ist die Wahl der Wegamplitude als Messgröße bei hohen Frequenzen nicht zweckmäßig. Bei sehr tiefen Frequenzen liefern andererseits Beschleunigungsmessungen aus dem gleichen Grund nur sehr kleine Amplituden und sind als Messgröße ungeeignet. Für eine Reihe von Messaufgaben, die nach technischen Regelwerken und Normen durchzuführen sind, ist die zu messende Bewegungsgröße (Weg, Schnelle oder Beschleunigung) vorgegeben. Steht die zu messende Größe hingegen noch nicht fest, so gibt Tab. 5.4 Hinweise zur Auswahl.

5.3 Darstellung in Frequenzbändern

In der Schwingungstechnik und Akustik werden die Frequenzbereiche häufig als *Oktavbänder* dargestellt (Abb. 5.6).

Hierbei wird der Frequenzbereich von einer Frequenz 1 kHz ausgehend so aufgeteilt, dass die Mittenfrequenzen f_m der Frequenzbänder im Verhältnis 2:1 stehen. Die untere Frequenzgrenze f_u und obere Frequenzgrenze f_o erhält man durch eine geometrische Reihe:

Tab. 5.4 Auswahl kinematischer Größen

Beschleunigung	Geschwindigkeit (Schnelle)	Auslenkung (Weg)
• Für hohe Frequenzen • Massenkräfte (Kraft proportional zur Beschleunigung) • Ermittlung der dynamischen Masse • Vergleichsweise kleine Aufnehmer mit geringer Masse	• Breiter Frequenzbereich für viele Messaufgaben (hoher nutzbarer Dynamikbereich) • Dämpferkräfte (Kraft proportional zur Geschwindigkeit) • Ermittlung mechanische Impedanz • Häufig genutzt in Zustandsüberwachung von Maschinen und Bauwerken und der Maschinenakustik • Hohe Empfindlichkeit der Aufnehmer möglich	• Für tiefe Frequenzen • Aufnehmer benötigen Bezugspunkt • Federkräfte (Kraft proportional Weg) • Messung von Relativbewegungen und möglicher Kollisionen an Bauteilen

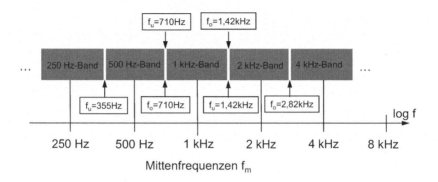

Abb. 5.6 Oktavbänder in der Frequenzleiter

$$f_u = \frac{f_m}{\sqrt{2}}$$
$$f_o = \sqrt{2} \cdot f_m. \tag{5.2}$$

Im logarithmischen Maßstab erhält man jeweils gleich breite Frequenzbänder, die lückenlos und überlappungsfrei angeordnet sind. Eine feinere Unterteilung der Frequenzbänder ergibt sich, wenn jede Oktave in drei gleich breite Terzbänder zerlegt wird.

5.4 Pegeldarstellung

Der genutzte Messbereich (Amplituden) von Schwingungsaufnehmern umfasst mehrere Zehnerpotenzen. Bei einer linearen Auftragung ist eine Amplitudendynamik als Verhältnis von größter zu kleinster Amplitude von 100:1 darstellbar. Neben der oftmals genutzten, logarithmischen Darstellung der Messgröße ist die Darstellung des Pegels in der Schwingungstechnik und Akustik üblich [2, 9].

▶ Der Pegel einer linearen Größe (z. B. Weg, Kraft, elektrische Spannung, usw.) ist wie folgt definiert:

$$L(dB) = 10 \cdot lg \left(\frac{y}{y_0} \right)^2 = 20 \cdot lg \left(\frac{y}{y_0} \right). \tag{5.3}$$

Der Pegel wird in Dezibel (dB) angegeben und enthält einen *Bezugswert* y_0.

Für das Verhältnis y/y_0 sind Pegel in Tab. 5.5 angegeben.

▶ Für die Berechnung des Pegels werden die Effektivwerte (Abschn. 14.2.1) verwendet.

Aus Tab. 5.5 ist ersichtlich, dass ein Pegel von 0 dB gemessen wird, wenn die Messgröße und die Bezugsgröße gleich groß sind. Die logarithmische Darstellung spreizt die Achse im Bereich kleiner Messwerte, während die Achse für große Messwerte gestaucht wird. Über den gesamten Bereich der Darstellung entspricht eine Multiplikation der Amplitude mit dem Faktor 10 einer Pegeladdition um 20 dB.

Bei Multiplikation des Messsignals mit einem konstanten Faktor C (z. B. Verstärkung) bewirkt dieser die Addition eines konstanten Anteils lg(C) zum Pegel (und folglich eine Verschiebung entlang der Achse):

$$L_1(dB) = 20 \cdot lg \left(\frac{C \cdot y}{y_0} \right) = 20 \cdot lg \left(\frac{y}{y_0} \right) + 20 \cdot lg(C) = L + 20 \cdot lg(C).$$

Für die in der Schwingungstechnik seltener vorkommenden Leistungsgrößen ist der Pegel wie folgt definiert:

$$L(dB) = 10 \cdot lg \left(\frac{Y}{Y_0} \right). \tag{5.4}$$

Ist dieser Bezugswert für die Ermittlung der Messgröße verbindlich vorgeschrieben, so spricht man von einem *absoluten Pegel*. (Beispiel Schalldruckpegel mit Bezugsgröße von $p_0 = 2 \cdot 10^{-5}$ Pa). Wenn hingegen die Bezugsgröße y_0 nicht vorgeschrieben ist, so wird dieser Pegel als *relativer Pegel* bezeichnet.

▶ Relative Pegel sind sinnvoll, wenn Messungen miteinander verglichen oder Änderungen eines Messsignals in der Messkette betrachtet werden.

Tab. 5.5 Verhältnis y/y_0 und Pegel

$y/y0 =$	0,32	0,5	0,71	0,89	0,94	1	1,06	1,12	1,42	2	3,16	10	100	1000
$L[dB] =$	−10	−6	−3	−1	-0,5	0	0,5	1	3	6	10	20	40	60

In der Schwingungstechnik sind die Bezugsgrößen für Pegel nach [1, 5] mit der Verwendung eines Bezugswertes $a_0 = 10^{-6}$ m/s² definiert. Damit ergibt sich bei einer Beschleunigung von a = 1 m/s² (Effektivwert) der Pegel L in dB

$$L = 20 \cdot \lg\left(\frac{1}{10^{-6}}\right) = 120 \,. \tag{5.5}$$

Weitere Zahlenwerte sind in Tab. 5.6 angegeben.

Analog zum Beschleunigungspegel lassen sich Schnellepegel und Auslenkungspegel mit den Bezugswerten $v_0 = 10^{-9}$ m/s und Auslenkungspegel von $x_0 = 10^{-12}$ m definieren. In diesem Fall erhält man einen Schnittpunkt der drei Pegel bei 159,1 Hz und einem Ordinatenwert von 120 dB für 1 m/s² (Abb. 5.7). Eine weitere verwendete Definition ergibt sich mit Bezugswerten für den Beschleunigungspegel $a_0 = 10^{-5}$ m/s, Schnellepegel $v_0 = 5,05 \cdot 10^{-5}$ m/s und Auslenkungspegel $x_0 = 2,55 \cdot 10^{-10}$ m. In diesem Fall schneiden sich die drei Geraden bei 31,5 Hz und 100 dB. Aus diesen zwei Beispielen ist bereits die Notwendigkeit erkennbar, stets den Bezugswert des Pegels in der Darstellung anzugeben.

Tab. 5.6 Beschleunigungspegel für Bezugswert $a_0 = 10^{-6}$ m/s²

a[m/s²] =	0,01	0,1	1	10	100	1000
L[dB] =	80	100	120	140	160	180

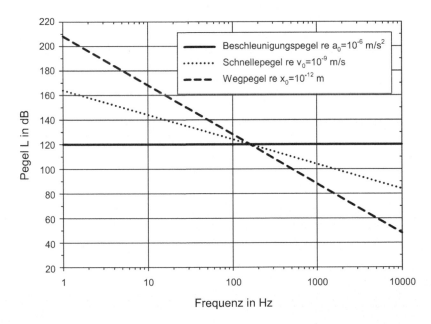

Abb. 5.7 Frequenzabhängigkeit des Schnelle- und Wegpegels bei konstantem Beschleunigungspegel für a = 1 m/s²

Tab. 5.7 Abhängigkeit des Beschleunigungs- und Schnellepegels mit der Frequenz

	Beschleunigungspegel	Schnellepegel
Effektivwerte der Schwingungsamplituden	$\ddot{x} = \left\lvert -\omega^2 \cdot x \right\rvert = \left\lvert -(2\pi f)^2 \cdot x \right\rvert$	$\dot{x} = \lvert \omega \cdot x \rvert = \lvert (2\pi f) \cdot x \rvert$
Einsetzen in Pegelgleichung $L(dB) = 20 \cdot \lg\left(\frac{x}{x_0}\right)$	$L(dB) = 20 \cdot \lg\left(\frac{\ddot{x}}{4\pi^2 f^2 x_0}\right)$ $= 20 \cdot \lg\left(\frac{\ddot{x}}{4\pi^2 x_0}\right) - 2 \cdot 20 \cdot \lg f$	$L(dB) = 20 \cdot \lg\left(\frac{\dot{x}}{2\pi f \cdot x_0}\right)$ $= 20 \cdot \lg\left(\frac{\dot{x}}{2\pi \cdot x_0}\right) - 20 \cdot \lg f$
Pegeldifferenz bei Erhöhung um eine Dekade (Verzehnfachung der Frequenz)	$\Delta L(dB) = L_1 - L_0$ $= -40 \cdot \lg(10f) - (-40 \cdot \lg(f))$ $= -40 \cdot \lg(10) = -40$	$\Delta L(dB) = L_1 - L_0$ $= -20 \cdot \lg(10f) - (-20 \cdot \lg(f))$ $= -20 \cdot \lg(10) = -20$
Pegeldifferenz bei Erhöhung um eine Oktave (Verdopplung der Frequenz)	$\Delta L(dB) = -40 \cdot \lg(2) = -12$	$\Delta L(dB) = -20 \cdot \lg = -6$

Beispiel

Wie verändert sich der Beschleunigungs- und Schnellepegel für eine Schwingung mit konstantem Schwingweg mit Erhöhung der Frequenz um eine Oktave bzw. um eine Dekade?

Da der Effektivwert positiv definiert ist, werden die Beträge aus Gln. 2.9 bzw. 2.10 in die Pegelgleichung eingesetzt. Bildet man nun die Pegeldifferenz ΔL, so fallen die frequenzunabhängigen Anteile heraus. Wird nun die Frequenz f um eine Dekade (Faktor 10) bzw. Oktave (Faktor 2) erhöht, so erhält man einen konstanten Wert für die Pegeldifferenz (Tab. 5.7). Diese Pegeldifferenz ist also unabhängig von der Wahl der Amplitude x und Frequenz f.

▶ Integration: Pegelabfall über der Frequenz −20 dB/Dekade (bzw. −6 dB/Oktave)
Differentiation: Pegelanstieg über der Frequenz +20 dB/Dekade (bzw. +6 dB/Oktave)

Messsysteme ermitteln Pegel aus elektrischen Größen häufig mit einem Bezugswert von 1 V_{eff}. Die Pegel tragen dann die Bezeichnung dBV.

Literatur

1. DIN 45661:2013-03 Schwingungsmesseinrichtungen – Begriffe
2. DIN 45662:1996-12 Schwingungsmesseinrichtung – Allgemeine Anforderungen und Begriffe
3. Hesse, S., Schnell, G.: Sensoren für die Prozess- und Fabrikautomation. Springer Vieweg, Wiesbaden (2018)
4. Parthier, R.: Messtechnik. Springer Vieweg, Wiesbaden (2016)
5. DIN EN ISO 1683:2015-09 Bevorzugte Bezugswerte für Pegel in der Akustik und Schwingungstechnik

6. Heymann, J., Lingener, A.: Experimentelle Festkörpermechanik. VEB Fachbuchverlag, Leipzig (1986)
7. Holzweißig, F., Meltzer, G.: Meßtechnik in der Maschinendynamik. VEB Fachbuchverlag, Leipzig (1973)
8. Sinambari, G.R., Sentpali, S.: Ingenieurakustik. Springer Vieweg, Wiesbaden (2014)
9. Kolerus, J., Wassermann, J.: Zustandsüberwachung von Maschinen. expert verlag, Renningen (2017)

Wegaufnehmer

6

▶ Die Messung des Schwingweges ist eine wichtige Aufgabe in der Messtechnik. Dieses Kapitel stellt eine Auswahl wichtiger und in der Praxis angewandter Messprinzipe vor. Zusammen mit den Aufnehmern werden schaltungstechnische Besonderheiten der Signalaufbereitung behandelt. Die Möglichkeiten und Grenzen der einzelnen Verfahren werden aufgezeigt und durch Zeichnungen und Schnittbilder ergänzt.

6.1   Potenziometrische Wegaufnehmer

Potenziometrische Wegaufnehmer nutzen als Messprinzip die Änderung eines Widerstandes. Diese Widerstandsbahn kann z. B. aus Draht, leitfähigem Kunststoff oder einer aufgespritzten Metallschicht bestehen. Durch die Stellung eines Schleifkontaktes wird die Eingangsgröße Weg als veränderlicher Widerstand abgegriffen [1–6]. Über eine Beschaltung als Spannungsteiler erhält man eine elektrische Ausgangsspannung proportional zum Weg (Abb. 6.1).

Die Länge der Widerstandsbahn entspricht der Messlänge im Falle des Linearpotenziometers. Für Winkelaufnehmer wird die Widerstandsbahn kreisförmig ausgeführt. Seilzugpotenziometer wandeln ebenfalls die translatorische Bewegung in eine Drehbewegung um. Dies erfolgt über ein Drahtseil mit Rückholfeder und Übersetzungsgetriebe (Abb. 6.2). Mit dieser Aufnehmerkonstruktion gelingt es, einen großen Messbereich mit kleinen Abmessungen des Aufnehmers zu verwirklichen. Damit sind Messungen auch an schwer zugänglichen Bauteilen möglich.

Potenziometrische Wegaufnehmer sind Relativaufnehmer. Zweckmäßigerweise misst der Schleifer die Bewegung des Messobjektes; das Gehäuse des Aufnehmers wird am Festpunkt angebracht. Aufgrund der geringen bewegten Massen gelten potenziometrische

© Springer Fachmedien Wiesbaden GmbH, ein Teil von Springer Nature 2019
T. Kuttner und A. Rohnen, *Praxis der Schwingungsmessung,*
https://doi.org/10.1007/978-3-658-25048-5_6

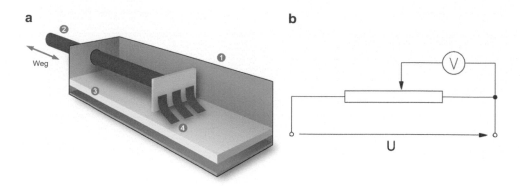

Abb. 6.1 Prinzip des Linearpotenziometers (**a**) (*1* Gehäuse, *2* Wegtaster, *3* Widerstandsbahn, *4* Kontakt), Beschaltung als Spannungsteiler. (**b**) (Monika Klein, www.designbueroklein.de (**a**), S. Hohenbild (**b**))

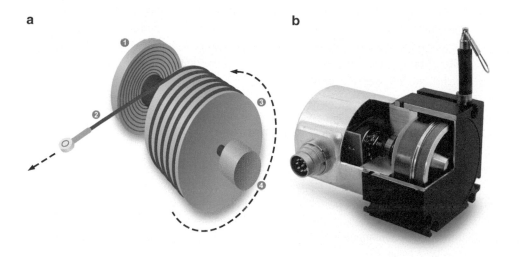

Abb. 6.2 Prinzip des Seilzugpotenziometers (**a**) (*1* Spiralfeder, *2* Zugseil, *3* Rolle *4* Widerstandsbahn) und Schnittbild. (**b**) (Monika Klein, www.designbueroklein.de (**a**), Micro-Epsilon Messtechnik GmbH & Co. KG (**b**))

Wegaufnehmer als rückwirkungsarm. Der Arbeitsfrequenzbereich potenziometrischer Wegaufnehmer deckt quasistatische (untere Grenzfrequenz 0 Hz) und tieffrequente Messungen ab [4]. Als Relativaufnehmer verhalten sich potenziometrische Wegaufnehmer frequenzunabhängig, d. h. der Übertragungskoeffizient ist nicht abhängig von der Frequenz des Schwingweges. Bei höheren Frequenzen kann ein unerwünschtes Springen des Schleifkontaktes bzw. Schwingen des Seiles bei Seilzugaufnehmern auftreten. Ebenso kommt es u. U. im Betrieb zur Erwärmung und zum Verschleiß der Widerstandsbahn [4].

Potenziometrische Wegaufnehmer werden für einen großen Messbereich im Bereich von mehreren Millimetern bis mehreren Metern angeboten [6] und sind vergleichsweise preiswert.

Die Messunsicherheit ist besser als 1 %, als Temperaturdrift wird typischerweise 1,5 ppm/K angegeben [6]. Bei der Beschaltung ist zu beachten, dass der Eingangswiderstand der nachfolgenden Verstärkerschaltung so hochohmig sein muss, dass die Quelle nicht belastet wird [6]. Zur Verringerung von Messabweichungen muss die Speisespannung stabilisiert sein, da diese in das Ergebnis eingeht [4].

6.2 Kapazitive Wegaufnehmer

Das Messprinzip kapazitiver Wegaufnehmer beruht auf der Änderung der Kapazität eines Kondensators (Abb. 6.3). Die Elektroden des Messaufnehmers sind als Plattenkondensator oder als Zylinderkondensator geschaltet [2–7]. Der Zylinderkondensator nutzt die Änderung der Fläche als Messgröße, hingegen wird beim Plattenkondensator die Änderung des Plattenabstandes als Messgröße herangezogen. Über die Änderung der Fläche zweier teilweise überlappender Platten ist die Messung des Drehwinkels möglich.

Die Kapazität C des Kondensators mit Luft als Dielektrikum beträgt

$$C = \frac{\varepsilon_0 A}{a} \tag{6.1}$$

mit $\varepsilon_0 = 8{,}85$ pAs/(Vm) der elektrischen Feldkonstante, A der Plattenfläche und a dem Plattenabstand. Neben der Fläche beeinflusst das Dielektrikum die Kapazität, was kapazitive Wegaufnehmer empfindlich für Umwelteinflüsse wie Spritzwasser werden lässt, andererseits jedoch z. B. die Messung des Füllstandes in Behältern erlaubt. Mit der Ladung Q ergibt sich dann eine Spannung U

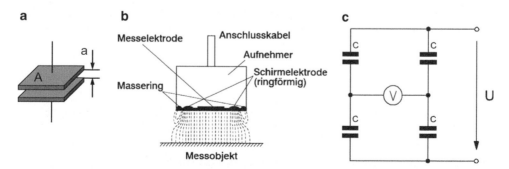

Abb. 6.3 Prinzip des kapazitiven Wegaufnehmers (**a**), Schnittbild eines kapazitiven Wegaufnehmers (**b**), mit Ringelektrode und Beschaltung als kapazitive Halbbrücke (**c**). (Autor (**a**), Micro-Epsilon Messtechnik GmbH & Co. KG (**b**) S. Hohenbild (**c**))

$$U = \frac{Q}{C} = \frac{Q}{\varepsilon_0 A} a \ . \tag{6.2}$$

Um die geringen Spannungsänderungen nutzen zu können, werden kapazitive Wegaufnehmer häufig in kapazitiver Brückenschaltung betrieben. Die Brückenschaltung erfordert den Betrieb mit Wechselspannung hoher Frequenz, um ein auswertbares Messsignal zu erhalten [6] und Nichtlinearitäten gering zu halten [4]. Dies ist durch die geringe Kapazität des Kondensators im Bereich von einigen 10 pF bis wenigen 100 pF begründet. Der Kondensator soll überdies einen hohen ohmschen Widerstand und geringe Polarisationsverluste im Dielektrikum aufweisen. Vor allem Flüssigkeiten erfüllen diese Anforderungen oftmals nicht und beschränken so den Einsatz dieser Aufnehmer. Die hohe Eingangsimpedanz der Schaltung erfordert gute Abschirmungen und begrenzt die Leitungslängen, da andernfalls Störsignale eingekoppelt werden. Eine relative Messunsicherheit von 1 … 3 % ist erzielbar [2].

Kapazitive Wegaufnehmer sind Relativaufnehmer. Dabei kann das Messobjekt eine Elektrode darstellen z. B. durch eine ringförmige Gestaltung der beiden Elektroden (Abb. 6.3), während das Aufnehmergehäuse am Festpunkt angebracht wird. Durch die geringen elektrostatischen Kräfte arbeiten kapazitive Wegaufnehmer praktisch rückwirkungsfrei [6] und weisen einen frequenzunabhängigen Übertragungskoeffizienten auf. Der Arbeitsfrequenzbereich wird weniger durch den Aufnehmer, sondern durch die nachfolgende Signalverarbeitung bestimmt.

Kapazitive Wegaufnehmer werden an einem Trägerfrequenz-Messverstärker betrieben (Abschn. 9.1.6), der den Betrieb kapazitiver Wegaufnehmer vorsieht oder mit einer speziell auf den Aufnehmer und die Messaufgabe abgestimmten Signalverarbeitung.

6.3   Induktive Wegaufnehmer

Induktive Wegaufnehmer nutzen die Änderung der Induktivität einer Spule bei Änderung des magnetischen Flusses [1–9]. Fließt ein Strom I durch eine Spule, so wird ein magnetisches Feld mit dem Fluss Φ induziert:

$$\Phi = \frac{I \cdot N}{R_m} \ . \tag{6.3}$$

Hierbei ist N die Windungszahl der Spule und R_m der magnetische Widerstand des Magnetkreises (Abb. 6.4).

Der magnetische Widerstand R_m ergibt sich durch Addition des Anteils aus dem Weg der Feldlinien im Eisenkern (Index Fe) und an der Luft (Index L):

$$R_m = \frac{l_{Fe}}{\mu_{Fe} \cdot A_{Fe}} + \frac{\delta}{\mu_L \cdot A_L} \ . \tag{6.4}$$

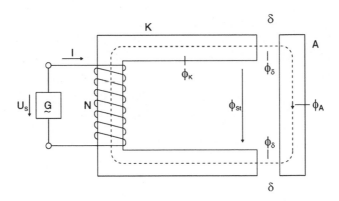

Abb. 6.4 Prinzip des induktiven Wegaufnehmers. (Micro-Epsilon Messtechnik GmbH & Co. KG)

Zur Vereinfachung wird nun die Querschnittsfläche im magnetischen Feld im Eisenkern und im Luftspalt als gleich groß angenommen. Für die Permeabilitäten μ gilt $\mu = \mu_0 \cdot \mu_{rel}$. Mit $\mu_{rel} = 1$ für Luft und $\mu_{rel} = 1000$ für Eisen wird deutlich, dass der magnetische Widerstand im Wesentlichen vom Luftspalt δ bestimmt ist:

$$R_m = \frac{1}{\mu_0 \cdot A}\left(\frac{l_{Fe}}{\mu_{relFe}} + \frac{\delta}{\mu_{relL}}\right) = \frac{\delta}{\mu_0 \cdot A} . \qquad (6.5)$$

Bei zeitlicher Änderung des Flusses Φ wird in der Spule mit der Induktivität L eine Spannung U induziert:

$$U = -N\frac{d\Phi}{dt} = -L\frac{dI}{dt} . \qquad (6.6)$$

Betreibt man die Spule mit einem Wechselstrom, so wird ein Strom I für den Aufbau des magnetischen Feldes benötigt. Beim Zusammenbrechen des Magnetfeldes wird die Spannung U mit negativem Vorzeichen induziert. Nimmt man den magnetischen Widerstand R_m als Konstante an (d. h. Änderung des Luftspaltes δ erfolgt mit wesentlich geringerer Frequenz als die Frequenz des Wechselstroms in der Spule), so erhält man

$$L\frac{dI}{dt} = N\left(\frac{\partial\Phi}{\partial I} \cdot \frac{dI}{dt}\right) = N\left(\frac{N}{R_m} \cdot \frac{dI}{dt}\right) \qquad (6.7)$$

und schließlich

$$L = \frac{N^2}{R_m} . \qquad (6.8)$$

Nach Zusammenfassen der Konstanten zeigt sich, dass sich die Induktivität L umgekehrt proportional zum Abstand δ ändert:

$$L = \frac{N^2}{R_m} = \frac{N^2 \cdot \mu_0 \cdot A}{\delta} = \frac{K}{\delta} . \qquad (6.9)$$

Wird nun der Luftspalt von δ um den Wert $\Delta\delta$ verändert, so ändert sich die Induktivität um den Wert ΔL. Die relative Änderung der Induktivität $\Delta L/L$ ist somit proportional zur relativen Wegänderung.

$$\frac{\Delta L}{L} = \frac{K\left[\frac{1}{\delta+\Delta\delta} - \frac{1}{\delta}\right]}{K/\delta} = \frac{\delta}{\delta+\Delta\delta} - 1 = \frac{\delta-(\delta+\Delta\delta)}{\delta+\Delta\delta} = -\frac{\Delta\delta}{\delta+\Delta\delta}. \qquad (6.10)$$

Induktive Wegaufnehmer weisen keine Linearität zwischen Ausgangs- und Eingangsgröße auf; der Übertragungskoeffizient ist von der Eingangsgröße abhängig. Für kleine Wegänderungen $\Delta\delta$ kann Gl. 6.10 linearisiert werden.

Um die Änderung der Induktivität zu erfassen, werden induktive Aufnehmer üblicherweise in Brückenschaltung mit Trägerfrequenz im kHz-Bereich betrieben. Die Funktion eines Trägerfrequenz-Messverstärkers wird in Abschn. 9.1.6 erläutert. Da in dieser Beschaltung Störeinflüsse unterdrückt werden, finden induktive Wegaufnehmer in Brückenschaltung unter rauer Industrieumgebung und unter dem Einfluss von Medien Anwendung.

Zur Messung größerer Wege werden zwei Spulen in Differenzschaltung angeordnet (Abb. 6.5). Über einen Kern an einer nichtmagnetischen Zugstange, der in den Spulen bewegt wird, tritt in beiden Spulen eine Änderung der Induktivität auf. In der Mittelstellung des Kerns heben sich die induzierten Spannungen in den Sekundärwicklungen auf, da diese ein unterschiedliches Vorzeichen haben. Bei Verschiebung des Kerns wird (bei gleicher Wicklungszahl der Spule) in Sekundärspule 1 eine Spannung $+\Delta U$ und in Sekundärspule 2 eine Spannung $-\Delta U$ induziert. Die Differenzschaltung liefert folglich eine Spannung $2\Delta U$. Durch die Messung der Induktivitätsänderungen zwischen beiden Spulen kompensieren sich sowohl die Nichtlinearitäten in beiden Spulen als auch die Störungen durch elektromagnetische Felder, Temperatureinflüsse usw. [2, 4–6]. In dieser

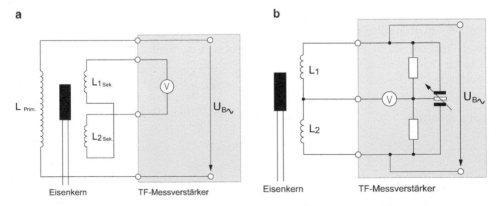

Abb. 6.5 Aufbau induktiver Wegaufnehmer nach dem LVDT-Prinzip (**a**) und LVIT-Prinzip (**b**). (S. Hohenbild)

Beschaltung sind Messbereiche im Bereich von wenigen Millimetern bis mehrere 100 mm möglich.

In der verbreiteten Bauform des LVDT (Linear Variable Displacement Transducer bzw. transformatorische Schaltung) wird der magnetische Fluss über eine Primärwicklung erzeugt und über die gegensinnig geschalteten Sekundärwicklungen die Differenz der Induktivitätsänderungen erfasst [8]. In Brückenschaltung betrieben, versorgt die Brückenspeisespannung $U_{B\sim}$ die Primärwicklung $L_{prim.}$. Es wird die Differenz der Spannungen gemessen, die in den Sekundärwicklungen $L_{1sek.}$ und $L_{2sek.}$ induziert wird.

Winkelaufnehmer lassen sich mit einer Spulenanordnung aus einer Primärspule und zwei oder mehrere Sekundärspulen im Winkel von 90° oder 120° realisieren. Aus konstruktiven Gründen wird die Primärspule als Rotorspule ausgeführt und die Sekundärspulen als Stator. In den Sekundärspulen wird eine um phasenverschobene Spannung induziert, aus der der zu messenden Winkel berechnet wird. Diese Bauform wird als RVDT (Rotary Variable Displacement Transducer), Drehspulmelder oder Synchro bezeichnet.

Die Beschaltung nach dem Prinzip des LVIT (Linear Variable Inductance Transducer bzw. Tauchankerwandler in Halbbrückenschaltung) benötigt keine separate Primärwicklung, sondern erzeugt den magnetischen Fluss in beiden Spulen mit Hilfe einer Brückenschaltung, die mit einer Trägerfrequenz betrieben wird. Über die Halbbrückenschaltung wird die Änderung der Induktivität beider Spulen abgegriffen und als Halbbrückenschaltung verarbeitet. Die parallel geschalteten Kondensatoren im Brückenergänzungszweig des Trägerfrequenzmessverstärkers sind zum Abgleich der Phase vorgesehen [5, 6].

Induktive Wegaufnehmer werden als Relativaufnehmer eingesetzt. Der Eisenkern wird mit dem Messobjekt verbunden und die Spulen am Festpunkt angebracht. Für übliche Messaufgaben ist die Rückwirkung des Aufnehmers auf das Messobjekt gering, da der Eisenkern eine geringe Masse aufweist. Bei Klemmverbindungen ist zu beachten, dass die Spulen nicht mechanisch beschädigt werden und sich der Eisenkern frei in den Spulen bewegen kann. Induktive Wegaufnehmer werden entweder an einem Trägerfrequenz-Messverstärker betrieben (Abschn. 9.1.6) oder haben eine Signalaufbereitung im Aufnehmer. Die untere Grenzfrequenz ist 0 Hz, die obere Grenzfrequenz ist nicht durch das Messprinzip selbst vorgegeben, sondern wird durch den Betrieb an einem Trägerfrequenz-Messverstärker bestimmt. In der Praxis wählt man deshalb die Trägerfrequenz mindestens fünfmal so hoch wie die zu messende obere Grenzfrequenz.

6.4 Wegaufnehmer nach dem Wirbelstromprinzip

Wegaufnehmer nach dem Wirbelstromprinzip bestehen aus einer Spule, die von einem hochfrequenten Wechselstrom durchflutet wird [4, 10, 11]. Das Magnetfeld der Spule erzeugt in dem metallischen Messobjekt Wirbelströme und diese wiederum ein Magnetfeld (Abb. 6.6). Das Messobjekt muss leitend, jedoch nicht notwendigerweise

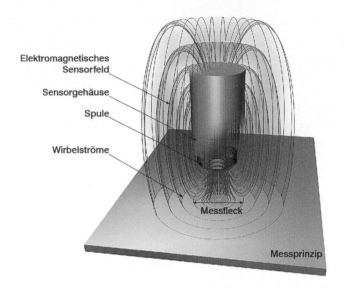

Elektromagnetisches
Sensorfeld

Sensorgehäuse

Spule

Wirbelströme

Messfleck

Messprinzip

Abb. 6.6 Prinzip des Wegaufnehmers nach dem Wirbelstromprinzip. (Micro-Epsilon Mess-technik GmbH & Co. KG)

ferromagnetisch sein. Das durch die Wirbelströme induzierte Magnetfeld hat Rück-wirkungen auf die Spule, da die Energieauskopplung die Impedanz der Spule verändert. Die Impedanzänderung ist abhängig vom Abstand und wird als Messgröße genutzt.

Wegaufnehmer nach dem Wirbelstromprinzip sind Relativaufnehmer, wobei der Auf-nehmer selbst am Festpunkt angebracht wird. Die Rückwirkungen durch die Wirbel-ströme auf das Messobjekt sind sehr gering. Der Messbereich umfasst kleine Abstände (< 15 mm) und einen nutzbaren Frequenzbereich von 0 bis ca. 2 kHz. Der Vorteil des Verfahrens sind die berührungslose Arbeitsweise (keine bewegten Teile) und die Unempfindlichkeit gegen Umgebungsbedingungen. Die Induktion von Wirbelströmen ist nicht nur vom Abstand abhängig, sondern auch von der Geometrie und den Werk-stoffeigenschaften des Messobjektes (z. B. Leitfähigkeit). Deswegen beeinflussen diese Eigenschaften des Messobjektes ebenfalls das Messergebnis. Diese Eigenschaft wird für die Messung von Schichtdicken und in der Werkstoffprüfung (z. B. für die Riss-erkennung und Feststellen des Wärmebehandlungszustandes) genutzt. Für die Messung des Weges sind diese Einflüsse unerwünscht. Bei der Verwendung von Wirbelstromauf-nehmern ist deshalb darauf zu achten, dass das Messobjekt über die gesamte Messlänge konstante Werkstoffeigenschaften aufweist (z. B. bei rotierenden Wellen). Nachteilig für Wegaufnehmer nach dem Wirbelstromprinzip wirken sich die geringe Dynamik und die zeitliche Veränderung der Aufnehmereigenschaften (run-out) aus [11].

Mit Wegaufnehmern nach dem Wirbelstromprinzip lassen sich praktisch obere Grenz-frequenzen im Bereich von 25 kHz bei einem Messbereich von > 1 mm realisieren. Bei Erhöhung der oberen Grenzfrequenz auf 100 kHz verringert sich der Messbereich auf

< 1 mm. Häufig sind die praktisch auftretenden Wegamplituden in diesem Fall derartig klein, dass ein Wegmessverfahren nicht sinnvoll ist (Abschn. 5.2). Wegaufnehmer nach dem Wirbelstromprinzip werden in der Regel mit einer Signalaufbereitung angeboten. Über eine externe Spannungsversorgung wird der Wegaufnehmer betrieben und liefert üblicherweise ein analoges Ausgangssignal.

6.5   Magnetostriktive Wegaufnehmer

Das Messprinzip magnetostrikiver Wegaufnehmer (Abb. 6.7) beruht auf der Messung der Laufzeit einer elastischen Welle in einem Wellenleiter (Wiegand-Sensor). Der Wellenleiter ist ein stabförmiges Element aus einem Werkstoff mit magnetostriktiven Eigenschaften (FeNi-Legierung). Am Ende des Wellenleiters ist eine Aufnehmerspule angebracht. Um den Wellenleiter befindet sich der sog. Positionsmagnet als Ring mit 4 Permanentmagneten, die ein rotatorisch ausgerichtetes Magnetfeld erzeugen. Mit einem kurzen Stromimpuls wird ein magnetisches Feld im Wellenleiter erzeugt, welches sich mit dem Magnetfeld des Positionsmagneten überlagert. An dieser Stelle wird durch den magnetostriktiven Effekt ein Torsionsimpuls im Wellenleiter hervorgerufen. Der Impuls läuft als elastische Welle mit Schallgeschwindigkeit durch den Wellenleiter und wird am Ende durch die Aufnehmerspule erfasst. Die Auswertung der Laufzeit des Impulses im Wellenleiter ergibt den Absolutweg des Positionsmagneten [2, 5, 8].

Das System arbeitet berührungsfrei und damit verschleißfrei. Der Positionsmagnet benötigt keine Speisung. Magnetostriktive Wegaufnehmer erreichen eine hohe Auflösung von < 2 µm, Linearität < 0,01 % und eine Wiederholgenauigkeit von 0,001 %. Die erzielbare obere Grenzfrequenz liegt im kHz-Bereich und nimmt mit steigendem Messbereich ab. Dies ist durch die notwendigen Abklingzeiten der Welle nach dem Auslösen des Impulses zu erklären.

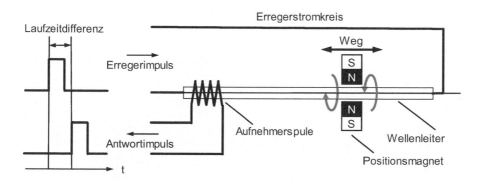

Abb. 6.7 Prinzip des magnetostriktiven Wegaufnehmers

6.6   Digitale Wegaufnehmer

Digitale Wegaufnehmer basieren auf dem Messprinzip der Impulsmessung. Die Impulse liegen als digitale Informationen vor, die entweder „0" oder „1" sein können. Im einfachsten Falle gibt ein Näherungsschalter über das Vorhandensein eines Objektes Auskunft. Wegaufnehmer sollen hingegen Auskunft über beliebige Positionen geben. Diese Messaufgabe wird gelöst, indem eine Vielzahl von Impulsen gemessen werden und daraus auf die Position geschlossen wird. Die Einzelimpulse werden als Inkremente bezeichnet und bezeichnen den konstanten Zuwachs einer Größe um den jeweils gleichen Betrag. Mit diesem Messprinzip lassen sich – je nach Ausführung – Wege und Winkel messen. Überdies kann in einfacher Weise die Geschwindigkeit erfasst werden. Technisch erfolgt die Realisierung über strichcodierte Lineale oder Scheiben. Diese werden in der Regel optisch oder magnetisch abgetastet. Aufgrund der Robustheit, der Unempfindlichkeit gegenüber Verschmutzungen und des einfachen Aufbaus tritt die magnetische Abtastung zunehmend in den Vordergrund.

Der Messaufnehmer besteht aus einem Messkopf und einem Maßstab. In der Regel wird der Messkopf fest angeordnet, der Maßstab ist mit dem Messobjekt verbunden und bewegt sich zusammen mit dem Messobjekt. Das Prinzip ist in Abb. 6.8 ersichtlich. Das Lineal enthält in festen Abständen eine Strichcodierung, die hier durch eine Lichtschranke abgetastet wird. Die Impulse werden als Inkremente gezählt. Mit bekanntem Abstand zwischen zwei Inkrementen lässt sich die Position aus der Summation der Inkremente als auch die Geschwindigkeit über die Anzahl der Impulse – und damit der zurückgelegte Weg – je betrachteter Zeiteinheit messen. Messaufnehmer nach diesem Prinzip werden zur Messung der Geschwindigkeit (z. B. ABS in Kraftfahrzeugen) eingesetzt. Bereits anhand obiger Prinzipskizze wird deutlich, dass die Richtung der Bewegung nicht mit dieser Messanordnung gemessen werden kann. Aufgrund der inkrementellen Zählung ist ebenfalls der absolute Zahlenwert des Weges nicht bekannt. Nach dem Einschalten kennt der Aufnehmer die aktuelle Position nicht. Zu Beginn der Messung wird in diesem Falle der Weg auf Null gesetzt und ausgehend von diesem willkürlichen Nullpunkt der Weg relativ gemessen.

Abb. 6.8 Messprinzip digitaler Wegaufnehmer mit Lichtschranke

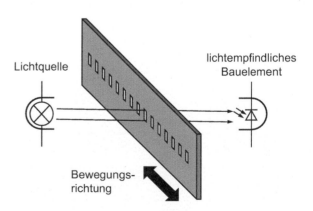

Zur Auflösung dieser Problematik werden in der Messpraxis zwei Methoden unter- schieden: die bereits vorgestellte relative, d. h. inkrementelle Messung und die absolute Messung. Für die benötigten Zusatzinformationen zum Nullpunkt und der Richtung sind zusätzliche Informationen nötig, die aus einer Messung einer zweiten oder mehr Spu- ren gewonnen werden. Hierfür existieren verschiedene Ausführungen. Eine zweite Spur kann z. B. einen festen Referenzwert als Nullpunkt enthalten. Dieser wird dann nach dem Einschalten angefahren und liefert die absolute Koordinate. Über eine zweite Spur mit einem versetzt angeordneten Inkrementalmuster, welches zeitversetzt abgetastet wird. Über den Zeitversatz (und damit Phasendifferenz zwischen beiden Signalen) lässt sich im einfachsten Falle das Vorzeichen der Bewegungsrichtung gewinnen. Überdies können die enthaltenen Zusatzinformationen (Größe des Phasenwinkels) zur Erhöhung der Auflösung ausgewertet werden.

Es lässt sich eine hohe Anzahl von Inkrementen im Messbereich realisieren, z. B. 100000 Inkremente für eine Umdrehung. Damit ist auch eine hohe Auflösung zu ver- wirklichen. In der nachfolgenden Signalverarbeitung werden die Inkremente ausgezählt und verarbeitet. Üblicherweise werden z. B. Impulsfolgen oder nach Wandlung in ein analoges Spannungssignal proportional zum Weg bereitgestellt.

6.7   Faseroptische Wegaufnehmer

Faseroptische Wegaufnehmer bestehen aus dem Sensorkopf, einem lichtleitenden Faser- bündel und einer Messelektronik. Der Anteil des reflektierten Lichtes einer Oberfläche wird gemessen und in Beziehung zum Abstand der Oberfläche vom Aufnehmer gesetzt. Nach diesem Messprinzip sind Schwingungen senkrecht zum einfallenden Licht mess- bar. Im Aufnehmer befinden sich zwei Bündel von optischen Fasern als Sender und Empfänger. Das Licht trifft vom aussendenden Faserbündel mit dem Öffnungswinkel auf die zu messende Oberfläche und wird dort zum zweiten Faserbündel reflektiert, welches das einfallende Licht zum Empfänger (meist Photodiode) leitet (Abb. 6.9). Die beiden Faserbündel können nebeneinander, konzentrisch oder gemischt angeordnet sein. Sen- der und Empfänger sind jeweils mit einem optischen Linsensystem ausgestattet, welches den Arbeitsabstand zum Messobjekt gestattet. Damit sind sehr kleine Abmessungen von Sensorköpfen realisierbar.

Der Anteil des reflektierten Lichtes ist umgekehrt proportional zum projizierten Lichtfleck. Mit höherem optischen Reflexionsgrad der Oberfläche, geringerem Abstand des Messobjektes und mit kleinerem Öffnungswinkel steigt folglich die Intensität des reflektierten Anteils im Empfänger. Bei zu großer Annäherung des Messobjektes über- schneiden sich das ausgesendete und empfangene Strahlenbündel nicht mehr, es kommt nach dem Intensitätsmaximum zu einem rapiden Abfall der Intensität.

Es werden zwei Sensortypen unterschieden: reflexionsabhängige Sensoren („ref- lectance-dependent sensors", RD) und reflexionskompensierte Sensoren („reflectance- compensated sensors", RC). Das Ausgangssignal reflexionsabhängiger Sensoren wird

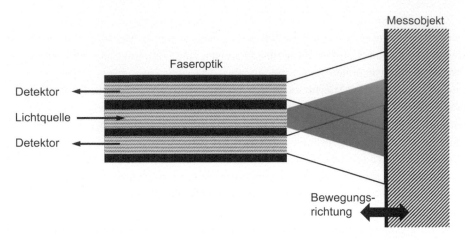

Abb. 6.9 Messprinzip faseroptischer Wegaufnehmer

vom Abstand des Messobjektes und dem Reflexionsgrad der Oberfläche bestimmt. Typischerweise zeigt die Kennlinie ein Maximum, welchen als „optischer Peak" die maximale Überdeckung vom einfallendem und reflektiertem Strahlenbündel markiert. An dieser Abstand zeigt das Messprinzip die höchste Empfindlichkeit für den Reflexionsgrad – zur Messung des Abstandes wird hingegen der linear verlaufende Teil der abfallenden Kurve genutzt, der sich bei größerem Abstand ergibt (Abb. 6.10a).

Reflexkompensierte Sensoren nutzen zwei hintereinandergeschaltete Sensorköpfe. Innerhalb des projeizierten Lichtflecks wird der Reflexionsgrad als konstant angesehen. Mit Bewegung des Messobjektes erfasst jeder der beiden Sensorköpfe die gleiche Oberfläche und damit den gleichen Reflexionsgrad. Da das Ausgangssignal als Produkt der

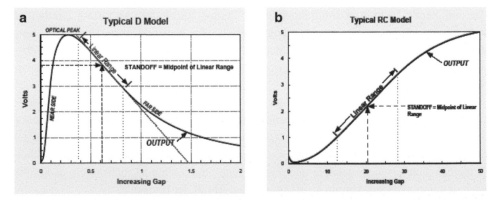

Abb. 6.10 Typische Kennlinien reflexionabhängiger Aufnehmer (**a**) und reflexionskompensierter Aufnehmer (**b**) (Fa. ROGA Instruments)

Faktoren Reflexionsgrad und Abstand aufgefasst wird, kann für durch die nachfolgende Signalverarbeitung der Anteil des Reflexionsgrades abgetrennt werden. Die Kennlinie verläuft in diesem Fall linear ansteigend mit wachsenden Abstand (Abb. 6.10b).

Die Auflösung wird besser als 1 % des Messbereiches angegeben [13]. Der Sensorkopf selbst arbeitet berührungslos gegenüber dem Messobjekt und kommt deshalb u. a. für sehr leichte und deformierbare Messobjekte zum Einsatz, verlangt jedoch – wie jeder Relativaufnehmer – nach einem Fixpunkt für den Aufnehmer. Durch die biegsame Faseroptik lassen sich Messungen an schwer zugänglichen Stellen bzw. unter schwierigen Umgebungsbedingungen (wie z. B. unter hohen Drücken, im Vakuum und in transparenten Flüssigkeiten) realisieren. Typische Anwendungen sind die Prozessüberwachung beim Ultraschallschweißen, Ventilbewegungen, Lautsprechermembranen und Abtastköpfe für Festplatten. Reflexkompensierte Aufnehmer sind bei einer Querbewegung des Messobjektes vorteilhaft, wie z. B. bei rotierenden Wellen, Lagerdiagnose und Rotordynamik [12, 13].

6.8 Wegaufnehmer nach dem Lasertriangulationsprinzip

Das Messprinzip der Lasertriangulation basiert auf der Erzeugung eines fokussierten Laserpunktes an der Oberfläche des Messobjektes (Abb. 6.11). Das Streulicht des Laserpunktes wird von einem benachbarten, ortsempfindlichen Sensorelement empfangen

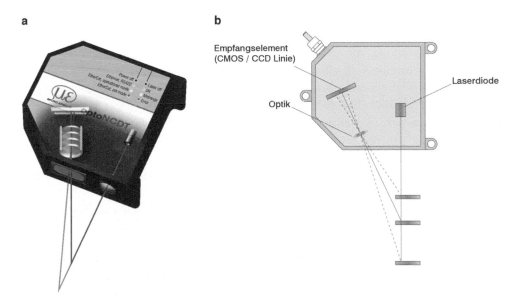

a   **b**

Empfangselement
(CMOS / CCD Linie)

Laserdiode

Optik

Abb. 6.11 Wegaufnehmer nach dem Lasertriangulationsprinzip (**a**), Messprinzip (**b**). (Micro-Epsilon Messtechnik GmbH & Co. KG)

(z. B. CCD-Zeilenkamera) und als Abstand des Messobjektes vom Wegaufnehmer aus-
gewertet [3, 6]. Bei modernen Wegaufnehmern nach dem Lasertriangulationsprinzip sind
Laser, Optik, das ortsempfindliche Sensorelement und die Auswertelektronik in einem
Gehäuse untergebracht. Der Aufnehmer verlangt eine externe Stromversorgung mit einer
Gleichspannung und liefert das Ausgangssignal entweder als analoges Spannungs- oder
Stromsignal oder in einem digitalen Format über eine Schnittstelle, über die sich der
Aufnehmer auch programmieren lässt.

Für die Funktion des Aufnehmers ist die diffuse Reflexion am Messobjekt entscheidend; eine Spiegelung des Laserpunktes vom Messobjekt in den Aufnehmer ist
unerwünscht. Mittels CCD-Sensoren lassen sich Messbereiche von 5 bis 200 mm bei
einer Messgenauigkeit von 1 bis 5 µm realisieren, mit PSD-Sensoren ist ein Messbereich
von 0,5 bis 2 m bei einer Messgenauigkeit von 1 bis 5 mm möglich. Der nutzbare
Frequenzbereich erstreckt sich von 0 bis mehrere 100 Hz. Sonderbauformen erreichen
eine obere Grenzfrequenz von >50 kHz, welche jedoch nicht durch das Messprinzip,
sondern durch die Signalverarbeitung bedingt ist. Der Vorteil der Wegaufnehmer nach
dem Lasertriangulationsprinzip liegt in der berührungsfreien Messung. Damit sind
rückwirkungsfreie Messungen an leichten Messobjekten und Messungen in räumlich
beengten Verhältnissen möglich. Nachteilig wirkt sich die Empfindlichkeit des Aufnehmers gegenüber Verschmutzung und den Niederschlag von Kondenswasser aus.

6.9   Videografische Verfahren

Videografische Verfahren lassen sich keiner speziellen Bauform von Schwingungsaufnehmern zuordnen. Vielmehr beruhen diese auf der Bildaufzeichnung von Bewegungen
und deren Auswertung. Aus der historischen Entwicklung der vergangenen Jahrzehnte
heraus haben sich eine Vielzahl von analogen und digitalen Aufzeichnungsverfahren in
der Hochgeschwindigkeitskinematographie entwickelt [14–16]. Für deren Anwendung in
der Schwingungsmesstechnik werden heutzutage hauptsächlich digitale videografische
Verfahren eingesetzt, bei denen der Bewegungsvorgang in Einzelbildern aufgezeichnet
wird. Für die Anwendung muss beachtet werden, dass die erfassten Wegdifferenzen zwischen zwei Einzelbildern ausreichend groß sein müssen. Damit zielt der Anwendungsbereich auf geringe Frequenzen (bis 0 Hz) und große Wege. Die eigentlichen Vorteile
videografischer Verfahren liegen in deren Anschaulichkeit und der zwei- bzw. dreidimensionalen Analyse des gesamten Bewegungsablaufes anhand der Bildsequenz.
Das Verfahren ist berührungsfrei, so dass es auch für Messaufgaben eingesetzt werden
kann, in denen das Messobjekt nicht mit Aufnehmern instrumentiert werden kann (z. B.
Flüssigkeitsoberflächen, Kettentriebe). Der Einsatz des Verfahrens ist nicht nur auf die
Schwingungsvorgänge begrenzt, sondern umfasst ebenso Bewegungsabläufe, z. B. Analyse von Fertigungsprozessen und Crashversuchen sowie in den Arbeits- und Sport-
wissenschaften.

Die Aufnahme erfolgt mit einer Kamera in einer Ebene; mehrere Kameras erlauben die dreidimensionale Rekonstruktion des Bewegungsablaufes. Dabei kann die Kamera ortsfest angebracht sein, es können jedoch auch Relativbewegungen durch eine mitbewegte Kamera erfasst werden. Beispielhaft ist die Messung des Wankwinkels eines Fahrzeuges angegeben (Abb. 6.12) [17].

Für die Aufzeichnung haben sich folgende Regeln bewährt [4, 15, 16, 18]:

- Der verfügbare Bildausschnitt sollte möglichst vollständig gefüllt werden.
- Die Bewegungsrichtung sollte bei Bewegung in der Ebene möglichst senkrecht zur Aufnahmerichtung liegen.
- Messobjekt und Hintergrund sollen guten Kontrast aufweisen. Ebenso ist eine helle, jedoch nicht spiegelnde Oberfläche des Messobjektes gegenüber einem gleichmäßig dunklen Hintergrund oft eine zweckmäßige Wahl.
- Markierungen an ausgewiesenen Stellen des Messobjektes sind sinnvoll, um die Bewegung zu verfolgen (analog zum „Motion Capturing"). Es ist ebenfalls zweckmäßig Festpunkte mit zu erfassen, um unerwünschte Kameraverschiebungen auszuschließen.
- Für die Ermittlung der absoluten Position der Aufnahmepunkte ist ein Maßstab sinnvoll, der mit aufgenommen wird.

Die Bilderfassung erfolgt heutzutage in der Schwingungsmesstechnik fast ausnahmslos digital. Zur Wahl der Kameraparameter gelten folgende Empfehlungen [15, 16, 18]:

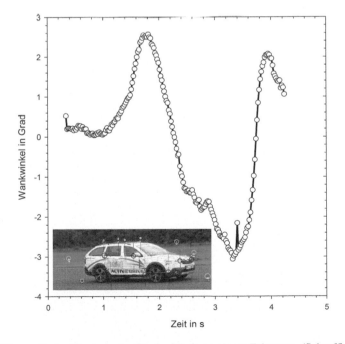

Abb. 6.12 Videografische Messung des Wankwinkels an einem Fahrzeug. (Schaeffler AG)

- Die Auflösung des kleinsten Details sollte ein Tausendstel der Bilddiagonale [14] bzw. 5 Pixel [18] betragen (Abb. 6.13a). Mit der Bildbreite B_{FOV} („Field of view") und Kameraauflösung R ergibt sich hieraus für die erreichbare Auflösung am Objekt d_{min}:

$$d_{min} = 5\frac{B_{FOV}}{R} \; . \tag{6.11}$$

Bei zu geringer Detailauflösung ist die Wahl eines kleineren Bildausschnittes oft sinnvoll. Eine höhere Kameraauflösung R bedingt hingegen kürzere Aufnahmezeit und höheren Speicherbedarf und ist deshalb oft nicht zweckmäßig.

- Während der Bildaufzeichnung sollte sich das Objekt maximal ±1 Pixel bewegen, um Bewegungsunschärfen und Bildverzerrungen zu vermeiden (Abb. 6.13b). Unter Annahme einer konstanten Geschwindigkeit v des Objektes führt dies zu einer Gleichung für die Belichtungszeit („Shutter time") T_S:

$$T_S = 2\frac{B_{FOV}}{R \cdot v} \; . \tag{6.12}$$

Je kleiner die Bildbreite B_{FOV}, je höher die Auflösung R und die Geschwindigkeit v, desto kürzer muss die Belichtungszeit gewählt werden. Die erforderlichen kurzen Belichtungszeiten führen häufig zu aufwendigen Beleuchtungseinrichtungen und lichtstarken Objektiven mit geringer Schärfentiefe.

- Zwischen zwei Aufnahmen bewegt sich im Zeitraum T_f das Abbild des Messobjektes um N Pixel weiter (Abb. 6.13b). Damit ergibt sich für die Aufzeichnungsfrequenz f_{fps} (fps, „Frames per Second")

$$T_f = \frac{1}{f_{fps}} = N\frac{B_{FOV}}{R \cdot v} \; . \tag{6.13}$$

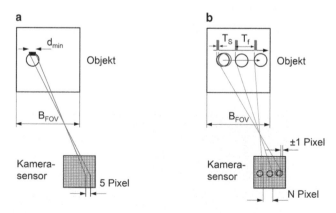

Abb. 6.13 Abbildung des kleinsten Objektes (**a**) und Belichtungszeit und Aufzeichnungsfrequenz (**b**) in videografischen Verfahren

Als untere Grenze für die Bewegungsauflösung des Messobjektes zwischen zwei Aufnahmen ist die Belichtungszeit anzusehen; die Auflösung d_{min} (N = 5) darf als sinnvolle Näherung gelten. Eine zu geringe Aufzeichnungsfrequenz führt zu einer groben Auflösung in der Bewegung und damit zum Informationsverlust in der Darstellung. Eine zu hoch gewählte Aufzeichnungsfrequenz löst hingegen den Bewegungsvorgang nicht genauer auf, sondern erzeugt lediglich mehr Daten.

Die gleichzeitige Forderung nach hoher Auflösung und hoher Aufzeichnungsfrequenz führt zu Zielkonflikten, durch die Menge der anfallenden Daten, infolge des Datendurchsatzes von Sensor bis Speicherort und wegen des Verlustes an Lichtempfindlichkeit des Sensors durch Verkleinerung der Sensorelemente.

Beispiel

Der Schwingungsvorgang an einem Zahnriemen mit Frequenz 18 Hz und Amplitude 12 mm soll mit einer Kamera (Kameraauflösung R von 1280 Pixel) aufgenommen werden. Das kleinste darstellbare Detail d_{min} wird mit 10 % der Amplitude angenommen.

a) Wie groß ist die Bildbreite B_{FOV} zu wählen?

$$B_{FOV} = \frac{d_{min} \cdot R}{5} = \frac{1,2\,mm \cdot 1280}{5} = 307,2\,mm$$

Für die weiteren Berechnungen wird eine Bildbreite B_{FOV} von 350 mm zugrunde gelegt.

b) Wie groß ist die Belichtungszeit zu wählen?

Aus der Kinematik der Schwingung errechnet sich die maximale Geschwindigkeit v:

$$v = \hat{x} \cdot 2\pi f = 12 \cdot 10^{-3}\,m \cdot 2\pi \cdot 18\,s^{-1} = 1,36\,m/s\,.$$

Damit erhält man die Belichtungszeit:

$$T_S = 2\frac{B_{FOV}}{R \cdot v} = 2\frac{0,35\,m}{1280 \cdot 1,36\,m/s} = 0,0004\,s\,.$$

Dies entspricht der Belichtungszeit von 1/2500 s zur Vermeidung von Bewegungsunschärfen.

c) Welche Aufzeichnungsfrequenz ist zu wählen?

Es wird zugrunde gelegt, dass sich die betrachtete Stelle am Zahnriemen zwischen zwei Bildern um maximal 5 Pixel bewegt. Somit erhält man

$$T_f = \frac{1}{f_{fps}} = N\frac{B_{FOV}}{R \cdot v} = 5\frac{0,35\,m}{1280 \cdot 1,36 m/s} = 0,001\,s\,.$$

Die Zeit von 1 ms zwischen zwei Bildern führt zu einer Aufzeichnungsfrequenz von 1000 Bildern pro Sekunde (frames per second, fps). Damit wird eine Periodendauer des betrachteten Schwingungsvorganges in 55 Bildern dargestellt.

Im Falle einer Punktbewegung wird die Position des Messobjektes vor der Umgebung erfasst. Bei starren Körpern und bei deformierbaren Strukturen werden die Messpunkte anhand markanter Details auf der Struktur festgelegt (Kanten, aufgeklebte Marken, Messgitter, Pins usw.), deren Bewegung über einen Bilderkennungsalgorithmus verfolgt wird. Zur weiteren Veranschaulichung können ergänzende externe Messsignale in die Bildfolge eingeblendet werden.

Literatur

1. Freyer, U., Felderhoff, R.: Elektrische und elektronische Meßtechnik. Hanser, München (2006)
2. Hesse, S., Schnell, G.: Sensoren für die Prozess- und Fabrikautomation. Springer Vieweg, Wiesbaden (2018)
3. Hoffmann, J., Richter, W.: Messung mechanischer und geometrischer Größen. In: Hoffmann, J. (Hrsg.) Handbuch der Messtechnik. Hanser, München (2012)
4. Holzweißig, F., Meltzer, G.: Meßtechnik in der Maschinendynamik. VEB Fachbuchverlag, Leipzig (1973)
5. Niebuhr, J., Lindner, G.: Physikalische Messtechnik mit Sensoren. Oldenbourg, München (2011)
6. Parthier, R.: Messtechnik. Springer Vieweg, Wiesbaden (2016)
7. Heymann, J., Lingener, A.: Experimentelle Festkörpermechanik. VEB Fachbuchverlag, Leipzig (1986)
8. Cassing, W.: Elektromagnetische Wandler und Sensoren. expert verlag, Ehningen (2002)
9. Hederer, A.: Induktive Messgrößenumformung. In: Hederer, A. (Hrsg.) Dynamisches Messen, S. 103–127. Lexika, Grafenau (1979)
10. Feldmann, J.: Körperschall-Messtechnik. In: Möser (Hrsg.) Messtechnik in der Akustik, S. 427–497. Springer, Berlin (2010)
11. Kolerus, J., Wassermann, J.: Zustandsüberwachung von Maschinen. expert verlag, Renningen (2017)
12. Philips, G. J.: FO displacement sensors for dynamic measurements. Sensors, 9(9), 26–30 (1992)
13. Chu, A.: Vibration transducers. In: Piersol, Paez (Hrsg.) Harris' Shock and Vibration Handbook, S. 10.34. McGraw-Hill, New York (2009)
14. Holzfuss, J.: Analoge und Digitale Hochgeschwindigkeitskinematographie. Tech. Mess. 68(11): 499–506 (2001). doi:10.1524/teme.2001.68.11.499
15. Rieck, J.: Technik der Wissenschaftlichen Kinematographie. Johann Ambrosius Barth, München (1968)
16. Schröder, G.: Technische Fotografie. Vogel-Verlag, Würzburg (1981)
17. Knetsch, D., Rettig, F., Funk, M., Awad, H., Smetana, T., Kühhirt, C.: Lastdatenermittlung in elektrischen Achsantrieben und Betriebsfestigkeitsbewertung für das Subsystem elektrische Maschine. DVM Bericht 140 Die Betriebsfestigkeit als eine Schlüsselfunktion für die Mobilität der Zukunft (2013)
18. Wald, T.: Die optimalen Aufnahmeparameter. IS-Imaging-Solutions (2008). http://www.imaging-solutions.de/pdf/TN_Parameter.pdf. Zugegriffen: 21 Okt. 2013

Schnelleaufnehmer (Schwinggeschwindigkeitsaufnehmer)

7

▶ Die Schnelle wird als Messgröße häufig in der Maschinendynamik, der Baudynamik sowie der Akustik herangezogen. Die in der Praxis angewendeten Messprinzipe zur Messung der Schnelle werden kurz hergeleitet, deren Frequenzgänge werden dargestellt sowie die Besonderheiten der Messverfahren und deren Grenzen aufgezeigt. Zusammen mit dem jeweiligen Messprinzip erfolgt die Darstellung der Signalaufbereitung im Aufnehmer. Die Darstellung wird durch zahlreiche Abbildungen und Anwendungsbeispiele veranschaulicht und verfolgt das Ziel, dem Anwender die Auswahl des Aufnehmers zu erleichtern.

7.1 Elektrodynamische Schnelleaufnehmer

Elektrodynamische Schnelleaufnehmer beruhen auf dem Prinzip der Induktion einer Spannung U in einem Leiter, der in einem Magnetfeld mit dem Fluss Φ bewegt wird [1–3].

$$U = -\frac{d\Phi}{dt} \tag{7.1}$$

Im homogenen Magnetfeld gilt mit der Induktion B, der Länge der Leiters l und der Verschiebung x

$$\Phi = B \cdot l \cdot x \,. \tag{7.2}$$

Durch Einsetzen erhält man

$$U = -B \cdot l \cdot \dot{x} \,. \tag{7.3}$$

© Springer Fachmedien Wiesbaden GmbH, ein Teil von Springer Nature 2019
T. Kuttner und A. Rohnen, *Praxis der Schwingungsmessung*,
https://doi.org/10.1007/978-3-658-25048-5_7

Die induzierte Spannung U ist somit proportional zur Geschwindigkeit (Schnelle) des Leiters. Im elektrodynamischen Schnelleaufnehmer ist der Leiter als Spule geformt, welche sich mit der seismischen Masse im homogenen Magnetfeld eines Permanentmagneten bewegt (Abb. 7.1). Zusammen mit den Federn der elastischen Aufhängung bildet die seismische Masse das schwingungsfähige System. Oftmals erfolgt eine Dämpfung über einen ringförmigen Leiter, der im Magnetfeld bewegt wird. Die dabei induzierten Wirbelströme bewirken eine geschwindigkeitsproportionale Dämpfung. Elektrodynamische Schnelleaufnehmer arbeiten als Absolutaufnehmer (seismische Aufnehmer). Masse und Federsteifigkeit werden hierbei so gewählt, dass ein tiefabgestimmtes System mit einer Resonanzfrequenz im Bereich von einigen Hz vorliegt. Dies führt im traditionellen Aufnehmer (d. h. ohne die Verwendung elektronischer Schaltungen zur Frequenzgangkorrektur) zur Verwendung von großen Massen und weichen Federn.

Bei Annäherung an eine Frequenz von 0 Hz gehen die Schnelle (Schwinggeschwindigkeit) und die induzierte Spannung U ebenfalls gegen Null. Eine quasistatische Auslenkung ist demnach nicht messbar und erklärt den Abfall des Amplitudenfrequenzganges zu kleinen Frequenzen hin. Mit einem zum Ausgang parallelgeschalteten Widerstand (Shunt) kann das schwingungsfähige System so bedämpft werden, dass der Amplitudenfrequenzgang an der Resonanzfrequenz kein Maximum zeigt (Abb. 7.2). Bei hohen Frequenzen hingegen kann die Feder nicht mehr als masseloses, lineares Federelement angenommen werden. Deshalb zeigt der Frequenzgang von elektrodynamischen Schnelleaufnehmern bei höheren Frequenzen Nichtlinearitäten („spurious frequencies").

Abb. 7.1 Prinzip des elektrodynamischen Schnelleaufnehmers. *1* elektrischer Anschluss, *2* elastische Aufhängung, *3* seismische Masse und Spule, *4* Permanentmagnet. (Monika Klein, www.designbueroklein. de)

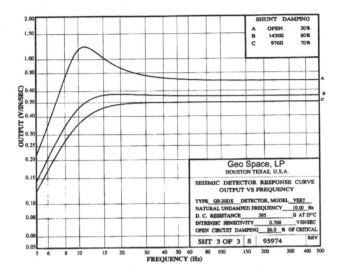

Abb. 7.2 Frequenzgang eines elektrodynamischen Schnelleaufnehmers mit verschiedenen Shunt-widerständen. (Geospace Inc.)

Im Vergleich zu anderen Aufnehmern zeigen elektrodynamische Schnelleaufnehmer bereits ohne Signalaufbereitung einen hohen Übertragungskoeffizienten im Bereich von einigen mV/(m/s) bis einigen Hundert V/(m/s). Die obere Grenzfrequenz bewegt sich typischerweise von 100 Hz bis ca. 1 kHz. Sonderbauformen in der Geophysik erreichen durch eine spezielle elektronische Beschaltung eine untere Grenzfrequenz von < 1 Hz.

Das elektrodynamische Messprinzip benötigt keine Speisespannung, da eine geschwindigkeitsproportionale Ausgangsspannung erzeugt wird (aktiver Aufnehmer). Eine eventuell vorhandene Signalaufbereitung für die Anpassung der Frequenzgänge benötigt hingegen eine Spannungsversorgung. Durch den einfachen Aufbau sind elektro-dynamische Schnelleaufnehmer vergleichsweise preiswert und liefern die Schnelle unmittelbar als Messgröße. Nachteile elektrodynamischer Schnelleaufnehmer sind die Beeinflussung des Messergebnisses durch externe Magnetfelder und Querbewegungen sowie die Ermüdung der Feder. Elektrodynamische Schnelleaufnehmer werden in der Baudynamik und Geophysik eingesetzt und dort als Seismometer bzw. Geophone bezeichnet. Mit geringerer unterer Grenzfrequenz werden die verwendeten Massen grö-ßer. Damit sind dem konventionellen Aufnehmerbau technische Grenzen gesetzt. Mit größerer Masse steigt ebenso die Rückwirkung auf das Messobjekt durch die zusätzliche Belastung. Für Anwendungsfälle in Baudynamik und Geophysik spielen diese Nachteile jedoch kaum eine Rolle.

7.2   Elektromagnetische Schnelleaufnehmer

Das elektromagnetische Messprinzip nutzt ebenfalls die Induktion in einer Spule (Abb. 7.3) durch ein zeitlich veränderliches Magnetfeld [1–3]. Zunächst wird nochmals in Abb. 6.4 der magnetische Fluss Φ einer Spule (N Windungen) über ein Querjoch mit Luftspalt der Breite δ betrachtet (vgl. Abschn. 6.3). Die Bewegung des Querjoches verändert den Luftspalt um den Betrag $\Delta\delta$. Für die Schnelle $\Delta\dot\delta$ erhält man somit:

$$U = -N\frac{d\Phi}{dt} = -N\frac{d\Phi}{d\delta}\frac{d\delta}{dt} = -N\frac{d\Phi}{d(\delta + \Delta\delta)}\Delta\dot\delta \ . \tag{7.4}$$

In Abgrenzung zu den induktiven Wegaufnehmern wird hierbei nicht die Änderung des Luftspaltes $\Delta\delta$ als Weggröße erfasst, sondern die Schnelle des Querjoches $\Delta\dot\delta$. Wegen der Streuverluste des magnetischen Feldes kann der Luftspalt δ nicht beliebig groß werden. Außerdem muss der Messbereich $\Delta\delta$ klein sein, damit eine gute Linearität gegeben ist. Die Änderung des Flusses Φ bei konstantem Luftspalt δ kann ebenso als Messgröße herangezogen werden. Beispielsweise lässt sich auf diese Weise die Drehzahl eines Zahnrades messen.

Elektromagnetische Schnelleaufnehmer ermöglichen als Relativaufnehmer von einem Festpunkt aus berührungsfreie Messungen und haben einen robusten Aufbau, da keine bewegten Teile notwendig sind. Der Ausgang hat eine geringe Impedanz und erlaubt somit den Anschluss langer Leitungen. Da die induzierte Spannung U gemessen wird, benötigt das Messprinzip keine zusätzliche Speisespannung. Durch die Nutzung des magnetischen Flusses ist die Anwendung auf ferromagnetische Messobjekte beschränkt bzw. müssen Plättchen aus einem ferromagnetischen Material aufgebracht werden. Der Übertragungskoeffizient ist vom Luftspalt abhängig, was eine Kalibrierung erschwert. Aufgrund der Linearitätsabweichung lassen sich nur geringe Amplituden messen. Jede Änderung des Luftspaltes δ erfordert eine Neukalibrierung des Aufnehmers.

Abb. 7.3 Prinzip des elektromagnetischen Schnelleaufnehmers (*1* Gehäuse *2* Vergussmasse *3* Anschlusskabel *4* Spule *5* Permanentmagnet). (Monika Klein, www.designbueroklein. de)

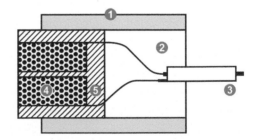

7.3 Laser-Doppler-Vibrometrie

Die Laser-Doppler-Vibrometrie (LDV) zur Schwingungsmessung hat in den letzten Jahren einen starken Aufschwung genommen, da hier Vorteile eines berührungsfreien Messverfahrens (Abb. 7.4a) mit denen eines großen Frequenzbereiches und hoher Dynamik verbunden werden [1, 4–8].

Ein einfallender Laserstrahl (Abb. 7.4b) einer Wellenlänge λ und der Frequenz f_0 wird über einen Strahlteiler (BS1) in einen Referenzstrahl (1) und Messstrahl (2) geteilt [4, 6, 8]. Über einen zweiten Strahlteiler (BS2) wird der Messstrahl auf das Messobjekt gerichtet und von diesem reflektiert. Wird nun die Oberfläche des Messobjektes in Strahlrichtung mit der Geschwindigkeit v bewegt, so erfährt die reflektierte Welle nach dem Doppler-Effekt eine Frequenzmodulation durch die Geschwindigkeit der Oberfläche des Messobjekts v:

$$f_d = \frac{2 \cdot v}{\lambda} . \tag{7.5}$$

Der reflektierte Strahl wird in Strahlteiler 2 in Richtung des Detektors abgelenkt und mit dem Referenzstrahl (1) überlagert. Der zurückgelegte Weg des Messstrahls (2) wird durch die Bewegung des Messobjektes verändert $r_1(t)$, während der des Referenzstrahls zeitlich konstant ($r_2 = $ konst.) ist. Durch die Überlagerung dieser beiden kohärenten Wellen mit den Intensitäten I_1 und I_2 entsteht eine resultierende Intensität I:

$$I = I_1 + I_2 + 2\kappa \sqrt{I_1 \cdot I_2} \cdot \cos\left(\frac{2\pi(r_1 - r_2)}{\lambda}\right) . \tag{7.6}$$

Die Wegdifferenz $r_1 - r_2$ im Argument der Cosinus-Funktion bewirkt ein Hell-Dunkel-Muster der Intensitäten. Der Vorfaktor κ, dessen Wertebereich zwischen 0 und 1 liegt, fasst hierbei die Einflüsse der optischen Fehler und Imperfektionen in den Wellenfronten zusammen. Ein Hell-Dunkel-Zyklus entspricht dabei der Verschiebung des Objektes um eine halbe Wellenlänge. Das Zählen der Hell-Dunkel-Übergänge entspricht

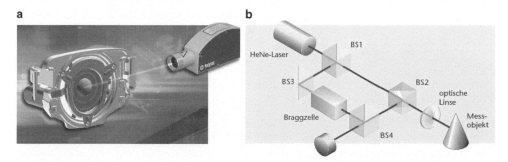

Abb. 7.4 Laser-Doppler-Vibrometrie Vibrometerkopf mit Messobjekt (**a**), Strahlengang (**b**). (Polytec GmbH)

dem Messprinzip des Interferometers. Damit können Wege mit hoher Genauigkeit gemessen werden. Für die in Vibrometern fast ausschließlich verwendeten He-Ne-Laser entspricht der Abstand zwischen zwei Hell-Dunkel-Übergängen einem Weginkrement von 316 nm.

In Gl. 7.6 liefern die Intensitäten eine Aussage zum Betrag, jedoch nicht zum Vorzeichen (Bewegungsrichtung). Eine Bewegung auf das Interferometer zu liefert also das gleiche Hell-Dunkel-Muster wie eine Bewegung vom Interferometer weg. Aus diesem Grunde wird der Referenzstrahl mit einem akusto-optischen Modulator (Bragg-Zelle) in seiner Frequenz verschoben. Dieses Messverfahren wird als *Heterodyne-Prinzip* bezeichnet. Üblich ist hierbei eine Doppler-Frequenzverschiebung des Referenzstrahles 1 um eine Frequenz von $f_1 = 40$ MHz.

Die Doppler-Frequenzverschiebung f_1 ändert die Differenzfrequenz f_d und somit die Frequenz des elektrischen Detektorsignals gemäß:

$$f_m = f_1 + f_d \,. \tag{7.7}$$

Durch die Überlagerung erhält man also eine Modulationsfrequenz des Interferenzmusters mit $f_1 = 40$ MHz, welche den Stillstand des Messobjektes anzeigt. Die Differenzfrequenz f_d enthält die Bewegungsrichtung des Messobjektes. Bewegt sich nun das Messobjekt auf das Vibrometer zu, so gilt $f_m = f_1 - f_d$. Bewegt sich das Objekt vom Detektor weg, so ergibt sich $f_m = f_1 + f_d$. Aus der Amplitudeninformation des Signals wird durch Demodulation der Weg gewonnen, die Geschwindigkeit erhält man aus der Phaseninformation des Signals.

Die nachfolgende Demodulation und Signalverarbeitung erfolgt auf digitalem Wege [8]. Die digitale Signalverarbeitung benötigt als ersten Schritt die Wandlung des analogen in ein digitales Signal mit einem schnellen A/D-Wandler (Abschn. 10.7). Bei der häufig verwendeten *„Arctangent Phase Method"* [8] wird die Wegdifferenz $r_1 - r_2$ zwischen Mess- und Referenzstrahl im Argument der Cosinus-Funktion (Gl. 7.6) als Phasenverschiebungswinkel aufgefasst. Über die Auswertung der Quadrantenbeziehungen wird der Phasenverschiebungswinkel vorzeichenrichtig von $-\lambda/2$ bis $\lambda/2$ erfasst.

Eine numerische Differentiation der Weggrößen führt schließlich auf die Geschwindigkeit. Im Bereich tiefer Frequenzen verzichtet man häufig auf die Differentiation und betreibt das Vibrometer als Wegmesssystem. Die Vorteile der digitalen gegenüber der früher anzutreffenden analogen Signalverarbeitung in Vibrometern liegen in der Unterdrückung der thermischen Drift der verwendeten Bauteile, im geringeren Rauschen und der Frequenzunabhängigkeit von Signallaufzeit und Phasenverschiebungswinkel. Eine Auflösung von $0{,}1\,\text{pm}/\sqrt{\text{Hz}}$ ist hierdurch erreichbar. Durch schnelle Signalverarbeitung sind Signallaufzeiten von $< 10\,\mu\text{s}$ erreichbar [8].

▶ Laser-Doppler-Vibrometer arbeiten als Relativaufnehmer mit einem festen Bezugspunkt. Dieser Bezugspunkt kann im Abstand von mehreren Metern zum Messobjekt angeordnet sein und erlaubt somit eine große Flexibilität in der Wahl der Messumgebung. Da es sich hierbei um ein berührungsloses

Verfahren handelt, ist keine Rückwirkung auf das Messobjekt vorhanden. Der Messbereich wird von 0,5 µm/s bis 10 m/s (Spitzenwerte) angegeben [1]. Die obere Grenzfrequenz ist typischerweise 20 kHz bis mehrere GHz. Da das Messprinzip auf einer Messung gegenüber einem Festpunkt basiert, beträgt die untere Grenzfrequenz 0 Hz. Es sind somit auch quasistatische Messungen möglich.

Neben dem beschriebenen Einpunkt-Vibrometern (Abb. 7.5a) gibt es folgende Sonderlösungen:

- Hochfrequente Messungen im Ultraschallbereich.
- Messungen über einen großen Messabstand.
- Faseroptische Messköpfe zur Messung an schwer zugänglichen Stellen, bei geringen Arbeitsabständen oder für Relativmessungen.
- Rotations-Vibrometer zur Messung an rotierenden Bauteilen.
- In-Plane-Vibrometer zur Messung der Geschwindigkeit des Messobjektes senkrecht zum einfallenden Laserstrahl (Der Laserstrahl wird hierbei durch das Objektiv unter einem kleinen Winkel auf das Messobjekt fokussiert. Das diffus gestreute Laserlicht wird über das Objektiv auf den Detektor gebündelt [6].).
- Scanning-Vibrometer erfassen die Schwingungen in einer Messfläche senkrecht zur Oberfläche durch die Abtastung der Fläche über ein optisches System.

a   b

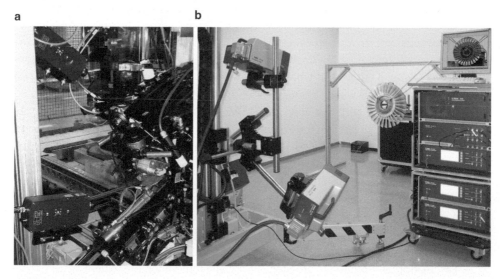

Abb. 7.5 Schwingungsmessung mittels Laser-Doppler-Vibrometrie: Ein-Punkt-Messungen an einem Motor (**a**), 3-D-Scanning-Vibrometrie eines Schaufelkranzes (**b**). (Polytec GmbH)

- 3-D-Vibrometer: Messung mit drei Vibrometerköpfen, die in unterschiedlichen Winkeln auf ein Objekt gerichtet sind und Rückrechnung der gemessenen Komponenten auf den Geschwindigkeitsvektor im Raum ermöglichen (Abb. 7.5b).
- Mikroskop-basierte 3-D-Vibrometer für die Erfassung von Bewegungen in Mikrosystemen wie z. B. MEMS (Abb. 7.7).

Laservibrometer können in nahezu allen Anwendungsbereichen eingesetzt werden, wo die Messpunkte optisch zugänglich sind oder über Hilfsmittel zugänglich gemacht werden können (Abb. 7.6.). Insbesondere wenn das Messverfahrens berührungslos und rückrwirkungsfrei sein soll, wenn eine mechanische Ankopplung und elektrische Verkabelung des Messobjektes nicht durchgeführt werden kann oder wenn eine sehr große Anzahl von Messpunkten zu erfassen ist, ist die Laser-Vibrometrie das Mittel der Wahl. So kommt bei der experimentellen Modalanalyse mit vielen Messpunkten bevorzugt die 3-D-Laser-Scanning-Vibrometrie zum Einsatz, da diese hochgenaue 3-D-Messdaten ohne Rückwirkung durch die Aufnehmer liefert und eine hohe räumliche Auflösung für die Korrelation von Finite-Element-Modellen auch hin zu höheren Frequenzen ermöglicht (Abb. 7.5b). In Kombination mit moderner Industrierobotertechnik lassen sich so

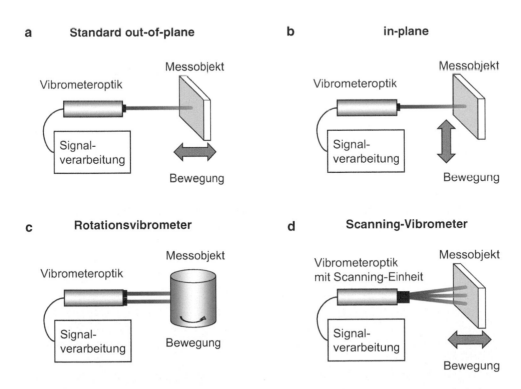

Abb. 7.6 Verschiedene Vibrometertypen (**a**) Standard out-of-plane (**b**) in-plane (**c**) Rotationsvibrometer (**d**) Scanning-Vibrometer

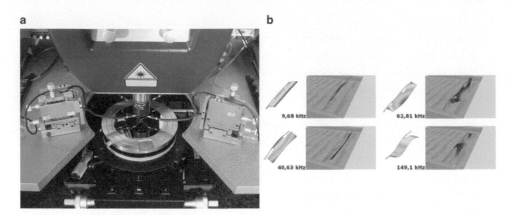

Abb. 7.7 Schwingungsmessung mittels Laser-Doppler-Vibrometrie an mikromechanischen Komponenten. Messaufbau (**a**), Eigenschwingformen aus Finite-Elemente-Rechnung (*links*) und Messung mittels 3-D-Sanning Vibrometrie (*rechts*) (**b**). (Polytec GmbH)

experimentelle Modalanalysen auch sehr großer Strukturen komplett automatisieren und in sehr kurzer Zeit durchführen. In ähnlicher Weise erlauben spezielle Mikroskop-basierte Vibrometer die Erfassung kompletter 3-D-Messdaten für Funktions-, Modal- und Zuverlässigkeitstests von Mikrosystemen (Abb. 7.7).

Literatur

1. Chu, A.: Shock and vibration transducers. In: Piersol, P (Hrsg.) Harris' Shock and Vibration Handbook, S. 10.1–10.38. McGraw-Hill, New York (2009)
2. Heymann, J., Lingener, A.: Experimentelle Festkörpermechanik. VEB Fachbuchverlag, Leipzig (1986)
3. Holzweißig, F., Meltzer, G.: Meßtechnik in der Maschinendynamik. VEB Fachbuchverlag, Leipzig (1973)
4. Feldmann, J.: Körperschall-Messtechnik. In: Möser, M. (Hrsg.) Messtechnik in der Akustik, S. 427–497. Springer, Berlin (2010)
5. Hesse, S., Schnell, G.: Sensoren für die Prozess- und Fabrikautomation. Springer Vieweg, Wiesbaden (2018)
6. Hoffmann, J., Richter, W.: Messung mechanischer und geometrischer Größen. In: Hoffmann, J. (Hrsg.) Handbuch der Messtechnik. Hanser, München (2012)
7. Niebuhr, J., Lindner, G.: Physikalische Messtechnik mit Sensoren. Oldenbourg, München (2011)
8. Rembe, C., Siegmund, G., Steger, H., Wörtge, M., Osten, W.: Measuring MEMS in motion by laser doppler vibrometer. In: Osten, W. (Hrsg.) Optical Inspection of Microsystems, S. 245–292. CRC Press, Boca Raton (2006)

Beschleunigungsaufnehmer

8

▶ Dieses Kapitel stellt die verschiedenen Messprinzipe für Beschleunigungen
und deren technische Realisierung vor. Die Besonderheiten der Messprinzipe,
einschließlich der Signalaufbereitung im Aufnehmer, werden dargestellt. Hierbei wird den piezoelektrischen Beschleunigungsaufnehmern ein besonderer
Platz eingeräumt und an deren Beispiel die Grundzüge der Auswahl und
Applikation von Beschleunigungsaufnehmern erläutert.

8.1 Piezoelektrische Beschleunigungsaufnehmer

Dieses Kapitel stellt die verschiedenen Messprinzipe für Beschleunigungen und deren
technische Realisierung vor. Die Besonderheiten der Messprinzipe, einschließlich
der Signalaufbereitung im Aufnehmer, werden dargestellt. Hierbei wird den piezoelektrischen Beschleunigungsaufnehmern ein besonderer Platz eingeräumt und an deren
Beispiel die Grundzüge der Auswahl und Applikation von Beschleunigungsaufnehmern
erläutert.

8.1.1 Der piezoelektrische Effekt

Unter dem piezoelektrischen Effekt versteht man die Entstehung einer nach außen
ableitbaren elektrischen Ladungsverschiebung an den Oberflächen von piezoelektrischen
Materialien durch einwirkende Kräfte [1–11]. Je nach gewünschter Bauform des Aufnehmers wird der piezoelektrische Effekt so genutzt, dass die Ladungsverschiebung
durch z. B. Druck oder Scherung entsteht (Abb. 8.1a, b).

Die Kraft F erzeugt an der Oberfläche des Piezoelements eine Ladung Q. Diese kann
aufgrund der geringen Leitfähigkeit der Piezomaterialien nicht sofort abfließen und wird

© Springer Fachmedien Wiesbaden GmbH, ein Teil von Springer Nature 2019
T. Kuttner und A. Rohnen, *Praxis der Schwingungsmessung,*
https://doi.org/10.1007/978-3-658-25048-5_8

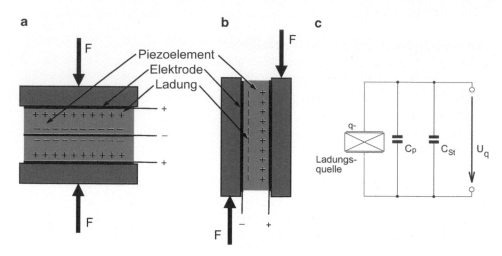

Abb. 8.1 Prinzip der piezoelektrischen Ladungsverschiebung. **a** Druck, **b** Scherung, **c** Ersatz-schaltbild in ladungsäquivalenter Beschaltung. (Autor (a/b), S. Hohenbild (c))

über Elektroden abgegriffen (Abb. 8.1c). In der sog. ladungsäquivalenten Beschaltung liefert die erzeugte Ladung Q nach dem Coulombschen Gesetz die Spannung U_q.

$$U_q = \frac{Q}{C} \tag{8.1}$$

In Gl. 8.1 wird die Spannung U_q an den Elektroden durch die gesamte Kapazität beeinflusst, welche sich aus der Kapazität des verwendeten Piezoelements C_P und der Streukapazität des angeschlossenen Kabels C_{St} zusammensetzt:

$$C = C_P + C_{St}. \tag{8.2}$$

Die erzeugte Ladung Q ist wiederum proportional zur angreifenden Kraft F

$$Q = k_p \cdot F. \tag{8.3}$$

Die Proportionalität wird über die piezoelektrische Konstante k_p beschrieben, in die die Eigenschaften der verwendeten piezoelektrischen Materialien, die Richtung der Belastung (Druck oder Scherung) und die Bauform des Aufnehmers eingehen.

Als piezoelektrische Materialien werden einkristalline Mineralien, wie z. B. Quarz, Lithiumniobat und Turmalin oder speziell hergestellte polykristalline Piezokeramiken, wie z. B. Bariumtitanat oder die heutzutage verbreiteten Bleizirkonat-Bleititanat-Mischkeramiken (PZT) verwendet. Die piezoelektrischen Eigenschaften von Einkristallen sind aufgrund des Gitteraufbaues in kristallographischen Vorzugsrichtungen orientiert. Im Fertigungsprozess werden die Einkristalle entlang der Vorzugsrichtungen getrennt. Piezokeramiken werden hingegen durch Pressen und Sintern hergestellt und erlangen durch Polarisation in einem starken elektrischen Feld während des Herstellprozesses ihre piezoelektrischen Eigenschaften [1, 11, 12].

Für Quarz wird ein Wert $k_p = 2{,}25\,\text{pC/N}$ in Kompression angegeben [4, 12]. Synthetisch hergestellte piezoelektrische Materialien haben piezoelektrische Konstanten, die eine bis zwei Zehnerpotenzen größer sind [11, 12] und werden deshalb bevorzugt für den Bau von Beschleunigungsaufnehmern verwendet.

Die zu messende Beschleunigung $\ddot{x}$ wirkt auf die seismische Masse m des Aufnehmers und übt somit eine Kraft F auf das Piezoelement aus. Daraus erhält man eine der Beschleunigung proportionale Ausgangsspannung:

$$U_q = \frac{k_p}{C} m\ddot{x}. \tag{8.4}$$

Piezoelektrische Aufnehmer erzeugen eine Spannung als Ausgangssignal und benötigen keine Versorgungsspannung. In sog. IEPE-Aufnehmern (Integrated Electronics Piezo-Electric Transducer) ist bereits eine Signalaufbereitung integriert (Abschn. 8.1.3), für die allerdings eine Versorgungsspannung bereit gestellt werden muss.

▶ **Vor- und Nachteile piezoelektrischer Beschleunigungsaufnehmer [4]**
Vorteile:
- großer Dynamikbereich,
- hohe Linearität,
- Überlastungssicherheit,
- verschiedene Messbereiche und Frequenzbereiche durch unterschiedliche Bauformen möglich,
- Langzeitstabilität der Eigenschaften.

Nachteile:
- untere Grenzfrequenz $f_u > 0\,\text{Hz}$, keine quasistatischen Messungen möglich,
- hoher Innenwiderstand erfordert Signalaufbereitung,
- Einfluss von Umgebungsbedingungen auf die Messung,
- vergleichsweise hoher Preis.

Piezoelektrische Beschleunigungsaufnehmer werden in einer großen Vielfalt angeboten, haben ein breites Anwendungsfeld in der Schwingungsmesspraxis gefunden und sind nach dem Stand der Technik für viele Messaufgaben das Mittel der Wahl.

8.1.2 Bauformen

Piezoelektrische Beschleunigungsaufnehmer gibt es in verschiedenen Bauformen. Einerseits resultiert dies historisch aus der stetigen konstruktiven Weiterentwicklung, andererseits sind in bestimmten Bauformen Eigenschaften vereint, die den Einsatz für bestimmte Anwendungsfälle besonders geeignet erscheinen lassen [1, 3, 6, 7, 10, 12, 13].

Piezoelektrische Beschleunigungsaufnehmer sind Absolutaufnehmer (Abschn. 5.1.3) und bestehen daher aus einem schwingungsfähigen System (Masse und Feder).

Die seismische Masse übt die Kraftwirkung auf das Piezoelement aus (Abb. 8.2a). Das Piezoelement stellt die Feder in dem schwingungsfähigen System dar. Die verwendeten Piezomaterialien haben einen hohen Elastizitätsmodul, so dass man eine hohe Federkonstante und damit eine hohe Eigenfrequenz erhält. Da die Piezomaterialien in Zug und Biegung sehr spröde sind, muss durch die Konstruktion der Bruch des Piezoelements vermieden werden.

Die Einzelteile sind in einem Gehäuse montiert, an das im Regelfall ein Anschraubgewinde zur Befestigung an das Messobjekt angebracht ist. Der elektrische Anschluss wird über einen Stecker herausgeführt.

Dickenschwinger (Kompressionstyp)

Der Dickenschwinger ist die historisch älteste Bauform. Das Piezoelement wird über eine Schraube vorgespannt, um im Ruhezustand eine Kraft auf das Piezoelement auszuüben. Die Vorspannung verhindert das Abheben der seismischen Masse vom Piezoelement. Das Piezoelement erfährt also eine Änderung der Druckkraft in Dickenrichtung (Abb. 8.2a). Der Kompressionstyp weist eine hohe Empfindlichkeit auf und gilt als robust. Negativ ist die Anfälligkeit gegenüber der Verformung der Grundplatte, z. B. durch Verformungen beim Anschrauben auf einer nicht ebenen Oberfläche des Messobjektes (Basisdehnung, vgl. Abschn. 8.1.5). Ebenso wirkt sich die Einkopplung von Schallfeldern über das Gehäuse sowie Temperaturgradienten im Piezoelement als Störgröße auf das Messergebnis aus.

a   b

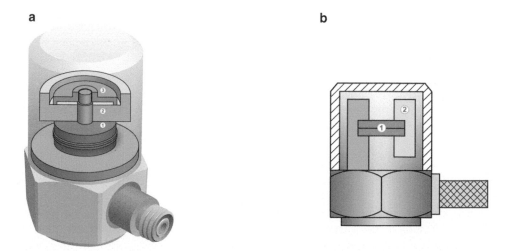

Abb. 8.2 Schnittbild piezoelektrischer Beschleunigungsaufnehmer: Dickenschwinger (**a**), Biegeschwinger (**b**): *1* Piezoelement, *2* seismische Masse, *3* Vorlastelement. (Monika Klein, www.designbueroklein.de)

Biegeschwinger

Beim Biegeschwinger wird das Piezoelement durch die seismische Masse auf Biegung beansprucht (Abb. 8.2b). Für die Biegeverformung ist hierbei eine geringere Kraft und somit eine geringere seismische Masse erforderlich. Damit vereint diese Bauform die Vorzüge einer hohen Empfindlichkeit mit denen einer geringen Masse. Negativ wirkt sich die Bruchempfindlichkeit des Piezoelements aus, das auf Biegung beansprucht wird. Mit Überlastanschlägen versucht man die Amplituden der seismischen Masse zu begrenzen. Ebenso wie der Dickenschwinger ist diese Bauform störanfällig gegenüber Temperaturgradienten im Piezoelement.

Scherschwinger (Planar-Schertyp, Ring-Schertyp, Delta-Schertyp)

Der Scherschwinger wurde Ende der 1980er Jahre entwickelt und ist heute eine sehr verbreitete Bauform. Hierbei sind die Piezomaterialien so polarisiert, dass eine Scherung (Schubbeanspruchung) die elektrische Ausgangsspannung erzeugt (Abb. 8.3). Beim Planar-Schertyp werden die Piezoelemente mit der seismischen Masse entweder geschraubt oder geklemmt. Der Ring-Schertyp ist mit gebogenen Segmenten aus Piezoelementen und einer ringförmigen seismischen Masse aufgebaut. Die Vorspannung wird über einen Vorlastring eingebracht.

Der Delta-Schertyp (Abb. 8.4) basiert auf drei im Winkel von 60° zueinander versetzt angeordneten ebenen Scherelementen. Durch diese Bauform erzielt man eine geringe Störanfälligkeit gegenüber Basisdehnung, Schalleinwirkung und Temperaturgradienten. Nachteilig ist die gegenüber Dicken- und Biegeschwingern geringere Empfindlichkeit.

a   **b**

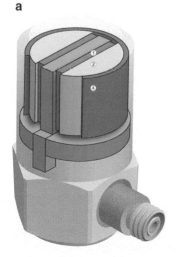

Abb. 8.3 Schnittbild piezoelektrischer Beschleunigungsaufnehmer. Planar-Schertyp (**a**), Ring-Schertyp (**b**). *1* Piezoelement, *2* seismische Masse, *4* Vorlastring. (Monika Klein, www.designbueroklein.de)

a

b

Abb. 8.4 Schnittbild piezoelektrischer Beschleunigungsaufnehmer Delta-Schertyp (**a**), Beschleunigungsaufnehmer vom Delta-Schertyp (Gehäuse entfernt) (**b**) *1* Piezoelement, *2* seismische Masse, *4* Vorlastring. (Monika Klein, www.designbueroklein.de (**a**), PCB Piezotronics, Inc. (**b**))

▶   **Bauformen im Vergleich**
  - Biegeschwinger: hoher Übertragungskoeffizient, bruchempfindlich, empfindlich gegen Temperaturgradienten
  - Scherschwinger: aktuelle Bauform, kleine Abmessungen, robust, unempfindlich gegenüber Basisdehnung und Temperaturgradienten, geringerer Übertragungskoeffizient

Multiaxiale Konstruktion
Zur Messung von Beschleunigungen in zwei oder drei Raumrichtungen stehen mehrere Möglichkeiten zur Verfügung:

- Mehrere uniaxiale Beschleunigungsaufnehmer auf einem Montagewürfel („Triaxialwürfel"),
- Multiaxiale Beschleunigungsaufnehmer aus uniaxialen Einzelaufnehmern (Abb. 8.5),
- Multiaxiale Ein-Massen-Beschleunigungsaufnehmer (Abb. 8.6).

Grundsätzlich bedingt jede multiaxiale Konstruktion einen technischen und finanziellen Zusatzaufwand für die Aufnehmer und die Messtechnik, benötigt oft mehr Platz für die Installation der Aufnehmer einschließlich deren Kabel und führt zu einer Einengung des nutzbaren Frequenzbereiches (Abschn. 8.1.4). Durch die jeweilige Messaufgabe muss die Verwendung einer multiaxialen Konstruktion also deutlich motiviert sein.

Die Verwendung von einzelnen Aufnehmern auf einem *Montagewürfel* ist eine einfache Lösung und bietet den Vorteil, dass sich vorhandene Aufnehmer auch für andere Messaufgaben als Einzelaufnehmer verwenden lassen.

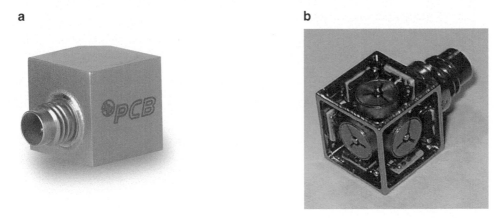

Abb. 8.5 Multiaxialer Beschleunigungsaufnehmer aus Einzelaufnehmern. Gesamtansicht (**a**), Schnittdarstellung (Gehäuse entfernt) (**b**). (PCB Piezotronics, Inc.)

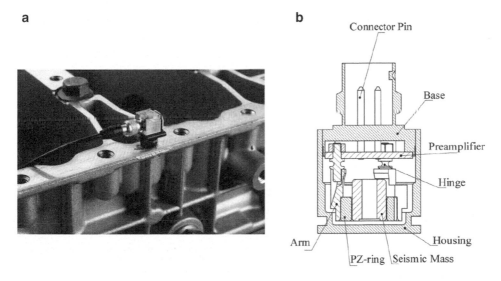

Abb. 8.6 Multiaxialer Ein-Massen-Beschleunigungsaufnehmer. **a** Gesamtansicht, **b** Schnittdarstellung aus [14]. (Fa. Bruel & Kjaer)

Durch die *Kombination von Einzelaufnehmern,* die in unterschiedlichen Raumrichtungen polarisiert sind (z. B. nach dem Schertyp), lassen sich in einer gemeinsamen Montageanordnung Beschleunigungen in zwei bzw. drei Raumrichtungen messen. Als dritte Bauform existieren *multiaxiale Ein-Massen-Aufnehmer,* bei der eine Masse mit drei Piezoelementen einen Aufnehmer bildet. Mit dieser Bauform lassen sich sehr leichte und kompakte Aufnehmer realisieren [14]. Der Austausch eines Einzelaufnehmers ist hier nicht mehr ohne Weiteres möglich, so dass ein defekter Einzelaufnehmer zum Ausfall des gesamten Aufnehmers führt.

8.1.3   Signalaufbereitung

Die Ausgangssignale piezoelektrischer Beschleunigungsaufnehmer müssen vor der weiteren Signalverarbeitung aus zwei Gründen aufbereitet werden:

1. Wie bereits in Gl. 8.2 ersichtlich, geht die Kapazität des Kabels in die Spannung mit ein.
2. Die hohe Impedanz führt zu einer hohen Empfindlichkeit gegenüber der Einstreuung von Störgrößen aus der Umgebung.

Diese beiden Gründe erfordern in der Signalaufbereitung den Einsatz von speziellen Verstärkerschaltungen [4, 6, 11, 12, 15–17].

Elektrometer-Verstärker
Piezoelektrische Beschleunigungsaufnehmer lassen sich direkt an einem hochohmigen Verstärkereingang betreiben. Dies ist historisch die älteste Technik der Beschaltung [3]. Mit Aufkommen des Ladungsverstärkers und der IEPE-Aufnehmer ist diese Schaltung praktisch bedeutungslos geworden. Diese Schaltung weist eine obere Grenzfrequenz im MHz-Bereich auf und ist für hochdynamische Anwendungen vorteilhaft [15]. In der Handhabung steht dem der Nachteil gegenüber, dass der Messwert u. a. von der Kabelkapazität und damit Art und Länge des Kabels abhängig ist. Dies bedeutet, dass bei jedem Austausch des Kabels oder einer Änderung der Kabellänge eine Neukalibrierung der gesamten Messkette notwendig ist. Überdies ist der hochohmige Eingang empfindlich gegenüber der Einstreuung von Störgrößen wie z. B. elektromagnetische Felder, was die Anwendung in der Messpraxis erschwert.

In der praktischen Anwendung hat sich die nachfolgend beschriebene Signalaufbereitung mittels Ladungsverstärker oder im Aufnehmer integriertem Vorverstärker (IEPE-Aufnehmer) durchgesetzt. Die jeweils genutzte Verstärkerschaltung verlangt nach einem darauf abgestimmten Beschleunigungsaufnehmer.

Ladungsverstärker
Als Ladungsverstärker wird eine Schaltung bezeichnet, die eine der Ladung proportionale Ausgangsspannung verstärkt. Der Beschleunigungsaufnehmer wird an einem Operationsverstärker mit kapazitiver Rückkopplung betrieben (Abb. 8.7 und 8.8).
    Die Ausgangsspannung ergibt sich damit:

$$U_A = -\frac{Q}{C_R}. \tag{8.5}$$

Eine große Ladung Q führt zu einer hohen Spannung U_A und damit zu dem gewünschten hohen Übertragungskoeffizienten. Das Minuszeichen besagt, dass Ladungsverstärker das Aufnehmersignal invertieren. Da Aufnehmer mit synthetischen Piezokeramiken eine

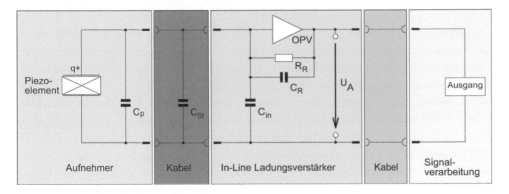

Abb. 8.7 Schaltbild Ladungsverstärker (S. Hohenbild)

Abb. 8.8 Ladungsverstärker. (Mctra Mess- und Frequenztechnik in Radebeul e. K.)

hohe Ladung abgeben, werden diese vorteilhaft an Ladungsverstärkern betrieben. Der Spannungswert am Ausgang U_A wird also nicht mehr von den Kapazitäten des Piezoelementes und des Kabels bestimmt, sondern hauptsächlich von der Kapazität C_R im Rückkopplungszweig. Damit ist die Schaltung praktisch unabhängig von Kabelart und -länge. Der Widerstand und die Kapazität im Rückkopplungszweig bilden einen Hochpass, dessen untere Grenzfrequenz f_u (3-dB-Eckfrequenz) sich wie folgt berechnet:

$$f_u = \frac{1}{2\pi \cdot R_R C_R}. \tag{8.6}$$

Hierzu haben handelsübliche Ladungsverstärker häufig eine Bereichsumschaltung für die Widerstände R_R im Rückkopplungszweig, deren Bereiche mit Short, Medium und

Long (1 GΩ, 100 GΩ, ∞) bezeichnet sind. Diese Bezeichnung resultiert aus der Zeitkonstante des RC-Gliedes $\tau = 1/(2\pi f_u)$. Dem Zeitbereich Short ist die größte untere Grenzfrequenz (kürzeste Zeitkonstante), dem Zeitbereich Long die kleinste untere Grenzfrequenz (längste Zeitkonstante) zugeordnet. Die untere Grenzfrequenz des Ladungsverstärkers muss kleiner gewählt werden als die kleinste zu messende Frequenz. Wählt man die untere Grenzfrequenz zu groß, werden Teile des zu messenden Frequenzbereiches beschnitten (d. h. man erhält zu kleine Werte in den Amplituden). Wenn die untere Grenzfrequenz zu klein gewählt wird, so werden die konstanten Anteile (Offset) am Eingang des Ladungsverstärkers mit verstärkt. Das Messsignal zeigt dann eine Drift und der Ladungsverstärker geht schließlich in die Begrenzung. Für Quarzaufnehmer wird aufgrund des hohen Isolationswiderstandes von Quarz empfohlen, den Wert 100 GΩ nicht zu überschreiten; für Piezokeramiken werden 1 GΩ als Obergrenze angegeben [11]. Die untere Eckfrequenz für den 3 dB-Abfall von Ladungsverstärkern wird meist im Bereich von 2 … 3 Hz bemessen, um eine höhere Stabilität des Ausgangssignals gegen Temperatureinflüsse zu erzielen [12]. Durch geeignete Wahl des RC-Gliedes lassen sich jedoch auch untere Eckfrequenzen von 0,001 Hz und darunter einstellen [11, 15]. Damit ist eine Messung quasistatischer Beschleunigungen vom Ladungsverstärker her möglich, jedoch ist mit einer Verschiebung des Nullpunkts über einen längeren Zeitraum zu rechnen [11]. Die obere Grenzfrequenz beträgt durch die verwendeten Bauelemente ca. 50 … 100 kHz [16].

Ladungsverstärker werden als separate Geräte betrieben und zwischen Beschleunigungsaufnehmer und Signalverarbeitung geschaltet. Im Beschleunigungsaufnehmer selbst ist keine weitere Elektronik untergebracht. Aus diesem Grunde kommt diese Schaltung u. a. bei Messungen von sehr hohen Amplituden (Schockaufnehmer), unter erhöhten Temperaturen oder bei Gammastrahlung zum Einsatz.

Am Eingang des Ladungsverstärkers sind die Beschleunigungsaufnehmer mit möglichst kurzen, kapazitätsarm geschirmten Koaxialkabeln anzuschließen. Der Einfluss der Kabelkapazitäten am Eingang auf die obere Grenzfrequenz ist bei Kabellängen bis zu 50 m vernachlässigbar. Mit längeren Kabeln steigt das Rauschen an, da die Streukapazität des Kabels C_{St} ansteigt und in der Eingangsstufe im Verhältnis von näherungsweise C_{St}/C_R verstärkt wird [11]. Die Kabel zwischen Beschleunigungsaufnehmer und Ladungsverstärker dürfen nicht geknickt, verdreht, in kleinen Radien oder unter Zug verlegt werden und sind nahe am Aufnehmer zu befestigen, um triboelektrische Effekte (Abschn. 8.1.5) auf das Messergebnis weitgehend auszuschließen. Gegenüber Umwelteinflüssen, wie durch Feuchtigkeit veränderten Kapazitäten und Übergangswiderständen, zeigen sich die hochohmigen Eingänge von Ladungsverstärkern empfindlich, weshalb auf saubere und trockene Steckverbindungen zu achten ist. Dies beschränkt den Einsatz unter rauhen Umweltbedingungen. Vor dem Anschließen des Beschleunigungsaufnehmers können sich bereits Ladungen in Aufnehmer und Kabel aufgebaut haben, welche die empfindlichen Eingangsstufen der Ladungsverstärker beschädigen können. Deshalb empfiehlt es sich, den Ladungsverstärker auf den größten Messbereich einzustellen. Unmittelbar vor dem Anschließen des Beschleunigungsaufnehmers ist das Kabel kurzzuschließen, um die Ladungen abzuleiten.

Ausgangsseitig haben Ladungsverstärker eine geringe Impedanz und sind deshalb nicht störempfindlich. Am Ausgang können lange, geschirmte Kabel angeschlossen werden. Vor der Messung sollten Ladungsverstärker die Betriebstemperatur erreichen, damit sich die elektrischen Eigenschaften stabilisieren.

IEPE-Aufnehmer

In IEPE-Aufnehmern sind Impedanzwandler und Vorverstärker im Aufnehmergehäuse untergebracht (Abb. 8.9) [4, 12, 15–17]. Je nach Hersteller trägt diese Schaltung den Namen Deltatron®, ICP®, Isotron® oder Piezotron®. Da die Aufbereitung des Messsignals im Aufnehmer selbst erfolgt, ist der Aufnehmerausgang niederohmig und unproblematisch in Übertragung und Weiterverarbeitung. Die Beschaltung des Vorverstärkers ist vom verwendeten Piezoelement abhängig. Quarzaufnehmer werden mit einer hochohmigen MOSFET-Eingangsstufe als Spannungsverstärker, Piezokeramiken mit einem Ladungsverstärker beschaltet [11, 16].

Die Versorgung des Aufnehmers mit Hilfsenergie erfolgt hierbei über das Koaxialkabel mit Gleichstrom in einem Bereich von 2 bis 20 mA. Es wird also keine zusätzliche Versorgungsleitung benötigt. Die Spannung stellt sich über den Arbeitspunkt der Schaltung ein. Die Einspeisung des Konstantstroms erfolgt entweder über eine separate Konstantstromquelle oder über die Messelektronik (Abb. 8.10). Das Messsignal wird von der Speisespannung über einen Kondensator entkoppelt. Die Koppelkapazität C_C und der Lastwiderstand R_L bestimmen hierbei die untere 3-dB-Eckfrequenz:

$$f_u = \frac{1}{2\pi \cdot R_L C_C}. \tag{8.7}$$

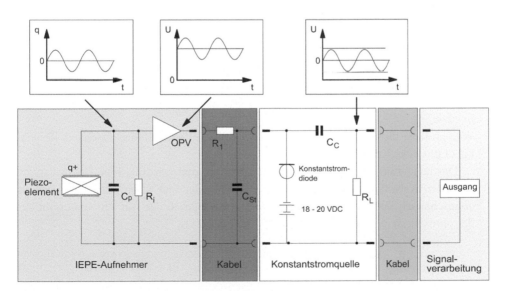

Abb. 8.9 Schaltbild IEPE-Aufnehmer (S. Hohenbild)

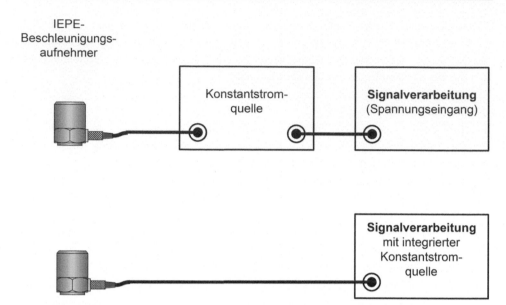

Abb. 8.10 Blockschaltbild der Beschaltungsmöglichkeiten eines IEPE-Aufnehmers mit externer Konstantstromquelle (*oben*) und Signalverarbeitung mit integrierter Konstantstromquelle (*unten*) (Monika Klein, www.designbueroklein.de)

Die untere Eckfrequenz (3 dB-Grenze) wird durch den RC-Hochpass festgelegt – auf diese hat der Anwender (meist) keinen Einfluss. Für die obere Eckfrequenz (3 dB-Grenze) ergibt sich dann:

$$f_o = \frac{1}{2\pi \cdot R_1 C_{St}}. \tag{8.8}$$

Die obere Eckfrequenz wird wiederum durch die Kapazität des Kabels C_{St} und den Widerstand R_1 beeinflusst.

Beispiel

Wie groß ist die obere Eckfrequenz für einen IEPE-Aufnehmer an einem Koaxialkabel mit einer Kabellänge von 30 m?

Das handelsübliche Koaxialkabel hat eine Kapazität von 100 pF/m. Dies entspricht bei 30 m Kabellänge einer Kapazität von 3 nF. Aus dem Strom von 4 mA und der abgeschätzten Spannungsamplitude von 5 V bei Betrieb des Aufnehmers ergibt sich der ohmsche Widerstand $R_1 = 5\,V/0{,}004\,A = 1250\,\Omega$.

$$f_o = \frac{1}{2\pi \cdot R_1 C_{St}} = \frac{1}{2\pi \cdot 1250\frac{V}{A} \cdot 3 \cdot 10^{-9}\frac{As}{V}} = 42{,}4\,kHz.$$

Diese Abschätzung ist konservativ, da der Stromverbrauch des Aufnehmers nicht mit berücksichtigt ist.

Wie groß ist die untere Eckfrequenz für diesen IEPE-Aufnehmer?

Es wird für die nachfolgende Signalverarbeitung eine Eingangsimpedanz von $R_L = 1\,M\Omega$ und eine Koppelkapazität $C_C = 10\,\mu F$ angenommen. Damit errechnet sich die untere Eckfrequenz

$$f_u = \frac{1}{2\pi \cdot R_L C_C} = \frac{1}{2\pi \cdot 10^6 \frac{V}{A} \cdot 10^{-5} \frac{As}{V}} = 0{,}016\,Hz.$$

Wie groß ist die untere Grenzfrequenz des Beispiels aus Abschn. 8.1.3 für eine Abweichung der Amplituden von $\pm 5\,\%$ und $\pm 10\,\%$?

Für den verwendeten RC-Hochpass 1. Ordnung erhält man:

$$H(f) = \frac{1}{\sqrt{1 + \left(\frac{f_u}{f}\right)^2}}.$$

Bei einer Abweichung von $\pm 10\,\%$ erhält man

$$1 - 0{,}1 - \frac{1}{\sqrt{1 + \left(\frac{f_u}{f}\right)^2}} \rightarrow \frac{f_u}{f} = \sqrt{\frac{1}{0{,}9^2} - 1} = 0{,}48$$

$$f \approx 2 \cdot f_u = 2 \cdot 0{,}016\,Hz = 0{,}032\,Hz.$$

Analog erhält man für die $\pm 5\,\%$ Abweichung:

$$f \approx 3 \cdot f_u = 3 \cdot 0{,}016\,Hz = 0{,}05\,Hz.$$

Untere und obere Eckfrequenz engen den nutzbaren Frequenzbereich des IEPE-Aufnehmers nicht nennenswert ein, so dass übliche Messaufgaben damit möglich sind. Der Anschluss eines 30 m langen Koaxialkabels zwischen IEPE-Aufnehmer und Eingang der Signalverarbeitung wird als unkritisch beurteilt.

Der Anschluss langer Leitungen zwischen Aufnehmer und Eingang der Signalverarbeitung ist möglich, da die Ausgangsimpedanz klein ist und der Ausgang deshalb wenig störempfindlich ist. Es sind hierbei Standard-Koaxialkabel ausreichend und keine speziellen störarmen Koaxialkabel notwendig. Die verwendete Signalaufbereitung im Aufnehmer begrenzt den nutzbaren Temperaturbereich auf 125 °C. Durch die verwendete Elektronik werden die untere Eckfrequenz und der Dynamikbereich geringfügig eingeschränkt (typischerweise > 100 dB), was jedoch für die Mehrzahl der Anwendungen nicht von Bedeutung ist. Ein Selbsttest von Aufnehmer und Kabel auf Kurzschluss und Unterbrechung ist durch die Kontrolle der Spannung möglich.

Sowohl die Beschaltung des Aufnehmers mittels Ladungsverstärker als auch IEPE-Aufnehmer zusammen mit den Kabeln wirken als Bandpassfilter, welcher den nutzbaren Frequenzbereich des Aufnehmers begrenzt. Für den Anwender ist es sinnvoll, zunächst den zu messenden Frequenzbereich festzulegen. Für die meisten Messaufgaben der Schwingungsmesstechnik wird mit üblichen Kabellängen die obere Grenzfrequenz ausreichend sein. Bei sehr niedriger unterer Grenzfrequenz besteht die Gefahr der Null-punktverschiebung („Drift") des Ausgangssignals. In der Regel ist der vom Messver-stärker übertragene Frequenzbereich größer als der vom Aufnehmer messtechnisch erfassbare Frequenzbereich (Abschn. 8.1.4). Damit begrenzt (meist) der Frequenzgang des Aufnehmers den tatsächlich nutzbaren Frequenzbereich.

▶   **Ladungsverstärker oder IEPE-Aufnehmer?** IEPE-Aufnehmer sind für die
    meisten Anwendungen die erste Wahl:
    - Hohe Zuverlässigkeit und Anwendungssicherheit (geringe Empfindlichkeit
      gegenüber der Einstreuung von Störsignalen in die Kabel, Verwendung
      von langen Kabeln am Aufnehmer, Selbsttestfunktion, feuchte- und ver-
      schmutzungsunempfindlich),
    - Kompatibilität (Analogausgang, direkte Verbindung mit Signalver-
      arbeitung),
    - Wirtschaftlichkeit (i. d. R. geringere Kosten als Ladungsverstärker, keine
      Spezialkabel).

    Ladungsverstärker kommen für spezielle Anwendungsfelder (Hochtemperatur-
    anwendungen, Gammastrahlung, sehr hoher Dynamikbereich, Schockfestigkeit
    des Aufnehmers und sehr kleine untere Grenzfrequenz bei Schockmessungen)
    und aus Gründen der Kompatibilität mit vorhandener Messtechnik nach wie
    vor zum Einsatz. Es ist nicht möglich, einen IEPE-Aufnehmer an einem Ladungs-
    verstärker zu betreiben. Andererseits gibt es Verstärkermodule, die den Betrieb
    eines Aufnehmers mit Ladungsausgang an einer Messeinrichtung für IEPE-Auf-
    nehmer ermöglichen.

8.1.4   Frequenzgänge und Messbereiche

Der Amplitudenanteil der Übertragungsfunktion des Beschleunigungsaufnehmers wird in [18] als *Amplitudenfrequenzgang* (oder verkürzt: Frequenzgang) bezeichnet. Üblich ist die Darstellung der Empfindlichkeitsabweichung (in %) oder der relative Pegel in log-arithmischer Auftragung über der Frequenz. Der Frequenzgang enthält Informationen über die Eigenfrequenz und den nutzbaren Frequenzbereich sowie die Messabweichung gegenüber dem Kalibrierwert (Abb. 8.11).

Die *obere Grenzfrequenz* des Aufnehmers ist im Frequenzgang durch den Anstieg der Empfindlichkeitsabweichung deutlich zu erkennen. Die obere Grenzfrequenz ist die Eigenfrequenz des nahezu ungedämpften Feder-Masse-Schwingers. Ebenfalls ist die

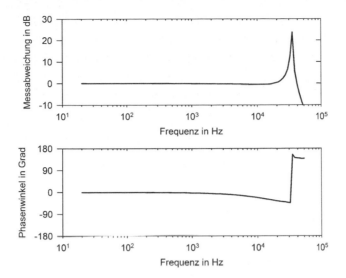

Abb. 8.11 Frequenzgang eines piezoelektrischen Beschleunigungsaufnehmers (*oben:* Amplituden-frequenzgang, *unten:* Phasenfrequenzgang)

untere Grenzfrequenz durch den Abfall der Übertragungskoeffizienten erkennbar. Die untere Grenzfrequenz ist durch das RC-Netzwerk im Ladungsverstärker bzw. IEPE-Auf-nehmer sowie in diesem Falle zusätzlich vom Hochpass zur Auskopplung des Ausgangs-signals bestimmt.

Zwischen diesen Grenzfrequenzen ist der Übertragungskoeffizient über einen Frequenzbereich von mehreren Zehnerpotenzen weitgehend frequenzunabhängig. Der Frequenzbereich wird durch die Abweichung des Übertragungskoeffizienten von einem Referenzwert angegeben. Hierbei gibt es verschiedene Angaben ($\pm 5\,\%$, $\pm 10\,\%$, $\pm 3\,$dB) aus dem Datenblatt des Herstellers bzw. des Kalibrierzeugnisses.

> **Beispiel**
>
> Was bedeutet eine Abweichung $\pm 5\,\%$ und $\pm 10\,\%$ in dB und $\pm 3\,$dB in Prozent?
> Für $\pm 5\,\%$ Abweichung gilt:
>
> $$L(\mathrm{dB}) = 20 \cdot \lg\,(1{,}05) = 0{,}42\,\mathrm{dB} \approx 0{,}5\,\mathrm{dB}.$$
>
> Für $\pm 10\,\%$ Abweichung gilt:
>
> $$L(\mathrm{dB}) = 20 \cdot \lg\,(1{,}1) = 0{,}83\,\mathrm{dB} \approx 1\,\mathrm{dB}.$$
>
> Die Abweichung von $-3\,$dB ist ein Beispiel für einen relativen Pegel (Abschn. 5.4) als Verhältnis des Messwertes zum frei gewählten Bezugswert:
>
> $$\frac{u}{u_0} = 10^{\frac{-3}{20}} = 0{,}71.$$
>
> Das entspricht einer Messabweichung von 30 %.

Mit steigender Abweichung vom Referenzwert ($\pm 5\,\% \to \pm 10\,\% \to \pm 3$ dB) wird der angegebene Frequenzbereich größer und damit der Anschein erweckt, der Aufnehmer habe einen größeren nutzbaren Frequenzbereich. Dies ist besonders dann wichtig, wenn Daten von Aufnehmern aus z. B. verschiedenen Quellen verglichen werden.

Bei Annäherung an die Eigenfrequenz des Aufnehmers steigt der Übertragungskoeffizient an. Ein Anstieg des Übertragungskoeffizienten von 1 dB legt die obere Grenzfrequenz auf 1/3 der Eigenfrequenz des Aufnehmers fest, für eine Messabweichung von 0,5 dB erhält man 1/5 der Eigenfrequenz. Oftmals begrenzen jedoch andere Faktoren die obere Grenzfrequenz des Aufnehmers, wie z. B. die Art der Befestigung oder Eigenfrequenzen bei Anregung quer zur Messrichtung.

Beispiel

Welche obere Grenzfrequenz f_o ergibt sich für einen Beschleunigungsaufnehmer mit der Eigenfrequenz f_n und einer systematischen Messabweichung von 10 %?

Piezoelektrische Aufnehmer können als ungedämpft angesehen werden. Mit dem Abstimmungsverhältnis $\eta = f_o/f_n$ wird der Amplitudenfrequenzgang wie folgt beschrieben:

$$H(\eta) = \frac{1}{1 - \eta^2}.$$

Für $\pm 10\,\%$ Abweichung gilt:

$$1{,}1 = \frac{1}{1 - \eta^2} \to \eta = 0{,}3.$$

Damit ergibt sich eine obere Grenzfrequenz $f_o = 0{,}3 \cdot f_n$. Piezoelektrische Beschleunigungsaufnehmer sind bei einer Messabweichung von 10 % bis zu dieser Frequenz nutzbar (vgl. Abb. 8.11).

Auf den Zusammenhang zwischen nutzbarem Frequenzbereich, Übertragungskoeffizient und Abmessungen des Aufnehmers wird in Abschn. 8.1.7 eingegangen. Bereits hier sei vorausgeschickt, dass eine Zunahme des nutzbaren Frequenzbereiches eine Abnahme der Empfindlichkeit zur Folge hat.

Zusätzliche Information ist aus dem *Phasenfrequenzgang* zu entnehmen. Der Phasenfrequenzgang enthält die Aussage, mit welchem Phasenverschiebungswinkel das Ausgangssignal der gemessenen Beschleunigung nachläuft. Bei Annäherung an die Eigenfrequenz vergrößert sich der Phasenverschiebungswinkel. Der Phasenverschiebungswinkel ist nicht von Belang für Messungen, bei denen die Amplitude als einzige Größe ausgewertet wird. Hingegen beeinflusst der Phasenverschiebungswinkel die Messungen, in denen die Amplitude und der Phasenverschiebungswinkel gleichermaßen eine Bedeutung haben (z. B. Messung der resultierenden Amplituden von breitbandigen Signalen, Schock- und Stoßmessungen, Messungen in mehreren Kanälen relativ zueinander, Übertragungsfunktionen und die Modalanalyse, speziell zur Bestimmung der

Eigenformen). Da piezoelektrische Aufnehmer ungedämpft sind, verläuft der Phasenverschiebungswinkel über bis zur oberen Grenzfrequenz weitgehend konstant und steigt nur in der Nähe der Resonanzfrequenz an.

Der *Messbereich* von piezoelektrischen Beschleunigungsaufnehmern erstreckt sich von 10^{-6} bis 10^5g [2]. Typische Werte werden für Standard-Beschleunigungsaufnehmer mit 10^{-4} bis $2 \cdot 10^4$g angegeben [8]. Zu den kleinen Amplituden hin begrenzt die Nachweisgrenze den Messbereich. Die Nachweisgrenze wird im Wesentlichen durch das Rauschen der verwendeten Bauelemente bestimmt. Das Rauschen von Beschleunigungsaufnehmern ist bei tiefen Frequenzen vergleichsweise am größten (Abb. 8.12). Bei tiefen Frequenzen zeigt sich eine 1/f-Charakteristik mit einem Abfall von -20 dB/Dekade (vgl. Tab. 5.7). Bei höheren Frequenzen ist das Rauschen frequenzunabhängig („weißes Rauschen"), dazwischen gibt es einen Übergangsbereich. Der Darstellung ist ebenfalls zu entnehmen, dass die Absolutwerte des Rauschens insgesamt sehr gering sind.

Der Messbereich wird an der oberen Grenze von der zulässigen Maximalbeschleunigung begrenzt. Beim Überschreiten der zulässigen Maximalbeschleunigung kommt es zum Bruch oder Depolarisierung des Piezomaterials. Piezoelektrische Beschleunigungsaufnehmer können über einen *Dynamikbereich* als Verhältnis der Nachweisgrenze zur oberen Grenze des Messbereiches von $1:10^8$ bzw. 160 dB verfügen. Dies ist für Aufnehmer ein außerordentlich großer Wert. Häufig kann die nachfolgende Signalverarbeitung diesen Dynamikbereich nicht weiterverarbeiten.

Der *Übertragungskoeffizient* (Empfindlichkeit bzw. Übertragungsfaktor) ist als Verhältnis des Wertes der Ausgangsgröße (Ladung oder Spannung) zum entsprechenden Wert der Eingangsgröße (Beschleunigung) definiert (Abb. 8.13). Die Angabe erfolgt z. B. in pC/(m/s²) für Ladungsaufnehmer oder V/(m/s²) für IEPE-Aufnehmer. Ebenso wird die Angabe in pC/g bzw. V/g verwendet (obwohl von der DIN 45661 nicht empfohlen). Bei der Angabe des Übertragungskoeffizienten wird lediglich der Amplitudenanteil der Übertragungsfunktion betrachtet (die Phasenverschiebung wird nicht berücksichtigt).

Abb. 8.12 Gesamtrauschen einer Messkette mit IEPE-Aufnehmer

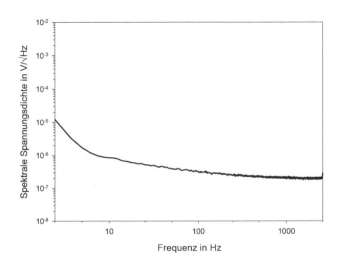

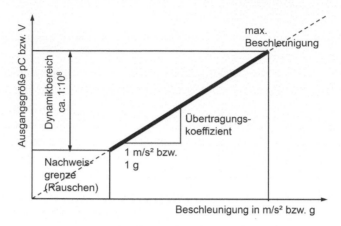

Abb. 8.13 Zusammenhang zwischen Beschleunigung und Ausgangsgröße eines piezoelektrischen Beschleunigungsaufnehmers (schematisch)

Der Übertragungskoeffizient ist frequenzabhängig und wird üblicherweise bei einer Festfrequenz von 80 Hz ermittelt.

Piezoelektrische Beschleunigungsaufnehmer weisen eine hohe *Linearität* auf (i. d. R. besser als 1 %). Für Quarz wird gegenüber Piezokeramiken eine bessere Linearität der piezoelektrischen Eigenschaften angegeben [11]. In der Mehrzahl der praktischen Anwendungen ist jedoch kein praktischer Vorteil aus der Verwendung von Quarz zu gewinnen. In der Übersteuerung steigt die Linearitätsabweichung an, deshalb dürfen Beschleunigungsaufnehmer nur bis zu der maximal zulässigen Beschleunigung betrieben werden, die in der Spezifikation genannt ist.

8.1.5   Einflussgrößen auf die Messung mit piezoelektrischen Beschleunigungsaufnehmer

Neben der Messrichtung sind Beschleunigungsaufnehmer auch in anderen Richtungen empfindlich. Diese *Querrichtungsempfindlichkeit* ist durch das piezoelektrische Messprinzip und die Bauform bedingt. Übliche Werte werden mit < 5 % relativ zur Messrichtung angegeben [8, 12]. Die Richtung der minimalen Querrichtungsempfindlichkeit wird gelegentlich durch einen Farbpunkt angezeigt (Abb. 8.14).

Für piezoelektrische Beschleunigungsaufnehmer wird ein *Temperaturbereich* von -254 °C bis 760 °C (ohne Kühlung) angegeben [1]. Der Temperaturbereich kann jedoch nicht mit einem einzigen Aufnehmer abgedeckt werden, da die Piezomaterialien nur für einen begrenzten Temperaturbereich eingesetzt werden können. Sowohl einkristalline Piezokristalle als auch polykristalline Keramiken verlieren ihre piezoelektrischen Eigenschaften mit Überschreiten der Curie-Temperatur durch die einsetzende Phasenumwandlung. Im nutzbaren Temperaturbereich verändert sich der

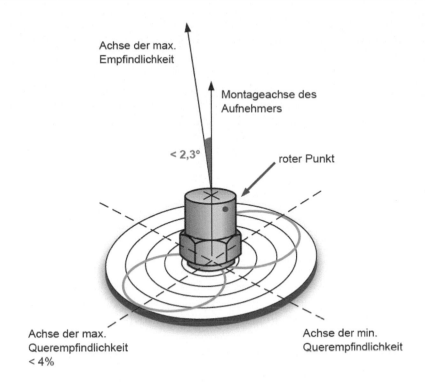

Abb. 8.14 Querrichtungsempfindlichkeit eines piezoelektrischen Beschleunigungsaufnehmers (schematisch). (Monika Klein, www.designbueroklein.de)

Übertragungskoeffizient. Die Ursache hierfür liegt in der Temperaturabhängigkeit der piezoelektrischen Konstanten und zum Teil in den Isolationswiderständen von Kabeln und Verbindungselementen. Quarz hat eine geringere Temperaturabhängigkeit als polykristalline Keramiken und eine hohe Curie-Temperatur (573 °C). Aus diesen Gründen werden Quarzaufnehmer für höhere Temperaturen verwendet. Bei hohen Temperaturen ist für den Aufnehmer eine thermische Isolation oder eine Kühlung eine praktikable Lösung. Zu beachten ist hierbei, dass die Kühlung selbst auch eine Quelle von unerwünschten Schwingungen sein kann [8]. IEPE-Aufnehmer sind wegen der integrierten elektronischen Schaltung bis zu einer Temperatur von 125 °C einsetzbar.

Bei *sprungartigen Temperaturänderungen* treten niederfrequente Störsignale im Ausgangssignal auf. Diese stören insbesondere bei kleinen Amplituden der zu messenden Beschleunigung. Die Ursachen hierfür liegen einerseits in der Ladungsverschiebung im Piezoelement und andererseits in den Thermospannungen durch unterschiedliche Wärmeausdehnungskoeffizienten der verwendeten Bauteile. Dickenschwinger zeigen auf Temperatursprünge die größte Empfindlichkeit, Scherschwinger die geringste Empfindlichkeit.

Unter *Basisdehnung* versteht man die Deformationen der Gehäusebasis (Montage-fläche) durch mechanische Verspannungen. Diese werden auf das Piezoelement über-tragen und bewirken dort eine unerwünschte Ladungsverschiebung und führen zu Störsignalen. Dickenschwinger sind am empfindlichsten für Basisdehnung, Scher-schwinger zeigen wiederum eine geringe Empfindlichkeit [2, 4, 12].

Über das Gehäuse des Schwingungsaufnehmers kann *Luftschall* auf das Piezoelement eingekoppelt werden. Diese Luftschallanregung tritt nur bei sehr hohen Pegeln auf und ist unerwünscht, da diese zusätzliche Signalanteile in das Ausgangssignal eintragen, die ursächlich nicht mit der zu messenden Beschleunigung verbunden sind und den Signal-Rausch-Abstand verschlechtern. Dickenschwinger zeigen die größte Empfindlichkeit, während Scherschwinger um den Faktor 100 geringere Empfindlichkeit gegenüber Luft-schall haben [2, 4, 12].

Unter dem Einfluss von *Feuchtigkeit* kommt es zu Kriechströmen und zur Ver-änderung der Kapazität und der Isolationswiderstände. Beschleunigungsaufnehmer sind in der Regel mit hermetisch dicht verschweißten oder verklebten Gehäusen versehen, so dass die Ursache in den Steckverbindungen und den verwendeten Kabeln zu suchen ist. In Messumgebungen mit hoher Feuchtigkeit bietet es sich an, die Steckverbindungen abzudichten und teflonummantelte Kabel zu verwenden [4, 12, 19].

Gegenüber *Gammastrahlung* sind Aufnehmer mit Ladungsverstärkerausgang und deren Kabel unempfindlich. Hingegen führt Gammastrahlung bei IEPE-Aufnehmern zur Störung der elektronischen Bauelemente [4, 12, 19].

Die Einstreuung von *Magnetfeldern* erzeugt Störspannungen im Aufnehmer und im Kabel. Diese sind von Bedeutung für Messungen an Elektromaschinen, Transformatoren [4], jedoch ebenso bei medizinischen Geräten. Gegen *elektromagnetische Felder* sind die Aufnehmer meist ausreichend geschirmt, die Störeinflüsse werden über Stecker und Kabel eingekoppelt. Meist zeigen sich die Störgrößen als Netzfrequenz mit 50 Hz oder als impulshaltige Einstreuungen von benachbarten Schaltnetzteilen im kHz-Bereich. Als Abhilfemaßnahmen ergeben sich folgende Möglichkeiten:

- Verwendung von Ausgängen mit niedriger Impedanz (IEPE-Aufnehmer sind unempfindlicher als Ladungsaufnehmer),
- Räumliche Trennung von Messkabeln von anderen wechselstromführenden Leitun-gen, Netzteilen usw.,
- Vermeidung von Erdschleifen durch elektrische Isolierung des Aufnehmers und Erdung der gesamten Messeinrichtung an einem Punkt (Abschn. 10.3.2),
- Einsatz von symmetrischen Verstärkern mit differentiellen Eingängen,
- Verwendung von magnetischen Abschirmungen der Messleitungen durch weich-magnetische Kapselung mit MU-Metall.

Eine Betrachtung der Messunsicherheit für piezoelektrische Beschleunigungsauf-nehmer [3] ordnet dem Beschleunigungsaufnehmer eine Abweichung von 2 % und dem Frequenzgang eine Abweichung von 10 % zu. Zusätzliche Einflüsse durch Querrichtungsempfindlichkeit, Linearitätsabweichung oder Temperatureinfluss werden pauschal mit 5 % berücksichtigt. Seitens der Messelektronik werden eine Abweichung von 1 %, im Frequenzgang von 10 %, als Linearitätsabweichung 1 % sowie eine Abweichung von der Kurvenform (durch Bildung des Effektivwertes) von 5 % angesetzt. Dies führt bei geometrischer Addition zu einem Messunsicherheit von 17 %. Bei der ungünstigsten Annahme der betragsmäßigen Addition vergrößert sich die Messunsicherheit auf 40 %. Es wird betont, dass dieses Beispiel für praktische Messaufgaben und nicht unter extremen oder erschwerten Bedingungen gilt. Ebenfalls sind in dieser Betrachtung grobe Fehler durch mangelhafte Ankopplung und Überschreiten der Messbereichsgrenzen ausgeschlossen.

8.1.6 Befestigung piezoelektrischer Beschleunigungsaufnehmer

Ankopplung

Die Art und Weise der Ankopplung piezoelektrischer Beschleunigungsaufnehmer auf dem Messobjekt entscheidet über die Qualität der Messung. Dies trifft insbesondere bei Frequenzen > 500 Hz zu [1, 7, 17]. Bei höheren Frequenzen ist die Verbindung des Aufnehmers mit dem Messobjekt als Koppelsteifigkeit zu betrachten, die zusammen mit der Masse des Aufnehmers ein schwingungsfähiges System mit einer Eigenfrequenz ergibt. Diese Koppelsteifigkeit sollte möglichst groß sein, damit deren Eigenfrequenz des schwingungsfähigen System aus Beschleunigungsaufnehmer (Masse) und Kopplungssteifigkeit (Feder) größer ist als die obere Grenzfrequenz für die Messaufgabe [4]. Grundsätzlich sollte die Ankopplungsstelle eben, glatt und sauber sein sowie eine hohe Steifigkeit aufweisen. Ebenfalls sollte auf kurze Übertragungswege geachtet und der Messpunkt möglichst nahe der Quelle gewählt werden, wenn die Messaufgabe in der Erfassung von Belastungs- bzw. Erregungsgrößen von schwingungsfähigen Systemen liegt (Abb. 8.15).

Für die Montage gibt es eine Reihe von gängigen Methoden, die in fallender Ordnung der erreichbaren Grenzfrequenz aufgelistet sind [1, 17, 19, 20]:

- Schraubverbindung (Abb. 8.16):
  - vollflächige Auflage des Aufnehmers durch ebene und glatte Oberflächen,
  - Auflagefläche sollte leicht geölt sein (Flüssigkeitskontakt),
  - hohe Beschleunigungen ohne Lösen der Verbindung möglich,
  - hohe Temperaturen möglich,
  - Wiederverwendbarkeit und hohe Reproduzierbarkeit der Messposition,
  - Beschädigung des Messobjektes durch die einzubringende Bohrung,
  - Isolation des Aufnehmers durch nichtleitende Schraube und Unterlegscheibe,
  - Anzugsmoment nach Vorgabe des Aufnehmerherstellers,
  - die Schraube darf nicht in das Gehäuse des Aufnehmers drücken (Basisdehnung),

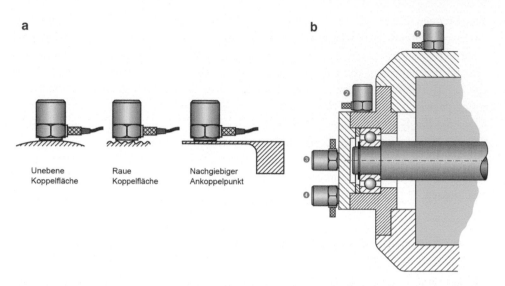

Abb. 8.15 Anforderung an die Ankopplung von Beschleunigungsaufnehmern. Vermeiden von unebenen, rauhen und nachgiebigen Koppelflächen (**a**), Beispiel für die Auswahl der Messpunkte an einem Getriebegehäuse (**b**), Positionen 2 und 4 günstiger als 1 und 3. (Monika Klein, www. designbueroklein.de)

- Klebebefestigung (Abb. 8.17):
  - Montageart, wenn keine Stiftschraube angebracht werden kann,
  - hohe Frequenzen erreichbar,
  - saubere, glatte und ebene Klebeflächen sowie möglichst dünnen Klebefilm anstreben,
  - Verarbeitung des Klebers auf Methacrylat- oder Epoxydbasis nach Herstellerangabe,
  - Verschmutzung von Innengewinden durch Klebstoffreste möglich (Abhilfe: Adapter eindrehen),
  - Klebeverbindung mit Spezialprodukten für hohe und tiefe Temperaturen möglich,
- Wachs:
  - Klebewachs auf Basis von Bienenwachs oder Petrowachs,
  - schnell und einfach anzuwenden,
  - keine Oberflächenbeschädigung,
  - Oberfläche muss eben, glatt, trocken und sauber sein,
  - möglichst dünnen Wachsfilm anstreben,
  - nur für Raumtemperatur anwendbar,
- Befestigung mit doppelseitigem Klebeband:
  - keine Oberflächenbeschädigung,
  - ebene, saubere Oberfläche,
  - dünne Klebebänder ergeben höhere Grenzfrequenz,
  - begrenzter Temperaturbereich bis 95 °C,

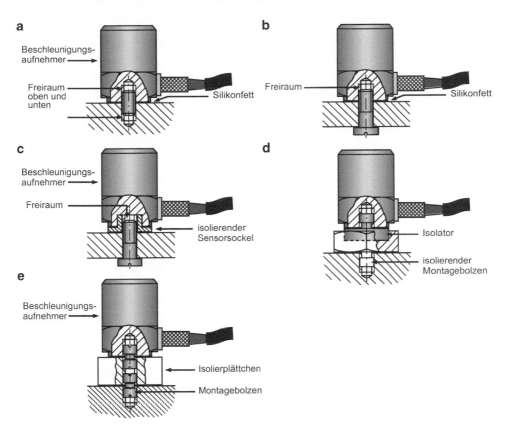

Abb. 8.16 Ankopplung mittels Schrauben. Stiftschraube (**a**), durchgehende Schraubverbindung (**b**), isolierende Sockel (**c**, **d**) und Isolierflansch (**e**). (Monika Klein, www.designbueroklein.de)

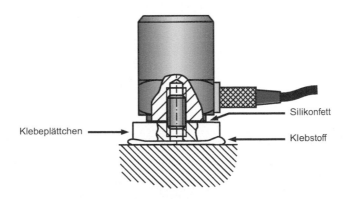

Abb. 8.17 Ankopplung mittels Klebepad. (Monika Klein, www.designbueroklein.de)

- Haftmagnet (Abb. 8.18):
  - ferromagnetische Oberfläche notwendig, eben, glatt und sauber,
  - ggf. Ankleben eines ferromagnetischen Bleches,
  - Haftmagnet wird an den Beschleunigungsaufnehmer angeschraubt,
  - nur für kleine Beschleunigungen anwendbar, da magnetische Haftkraft begrenzt,
  - begrenzter Temperaturbereich bis 150 °C,
  - Gefahr der Beschädigung von Aufnehmern durch stoßartige Belastung beim „Schnalzenlassen",
- Montageblöcke und -klammern (Abb. 8.19)
  - Adapter zwischen Aufnehmer und Oberfläche (z. B. bei Radien),
  - Veränderung der Messrichtung möglich (Winkelkonstruktion),

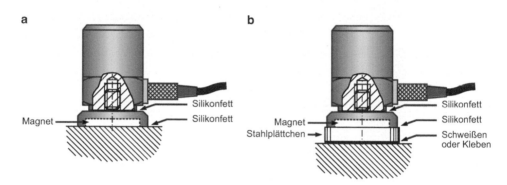

Abb. 8.18 Ankopplung mittels Haftmagnet. Magnetische Oberfläche (**a**), Nichtmagnetische Oberfläche mit aufgeklebten Stahlplättchen (**b**). (Monika Klein, www.designbueroklein.de)

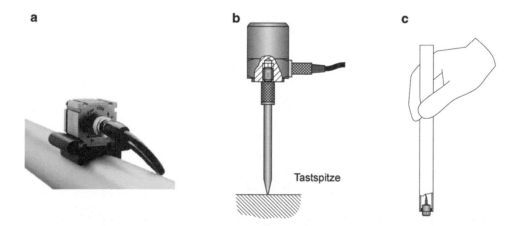

Abb. 8.19 Ankopplung mittels Montageklammer (**a**), Taststift (**b**) und umgekehrter Taststift (**c**). (Bruel&Kjaer (**a**), Monika Klein, www.designbueroklein.de (**b/c**))

- Realisierung mehrerer Messrichtungen an einem Punkt mit uniaxialen Aufnehmern ("Triaxialwürfel"),
- schneller Auf- und Abbau der Messtechnik durch Vorbereitung der Messstellen mit Montageklammern,
- Aufnehmer muss durch Schrauben/Kleben wiederum mit Montageblock oder -klammer verbunden werden,
- vergleichsweise geringe obere Grenzfrequenz, da zwei Koppelsteifigkeiten,
- Tastspitze
  - Aufnehmer wird mittels Tastspitze oder als "umgekehrter Taststift" [8] über einen Elastomerring und ein Griffrohr auf das Messobjekt gedrückt,
  - einfache Anbringung,
  - empfohlen nur für Überblicksmessungen und kleine Beschleunigungen (< 1g) [17],
  - mangelhafte Reproduzierbarkeit.

Der Zusammenhang zwischen Frequenzgang und Ankopplung ist in Abb. 8.20 ersichtlich. Für hohe obere Grenzfrequenzen und hohe Beschleunigungen sowie für Dauermessstellen sollte die Befestigung mittels Stiftschraube oder Kleben das Mittel der Wahl sein. Wird ein schneller Auf- und Abbau gewünscht oder sind kurzzeitige Messungen vorgesehen, so stellen Haftmagnet, Klebewachs oder Tastspitze oft eine praktikable Lösung dar.

Oftmals ist ein Kompromiss notwendig zwischen dem von der Messaufgabe geforderten Frequenzbereich und den Montageverfahren. In diese Entscheidung gehen Faktoren wie die Beschädigung des Messobjektes durch Bohrungen, Aufwand, Verfügbarkeit von Messobjekt und Messtechnik, Zeit- und Personalbedarf, Umgebungsbedingungen usw. ein.

Rückwirkung

Die Masse des Beschleunigungsaufnehmers hat eine Rückwirkung auf das Messobjekt. Die Zusatzmasse führt

- zu einer Veränderung der Eigenfrequenz der Struktur sowie
- zur einer Veränderung der Beschleunigungsamplitude für eine gegebene Anregung [3].

Für einen ungedämpften Feder-Masse-Schwinger wird für eine Messabweichung von 1 dB (10 %) an der Eigenfrequenz das Verhältnis von Masse des Aufnehmers zu Masse des Messobjektes von 1/10 angegeben [1, 17]. Für Biegeschwingungen (z. B. dünnwandige Blechstrukturen) wird die Lösung eines mittig angebrachten Aufnehmers in Abhängigkeit von der Biegewellenlänge λ_B angegeben [4]. Für eine Messabweichung von 1 dB muss die Masse des Aufnehmers kleiner sein als die sog. mitschwingende Medienmasse einer idealisierten, kreisrunden Platte mit einem Radius $r = \lambda_B/5{,}6$. Diese Idealisierungen berücksichtigen z. B. die Steifigkeiten der Lagerung nicht, jedoch geben

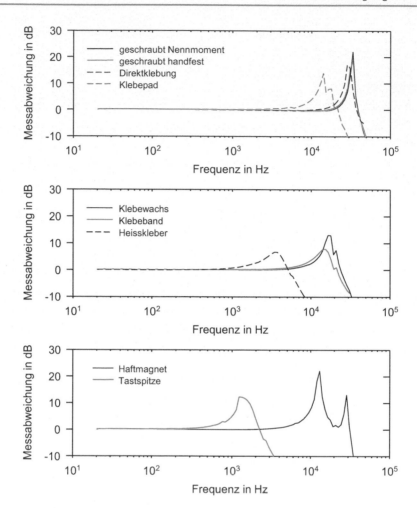

Abb. 8.20 Amplitudenfrequenzgang in Abhängigkeit von der Ankopplung

die Lösungen einen Anhalt für die Auswahl des Aufnehmers bzw. die Wahl der oberen Grenzfrequenz. In DIN ISO 2954 [21] ist ein messtechnisches Verfahren beschrieben, bei dem die mitschwingende Masse durch eine am Messpunkt angebrachte Zusatzmasse verdoppelt wird (Abb. 8.21). Ändert sich unter Belastung der Messwert mit der Zusatzmasse um mehr als 12 %, so ist die Rückwirkung des Aufnehmers zu groß. Hierbei ist zu beachten, dass DIN ISO 2954 unter dem Messwert die Schwingstärke (Abschn. 11.2.1) in einem Arbeitsfrequenzbereich (üblich 10 bis 1000 Hz, jedoch sind Abweichungen möglich) versteht.

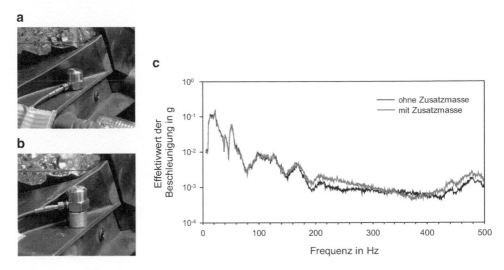

Abb. 8.21   Auswirkung einer Zusatzmasse. Ohne Zusatzmasse (**a**), mit Zusatzmasse (**b**), Amplituden-frequenzgang (**c**). (Fotos: Enno Tammert)

Kabeleinflüsse

Im Dielektrikum von Koaxialkabeln kann es bei Bewegung zu Störspannungen kommen. Als Ursache kommen in Betracht:

- Bildung von triboelektrischen Ladungen durch innere Reibung,
- Änderung der Kapazität des Kabels sowie
- Einleitung von Kräften in den Aufnehmer durch den Stecker (ähnlich zur Basis-dehnung) (Abb. 8.22a) [4, 12].

Die Störspannungen infolge triboelektrischer Effekte treten insbesondere bei Auf-nehmern auf, die mit Ladungsverstärkern betrieben werden und wirken sich besonders störend bei kleinen Amplituden aus. Abhilfe schafft eine Fixierung des Kabels mit Klebeband, Montageschelle o. ä., um die Bewegung des Koaxialkabels zu verhindern (Abb. 8.22b). Es sollte unbedingt vermieden werden, Kabel zu verdrehen, in kleinen Radien oder unter mechanischer Spannung zu verlegen. Ebenso sollten rauscharme Kabel verwendet werden. Diese sind mit einer leitfähigen Beschichtung versehen, die einen Abtransport der Ladung ermöglicht. IEPE-Aufnehmer sind deutlich unempfind-licher gegenüber triboelektrischen Effekten.

Weiterhin können über die Kabel elektrische und elektromagnetische Felder ein-gestreut werden. Ursachen und Abhilfemaßnahmen werden ausführlich in Abschn. 10.3 behandelt.

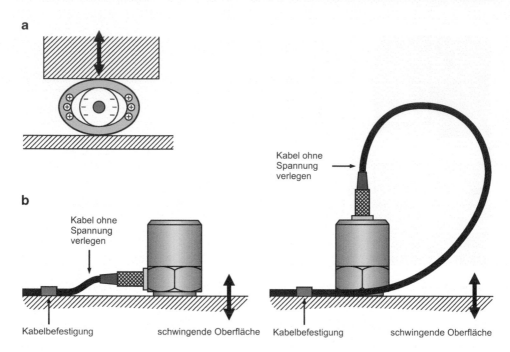

Abb. 8.22 Triboelektrischer Effekt. Entstehungsmechanismus (**a**), Vermeidung durch Fixierung des Kabels (**b**). (Monika Klein, www.designbueroklein.de)

Überlastung und Beschädigungen im Montageprozess

Obwohl piezoelektrische Beschleunigungsaufnehmer aufgrund ihrer Konstruktion sehr robust und zuverlässig sind, kann es während der Montage zu Überlastungen und Beschädigungen kommen. Ziel muss es deshalb sein, durch geeignete Montagetechniken, organisatorische Gestaltung des Prozesses der Montage und Demontage von Beschleunigungsaufnehmern, sowie durch Schulung und Training bei allen an diesem Prozess beteiligten Mitarbeitern ein Qualitätsbewusstsein zu entwickeln.

Beim Haftmagneten kommt es durch das „Schnalzenlassen" zu hohen Beschleunigungen, die das Piezoelement ebenfalls beschädigen können. Dies wurde exemplarisch mit einer Ersatzmasse, die auf den Haftmagneten geschraubt wurde, und einem Beschleunigungsaufnehmer mit einem Messbereich von 30.000g gemessen (Abb. 8.23). Deshalb sind Haftmagnete stets an einer Kante aufzusetzen und in einer kippenden Bewegung langsam abzusetzen. Das Entfernen von geklebten Beschleunigungsaufnehmern vom Messobjekt hat mit einem Schraubenschlüssel in einer drehenden Bewegung zu erfolgen. Keinesfalls sind geklebte Beschleunigungsaufnehmer mit dem Hammer abzuschlagen.

Das Aufschlagen von Beschleunigungsaufnehmern auf den Boden oder das Anschlagen von verkabelten Beschleunigungsaufnehmern führt zu hohen Beschleunigungen (Abb. 8.24) und zählt zu den Überlastungen, bei denen das Piezoelement Bruch oder eine teilweise

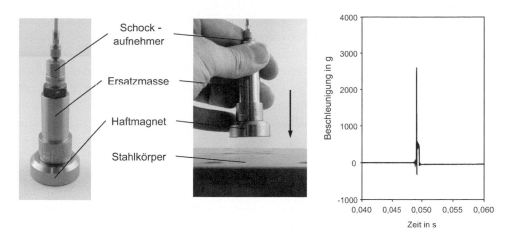

Abb. 8.23 Beschleunigungsverlauf beim missbräuchlichen Schnalzenlassen eines Haftmagneten. (Fotos: Enno Tammert)

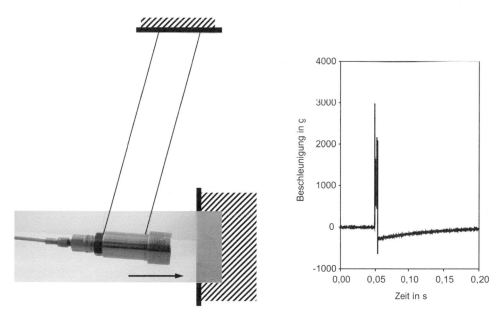

Abb. 8.24 Beschleunigungsverlauf beim missbräuchlichen Anschlagen eines Beschleunigungsaufnehmers. (Fotos: Enno Tammert)

Umpolarisierung erfahren kann. Dies führt zu einer irreversiblen Beschädigung des Aufnehmers. Aus diesem Grund sollte es selbstverständlich sein, Aufnehmer nicht am Kabel zu transportieren.

Beim Verkabeln von Beschleunigungsaufnehmern ist die Lage des Anschlusses zum Messobjekt zu beachten. Insbesondere bei seitlichem Anschluss am Aufnehmer bzw.

bei Verwendung eines Winkelsteckers ist genügend Platz für Stecker und Kabel vorzusehen. Keinesfalls darf der bereits verkabelte Aufnehmer aufgeschraubt werden. Die
damit verbundene Verdrehung des Koaxialkabels führt zum Bruch im Kabel. Das Verbinden von Aufnehmer und Kabel muss mit entsprechendem Feingefühl und vor allem
ohne Kraftanwendung erfolgen. Die Überwurfmutter am Stecker darf nicht dazu verwendet werden, den Stecker gewaltsam in die Buchse zu treiben. Dies trifft vor allem
bei kleineren Beschleunigungsaufnehmern mit filigranen Kabeln und bei mehrachsigen
Aufnehmern zu.

▶   Beschädigte Aufnehmer und Kabel sind sofort zu kennzeichnen und auszu-
       sortieren. Beschädigungen am Beschleunigungsaufnehmer lassen sich in
       bestimmten Fällen beim Hersteller reparieren. Im Falle von Überlastungen
       und vermuteten Beschädigungen ist eine Neukalibrierung im gesamten
       Frequenzbereich anzuraten, da sich Beschädigungen am Piezoelement häufig
       nur in einem Teil des Frequenzbereiches zeigen.

8.1.7   Auswahl piezoelektrischer Beschleunigungsaufnehmer

Die Auswahl der zu verwendenden Beschleunigungsaufnehmer hängt von der zugrunde
liegenden Messaufgabe ab. Es gibt keinen universell auf alle Messaufgaben passenden
Beschleunigungsaufnehmer. Beispielsweise erfordert die Messung von Fundamentschwingungen an einer Werkzeugmaschine aufgrund der dort vorliegenden kleinen
Amplitude andere Beschleunigungsaufnehmer als die Messung am Werkzeug derselben
Maschine; Messungen am Fahrwerk eines Kraftfahrzeuges andere Beschleunigungsaufnehmer als am Innenspiegel (Grund: geringe Masse). Jedoch wird eine Reihe von
Standard-Messaufgaben durch „Universal"-Messaufnehmer abgedeckt, während spezielle Messaufgaben (kleine Amplituden, geringe Masse usw.) nach speziellen Aufnehmern verlangen.

   In Verbindung mit dem Aufnehmer selbst sind das verwendete Kabel, die Montage
und Signalaufbereitung zu betrachten. Das Ausgangssignal wird zu einem großen Anteil
vom Zusammenwirken der einzelnen Bestandteile bestimmt. Deshalb ist es erforderlich,
Aufnehmer, Kabel, Montage und Signalaufbereitung aufeinander abzustimmen.

Messbereich, Frequenzbereich und Masse des Aufnehmers
Für viele Messaufgaben ist es wichtig, zunächst den benötigten *Messbereich* und *Frequenzbereich* zu definieren und dann den passenden Beschleunigungsaufnehmer auszuwählen.
Häufig ist nur ein Teil des Dynamikbereiches des Aufnehmers von Interesse. Diese Eingrenzung des Messbereichs führt zur Verwendung preiswerterer Hardware und gestaltet
die praktische Durchführung der Messung einfacher. Für sehr hohe Beschleunigungsamplituden bieten IEPE-Aufnehmer oft nicht die ausreichende Schockfestigkeit, in diesem
Falle werden Aufnehmer in Verbindung mit Ladungsverstärkern eingesetzt.

▶   Als Faustregel kann gelten, dass eine hohe obere Grenzfrequenz und ein
    großer Messbereich zu kleinen Aufnehmern mit geringer Empfindlichkeit
    (Übertragungskoeffizient) führt, während eine hohe Empfindlichkeit (Über-
    tragungskoeffizient) mit einem großen Aufnehmer, kleinem Messbereich und
    einer geringen oberen Grenzfrequenz erkauft wird (Abb. 8.25).

Daraus lassen sich nach dem Messbereich drei Gruppen von Aufnehmern unterteilen [11]:

• Aufnehmer für baudynamische und geophysikalische Anwendungen (typischer Mess-
  bereich 1g),
• Aufnehmer für allgemeine Anwendungen in Modalanalyse, Maschinendynamik,
  Zustandsüberwachung und Betriebsfestigkeit (typischer Messbereich 50g),
• Aufnehmer für hochdynamische Anwendungen (typischer Messbereich bis 100.000g).

Dieser Zusammenhang ergibt sich zwangsläufig aus der Auslegung des Feder-Masse-
Systems für den Beschleunigungsaufnehmer. Eine kleine Masse ergibt eine hohe Eigenfrequenz, allerdings auch eine geringe Kraft in Gleichung 8.3 und damit einen geringen
Übertragungskoeffizient. Aus diesem Grunde haben Miniaturaufnehmer einen kleinen Übertragungskoeffizienten (bzw. erhöhtes Rauschen, wenn die Signalaufbereitung
im Aufnehmer hoch verstärkt) und hohe Eigenfrequenz. Umgekehrt führt eine große
Masse zu einer geringen Eigenfrequenz. Andererseits übt jedoch die große Masse
eine große Kraft auf das Piezoelement aus, was sich in einem großen Übertragungskoeffizienten niederschlägt. Bei piezoelektrischen Beschleunigungsaufnehmern zur

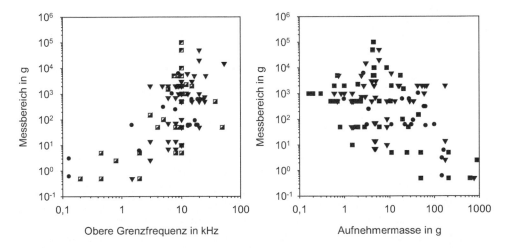

Abb. 8.25 Zusammenhang zwischen Messbereich und Frequenzbereich piezoelektrischer
Beschleunigungsaufnehmer (**a**) und Messbereich und Masse (**b**). Daten einachsiger Aufnehmer
mehrerer Hersteller

Messung kleiner Beschleunigungen (z. B. für Fundamentschwingungen) ist ein großer Übertragungskoeffizient sinnvoll, zieht jedoch eine schwere und große Aufnehmerkonstruktion mit vergleichsweise geringer oberer Grenzfrequenz nach sich.

Die *untere Grenzfrequenz* wird durch die verwendeten RC-Glieder in der Signalaufbereitung (Ladungsverstärker bzw. IEPE-Aufnehmer) bestimmt. Bei zu hoher unterer Grenzfrequenz werden die Amplituden tieffrequenter Signalanteile zu klein abgebildet. Eine zu geringe untere Grenzfrequenz äußert sich in einer Nullpunktverschiebung während des Messvorganges. Hierbei werden tieffrequente Anteile wie z. B. Temperaturgradienten, Drift der Bauelemente, usw. nicht genügend aus dem Messsignal gefiltert. Eine weitere Quelle der Nullpunktdrift ist eine stoßartige Belastung des Aufnehmers. Hierbei kommt es zu Ladungsverschiebungen im piezoelektrischen Material, die nur langsam ausgeglichen werden können. Dies zeigt Abb. 8.24 im Zeitintervall von 0,05 bis 0,2 s.

Neben dem Frequenzbereich sollte die Eigenfrequenz des Aufnehmers gesondert betrachtet werden. Sind Frequenzanteile des Messsignals im Bereich der Eigenfrequenz des Aufnehmers vorhanden, so wird diese angeregt („Ringing") [1, 4, 7, 12]. Die nachfolgende Signalverarbeitung kann dadurch übersteuert werden. Als Abhilfemaßnahmen kommen die Auswahl eines geeigneten Aufnehmers mit hoher Eigenfrequenz sowie die Filterung des Signals vor der weiteren Verarbeitung in Betracht.

Weitere Aufnehmereigenschaften

Die *Querrichtungsempfindlichkeit* spielt dann eine besondere Rolle, wenn hohe Beschleunigungsamplituden senkrecht zur Messrichtung auftreten. Ggf. kann der Aufnehmer so gedreht werden, dass die Achse der geringsten Querrichtungsempfindlichkeit mit der Richtung der hohen Beschleunigungen zusammenfällt. Der Aufnehmer sollte so gewählt werden, dass die zu messenden Beschleunigungen im Bereich der*Linearität* des Aufnehmers liegen. Bei Messobjekten, die eine Biegeverformung erfahren, sind *Basisdehnung* und *Kabeleinflüsse* zu beachten.

▶   Es bietet sich an, Scherschwinger nach dem IEPE-Messprinzip einzusetzen,
      sofern keine guten Gründe für andere Bauformen bzw. Verfahren der Signalaufbereitung sprechen.

Umgebungseinflüsse

Für *höhere Temperaturen* scheiden IEPE-Aufnehmer aus, es kommen Aufnehmer mit Ladungsverstärkern zum Einsatz. Für *sprunghafte Temperaturänderungen* sind Scherschwinger vorzuziehen. Durch geeignete Kapselung können die Temperatursprünge am Aufnehmer vermieden werden. Bei *magnetischen Feldern* bieten Aufnehmer mit Stahlgehäuse eine bessere Abschirmung als Aufnehmer mit Aluminiumgehäuse. Gegen Störeinstreuungen von *elektromagnetischen Feldern* können isolierte Aufnehmer eingesetzt werden. Bei *Feuchtigkeit* sind die entsprechende Schutzklasse und überdies eine Abdichtung der Steckverbindungen vorzusehen.

8.2 DMS-Beschleunigungsaufnehmer

Das schwingungsfähige System in DMS-Beschleunigungsaufnehmern besteht aus einer seismischen Masse und einer Feder, die meist als Biegebalken ausgeführt ist (Abb. 8.26) [2, 7, 9, 12]. Die Verformung des Biegebalkens wird mittels Dehnungsmessstreifen (DMS) gemessen (siehe Abschn. 9.1). Die DMS sind üblicherweise an einen Trägerfrequenz-Messverstärker in Halbbrückenschaltung geschaltet. DMS-Beschleunigungsaufnehmer sind Absolutaufnehmer. Da die DMS auch die statische Verformung des Biegebalkens als Dehnung messen, sind mit diesen Aufnehmern auch die Messung quasistatischer Beschleunigungen möglich (untere Grenzfrequenz 0 Hz). Die geringe Steifigkeit des Balkenelements bedingt einen hohen Übertragungskoeffizienten, jedoch ist die obere Grenzfrequenz des Aufnehmers vergleichsweise gering (typischer Wert: 200 Hz). Die Überlastanschläge verhindern eine mechanische Zerstörung bei Überlastung des Aufnehmers.

Mit Erhöhung des Dämpfungsgrades ($\vartheta \approx 0{,}7$) verschwindet das Maximum im Amplitudenfrequenzgang. Dieses Verhalten wird z. B. durch Befüllung des Aufnehmers mit Silikonöl erreicht. Durch die Dämpfung erreicht man eine größere Frequenzunabhängigkeit und ebenso eine Verbesserung der Überlastungssicherheit, was für stoßartige Belastungen von Vorteil ist. Mit stärkerer Dämpfung steigt jedoch die Phasenverschiebung mit Annäherung an die Resonanzfrequenz des Aufnehmers an.

Bei quasistatischen Messungen beeinflusst die Temperaturempfindlichkeit der DMS die Langzeitkonstanz der Messung. Wegen der aufwändigen Applikation der DMS sind die Beschleunigungsaufnehmer vergleichsweise teuer und in der Anwendung auf spezielle Felder begrenzt.

Der Messbereich bewegt sich im Bereich von 1 bis 200g, der Frequenzbereich ist von 0 bis < 1 kHz. Die verwendete Halbbrückenschaltung wird meist an einen Trägerfrequenz-Messverstärker angeschlossen. Alternativ werden Beschleunigungsaufnehmer mit Signalaufbereitung angeboten, die über eine externe Spannungsquelle versorgt werden und ein analoges Ausgangssignal abgegeben.

Abb. 8.26 DMS-Beschleunigungsaufnehmer (Monika Klein, www. designbueroklein.de)

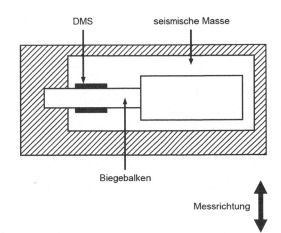

8.3 Kapazitive Beschleunigungsaufnehmer

Kapazitive Beschleunigungsaufnehmer messen die Beschleunigung über eine Veränderung der Kapazität eines Plattenkondensators. Die seismische Masse ist als eine Elektrode des Kondensators ausgebildet und federnd aufgehängt (Abb. 8.27). Die Bewegung der Masse wird durch die Veränderung des Luftspaltes (Weggröße) gemessen [2, 7, 9, 12]. Durch die Verwendung von zwei Gegenelektroden erhält man eine Kapazitätserhöhung des einen Kondensators (Masse bewegt sich auf die Gegenelektrode zu) und eine Verminderung der Kapazität des zweiten Kondensators (Masse bewegt sich von der Gegenelektrode weg). Durch eine kapazitive Halbbrückenschaltung erhält man einen hohen Übertragungskoeffizienten. Die Überlastanschläge schützen den Beschleunigungsaufnehmer vor Beschädigung bei mechanischer Überlastung. Kapazitive Beschleunigungsaufnehmer sind Absolutaufnehmer.

Während aus Einzelteilen gebaute Beschleunigungsaufnehmer nach diesem Messprinzip eine rückläufige Bedeutung erfahren, werden mikromechanisch in Halbleitertechnik gefertigte Beschleunigungsaufnehmer (MEMS-Technologie) in breitem Umfang eingesetzt. Die notwendige Signalaufbereitung wird hierbei in den Aufnehmer integriert, was die vergleichsweise preiswerte Herstellung ermöglicht.

Der Ausgang hat eine niedrige Impedanz, was den Anschluss langer Leitungen ermöglicht. Wegen der unvermeidlichen Nullpunktdrift ist vor jeder Messung ein Abgleich des Nullpunktes notwendig. Ebenso ist das Messprinzip vergleichsweise empfindlich auf die Einstreuung von Störgrößen (Abschn. 10.3). Die kapazitive Brückenschaltung bedingt den Betrieb des Aufnehmers mit hoher Frequenz als Trägerfrequenz. Nachfolgende Tiefpassfilter können die Trägerfrequenz im Ausgangssignal nicht vollständig unterdrücken, was zu verringertem Signal-Rausch-Abstand führt.

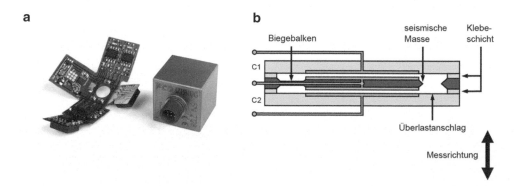

Abb. 8.27 Kapazitiver Beschleunigungsaufnehmer (**a**), Funktionsprinzip (**b**). (PCB Piezotronics Inc. (**a**), Monika Klein, www.designbueroklein.de (**b**))

▶ Der Amplitudendynamik liegt im Bereich von 70 dB, was für viele
    Anwendungen ausreichend ist. Die untere Grenzfrequenz ist 0 Hz; es sind
    somit quasistatische Messungen möglich. Die obere Grenzfrequenz ist wiede-
    rum verhältnismäßig gering (typische Werte 150 Hz bis 1,5 kHz).

Eine Dämpfung wird in MEMS-Bauweise meist gasdynamisch, d. h. über die
Strömungswiderstände um die bewegte Elektrode erzielt. Auch für diese Bauweise
bewirkt eine Dämpfung eine geringere Messabweichung im Amplitudenfrequenzgang,
jedoch größere Phasenverschiebung. Die Beschleunigungsaufnehmer werden fast ausnahmslos mit im Aufnehmer integrierter Signalaufbereitung angeboten, die oftmals über
eine Temperaturkompensation verfügt. Deshalb benötigen diese eine Speisespannung
und liefern ein analoges Ausgangssignal.

Aufgrund der Vielfalt lieferbarer kapazitiver Beschleunigungsaufnehmer können nur
Anhaltswerte zum Messbereich und der Beschaltung gegeben werden. Üblicherweise
verwendete kapazitive Beschleunigungsaufnehmer werden im Messbereich von 2 bis
1000g angeboten. Der nutzbare Frequenzbereich bewegt sich von 0 Hz bis ca. 1,5 kHz,
wobei eine höhere Empfindlichkeit mit einer Verringerung des nutzbaren Messbereiches
verbunden ist. Die Ausgangspannungen für den Messbereich sind oft im Bereich mehrerer Volt (z. B. ±2 bis ±4 V). Die verwendete Signalaufbereitung gibt einen Spannungswert von mehreren Volt (typisch 2,5 V) oder einen Strom von 0 … 20 mA und 4 …
20 mA aus.

8.4 Piezoresistive Beschleunigungsaufnehmer

In Abwandlung des Messprinzips von DMS-Beschleunigungsaufnehmern nutzt man
zur Wandlung der Beschleunigung in ein elektrisches Signal den piezoresistiven Effekt
[2, 4, 7, 10, 12]. Der piezoresistive Effekt besteht darin, dass speziell dotierte Halb-
leitermaterialien (z. B. Silizium) eine Änderung des spezifischen elektrischen Widerstandes erfahren, wenn diese mechanisch gedehnt werden. Der k-Faktor als Maß für die
Empfindlichkeit ist ca. 50 bis 100 mal größer als bei metallischen DMS-Materialien (vgl.
Abschn. 9.1). Dem steht der Nachteil einer ebenfalls erhöhten Temperaturabhängigkeit
des k-Wertes gegenüber, der jedoch weitgehend kompensiert werden kann. Piezoresistive
Beschleunigungsaufnehmer sind Absolutaufnehmer.

Eine Art der Fertigung piezoresistiver Beschleunigungsaufnehmer ist die Applikation
von Halbleiter-DMS an einem Biegebalken, der die seismische Masse trägt. Dieses System wird meist ölgedämpft. Überlastanschläge verhindern wiederum die Beschädigung
bei mechanischer Überlastung. Durch mikromechanische Fertigung (MEMS-Technologie) erhält man preisgünstige Beschleunigungsaufnehmer (Abb. 8.28) mit integrierter
Signalaufbereitung, die gasgedämpft sind. Wegen der geringen Dämpfung ist die Phasenverschiebung im Phasenfrequenzgang geringer.

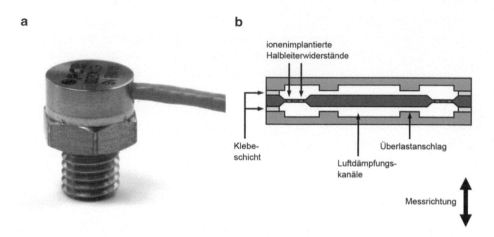

Abb. 8.28 Piezoresistiver MEMS Beschleunigungsaufnehmer (**a**), Funktionsprinzip (**b**). (PCB Piezotronics Inc. (**a**). Monika Klein, www.designbueroklein.de (**b**))

Die Widerstandsänderung der Halbleiterwiderstände wird über eine Brückenschaltung ausgewertet. Die Temperatureinflüsse werden durch die Vollbrückenschaltung best möglich ausgeglichen. Unvermeidliche Fertigungstoleranzen zwischen den Halbleiterwiderständen bewirken jedoch eine vergleichsweise große Messunsicherheiten eine verbleibende Temperaturabhängigkeit und erfordern einen Nullpunktabgleich.

▶   Piezoresistive Beschleunigungsaufnehmer werden in einem Bereich von ±2g bis ±5000g und für hochdynamische Anwendungen bis ±10.000g angeboten. Der Frequenzbereich umfasst 0 Hz bis typischerweise 1,5 kHz. Damit haben piezoresistive Aufnehmer den Vorteil, einen weiten Frequenzbereich von quasistatischer Messung („DC-Sensoren") bis in den kHz-Bereich abzudecken und über einen größeren Dynamikbereich als kapazitive Aufnehmer zu verfügen.

Piezoresistive Aufnehmer werden ohne und mit im Aufnehmer integrierter Signalaufbereitung angeboten. Speziell im Falle der Schock- und Crashanwendungen werden piezoresistive Beschleunigungsaufnehmer an einen externen Messverstärker angeschlossen. Bei Defekt des Aufnehmers kann dieser ausgetauscht und der Messverstärker weiterhin verwendet werden. Werden Beschleunigungsaufnehmer mit eingebauter Elektronik verwendet, liefert der Aufnehmer für den Messbereich ein Ausgangssignal im Bereich von mehreren Volt (typischerweise ±2 V). Zur Verbesserung der Langzeitkonstanz werden Stabilisierungsschaltungen eingebaut. Die Qualität der verwendeten Elektronikkomponenten entscheidet hierbei über die Qualität des gesamten Aufnehmers.

8.5 Beschleunigungsaufnehmer nach dem Servoprinzip

Mit dem Servoprinzip lassen sich hochgenaue und empfindliche Beschleunigungsaufnehmer realisieren [2, 12]. Die seismische Masse ist hierbei entweder drehbar gelagert (Abb. 8.29a) oder über einen Biegebalken gelagert (Abb. 8.29b). Die Auslenkung der seismischen Masse wird z. B. mit einem kapazitiven Wegaufnehmer gemessen. Im Gegensatz zu den anderen Messprinzipen wird die Position der Masse über eine schnelle und präzise wirkende Lageregelung konstant gehalten. Dies kann beispielsweise über elektromagnetisch (a) oder elektrostatisch (b) erzeugte Kräfte geschehen. Die hierfür notwendigen Spannungen werden durch die Lageregelung aus dem Signal generiert, welches der Wegaufnehmer liefert und sind ein Maß für die einwirkende Beschleunigung.

Servo-Beschleunigungsaufnehmer sind Absolutaufnehmer. Mit diesem Aufbau sind hohe Empfindlichkeit und Genauigkeit sowie eine untere Grenzfrequenz von 0 Hz theoretisch erreichbar. Eigenfrequenzen der Bauteile, Nichtlinearitäten (z. B. Reibung) und Regelabweichungen begrenzen jedoch den Frequenzbereich der Aufnehmer. Der mechanisch aufwändige Aufbau nach dem Drehspulsystem ist einerseits notwendig für die hohe Empfindlichkeit. Andererseits sind die Aufnehmer empfindlich gegenüber Überlastung und müssen z. B. beim Transport gesichert werden.

Wiederum ist es der MEMS -Technologie zu verdanken, dass dieses Prinzip den Eingang in den breiteren Markt erhalten hat. Servo-Beschleunigungsaufnehmer mit elektrostatischer Lageregelung sind mechanisch robust und vergleichsweise preiswert.

Der verfügbare Messbereich reicht von 0,1 bis 10g bei einer nutzbaren Frequenz von < 100 Hz für Drehspulsysteme. Damit decken diese Aufnehmer den Bereich der geringen Beschleunigungen ab. Die Beschleunigungsaufnehmer werden über eine externe Spannungsversorgung gespeist und liefern eine Ausgangsspannung von $\pm 2{,}5$ V, ± 5 V oder besitzen einen 4 … 20 mA Stromausgang.

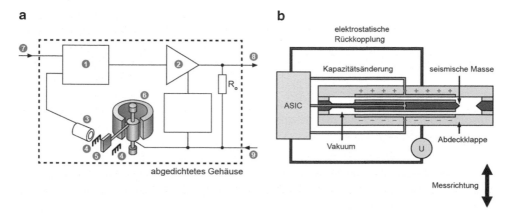

Abb. 8.29 Beschleunigungsaufnehmer nach dem Servoprinzip. Drehspulsystem (**a**) *1* Elektronikmodul, *2* Servoverstärker, *3* Lagesensor, *4* Anschläge, *5* Pendelmasse, *6* Drehspulsystem, *7* Versorgungsspannung, *8* Ausgang, *9* Selbsttesteingang, Kapazitives System (**b**). (Monika Klein, www. designbueroklein.de)

8.6 Kalibrierung von Beschleunigungsaufnehmern

Im Kalibrierprozess wird der Übertragungskoeffizient des Beschleunigungsaufnehmers bei einer oder mehreren Frequenzen ermittelt. Der ermittelte Übertragungskoeffizient wird vom Hersteller im Kalibrierprotokoll vermerkt und ist dem Aufnehmer individuell zugeordnet [4, 11]. Für preiswerte Aufnehmer wird herstellerseitig oft keine Kalibrierung des Einzelaufnehmers vorgenommen. In diesem Falle ist der Anwender auf die Angaben des Datenblattes angewiesen oder muss eine individuelle Kalibrierung vornehmen.

Eine erneute Kalibrierung in regelmäßigen Abständen ist während des Einsatzes von Beschleunigungsaufnehmern sinnvoll. Erstens unterliegen Beschleunigungsaufnehmer abhängig vom Sensorprinzip Alterungsprozessen, die in einer Veränderung des Übertragungskoeffizienten resultieren. Zweitens kann sich durch eine auftretende mechanische Überlast oder durch thermische oder elektrische Überlastung der Frequenzgang des Aufnehmers erheblich verändern. Drittens hat jeder Sensor eine begrenzte Lebensdauer und kann teilweise oder total ausfallen. Um Messabweichung oder Messfehler resultierend aus den drei oben genannten Fällen zu vermeiden, müssen Sensoren oder ganze Messketten regelmäßig kalibriert werden.

Zum Kalibrieren wird der Aufnehmer einer definierten Beschleunigung ausgesetzt, die mit unterschiedlichen Verfahren aufgebracht wird. Hierfür existiert eine Reihe von Verfahren, die in DIN ISO 16063 [22] beschrieben sind. Zur Erzeugung von statischen Beschleunigungen werden Zentrifugen eingesetzt, für sinusförmige Kalibrierungen finden elektrodynamische Schwingerreger Anwendung. Bei stoßförmigen Kalibrierungen werden Stoßerreger eingesetzt. Für die häufig angewendete Kalibrierung mittels elektrodynamischen Schwingerregern gibt es zwei Kalibriermethoden: beim sekundären Vergleichsverfahren wird das Ausgangssignal des Prüflings mit dem eines Referenzaufnehmers verglichen. Dieser Referenzaufnehmer, in der Schwingungsmesstechnik als „Back-to-Back-Aufnehmer" bezeichnet, wird unterhalb des Prüflings montiert. Diese Ankopplung ermöglicht eine genaue Messung der Beschleunigung an der Messbasis des Prüflings. Die resultierende erweiterte Messunsicherheit ist frequenzabhängig und liegt derzeit bei ca. 0,5 % bis 3 % für den Betrag und bei ca. 0,7° bis 3° für den Phasenwinkel.

Neben dem Vergleichsverfahren gibt es das wesentlich aufwändigere primäre Absolutverfahren, bei dem die Beschleunigungsamplitude aus der Frequenz und der laserinterferometrisch gemessenen Wegamplitude oder Geschwindigkeitsamplitude errechnet wird (Abschn. 7.3). Hierbei sind Messunsicherheiten von < 0,5 % möglich. Dem Anwender stehen die notwendigen Geräte in der Regel nicht zur Verfügung. Aus diesem Grunde greift man in der Kalibrierung meist auf externe Kalibrierdienstleister zurück.

Der durch die Kalibrierung gewonnene Übertragungskoeffizient (Betrag und Phase) stellt zweifellos eine notwendige und wichtige Eingabegröße für die gesamte Messkette dar. Jedoch ist die Kalibrierung des Aufnehmers keineswegs hinreichend für ein korrektes Messergebnis. Aus der Signalverarbeitung kommen jedoch weitere Einflüsse, wie z. B. Verstärkungen, Einflüsse der Filter und Umrechnungsfaktoren hinzu, welche die Messunsicherheit erhöhen bzw. grobe Messfehler verursachen können. Aus diesem Grund sollte die Kalibrierung des Aufnehmers durch ein komplementäres Verfahren (z. B. „End-to-end-Kalibrierung" der gesamten Messkette) ergänzt werden [7, 17] (Abschn. 10.4).

Literatur

1. Broch, J.: Mechanical vibration and shock measurements. Brüel & Kjaer, Naerum (1984)
2. Chu, A.: Shock and vibration transducers. In: Harris, P. (Hrsg.) Harris' Shock and Vibration Handbook, S. 10.1–10.38. McGraw-Hill, New York (2009)
3. Erler, W., Lenk, A.: Schwingungsmesstechnik Mathematische und physikalische Grundlagen, piezoelektrische Schwingungsmeßeinrichtungen und ihre Anwendungen, Metra Meß- und Frequenztechnik, Radebeul (o. J.)
4. Feldmann, J.: Körperschall-Messtechnik. In: Möser (Hrsg.) Messtechnik in der Akustik, S. 427–497. Springer, Berlin (2010)
5. Fraden, J.: Handbook of Modern Sensors: Physics, Designs, and Applications. Springer, New York (2016)
6. Hesse, S., Schnell, G.: Sensoren für die Prozess- und Fabrikautomation. Springer Vieweg, Wiesbaden (2018)
7. Holzweißig, F., Meltzer, G.: Meßtechnik in der Maschinendynamik. VEB Fachbuchverlag, Leipzig (1973)
8. Kolerus, J., Wassermann, J.: Zustandsüberwachung von Maschinen. expert verlag, Renningen (2011)
9. Parthier, R.: Messtechnik. Springer Vieweg, Wiesbaden (2014)
10. Ruhm, K.: Messung mechanischer Schwingungen. In: Profos, P. (Hrsg.) Handbuch der industriellen Meßtechnik, S. 566–598. Oldenbourg, München (1994)
11. Tichý, J., Gautschi, G.: Piezoelektrische Meßtechnik. Springer, Berlin (1980)
12. Petzsche, T. (Hrsg.): Handbuch der Schock- und Vibrationsmeßtechnik. ENDEVCO, Heidelberg (1992)
13. Hatschek, R.A.: Meßtechnik mit piezo-elektrischen Meßwertaufnehmern. In: Hederer (Hrsg.) Dynamisches Messen, S. 103–127. Lexika, Grafenau (1979)
14. Hansen, K., Liu, B., Kriegbaum, B.: A New Single Mass Triaxial Accelerometer for Modal Analysis In IMAC-XXI: A Conference & Exposition on Structural Dynamics (2003)
15. Lally, J.: Accelerometer Selection Considerations Charge and ICP® Integrated Circuit Piezoelectric (2005). http://www.pcb.com/techsupport/docs/vib/TN_17_VIB-0805.pdf. Zugegriffen: 19. Nov. 2013
16. PCB General Signal Conditioning Guide. http://www.pcb.com/techsupport/docs/pcb/PCB-G0001G-1209_Lowres.pdf. Zugegriffen: 19. Nov. 2013
17. Smith, S.: Shock and vibration data acquisition. In: Harris, P. (Hrsg.) Harris' Shock and Vibration Handbook, S. 13.1–13.17. McGraw-Hill, New York (2009)

18. DIN 45661:2016-03 Schwingungsmesseinrichtungen – Begriffe
19. Harris, C. M.: Measurement techniques. In: Harris, P. (Hrsg.) Harris' Shock and Vibration
    Handbook, S. 15.1–15.17. McGraw-Hill, New York (2009)
20. DIN ISO 5348-1:1999 Mechanische Ankopplung von Beschleunigungsaufnehmern
21. DIN ISO 2954:2012 Mechanische Schwingungen von Hubkolbenmaschinen und von Maschi-
    nen mit rotierenden Bauteilen – Anforderungen an Schwingstärkemessgeräte
22. DIN ISO 16063 Verfahren zur Kalibrierung von Schwingungs und Stoßaufnehmern

Deformatorische Aufnehmer

9

> ▶ Kräfte und Momente, Spannungen und Verformungen werden mit deformatorischen Aufnehmern[1] gemessen. Damit können elementar wichtige Aussagen zu Beanspruchungszuständen, den wirkenden Betriebslasten und – in Verbindung mit kinematischen Größen – zu Übertragungsfunktionen getroffen werden. Das Kapitel gibt einen Überblick über die Funktion der einzelnen Verfahren und deren Vor- und Nachteile. Einen breiten Raum nehmen Dehnungsmessstreifen einschließlich der Signalaufbereitung und deren Anwendung in verschiedenen Kraft- und Drehmomentenaufnehmern ein. Zahlreiche Abbildungen, Schemazeichnungen und Rechenbeispiele veranschaulichen Funktionsweise, Einsatzmöglichkeiten und Anwendungsgrenzen.

9.1 Dehnungsmessstreifen

9.1.1 Aufbau und Funktionsweise

Die hier betrachteten Folien-Dehnungsmessstreifen[2] (DMS) bestehen aus einer nicht-leitenden Trägerfolie, auf die ein metallisches Gitter eingeätzt ist [2–4] (Abb. 9.1). Folien-DMS werden in der Regel direkt auf das Messobjekt geklebt. Der DMS muss vor der Messung auf dem Bauteil appliziert werden und bildet zusammen mit dem

---

[1]Bezeichnung in Anlehnung an DIN 45662 [1].

[2]Weitere Herstellungsverfahren für DMS wie Draht-DMS (für Hochtemperaturanwendungen), Halbleiter-DMS mit einem Siliziumhalbleiter als dehnungsempfindliches Element oder faseroptische Bragg-DMS, welche die Laufzeitdifferenzen von Lichtwellen als Messprinzip nutzen, werden hier nicht behandelt.

© Springer Fachmedien Wiesbaden GmbH, ein Teil von Springer Nature 2019
T. Kuttner und A. Rohnen, *Praxis der Schwingungsmessung*,
https://doi.org/10.1007/978-3-658-25048-5_9

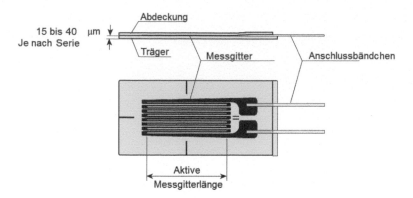

Abb. 9.1 Aufbau eines Folien-Dehnungsmessstreifens (DMS). (Hottinger Baldwin Messtechnik GmbH)

Tab. 9.1 Auswahl gebräuchlicher Messgitterwerkstoffe [5, 6]

Messgitterwerkstoff	k-Faktor	Eigenschaften
Konstantan „Advance" (60Cu, 40Ni)	≈ 2,15	Universell anwendbar, Temperaturbereich −50 … +180 °C, hohe Dehnungen und Kompensation des Temperatur- koeffizienten möglich
Konstantan „Eureka" (56Cu, 44Ni)	≈ 2,0	
Isoelastic (36Ni, 8Cr, 3,5Mn, 0,5Mo, 52Fe)	≈ 3,6	Hohe Empfindlichkeit (bei hohen Dehnungen nichtlinear), hohe Schwingfestigkeit, großer Temperaturkoeffizient
Karma 331 (74Ni, 20Cr, 3Fe, 3Al)	≈ 2,3	Weiter Temperaturbereich −269 … +290 °C, Aufnehmerbau, negativer Temperaturkoeffizient

beanspruchten Bauteil den deformatorischen Aufnehmer. Eine weitere Anwendung finden DMS in speziellen Verformungskörpern, wie sie z. B. in Kraftaufnehmern (Abschn.
9.2) eingesetzt sind.

Wird das Messgitter des DMS in Längsrichtung gedehnt, so erfährt der Leiter eine
relative Widerstandsänderung ΔR/R, die proportional zur Dehnung ε ist.

$$\frac{\Delta R}{R} = k \cdot \varepsilon \qquad (9.1)$$

In Gl. 9.1 ist der Faktor k der Kalibrierfaktor, der spezifisch für die verwendeten DMS
angegeben wird. Übliche Widerstandswerte für Draht-DMS sind 120 Ω und 350 Ω
(bis 1 kΩ). Für die häufig verwendeten Werkstoffe sind k-Faktoren und Eigenschaften
in Tab. 9.1 aufgeführt. Der k-Faktor ist keine Werkstoffkonstante, sondern unterliegt
Fertigungseinflüssen. Deshalb werden die k-Faktoren vom Hersteller der DMS für jedes
Fertigungslos angegeben [5].

Beispiel

In einem Bauteil aus Baustahl unter einachsigem Zug soll eine Spannung $\sigma = 200$ MPa gemessen werden. Wie groß ist die zu erwartende Widerstandsänderung?

Für einen Baustahl ergibt sich mit dem Elastizitätsmodul $E = 210.000$ MPa die Dehnung ε:

$$\varepsilon = \frac{\sigma}{E} = \frac{200\,\text{MPa}}{210.000\,\text{MPa}} \approx 0{,}001. \tag{9.2}$$

Bei einem Widerstand des DMS $R = 120\,\Omega$ und k-Faktor $k = 2$ erhält man eine Widerstandsänderung ΔR

$$\Delta R = k\varepsilon R = 2 \cdot 0{,}001 \cdot 120\,\Omega = 0{,}24\,\Omega. \tag{9.3}$$

Dieses Zahlenbeispiel zeigt, dass für technisch übliche Spannungen σ die Widerstandsänderung ΔR klein ist.

Wegen der geringen Widerstandsänderung ΔR ist der Einsatz einer *Brückenschaltung* für die weitere Signalverarbeitung zweckmäßig. Um das Prinzip der Brückenschaltung zu verdeutlichen, sind in der Messbrücke ein DMS und drei Brückenergänzungswiderstände geschaltet (Abb. 9.2). Zunächst sollen die vier Widerstände R_1 bis R_4 als ohmsche Widerstände mit einer Gleichspannung U_B betrieben werden. Später wird die Schaltung auf induktive und kapazitive Widerstände in Wechselspannungsspeisung erweitert.

Der Widerstand ΔR_1 verkörpert die Widerstandsänderung des DMS. Der Schalter ist zunächst geschlossen und der Widerstand ΔR_1 zunächst überbrückt. Die Widerstände R_1 und R_2 sowie R_3 und R_4 wirken als Spannungsteiler. Das im sog. Diagonalzweig der Brücke befindliche, hochohmige Voltmeter misst die Spannung U_M, welche auf die Speisespannung U_B bezogen wird:

$$B = \frac{U_M}{U_B} \approx \frac{R_1}{R_1 + R_2} - \frac{R_4}{R_3 + R_4}. \tag{9.4}$$

Abb. 9.2 Prinzip der Brückenschaltung (S. Hohenbild)

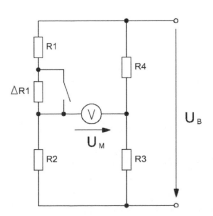

Das Verhältnis U_M/U_B wird als *Brückenübertragungsfaktor* B bezeichnet und in V/V (bzw. mV/V) angegeben. Den Einfluss der Widerstandsänderungen ΔR_1 bis ΔR_4 auf den Brückenübertragungsfaktor B erhält man, indem das totale Differenzial gebildet wird:

$$\frac{\Delta U_M}{U_B} \approx \frac{\partial B}{\partial R_1} \Delta R_1 + \frac{\partial B}{\partial R_2} \Delta R_2 + \frac{\partial B}{\partial R_3} \Delta R_3 + \frac{\partial B}{\partial R_4} \Delta R_4.$$

Durch Einsetzen der partiellen Ableitungen

$$\frac{\partial B}{\partial R_1} = \frac{R_2}{(R_1 + R_2)^2}$$

$$\frac{\partial B}{\partial R_2} = \frac{-R_1}{(R_1 + R_2)^2}$$

$$\frac{\partial B}{\partial R_3} = \frac{R_4}{(R_3 + R_4)^2}$$

$$\frac{\partial B}{\partial R_4} = \frac{-R_3}{(R_3 + R_4)^2}$$

erhält man

$$\frac{\Delta U_M}{U_B} \approx \frac{\Delta R_1}{R_1} - \frac{\Delta R_2}{R_2} + \frac{\Delta R_3}{R_3} - \frac{\Delta R_4}{R_4}. \tag{9.5}$$

Weiterhin werden nun die Brückenwiderstände R_1 bis R_4 gleich groß angenommen. Für diesen Fall beträgt die Spannung U_M im Diagonalzweig der Brücke Null, der sog. *Brückenabgleich* ist erfolgt. Da die Spannungsänderung ΔU_M bei der abgeglichenen Brückenschaltung vom Bezugswert $U_M = 0$ aus erfolgt, wird auf die Angabe der Änderung (Δ) verzichtet.

Nun wird der Schalter geöffnet und der Widerstand ΔR_1 in Reihe zu R_1 geschaltet. Die Widerstandserhöhung um ΔR_1 kann man sich als Dehnung ε im Dehnungsmessstreifen vorstellen und „verstimmt" die Brücke:

$$\frac{U_M}{U_B} \approx \frac{\Delta R_1}{4\,R} = \frac{1}{4} k\varepsilon. \tag{9.6}$$

Bei Widerstandsänderungen der Widerstände R_2 bis R_4 in den Brückenzweigen können die Fälle in analoger Weise überlagert werden, so dass sich durch Kombination der Gl. 9.6 in Gl. 9.5 folgende Gleichung ergibt:

$$\frac{U_M}{U_B} \approx \frac{\Delta R_1}{4\,R} = \frac{1}{4} k(\varepsilon_1 - \varepsilon_2 + \varepsilon_3 - \varepsilon_4). \tag{9.7}$$

Dieser Herleitung liegen vier gleichartige DMS mit gleichem Widerstand und gleichem k-Faktor zugrunde. Bereits hier wird deutlich, dass die Speisespannung in die gemessene Spannung U_M eingeht. Mit höherer Speisespannung U_B steigt auch die Spannung U_M, was für die Weiterverarbeitung günstig ist (geringere Nachverstärkung, besseres

Signal-Rauschverhältnis). Ebenso folgt als Konsequenz, dass die Speisespannung stabilisiert sein muss. Eine zu hoch gewählte Speisespannung wirkt sich hingegen in einer unerwünschten Erwärmung des DMS und damit verbundenen Nullpunktverschiebung des Messwertes (Drift) aus.

Durch die Bildung des totalen Differenzials wird eine Linearisierung vorgenommen, die für kleine Widerstandsänderungen jedoch zulässig ist. Im Falle metallischer Werkstoffe sind die Dehnungen und damit die Widerstandsänderungen ΔR_1 bis ΔR_4 so klein, dass die Linearisierung gerechtfertigt ist. Bei Messungen größerer Dehnungen können die Grenzen der Linearisierung verletzt werden und damit systematische Messabweichungen entstehen. Dies kann z. B. bei Messungen an Faserverbundwerkstoffen und Kunststoffen auftreten. Für große Widerstandsänderungen wird die Linearisierung aufgegeben. In Gl. 9.4 werden für die Widerstände $R_1 = R + \Delta R$ und $R_2 = R_3 = R_4 = R$ eingesetzt:

$$\frac{U_M}{U_B} = \frac{\Delta R_1}{4\,R + 2\Delta R_1}. \tag{9.8}$$

In der Praxis wird der mit Gl. 9.6 ermittelte Brückenübertragungsfaktor mit der bezogenen Widerstandsänderung $\Delta R_1/R$ korrigiert:

$$\frac{U_M}{U_B} = \frac{4\,R}{4\,R + 2\Delta R_1}\frac{\Delta R_1}{4\,R} = \frac{4\,R}{4\,R\left(1 + \frac{1}{2}\frac{\Delta R_1}{R}\right)}\frac{\Delta R_1}{4\,R} = \frac{1}{\left(1 + \frac{1}{2}\frac{\Delta R_1}{R}\right)}\frac{\Delta R_1}{4\,R}. \tag{9.9}$$

Beispiel

An einem Kunststoffbauteil sollen Dehnungen von 10 % mit einem DMS ($k = 2$, $R = 120\,\Omega$) gemessen werden. Wie groß ist in diesem Falle der Brückenübertragungsfaktor nach der unkorrigierten und korrigierten Auswertung?

Zunächst wird der Brückenübertragungsfaktor aus Gl. 9.6 berechnet:

$$\frac{U_M}{U_B} \approx \frac{\Delta R_1}{4\,R} = \frac{1}{4}k\varepsilon = \frac{1}{4} \cdot 2 \cdot 0{,}10 = 0{,}05\frac{V}{V}.$$

Dieser Zahlenwert gilt für die Annahme der kleinen Widerstandsänderungen (Linearisierung).

Aus dieser Gleichung ist die bezogene Widerstandsänderung $\Delta R_1/R = 0{,}2$ ablesbar. Gl. 9.9 liefert dann:

$$\frac{U_M}{U_B} = \frac{1}{\left(1 + \frac{1}{2}\frac{\Delta R_1}{R}\right)}\frac{\Delta R_1}{4\,R} = \frac{1}{\left(1 + \frac{1}{2}0{,}2\right)}0{,}05\frac{V}{V} = \frac{1}{1{,}1}0{,}05\frac{V}{V} = 0{,}045\frac{V}{V}.$$

Fazit: Die tatsächliche Widerstandsänderung ist also um den Faktor 1/1,1 kleiner als nach der linearisierten Gleichung. Für das Zahlenbeispiel muss die nach der linearisierten Gleichung gemessene Dehnung mit dem Faktor 1,1 multipliziert werden, um den Einfluss der Widerstandsänderungen zu korrigieren.

9.1.2   Einflussgrößen auf die Messung mit DMS

Messgitterlänge

DMS werden mit unterschiedlicher Messgitterlänge angeboten. Die mäanderförmige Leiterführung ist bei Folien-DMS notwendig, um durch die Länge des Leiters den ohmschen Widerstand für die Brückenschaltung zu erreichen (Abschn. 9.1.3). Bei Dünnfilm-DMS ist das Messgitter nicht mäanderförmig angeordnet, sondern besteht aus einer einzelnen, geraden Leiterbahn. Hier wird der ohmsche Widerstand nicht über die Länge, sondern über die geringe Dicke des Leiters erzielt. Dünnfilm-DMS können z. B. durch Aufsputtern hergestellt werden und finden Anwendung in der Serienfertigung von Aufnehmern.

▶   Über die jeweilige Gitterlänge erfolgt eine Mittelung der Dehnungen. Im Falle homogener Dehnungszustände über die Messgitterlänge entspricht der gemessene Wert der Dehnung an der Oberfläche des Messobjektes und ist dann unabhängig von der Messgitterlänge. Bei inhomogenen Dehnungszuständen ist das Ergebnis abhängig von der Messgitterlänge.

Inhomogene Dehnungszustände treten z. B. an Kerben, Querschnittsübergängen, Schweißnähten oder in heterogen zusammengesetzten Werkstoffen (Holz, Beton, grobkristalline Werkstoffe usw.) auf. An einer Kerbe stellt sich ein inhomogener Dehnungszustand ein (Abb. 9.3). Mit steigender Entfernung vom Kerbgrund nimmt die Dehnung ab und der Spannungszustand nähert sich einem homogenen Spannungszustand. Da die Mittelung jeweils über die Messgitterlänge erfolgt, misst der DMS mit kleiner Messgitterlänge (DMS_1) eine größere mittlere Dehnung als der DMS mit größerer Messgitterlänge (DMS_2) [6, 7].

Je kürzer die Messgitterlänge, desto höher ist dann die Ortsauflösung der Messung. Sind hingegen Größen zu messen, die sich aus der Integration der Spannungen ergeben, so können vorteilhaft DMS mit einer großen Messgitterlänge verwendet werden. Um die maximale Beanspruchung zu messen, sind genaue Kenntnisse über den Spannungsverlauf an der Oberfläche erforderlich (z. B. durch eine Berechnung vor der Messung). Für vergleichende oder qualitative Messungen ist die Größe der maximalen Beanspruchung oft nicht wichtig, so dass die Messung an einer gut zugänglichen Stelle erfolgen kann. Bei der Wahl der Messgitterlänge sollten auch die praktischen Fragen der Zugänglichkeit der Messstelle und der Aufwand der Applikation beachtet werden. Die Applikation von DMS mit kurzen Messgitterlängen ist deutlich schwieriger und fehleranfälliger.

Linearität und Querrichtungsempfindlichkeit

Bei ordnungsgemäßer Applikation und Messungen unter normalen Temperatur- und Feuchtebedingungen verhält sich der k-Faktor bis zu einer Dehnung von $5 \cdot 10^{-3}$ linear [3, 5]. Bei Verformungen über 10^{-2} treten wesentliche Abweichungen von der Linearität auf. Die Linearitätsabweichung verursacht eine systematischen Messabweichung.

Abb. 9.3 Einfluss
der Messgitterlänge
auf die Messung mit
DMS bei inhomogenen
Dehnungszuständen

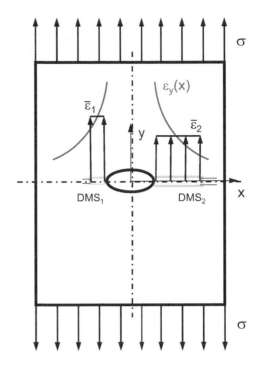

DMS reagieren auf Dehnungen nicht nur längs der Gitterrichtung, sondern auch quer dazu mit einer Widerstandsänderung. Diese Änderung ist unerwünscht und beträgt $\leq 3\,\%$ bei DMS mit einer Messgitterlänge von ≥ 3 mm.

Temperatur
Der k-Faktor von DMS wird ebenfalls durch die Temperatur beeinflusst. Ursache sind temperaturbedingte Widerstandsänderungen des Werkstoffes von Messgitter und Kabel. Als weitere Ursache für auf ein Messobjekt applizierten DMS ist die thermische Ausdehnung anzusehen. Durch die Unterschiede im Ausdehnungskoeffizient von Messgitterwerkstoff und Werkstoff des Messobjektes tritt eine Dehnungsdifferenz auf, die vom DMS gemessen wird. Der Einfluss beider Effekte zeigt sich als sog. „scheinbare Dehnung", die bei einer Temperaturerhöhung von 80 K im Bereich von 10^{-3} auftritt und damit das Messergebnis erheblich beeinflusst [3, 5].

▶   Die Verwendung einer Halb- oder Vollbrückenschaltung (Abschn. 9.1.4 und
     9.1.5) kompensiert diese unerwünschten Einflüsse. Eine weitere Möglichkeit
     ist die Verwendung von sog. temperaturkompensierten DMS.

Temperaturkompensierte DMS werden für die hauptsächlich verwendeten Werkstoffe (wie z. B. Stahl, Aluminium) angeboten. Der Temperaturkoeffizient dieser DMS gleicht bei Temperaturerhöhung die Dehnungsdifferenz zwischen Messgitterwerkstoff und

Messobjekt aus und führt bei dieser Kombination von Werkstoff und DMS zu einer weitgehenden Kompensation des Temperatureinflusses.

Kriechen

Unter langzeitiger statischer Beanspruchung bzw. schwingender Beanspruchung mit statischen Anteilen tritt am applizierten DMS eine zeitabhängige Verformung an der Verklebung der DMS-Trägerfolie auf. Durch diese zeitabhängige Verformung werden Spannungen abgebaut; die gemessene Dehnung fällt damit zeitabhängig zu kleineren Zahlenwerten ab. Der Effekt tritt insbesondere bei höheren Temperaturen und bei kurzen Messgitterlängen auf [3, 5].

Ermüdungsfestigkeit

In der Beanspruchungsanalyse unter schwingender Belastung sind DMS hohen Schwingspielzahlen ausgesetzt. Der k-Faktor ändert sich auch bei hohen Schwingspielzahlen nur wenig (≤ 1 %), allerdings kommt es bei hohen Schwingspielzahlen auch zu Ermüdungsbrüchen im Messgitterwerkstoff oder der Zuleitungen. Weiterhin tritt eine Drift des Nullpunktes mit anwachsender Schwingspielzahl auf [3, 5].

Obere Grenzfrequenz

Aufgrund der geringen Masse des DMS werden die Dehnungen vom Messobjekt praktisch verzögerungsfrei in den DMS übertragen, so dass die nachfolgende Signalverarbeitung die obere Grenzfrequenz bestimmt. Die obere Grenzfrequenz wird mit >50 kHz angegeben [3, 5].

9.1.3   Viertelbrückenschaltung

Die Viertelbrückenschaltung ist durch einen aktiven DMS und drei Brückenergänzungswiderstände gekennzeichnet (Abb. 9.4). Da in diesem Fall der DMS mit zwei Adern an den Messverstärker angeschlossen wird, wird diese Schaltung als „2-Leiter-Schaltung" bezeichnet. Für die Brückenergänzungswiderstände kommen hochwertige Metallschichtwiderstände zum Einsatz, die sich durch geringes Rauschen, hohe Langzeitstabilität und geringe Temperaturdrift auszeichnen. Eine Veränderung des Widerstandes in einem Brückenzweig (R_1 bis R_4) bewirkt eine Verstimmung der Brücke und folglich eine Spannung U_M in der Brückendiagonale. Der Vorteil der Viertelbrückenschaltung ist die einfache Beschaltung. Nachteilig wirken sich die vergleichsweise geringe Empfindlichkeit (geringer Übertragungsfaktor) und die Temperaturabhängigkeit aus.

Jede Widerstandsänderung im Brückenzweig während der Messung, wie z. B. Temperaturänderungen in den DMS und in den Kontakten und den Leitungen, wirkt sich auf das Messergebnis aus (Abb. 9.5). Kontakt- und Leitungswiderstände liegen in Reihe zum Widerstand des DMS, vergrößern den Nenner in Gl. 9.6 und bewirken eine Verringerung der Spannung in der Brückendiagonale. Damit wird auch der Messwert

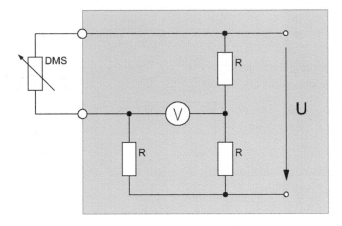

Abb. 9.4 Viertelbrückenschaltung in 2-Leiter-Schaltung (S. Hohenbild)

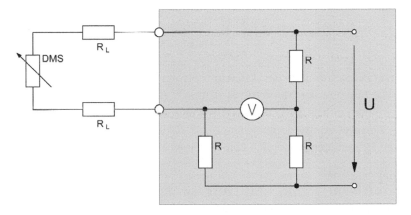

Abb. 9.5 Einfluss der Leitungswiderstände auf die Brückenschaltung (S. Hohenbild)

selbst als zu gering erfasst. Dieser Einfluss ist nicht durch den Nullabgleich der Messbrücke zu beseitigen. Diese Korrektur muss über eine veränderte Brückenempfindlichkeit (k-Faktor) erfolgen. Verändert sich der Kontakt- oder Leitungswiderstand nach der Kalibrierung z. B. durch Lösen, Nachziehen oder Umstecken einer Verbindung, Oxidation oder Temperatureinfluss, so hat dies eine Veränderung der Messwerte zur Folge. Es ist deshalb zu empfehlen, nach Abschluss der Messungen die Kalibrierung zu wiederholen.

Beispiel

In der bereits betrachteten Viertelbrückenschaltung ist der DMS nun mit einer Kupferleitung mit dem Leitungsquerschnitt A = 0,14 mm² und dem spezifischen Widerstand ρ = 0,018 Ωmm²/m angeschlossen. Zunächst wird eine Kabellänge l von 100 m betrachtet. Für den Leitungswiderstand R_L der einzelnen Ader ergibt sich:

$$R_L = \rho \frac{l}{A} = 0{,}018 \frac{\Omega\,mm^2}{m} \frac{100\,m}{0{,}14\,mm^2} = 12{,}86\,\Omega. \qquad (9.10)$$

Für den Brückenübertragungsfaktor U_M/U_B ergibt sich unter Berücksichtigung der Leitungswiderstände aus Gl. 9.8:

$$\frac{U_M}{U_B} = \frac{\Delta R_1}{4\,R + 4R_L + 2\Delta R_1} = \frac{0{,}48\,\Omega}{4 \cdot 120\,\Omega + 4 \cdot 12{,}86\,\Omega + 2 \cdot 0{,}24\,\Omega} = 0{,}45 \frac{mV}{V}. \qquad (9.11)$$

Vergleicht man den Zahlenwert mit dem Brückenübertragungsfaktor ohne Leitungswiderstände, so erhält man:

$$\frac{U_M}{U_B} = \frac{1}{4}k\varepsilon = \frac{\Delta R_1}{4\,R} = \frac{0{,}24\,\Omega}{4 \cdot 120\,\Omega} = 0{,}5 \frac{mV}{V}. \qquad (9.12)$$

Eine Korrekturmöglichkeit ist die Anpassung des k-Wertes des DMS. Für k* erhält man dann:

$$k^* = \frac{0{,}45}{0{,}5}k \rightarrow k^* = 0{,}9 \cdot k. \qquad (9.13)$$

Die praktische Korrektur des k-Faktors erfolgt i. d. R. nicht rechnerisch, sondern durch Kalibrierung der Messkette z. B. durch einen Shunt-Widerstand. Auf diesem Weg wird der Einfluss der Leitungswiderstände auf das Messergebnis eliminiert.

Bei Verringerung der Leitungslänge auf 10 m erhält man einen Kabelwiderstand von 1,29 Ω. Damit errechnet sich eine Brückenverstimmung von

$$\frac{U_M}{U_B} = \frac{\Delta R_1}{4\,R + 4R_L + 2\Delta R_1} = \frac{0{,}48\,\Omega}{4 \cdot 120\,\Omega + 4 \cdot 12{,}86\,\Omega + 2 \cdot 0{,}24\,\Omega} = 0{,}494 \frac{mV}{V}. \qquad (9.14)$$

In diesem Falle erhält man k* = 0,988.

Durch die Leitungswiderstände sinkt also die Empfindlichkeit der Viertelbrückenschaltung und der Brückenübertragungsfaktor verringert sich. Mit steigendem Widerstand R der DMS wird der Einfluss der Leitungswiderstände auf den Brückenübertragungsfaktor kleiner.

Eine Temperaturkompensation der Leitungen erhält man über die sog. „3-Leiter-Schaltung" (Abb. 9.6). In dieser Schaltung halbiert sich der Einfluss der Leitungswiderstände auf das Messergebnis.

▶   In der Viertelbrückenschaltung sind kurze Leitungen zwischen Messstelle und Messverstärker anzustreben. Viertelbrücken sind vor jeder Messung zu kalibrieren. Eine erneute Kalibrierung nach der Messung erfasst Veränderungen am Aufnehmer, die während der Messung aufgetreten sein könnten.

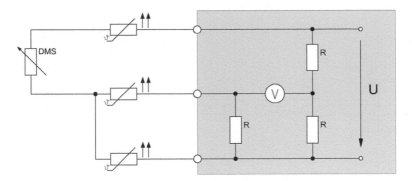

Abb. 9.6 Viertelbrückenschaltung in 3-Leiter-Schaltung (S. Hohenbild)

9.1.4 Halbbrückenschaltung

In der Halbbrückenschaltung kommen zwei aktive DMS und zwei Brückenergänzungswiderstände zum Einsatz (Abb. 9.7). Die Beschaltung erfolgt über drei Adern. Werden nun beide DMS in der Brückenhälfte mit der gleichen Dehnung ε beaufschlagt, so wird in der Brückendiagonale eine Spannung von Null gemessen. Eine Dehnungsdifferenz zwischen den beiden DMS ist jedoch messbar. Werden nun die DMS auf dem Messobjekt so angeordnet, dass ein DMS um $+\varepsilon$ gedehnt und der andere DMS um $-\varepsilon$ gestaucht wird, so wird die Empfindlichkeit gegenüber der Viertelbrückenschaltung verdoppelt. Eine geeignete Anordnung der DMS sind z. B. die Ober- und Unterseite eines Biegebalkens.

Mit der Verwendung einer Halbbrückenschaltung ist ein weiterer Vorteil verbunden: eine Änderung der Widerstände in der DMS-Brückenhälfte durch Temperatureinflüsse und Leitungswiderstände in den Speiseleitungen wirkt sich nun auf beide DMS gleichermaßen aus und gleichen sich aus (Abb. 9.8). In der Halbbrückenschaltung sind die

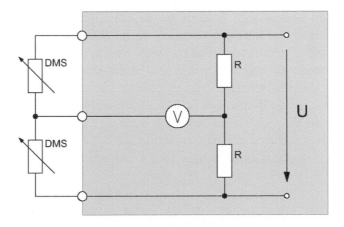

Abb. 9.7 Prinzip der Halbbrückenschaltung (S. Hohenbild)

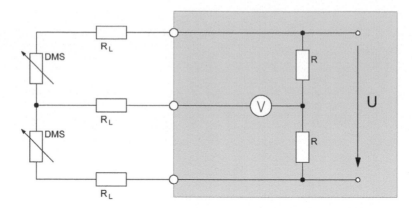

Abb. 9.8 Einfluss der Leitungswiderstände R_L auf die Halbbrückenschaltung (S. Hohenbild)

Leitungswiderstände der Messleitungen in der Brückendiagonale bedeutungslos, da der Eingang hochohmig ist. Die interne Verschaltung der Halbbrücke sollte durch gleichlange Drähte erfolgen, damit deren Leitungseinflüsse ausgeglichen werden.

▶   Die Halbbrückenschaltung stellt für viele Messaufgaben einen guten Kompromiss zwischen Aufwand von DMS-Applikation, Schaltungsaufwand, erzielbarer Empfindlichkeit und Kompensation von Störgrößen dar.

9.1.5 Vollbrückenschaltung

Die Vollbrückenschaltung verwendet vier aktive DMS und kommt ohne Ergänzungswiderstände aus (Abb. 9.9). Die DMS werden über vier Adern an den Messverstärker angeschlossen („4-Leiter-Schaltung"). Wiederum wirken beide Brücken als Spannungsteiler. Werden die beiden DMS in einer der Brückenhälften belastet, so bedingt die Widerstandsänderung eine Spannungsänderung im Brückenzweig. Die größte Empfindlichkeit erhält man, wenn beide Brückenhälften eine Spannungsdifferenz mit unterschiedlichem Vorzeichen abgeben. Somit müssen die DMS auf dem Messobjekt so angeordnet sein, dass die Dehnungen mit gleichem Vorzeichen in der Brückenschaltung „über Kreuz" erfolgen. In diesem Fall ist eine Empfindlichkeitssteigerung um den Faktor 4 gegenüber der Viertelbrücke zu erzielen. Werden die DMS hingegen so angeordnet, dass die DMS in der oberen und unteren Hälfte der Brücke jeweils um den gleichen Betrag gedehnt bzw. gestaucht werden, so wird in der Brückendiagonale der Wert Null angezeigt.

▶   Für konstante Leitungslängen werden Temperatureinflüsse und Leitungseinflüsse praktisch vollständig kompensiert, so dass diese Schaltung insbesondere in Kraftaufnehmern (Abschn. 9.2) Verwendung findet.

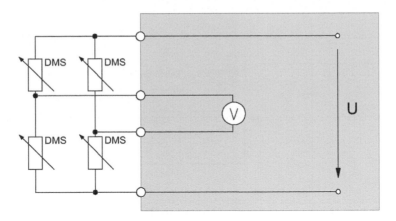

Abb. 9.9 Prinzip der Vollbrückenschaltung (S. Hohenbild)

In der Vollbrückenschaltung sind die Leitungswiderstände der Messleitungen in der Brückendiagonale bedeutungslos, da der Eingang des Messverstärkers hochohmig ist und die Quelle nicht belastet. Die Leitungswiderstände der Speiseleitungen haben hingegen Einfluss auf die Empfindlichkeit. Aus diesem Grund werden Aufnehmer und Anschlusskabel als Einheit kalibriert [5]. Für diesen Fall ist der Einfluss der Leitungswiderstände im Kalibrierfaktor enthalten. Bei Veränderung der Leitungswiderstände durch Verlängerung oder Verkürzung des Aufnehmerkabels und zusätzliche Temperatureinflüsse können jedoch Veränderungen der Empfindlichkeit auftreten.

Der Temperatureinfluss auf die Leitungswiderstände der Speiseleitung kann über zwei zusätzliche Leitungen (Fühler-Leitungen) kompensiert werden ("6-Leiter-Schaltung"). Zwei zusätzliche, sog. Fühler-Leitungen messen den Spannungsabfall an der Messstelle. Der Messverstärker regelt daraufhin die Brückenspeisung nach. (Abb. 9.10).

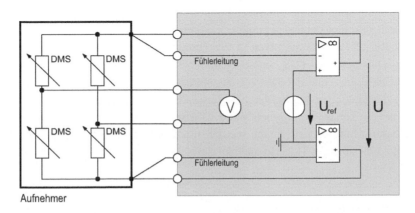

Abb. 9.10 Prinzip der Vollbrückenschaltung in 6-Leiter-Schaltung (S. Hohenbild)

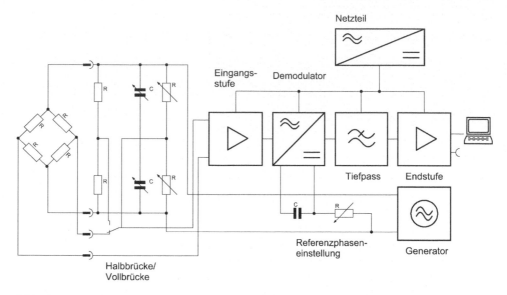

Abb. 9.11 Blockschaltbild des Trägerfrequenz-Messverstärkers (S. Hohenbild)

9.1.6 Trägerfrequenz- und Gleichspannungs-Messverstärker

Die Signalaufbereitung von Draht- und Folien-DMS geschieht in der überwiegenden Zahl der Fälle über Trägerfrequenz-Messverstärker. Im Messverstärker wird die Trägerfrequenz von einem hochstabilen Generator geliefert. Oftmals kommt eine Trägerfrequenz im Bereich von 225 Hz oder 4,8 kHz zum Einsatz, jedoch sind auch Geräte mit anderer oder umschaltbarer Trägerfrequenz erhältlich.

Die verwendete Trägerfrequenz wird vom Messsignal amplitudenmoduliert (Abb. 9.11). Die Hüllkurve enthält hierbei die Amplitudeninformation, während das Vorzeichen in der Phaseninformation enthalten ist. Je nach verwendeter Brückenkonfiguration werden zusätzliche Ergänzungswiderstände geschaltet. Durch den Betrieb mit einer Wechselspannung werden die Brückenwiderstände komplex und enthalten neben den ohmschen Widerständen der DMS (Realteil) einen kapazitiven[3] Anteil (Imaginärteil), der ebenfalls kompensiert werden muss. Dies geschieht über den sogenannten RC-Abgleich oder Abgleich von Amplitude und Phase. Im Falle der DMS-Brückenschaltung kompensiert der Brückenabgleich die durch die Leitungen verursachten Widerstände und Kapazitäten. An Trägerfrequenz-Messverstärkern können häufig nicht nur DMS-Brücken, sondern ebenfalls induktive und kapazitive Aufnehmer angeschlossen werden [8]. Der RC-Abgleich ist für induktive und kapazitive Aufnehmer am Trägerfrequenzmessverstärker ebenfalls notwendig (vgl. Abschn. 6.2 und 6.3).

---

[3]Seltener: induktiven.

Das amplitudenmodulierte Signal wird in der Eingangsstufe verstärkt. Da die Frequenz f des Messsignals deutlich kleiner als die Trägerfrequenz f_T ist, kann eine Verstärkerschaltung verwendet werden, die das Frequenzband $f_T \pm f$ verzerrungsarm überträgt und stabil arbeitet. Anschließend wird das Signal vorzeichenrichtig gleichgerichtet. Dies geschieht über die Auswertung der Phaseninformation und der daraus erfolgenden Festlegung des Vorzeichens. Nach Tiefpassfilterung zur Abtrennung der Reste der Trägerfrequenz erfolgt die weitere Verstärkung und Signalverarbeitung. Der Vorteil des Trägerfrequenz-Messprinzips liegt darin, dass zahlreiche Störgrößen wie z. B. Thermospannungen, Netzfrequenz, magnetische und elektrische Felder außerhalb der Trägerfrequenz liegen (Abb. 9.12). Durch das Arbeitsprinzip des Trägerfrequenzmessverstärkers sind diese unerwünschten Störgrößen im Messsignal nicht enthalten.

Die Tiefpassfilterung im Trägerfrequenzmessverstärker bewirkt eine Begrenzung der oberen Grenzfrequenz. Der Amplitudenfrequenzgang für zwei Trägerfrequenzmessverstärker unterschiedlicher Bauart ist in Abb. 9.13 als Pegel (vgl. Abschn. 5.4) aufgetragen. Mit Annäherung an die Trägerfrequenz wird die Messabweichung größer.

In [5, 8] wird eine Abweichung von -1 dB (-11 %) bei einer Frequenz von 1 kHz und einer Trägerfrequenz von 5 kHz angegeben. Die verwendete Schaltung und Signalverarbeitung beeinflussen die Messabweichung. Als grober Anhaltswert kann eine nutzbare obere Grenzfrequenz von ca. 10 … 20 % der verwendeten Trägerfrequenz gelten. Viele Messaufgaben benötigen nur einen Frequenzbereich bis mehrere 100 Hz, so dass mit der häufig verwendeten Trägerfrequenz von 4,8 kHz damit keine praktische Einschränkung verbunden ist. Weiterhin wird durch die verwendeten Filter eine Phasenverschiebung bewirkt, was im unteren Teilbild von Abb. 9.13 ersichtlich ist. Die Phasenverschiebung macht sich in einem Nacheilen der elektrischen Ausgangsgröße gegenüber der mechanischen Eingangsgröße nachteilig bemerkbar und bewegt sich für dieses Beispiel im Bereich des Bruchteils einer Millisekunde. Die Phasenverschiebung spielt vor allem bei Auswertung der Phasenbeziehungen zwischen zwei oder mehreren Kanälen eine Rolle und kann kompensiert werden, indem die betrachteten Kanäle

Abb. 9.12 Unterdrückung von Störgrößen durch das Trägerfrequenz-Messprinzip

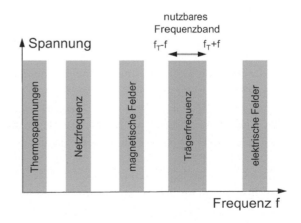

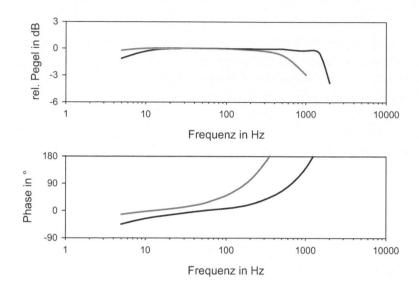

Abb. 9.13 Amplitudenfrequenzgang *(oben)* und Phasenfrequenzgang *(unten)* zweier Trägerfrequenzmessverstärker unterschiedlicher Bauart (Trägerfrequenz 4,8 kHz). (Nach Daten Fa. Peekel Instruments GmbH, Bochum)

in gleicher Art und Weise gefiltert werden. Durch den verwendeten Tiefpassfilter tritt weiterhin eine deutlich geringere Flankensteilheit von impulsförmigen Signalen auf. Dies spielt dann eine Rolle, wenn Zeitverläufe von impulsförmigen Signale oder deren Spitzenwerte erfasst werden sollen.

▶ Trägerfrequenz-Messverstärker verstärken die geringen Spannungen aus der Brückenschaltung und unterdrücken wirkungsvoll Störgrößen, wie Thermospannung und -einkopplung von Wechselspannungen. Durch das Messprinzip wird die nutzbare obere Grenzfrequenz beschränkt, das Messsignal erfährt eine Phasenverschiebung.

Als Alternative zum Trägerfrequenz-Messverstärker kommen Messverstärker zum Einsatz, bei denen die Brückenschaltung mit einer stabilisierten Gleichspannung betrieben wird. Das von der Brückenschaltung kommende Gleichspannungssignal wird über rauscharme Operationsverstärker verstärkt. Hierbei werden ein invertierender und ein nichtinvertierender Eingang des Verstärkers genutzt, so dass die Differenz der beiden Signale verstärkt wird. Mit dieser Beschaltung wird die Nullpunktverschiebung kompensiert. Die hochverstärkenden Schaltungen sind über mehrere Verstärkerstufen gegengekoppelt, d. h. das Ausgangssignal wird teilweise in den invertierenden Eingang eingespeist und bewirkt so eine Verbesserung von Stabilität, Linearität und dynamischem Verhalten. Im Vergleich zum Trägerfrequenz-Messverfahren ist die Schaltung anfälliger gegenüber Thermospannungen und Nullpunktverschiebung [8]. Diese Fragen der Langzeitstabilität sind häufig bei den Messungen von Schwingungsvorgängen von untergeordneter Bedeutung. Die Verstärkerschaltungen sind empfindlicher gegenüber Netzbrummen und hochfrequenten Einstreuungen, was sich jedoch durch Abschirmung und Erdung beherrschen lässt.

▶ Der Hauptvorteil von Gleichspannungs-Messverstärkern im Vergleich zum Trägerfrequenz-Messverstärker liegt in einem breiteren Frequenzbereich und höherer Flankensteilheit, wodurch diese Schaltung für hochdynamische Messaufgaben einen bevorzugten Anwendungsbereich findet.

9.1.7 Applikation und Kalibrierung

DMS sind als Messaufnehmer nur in Zusammenwirken mit dem Messobjekt zu betrachten, da die Dehnungsmessung auf dem Messobjekt (Struktur, Bauteil usw.) vorgenommen wird. Die Applikation des DMS auf dem Messobjekt entscheidet damit über die Qualität der Messung. Hierfür bedarf es großer Sorgfalt, Umsicht und Erfahrung, so dass die nachfolgenden Ausführungen das Thema nur skizzenartig umreißen können. Zur Vorbereitung der Klebestelle muss diese metallisch blank, definiert aufgeraut und anschließend von Staub und Fett frei sein. Hauptsächlich kommen Klebstoffe auf Cyanoacrylat-, Methacrylat- oder Epoxidbasis zur Anwendung. DMS werden mittels einer Folie angedrückt, um einen möglichst dünnen Klebstofffilm zu erhalten. Nach Aushärten des Klebstoffes werden die DMS verdrahtet [3], sofern nicht DMS mit bereits kontaktierten Zuleitungen eingesetzt werden. Nach eventuellen Lötarbeiten müssen der Durchgangswiderstand des DMS sowie der Isolationswiderstand (>2000 MΩ bei Installation im Freien, >20.000 MΩ unter Laborbedingungen) gegenüber dem Messobjekt ermittelt werden.

▶ Zur praktischen Funktionsüberprüfung der abgeglichenen Brückenschaltung bietet es sich an, DMS dem sog. *Radiergummitest* zu unterziehen [3]. Hierbei wird ein Radiergummi fest auf den DMS gedrückt. Der Anzeigewert muss nach Entlasten wieder auf den Wert Null zurückgehen. Ein bleibender Anzeigewert weist auf eine mangelhafte Applikation hin.

Abschließend ist die Messstelle vor Umwelteinflüssen, speziell vor eindringender Feuchtigkeit zu schützen (Abb. 9.14), da diese zur Nullpunktdrift und letztendlich zur Zerstörung der Messstelle führt [5].

Zur Kalibrierung der Messkette mit DMS gibt es vier Möglichkeiten:

Interne Kalibrierung
Hierbei erfolgt im Messverstärker eine definierte Widerstandsänderung. Diese Methode ist einfach durchzuführen und kalibriert den Messverstärker selbst, jedoch nicht den Einfluss der Leitungen oder des DMS.

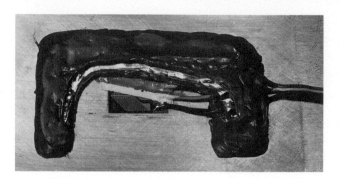

Abb. 9.14 Schutz einer DMS-Applikation vor Umwelteinflüssen. (Vishay Measurements Group GmbH)

Kalibriergerät

Eine definierte Ersatzbrückenschaltung mit gleichem Widerstand wird anstelle des DMS oder Aufnehmers an den Messverstärker angeschlossen. Damit kann der Messverstärker wiederum kalibriert werden. Da der Anschluss am Messgerät anstatt an der DMS-Brücke erfolgt, erfasst die Methode naturgemäß nicht die Einflüsse des DMS und der Leitungen.

Shuntkalibrierung

Ein Parallelwiderstand (Shunt) parallel zum DMS wird für die Dauer der Kalibrierung angeschlossen und bewirkt eine definierte Verstimmung der Brücke (Abb. 9.15). Da die Parallelschaltung am DMS erfolgt, gehen Leitungswiderstände und der DMS-Widerstand selbst in das Ergebnis ein.

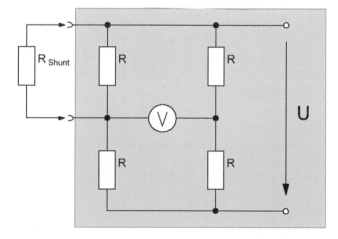

Abb. 9.15 Kalibrierung einer DMS-Viertelbrücke mit Shunt (S. Hohenbild)

Beispiel

Welche Brückenverstimmung ergibt sich für eine Viertelbrücke mit DMS-Widerstand $R = 120 \, \Omega$ und Nebenwiderstand (Shunt) $R_s = 120 \, k\Omega$?

Die Parallelschaltung der Widerstände ergibt einen resultierenden Widerstand R'

$$R' = \frac{R_s \cdot R}{R_s + R} = \frac{120\,k\Omega \cdot 120\,\Omega}{120\,k\Omega + 120\,\Omega} = 119{,}88 \, \Omega. \tag{9.15}$$

Wird der Nullabgleich durchgeführt und dann der Nebenwiderstand parallel geschaltet, so erhält man eine Widerstandsänderung $\Delta R = R' - R = -0{,}12 \, \Omega$. Der Brückenübertragungsfaktor ändert sich durch die Beschaltung mit dem Shunt wie folgt:

$$\frac{U_M}{U_B} = \frac{1}{4}k\varepsilon = \frac{\Delta R}{4R} = \frac{-0{,}12 \, \Omega}{4 \cdot 120 \, \Omega} = -0{,}25 \frac{mV}{V}. \tag{9.16}$$

Dies entspricht $k = 2$ einer Dehnung $\varepsilon = -5 \cdot 10^{-4}$ m/m und liegt somit im üblichen Messbereich der Dehnungsmessung. Die Parallelschaltung bewirkt eine Verringerung des Widerstandes und damit eine negative Dehnung. Zur Kalibrierung wird an der Brückenschaltung die Empfindlichkeit z. B. über den k-Wert verändert, bis sich die berechnete Brückenverstimmung einstellt. Ein Nullabgleich der Brücke ist nach Änderung der Empfindlichkeit aus praktischen Gründen sinnvoll.

▶ Die Shuntkalibrierung kann ebenfalls genutzt werden, um den Isolations-widerstand bei der DMS-Installation zu ermitteln. Der Isolationswiderstand wird wiederum parallel zur Brücke geschaltet, d. h. über Drahtbrücken vom DMS zum metallischen Messobjekt geschlossen. Während der Parallel-schaltung wird die Anzeige im Messverstärker beobachtet, der die Brücken-verstimmung (mV/V) anzeigt. Mit 120 Ω-DMS und dem empfohlenen Mindestwert für den Isolationswiderstand $R_s = 2000 \, M\Omega$ ergibt sich eine Brückenverstimmung von $1{,}5 \cdot 10^{-5}$ mV/V. Diese Brückenverstimmung liegt damit ca. vier Größenordnungen unterhalb des Messsignals und damit am unteren Rande des Anzeigebereiches. Deutlich zu geringe Isolationswider-stände lassen sich mit dem Verfahren jedoch auffinden.

Kalibrierung mittels Belastung des Aufnehmers

Hier erfolgt eine Kalibrierung durch eine definierte Belastung des DMS bzw. Auf-nehmers. Bei diesem Verfahren werden sowohl die Einflüsse des Aufnehmers als auch der Leitungen und des Messverstärkers erfasst. Nachteilig kann sich auswirken, dass in das Kalibrierergebnis Annahmen und Idealisierungen aus dem Berechnungsverfahren der Dehnungen aus den Lasten einfließen, wie z. B. Richtung des Kraftvektors, unend-lich hohe Einspannsteifigkeit beim eingespannten Kragträger, Wert des E-Moduls usw. Dieser Einfluss kann teilweise kompensiert werden, wenn die gleichen Annahmen in der nachfolgenden Auswertung benutzt werden.

9.1.8 Messung einachsiger Spannungszustände mittels DMS

Für einachsige Spannungs- und Dehnungszustände können aus den gemessenen Dehnungen mit der elementaren Festigkeitslehre die Spannungen und hieraus wiederum die
inneren Belastungen (Schnittgrößen) berechnet werden. Dies ist für einfach gestaltete
Bauteile (Stäbe und Träger) unter einfachen Belastungen (Kräfte und Momente) als
geschlossene Lösung möglich. Da diese Bauteile jedoch eine weite Verbreitung finden,
wird mit dieser Vorgehensweise eine große Bandbreite der Messaufgaben abgedeckt. In
den verwendeten Gleichungen werden folgende Annahmen getroffen:

- kleine Verformungen (Theorie 1. Ordnung),
- homogener Dehnungszustand (arithmetische Mittelung der Gradienten und
  Schwankungen über die Länge des Messgitters),
- homogener und isotroper Werkstoff an der Messstelle sowie
- Gültigkeit der linearen Elastizitätstheorie (Proportionalität zwischen Spannung σ und
  Dehnung ε durch werkstoffabhängigen Elastizitätsmodul E)

$$\sigma = E \cdot \varepsilon. \tag{9.17}$$

Mit einer sinnvollen Anordnung der DMS können die Belastungsgrößen zielgerichtet
gemessen und unerwünschte Einflüsse (wie z. B. Verspannungen) unterdrückt werden.
Im Falle zweiachsiger Spanungs- und Dehnungszustände an der Oberfläche von Bauteilen wird auf weiterführende Literatur verwiesen [3, 5, 7, 9, 10].

Zug-Druck-Belastung in Stäben

Bei einem durch die Längskraft F_L belasteten Stab mit konstanter Querschnittsfläche A
erhält man in hinreichender Entfernung von der Lasteinleitung die Normalspannung σ:

$$\sigma = \frac{F_L}{A}. \tag{9.18}$$

Mit dem Hookeschen Gesetz aus Gl. 9.17 erhält man die Dehnung in Richtung der
Längsachse des Stabes, wobei E der Elastizitätsmodul des Werkstoffes ist

$$\varepsilon = \frac{\sigma}{E} = \frac{F_L}{EA}. \tag{9.19}$$

Diese Dehnung wird durch das Messgitter eines DMS parallel zur Längsachse des Stabes gemessen. In Querrichtung erhält man mit der ebenfalls werkstoffabhängigen Querkontraktionszahl (Poissonzahl) ν:

$$\varepsilon_q = -\nu \cdot \varepsilon = -\nu \frac{\sigma}{E}. \tag{9.20}$$

Der Spannungszustand ist einachsig, jedoch der Dehnungszustand zweiachsig. Ordnet
man einen DMS längs und einen DMS quer an, so wird der Brückenübertragungsfaktor
um $1 + \nu$ erhöht.

Gerade Biegung in Trägern

Für die nachfolgend angegebenen Beziehungen eines mit dem Biegemoment M_b belasteten Trägers gilt aus den Äquivalenzbeziehungen:

- Koordinatensystem im Schwerpunkt der Fläche (neutrale Faser),
- Biegung um eine Hauptträgheitsachse: Diese Bedingung ist bei rotationssymmetrischen Bauteilen stets erfüllt; bei Bauteilen mit mindestens einer Symmetrieachse befinden sich die Hauptträgheitsachsen in der Symmetrieachse und im rechten Winkel dazu. Wird nicht um eine Hauptträgheitsachse gebogen, so kann der Vektor des Biegemomentes in zwei Komponenten zerlegt werden, die jeweils die Biegung um eine Hauptträgheitsachse erfüllen.

Mit der verbleibenden Äquivalenzbeziehung folgt als Zusammenhang zwischen Biegespannung σ_b und Biegemoment M_b:

$$\sigma_b = \frac{M_b}{I} y. \tag{9.21}$$

In Gl. 9.21 ist I das Flächenmoment 2. Ordnung (axiales Flächenträgheitsmoment) der Querschnittsfläche für Biegung um die x-Achse (Lage des Biegemomentenvektors). Für y setzt man vorzeichenrichtig den Abstand vom Schwerpunkt ein (Randfaserabstand e_{max} bzw. e_{min}). Damit ergibt sich die Dehnung an der Unter- und Oberseite des Trägers:

$$\varepsilon = \frac{\sigma_b}{E} = \frac{M_b}{EI} y. \tag{9.22}$$

Gl. 9.22 gilt für DMS, deren Messgitter in Richtung der Trägerlängsachse angeordnet ist. Liegt das Messgitter hingegen quer zur Trägerlängsachse, so muss man die Querkontraktion berücksichtigen und es gilt Gl. 9.20. Liegt die neutrale Faser in der Mitte der Querschnittsfläche ($e_{max} = -e_{min}$), so kann für diesen häufig vorkommenden Sonderfall (z. B. Kreis- oder Rechteckquerschnitte) die Gl. 9.22 vereinfacht werden:

$$\pm\varepsilon_{DMS_2^1} = \frac{M_b}{EI}(\pm e). \tag{9.23}$$

Die Vorzeichenregelung besagt, dass ein mathematisch positiver Drehsinn des Biegemomentenvektors ($+M_b$) und im Koordinatensystem vom Schwerpunkt aus positiv definierter Randfaserabstand ($+e$) eine positive Dehnung ($-\varepsilon_{DMS1}$ d. h. Zug) bewirken. An der gegenüber liegenden Seite ist der Randfaserabstand negativ ($-e$) und damit die Dehnung negativ ($\pm\varepsilon_{DMS2}$ d. h. Druck). Sind nun jeweils ein DMS an der Unter- und Oberseite des Trägers angeordnet und in Halbbrückenschaltung beschaltet, so addieren sich die Widerstandsänderungen durch Biegung und subtrahieren sich Einflüsse durch Zug-Druck und Temperatur, sofern diese an beiden DMS gleich groß sind. Der Brückenübertragungsfaktor für den Lastfall der Biegung wird also verdoppelt, während die Einflüsse von Zug-Druck und Temperatur weitgehend kompensiert werden.

Torsionsbeanspruchung

Für den technisch hauptsächlich vorkommenden Anwendungsfall der torsionsbelasteten Welle (bzw. Hohlwelle) lässt sich der Zusammenhang zwischen der maximalen Schubspannung τ_{max} und Torsionsmoment M_t mit dem Torsions-Widerstandsmoment W_t wie folgt formulieren:

$$\tau_{max} = \frac{M_t}{W_t}.$$ (9.24)

Für dünnwandige Querschnitte lassen sich in analoger Weise Widerstandsmomente ableiten, wobei diese in ausreichender Entfernung von Ecken und anderen Unstetigkeiten gültige Lösungen liefern. Die maximale Schubspannung tritt bei dünnwandig-geschlossenen Querschnitten an der Stelle der dünnsten Wandstärke auf, bei dünnwandig-offenen Querschnitten an der Stelle der größten Wandstärke. An diesen Stellen auf dem Umfang sind die Messorte zweckmäßig zu wählen.

DMS können keine Schubverzerrungen und damit keine Schubspannungen direkt messen. Die Ausrichtung der DMS ist deshalb so zu wählen, dass die Normaldehnungen maximal werden. Dies tritt im einachsigen Spannungszustand unter einem Winkel von $\pm 45°$ zur maximalen Schubspannung auf. Somit erhält man:

$$\pm \varepsilon_{DMS_2^1} = \frac{\tau_{max}}{2\,G}.$$ (9.25)

Zwischen den Gleitmodul G, dem E-Modul und der Querkontraktionszahl ν besteht hierbei die Beziehung

$$G = \frac{E}{2(1 + \nu)}.$$ (9.26)

Die Berechnung der Dehnungen in den DMS erfolgt nach Gl. 9.25 in Verbindung mit den Gl. 9.24 und 9.26:

Querkraftschub

Durch die Belastung infolge von Querkräften tritt Querkraftschub im Träger auf. Für den eingespannten Kragträger mit rechteckigem Trägerquerschnitt, welcher durch eine Einzelkraft F belastet wird, tritt die maximale Schubspannung im Schwerpunkt der Querschnittsfläche A auf.

$$\tau_{max} = \frac{3}{2}\frac{F}{A}$$ (9.27)

Die Berechnung der Dehnungen in den DMS erfolgt analog zur Torsion mit den Gl. 9.25, 9.26 und 9.27. Schubspannungen infolge des Querkraftschubes sind bei kurzen Trägern relevant. Für den Bau von Kraftaufnehmer mit hoher Steifigkeit und Messgenauigkeit werden auf Querkraftschub belastete Verformungselemente verwendet (Abschn. 9.3).

Zusammenfassend lassen für die Messung an elementaren Belastungsfällen sich folgende gängige DMS-Beschaltungen ableiten (Tab. 9.2).

Tab. 9.2 Häufig genutzte Applikationen der DMS auf dem Messobjekt [3, 5, 7, 9]

Messgröße	DMS-Anordnung	Brücken-schaltung	Anzahl aktiver DMS	Übertragungs-faktor $\frac{U_M}{U_B}$	Zug-Druck	Biegung	Torsion	Tempe-ratur	Leitungen/Verschaltung
Zug-Druck, Biegung		Viertel	1	$\frac{1}{4}k\varepsilon$	x	x		x	x
Zug-Druck		Viertel	1	$\frac{1}{4}k\varepsilon$	x	x			x

(Fortsetzung)

Tab. 9.2 Fortsetzung

Messgröße	DMS-Anordnung	Brücken-schaltung	Anzahl aktiver DMS	Übertragungs-faktor $\frac{U_M}{U_B}$	Zug-Druck	Biegung	Torsion	Tempe-ratur	Leitungen/Verschaltung
Zug-Druck	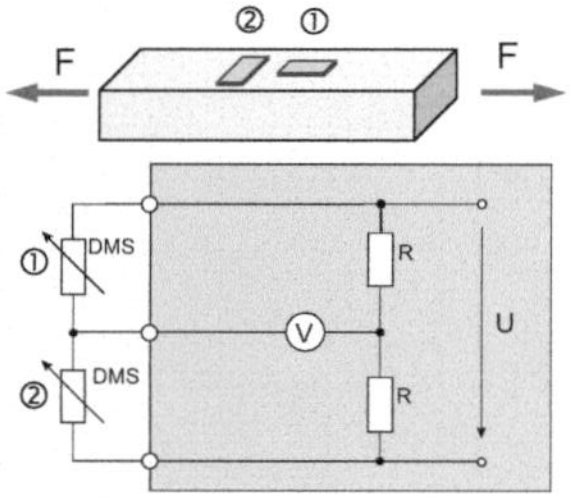	Halb	2	$\frac{1}{4}k(1+\nu)\varepsilon$	x	x			x
Zug-Druck	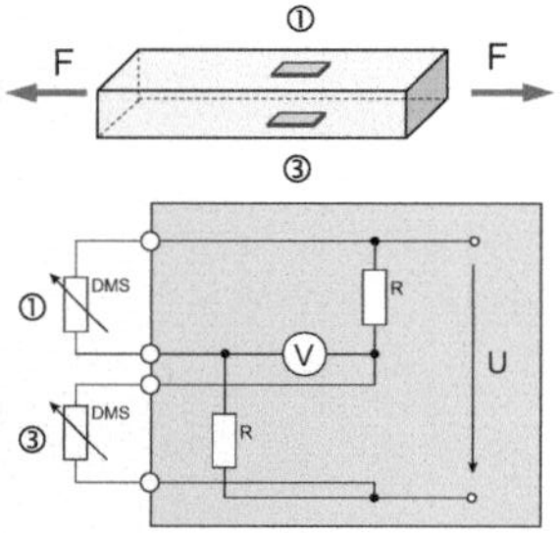	Zwei-Viertel	2	$\frac{1}{4}k \cdot 2\varepsilon$	x	x		x	x

(Fortsetzung)

Tab. 9.2 Fortsetzung

Messgröße	DMS-Anordnung	Brücken- schaltung	Anzahl akti- ver DMS	Über- tragungs- faktor $\frac{U_M}{U_B}$	Zug- Druck	Biegung	Torsion	Tempe- ratur	Leitungen/ Verschaltung
Zug-Druck	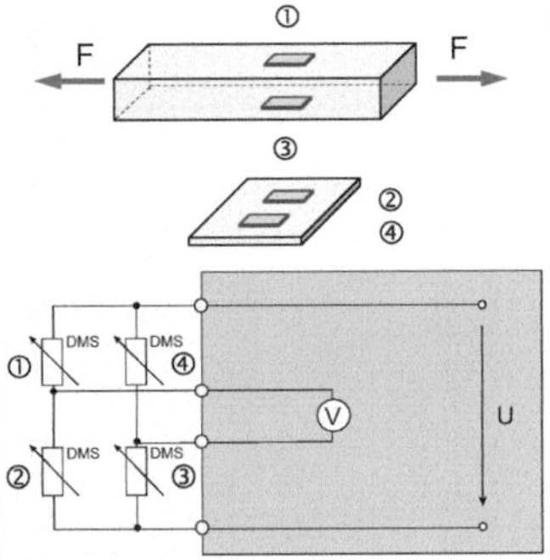	Halb	2	$\frac{1}{4}k \cdot 2\varepsilon$	x	x			x
Zug-Druck	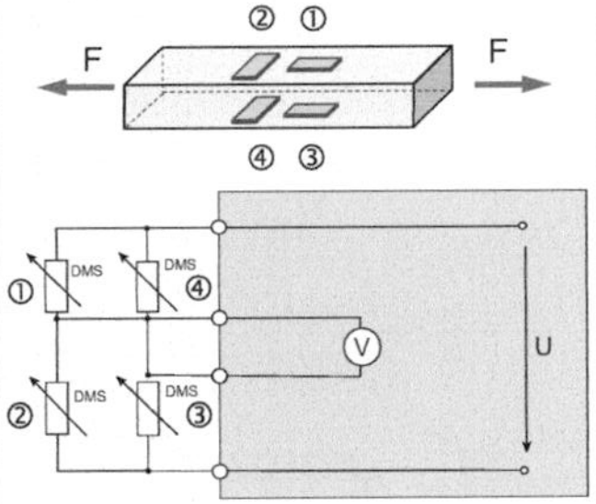	Voll	4	$\frac{1}{4}k \cdot 2(1+\nu)\varepsilon$	x				

(Fortsetzung)

Tab. 9.2 Fortsetzung

Messgröße	DMS-Anordnung	Brücken-schaltung	Anzahl aktiver DMS	Übertragungsfaktor $\frac{U_M}{U_B}$	Zug-Druck	Biegung	Torsion	Tempe-ratur	Leitungen/Verschaltung
Biegung	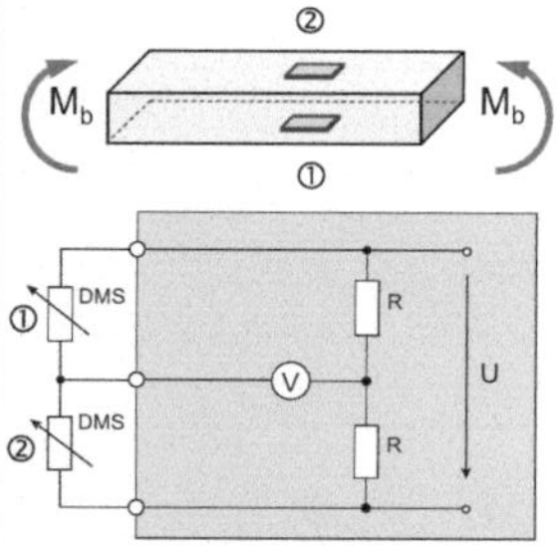	Halb	2	$\frac{1}{4}k \cdot (\varepsilon_{DMS1} - \varepsilon_{DMS2})$ für $\varepsilon = \varepsilon_{DMS1} = -\varepsilon_{DMS2}$ $\frac{1}{4}k \cdot 2\varepsilon$		x			x
Biegung	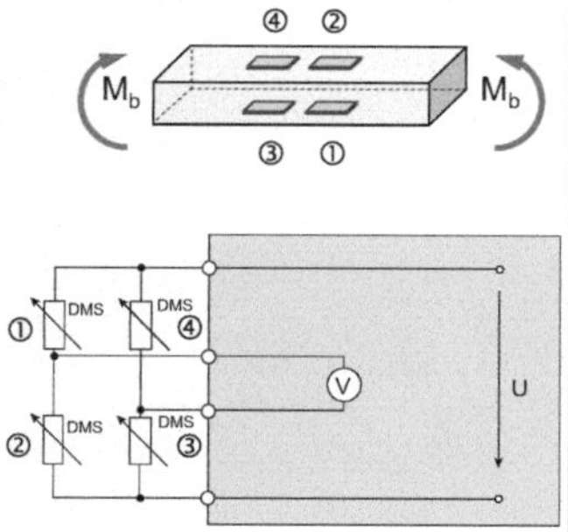	Voll	4	$\frac{1}{4}k \cdot 2(\varepsilon_{DMS1} - \varepsilon_{DMS2})$ für $\varepsilon = \varepsilon_{DMS1} = \varepsilon_{DMS3} = -\varepsilon_{DMS2} = -\varepsilon_{DMS4}$ $\frac{1}{4}k \cdot 4\varepsilon$		x			

(Fortsetzung)

Tab. 9.2 Fortsetzung

Messgröße	DMS-Anordnung	Brücken-schaltung	Anzahl aktiver DMS	Übertragungs-faktor $\frac{U_M}{U_B}$	Zug-Druck	Biegung	Torsion	Tempe-ratur	Leitungen/Ver-schaltung
Torsion	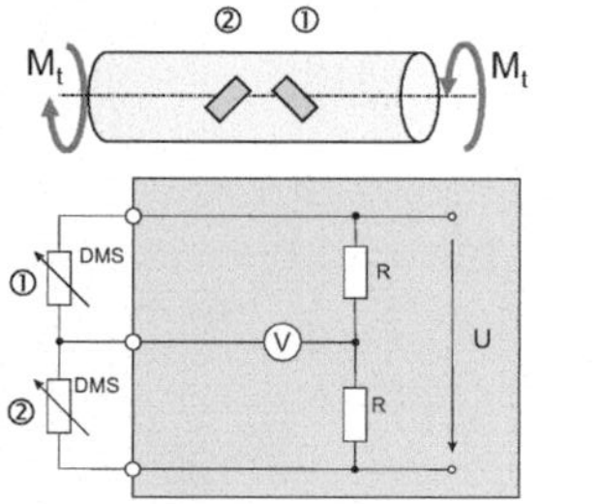	Halb	2	$\frac{1}{4}k \cdot 2\varepsilon$			x		x
Torsion	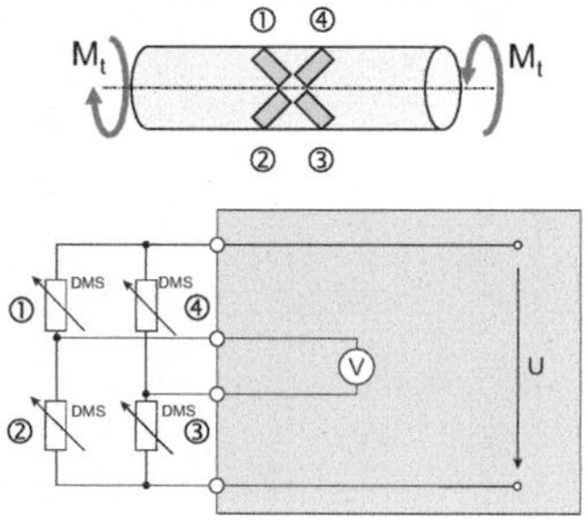	Voll	4	$\frac{1}{4}k \cdot 4\varepsilon$			x		

(Fortsetzung)

Tab. 9.2 Fortsetzung

Messgröße	DMS-Anordnung	Brücken-schaltung	Anzahl akti-ver DMS	Übertragungs-faktor $\frac{U_M}{U_B}$	Zug-Druck	Biegung	Torsion	Tempe-ratur	Leitungen/Verschaltung
Querkraftschub		Halb	2	$\frac{1}{4}k \cdot 2\varepsilon$			x		x
Querkraftschub		Voll	4	$\frac{1}{4}k \cdot 4\varepsilon$			x		

Für die Messungen ergeben sich folgende Einfluss- und Störgrößen [5, 9]:

- Thermospannungen an den Lötstellen (Durch die beim Löten verwendeten unterschiedlichen Werkstoffe kommt es durch den thermoelektrischen Effekt bei Temperaturunterschieden zu einer Gleichspannung),
- Übergangswiderstände in den Messleitungen (Steckverbindungen),
- Isolationswiderstände zwischen DMS und Messobjekt,
- Temperatureinfluss auf Messobjekt und DMS (Eine Temperaturkompensation ist nur dann wirksam, wenn die gleiche Temperatur auf allen Leitungen und DMS wirkt, nur DMS eines Typs und eines Fertigungsloses für eine Messstelle verwenden),
- Elektrische und magnetische Störeinflüsse (Wechselspannungseinflüsse),
- Verlust der Verbindung des DMS zum Messobjekt (Mängel bei der Applikation, Ablösen durch die mechanische Beanspruchung).

Sofern lediglich die Wechselgrößen interessant sind und kurzzeitige Messungen vorgenommen werden, können die Einflüsse aus sich vergleichsweise langsam ändernden Größen, wie z. B. der Temperatur vernachlässigt werden. Grundsätzlich ist es sinnvoll, möglichst kurze Leitungslängen zwischen DMS-Messstelle und Messverstärker vorzusehen und Kalibrierung sowie Nullpunktabgleich unmittelbar vor der Messung vorzunehmen. Als Messunsicherheit für Spannungsanalysen mit DMS-Applikation bei Raumtemperatur werden 2 bis 5 % angegeben [10, 11].

9.2 Messprinzip von Kraft- und Momentenaufnehmern

Die Messungen von Kräften und Momenten spielt in der Schwingungsmesstechnik eine bedeutende Rolle. Die Messaufgabe besteht hierbei in der Ermittlung der äußeren Kräfte (Belastungen und Lagerreaktionen) bzw. der inneren Kräfte in Bauteilen (Schnittkräfte). Die Bedeutung der messtechnischen Erfassung von Kräften liegt einerseits in der Erzeugung von Lastannahmen für Berechnungsmodelle, dem Vergleich von Berechnung und Messung und der experimentellen Ermittlung von Übertragungsfunktionen. Im Folgenden werden die Grundlagen für die Kraftaufnehmer dargestellt, welche sinngemäß auch für die Messung von Momenten gelten.

Die Messung von Kräften und Momenten ist nicht unmittelbar möglich, sondern erfolgt über einen Zusammenhang zwischen der Kraft und einer physikalischen Größe, wie der Deformation bzw. der Piezoelektrizität oder Magnetostriktion (die streng genommen ebenfalls Deformationsgrößen sind). Im Kraftaufnehmer befindet sich ein Verformungskörper, der einen proportionalen Zusammenhang zwischen der Eingangsgröße Kraft und der elektrischen Größe herstellt. An den Verformungskörper werden folgende Anforderungen gestellt [12, 13]:

- definierte Krafteinleitung in Messrichtung,
- Integration der Beanspruchungen über den Querschnitt,

- kompakte, möglichst symmetrische Bauform,
- keine fertigungsbedingten Fügestellen,
- unempfindlich gegen Querbelastungen und Temperatureinflüsse,
- hohe Steifigkeit,
- lineares und zeitunabhängiges Materialverhalten, Alterungsbeständigkeit und hohe Schwingfestigkeit,
- großer Übertragungskoeffizient in Messrichtung (hohe Empfindlichkeit).

Diese Forderungen beinhalten eine Reihe von Zielkonflikten für die Konstruktion und den Einsatz von Kraftaufnehmern für Schwingungsmessungen. Eine kompakte Bauform und hohe Steifigkeit resultiert in einem unempfindlichen Kraftaufnehmer. Ein Verformungskörper, der große Deformationen zulässt ist zwar empfindlich, erfüllt u. U. nicht die geforderte Steifigkeit und die Schwingfestigkeit. Der Verformungskörper ist mit den Vorrichtungen zur Krafteinleitung sowie weiterer Peripherie wie z. B. einem Thermoelement zur Temperaturkompensation oder Beschleunigungsaufnehmer zur Kompensation der sog. Kopfmasse in einem Gehäuse untergebracht.

Aus der Forderung nach hoher Federsteifigkeit resultiert eine hohe Eigenfrequenz für den Kraftaufnehmer. Kraftaufnehmer werden deshalb als hochabgestimmte Schwinger unterhalb der Eigenfrequenz betrieben. Hierbei muss der Kraftaufnehmer zusammen mit dem Messobjekt betrachtet werden. Das Messobjekt hat ebenfalls eine Steifigkeit und eine Masse, welche Eigenfrequenz und Übertragungsverhalten des schwingungsfähigen Systems mit beeinflusst [14].

Im Folgenden werden Messobjekt und Aufnehmer als schwingungsfähiges System betrachtet (Abb. 9.16) und dessen Amplitudenfrequenzgang berechnet. Dem Messobjekt wird die Masse m und die Steifigkeit des Messobjekts k_m zugeordnet, der Kraftaufnehmer

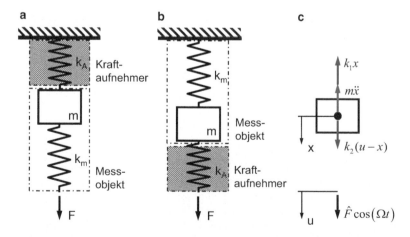

Abb. 9.16 Feder-Masse-Modell von Kraftaufnehmer und Messobjekt. Kraftaufnehmer am Festpunkt (**a**), Kraftaufnehmer an der Krafteinleitung (**b**), Kräfte an der freigeschnittenen Masse (**c**)

wird als masselose Feder mit der Federsteifigkeit k_A angesehen. Die Dämpfung soll vernachlässigt werden.

Nach Freischneiden der Masse (Abb. 9.16c) werden für die Federkonstanten die allgemeinen Bezeichnungen k_1 und k_2 eingeführt. Nach der Lösung werden diese Konstanten in der Fallunterscheidung wieder durch die Federsteifigkeit des Kraftaufnehmers k_A bzw. die der Masse k_m ersetzt. Hierbei sind zwei Fälle zu unterscheiden [9, 15, 16]:

a) Kraftaufnehmer befindet sich an einem Festpunkt (z. B. Messung von Lagerkräften an einem Fundament oder Anordnung von Kraftaufnehmer in Prüfmaschinen am Querjoch)

$$k_A = k_1$$
$$k_m = k_2.$$

b) Kraftaufnehmer ist an der Krafteinleitung angeordnet (z. B. Messung innerer Kräfte oder der Anordnung von Kraftaufnehmern an Belastungszylindern in Schwingungsprüfanlagen)

$$k_m = k_1$$
$$k_A = k_2.$$

Das betrachtete schwingungsfähige System entspricht dem bereits betrachteten Fall der Federkrafterregung in Tab. 4.3. Für die Eigenkreisfrequenz ergibt sich:

$$\omega_0 = \sqrt{\frac{k_1 + k_2}{m}}. \tag{9.28}$$

Bezüglich der Eigenkreisfrequenz ist die Steifigkeit des Messobjektes k_m der des Kraftaufnehmers k_A parallel geschaltet und erhöht die Eigenkreisfrequenz des Gesamtsystems. Bereits hier wird deutlich, dass die Angabe einer Eigenfrequenz für Kraftaufnehmer für die Beurteilung der oberen Grenzfrequenz der gesamten Messanordnung nicht sinnvoll ist. Die Eigenfrequenz einer Messanordnung und damit die Messgenauigkeit hängen von den Federsteifigkeiten des Messobjektes, der des Aufnehmers und ebenso von der Masse des Messobjektes ab. Die obere Grenzfrequenz aus der Messaufgabe muss demnach deutlich geringer sein als die Eigenfrequenz des Kraftaufnehmers. Dies sollte besonders überprüft werden, wenn impulsförmige Kraftverläufe gemessen werden sollen. In diesem Fall ist ein Kraftaufnehmer mit sehr hoher Federsteifigkeit erforderlich.

Für die Amplitude der schwingenden Masse erhält man:

$$\hat{x} = \alpha_1 \frac{\hat{F}}{k_1} = \alpha_1 \frac{k_2}{k_1 + k_2} \hat{u}. \tag{9.29}$$

Durch Einsetzen der Wegamplituden in Gl. 4.11 lassen sich nun die Amplituden der Kräfte in den Federn und damit der Amplitudenfrequenzgang für das Abstimmungsverhältnis $\eta < 1$ unter Fortfall der Betragszeichen berechnen:

$$\frac{\hat{F}_1}{\hat{F}} = \alpha_1 = \frac{1}{1 - \eta^2}$$

$$\frac{\hat{F}_2}{\hat{F}} = k_2(\hat{u} - \hat{x}) = 1 + \frac{k_2}{k_1}(1 - \alpha_1) = 1 - \frac{k_2}{k_1}\frac{\eta^2}{1 - \eta^2}. \tag{9.30}$$

Die Masse des Messobjektes geht in beiden Fällen über das Abstimmungsverhältnis η ein. Der Amplitudenfrequenzgang für die Feder 1 ist also identisch dem der Federkrafterregung und vom Abstimmungsverhältnis η abhängig und wurde bereits in [7, 9] dargestellt. Im Gegensatz dazu hängt in Feder 2 der Amplitudenfrequenzgang sowohl vom Verhältnis der beiden Federkonstanten k_2/k_1 als auch vom Abstimmungsverhältnis η ab. Für eine vorgegebene Fehlerschranke kann also für Feder 2 ein Grenzwert des Abstimmungsverhältnisses bei vorgegebenem Verhältnis der Federkonstanten von Messobjekt und Kraftaufnehmer bzw. für ein gegebenes Abstimmungsverhältnis kann die untere zulässige Steifigkeit des Messobjektes abgeschätzt werden.

Beispiel

Welches Abstimmungsverhältnis η und welche obere Grenzfrequenz ist für einen Kraftaufnehmer $k_A = 500$ kN/mm zu wählen, wenn die Messabweichung 5 % nicht überschreiten soll?

Fall 1: Masse $m = 100$ kg und Steifigkeit des Messobjektes von $k_m = 100$ kN/mm

$$\omega_0 = \sqrt{\frac{k_1 + k_2}{m}} = \sqrt{\frac{600 \cdot 10^6 \, \text{kg}\,\text{m}}{100\,\text{kg} \cdot \text{s}^2\,\text{m}}} = 2450\frac{1}{\text{s}}$$

Fall 2: Masse $m = 10$ kg und Steifigkeit des Messobjektes von $k_m = 1$ kN/mm

$$\omega_0 = \sqrt{\frac{k_1 + k_2}{m}} = \sqrt{\frac{501 \cdot 10^6 \, \text{kg}\,\text{m}}{10\,\text{kg} \cdot \text{s}^2\,\text{m}}} = 7080\frac{1}{\text{s}}$$

Die obere Grenzfrequenz f_0 des schwingungsfähigen Systems aus Messobjekt und Kraftaufnehmer ist wesentlich geringer als die Eigenfrequenz des Kraftaufnehmers, die im kHz-Bereich liegt.

Diese Zusammenhänge sind für die zwei Beispiele in Tab. 9.3 und Abb. 9.17 grafisch aufgetragen. Die Kurven sind bis zu einer Frequenz von 50 Hz gezeichnet. Hierbei ist sowohl der Amplitudenfrequenzgang des Kraftaufnehmers als auch der des Messobjektes aufgetragen. Deutlich sichtbar ist, dass in Feder 1 der Amplitudenfrequenzgang Werte größer 1 annimmt, d. h. es werden zu große Kräfte gemessen, während in Feder 2 Werte kleiner 1 für den Amplitudenfrequenzgang errechnet werden. Dies bedeutet, dass dort zu kleine Kräfte gemessen werden. Das Verhältnis der Steifigkeiten k_2/k_1 wirkt als Verstärkungsfaktor, d. h. je geringer die Steifigkeit des Messobjektes in Relation zum Kraftaufnehmer

Tab. 9.3 Beispiel Abstimmungsverhältnis und Grenzfrequenz

Messobjekt	Kraftaufnehmer am Festpunkt	Kraftaufnehmer an der Krafteinleitung
Hohe Steifigkeit $k_m = 100$ kN/mm	$\dfrac{\hat{F}_1}{\hat{F}} = 1{,}05 = \dfrac{1}{1-\eta^2}$ $\eta = 0{,}2$ $f_0 = \eta\dfrac{\omega_0}{2\pi} = 0{,}2\dfrac{2450}{2\pi \cdot s} = 78\,\text{Hz}$	$\dfrac{\hat{F}_2}{\hat{F}} = 0{,}95 = 1 - 5\dfrac{\eta^2}{1-\eta^2}$ $\eta = 0{,}1$ $f_0 = \eta\dfrac{\omega_0}{2\pi} = 0{,}1\dfrac{2450}{2\pi \cdot s} = 39\,\text{Hz}$
Geringe Steifigkeit $k_m = 1$ kN/mm	$\dfrac{\hat{F}_1}{\hat{F}} = 1{,}05 = \dfrac{1}{1-\eta^2}$ $\eta = 0{,}2$ $f_0 = \eta\dfrac{\omega_0}{2\pi} = 0{,}2\dfrac{7080}{2\pi \cdot s} = 225\,\text{Hz}$	$\dfrac{\hat{F}_2}{\hat{F}} = 0{,}95 = 1 - 500\dfrac{\eta^2}{1-\eta^2}$ $\eta = 0{,}01$ $f_0 = \eta\dfrac{\omega_0}{2\pi} = 0{,}01\dfrac{7078}{2\pi \cdot s} = 11\,\text{Hz}$

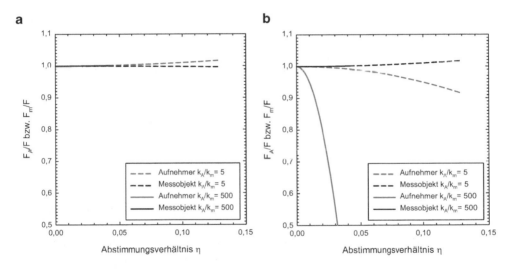

Abb. 9.17 Amplitudenfrequenzgang von Kraftaufnehmer und Messobjekt. Kraftaufnehmer am Festpunkt (**a**), Kraftaufnehmer an der Krafteinleitung (**b**)

ist, desto größer ist die systematische Messabweichung. Dieser Umstand wirkt sich immer dort aus, wo die Messobjekte eine geringe Steifigkeit im Vergleich zum Kraftaufnehmer haben, also z. B. bei Seilen, Elastomerlagern, Kunststoffbauteilen sowie Biegeträgern und torsionsbeanspruchten Wellen mit hoher Nachgiebigkeit.

▶ **Für die Messung mit Kraftaufnehmern bedeutet dies**

- Kraftaufnehmer sind bevorzugt am Festpunkt anzubringen. Für ein Abstimmungsverhältnis $\eta \leq 0{,}2$ (also maximal 20 % der Eigenfrequenz des schwingungsfähigen Systems) ist die systematische Messabweichung kleiner als 5 %.

- Werden Kraftaufnehmer an der Krafteinleitung angebracht, so hängt die systematische Messabweichung vom Abstimmungsverhältnis η und vom Verhältnis k_2/k_1 ab. Je höher die Steifigkeit des Kraftaufnehmers und je geringer die Steifigkeit des Messobjektes, desto größer wird die systematische Messabweichung.

Ein Ersatzmodell mit zweigeteilter Aufnehmermasse, einer Feder und Krafterregung führt über eine Betrachtung der Eingangsimpedanzen zu einer gleichwertigen Lösung [15]. Eine Lösung mit verteilter Aufnehmermasse ist für stoßartige Belastungen in [17, 18] angegeben.

Die durch Massenkräfte verursachte Messabweichung kann man im Aufnehmer zu korrigieren versuchen [9, 15]. Aus dem Kräftegleichgewicht in Abb. 9.16c folgt unmittelbar:

$$m\ddot{x} + \underbrace{k_1 x}_{F_m} - \underbrace{k_2(u-x)}_{F_A} = 0. \tag{9.31}$$

Damit ist die Korrektur der vom Aufnehmer gemessenen Kraft F_A möglich, um zur Kraft im Messobjekt F_m zu gelangen. Diese Korrektur der sog. Kopfmasse wird in der Zeitfunktion durchgeführt.

$$F_m = F_A - m\ddot{x} \tag{9.32}$$

Neben der Kraft wird über einen Beschleunigungsaufnehmer die Beschleunigung erfasst und vorzeichenrichtig korrigiert, d. h. der Phasenverschiebungswinkel zwischen den Messgrößen Kraft und Beschleunigung muss 180° betragen. Abschließend soll noch darauf hingewiesen werden, dass die Korrekturen nur im Rahmen der Gültigkeit des verwendeten Modells (Ein-Massenschwinger) durchführbar sind.

▶ Kraftaufnehmer enthalten ein elastisches Verformungselement und sind als schwingungsfähiges System hochabgestimmt. Zur Vermeidung von Messabweichungen sollten diese an einem festen Punkt angebracht werden und bis maximal der 20 % Eigenfrequenz des schwingungsfähigen Systems (nicht des Aufnehmers!) eingesetzt werden.

9.3   DMS-Kraft- und Momentenaufnehmer

DMS-Kraft- und Momentenaufnehmer beinhalten ein Verformungselement, welches zur Messung eines einachsigen Spannungszustandes mit Dehnungsmessstreifen (DMS) (Abschn. 9.1.8) bestückt sind. Es werden für den Bau von Kraftaufnehmern spezielle DMS mit besonderer Langzeitkonstanz und Temperaturkompensation verwendet. Hierbei sind die DMS als Vollbrücke (Abschn. 9.1.5) beschaltet, um die Einflüsse der Temperatur sowie unerwünschte Belastungseinflüsse, wie z. B. Querkräfte und überlagerte

Momente möglichst gering zu halten. An die Werkstoffe des Verformungselementes werden ebenfalls vielfältige Anforderungen hinsichtlich der Homogenität und Feinkörnigkeit, linear-elastischem Materialverhalten mit hoher Streckgrenze und geringer Hysterese, geringe thermische Ausdehnung und Kriechverhalten sowie hohe Wärmeleitfähigkeit gestellt. In der Praxis kommen hochvergütete Federstähle, hochfeste Aluminiumlegierungen und CuBe-Legierungen zum Einsatz.

Die elastischen Verformungen bei DMS-Kraftaufnehmern sind klein und liegen im Bereich von 0,1 bis 0,5 mm. Für bestimmte Messaufgaben kann diese Verformung zu groß bzw. damit verbundene Steifigkeit zu gering sein (Abschn. 9.2). In diesem Falle bietet es sich an, entweder Kraftaufnehmer mit einem höherem Messbereich und damit höherer Steifigkeit einzusetzen oder auf piezoelektrische Kraftaufnehmer auszuweichen.

Kriechvorgänge im Aufnehmer sind unerwünscht, da diese bei konstanter Kraft den Anzeigewert verändern. Bereits in Abschn. 9.1.2 wurde auf Kriechvorgänge in der DMS-Messstelle hingewiesen, die zu einem Absinken der gemessenen Dehnung führen. Das Kriechen des Verformungskörpers selbst ist durch die Werkstoffeigenschaften bestimmt und führt zu einem Anstieg der Dehnungen. Kombiniert man diese beiden gegenläufigen Effekte durch Wahl der entsprechenden Parameter, so erhält man Aufnehmer mit sehr guter Langzeitkonstanz [19].

▶   Wegen der entwickelten Technik, dem großen Messbereich von 1 N bis 10 MN und der erreichbaren Genauigkeit von bis zu 0,03 % haben DMS-Kraftaufnehmer ein breites Anwendungsgebiet [13]. Aufgrund des Messprinzips sind quasistatische Messungen möglich, die untere Grenzfrequenz beträgt 0 Hz. DMS-basierte Aufnehmer zeigen eine hohe Langzeitkonstanz. Aus diesem Grunde werden diese für lange Messzeiten eingesetzt.

Die DMS-Vollbrücken werden in 4- bzw. 6-Leiter-Schaltung an einem Messverstärker (Abschn. 9.1.6) betrieben. Teilweise ist die Signalaufbereitung im Aufnehmer integriert, so dass z. B. ein Gleichspannungs- oder Stromausgang der nachfolgenden Signalverarbeitung zur Verfügung gestellt wird. Ebenso können im Aufnehmer zusätzliche Größen gemessen werden, die zur intelligenten Kompensation von Störeinflüssen dienen. Beispiele für derartige „Smart Sensors" sind z. B. eine Temperaturmessung zur Temperaturkompensation oder Beschleunigungsmessung zur Kompensation der Kopfmasse des Aufnehmers [19].

Das Verformungselement in DMS-Kraftaufnehmern wird konstruktiv unterschiedlich gelöst [4, 12, 20]:

Kraftaufnehmer mit Zug/Druck-Element
Das zylindrische oder prismatische Verformungselement wird durch die zu messende Kraft auf Zug-Druck belastet (Abb. 9.18). Dadurch sind einfache und steife Aufnehmerkonstruktionen möglich, die für Nennkräfte im Bereich von 10 kN bis 5 MN zum Einsatz kommen. Die Konstruktion ist besonders für hohe Kräfte geeignet und

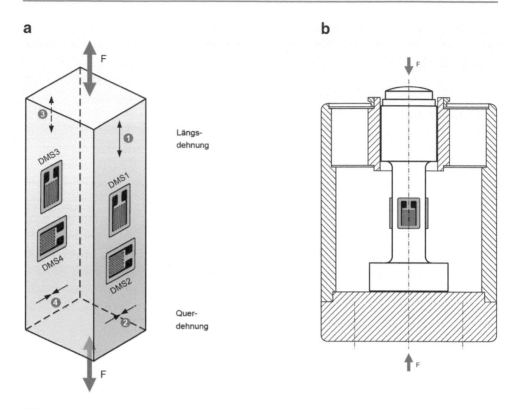

Abb. 9.18 Kraftaufnehmer mit Zug/Druck-Element. DMS-Applikation (**a**), Ausführung mit zylindrischem Verformungselement (**b**). (Monika Klein, www.designbueroklein.de)

findet in Kraftmessnormalen und in Werkstoffprüfmaschinen Anwendung. Das Verhältnis Länge/Durchmesser des Verformungskörpers wird mit ca. 2,5 … 3 festgelegt, um Kerbspannungen durch den Querschnittsübergang abklingen zu lassen. Um eine höhere Biegesteifigkeit zu erhalten, wird der Verformungskörper rohrförmig gestaltet und auf der Mantelfläche mit DMS bestückt (Abb. 9.19 und 9.20). Damit ist es möglich, sehr biegesteife Verformungselemente auch für geringe Kräfte auszulegen.

Kraftaufnehmer mit Schubelement
Bei einem Träger unter Querkraftschub treten im $\pm 45°$-Winkel die betragsmäßig maximalen Normalspannungen mit unterschiedlichem Vorzeichen auf. Die zu messende Kraft wird als Querkraft eingeleitet (Abb. 9.21). Durch die Anordnung von vier DMS im Winkel von $\pm 45°$ und Beschaltung als Vollbrücke erhält man eine hohe Empfindlichkeit. Kraftaufnehmer mit Schubelement sind steifer als Aufnehmer mit Biegeelement. Weiterhin sind diese Aufnehmer unempfindlich gegenüber Querkräften und damit robust im praktischen Einsatz [4, 5]. Häufig werden mehrere Schubelemente speichenförmig in einem ringförmigen Kraftaufnehmer angeordnet (Abb. 9.22). Damit lassen sich Messabweichungen

Abb. 9.19 Schnittdarstellung eines rohrförmigen Verformungselementes in einem Kraftaufnehmer. (GTM Gassmann Testing and Metrology GmbH, Bickenbach)

Abb. 9.20 Kraftaufnehmer mit zylindrischem Verformungselement. (ME-Messsysteme GmbH, Hennigsdorf)

reduzieren und flache Kraftaufnehmer realisieren. Kraftaufnehmer mit Schubelement kommen für Kräfte <10 kN zum Einsatz. Da bei der Einleitung einer Einzelkraft neben Querkraftschub auch Biegung auftritt, sind die Gesamtverformungen an der DMS-Messstelle größer als bei reinem Schub. Dies versucht man zu vermindern, indem konstruktiv die Biegung weitgehend eliminiert wird und reiner Schub (z. B. über ein S-förmiges Verformungselement, Abb. 9.23) eingeleitet wird.

Kraftaufnehmer mit Biegeelement

Das Verformungselement im Kraftaufnehmer wird auf Biegung belastet. Die DMS sind jeweils auf der Ober- und Unterseite appliziert, um eine hohe Empfindlichkeit zu erhalten (Abb. 9.24). Eine weit verbreitete Anwendung haben Kraftaufnehmer mit einem ring- oder S-förmigen Verformungselement gefunden (Abb. 9.25 und 9.26). Sehr kompakte Bauformen erreicht man mit membranförmigen oder sog. Biegering- und Ringtorsions-Verformungskörpern. Biegering- und Ringtorsions-Kraftaufnehmer sind relativ unempfindlich gegenüber exzentrischer Belastung, unerwünschten Querkräften und Momenten.

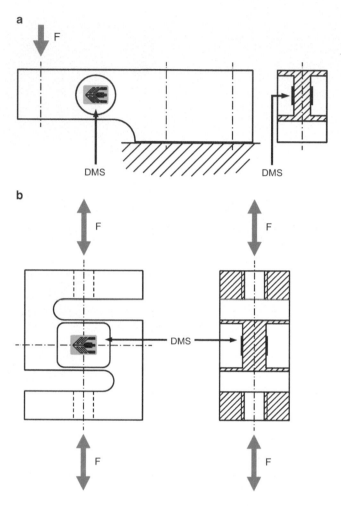

Abb. 9.21 Kraftaufnehmer mit Schubelement. Scherstab (**a**), Reduzierung des Biegemoments durch S-förmiges Verformungselement (**b**). (Monika Klein, www.designbueroklein.de)

Abb. 9.22 Schnittdarstellung eines Kraftaufnehmer mit Schubelementen. (GTM Gassmann Testing and Metrology GmbH, Bickenbach)

Abb. 9.23 Kraftaufnehmer mit S-förmigen Verformungselement. (ME-Meßsysteme GmbH, Hennigsdorf)

a   b   c

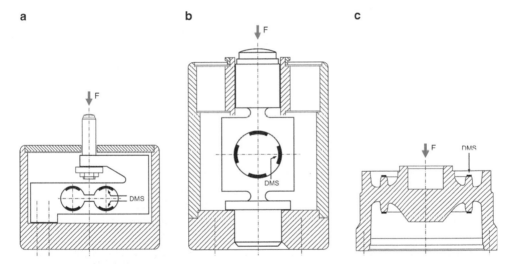

Abb. 9.24 DMS-Applikation in Kraftaufnehmern mit Biegelementen. Doppelbiegebalken für Kräfte 100 N bis 10 kN (**a**), ringförmiger Messkörper für Kräfte 20 bis 50 kN (**b**), Biegeringaufnehmer (**c**). (Monika Klein, www.designbueroklein.de)

Abb. 9.25 Schnittdarstellung eines Biegeelementes in einem Kraftaufnehmer. (GTM Gassmann Testing and Metrology GmbH, Bickenbach)

Abb. 9.26 Kraftaufnehmer mit Biegeelement. (ME-Meßsysteme GmbH, Hennigsdorf)

Drehmomentenaufnehmer

In Analogie zu Kraftaufnehmern erfolgt in Momentenaufnehmern die Messung des Drehmomentes über ein Verformungselement. Von besonderem Interesse ist hierbei die Messung des Drehmoments in Wellen (Torsionsmoment). Hierbei kommen versetzt im Winkel von $\pm 45°$ zur Längsachse der Welle angeordnete DMS zum Einsatz, welche die Normalspannung messen. Der Drehmomentenaufnehmer besteht aus zylindrischen bzw. rohrförmigen Verformungskörper mit den applizierten DMS. Abhängig von der Messaufgabe können die DMS auch direkt auf der zu untersuchenden Welle appliziert werden. Um größere Dehnungen zu erhalten, verwendet man Aufnehmer mit speichen- oder laternenförmig angeordneten Verformungselementen (Abb. 9.27 und 9.28), die auf Biegung oder Schub beansprucht und mit DMS appliziert sind. Für die Applikation der DMS ist zu beachten, dass in der Mitte des Biegeträgers der Nulldurchgang des Biege-moments liegt und dort kein DMS platziert werden sollte. Neben der Messung mittels speziellen Drehmomentenaufnehmern kann die Übertragung des Drehmomentes über einen Hebel und die Messung mit einem Kraftaufnehmer z. B. an einer Bremsmoment-abstützung erfolgen. Diese Messanordnung ist ebenfalls für die Messung von Torsions-momenten in ruhenden Bauteilen häufig eine sinnvolle Alternative.

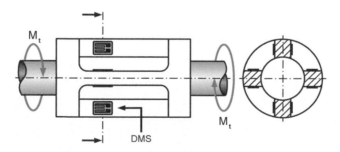

Abb. 9.27 DMS-Applikation in einem Drehmomentenaufnehmer. (Monika Klein, www.desi-gnbueroklein.de)

a
b

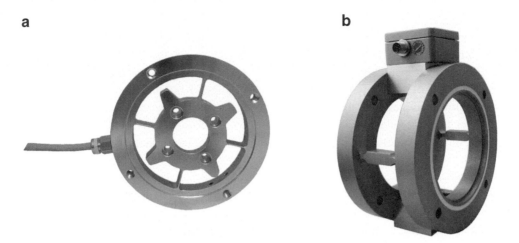

Abb. 9.28 Verformungselemente von Drehmomentaufnehmern. Speichentyp (**a**), Laternentyp (**b**). (ME-Meßsysteme GmbH, Hennigsdorf)

Auswahl von DMS-Kraftaufnehmern

Die Auswahl von Kraftaufnehmern sollte von der Messaufgabe her erfolgen. Der spezifizierte Messbereich von Kraftaufnehmern wird als Nennlast bezeichnet und sollte nach Möglichkeit ausgenutzt werden. Alle anderen Laststufen sind in Prozent der Nennlast angegeben und dem Datenblatt zu entnehmen. Tab. 9.4 fasst die Angaben zu den Laststufen zusammen.

Bis zur Grenzlast wird der Aufnehmer nicht beschädigt. Bei – auch kurzzeitiger Überschreitung der Grenzlast – bewirkt die plastische Deformation des Verformungselementes irreversible Schäden am Aufnehmer.

Wird nur ein kleiner Bruchteil des verfügbaren Messbereiches ausgenutzt, so ist die Messabweichung größer und die Aufnehmer zeigen ein höheres Rauschen. Andererseits sollte für den Einsatz beachtet werden, dass die Nennlast der ruhenden Belastung und nicht der ertragbaren Schwingfestigkeit eines Kraftaufnehmers entspricht. Diese Tatsache spielt besonders dann eine Rolle, wenn Kraftaufnehmer in Prüfständen oder für

Tab. 9.4 Laststufen für Kraftaufnehmer

Laststufe	Erläuterung
Nennlast	Messbereich: die angegebenen Fehlergrenzen werden eingehalten
Gebrauchslast	Gebrauchsbereich: die angegebenen Fehlergrenzen können überschritten werden
Grenzlast	Maximaler Belastungsbereich: die angegebenen Fehlergrenzen werden nicht eingehalten
Bruchlast	Zerstörungsbereich: bleibende Veränderungen am Aufnehmer

Langzeitmessungen eingesetzt werden. Für hochdynamische Messungen oder Messungen bei hohen Frequenzen benötigt man hingegen sehr steife Kraftaufnehmer. Diese Forderung erfüllen DMS-Kraftaufnehmer häufig nicht, so dass in diesem Falle piezoelektrische Kraftaufnehmer verwendet werden. Aufnehmer für die ausschließliche Messung von Druckkräften werden mit einer balligen Krafteinleitung in der Mitte des Aufnehmers ausgestattet und weisen eine vergleichsweise geringe Bauhöhe auf. Aufnehmer für Zug- oder Zug- und Druckkräfte weisen Anschraubgewinde (Innengewinde bzw. Außengewinde) auf und benötigen vergleichsweise mehr Bauraum.

9.4   Piezoelektrische Kraft- und Momentenaufnehmer

Aufnehmer nach diesem Messprinzip nutzen in gleicher Weise den piezoelektrischen Effekt (Abschn. 8.1.1) wie die piezoelektrischen Beschleunigungsaufnehmer (Abb. 9.29). Es werden Quarzaufnehmer aufgrund deren hervorragender Linearität eingesetzt, jedoch kommen auch keramische Piezoelemente zum Einsatz. Die scheibenförmigen Piezoelemente liefern nach Gl. 8.3 eine Ladung Q proportional zur Druckkraft F [21, 24].

Durch die Polarisierungsrichtung der Piezoelemente im Aufnehmer kann die Messrichtung festgelegt werden. Eine Polarisierung in umlaufender Richtung gestattet es, scheibenförmige Torsionsaufnehmer herzustellen. Piezoelektrische Kraftaufnehmer können mit der Signalaufbereitung (Ladungsverstärker oder IEPE) genutzt werden, die auch

a   b

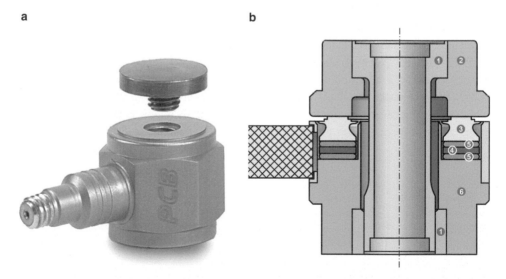

Abb. 9.29 Piezoelektrischer Kraftaufnehmer (**a**), Schnittbild (**b**) *1* Schraube, *2* Druckstück, *3* Lastverteilungsplatte, *4* Elektrode, *5* Piezoelement, *6* Gehäuse. (PCB Piezotronics Inc. (**a**), Monika Klein, www.designbueroklein.de (**b**))

für piezoelektrische Beschleunigungsaufnehmer Anwendung findet (Abschn. 8.1.3). Der verwendete Hochpassfilter in der Signalaufbereitung trennt den konstanten Anteil im Signal ab und bestimmt somit die untere Grenzfrequenz. Aus diesem Grund sind mit Kraftaufnehmern nach dem piezoelektrischen Effekt keine statischen Messungen möglich.

▶ Piezoelektrische Kraftaufnehmer weisen eine hohe Steifigkeit auf. Aus diesem Grund werden diese bevorzugt für hochdynamische Messungen und bei hohen Frequenzen eingesetzt.

An das Messobjekt ist die sog. Kopfseite des Aufnehmers anzukoppeln. Die Lastverteilungsplatte hat die „Elefantenfuß"-Form, da die spröden Piezoelemente empfindlich auf Kantenpressung und exzentrische Krafteinleitung reagieren. Aus diesen Gründen hat die Krafteinleitung in den Aufnehmer über die gesamte Koppelfläche zu erfolgen. Werden für die Befestigung Bolzen, Stiftschrauben usw. eingesetzt, so ist darauf zu achten, dass der Aufnehmer vollflächig verschraubt ist. Zum Ausgleich von Querkräften und Biegemomenten werden entweder Kugelgelenke eingesetzt oder es erfolgt eine Ankopplung über dünne Drähte bzw. Stäbe (z. B. für Modalanalyse). Piezoelektrische Kraftaufnehmer lassen vom Messprinzip her nur die Messung von Druckkräften zu. Für die Messung von Druckkräften, z. B. Fundamentkräften, ist das Eigengewicht eine ausreichende Vorlast. Um Zugkräfte messen zu können, werden piezoelektrische Kraftaufnehmer mit einer Druckkraft vorgespannt. Die Vorspannkraft wird für Quarzaufnehmer so eingestellt, dass die maximale Druckspannung im Quarz 150 MPa beträgt, da ansonsten Beschädigungen im Quarz auftreten. Ringförmige Kraftaufnehmer (Kraftmessringe) werden in den Kraftfluss zwischen zwei Teilen aufgenommen, indem diese verschraubt werden. Schraube und Kraftaufnehmer übertragen jeweils einen Teil der angreifenden Kraft. Deshalb ist es erforderlich, Kraftmessringe im eingebauten Zustand zu kalibrieren (Abschn. 10.4.1).

▶ An vorgespannten und kalibrierten Kraftaufnehmern darf die Schraube zum Aufbringen der Vorspannkraft nicht gelöst werden.

Vom Kraftaufnehmer werden die Trägheitskräfte durch die beteiligten Massen des Aufnehmers und der Adapter mit erfasst. Um die Trägheitskräfte zu erfassen, müssen neben der Kraft auch die Beschleunigungen an der Lasteinleitungsstelle, d. h. im Aufnehmer gemessen werden. Durch die gleichzeitige Messung von Kraft und Beschleunigung ist die Korrektur der Kopfmasse nach Gl. 9.32 bei hohen Beschleunigungen möglich. Zur Ermittlung der dynamischen Masse misst man bei aufgetrenntem Kraftfluss die Kräfte und Beschleunigungen.

Eine Sonderbauform piezoelektrischer Kraftaufnehmer sind Impedanzmessköpfe (Abb. 9.30). Hierbei wird ein piezoelektrischer Kraftaufnehmer mit einem piezoelektrischen Beschleunigungsaufnehmer kombiniert. Damit kann die Forderung realisiert werden, an einem Messpunkt mit einem Aufnehmer Kraft und Beschleunigung

a   b

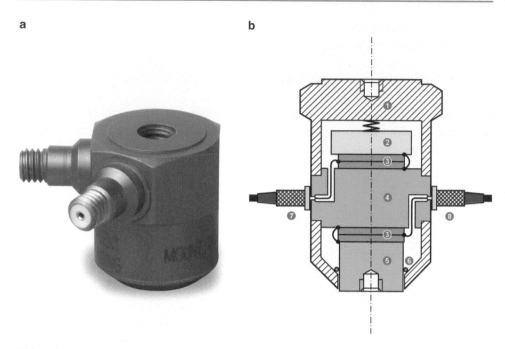

Abb. 9.30 Impedanzmesskopf (**a**), Schnittbild (**b**) *1* Gehäuse, *2* Seismische Masse mit Vorspann-element, *3* Piezoelemente, *4* Basismasse, *5* Kopfmasse, *6* Dichtring, *7* Anschluss Beschleunigung, *8* Anschluss Kraft. (PCB Piezotronics Inc. (**a**), Monika Klein, www.designbueroklein.de (**b**))

zu messen und daraus die Übertragungsfunktionen zu bilden. Nach einmaliger Inte-gration der Beschleunigung lässt sich die mechanische Impedanz direkt aus der Über-tragungsfunktion gewinnen, ebenso ist die dynamische Masse messbar. Zur Verringerung von Messunsicherheiten sind Impedanzmessköpfe so auszuwählen, dass die mechani-sche Impedanz des Piezoelements möglichst groß gegenüber der Impedanz des Mess-objektes und die Impedanz der Kopfmasse möglichst klein gegenüber der Impedanz des Messobjektes sind. Dies führt auf die Forderung nach steifen Impedanzmessköpfen mit kleiner Kopfmasse. Als Richtwert wird angegeben, dass der Piezo-Kraftaufnehmer mindestens eine 10fach höhere Steifigkeit als das Messobjekt haben muss und die Basis-masse mindestens 50mal größer als die dynamische Masse des Messobjektes sein muss. Bei sehr großen dynamischen Massen muss mit separaten Kraft- und Beschleunigungs-aufnehmern gemessen werden [15].

9.5   Magnetoelastische Kraft- und Momentenaufnehmer

Magnetoelastische Kraftaufnehmer nutzen den sog. magnetoelastischen bzw. inversen magnetostriktiven Effekt (Villari-Effekt), wonach die Permeabilität eines ferro-magnetischen Werkstoffes von einer äußeren Belastung abhängig ist. Die magnetischen

Elementarbezirke eines ferromagnetischen Materials erfahren durch äußere Belastung in eine Orientierung in Richtung der Belastung, die nach Entlastung wieder zurückgehen (Abb. 9.31a). Die mechanische Spannung bewirkt hierbei eine anisotrope Verzerrung des magnetischen Feldes. Zur messtechnischen Nutzung dieses Effektes bestehen gebräuchliche Anisotropiewandler aus einem Verformungselement mit einer Primärwicklung, die ein wechselndes Magnetfeld erzeugt [9, 12, 13]. Zwei Sekundärspulen sind im Verformungselement so angeordnet, dass eine parallel und eine senkrecht zur Kraft orientiert ist (Abb. 9.31b). Im unbelasteten Zustand wird die gleiche Spannung in jeder der beiden Sekundärspulen induziert. Beide Spulen werden in Differenzschaltung betrieben, so dass sich die induzierten Spannungen im unbelasteten Zustand aufheben. Eine Belastung verzerrt das Magnetfeld und induziert unterschiedlich große Spannungen in beiden Spulen. Die Differenzschaltung erfasst den Unterschied in den induzierten Spannungen als Messgröße.

Um die Wirbelstromverluste gering zu halten, lassen sich Aufnehmer aus Transformatorenblechen aufbauen. Aus der großen Fläche des Verformungselements resultiert eine hohe Steifigkeit, hohe Eigenfrequenz und gute Linearität. Magnetoelastische Aufnehmer werden für große Kräfte eingesetzt und erreichen eine hohe Genauigkeit (0,1 bis 0,2 %) [13]. Da die Aufnehmer mechanisch robust und unempfindlich gegenüber Umwelteinflüssen (Temperatur, Feuchtigkeit) sind, finden diese häufig im industriellen Umfeld Anwendung.

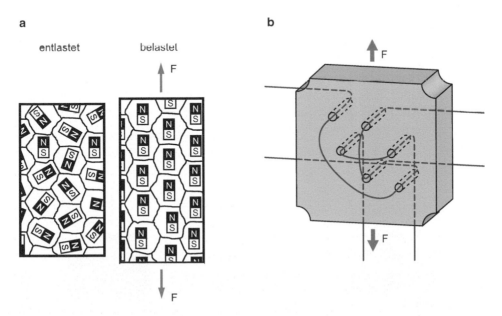

Abb. 9.31 Prinzip des inversen magnetostriktiven Effektes (**a**) und Aufbau eines Kraftaufnehmers nach dem Prinzip des Anisotropiewandlers (**b**), P Primärspule, S_1 und S_2 Sekundärspulen. (Autor (**a**) Monika Klein, www.designbueroklein.de (**b**))

Zur berührungslosen Messung von Drehmomenten ist das magnetostriktive Mess-prinzip in modifizierter Form aufgegriffen worden. Hierfür wird auf den Verformungs-körper in Umfangsrichtung ein bleibendes Polaritätsmuster in zwei Spuren A und B magnetisiert. Die Feldstärken sind hierbei gering (ca. 0,5 mT). Neben einer speziellen Messwelle ist es auch möglich, im Betrieb befindliche Wellen aus ferromagnetischen Materialien als Messobjekt mit dem Polaritätsmuster zu versehen. Hierfür ist ein hart-magnetisches Werkstoffverhalten notwendig, welches für Vergütungsstähle als häufig ver-wendete Werkstoffe ohnehin vorliegt. In Drehmomentenaufnehmern nach diesem Prinzip werden zwei feststehende Spulen in geringen Abstand zu den magnetisierten Spuren A und B auf der Welle angeordnet (Abb. 9.32a). Die Messung kann an ruhenden oder rotie-renden Wellen erfolgen. Die beiden Spulen werden mit einer Trägerfrequenz betrieben und das Signal in Differenzschaltung gemessen. Durch die Differenzschaltung kompen-sieren sich im Idealfalle die induzierten Spannungen in beiden Spulen vollständig (Abb. 9.32b). Damit werden Einflüsse der Inhomogenität des Werkstoffes über den Umfang sowie von axialen und radialen Bewegungen der Welle weitestgehend kompensiert.

Ein angreifendes Torsionsmoment verzerrt das magnetische Feld an der Ober-fläche der Welle. Die Differenz der Magnetfeldkomponenten in axialer Richtung hat in den Spuren A und B ein unterschiedliches Vorzeichen (Abb. 9.32c). Dieses wird durch die beiden Spulen gemessen und über eine nachfolgende Signalverarbeitung aus-gewertet. Typische Messbereiche bewegen sich von $\pm 0,5$ bis ± 150 kNm, die erreich-bare Genauigkeit beträgt 0,1 %. Vorteilhaft bei diesem Messverfahren ist, dass keine Änderungen am Messobjekt (Welle) notwendig sind und damit auch die Steifigkeit und folglich das Schwingungsverhalten nicht beeinflusst wird. Durch die hohe Abtast-frequenz in der Signalverarbeitung sind hohe obere Grenzfrequenzen (hohe Bandbreite) möglich. Das Messverfahren ist berührungslos, damit verschleißfrei und benötigt keine drahtlose Messwertübertragung, da die Messwerterfassung und Signalverarbeitung im nicht rotierenden Teil untergebracht ist. Aufgrund der Unempfindlichkeit gegenüber Umwelteinflüssen kann das Verfahren auch unter dem Einfluss von Medien und in rauer Industrieumgebung zum Einsatz kommen (Abb. 9.33).

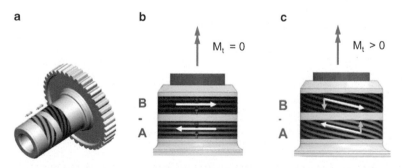

Abb. 9.32 Messprinzip magnetoelastischer Drehmomentenaufnehmer Anordnung der Spuren auf der Welle für Differenzmessungen (**a**), Ausrichtung der magnetischen Elementarbezirke im unbelasteten Zustand (**b**) und im belasteten Zustand (**c**). (NCTE AG)

a   b

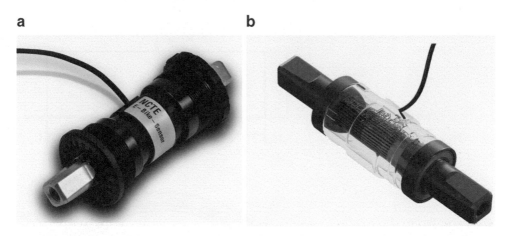

Abb. 9.33 Serienanwendung für magnetoelastische Drehmomentenaufnehmer in der Tret-
kurbel von E-Bikes. Ansicht des Aufnehmers (**a**), Schnittbild mit Darstellung der Aufnehmer-
spuren und -spulen (**b**). (NCTE AG)

9.6   Mehrkomponentenaufnehmer

Zur gleichzeitigen Messung mehrerer Kräfte und Momente werden unterschiedliche
Messprinzipe verwirklicht [19, 21 23]:

- Messung mittels Einzelaufnehmern,
- Messung mittels speziellen Verformungskörpern in einem Aufnehmer,
- Messung mittels Mehrkomponenten-Aufnehmern.

Die Messung mittels Einzelaufnehmern wird am Beispiel eines Drei-Komponenten-Auf-
nehmers zur Messung von zwei Kräften und einem Moment dargestellt [22] (Abb. 9.34).

In einen Aufnehmer können mittels speziell gestaltetem Verformungskörper mehrere Messgrößen gemessen werden (Abb. 9.35). Beispielsweise kann der häufig auftretende Fall der Biegung und Torsion an der Oberfläche von Wellen über jeweils eine
DMS-Vollbrücke für Biegung und eine für Torsion gemessen werden. Diese Aufnehmerkonstruktionen sind ebenso als piezoelektrische Aufnehmer erhältlich. In diesem Falle
werden mehrere, in unterschiedlicher Richtung polarisierte Elemente in einem Aufnehmer eingebaut [21–23] (Abb. 9.36).

Mehrere Einzelaufnehmer können auch fest in einem Mehrkomponenten-Aufnehmer verbaut werden (Abb. 9.37). Die Einzelaufnehmer müssen hierbei möglichst so angeordnet sein, dass diese sich nicht gegenseitig verspannen und die
gegenseitige Beeinflussung der Messkanäle („Übersprechen") gering bleibt. Durch
eine mechanische Entkopplung erreicht man, dass jeder Einzelaufnehmer nur mit einer
Belastungskomponente beaufschlagt wird. Diese Forderung ist in der Messpraxis nur

Abb. 9.34 Prinzip eines Drei-
Komponenten-Aufnehmers

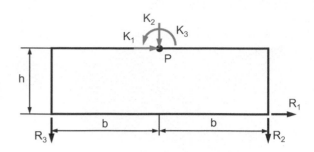

Abb. 9.35 6-Komponenten-
Kraftaufnehmer (GTM
Gassmann Testing and
Metrology GmbH,
Bickenbach)

näherungsweise zu realisieren, so dass es stets zu einem Übersprechen kommt. Durch eine experimentell ermittelte Koeffizientenmatrix lässt sich das Übersprechen deutlich vermindern [19, 22].

Der Zusammenhang zwischen den zu messenden Komponenten K und den gemessenen Reaktionskräfte an den Einzelaufnehmern R wird im Folgenden für das Beispiel in Abb. 9.34 hergeleitet. Die Einleitung der Kraftkomponenten erfolgt am Punkt P. An der Stelle der Auflager sind drei Kraftaufnehmer angeordnet und stellen die Messgrößen R bereit. Aus den drei Gleichgewichtsbedingungen folgt:

$$K_1 + R_1 = 0$$
$$-K_2 - R_2 - R_3 = 0 \qquad . \qquad (9.33)$$
$$R_1 \cdot h - R_2 \cdot b + R_3 \cdot b + K_3 = 0$$

Diese Gleichungen lassen sich in Matrizenschreibweise umformen:

$$\begin{pmatrix} K_1 \\ K_2 \\ K_3 \end{pmatrix} = \begin{pmatrix} a_{110} & a_{120} & a_{130} \\ a_{210} & a_{220} & a_{230} \\ a_{310} & a_{320} & a_{330} \end{pmatrix} \cdot \begin{pmatrix} R_1 \\ R_2 \\ R_3 \end{pmatrix} = \begin{pmatrix} -1 & 0 & 0 \\ 0 & -1 & -1 \\ -h & b & -b \end{pmatrix} \cdot \begin{pmatrix} R_1 \\ R_2 \\ R_3 \end{pmatrix}. \qquad (9.34)$$

a

b

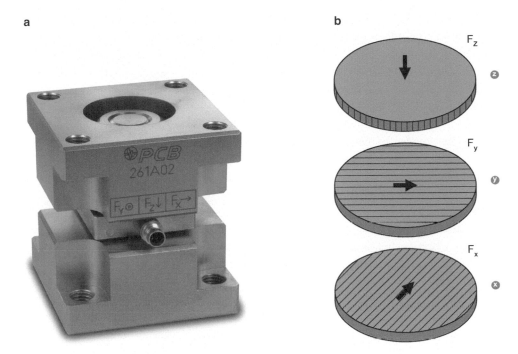

Abb. 9.36 Piezoelektrischer 3-Komponenten-Aufnehmer (**a**), Zerlegung des Kraftvektors in drei Komponenten durch in unterschiedlich polarisierte Piezoelemente (**b**). (PCB Piezotronics Inc. (**a**), Monika Klein, www.designbueroklein.de (**b**))

Abb. 9.37 Mehrkomponenten-Kraftaufnehmer mit mehreren Einzelaufnehmern. (GTM Gassmann Testing and Metrology GmbH, Bickenbach)

Die Koeffizientenmatrix stellt die Beziehung zwischen den Komponenten K (Zeilen-zahl m) und den Messgrößen R (Spaltenzahl n) her. Die einzelnen Matrixelemente wer-den durch die Anordnung der Einzelaufnehmer, deren Übertragungskoeffizient und die Abmessungen des Aufnehmers bestimmt. Wenn mehr Messgrößen als Komponenten vorliegen, so erhält man eine rechteckige Matrix mit m < n. Ein Beispiel für eine Mess-plattform mit 4×3 Aufnehmern gibt hierzu [21].

Durch geeignete Konstruktion des Aufnehmers wird angestrebt, unerwünschte Wechselwirkungen (Übersprechen) zwischen den Komponenten auszuschalten. Das Übersprechen ist dann konstruktiv eliminiert, wenn man eine Koeffizientenmatrix erhält, in der jede Zeile nur mit einem von Null verschiedenen Element besetzt ist. Bereits für dieses einfache Beispiel ist diese Forderung nicht zu erfüllen. Überdies führt die stets vorhandene Querrichtungsempfindlichkeit der Aufnehmer zu einem Übersprechen zwi-schen den Kanälen. So wird die Komponente K_1 durch deren Querrichtungsempfindlich-keit ein Übersprechen auf die Messgrößen R_2 und R_3 haben, man erhält $a_{120} \neq 0$ und $a_{130} \neq 0$. Zur Erhöhung der Messgenauigkeit bietet es sich deshalb an, die Koeffizienten-matrix experimentell im Kalibrierprozess des Mehrkomponenten-Kraftaufnehmers zu ermitteln. Dies erfolgt durch Belastung mit bekannten Kräfte K und Messung der Reaktionskräfte R. Durch diese Vorgehensweise wird nicht die Matrix direkt, sondern deren Inverse ermittelt. Durch verschiedene Belastungsszenarien, bestehend aus defi-nierten Belastungen aller Komponenten und deren Kombinationen werden die Matrix-elemente der Inversen ermittelt und schließlich invertiert.

Durch die nicht zu eliminierenden Nichtlinearitäten sind die Matrixelemente nicht konstant, sondern von der Messgröße abhängig. Zur Linearisierung wird der Ansatz um quadratische und gemischte Glieder erweitert (Superpositionsprinzip):

$$
\begin{pmatrix} K_1 \\ K_2 \\ K_3 \end{pmatrix} - \underbrace{\begin{pmatrix} a_{110} & a_{120} & a_{130} \\ a_{210} & a_{220} & a_{230} \\ a_{310} & a_{320} & a_{330} \end{pmatrix}}_{\text{linear}} \cdot \begin{pmatrix} R_1 \\ R_2 \\ R_3 \end{pmatrix} + \underbrace{\begin{pmatrix} a_{111} & a_{121} & a_{131} \\ a_{211} & a_{221} & a_{231} \\ a_{311} & a_{321} & a_{331} \end{pmatrix}}_{\text{quadratisch}} \cdot \begin{pmatrix} R_1^2 \\ R_2^2 \\ R_3^2 \end{pmatrix}
$$
$$
+ \underbrace{\begin{pmatrix} a_{112} & a_{122} & a_{132} \\ a_{212} & a_{222} & a_{232} \\ a_{312} & a_{322} & a_{332} \end{pmatrix}}_{\text{gemischt}} \cdot \begin{pmatrix} R_1 \cdot R_2 \\ R_1 \cdot R_3 \\ R_2 \cdot R_3 \end{pmatrix} .
$$

(9.35)

Damit fallen für einen Drei-Komponenten-Aufnehmer bereits 27 Koeffizienten an, die in der Kalibrierung zu ermitteln sind. Für 6-Komponenten-Aufnehmer sind je 36 lineare und quadratische und 90 gemischte Koeffizienten notwendig. Anwendung findet das Prinzip z. B. in Windkanalwaagen zur Ermittlung der aerodynamischen Kräfte sowie in abgewandelter Form zur Ermittlung von Masse und Schwerpunktkoordinaten. Die Kali-brierung erfolgt dabei zunächst statisch, eine Frequenzabhängigkeit der Koeffizienten ist in Gl. 9.35 nicht enthalten [22].

Mehrkomponenten-Aufnehmer führen unabhängig von der Anordnung der Verformungskörper im Regelfalle zu einer geringeren oberen Grenzfrequenz als Einzelaufnehmer. In jedem Fall stellt die Ermittlung mehrerer Belastungskomponenten eine deutliche Erhöhung des Messaufwandes dar, der stets durch die Messaufgabe begründet sein muss. In einer Reihe von Anwendungsfällen sind Mehrkomponenten-Aufnehmer jedoch unverzichtbar, wie z. B. im Falle von Messrädern in Fahrzeugen zur Ermittlung der Belastungen an den Radnaben, in der Biomechanik und der Robotik [5].

9.7 Einbau von Kraft- und Momentenaufnehmern

Kraft- und Momentenaufnehmer müssen in den Kraft- bzw. Momentenfluss eingebracht werden. Sofern Kraft- und Momentenaufnehmer nicht bereits von vornherein am Messobjekt vorhanden sind, führt dies zu Umbauten am Messobjekt, da der Kraftfluss aufgetrennt und der Kraftaufnehmer zwischengeschaltet werden muss. Hierbei ist zu beachten, dass sich die Belastung durch den Einbau des Kraftaufnehmers nicht verändert.

Der Einbau von Kraftaufnehmern muss derart erfolgen, dass möglichst nur die zu messende Kraft mit der Messrichtung zusammenfällt (Abb. 9.38a). Bei einem *Winkelfehler* in der Krafteinleitung wird die Kraft in die zwei Komponenten der Normalkraft F_N und Querkraft F_Q aufgeteilt.

$$F_Q = F \cdot \sin(\alpha)$$
$$F_N = F \cdot \cos(\alpha)$$
(9.36)

Die Kraft in Messrichtung F_N wird um den Faktor $\cos(\alpha)$ zu klein gemessen (Abb. 9.38h). Im Falle einer Winkelabweichung von 5° beträgt die Messabweichung 0,38 % und liegt damit bereits deutlich über der erreichbaren Fehlergrenze von Kraftaufnehmern.

Die *Querkraft* F_Q erzeugt mit dem Hebelarm des Abstandes von Krafteinleitung zur DMS-Installation ein *Biegemoment*. Weitere Möglichkeiten für ein überlagertes Biegemoment sind eine exzentrische Krafteinleitung (Abb. 9.38i) oder das Eigengewicht des Aufnehmers. Horizontal eingebaute Kraftaufnehmer sollten nicht durch die Gewichtskräfte des Messobjektes als Querkräfte und Biegemomente belastet werden. Biegemomente führen zu einer ungleichförmigen Belastung des Aufnehmers. Überlastungen durch Biegemomente können zur mechanischen Beschädigung der Kraftaufnehmer führen. Die Beschädigung durch eine zu hohe statische Belastung kann sich durch eine Verschiebung des Nullpunkts nach der Entlastung zeigen. Eine zu hohe schwingende Beanspruchung kann hingegen zu Ermüdungsbrüchen führen. Hierbei sind die Außengewinde in der Krafteinleitung aufgrund der Kerbwirkung ein besonders gefährdeter Bereich.

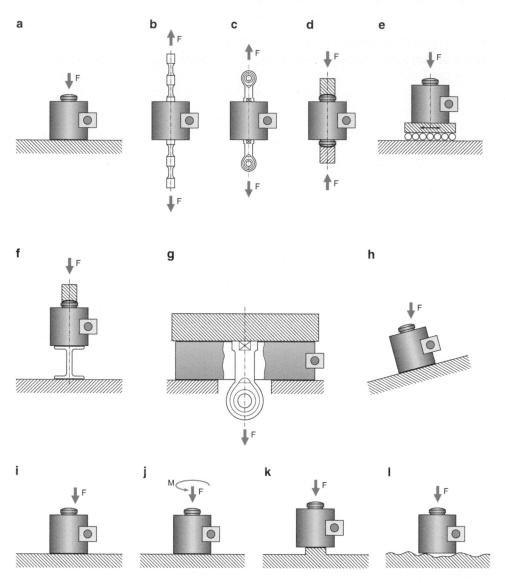

Abb. 9.38 Einbau von Kraftaufnehmern. Zentrische, momentenfreie Krafteinleitung (**a**), Biege-
gelenke (**b**), Gelenkösen (**c**), Pendelstütze (**d**), Gleit- oder Rollenlagerung (**e**), Pendelstütze und
Biegegelenk (**f**), Kraftumleitung mit ringförmigem Kraftaufnehmer (**g**). Zu vermeiden sind:
Winkelfehler (**h**), exzentrische Krafteinleitung (**i**), Momenteneinleitung (**j**), zu kleine (**k**) oder
unebene (**l**) Aufstandsfläche. (Monika Klein, www.designbueroklein.de)

▶   Die Einleitung von Querkräften und Biegemomenten kann durch Gelenke
    oder durch biegeweiche Koppelelemente (wie z. B. Federbleche) vermieden
    werden (Abb. 9.38b–g). Gelenke haben den Nachteil des Verschleißes im
    Dauereinsatz und weisen zumeist ein Spiel auf, was die Messung verfälscht.

Für Prüfstände werden nachstellbare Gelenke eingesetzt. Kraftaufnehmer mit mehreren rotationssymmetrisch verteilten DMS-Messstellen kompensieren die Einflüsse eines überlagerten Biegemoments am besten. Überdies gibt es Kraftaufnehmer mit internem Biegemomentenabgleich. Im Falle der Druck-Kraftaufnehmer kann es durch zu kleine, zu nachgiebige oder raue bzw. unebene Befestigungsflächen zur unerwünschten Biegeverformung des Aufnehmergehäuses kommen (Abb. 9.38k–l). Deshalb benötigen Druck-Kraftaufnehmer eine ausreichend große, steife und ebene Befestigungsfläche.

▶ Kraftaufnehmer sind ebenfalls empfindlich gegenüber überlagerter Torsionsbeanspruchung (Abb. 9.38j), die u. a. beim Einbau auftreten kann. Dies tritt besonders bei Kraftaufnehmern mit Anschlussgewinden auf. Hierbei sind die Muttern so anzuziehen, dass keine Torsionsbeanspruchung im Kraftaufnehmer selbst aufgenommen wird.

Ebenso sollten Kraftaufnehmer in der Messung keinen Temperaturschwankungen oder Temperaturgradienten (z. B. Strahlungswärme) ausgesetzt werden. Aufgrund der Wärmespannungen im Aufnehmer und der Temperaturabhängigkeit der verwendeten DMS können besonders bei Langzeitmessungen Messabweichungen auftreten, die sich als langsame Drift des Messwertes zeigen. Für kurzzeitige Messaufgaben oder für eine Messung der Amplituden spielt die Drift hingegen meist keine Rolle. Durch eine Hochpassfilterung (Abschn. 10.6) kann der langsam veränderliche Anteil im Messsignal unterdrückt werden. Vor dem Beginn der Messungen sollte der Kraftaufnehmer die Umgebungstemperatur angenommen haben.

▶ Der Nullabgleich der Brückenschaltung ist durchzuführen, nachdem Kraftaufnehmer und Messverstärker warmgelaufen sind (ca. 10 bis 60 min).

Drehmomentenaufnehmer werden in der Regel zur Messung der Beanspruchungen in Antrieben eingesetzt. Hierfür ist der Momentenaufnehmer z. B. mittels geeigneter Flansche in die Antriebswelle zwischenzuschalten. In diesem Fall ist darauf zu achten, dass eine damit verbundene Veränderung der Torsionsfedersteifigkeit nicht zur Veränderung des Schwingungssystems und Verfälschung des Messergebnisses führt (Abschn. 9.2). Alternativ dazu können DMS auf der Antriebswelle direkt appliziert werden. In diesem Falle können die wirkenden Beanspruchungen in der Welle derartig gering sein, dass der Signal-Rausch-Abstand unbefriedigend ist. Im Falle rotierender Teile ist eine geeignete Messwertübertragung mittels Schleifringen oder Telemetrie (Abschn. 10.8) vorzusehen.

Ebenso ist die Einleitung von Axialkräften und Biegemomenten für Momentenaufnehmer zu unterbinden (Abb. 9.39). Es werden in axialer Richtung und unter Biegung nachgiebige Kupplungen verwendet, die Biegemomente und Kräfte in Längsrichtung weitgehend eliminieren. Jedoch verändern diese zusätzlich eingebrachten Federsteifigkeiten wiederum das Schwingungsverhalten des Gesamtsystems.

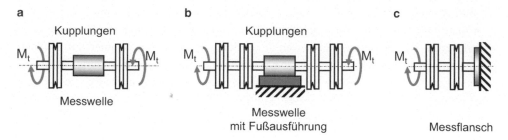

Abb. 9.39 Einbau von Momentenaufnehmern. Messwelle ohne Fuß (**a**), Messwelle mit Fußausführung (**b**), Messflansch zur Reaktionsmomentmessung (**c**)

Literatur

1. DIN 45662:1996-12 Schwingungsmesseinrichtung – Allgemeine Anforderungen und Begriffe
2. Hesse, S., Schnell, G.: Sensoren für die Prozess- und Fabrikautomation. Springer Vieweg, Wiesbaden (2018)
3. Hoffmann, K.: Eine Einführung in die Messung mit Dehnungsmessstreifen (o. J.) https://www.hbm.com/de/0112/fachbuch-eine-einfuehrung-in-die-technik-des-messens-mit-dehnungsmess-streifen/. Zugegriffen: 2. Oct. 2018
4. Keil, S.: Kraftmessgeräte mit Dehnungsmeßstreifen – Aufnehmer. In: Weiler (Hrsg.) Handbuch der physikalisch-technischen Kraftmessung, S. 67–117. Vieweg, Wiesbaden (1993)
5. Keil, S.: Dehnungsmeßstreifen. Springer Vieweg, Wiesbaden (2017)
6. Walter, L.: Strain-gage instrumentation. In: Harris, Piersol (Hrsg.) Harris' Shock and Vibration Handbook, S. 12.1–12.15. McGraw-Hill, New York (2009)
7. Heymann, J., Lingener, A.: Experimentelle Festkörpermechanik. VEB Fachbuchverlag, Leipzig (1986)
8. Heringhaus, E.: Trägerfrequenz- und Gleichspannungs-Meßverstärker für das Messen mechanischer Größen – ein Systemvergleich aus anwendungstechnischer Sicht. Messtech. Br. **18**, 42–49, 70–73 (1982)
9. Holzweißig, F., Meltzer, G.: Meßtechnik in der Maschinendynamik. VEB Fachbuchverlag, Leipzig (1973)
10. Hottinger, K., Keil, S.: Elektrische Messverfahren. In: Profos, Pfeifer (Hrsg.) Handbuch der industriellen Meßtechnik, S. 525–548. Oldenbourg, München (1994)
11. Hoffmann, K.: Dehnungsmessstreifen, ein universelles Hilfsmittel der experimentellen Spannungsanalyse, HBM Messtechnik (o. J.)
12. Baumann, E.: Sensortechnik für Kraft und Drehmoment. VEB Verlag Technik, Berlin (1983)
13. Hottinger, K., Hoffmann, K., Paetow, J.: Messung von Kräften und daraus abgeleiteten Größen. In: Profos, Pfeifer (Hrsg.) Handbuch der industriellen Meßtechnik, S. 626–651. Oldenbourg, München (1994)
14. Paetow, J.: Wägezellen und Kraftaufnehmer nach dem Dehnungsmeßstreifenverfahren. In: Bonfig (Hrsg.) Technische Druck- und Kraftmessung, S. 125–147. expert verlag, Ehningen bei Böblingen (1988)
15. Feldmann, J.: Körperschall-Messtechnik. In: Möser (Hrsg.) Messtechnik in der Akustik, S. 427–497. Springer, Berlin (2010)

16. Werdin, S., Hantschke, P.: Einsatz der Mehrkomponenten-Kraftmesstechnik in der Bauteil-prüfung, Tagungsband DVM-Workshop. Prüfmethodik für Betriebsfestigkeitsversuche in der Fahrzeugindustrie. Dresden (2008)

17. Kobusch, M., Bruns, T., Kumme, R.: Dynamische Kalibrierung von Kraftaufnehmern. PTB Mitt. **118**, 152–157 (2008)

18. Link, A., Kobusch, M., Bruns, T., Elster, C.: Modellierung von Kraft- und Beschleunigungs-aufnehmern für die Stoßkalibrierung. Techn. Mess. **73**, 675–683. https://doi.org/10.1524/teme.2006.73.12.675 (2006)

19. Giesecke, P.: Mehrkomponentenaufnehmer und andere Smart Sensors. expert verlag, Renningen (2007)

20. Bonfig, K.W.: Übersicht über Prinzip und Wirkungsweise von Kraftaufnehmern und Wäge-zellen. In: Bonfig (Hrsg.) Technische Druck- und Kraftmessung, S. 107–123. expert verlag, Ehningen (1988)

21. Tichý, J., Gautschi, G.: Piezoelektrische Meßtechnik. Springer, Berlin (1980)

22. Giesecke, P.: Mehrkomponenten-Kraftaufnehmer. In: Weiler (Hrsg.) Handbuch der physika-lisch-technischen Kraftmessung, S. 227–271. Vieweg, Wiesbaden (1993)

23. Martini, K.-H.: Mehrkomponenten-Dynamometer mit Quarzkristall-Kraftmeßelementen. In: Bonfig (Hrsg.) Technische Druck- und Kraftmessung, S. 148–167. expert verlag, Ehningen bei Böblingen (1988)

24. Parthier, R.: Messtechnik. Springer Vieweg, Wiesbaden (2014)

Signalverarbeitung

10

▶ Auf dem Weg vom Aufnehmer zur Ergebnisdarstellung muss das Messsignal in vielfältiger Art und Weise aufbereitet werden. Im Signalfluss hat der Anwender Einstellungen an der Messtechnik vorzunehmen, was fundierte Kenntnisse über die Funktionsweise und Einflussmöglichkeiten voraussetzt. Das Kapitel behandelt die einzelnen Bestandteile entlang der Messkette, deren Aufbau und Kalibrierung sowie Fragen der elektromagnetischen Beeinflussung und Telemetrie. Zahlreiche Anwendungsbeispiele, Abbildungen und Bezüge zur gerätetechnischen Umsetzung tragen zum Verständnis bei.

10.1 Signalfluss und Gerätefunktionen

Aufgabe der Signalverarbeitung ist die Gewinnung einer Ausgabegröße aus einer oder mehreren Eingangsgrößen nach einem festgelegten Algorithmus oder Verfahren [1]. Über die einzelnen Verfahrensschritte der Signalverarbeitung wird die elektrische Ausgangsgröße des Schwingungsaufnehmers in eine Ausgabegröße der Datenpräsentation umgesetzt. Der gesamte Signalfluss ist für eine typische Messeinrichtung überblicksartig in Abb. 10.1 dargestellt. Die Eingangsgröße wird hierbei von einer mechanischen Größe in ein verarbeitungsfähiges Signal umgesetzt [2]. Neben der Messgrößenwandlung können im Schwingungsaufnehmer auch Teile der *Signalaufbereitung* integriert sein (z. B. IEPE-Aufnehmer, Abschn. 8.1.3). Die Ein- und Ausgänge stellen sinnvolle Schnittstellen für die Einspeisung und Ausleitung von Signalen dar. Danach schließen sich die lineare und nichtlineare Signalverarbeitung sowie die Datenpräsentation an [2].

Die gerätetechnische Umsetzung der Verfahrensschritte in Messeinrichtungen bezeichnet man als Gerätefunktionen [2], welche in Blöcken angeordnet sind (Tab. 10.1). Da es sich um eine Aufteilung nach Funktionen handelt, ist diese Aufteilung in Blöcke

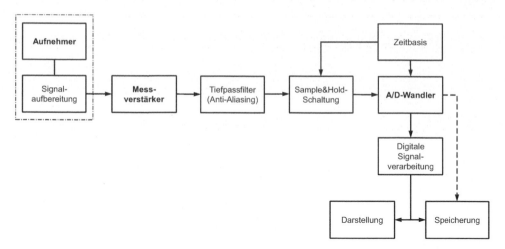

Abb. 10.1 Signalfluss und Gerätefunktionen

Tab. 10.1 Verfahren der Signalverarbeitung (modifiziert nach [2])

Blöcke	Lineare Signalver-arbeitung	Nichtlineare Signalverarbeitung	Datenpräsentation
Gerätefunktionen	Frequenzbandbegrenzung Frequenzbewertung Normierung Bandpassfilterung Fourier-Transformation	Messwertdetektion Zeitbewertung Mittelung Statistische Analyse	Anzeige Grafische Aufzeichnung Numerischer Ausdruck Sprachausgabe

nicht verbindlich für eine tatsächliche Schwingungsmesseinrichtung. Je nach technischer Ausführung der Messeinrichtung können Blöcke in unterschiedlichen Geräten zusammengefasst sein oder fehlen (z. B. Tiefpassfilter bei einfachen Messdatenerfassungskarten für den PC).

Unter der linearen Signalverarbeitung werden alle Algorithmen zusammengefasst, bei denen die Überlagerung mehrerer Signale zum gleichen Ergebnis führt, unabhängig davon, ob die Überlagerung vor oder nach der Übertragung erfolgt. Werden z. B. zwei sinusförmige Signale betrachtet, so können diese erst überlagert (gemischt) werden und dann verstärkt oder erst nach der Verstärkung gemischt werden. Das Ergebnis ist das Gleiche, sofern eine lineare Signalverarbeitung vorliegt.

Zur Abgrenzung hiervon umfassen die Elemente der nichtlinearen Signalverarbeitung alle Algorithmen, bei denen die obige Bedingung nicht gilt. Als Beispiel soll die Spitzenwertdetektion für das bereits betrachtete Beispiel der zwei Sinussignale gelten. Im Falle der getrennten Verarbeitung beider Signale erhält man den Spitzenwert des Signals mit der größeren Amplitude. Werden beide Signale gemischt, so verändert sich durch die Überlagerung der Spitzenwert. Das Anwendungsfeld der Verfahren zur nichtlinearen

Signalverarbeitung liegt in der gezielten Datenreduktion, um anhand weniger Kenn- oder Beurteilungsgrößen das Messergebnis zu interpretieren.

Zur Umsetzung der Funktionsblöcke erfolgt die lineare und nichtlineare Signal- verarbeitung heutzutage in der Regel in digitaler Form. Die überwiegende Anzahl der Schwingungsaufnehmer gibt allerdings ein analoges Ausgangssignal aus. Aus diesem Grund wird eine Analog-Digital-Umsetzung (A/D-Wandlung) des Messsignals not- wendig. In der digitalen Signalverarbeitung wird ein Großteil der Algorithmen der Signalverarbeitung durch die verwendete Software übernommen. Im Folgenden soll bei der Beschreibung der einzelnen Elemente auf die grundlegenden Funktionen für die Schwingungsmesstechnik eingegangen werden, ohne dass hierbei Anspruch auf voll- ständige Abhandlung der analogen und digitalen Signalverarbeitung besteht.

10.2 Messverstärker

Messverstärker sind zwischen dem Aufnehmer und der nachfolgenden Signalverarbeitung geschaltet. Aufgabe der Messverstärker ist die Angleichung der Messsignale an den Ein- gangsspannungsbereich des nachfolgenden A/D-Wandlers (Anpassverstärker). In Mess- verstärkern kommen hauptsächlich Operationsverstärker (OPV) zum Einsatz (Abb. 10.2). Operationsverstärker verfügen über zwei hochohmige Eingänge und einen niederohmigen Signalausgang, zwei Betriebsspannungsanschlüsse (+U_B, −U_B) sowie ggf. externe Beschaltung zur Frequenzgang- und Offsetkompensation. Die beiden Eingänge werden als invertierend („−" oder „N") und nichtinvertierend („+" oder „P") bezeichnet.

Zur Beschaltung und Funktionsweise von Operationsverstärkern wird auf die vor- handene Literatur zur Messtechnik verwiesen [3–5]. Im Folgenden werden lediglich für das Verständnis des gesamten Messsystems einige zentrale Eigenschaften diskutiert:

Rückwirkung
Jede Spannungsmessung belastet stets die Quelle durch den Innenwiderstand des Mess- gerätes und verursacht dadurch eine Messabweichung. Durch den hochohmigen Ein- gangswiderstand der Operationsverstärker wird die Belastung der Quelle soweit reduziert, dass diese i. A. keine Auswirkung auf die gemessene Spannung hat. Spezielle Schaltungen

Abb. 10.2 Schaltbild eines Operationsverstärkers (S. Hohenbild)

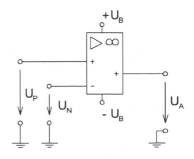

Abb. 10.3 Übertragungskennlinie eines
Operationsverstärkers
(*gestrichelt*: mit
Offsetspannung U_{D0})

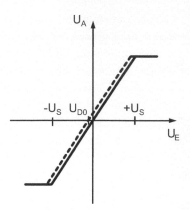

werden als Impedanzwandler bezeichnet (hohe Eingangsimpedanz, niedrige Ausgangsimpedanz).

Linearität

Der Quotient aus Ausgangsspannung U_A und Eingangsspannung $U_E = U_P - U_N$ als Differenz der beiden Eingangsspannungen ist die *Verstärkung* V (Abb. 10.3):

$$V = \frac{U_A}{U_E} \, .$$

(10.1)

Operationsverstärker haben eine lineare und symmetrische Kennlinie im Aussteuerungs-
bereich, die idealerweise durch den Koordinatenursprung geht. Die Leerlaufverstärkung
üblicher, unbeschalteter OPV liegt im Bereich von 10^5 bis 10^6 (100 … 120 dB). Durch
externe Beschaltung (Gegenkopplung) des OPV wird dessen Verstärkung verringert.

Für eine Eingangsspannung $U_P = U_N = 0$ liegt am Ausgangs eines realen OPV
eine Ausgangsspannung $U_A \neq 0$ an, d. h. die Übertragungskennlinie geht nicht durch
den Nullpunkt. Zur Erzeugung einer Ausgangsspannung $U_A = 0$ wird eine *Eingangs-
fehlspannung* bzw. *Offsetspannung* U_{D0} benötigt. Übliche Werte liegen im Bereich
0,5 µV bis 5 mV. Durch die Beschaltung (Offsetkompensation) lassen sich die Offset-
spannungen im Ausgangssignal kompensieren.

Legt man an beide Eingänge die gleiche Spannung $U_C = (U_P + U_N)/2$ an, so wird
durch die Asymmetrie beider Eingänge am Ausgang eine (kleine) Spannung U_A
gemessen. Die zugehörige Verstärkung wird als *Gleichtaktverstärkung* V_C (Common
Mode Gain) bezeichnet.

$$V_C = \frac{U_A}{U_C}$$

(10.2)

Das *Gleichtaktunterdrückungsmaß CMRR* (Common Mode Rejection Ratio) ist eine
Maß für die Gleichtaktunterdrückung

$$\text{CMRR} = 20 \lg \frac{V}{V_C} \, . \tag{10.3}$$

Übliche Werte liegen im Bereich von 80 … 100 dB. In der Praxis ist die Gleichtaktverstärkung unerwünscht. Eine hohe Gleichtaktunterdrückung wird in Eingangsschaltungen verwendet, um Störsignale zu unterdrücken.

Die *Versorgungsspannungsunterdrückung PSRR* (Power Supply Rejection Ratio) ist ein Maß dafür, welchen Einfluss Schwankungen in der Versorgungsspannung ΔU_B auf die Ausgangsspannung ΔU_A haben:

$$\text{PSRR} = -20 \lg \frac{\Delta U_A}{\Delta U_B} \, . \tag{10.4}$$

Übliche Werte liegen hierbei im Bereich von 80 … 100 dB. Die Restwelligkeit der Versorgungsspannung kann zu einer galvanischen Kopplung mit einer Frequenz von 50 Hz und deren Vielfachen auf das Ausgangssignal führen („Brummeinstreuungen"). Schaltnetzteile bewirken höherfrequente Einstreuungen. Um deren Einfluss auf die Verstärkerschaltungen zu beseitigen, ist die Spannungsversorgung von Aufnehmern und Messverstärkern z. B. über Gleichspannungskoppler (DC/DC-Koppler) oder separate Netzteile vorzunehmen (vgl. Abschn. 10.3.2).

Amplitudendynamik
Die Amplitudendynamik ist bei kleinen Amplituden vom Rauschen begrenzt und bei großen Amplituden von der Verzerrung.

Das *Rauschen* setzt sich aus einem Anteil, der nicht von der Frequenz abhängig ist (weißes Rauschen) und einem frequenzabhängigen Anteil (rosa Rauschen) mit einer 1/f-Frequenzabhängigkeit zusammen. Ursachen für das weiße Rauschen sind thermisches Rauschen, Halbleiterrauschen (Schrotrauschen, Schottky-Rauschen) und Rekombinationsrauschen (Quantenrauschen); für das 1/f-Rauschen (Funkelrauschen) Umladungsvorgänge an Halbleiterbauteilen. Das rosa Rauschen ist im Frequenzbereich durch einen Abfall der Rauschleistung von 20 dB pro Dekade gekennzeichnet, das weiße Rauschen zeigt eine konstante Rauschleistung (Abfall 0 dB pro Dekade). Durch die Überlagerung beider Anteile stellt sich i. A. eine Mischform (Abfall 0 bis 20 dB pro Dekade) ein (vgl. Abb. 8.12).

Der *Signal-Rausch-Abstand SNR* (Signal to Noise Ratio) am Ausgang des Verstärkers ist das Verhältnis der Effektivwerte bei Vollaussteuerung U_S mit einem rauschfreien Sinussignal zur Rauschspannung U_r und wird in dB angegeben:

$$\text{SNR} = 20 \lg \frac{U_S}{U_r} \, . \tag{10.5}$$

Ein hoher Signal-Rausch-Abstand ist sinnvoll in der analogen Signalverarbeitung. Die Verwendung von rauscharmen Verstärkerstufen ist eine Forderung an die Schaltungstechnik, jedoch lässt sich die Rauschspannung nicht beliebig absenken. Für den

Anwender ergeben sich praktisch zwei Wege zur Verbesserung des Signal-Rausch-Abstandes:

- Erhöhung des Nutzsignals: Nach Möglichkeit sollte in der analogen Schaltungstechnik der nutzbare Bereich der Eingangssignals U_S (0 ... 10 V, ±10 V, 0 ... 20 mA, 4 ... 20 mA) durch Auswahl des Aufnehmers und Anpassung der Verstärkung ausgenutzt werden. Da eine Übersteuerung des Messverstärkers hingegen vermieden werden muss, stellt diese Forderung einen Kompromiss für die Wahl der Verstärkung dar. In der digitalen Signalverarbeitung verzichtet man hingegen bewusst auf die bestmögliche Anpassung des Messbereiches und nutzt die Auflösung des A/D-Umsetzers (Abschn. 10.7.4).
- Rauschanpassung: Je mehr Rauschstrom einem Widerstand entnommen wird, desto stärker nimmt die Rauschspannung U_r ab. Die maximale Rauschleistung wird abgegeben, wenn der Innenwiderstand der Quelle (Aufnehmer) gleich dem Eingangswiderstand des Messverstärkers ist. Den Innenwiderstand der Quelle vermindert man, in dem ein Abschlusswiderstand am Ausgang parallel geschaltet wird. Die Rauschanpassung hat den Nachteil, dass vom Aufnehmer mehr elektrische Leistung abgegeben werden muss. Dies führt zu unerwünschten, nichtlinearen Verzerrungen im Signal. In der Messpraxis wird die Kombination aus geringem Innenwiderstand des Aufnehmers in Verbindung mit einem hochohmigeren Messverstärkereingang angestrebt. Eine optimale Rauschanpassung steht dabei nicht im Mittelpunkt, sondern die Optimierung der Gesamtschaltung (Verzerrungen, Übersteuerung, Stromverbrauch, Verfügbarkeit, Kosten usw.).

In mehreren Verstärkerstufen, die hintereinander geschaltet werden (Kettenschaltung), bestimmt das Rauschen der Eingangsstufe im Wesentlichen das Gesamtrauschen, da nachfolgende Verstärkerstufen das Rauschen der Eingangsstufen weiter verstärken. Je weiter eine Verstärkerstufe hinten in der Kette angeordnet ist, desto weniger Einfluss hat deren Rauschen auf das Gesamtrauschen. Das Rauschen des Aufnehmers und dessen Signalaufbereitung bestimmt demnach das Rauschen der gesamten Messkette. Es ist also nicht zielführend, das Signal eines Aufnehmers mit unbefriedigendem Signal-Rausch-Abstand durch nachgeschaltete rauscharme Messverstärker verbessern zu wollen.

Beim Erreichen der Sättigung ($\pm U_E = \pm U_S$) der Übertragungskennlinie liegt eine konstante Spannung am Ausgang an. Dieser Übergang in eine nichtlineare Kennlinie wird als *Übersteuerung* bezeichnet. Die Übersteuerung führt zu nichtlinearen Verzerrungen im übertragenen Signal (Abb. 10.4). Nichtlineare Verzerrungen zeigen sich in zwei Wirkungen:

- Es herrscht keine Proportionalität zwischen Ausgangs- und Eingangssignal. Dies ist ersichtlich am Ausgangssignal, bei welchem die Übersteuerung zu einer Abplattung in der Sinusfunktion führt.

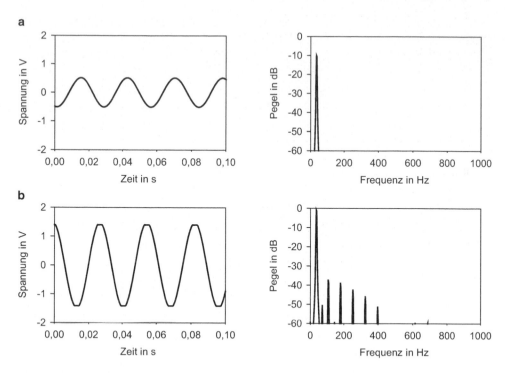

Abb. 10.4 Verzerrung eines Sinussignals bei Übersteuerung des Messverstärkers. Nicht über-steuert (**a**), übersteuert (**b**), *links* Zeitdarstellung, *rechts* Spektrum

- Im Frequenzspektrum des übersteuerten Sinussignals zeigen sich zusätzliche Frequenzkomponenten, deren Frequenz von der Frequenz des Signals verschieden ist. Die Amplituden der zusätzlichen Frequenzkomponenten sind von der Eingangs-amplitude abhängig. Bei starker Übersteuerung nähert sich das Ausgangssignal einem Rechtecksignal an und erhält dessen Frequenzspektrum.

Da diese nichtlinearen Verzerrungen unerwünscht sind, müssen OPV immer im mittle-ren, linearen Bereich der Kennlinie betrieben werden.

Bandbreite

In Messverstärkern ist eine frequenzunabhängige Verstärkung V gefordert. Dies wird durch Gegenkopplung des OPV erreicht. Mit stärkerer Gegenkopplung wird die Ver-stärkung geringer, jedoch die nutzbare Bandbreite (d. h. das Frequenzband 0 … f_{max}) größer (Abb. 10.5). Das Produkt aus Verstärkung und oberer Grenzfrequenz ist kons-tant. Bei Überschreiten der oberen Grenzfrequenz sinkt die Verstärkung mit 20 dB pro Dekade ab, weiterhin treten Phasenverschiebungen auf. Bei einer Verstärkung von 1 (0 dB) ist die *Transitfrequenz* f_T erreicht.

Abb. 10.5 Frequenzgang der Verstärkung eines Operationsverstärkers (schematisch)

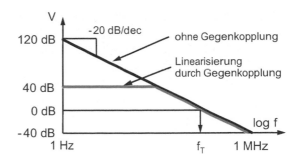

10.3 Elektromagnetische Beeinflussung der Messkette

10.3.1 Ursachen

Unter elektromagnetischer Beeinflussung soll in diesem Zusammenhang die Einwirkung elektromagnetischer Größen auf die Messkette verstanden werden. Damit ist die elektromagnetische Beeinflussung ein Teilgebiet der elektromagnetischen Verträglichkeit (EMV). Da die Rückwirkung der Messkette auf die elektromagnetische Umgebung nicht Gegenstand ist, wird zur Abgrenzung der Begriff der elektromagnetischen Beeinflussung gewählt [6, 7]. Diese entsteht durch Kopplungen von Stromkreisen und kann die Messungen empfindlich stören. Anhand einer Messkette, bestehend aus Aufnehmer, Kabel und Messverstärker werden die Entstehungsmechanismen der elektromagnetischen Beeinflussung erläutert und Ansätze zu deren Behebung aufgezeigt.

Galvanische Kopplung über Betriebsstromkreise
Diese treten z. B. an Messketten auf, in denen Aufnehmer, Messverstärker usw. über eine Stromversorgung betrieben werden. Durch die Versorgung des Messverstärkers über das Netzteil können Störspannungen in den Messverstärker eingekoppelt werden. Eine Ursache ist die verbleibende Restwelligkeit der Speisespannung nach dem Gleichrichten und zeigt sich im Frequenzspektrum als Netzfrequenz. Durch die Versorgungsspannungsunterdrückung PSRR des Operationsverstärkers nach Gl. 10.4 lassen sich Störspannungsabstände von 80 bis 100 dB bei Netzfrequenz realisieren. Restwelligkeiten aus Schaltnetzteilen schlagen i. d. R. im kHz-Bereich auf das Ausgangssignal durch. Durch eine nachfolgende A/D-Wandlung können diese Signalanteile zu kleineren Frequenzen verschoben werden und niederfrequente Störungen im Messsignal hervorrufen (Aliasing-Effekt, Abschn. 10.7.3). Eine weitere Ursache für galvanische Kopplungen sind die Rückwirkungen impulsförmiger Spannungsschwankungen auf die Versorgungsspannung. Diese können z. B. auftreten, wenn ein Verbraucher (z. B. Magnetventil) über das gleiche Netzteil geschaltet wird, welches auch zur Versorgung des Messverstärkers dient.

Galvanische Kopplung über Erdschleifen

In Gebäuden und Industrieanlagen haben die einzelnen Aufstellungsorte von Maschinen, Geräten und Messtechnik ein unterschiedliches elektrisches Potenzial gegenüber der Erde. Die Aufstellungsorte werden zwar über eine Ausgleichsleitung verbunden, diese hat jedoch einen von Null verschiedenen Innenwiderstand Z_M. In Verbindung mit einer Spannungsquelle U_M (z. B. beim Betrieb von elektrischen Maschinen) fließt dann ein Ausgleichsstrom und bewirkt einen Spannungsabfall, d. h. eine Störspannung (Abb. 10.6). Im Wechselspannungsnetz ist diese Störspannung eine Wechselspannung mit Netzfrequenz. Die Erdschleife wird deshalb oft auch als „Brummschleife" (weitere Bezeichnungen: Masseschleife, Ringerde) bezeichnet. Durch beidseitige Erdung des Aufnehmers und des Messverstärkers gelangt die Störspannung in die Messkette. Eine Erdung an einem Punkt (Aufnehmer oder Messverstärker) unterbindet die Erdschleifen (Abschn. 10.3.2).

Galvanische Kopplung durch thermische oder elektrochemische Spannungsquellen

Durch Kontaktpaarungen zwischen zwei unterschiedlichen Werkstoffen können durch den thermoelektrischen Effekt galvanische Kopplungen entstehen. Bei der Einwirkung von Feuchtigkeit, wie z. B. bei Schaltkontakten, bildet sich ein Lokalelement, welches ebenfalls Spannungen abgibt. Die Spannungen sind im µV-Bereich und spielen vor allem dann eine Rolle, wenn das Messsignal selbst klein ist (z. B. DMS, Abschn. 9.1).

Induktive Kopplung

Durch magnetische Wechselfelder kommt es zur Induktion einer Störspannung im Kreis 1 zwischen Masse und Leitung 2 (Abb. 10.7). Unterbricht man diese Erdschleife, indem der Aufnehmer nicht geerdet ist, so kann dennoch eine Störspannung im Kreis 2 (zwischen Leitung 1 und Leitung 2) induziert werden. Dieses Wechselfeld induziert eine gegenphasige Störspannung in Leitung 1 und 2 (Gegentaktstörung).

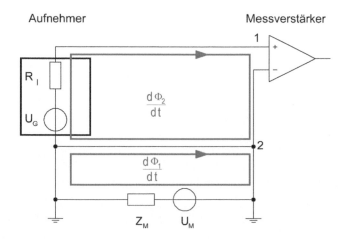

Abb. 10.6 Einkopplung von Störsignalen über Erdschleifen (S. Hohenbild)

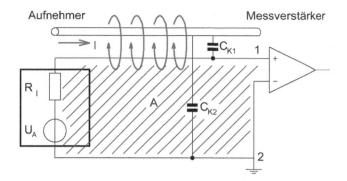

Abb. 10.7 Induktive und kapazitive Einkopplung von Störsignalen (S. Hohenbild)

Kapazitive Kopplung

Elektrische Wechselfelder entstehen z. B. bei einer Funkenentladung oder werden durch benachbarte Rundfunksender, Mobilfunkgeräte und Starkstromleitungen in die Messleitungen als Spannung kapazitiv eingekoppelt (Abb. 10.7). Sind Leitung 1 und Leitung 2 eng benachbart, so wird die Störspannung auf beide Leitungen gleich eingekoppelt (Gleichtaktstörung).

> **Beispiel**
>
> Wie groß ist die kapazitive Einstreuung des 230 V-Netzes (einphasig) in eine 30 m lange Messleitung?
>
> Für den Innenwiderstand des Aufnehmers wird ein Wert von $R_I = 500\,\Omega$, für die Koppelkapazität zwischen den Kabels $C_{K1} = 9\,\text{nF}$ (0,3 µF/km) angenommen (vgl. Abb. 10.7). Damit erhält man einen Spannungsteiler aus C_{K1} und R_I. Über R_I wird die kapazitiv eingekoppelte Spannung U_K abgegriffen:
>
> $$U_K = U\frac{R_I}{\sqrt{R_I^2 + \left(\frac{1}{2\pi f \cdot C_{K1}}\right)^2}} = 230\,\text{V}\frac{500\,\Omega}{\sqrt{(500\,\Omega)^2 + \left(\frac{1}{2\pi 50\frac{1}{s}\cdot 9\cdot 10^{-9}\frac{As}{V}}\right)^2}} = 0,3\,\text{V}\,. \tag{10.6}$$
>
> Wie groß ist die induktiv eingestreute Spannung in die Messleitung in einem Magnetfeld?
>
> Die magnetische Flussdichte des Magnetfeldes B wird nach den Grenzwerten des Bundesamtes für Strahlenschutz zu 100 µT angenommen. Der Abstand der beiden Adern wird mit 20 mm angesetzt (z. B. Flachkabel). Damit erhält man als Fläche $A = 0,6\,\text{m}^2$, die von den Feldlinien des magnetischen Feldes durchsetzt werden (vgl. Abb. 10.7). Für die induzierte Spannung ergibt sich:
>
> $$U_I = A\cdot\frac{dB}{dt} = A\cdot\frac{d}{dt}\left(\hat{B}\sin(2\pi f)\right) = A\cdot\hat{B}\cdot 2\pi f\cdot\cos(2\pi f)\,.$$

Die Amplitude der induzierten Spannung erhält man, wenn die Cosinus-Funktion den Wert 1 annimmt:

$$U_I = A \cdot \hat{B} \cdot 2\pi f = 0{,}6\,\mathrm{m}^2 \cdot 100 \cdot 10^{-6}\frac{\mathrm{Vs}}{\mathrm{m}^2} \cdot 2\pi \cdot 50\frac{1}{\mathrm{s}} = 19\,\mathrm{mV}\ .$$

Fazit:

- Bei üblichen Signalen im Bereich 10 V stellen die kapazitiv und induktiv eingekoppelten Spannungen bereits nicht zu vernachlässigende Störquellen dar.
- Kapazitive Einstreuungen wirken sich stärker bei höheren Frequenzen des elektrischen Feldes (Frequenzumrichter, Schaltvorgänge, Lichtbogen) und höherem Innenwiderstand des Aufnehmers aus.
- Induktive Einstreuungen haben einen stärkeren Einfluss bei höheren Frequenzen und größerer Fläche zwischen den Leitern (Verringerung des Abstandes zwischen den Adern auf 2 mm bedeutet Verringerung der induzierten Spannung auf 1,9 mV).
- Kurze Leitungen und große Entfernungen der Messleitungen von den Störquellen verringern in beiden Fällen die Einstreuung.

10.3.2 Abhilfemaßnahmen

Abhilfemaßnahmen lassen sich nach der Art der Einwirkung in drei Kategorien unterteilen [7–10]:

- Beseitigung der Störquelle (z. B. Beseitigung der Kopplung von Betriebsstromkreisen, über Netzteile; zeitweises Abschalten von HF-Quellen, Mobiltelefonen usw.),
- Organisatorische Maßnahmen (räumliche Trennung von Störquelle und Messsystem, Durchführung von Messungen in Zeiten ohne Störeinfluss, keine benachbarte Verlegung von Messleitungen und Versorgungsleitungen),
- Beseitigung des Störeinflusses auf die Messung (Auftrennung Erdschleifen, Abschirmung von Kabeln, Messverstärkern usw.).

Zur Beseitigung von Störeinflüssen ist es zweckmäßig, zunächst nach den Ursachen zu suchen. Eine systematische Vorgehensweise von Ursachenforschung und -beseitigung ist sinnvoll und sollte folgende drei Schritte im Vorfeld umfassen:

- Verbindung des Auftretens der Störungen mit der Messumgebung: Treten die Störsignale immer auf? Gibt es einen Zusammenhang mit anderen Ereignissen, wie z. B. das Ein- und Ausschalten von Verbrauchern und anderen Maschinen und Anlagen?
- Analyse des Signals im Zeit- und Frequenzbereich: Hochfrequente Signale lassen auf Schaltnetzteile oder HF-Einstreuung als Ursache schließen. Sinusförmige Signale mit Netzfrequenz und deren ganzzahlige Vielfache weisen in diesem Fall auf Erdschleifen bzw. eine induktive oder kapazitive Einkopplung durch die Leitungen hin.

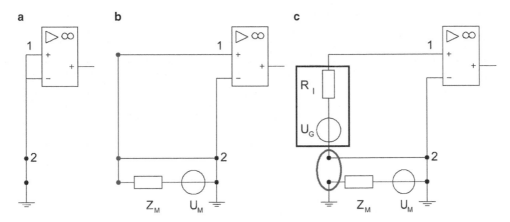

Abb. 10.8 Vorgehensweise zum Auffinden der Koppelmechanismen in einer Messkette. Kurzschließen des Einganges am Messverstärker (**a**), Kurzschließen des Kabels am Aufnehmer (**b**), Auftrennen der Masseverbindung am Aufnehmer (**c**) (S. Hohenbild)

- Falls möglich, schrittweises Abschalten aller potenziellen Störquellen in der Umgebung zur Ursachenforschung (einschließlich Mobiltelefone, Netzwerke und Klimaanlagen).

In einer weiteren schrittweisen Überprüfung der Messeinrichtung ist – wenn möglich – der Messverstärker am Eingang kurzzuschließen (Abb. 10.8a) bzw. versuchsweise der Messverstärker in abgeschirmter bzw. störungsarmer Umgebung (Abschirmkabine, bzw. Büro oder im Freien) zu betreiben [7, 8]. Die Abtrennung des Messverstärkers vom Netzteil und zumindest kurzzeitige Speisung über eine Batterie oder ein stabilisiertes Labornetzteil schaffen Aufschluss, ob das Störsignal über das Netzteil (bzw. eine Erdschleife) eingekoppelt wird. Ist keine Einkopplung des Störsignals festzustellen, so ist der Eingang des Messverstärkers mit dem Kabel zu verbinden.

Nun ist die Kabelverbindung am Aufnehmer aufzutrennen und der Schirm mit der Masse des Aufnehmers zu verbinden (Abb. 10.8b). Hierbei ist zu beachten, dass das Gehäuse des isolierten Aufnehmers nicht die Masse darstellt. Die Signalleitung(en) verbleiben zunächst offen. Es darf sich am Messverstärker kein Signal zeigen. Zeigt sich das Störsignal und es besteht eine beidseitige Masseverbindung des Schirms, so liegt eine Erdschleife vor. Bei einseitiger Masseverbindung weist dieses Störsignal auf eine induktive oder kapazitive Einkopplung zwischen den Signalleitungen hin, welches ein Zeichen für ungenügende Abschirmung im Kabel ist. Nun wird zusätzlich die Signalleitung mit der Masse verbunden, der Eingang also kurzgeschlossen. Ein nunmehr vorliegendes Störsignal in dieser geschlossenen Leiterschleife weist auf eine induktive Einkopplung hin.

In einem dritten Schritt wird der Aufnehmer angeschlossen und der Schirm am Aufnehmer unterbrochen bzw. der Aufnehmer von einer gemeinsamen Schutzerdung isoliert betrieben (Achtung: Sicherheitsvorschriften beachten). Verschwinden damit die Störsignale, ist die Ursache in einer Erdschleife zu suchen. Benötigt der Aufnehmer eine Speisespannung, so sind die Störsignale in der galvanischen Einkopplung über die Speisespannung zu suchen (Abb. 10.8c).

Oftmals treten mehrere elektromagnetische Beeinflussungen kombiniert auf, sodass es schwierig ist, den genauen Mechanismus aufzufinden. Allerdings wirken ebenfalls die praktisch möglichen Abhilfemaßnahmen parallel auf mehrere Ursachen, sodass eine pragmatische Vorgehensweise oftmals zum Ziel führt. Die Abhilfemaßnahmen sollten auf die jeweilige Wirksamkeit abgestimmt sein, d. h. die Maßnahme einsetzen, welche den größten Erfolg verspricht und vom Aufwand her dosiert sein, also vom Einfachen zum Aufwendigen hin.

Gemeinsamer Erdungspunkt

Das Auftrennen der Erdschleife und die Verwendung eines zentralen Erdungspunktes schaffen ein Nullpotenzial, auf das alle Stromkreise mit möglichst gleich langen Leitungen gelegt werden müssen. Liegt der gemeinsame Erdungspunkt beim Aufnehmer, und der Eingang des Messverstärkers ist nicht geerdet (jedoch das Gehäuse als Abschirmung), so spricht man von der Quellenerdung (Abb. 10.9a); erfolgt die Erdung am Messverstärker, so wird dies als Empfängererdung bezeichnet. Empfängererdung wird z. B. durch die Verwendung von elektrisch isolierten Aufnehmergehäusen (Abb. 10.9b) oder der isolierten Montage von Aufnehmern (Abb. 10.9c) realisiert, wobei das Aufnehmerkabel am Messverstärker geerdet wird. Zusätzliche Abschirmungen sind gegenüber Erdschleifen wirkungslos, da diese nicht in den Potenzialausgleich über die Masseleitung eingreifen [7–10].

Wird die Erdschleife aufgetrennt, so ist der Stromkreis galvanisch unterbrochen und somit können keine Ausgleichsströme fließen. Jedoch kann bei hohen Frequenzen und ausreichenden Koppelkapazitäten erneut eine Erdschleife durch kapazitive Kopplung wirksam werden.

In der internen Verdrahtung von Messeinrichtungen, z. B. über Hutschienen, entstehen Erdschleifen durch das Durchschleifen der Masse von Punkt zu Punkt. Der zwar geringe, so doch vorhandene Spannungsabfall zwischen den Massepunkten bewirkt einen Potenzialunterschied (Abb. 10.10a). Abhilfe schafft eine sternförmige Verdrahtung zu einem gemeinsamen Massepunkt (Abb. 10.10b). Wird ein gemeinsames Netzteil für die Versorgung des Aufnehmers, des Messverstärkers und für weitere Verbraucher verwendet, so kann die Masse zu den weiteren Verbrauchern durchgeschleift werden. Der dort auftretende Spannungsabfall ist für Aufnehmer und Messverstärker nicht von Belang. Die Rückwirkung über das Netzteil auf die anderen Baugruppen ist zu beachten und kann durch eine separate Stromversorgung der Messverstärker oder Zwischenschaltung von Gleichspannungswandlern (DC/DC-Kopplern) vermieden werden.

Ebenso ist es sinnvoll, mit Schutzkontakt versehene, separate Stromversorgungen für die Messelektronik aus einem gemeinsamen Steckdosenanschluss zu betreiben, um Erdschleifen über Schutzleiter und Gerätegehäuse zu vermeiden. In Stromnetzen mit gemeinsamer Verwendung von Null- und Schutzleiter kann ein Umdrehen des Steckers in der Steckdose oft genügen, um Erdschleifen zu unterbrechen.

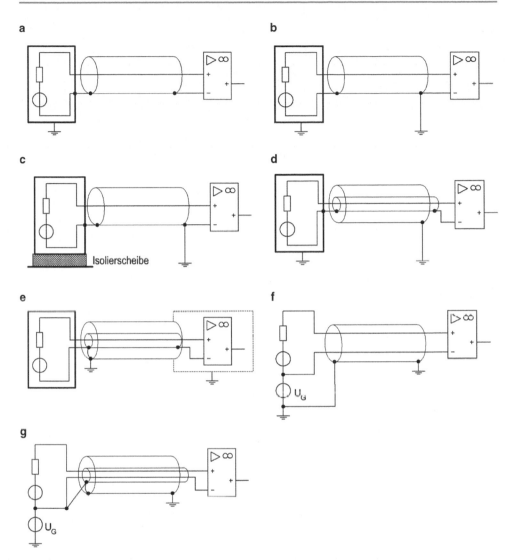

Abb. 10.9 Maßnahmen zur Vermeidung von Erdschleifen und Störeinstreuungen. Quellen-erdung des Aufnehmers (**a**), Empfängererdung durch isoliertes Aufnehmergehäuse (**b**), isolierter Aufnehmer (**c**), doppelte Abschirmung des Aufnehmers mit Erdung des Aufnehmers (**d**), doppelte Abschirmung des Aufnehmers mit Erdung des Messverstärkers (**e**), Differenzverstärker (**f**), Differenzverstärker mit doppelter Abschirmung (**g**) (S. Hohenbild)

Verkabelung

Erfolgt eine induktive oder kapazitive Einstreuung über die Kabel, so sind Abhilfemaß-nahmen über folgende organisatorische und technische Veränderungen der Verkabelung möglich:

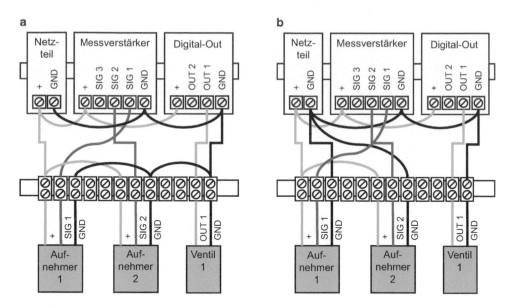

Abb. 10.10 Verdrahtungsbeispiel von Schaltschränken. Ungünstig mit Erdschleife durch Durchschleifen deren Masseleitung (**a**), günstig mit sternförmigem Massepunkt für die Aufnehmer (**b**) (nach [10])

Es sind möglichst kurze Messleitungen bis zum Messverstärker zu verwenden. Ggf. ist der Messverstärker nahe dem Aufnehmer anzuordnen oder ein Aufnehmer mit integrierter Signalaufbereitung zu verwenden.

Die Messleitungen sind in großem Abstand und nicht parallel zu Leitungen zu führen, auf denen Störsignale übertragen werden. Diese Maßnahme wirkt sowohl gegen die kapazitive als auch die induktive Einkopplung von Störsignalen. Im Falle der induktiven Einstreuung wird die induzierte Spannung durch Verringerung der Induktion B und Verkleinerung der Fläche A gesenkt (Abb. 10.7). Bei der kapazitiven Einkopplung werden die Koppelkapazitäten C_{K1} und C_{K2} verkleinert und damit die eingestreute Spannung verringert (Abb. 10.7).

Die Verwendung von geschirmten Koaxialkabeln ist ebenfalls eine Maßnahme gegen induktive und kapazitive Einstreuungen. Der Schirm des Koaxialkabels ist auf einer Seite zu erden, wenn die Masse über den Schirm geführt wird – also der Schirm Bestandteil des Stromkreises zwischen Aufnehmer und Messverstärker ist. Für elektrische Felder wirkt der Schirm als Kapazität, über den die Spannungen eingekoppelt und zur Masse abgeleitet werden. Eine beidseitige Erdung kann in diesem Fall Erdschleifen erzeugen und ist deshalb nicht sinnvoll. Diese unerwünschte beidseitige Erdung kann auch auftreten, wenn geerdete Geräte oder Schaltschränke verwendet werden und die Abschirmung an jedem Einzelgerät auf die Masse gelegt ist. Deshalb haben Messverstärker sog. erdfreie Eingänge (floating input), die keine Masseverbindung aufweisen. Ggf. sind Koaxialkabel mit zwei Schirmgeflechten zu verwenden (Abb. 10.9d).

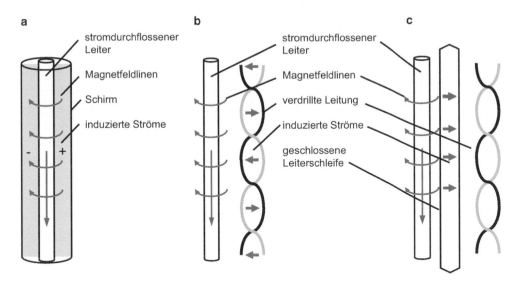

Abb. 10.11   Vermeidung der induktiven Einkopplung von Störspannungen. Koaxialkabel (**a**), verdrillte Messleitung (**b**), Geschlossene Leiterschleife als Reduktionsleiter (**c**)

Im Falle von Koaxialkabeln induzieren magnetische Felder im Abschirmgeflecht links und rechts von der Kabelseele die gleiche Spannung, die sich in der Summe aufheben (Abb. 10.11a). Verdrillte Messkabel wirken ausschließlich gegen induktive Einkopplung. Hier wird in jeder Verdrillung eine Spannung mit unterschiedlichem Vorzeichen induziert, die sich wiederum in der Summe aufheben (Abb. 10.11b). Besonders zweckmäßig sind Kabel mit paarweise verdrillten Adern. Nicht benutzte Adern im Messkabel sollten kurzgeschlossen und auf Masse gelegt werden. In dieser geschlossenen Leiterschleife (Reduktionsleiter) werden Spannungen induziert, ein Magnetfeld aufgebaut und damit die induzierten Spannungen in der Messleitung verringert (Abb. 10.11c).

Abschirmungen

Induktive Einstreuungen lassen sich durch Abschirmung mit einem ferromagnetischen Material unterdrücken. Hierzu werden Abschirmungen aus sog. MU-Metall verwendet, wie sie z. B. als Ummantelungen für Netzteile und andere Induktivitäten zum Einsatz kommen. Die Schirmung von Kabeln mit ferromagnetischen Schirmmaterialien (z. B. in separaten Kabelkanälen) ist jedoch aufwendig und wird selten praktiziert.

Elektrische Felder lassen sich durch leitfähige und geerdete Gehäuse abschirmen. Diese Maßnahme wird häufig bei Aufnehmern eingesetzt. Kunststoffgehäuse kann man mit leitfähigen Schichten oder Schirmfolie auskleiden. Für Kabel lassen sich geerdete Kabelpritschen verwenden. Im Falle von Schaltschränken ist darauf zu achten, dass alle Teile des Schaltschrankes miteinander leitend verbunden und geerdet sind. In Steckern und Schaltschränken sollten ungeschirmte Leitungen kurz und gerade ausgeführt werden.

Bei der Verwendung von doppelt geschirmtem Kabel stellt sich die Frage, auf welcher Seite der innere Schirm und auf welcher Seite der äußere Schirm anzuschließen ist. Hierzu kann aus der HF- und Impulsmesstechnik die sog. Bypass-Technik entlehnt werden, die einen Messverstärker mit Abschirmung (geerdetes Gehäuse, Baugruppenträger, Schaltschrank, Schirmkabine usw.) voraussetzt. Am Eingang des Messverstärkers wird der innere Schirm angeschlossen, der äußere Schirm wird auf das geerdete Gehäuse gelegt. Am Aufnehmer werden innerer und äußerer Schirm zusammengeführt und geerdet (Abb. 10.9e). Damit fließen die eingekoppelten Ströme über den äußeren Schirm und die geerdete Abschirmung ab. Für den inneren Schirm wird ein Bypass bezüglich der Störströme geschaffen, sodass diese nicht über die innere Abschirmung geleitet werden [7].

Differenzverstärker (Bezeichnungen „symmetrisch", „differential")
Differenzverstärker unterdrücken Gleichtaktstörungen, wenn diese in beiden Messleitungen mit gleichem Vorzeichen auftreten (Abb. 10.9f). In dieser Beschaltung erhalten der invertierende und der nicht-invertierende Eingang die gleiche Störspannung. Bei der Differenzbildung heben sich idealerweise beide Störspannungen am Ausgang auf. Damit wirken Differenzverstärker gegen kapazitive Einstreuungen und induktive Einstreuungen zwischen beiden Adern. Ebenso werden Differenzverstärker angewendet, wenn der Aufnehmer eine Masseverbindung hat und eine Erdschleife durch den geerdeten Eingang des Messverstärkers vermieden werden soll. Als Schaltungen kommen sog. Instrumentenverstärker, die aus mehreren OPV bestehen und über eine hohe Eingangsimpedanz verfügen, zum Einsatz. Instrumentenverstärker erreichen ein Gleichtaktunterdrückungsmaß CMRR nach Gl. 10.3 von 120 bis 160 dB.

Im Gegensatz zu den bisherigen Beschaltungen verlangen Differenzverstärker ein Kabel mit zwei Adern, über die der Stromkreis zum Aufnehmer geschlossen wird (Abb. 10.9g). Die Abschirmung wird dann an beiden Enden geerdet; es entsteht keine Erdschleife im Signalstromkreis. Mit Erdung des Schirmes bilden die Kapazität im Kabel und der Widerstand einen Tiefpass, welcher den Phasenwinkel des Signals verschiebt. Liegen unterschiedliche Koppelkapazitäten C_{K1} und C_{K2} auf beiden Adern vor, so stellt sich eine unterschiedliche Phasenverschiebung ein. Die nachfolgende Differenzbildung im Messverstärker kann die Unterschiede in der Phasenverschiebung nicht kompensieren, damit verschlechtert sich die Gleichtaktunterdrückung. Als Abhilfemaßnahme wird doppelt geschirmtes Kabel verwendet, dessen innerer Schirm auf das Potenzial der Messsignalleitungen gelegt wird. Der äußere Schirm wird auf Massepotenzial gelegt. Damit wird die Streukapazität des Kabels zwischen innerem und äußerem Schirm gebildet (Schutzschirmtechnik).

Zur Unterdrückung der Gleichtaktspannung am Ausgang ist darauf zu achten, dass der Innenwiderstand des Messverstärkers R_E deutlich größer sein muss als der Innenwiderstand des Aufnehmers R_I. Beide Widerstände bilden einen Spannungsteiler, über den die Spannung ΔU_I abgegriffen wird.

Sonstige Maßnahmen

Eine Möglichkeit zur Potenzialtrennung ist die Verwendung von Optokopplern, faseroptischer Signalübertragung oder Trenntransformatoren. In Trennverstärkern sind Eingang und Ausgang voneinander isoliert und somit galvanisch getrennt. Die Signalübertragung erfolgt als amplituden- oder frequenzmoduliertes Signal zwischen Ein- und Ausgang. Hierbei ist der in der Messaufgabe geforderte Frequenzbereich und der vom Gerät übertragbare Frequenzbereich zu beachten. In der Schwingungsmesstechnik haben diese Verfahren nur untergeordnete Bedeutung.

10.4   Kalibrierung und Plausibilitätsprüfung der Messkette

10.4.1 Methoden zur Kalibrierung der Messkette

Beim Aufbau und Betrieb einer Messeinrichtung müssen Aufnehmer, Messverstärker und nachfolgende Signalverarbeitung so aufeinander abgestimmt werden, dass – im Rahmen der Messunsicherheit – der Messwert am Ausgang der Messgröße am Aufnehmer entspricht. Damit gehört die Kalibrierung der Messkette zu den „Maßnahmen, die eine möglichst gute Übereinstimmung zwischen Messwert und Messergebnis mit der Messgröße zum Ziel haben" [11]. Diese Einstellungen erfolgen über die Eingabe von Parametern des Übertragungsverhaltens einzelner Baugruppen, welche als Kennwerte und Kennfunktionen in der Signalverarbeitung definiert werden. Damit geht dieser Prozess über die Verwendung von kalibrierten Aufnehmern und Messverstärkern hinaus – vielmehr wird das Zusammenwirken über die gesamte Messkette hinweg hergestellt. Die Kalibrierung kann sowohl auf die gesamte Messkette angewendet werden als auch Teile davon umfassen.

Anhand einer Messkette, die aus den Baugruppen Aufnehmer, Messverstärker und nachfolgender Signalverarbeitung besteht (Abb. 10.12), werden die unterschiedlichen Möglichkeiten der Kalibrierung erläutert. Bei Vorgabe einer Messgröße X am Aufnehmer soll die Signalverarbeitung den Messwert Y ausgeben. Diese Aufgabe kann auf verschiedenem Wege gelöst werden, wobei alle Wege in der Messpraxis einzeln oder in Kombination angewendet werden [9]:

Verwendung von Baugruppen mit bekanntem Übertragungsverhalten

Die Schnittstellen der einzelnen Baugruppen und deren Übertragungsverhalten sind definiert und durch die Verwendung von kalibrierten Aufnehmern, Messverstärkern und der Signalverarbeitung abgesichert (Abb. 10.12a). Der Vorzug der Methode ist die unkomplizierte Austauschbarkeit der einzelnen Baugruppen. Nachteilig ist anzusehen, dass das Zusammenwirken der gesamten Messeinrichtung nicht allein ausreichend durch die Kalibrierung der einzelnen Baugruppen festgelegt ist. Grobe Messfehler z. B. durch Auswahl eines für die Messaufgabe ungeeigneten (jedoch kalibrierten) Aufnehmers oder fehlerhafte Einstellungen am Messverstärker werden in der Wirkung auf das Messergebnis nicht erfasst. Weiterhin bleiben z. B. Einflüsse durch Vorzeichenfehler, Einbau des Aufnehmers,

Das Microtech Gefell / MTG - Portfolio umfasst high-end Mikrofone für Applikationen in d
Bereichen der Audio- sowie Messtechnik, DAkkS- und Werkskalibrierung, Systemlösungen u
Sonderfertigungen auf den Gebieten der Akustik, Elektronik und Mechanik sowie Service u
Reparaturen.
Der Fokus der Forschung, Entwicklung und Fertigung ist seit über 90 Jahren auf den Berei
der Schallsensorik gerichtet.

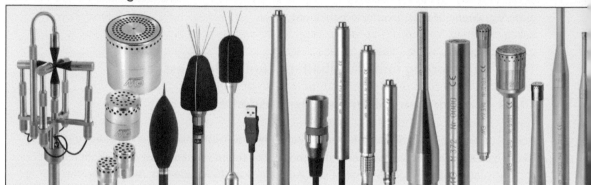

MTG verfügt über eine traditionsreiche Präzisionsmessmikrofonfertigung. Alle Messkapselkor
ponenten, bis hin zur Membran, werden in Handarbeit in Gefell hergestellt. Zusammen mit hoc
wertiger Vorverstärkertechnik entstehen in der eigenen Fertigung komplette Mikrofoneinheit
in Verbindung mit Schallpegelmessgeräten ausgewählter Hersteller (meist mit Zulassungen z
amtlichen Eichung).
MTG bietet weiterhin umfangreiches Zubehör und Sondermikrofone, wie z.B. Schallintensität
sonden und wetterfeste Mikrofoneinheiten.
Das firmeneigene, DAkkS-akkreditierte, Kalibrierlabor legt größten Wert auf kundenspezifisch
praxisnahe Kalibrierverfahren sowie erzeuge Messdaten, die dem Nutzer in dessen Messpra
besonders dienlich sind. Der Kunde hat die Möglichkeit individuell zugeschnittene Verfahr
auszuwählen.

Permanentes Laboratoriu

Messgröße / Kalibriergegenstand	Messbereich / Messspanne	Messgröße / Kalibriergegenstand	Messbereich / Messspanne
Akustische Messgrößen		**Beschleunigung**	
Messmikrofone nach IEC 61094-4	Übertragungsmaß: -60 dB bis 0 dB (bezogen auf 1 V/Pa)	Beschleunigungs-aufnehmer, Schwingungsmessgerät	0,01 m/s² bis 20 m/s²
Schalldruckpegel (Druck) Druck-Leerlauf- oder Betriebs-Übertragungsmaß von Messmikrofonen	250 Hz / 124 dB * 1000 Hz / 94 dB * 1000 Hz / 114 dB *	Betrag des Übertragungs-koeffizienten	10 Hz bis < 20 kHz 20 kHz bis < 1 kHz 1 kHz bis < 5 kHz 5 kHz bis 10 kHz
Schalldruckpegel (Druck), Frequenz	Schalldruckpegel: 70 dB bis 130 dB (bezogen auf 20 μPa)	**Beschleunigung** Schwingungskalibrator	0,01 m/s² bis 20 m/s²
Pistonfone und Schallkalibratoren nach IEC 60942	250 Hz / 124 dB 1000 Hz / 94 dB 1000 Hz / 114 dB	Betrag der Beschleunigung	10 Hz bis < 20 kHz 20 Hz bis < 1 kHz 1 kHz bis < 5 kHz 5 kHz bis 10 kHz
	Frequenz: 250 Hz und 1000 Hz		
Schalldruckpegel Messmikrofone	Aktuator relatives Übertragungs-maß in dB bezogen auf den Wert bei 250 Hz:	Frequenz	50 Hz bis 10 kHz
Aktuator-Übertragungsmaß von WS2-Messmikrofonen nach IEC 61094-4	100 Hz bis < 1 kHz 1 kHz bis 2 kHz > 2 kHz bis 5 kHz > 5 kHz bis 10 kHz > 10 kHz bis 40 kHz	Auszug aus: **Anlage zur Akkreditierungsurkunde D-K-19573-01-**	

((DAkkS
Deutsche
Akkreditierungsste

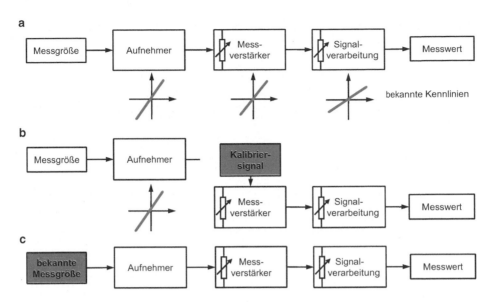

Abb. 10.12 Kalibriermöglichkeiten einer Messkette. Verwendung von Baugruppen mit bekanntem Übertragungsverhalten (**a**), Kalibrierung mit Kalibriergerät (**b**), End-to-end-Kalibrierung (**c**)

elektrische Verpolung, Übergangswiderstände in Umschaltern, Steckern und Kabeln sowie Fehlanpassungen durch den Innenwiderstand der Quelle usw. unerkannt. Für stationäre Messeinrichtungen ist die Kalibrierung von fest eingebauten Messverstärkern oft mit höherem organisatorischen Aufwand durchzuführen. Die Einzelabweichungen aus der Kalibrierung der Baugruppen addieren sich bei der Betrachtung der gesamten Messkette.

Kalibrierung mit Kalibriergerät

Hierbei wird der Aufnehmer vom Eingang getrennt und über ein Kalibriergerät ein elektrisches Signal bekannter Größe in die Messkette eingespeist (Abb. 10.12b). Mithilfe dieses Kalibriersignals erfolgt die Kalibrierung der Messkette. Ebenso ist es möglich, die Messkette an einem anderen Punkt aufzutrennen und das Kalibriersignal an dieser Stelle einzuspeisen. Die Besonderheit dieser Methode ist, dass ab dem Punkt der Signaleinspeisung die Einstellungen an den Baugruppen auf das Übertragungsverhalten erfasst werden. Dieses Kalibrierverfahren deckt z. B. Einstellfehler in der Messkette auf und ist auch im täglichen Messbetrieb durchführbar. Voraussetzung ist, dass das Kalibriersignal über die gleiche elektrische Charakteristik wie der Aufnehmer verfügt, d. h. eine bekannte Ladung, Spannung oder Strom abgibt und dessen Innenwiderstand an den Aufnehmer angepasst ist. Kalibratoren werden für eine Reihe von Aufnehmern angeboten. Alternativ kann für Spannungen ein kalibrierter Signalgenerator verwendet werden. Nachteilig bei dieser Methode ist, dass der Aufnehmer selbst nicht in den Kalibriervorgang einbezogen wird und damit Fehlfunktionen aus dem Aufnehmer selbst nicht erkannt werden können. Wenn über mehrere Baugruppen hinweg kalibriert wird, so kann über die einzelne Baugruppe keine Aussage getroffen werden (siehe unten bei End-to-end-Kalibrierung).

End-to-end-Kalibrierung

In dieser auch als „Kalibrierung über alles" bezeichneten Methode wird ein Messwert bekannter Größe auf den Aufnehmer gegeben und der Messwert am Ausgang auf diesen Messwert angepasst (Abb. 10.12c). Der Messwert wird von einem Schwingungserreger (Kalibrator) mit bekannter Größe erzeugt. Kalibratoren, die eine definierte Beschleunigung bereitstellen (z. T. auch Schnelle und Weg), werden kommerziell angeboten. Ein zweiter Weg ist, ein vorhandenes Signal mit einer zweiten unabhängigen und kalibrierten Messeinrichtung zu messen. Der Abgleich der Einstellung am Messverstärker bzw. in der Signalverarbeitung erfolgt auf den Wert des Kalibriersignals. Der Vorteil der Methode ist die Erfassung aller Einflussgrößen auf die Messkette in einem Kalibriervorgang. Diese Methode kann auch außerhalb von Kalibrierlabors unter industriellen Bedingungen oder im mobilen Messeinsatz angewendet werden. Nachteilig für die Methode ist, dass die Kalibrierung über alle Einflussgrößen erfolgt, also nicht die einzelnen Baugruppen und deren Einstellungen kalibriert werden können. Das Messsignal kann am Ausgang des Messverstärkers um den Faktor 10 verstärkt (multipliziert) sein; wenn der Eingang der nachfolgenden Signalverarbeitung das Signal mit der um Faktor 10 reduzierten Empfindlichkeit verarbeitet, wird dieser Umstand nicht im Messwert offensichtlich. Überdies gilt die Kalibrierung nur für das Kalibriersignal und setzt die Übertragbarkeit auf den gesamten Messbereich voraus. Bei Austausch einer Baugruppe ist eine Neukalibrierung der Messeinrichtung anzuraten.

Aus der parallelen Existenz der verschiedenen Methoden zur Kalibrierung der Messkette kann bereits abgeleitet werden, dass kein Verfahren von vornherein und für alle Anwendungsfälle überlegen ist. Die kombinierte oder parallele Anwendung mehrerer Methoden ist stets sinnvoll und führt zu einer höheren Plausibilität:

- Kombinierte Verwendung: Zwei oder mehrere Methoden lassen sich kombiniert verwenden, wie z. B. die Verwendung eines Aufnehmers mit bekanntem Übertragungskoeffizienten und die elektrische Kalibrierung der restlichen Messkette (Messverstärker und Signalverarbeitung). Eine weitere Möglichkeit ist die elektrische Kalibrierung und eine anschließende end-to-end-Kalibrierung mit angeschlossenem Aufnehmer.
- Parallele Verwendung: Verwendet man zwei Methoden parallel, so erhält man eine zusätzliche Plausibilitätsprüfung. Man kann z. B. eine Messeinrichtung aus kalibrierten Baugruppen aufbauen und den korrekten Aufbau durch eine end-to-end-Kalibrierung absichern.

Vielfach beschränken praktische Gründe den Einsatz eines Verfahrens. So wird die End-to-end-Kalibrierung eines 500 kN-Kraftaufnehmers sicher nicht möglich sein (da in der Messpraxis kalibrierte Kräfte dieser Größe nicht verfügbar sind) und nur die Verwendung eines bekannten Übertragungskoeffizienten infrage kommen.

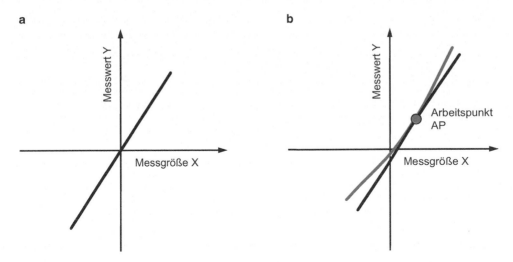

Abb. 10.13 Kennlinie und Übertragungskoeffizient. Lineare Kennlinie (**a**), nichtlineare Kennlinie (**b**)

10.4.2 Kennlinie, Offset und Übertragungskoeffizient

Für die Messgröße X am Eingang beschreibt die Funktion Y = f(X) den Messwert Y innerhalb des Messbereiches (Wertebereich). Die grafische Darstellung dieses Zusammenhanges erfolgt als Kennlinie. In dieser Beschreibung ist die Messgröße X über der Zeit konstant und alle zeitabhängigen Ausgleichsvorgänge in der Messkette sind abgeschlossen[1]. Wegen der besseren Handhabung versucht man, die Kennlinie durch eine Gerade anzunähern, die durch den Ursprung geht. Damit lässt sich der Zusammenhang zwischen Messwert Y und Messgröße X nur durch den Anstieg der Geraden K (Abb. 10.13a) ausdrücken:

$$K = \frac{Y}{X} \, .$$

Daraus ergibt sich der praktische Vorteil, dass eine Zahl ausreichend ist, um die Schnittstellen der Messeinrichtung zu beschreiben. Der Anstieg K wird in der DIN 45661 [1] als Übertragungskoeffizient bezeichnet. Weitere gängige Begriffe in der Messtechnik sind Empfindlichkeit und Übertragungsfaktor. In der durch die Elektronik geprägten Begriffswelt der Messverstärker spricht man hingegen häufig von der Verstärkung.

Bei Vorliegen einer nichtlinearen Kennlinie versucht man, diese in einem Arbeitspunkt AP durch Anlegen einer Tangente zu nähern (Abb. 10.13b). Der Arbeitspunkt

---

[1]Da ein stationärer Zustand vorliegt, wird dieser Zusammenhang als „statische Kennlinie" bezeichnet. Die statische Kennlinie wird jedoch auch zur Beschreibung von nicht-statischen Zuständen im mechanischen Sinne, wie z. B. der Beschleunigung verwendet.

sollte dabei sinnvollerweise so gewählt werden, dass dieser den tatsächlich genutzten Teil des Messbereiches hinreichend gut beschreibt. In der Umgebung des Arbeitspunktes wird die Kennlinie linearisiert, was z. B. für Wegaufnehmer mit einer nichtlinearen Kennlinie die gängige Praxis ist (vgl. Abschn. 6.2 bis 6.4).

Die Kennlinie geht nicht notwendigerweise durch den Koordinatenursprung. Ursachen hierfür sind z. B. nicht vollständig abgeglichene Brückenzweige (Abschn. 9.1) oder die Offsetspannung des Messverstärkers (Abschn. 10.2). Dieser Achsenabschnitt wird als Nullpunktverschiebung oder Offset bezeichnet und bedeutet, dass auch bei einer Messgröße $X = 0$ ein positiver oder negativer Messwert $Y \neq 0$ angezeigt wird. Um die angestrebte Übertragungskennlinie $Y = K \cdot X$ zu erhalten, sind sowohl der Nullpunkt abzugleichen (oft als „Offset" oder „Tara" bezeichnet) als auch der Übertragungskoeffizient festzulegen. Der Nullpunktabgleich wird mit einem festgelegten Koordinatensystem oder mithilfe eines definierten Belastungszustandes vorgenommen. Dieser Zustand kann für viele Messaufgaben frei vereinbart werden, z. B. wird der Nullpunktabgleich von Beschleunigungsaufnehmern oft unter Erdbeschleunigung vorgenommen, bei Kraftaufnehmern erfolgt der Nullpunktabgleich häufig unter statischer Vorbelastung durch die Gewichtskraft des Aufnehmers und der Adapter.

In der Messtechnik werden abhängig vom verwendeten Gerät bzw. verwendeter Software folgende Verfahren verwirklicht:

- Eingabe des Übertragungskoeffizienten K,
- Eingabe des Mess- und Anzeigebereiches,
- Eingabe eines Punktes auf der Kennlinie (2-Punkt-Kalibrierung).

Diese Möglichkeiten sind in Abb. 10.14 und 10.15 grafisch dargestellt. Durch die *Eingabe des Übertragungskoeffizienten* wird der Anstieg der Kennlinie vom Nullpunkt ausgehend vorgegeben (Abb. 10.14a). Bei Aufnehmern wird der Übertragungskoeffizient häufig in der Form „Volt geteilt durch physikalische Einheit" angegeben (z. B. V/ (m/s^2) bei Beschleunigungsaufnehmern). Der Übertragungskoeffizient kann weiterhin aus den unteren und oberen *Grenzen des Mess- und des Anzeigebereiches* (Abb. 10.14b) berechnet werden. Hierbei handelt es sich in der Regel um typische Angaben aus dem Datenblatt für den Aufnehmer und nicht um Angaben aus einer Kalibrierung des Aufnehmers. Deshalb ist die Messabweichung in diesem Fall größer als bei einem individuell kalibrierten Aufnehmer. Bei der *2-Punkt-Kalibrierung* erfolgt die Eingabe zunächst über einen Nullpunkt für die Messgröße Null (①) und danach für einen weiteren Punkt (②), für den eine definierte Messgröße vorliegt (Abb. 10.15a). Der Vorgang ist ggf. so lange zu wiederholen, bis der Nullpunktabgleich keine signifikante Veränderung im Anzeigewert zeigt. Dies ist deshalb notwendig, da für die Berechnung des Anstieges (Übertragungskoeffizient) und des Achsenabschnittes (Offset) in der Regel der Näherungswert aus der vorhergehenden Berechnung herangezogen wird. Bei der 2-Punkt-Kalibrierung ist zu beachten, dass beide Punkte im linearen Bereich der Kennlinie liegen bzw. die Kennlinie linearisieren. Man erreicht dies, indem beide Punkte auf der Kennlinie repräsentativ für den verwendeten Messbereich der Messaufgabe sind.

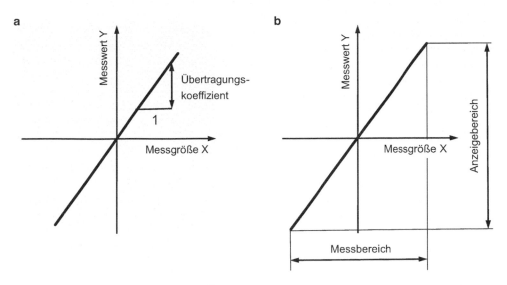

Abb. 10.14 Festlegung der Kennlinie. Übertragungskoeffizient (**a**), Mess- und Anzeigebereich (**b**)

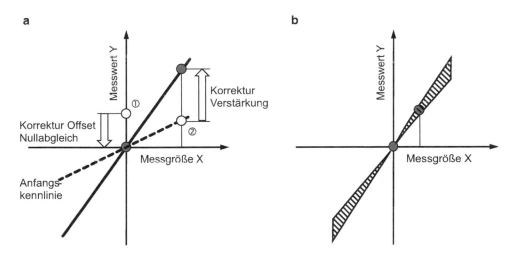

Abb. 10.15 Festlegung der Kennlinie. 2-Punkt-Kalibrierung (**a**), Extrapolationsfehler (**b**)

Zwischen den beiden gewählten Punkten wird dann die lineare Kennlinie des Aufnehmers interpoliert. Eine Extrapolation über den in der Kalibrierung gewählten Bereich
ist stets mit Vorsicht zu betrachten, da sich die (absolute) Messabweichung vergrößert
und u. U. der lineare Bereich des Aufnehmers verlassen wird (Abb. 10.15b).

Neben der Amplitudenlinearität ist bei allen genannten Kalibriermöglichkeiten der
Frequenzbereich der Messeinrichtung in der Kalibrierung zu beachten. Die Frequenz,
mit der die Kalibrierung erfolgt, wird als repräsentativ für die Messaufgabe angesehen
und muss innerhalb des Frequenzbandes liegen, welches die Messeinrichtung überträgt.

Abb. 10.16 Portabler
Schwingungskalibrator (Metra
Mess- und Frequenztechnik in
Radebeul e. K.)

Zur behelfsmäßigen 2-Punkt-Kalibrierung unter Einsatzbedingungen (engl. Field Calibration Techniques) und Plausibilitätsprüfung von Aufnehmern und Messketten kommen folgende Verfahren zum Einsatz:

Portable Kalibratoren

Portable Kalibratoren bestehen aus einer geregelten Schwingungsquelle, welche den Aufnehmer mit einer bekannten Messgröße (Beschleunigung, Schnelle oder Weg) beaufschlagt (Abb. 10.16). Absolutaufnehmer werden mit der Schwingungsquelle verbunden, für Relativaufnehmer ist der notwendige Festpunkt bei einer Reihe von Kalibratoren vorgesehen. Portable Kalibratoren arbeiten oft mit einem Effektivwert der Beschleunigung von 10 m/s^2 und einer festen Frequenz von 79,6 Hz (Kreisfrequenz $\Omega = 500$ 1/s, Wegamplitude $4 \cdot 10^{-5}$ m) oder 159,2 Hz (Kreisfrequenz $\Omega = 1000$ 1/s, Wegamplitude $1 \cdot 10^{-5}$ m). Darüber hinaus werden auch Kalibratoren mit mehreren Festfrequenzen oder durchstimmbare Kalibratoren kommerziell angeboten, welche die Aufnahme des Frequenzganges gestatten. Mit portablen Kalibratoren ist sowohl eine Kalibrierung des Aufnehmers als auch eine End-to-end-Kalibrierung möglich.

Wegaufnehmer lassen sich sehr einfach auch statisch kalibrieren, indem ein definierter Weg aufgebracht wird (Abb. 10.17). Dies kann z. B. mittels Mikrometerschraube oder einer Endmaßplatte erfolgen. Da Wegaufnehmer statische Messungen zulassen, wird dieser Wert für den gesamten Frequenzbereich genutzt.

Kippmethode

Die Kippmethode eignet sich zur Kalibrierung von Beschleunigungsaufnehmern, die eine quasistatische Messung der Beschleunigung ermöglichen (d. h. untere Grenzfrequenz 0 Hz). In diesem Verfahren wird der Aufnehmer zunächst in seiner Messrichtung vertikal

Abb. 10.17 2-Punkt-
Kalibrierung eines
Wegaufnehmers über
Endmaßplatten

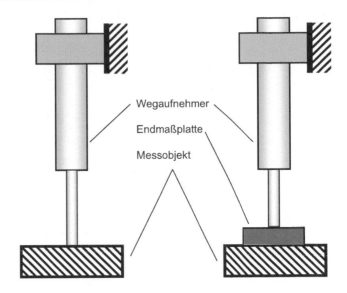

ausgerichtet und anschließend um 180° gekippt (Abb. 10.18). Damit erfährt der Aufnehmer eine Änderung der Beschleunigung von +1g (Ausgangsposition) auf −1g (kopfstehend) als Messgröße aufgeprägt. Die sich daraus ergebende Differenz von 2g wird als Messgröße verwendet.

Vergleichsmethode
Die Kalibrierung nach der Vergleichsmethode erfolgt mit einer zweiten, unabhängigen Messeinrichtung. Die zweite Messeinrichtung sollte eine höhere Messgenauigkeit haben und liefert einen Messwert, der als Vergleich mit dem zu kalibrierenden Aufnehmer dient. Beide Aufnehmer werden z. B. auf einem Schwingungserreger parallel montiert und sinusförmig angeregt. Das Verfahren kommt oft bei Beschleunigungsaufnehmern zum Einsatz, wobei die Anregung mit einem elektrodynamischen Shaker erfolgt (Abb. 10.19).

Für die Messeinrichtung in Abb. 10.12 soll nun anhand von Beispielen die Festlegung der Parameter in der Signalverarbeitung erläutert werden.

Beispiel

Die analogen Eingänge einer Datenerfassungskarte sind mit den physikalischen Einheiten in der Anzeige zu skalieren. Der Eingangsspannungsbereich beträgt ±10 V. Es sind folgende Aufnehmer anzuschließen:

1. IEPE-Beschleunigungsaufnehmer (gegebener Übertragungskoeffizient),
2. Kapazitiver Beschleunigungsaufnehmer (gegebener Messbereich),
3. Kraftaufnehmer in Brückenschaltung (gegebener Übertragungskoeffizient).

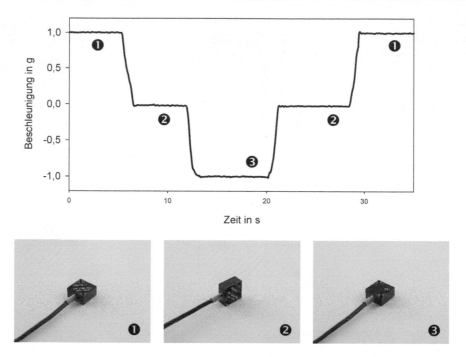

Abb. 10.18 2-Punkt-Kalibrierung eines Beschleunigungsaufnehmers mit der Kippmethode. (Fotos: Enno Tammert)

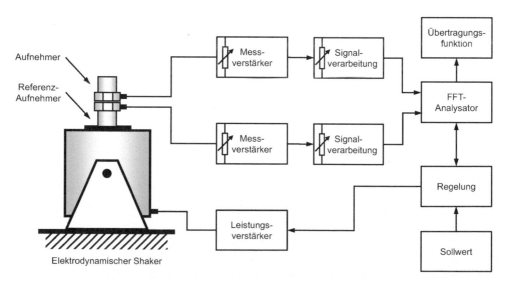

Abb. 10.19 2-Punkt-Kalibrierung nach dem Vergleichsverfahren

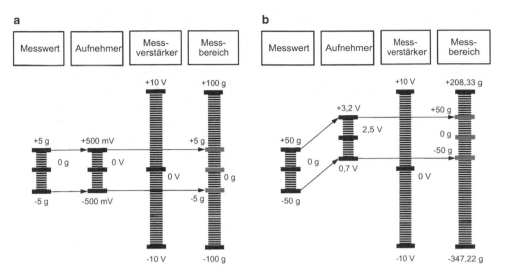

Abb. 10.20 Signalfluss und Kalibrierung für Messketten. IEPE-Beschleunigungsaufnehmer (**a**), Kapazitiver Beschleunigungsaufnehmer (**b**) (schematisch, nicht maßstäblich)

Fall 1:   Gegebener Übertragungskoeffizient (Abb. 10.20a)

Beispiel: IEPE-Beschleunigungsaufnehmer
Messbereich lt. Messaufgabe ±5g, Übertragungskoeffizient K = 100 mV/g
Vorgehensweise: Durch Umstellen der Gleichung Y = K · X erhält man für den Messbereich

$$X = \frac{Y}{K} = \frac{10\,V}{0{,}1\frac{V}{g}} = 100g\ .$$

Damit ist an der Signalverarbeitung ein Messbereich von ±100g (für ±10 V) einzustellen. Dieser Zahlenwert ist eine reine Rechengröße und tritt in der Messung nicht auf. Die Beschleunigung von 5g einspricht folgender Spannung am Kabelausgang des Beschleunigungsaufnehmers:

$$100\frac{mV}{g} \cdot 5g = 500\,mV\ .$$

Verfolgt man das Spannungssignal am Eingang mit einem Oszilloskop, so wird eine Amplitude von 0,5 V angezeigt.

Fall 2:   Gegebener Messbereich (Abb. 10.20b)

Beispiel: Kapazitiver Beschleunigungsaufnehmer
Messbereich ±50g, Ausgang 2,5 V ± 1,8 V bei 5 V Speisung

Vorgehensweise: Die Ausgangsspannung des Beschleunigungsaufnehmers hat einen Offsetwert von 2,5 V, +50g entsprechen 2,5 V + 1,8 V = 3,2 V, −50g entsprechen 2,5 V − 1,8 V = 0,7 V. Es wird weiterhin davon ausgegangen, dass der Eingang der nachfolgenden Signalverarbeitung eine getrennte Einstellmöglichkeit für die untere und obere Grenze des Einganges aufweist. Zunächst wird der Übertragungskoeffizient aus den gegebenen Werten berechnet. Eine Spannung von ±1,8 V entspricht einer Beschleunigung von ±50 g. Somit gilt für den Übertragungskoeffizienten

$$K = \frac{1,8\,V}{50\,g} = 0,036 \frac{V}{g}\ .$$

Der Übertragungskoeffizient K ist der Anstieg einer Gerade, der Offset entspricht dem Achsenabschnitt. Für die Wahl des Messbereiches in der Signalverarbeitung setzt man nun in die Geradengleichung für den Maximalwert der Beschleunigung a_{max} die Spannung +10 V ein, dem Minimalwert der Beschleunigung a_{min} wird die Spannung −10 V zugeordnet:

$$+ 10\,V = 0,036 \frac{V}{g} \cdot a_{max} + 2,5\,V \rightarrow a_{max} = +208,33\,g$$

$$- 10\,V = 0,036 \frac{V}{g} \cdot a_{min} + 2,5\,V \rightarrow a_{min} = -347,22\,g.$$

Der Offset im Anzeigewert wird durch die Verwendung einer unterschiedlichen oberen und unteren Grenze kompensiert. Sollte die Messtechnik nicht über derartige Möglichkeiten verfügen, so ist der Übertragungskoeffizient einzugeben. Von der Messeinrichtung wird dann zum elektrischen Offsetwert eine Beschleunigung ausgegeben. Der Offset in der Anzeige kann durch die Offsetkorrektur, die Verwendung eines Hochpassfilters oder eine nachträgliche Subtraktion des Offsets unterdrückt werden.

Fall 3:   Aufnehmer in Brückenschaltung (Abb. 10.21)

Kraftaufnehmer
Messbereich: $F_{nom} = ±10$ kN, Nennkennwert: $K_A = 2$ mV/V
Vorgehensweise: Der Übertragungskoeffizient von Aufnehmern in Brückenschaltung wird als Nennkennwert bezeichnet. Es gilt die Beziehung zwischen der Kraft F, der Speisespannung der Brückenschaltung U_B und der gemessenen Spannung in der Brückendiagonale U_M:

$$\frac{U_M}{U_B} = K_A \frac{F}{F_{nom}}\ .$$

Der Aufnehmer wird durch den Messverstärker mit der Speisespannung U_B versorgt. Für eine Kraft von ±10 kN gibt der Aufnehmer ein Signal $U_M/U_B = ±2$ mV/V ab.

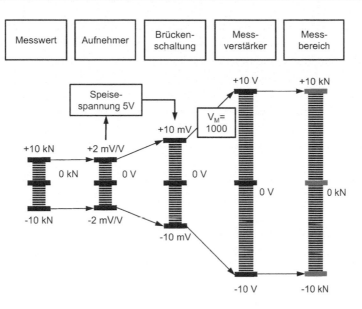

Abb. 10.21 Signalfluss und Kalibrierung für Kraftaufnehmer in Brückenschaltung (schematisch, nicht maßstäblich)

Am Eingang des Messverstärkers wird der Wert U_M (in V) weiter verarbeitet. Am Messverstärkerausgang der Zahlenwert U_A zur Verfügung stehen:

$$U_A = V_M \, U_M \,.$$

Die Verstärkung des Messverstärkers V_M wird nun so gewählt, dass die maximale Spannung an der Brückendiagonale U_M bei „Volllast" der maximalen Eingangsspannung der nachfolgenden Signalverarbeitung U_M entspricht.

Für das gewählte Beispiel ergibt sich mit $U_A = 10$ mV und $U_M = 10$ V eine Verstärkung $V_M = 1000$.

10.4.3 Signalpfadverfolgung und Fehlersuche in Messketten

Die Verfolgung des Signalpfades über die gesamte Messkette dient zur Überprüfung der Messkette und schlussendlich zur Erzielung plausibler Ergebnisse. Diese Vorgehensweise ist insbesondere in den folgenden Fällen sinnvoll:

- vor der ersten Inbetriebnahme einer Messeinrichtung,
- nach Änderungen an Baugruppen (Aufnehmer, Kabel, Messverstärker usw.),
- zur Fehlersuche.

Mit steigender Anzahl von Baugruppen steigen der Aufwand beim Aufbau, die Fehler-
möglichkeiten und der Aufwand bei der Fehlersuche und -beseitigung. Es ist deshalb
zweckmäßig, den Signalpfad in neu aufgebauten oder veränderten Messeinrichtungen zu
verfolgen und auf Plausibilität zu prüfen. Dies spart Zeit und Kosten gegenüber einer
nachträglichen Beseitigung von Fehlern. Die Fehlerursachen sind mannigfaltig; es können hier nur allgemeine Hinweise gegeben werden, um defekte und fehlerhaft arbeitende
Baugruppen einzugrenzen.

Der Kerngedanke der Signalpfadverfolgung ist, an den Schnittstellen der Baugruppen das erwartete Signal mit dem vorhandenen Messwert zu vergleichen (Abb.
10.22). Aus der Abweichung von erwartetem und gemessenem Wert können Rückschlüsse auf den Fehler im Signalpfad gezogen werden. Die Vorgehensweise ist sowohl
für die Plausibilitätsprüfung als auch in der Fehlersuche im Wesentlichen gleich. Der
Vorgang kann in die Kalibrierung der Messkette mit aufgenommen werden und gibt
eine zusätzliche Absicherung. Hierfür ist es notwendig, sich einen Überblick über
den Signalpfad, entlang der einzelnen Baugruppen der Messeinrichtung und die zu
erwartenden Zahlenwerte zu verschaffen. Als Messmittel für die Verfolgung von analogen Spannungssignalen können Voltmeter und Oszilloskop zum Einsatz kommen.

Die Verfolgung des Signalpfades sollte immer vom Bekannten in Richtung des
Unbekannten erfolgen:

- Vom Aufnehmer zur Signalverarbeitung („Vorwärtsanalyse“): Der Aufnehmer erhält
  ein bekanntes Signal. Nun wird die Größe des elektrischen Signals (z. B. Spannung) an verschiedenen Punkten gemessen. Dies beginnt am bekannten Punkt der
  Einspeisung und ist möglichst an jeder Schnittstelle zwischen den Baugruppen zu
  wiederholen. Der gemessene Zahlenwert (z. B. Spannung in V) ist an jeder Messstelle

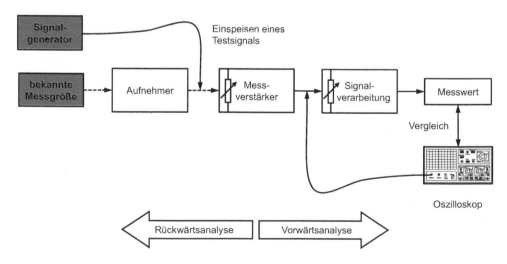

Abb. 10.22 Signalpfadanalyse

mit dem erwarteten Zahlenwert zu vergleichen. Sobald das erwartete und gemessene Ergebnis nicht übereinstimmen, ist der Fehler auf diese Baugruppe eingegrenzt.

- Von der Signalverarbeitung zum Aufnehmer („Rückwärtsanalyse"): Bei dieser Methode wird das Signal beginnend von der Anzeige der Signalverarbeitung schrittweise bis zum Aufnehmer verfolgt. Nun wird der angezeigte Messwert aus der Signalverarbeitung in das elektrische Signal am Eingang umgerechnet und mit diesem verglichen. Sofern ein plausibles Messergebnis vorliegt, ist der Vorgang an der nächsten Schnittstelle zu wiederholen, bis die defekte Baugruppe eingegrenzt ist.

Das verwendete Signal kann ein Kalibriersignal für den Aufnehmer oder – nach Auftrennung des Signalpfades – ein elektrisches Kalibriersignal sein. Da lediglich eine vergleichende Messung des Signals auf zwei Wegen durchgeführt wird, sind die Anforderungen an das Signal selbst gering. Es können für diesen Zweck neben Kalibratoren auch nicht kalibrierte Sinusgeneratoren, Labornetzteile oder Signale aus einer laufenden Messung verwendet werden.

Für diese Methoden wird aus dem Signalfluss ein Signal abgezweigt und mit einem Voltmeter bzw. Oszilloskop angezeigt. Für die weit verbreiteten Koaxialkabel können Abzweige an BNC-Steckern genutzt werden. Die Anzeige über das Oszilloskop hat den Vorteil, dass Aussagen zum zeitlichen Signalverlauf getroffen werden können, während das Voltmeter nur eine träge Anzeige des Effektivwertes gestattet. Somit können über die Analyse des Signals im Oszilloskop auch Aussagen zu Verzerrungen und kurzzeitigen Unterbrechungen (Kontaktprobleme, Kabelbruch) abgeleitet werden. Zur Feststellung von Verbindungs- und Kabelproblemen ist es oft erforderlich, die Kabel hin und her zu bewegen oder an Verbindungen zu klopfen, um die Fehler durch Kabelbruch oder veränderliche Übergangswiderstände in Erscheinung treten zu lassen.

Bei mehreren Messkanälen ist es zur Plausibilitätsprüfung sinnvoll, die zweifelsfreie Zuordnung von Aufnehmer und Messkanal sicherzustellen. Dies kann durch ein definiertes Kalibriersignal erfolgen oder qualitativ durch ein beliebiges Signal, z. B. durch leichtes (!) Klopfen an das Gehäuse von Beschleunigungsaufnehmern. Des Weiteren ist es oft zweckmäßig, alle Kanäle mit der gleichen Messgröße zu beaufschlagen und auf allen Kanälen das Vorhandensein des gleichen Messwertes zu überprüfen. Die Eingrenzung von Fehlern gelingt oft durch systematischen Tausch von Baugruppen (Aufnehmer, Kabel usw.).

In der Fehlersuche ist vor einer Durchgangsprüfung mit dem Ohmmeter zu prüfen, ob das Verfahren auf die Schaltung angewendet werden darf. Die Belastung durch Spannungen und Ströme sind für potenziometrische Aufnehmer unproblematisch, können jedoch z. B. zum Defekt von Aufnehmern mit elektronischer Signalaufbereitung führen.

Die Weiterverarbeitung von Messsignalen in der Signalverarbeitung selbst kann auch zu Fehlern führen. Dies ist z. B. der Fall, wenn der Messwert zu einem Anzeigewert weiterverarbeitet wird (z. B. Offsetkorrektur, Spitzenwertanzeigen). Weitere Quellen für scheinbar im Aufnehmer vorhandene Fehlfunktionen liegen in der digitalen Signalverarbeitung. In Abb. 10.23 sind in einem sinusförmigen Kraftverlauf Nadelimpulse im

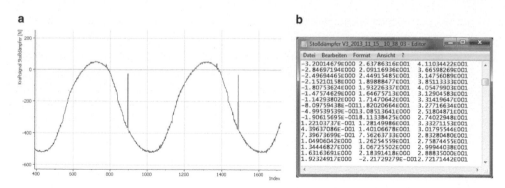

Abb. 10.23 Konvertierungsfehler bei einem sinusförmigen Kraftverlauf. Grafische Darstellung (**a**), Wertetabelle (**b**). (Stefan Strobel)

Nulldurchgang erkennbar, die zunächst auf Kabel- oder Kontaktprobleme hinweisen würden. Eine genauere Ursachenforschung ergab, dass die Nadelimpulse durch Konvertierungsfehler beim Einlesen der Datei verursacht wurden. Fälschlicherweise sind die Messwerte mit konstanter Spaltenbreite eingelesen worden, bei den im Exponenten zusätzlich eingefügten Minuszeichen erfolgte dann eine Fehlinterpretation der Zahlenwerte.

Wenn sich im Laufe der Zeit die Kalibrierfaktoren ändern, so gibt dies einen Hinweis auf eine mangelnde Langzeitkonstanz der Messkette. Es gibt in Messeinrichtungen die Möglichkeit, die Übereinstimmung von Mess- und Anzeigewert durch Nachjustieren oder Veränderung der Kennlinie herzustellen. Ein häufiges Nachjustieren sollte immer eine Ursachenforschung nach sich ziehen. Mangelnde Langzeitkonstanz kann nicht ursächlich durch engmaschige Kalibrierungen behoben werden. Diese Erscheinung weist z. B. auf Probleme in den Isolations- und Übergangswiderständen in Kabeln und Steckverbindungen und auf die Alterung elektronischer Komponenten hin.

10.5 TEDS (Transducer Electronic Data Sheet)

Die richtige Zuordnung von Aufnehmer und dessen Kalibrierdaten stellt eine zentrale technische Aufgabe für die Inbetriebnahme der Messkette dar. Bei Messeinrichtungen mit vielen Messkanälen ist die manuelle Zuordnung zeitaufwendig und fehleranfällig. TEDS (Transducer Electronic Data Sheet) stellt die Daten in elektronischer Form der Signalverarbeitung zur Verfügung. Die Daten werden vom Aufnehmer digital codiert und als serielles Protokoll in die Signalverarbeitung übertragen. Vom Aufnehmer können die Informationen aus einem programmierbaren Speicherchip (z. B. EPROM) oder über ein Datenfile eingelesen werden. Damit sind die elektronische Abfrage der verwendeten Aufnehmer und deren Rückverfolgbarkeit möglich. Das Verfahren TEDS wurde 1997 mit der IEEE 1451.1 herstellerunabhängig eingeführt. Für piezoelektrische Aufnehmer nach dem IEPE- Standard kommt der Standard nach IEEE 1451.4 zur Anwendung welcher TEDS als Bestandteil eines Mixed Mode Interfaces (MMI) standardisiert. Aufnehmer mit TEDS lassen sich auch an einer Messeinrichtung betreiben, die TEDS nicht unterstützt. Ebenso ist es möglich, Aufnehmer ohne TEDS an einer Messeinrichtung zu verwenden, die über TEDS verfügt. Damit ist eine Kompatibilität zu nicht TEDS-fähigen Aufnehmern und Messtechnik hergestellt.

Die Datenstruktur ist in Tab. 10.2 aufgelistet. Die Hauptdaten (Basic TEDS) umfassen Angaben des Herstellers zu eindeutigen Identifikation des Aufnehmers. Unter Sensortyp (Transducer Type Templates) sind das technische Prinzip und die daraus zuzuordnende Messgröße (z. B. Beschleunigungssensor, DMS-Sensor, LVDT) über eine Codierung (Template ID) hinterlegt. Im Unterpunkt Kalibrierdaten sind die Kalibrierdaten, die Kennlinie (Kalibrierkurve) und der Frequenzgang tabellarisch abgelegt. Die Benutzerdaten enthalten vom Nutzer hinterlegte Angaben am Ende der Datenstruktur, die änderbar sind.

Die Beschaltung von Aufnehmern wird entweder in der Zwei-Draht-Übertragung (IEEE 1451.4 Class 1) oder Mehrdraht-Übertragung (IEEE 1451.4 Class 2) vorgenommen. Die Zwei-Draht-Übertragung (Abb. 10.24) überträgt über eine Leitung das analoge Aufnehmersignal und die digitale TEDS-Information. Zum Auslesen wird eine Spannung von − 5 V auf die Signalleitung gegeben und damit die Übertragung des

Tab. 10.2   TEDS Struktur nach IEEE 1451.4

Element	Inhalt
Hauptdaten	Hersteller-ID Modellnummer Versionszeichen Versionsnummer Seriennummer
Sensortyp	25: Beschleunigungs- und Kraftaufnehmer 26: Ladungsverstärker mit Beschleunigungsaufnehmer 43: Ladungsverstärker mit Kraftaufnehmer 27–29: Mikrofone 30: Aufnehmer mit Spannungsausgang 31: Aufnehmer mit Stromausgang 32: Potenziometrische Aufnehmer 33: Aufnehmer in Brückenschaltung 34: LVDT/RVDT 35: DMS-Aufnehmer 36–38: Temperaturaufnehmer 39: Spannungsteiler
Kalibrierdaten	40: Kalibriertabelle 41: Kalibrierkurve (Polynom) 42: Frequenzgangtabelle
Benutzerdaten	Zum Schluss gespeichert, veränderbar

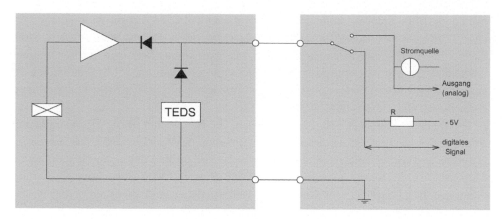

Abb. 10.24 Beschaltung von TEDS-Aufnehmern in Zwei-Draht-Übertragung (IEEE 1451.4 Class 1) (S. Hohenbild)

seriellen Protokolls aktiviert. Die Sperrdiode zur Signalaufbereitung hin verhindert den Rückfluss des Spannungsimpulses in die Signalaufbereitung. Nachdem das Auslesen der Aufnehmerdaten erfolgt ist, schaltet die Messtechnik um und der Aufnehmer kann seine Messaufgabe wahrnehmen. Die Zwei-Draht-Übertragung wird oft für Aufnehmer mit Konstantstromspeisung oder mit integrierter Signalaufbereitung (z. B. IEPE-Aufnehmer) verwendet.

Die Beschaltung in Mehrdraht-Übertragung wird dort verwendet, wo eine mehrfache Nutzung der Messleitung zur Übertragung der Aufnehmerdaten und für das Messsignal nicht möglich ist, wie z. B. bei DMS-Brückenschaltungen (Abb. 10.25). Hierbei erfolgt über zwei separate Leitungen die Übertragung der Aufnehmerdaten zur Signalverarbeitung.

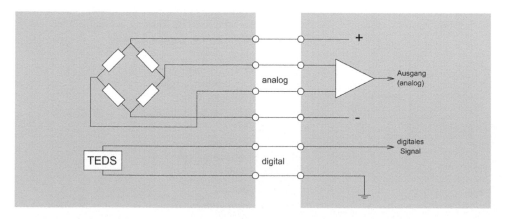

Abb. 10.25 Beschaltung von TEDS-Aufnehmern in Mehrdraht-Übertragung (IEEE 1451.4 Class 2) (S. Hohenbild)

10.6   Filter

10.6.1 Aufgaben und Funktion von Filtern

In der Schwingungsmesstechnik werden Filter hauptsächlich eingesetzt, um unerwünschte Signalanteile vom Nutzsignal abzutrennen (Abb. 10.26). Eine Filterung der Signale wird in folgenden Fällen durchgeführt (Auswahl):

- Unterdrückung des Anti-Aliasing-Effektes vor der Analog/Digital-Wandlung (Abschn. 10.7),
- Unterdrückung der Eigenfrequenzen des Aufnehmers im Messsignal (Abschn. 8.1.5),
- Entfernung von unerwünschten Signalanteilen (Rauschen, elektromagnetische Beeinflussungen (Abschn. 10.3)),
- Beseitigung der Nullpunktverschiebung (Drift) des Messsignals (Abschn. 8.1.5).

Voraussetzung für die erfolgreiche Trennung von Nutz- und Störsignal sind unterschiedliche Frequenzbereiche der beiden Signalanteile.

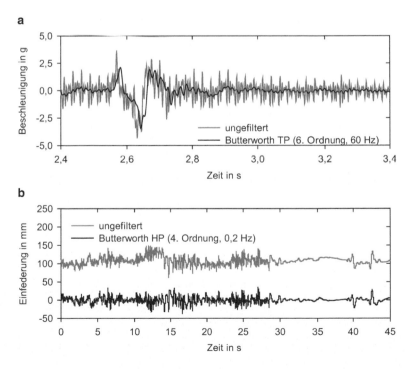

Abb. 10.26 Beispiele zur Signalfilterung mit Daten aus Fahrversuchen. **a** Beseitigen von hochfrequenten Signalanteilen durch Tiefpassfilterung (TP), **b** Unterdrücken der Nullpunktverschiebung und tieffrequenten Signalanteile durch Hochpassfilterung (HP)

Im Filter wird das Eingangssignal in Abhängigkeit von der Frequenz verstärkt bzw. abgeschwächt und steht nach einer Signallaufzeit am Ausgang zur Verfügung. Zur Beschreibung des Filters wird das Übertragungsverhalten benutzt, welches sich durch die Übertragungsfunktion beschreiben lässt. Damit erhält man den Amplituden- und Phasenfrequenzgang des Filters. Nach dem Amplitudenfrequenzgang werden folgende Filterfunktionen unterschieden (Abb. 10.27):

- Tiefpass: tiefe Frequenzen werden durchgelassen („passieren"), hohe Frequenzen werden gesperrt (z. B. Unterdrückung der Eigenfrequenzen des Aufnehmers),
- Hochpass: hohe Frequenzen werden durchgelassen, tiefe Frequenzen einschließlich der Gleichanteile werden gesperrt (z. B. Unterdrückung der Nullpunktverschiebung),
- Bandpass: ein bestimmtes Frequenzband wird durchgelassen (Durchlassbereich), alle anderen Frequenzen werden gesperrt (z. B. Schmalbandanalyse),

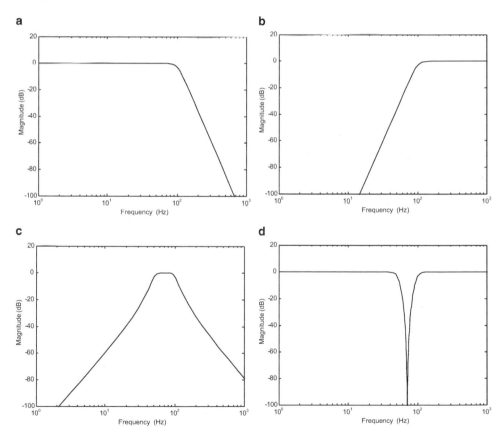

Abb. 10.27 Amplitudenfrequenzgänge. Tiefpass (**a**), Hochpass (**b**), Bandpass (**c**), Bandsperre (**d**) (Alle Butterworth 6. Ordnung, Grenzfrequenz $f_E = 100$ Hz, Abtastfrequenz $f_S = 1000$ Hz, Bandfilter: $f_{EU} = 100$ Hz, $f_{EO} = 150$ Hz)

- Bandsperre: ein bestimmtes Frequenzband wird gesperrt (Sperrbereich), alle anderen Frequenzen werden durchgelassen (z. B. Unterdrückung 50 Hz-Netzbrummen),
- Allpass: alle Frequenzen werden durchgelassen, jedoch frequenzabhängige Laufzeit.

Aus Anwendersicht werden die Filtereigenschaften und deren Einfluss auf die Signalverarbeitung am Beispiel eines Tiefpassfilters beschrieben:

- Butterworth-Filter,
- Bessel-Filter,
- Tschebyscheff-Filter (Tschebyscheff I-Filter [12]).

Die Aussagen gelten sinngemäß ebenso für Hochpassfilter. Diese Filter können als analoge Filter für zeitkontinuierliche Signale und gleichermaßen als digitale Filter für zeitdiskrete Signale aufgebaut werden. Auf die technische Realisierung, den mathematischen Filterentwurf sowie weitere Filterarten, wie z. B. das Gauß- und das Cauer-Filter (elliptische Filter) wird nicht eingegangen, sondern auf die Literatur verwiesen [12, 13].

10.6.2 Übertragungsfunktion

Amplitudenfrequenzgang

Die grafische Auftragung des Amplitudenfrequenzganges erfolgt im doppeltlogarithmischen Maßstab. Es wird hierbei die Verstärkung (Dämpfungsmaß in dB) über den Logarithmus der Frequenz (ggf. auf eine Frequenz normiert) aufgetragen. Im Amplitudenfrequenzgang werden qualitativ der *Durchlassbereich,* der *Sperrbereich* und der *Übergangsbereich* unterschieden. Idealerweise sollte ein Filter im Durchlassbereich die Verstärkung 0 dB (d. h. Ausgang = Eingang), im Sperrbereich $-\infty$ (d. h. Ausgang = 0) und im Übergangsbereich einen möglichst steilen Anstieg mit möglichst scharfem Knick vom Durchlassbereich in den Sperrbereich aufweisen.

Im Übergangsbereich wird der Kurvenverlauf durch eine asymptotisch verlaufende Gerade für Sperrdämpfung gegen unendlich angenähert. Zur Beschreibung der Sperrdämpfung wird deren Anstieg in dB pro Dekade (dB/Dec) als *Flankensteilheit* des Filters angegeben. Die Sperrdämpfung steigt mit 20 dB pro *Filterordnung* n für Tiefpass- und Hochpassfilter. Damit können Filter sowohl über die Sperrdämpfung als auch über die Filterordnung charakterisiert werden. Am Knick vom Durchlass- in den Übergangsbereich ist der Anstieg zusätzlich durch den Filtertyp bestimmt und weicht vom asymptotischen Verhalten ab.

▶ Die *Eckfrequenz* f_E ist die Frequenz, in der eine Dämpfung um 3 dB eintritt.

Diese Definition ist nicht verbindlich, wird jedoch oft benutzt. An der Eckfrequenz f_E ist also am Ausgang noch ca. 70 % des Eingangssignals messbar (-3 dB), da technisch realisierte Filter keine unendlich große Flankensteilheit aufweisen.

In Abb. 10.28 ist für das Butterworth-Filter 2. Ordnung eine Flankensteilheit von 40 dB/Dec ablesbar. Für die 4. bzw. 6. Ordnung erhöht sich die Flankensteilheit auf 80 bzw. 120 dB/Dec. Je höher die Filterordnung, desto höher ist die Dämpfung im Sperrbereich. Um Frequenzbereiche zu trennen, wird man versuchen, Filter mit möglichst hoher Filterordnung einzusetzen.

Neben der Filterordnung spielt der Filtertyp eine Rolle. Im Folgenden wird für die 4. Filterordnung (gleiche Flankensteilheit) und gleiche Eckfrequenz das Butterworth-Filter mit dem Bessel- und Tschebyscheff-Filter verglichen (Abb. 10.29). Für eine Frequenz im Sperrbereich zeigt das Bessel-Filter eine geringere Sperrdämpfung, das Tschebyscheff-Filter eine höhere Sperrdämpfung als das Butterworth-Filter. Das Tschebyscheff-Filter weist jedoch im Durchlassbereich eine Welligkeit auf (besonders im Bereich der Eckfrequenz), d. h. das Ausgangssignal wird auch im Durchlassbereich frequenzabhängig verstärkt bzw. abgeschwächt.

Phasenfrequenzgang und Gruppenlaufzeit
Der Phasenfrequenzgang eines Filters beschreibt die Frequenzabhängigkeit des Phasenwinkels φ. Hierbei wird der Phasenwinkel φ linear (in Grad oder rad) über der logarithmischen Frequenzachse f (bzw. Kreisfrequenz ω) aufgetragen. Filter bewirken eine Phasenverschiebung zwischen Eingangs- und Ausgangssignal. An der Eckfrequenz f_E

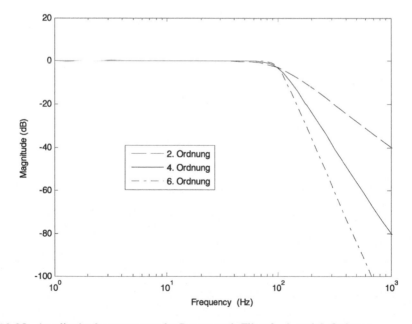

Abb. 10.28 Amplitudenfrequenzgang für Butterworth-Filter 2., 4. und 6. Ordnung

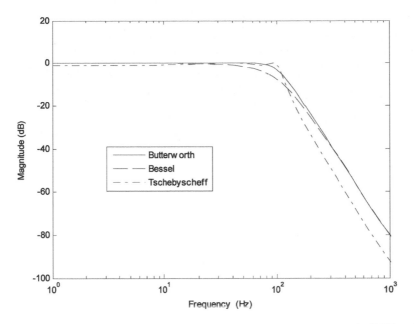

Abb. 10.29 Amplitudenfrequenzgang für Butterworth-, Bessel- und Tschebyscheff-Filter 4. Ordnung

beträgt die Phasenverschiebung 90°. Bei höheren Filterordnungen treten bei Annäherung an die Eckfrequenz Phasensprünge um 180° auf. Die Ursache für die Phasensprünge liegt darin, dass die arctan-Funktion nur Lösungen im Bereich von −180 bis +180° hat. Im Sperrbereich des Filters tritt ebenfalls eine Phasenverschiebung auf. Da die Sperrdämpfung in diesem Frequenzbereich jedoch groß ist, hat die Phasenverschiebung in diesem Frequenzbereich keine praktische Bedeutung.

Für das Beispiel eines Butterworth-Tiefpasses (Abb. 10.30a) zeigen die Phasenfrequenzgänge aller drei Filter eine frequenzabhängige Phasenverschiebung. Mit steigender Filterordnung steigt die Phasenverschiebung bei Annäherung an die Eckfrequenz des Filters. Vergleicht man bei gleicher Filterordnung die unterschiedlichen Filtertypen mit dem Butterworth-Filter, so weist das Bessel-Filter eine geringere Phasenverschiebung und das Tschebyscheff-Filter eine größere Phasenverschiebung auf.

Idealerweise sollte die Phasenverschiebung für alle Signalfrequenzen um den gleichen Betrag erfolgen. Ist diese Bedingung nicht erfüllt, so erfahren die einzelnen Signalbestandteile eine unterschiedliche Phasenverschiebung in Abhängigkeit von ihrer Frequenz. Dies wird über die Gruppenlaufzeit beschrieben. Der negative Anstieg des Phasenwinkels über die Kreisfrequenz wird als Gruppenlaufzeit bezeichnet und beschreibt die Laufzeit eines sinusförmigen Signals im Filter:

$$\tau_g = -\frac{d\varphi(\omega)}{d\omega} = -\frac{1}{2\pi}\frac{d\varphi(f)}{dt} \ . \tag{10.7}$$

a   **b**

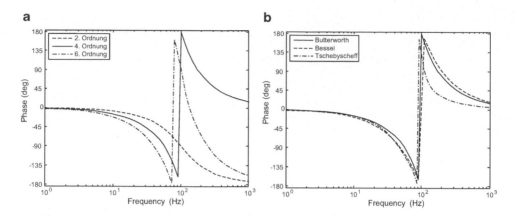

Abb. 10.30 Phasenfrequenzgänge für Butterworth-Tiefpass 2., 4. und 6. Ordnung (**a**), Vergleich Butterworth-, Bessel- und Tschebyscheff-Tiefpass 4. Ordnung (**b**)

Ein frequenzunabhängiger Wert für die Gruppenlaufzeit bedeutet, dass im Filter Signale unabhängig von deren Frequenz um die gleiche Zeit verzögert werden. Aus der Gruppenlaufzeit lassen sich gegenüber der Phasenverschiebung keine qualitativ neuen Aussagen gewinnen. Jedoch ist die Angabe einer Gruppenlaufzeit oft anschaulicher als die Angabe eines Phasenwinkels. Die Frequenzabhängigkeit der Gruppenlaufzeit besagt, dass die Signalbestandteile unterschiedlich schnell das Filter durchlaufen. Dies bewirkt eine Signalverzerrung des Ausgangssignals gegenüber dem Eingangssignal.

Mit steigender Filterordnung steigt die Gruppenlaufzeit (Abb. 10.31) im Durchlassbereich an. Das Maximum der Gruppenlaufzeit tritt für den betrachteten Butterworth-Tiefpass in der Umgebung der Eckfrequenz auf. Eine höhere Filterordnung hat ein ausgeprägteres Maximum zur Folge.

Bandfilter

Für Bandpass- und Bandsperrfilter wird auf die Mittenfrequenz f_m des Filters die untere Eckfrequenz f_{Eu} und die obere Eckfrequenz f_{Eo} bezogen. Die absolute Bandbreite B wird wie folgt definiert:

$$B = f_{Eo} - f_{Eu} \, . \tag{10.8}$$

Die Mittenfrequenz ist das quadratische Mittel der Eckfrequenzen:

$$f_m = \sqrt{f_{Eo} f_{Eu}} \, . \tag{10.9}$$

Daraus kann die relative Bandbreite Δf_{rel} berechnet werden:

$$\Delta f_{rel} = \frac{B}{f_m} \, . \tag{10.10}$$

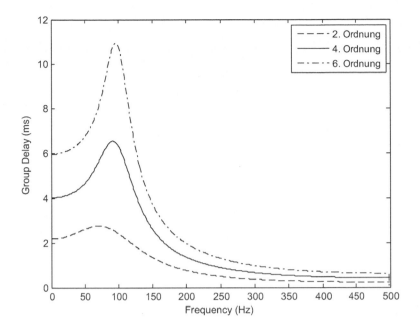

Abb. 10.31 Gruppenlaufzeit für Butterworth-Tiefpass 2., 4. und 6. Ordnung

Die Filtergüte Q ist als Kehrwert der relativen Bandbreite Δf_{rel} definiert:

$$Q = \frac{f_m}{B} \, . \qquad (10.11)$$

Verändert man bei einem Bandfilter die Mittenfrequenz, so müssen zwei Filtertypen unterschieden werden in:

- Filter konstanter absoluter Bandbreite (B = konst.): mit steigender Mittenfrequenz nimmt die relative Bandbreite Δf_{rel} mit $1/f_m$ ab.
- Filter konstanter Relativbandbreite (Δf_{rel} = konst.): bei diesen Filtern nimmt die absolute Bandbreite B proportional zur Mittenfrequenz f_m zu. Beispiele für diesen Filtertyp sind *Oktavfilter*, bei denen die obere Eckfrequenz f_{Eo} und die untere Eckfrequenz f_{Eu} im Verhältnis von 2:1 stehen (Abschn. 5.3) und *Terzfilter*, bei denen das Verhältnis $\sqrt[3]{2} : 1 = 1,26 : 1$ beträgt.

Die obere und untere Grenzfrequenz von Bandfiltern wird häufig – jedoch nicht einheitlich – als die *3 dB-Bandbreite* angegeben, bei der das Übertragungsmaß um 3 dB bei der Mittenfrequenz oder gegenüber dem mittleren Übertragungsmaß kleiner ist. Alternativ zu diesem Verfahren wird über die *effektive Rauschbandbreite* das Filter mit einem idealen Filter mit gleicher Mittenfrequenz und unendlich steilen Flanken verglichen. Bei Anregung mit weißem Rauschen (konstantes Leistungsdichtespektrum, Abschn. 11.4.7)

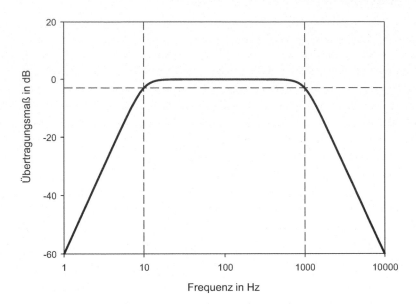

Abb. 10.32 Amplitudenfrequenzgang eines Bandpassfilters mit Eckfrequenzen und 3 dB-Bandbreite

werden obere und untere Grenzfrequenz so festgelegt, dass die durchgelassene Gesamtleistung des realen und des idealen Filters gleich sind. Bei Filtern niedriger Ordnung können die 3 dB-Bandbreite und die effektive Rauschbandbreite voneinander abweichen.

Als Beispiel für ein breitbandiges Bandpassfilter soll die DIN ISO 2954 dienen. Dieser Standard definiert ein Bandpassfilter zur Bewertung von Schwingungen an Hubkolbenmaschinen und von rotierenden Maschinen. Das breitbandige Messsignal wird durch ein Bandpassfilter bewertet und dessen Maximum als Schwingstärke angezeigt. Abb. 10.32 zeigt für den Amplitudenfrequenzgang mit eingezeichneter -3 dB Bandbreite die untere Eckfrequenz $f_{Eu} = 10$ Hz und die obere Eckfrequenz $f_{Eo} = 1000$ Hz. Die Steigung von 60 dB/dec im Übergangsbereich korrespondiert mit der jeweils 3. Filterordnung des Hoch und Tiefpasses.

10.6.3 Einschwingverhalten

Während die Übertragungsfunktion das Übertragungsverhalten im stationären Zustand, d. h. nach Abklingen aller Einschwingvorgänge beschreibt, werden dynamische Vorgänge im Zeitbereich z. B. durch die Sprungantwort auf die Sprungfunktion erfasst. Als Sprungfunktion dient am Eingang des Filters der Sprung des Eingangssignals von 0 auf 1 bei $t = 0$, was man sich anschaulich als die Flanke eines Rechtecksignals oder Einschalten der Messgröße vorstellen kann. Die Sprungantwort ist das gefilterte Signal als

Antwort des Systems auf das Eingangssignal. Ist die Gruppenlaufzeit frequenzabhängig, so laufen die Signalbestandteile der Sprungfunktion unterschiedlich schnell durch das Filter durch. In der Sprungantwort erscheint die Rechteckflanke am Ausgang verzerrt.

Anstiegszeit, Einschwingzeit und Totzeit

Die *Anstiegszeit* T_A wird als Zeitspanne der Antwort auf einen unendlich schnellen Sprung am Eingang von Null auf 1 verstanden (Anstiegsflanke eines Rechtecksignals). Für die Anstiegszeit gibt es mehrere Definitionen, wobei neben der Tangente im Wendepunkt die Zeitdifferenz aus dem 10 %- und 90 %-Wert herangezogen wird. Nach dem Anstieg kann es zu einem Überschwingen der Sprungantwort kommen, gefolgt von einer abklingenden Schwingung. Die Zeit bis zum Abklingen der Überschwinger und Erreichen des stationären Endwertes wird als *Einschwingzeit* bezeichnet. Die Einschwingzeit ist abhängig von der Definition der Anstiegszeit und des Toleranzbandes (übliche Festlegung: ±5 %). Für die Einschwingzeit wird die Anstiegszeit mit dem Faktor 2,2 [8] bis 3 multipliziert [13, 14].

Zwischen der Eckfrequenz f_E und der Anstiegszeit T_A besteht näherungsweise der Zusammenhang

$$T_A \approx \frac{1}{f_E} \; . \tag{10.12}$$

Es wird noch gezeigt werden, dass Filterordnung und -typ einen Einfluss auf die Anstiegszeit haben. Für Hochpassfilter ist die Anstiegszeit bedeutungsvoll, da z. B. eine Eckfrequenz von 0,5 Hz eine Anstiegszeit von 2 s bedeutet. Bis zum Abklingen der Überschwinger ist als grobe Faustformel der dreifache Wert der Anstiegszeit zu berücksichtigen. In Eingangsschaltungen von Messverstärkern werden Hochpassfilter oft eingesetzt, um das Messsignal aus dem Gleichspannungskreis auszukoppeln (vgl. Abschn. 8.1.3). Diese galvanische Trennung kann jedoch zu längeren Einschwingvorgängen führen, beispielsweise bei Multiplexern zur Erfassung von mehreren Analogsignalen mit einem A/D-Umsetzer (Abschn. 10.7.4).

Die Antwort von Butterworth-Tiefpassfiltern 2., 4. und 6. Ordnung auf Sprungfunktionen zeigt Abb. 10.33a. Für die Eckfrequenz $f_E = 100$ Hz in diesem Beispiel ergibt sich eine Anstiegszeit $T_A = 0{,}01$ s und unter Benutzung des Faktors 3 eine Einschwingzeit von 0,03 s. Die Sprungantwort ist auf der Zeitachse gegenüber der Sprungfunktion am Eingang verschoben *(Totzeit)*. Mit steigender Filterordnung steigen Totzeit und Einschwingzeit an. Das Filter verändert ebenso die Amplitude der Sprungfunktion. Die Sprungfunktion am Eingang auf den Wert 1 wird am Ausgang des Filters nicht durch den Sprung auf den Wert 1 beantwortet, sondern es kommt in der Einschwingzeit zu Überschwingern. Mit steigender Filterordnung nehmen die Spitzenwerte der Überschwinger zu. Es muss an dieser Stelle betont werden, dass diese Überschwinger die Antwort auf die Sprungfunktion sind. Im Gegensatz dazu wird ein sinusförmiges Signal nach dem Einschwingvorgängen ohne Überschwinger des Filters übertragen.

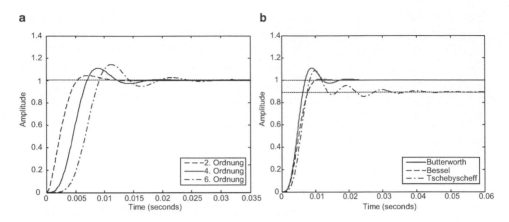

Abb. 10.33 Sprungantwort. Butterworth-Tiefpass 2., 4. und 6. Ordnung (**a**), Tiefpassfilter 4. Ordnung Butterworth, Bessel und Tschebycheff (**b**)

Im Vergleich zwischen Butterworth-, Bessel- und Tschebyscheff-Filter in Abb. 10.33b zeigt das Bessel-Filter das geringste, das Tschebyscheff-Filter das stärkste Überschwingen. Das Tschebyscheff-Filter erreicht einen stationären Wert von kleiner als 1. Verglichen mit dem Butterworth-Filter hat das Bessel-Filter eine größere Anstiegszeit, das Tschebyscheff-Filter eine geringere Anstiegszeit.

10.6.4 Filterauswahl

In der Praxis der Schwingungsmessung steht in der Regel nicht der Filterentwurf im Vordergrund. Der Anwender hat ohnehin oft nur fest eingebaute Standardfilter mit vorgegebener Ordnung und Eckfrequenz zur Verfügung. Hier vereinfacht sich die Aufgabe in der Regel darauf, ein passendes Filter für die Messaufgabe einzustellen und dessen Auswirkungen auf das Messergebnis zu beurteilen.

> **Beispiel**
>
> Gegeben ist ein Tiefpass als Butterworth-Filter 8. Ordnung mit einer Eckfrequenz $f_E = 20$ Hz. Wie groß ist für eine Frequenz $f = 50$ Hz die Dämpfung?
>
> Mit dem Verhältnis $f/f_E = 2{,}5$ liest man eine Dämpfung von ca. 64 dB ab. Für eine Frequenz von 50 Hz und ein Signal von 1 V Eingang würde man am Ausgang des Filters eine Spannung von 0,6 mV messen.

Für die häufig genutzten Filtertypen (Butterworth, Bessel, Tschebyscheff I) sind deren Eigenschaften in Tab. 10.3 zusammengefasst [12, 13, 15]

Tab. 10.3 Vergleich häufig genutzter Filtertypen

Kriterium	Butterworth	Bessel	Tschebyscheff I
Amplitudenfrequenz-gang Durchlassbereich	+ geringer Abfall der Verstärkung	− starker Abfall der Verstärkung	− welliger Verlauf
Amplitudenfrequenz-gang Übergangsbereich	+ scharfer Knick	− flacher Übergang	+ sehr scharfer Knick
Phasenfrequenzgang Durchlassbereich	− nicht proportional	+ nahezu proportional	− nicht proportional
Gruppenlaufzeit im Durchlassbereich	− nicht konstant	+ nahezu konstant	− nicht konstant
Sprungantwort	+ kurze Anstiegszeit − Überschwingen − langes Ein-schwingen	− lange Anstiegszeit + kein Überschwingen + kein Einschwingen	+ sehr kurze Anstiegs-zeit − starkes Über-schwingen − langes Ein-schwingen

▶ Für die meisten Anwendungsfälle stellt ein Butterworth-Filter den besten Kompromiss dar, besonders wenn keine hohen Anforderungen an Sperr-dämpfung und Phasenverlauf gestellt werden. Da Butterworth-Filter überdies einfach und preiswert zu realisieren sind, sind diese in der Regel als Anti-Alia-sing-Filter fest eingebaut. Bessel-Filter stellen dann eine Alternative dar, wenn die Signale im Zeitbereich weiterverarbeitet bzw. beurteilt werden sollen und auf eine verzerrungsfreie Signalübertragung besonderer Wert gelegt wird. Tschebyscheff-Filter sollten in den Fällen angewendet werden, wenn auf eine hohe Steilheit im Übergangsbereich Wert gelegt wird.

Die Eckfrequenz des Filters sollte in möglichst großem Abstand zum übertragenen Signal liegen. Mit Annäherung an die Eckfrequenz fällt die Verstärkung ab und die Signal-verzerrungen werden größer. Voraussetzung für diese Vorgehensweise ist, dass zwischen übertragenem Signal und Störsignal ein hinreichend großer Frequenzabstand besteht.

Bei geringen Eckfrequenzen (Hochpassfilter) bzw. schmalen Bandbreiten (Bandfilter) tritt die lange Einschwingzeit besonders störend in Erscheinung. Im Falle von stationären Signalen kann man sich behelfen, indem der stationäre Zustand nach dem Einschwingen gemessen wird.

Für die praktische Anwendung von Filtern bei mehrkanaligen Messungen ist es sinn-voll, alle Kanäle mit dem gleichen Filtertyp, gleicher Ordnung und gleicher Eckfrequenz zu filtern. Auf diese Weise erfahren alle Kanäle auf die gleiche Weise eine Beeinflussung in Amplitude und Phasenverschiebung. Damit können die Kanäle relativ zueinander beurteilt werden. In Abb. 10.34 wird diese Vorgehensweise in einer Messung der dyna-mischen Steifigkeit illustriert.

a

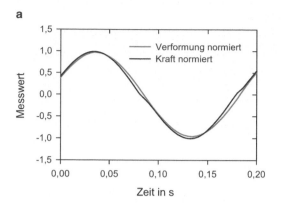

b

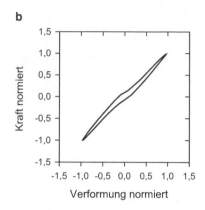

Abb. 10.34 Steifigkeitsmessung. **a** Signale im Zeitbereich, **b** Auftragung Kraft-Weg

Es ist deutlich zu erkennen, dass die Signale im Zeitbereich durch die Filterung eine Phasenverschiebung erfahren. Erfolgt die Auftragung von Kraft über Weg ungefiltert, so ist die Auswertung durch ein stark verrauschtes Signal erschwert. Werden die Signale mit unterschiedlichen Filterparametern aufgetragen, so bewirkt die Phasenverschiebung eine Deformation der Kurve in Richtung Ellipse (Lissajousfigur). Durch Filterung mit gleichen Filterparametern kann man diesen Einfluss beseitigen und erhält eine Kurve, die ein geringeres Rauschen aufweist und in ihrer Form der Kurve mit den Rohdaten entspricht, jedoch glatter verläuft.

10.7 Analog-Digital-Wandlung

10.7.1 Digitale Messtechnik

Aufnehmer liefern in der Regel ein analoges Signal bzw. eine kontinuierliche Funktion von Messwerten über der Zeit (amplituden- und zeitkontinuierliches Signal). In der anschließenden Signalverarbeitung hat eine Ablösung der analog arbeitenden durch digitale Verfahren stattgefunden, wodurch folgende Vorzüge verwirklicht werden [4, 16, 17]:

- direkte Datenübernahme aus Messungen,
- Weiterverarbeitung von Messsignalen,
- Speichermöglichkeiten,
- Unempfindlichkeit gegenüber Umwelteinflüssen (keine bewegten Teile) im Einsatz im Industrieumfeld oder bei mobilen Messungen,
- Möglichkeit zum modularen Austausch von Teilen und Baugruppen der Messeinrichtung und
- oftmals preiswertere Lösung.

Dieser Wandel ist vor allem seitens der rechnerbasierten Systeme zur Messwerterfassung und -weiterverarbeitung angetrieben worden und hat dazu geführt, dass nahezu ausschließlich digitale Verfahren der Signalverarbeitung verfügbar sind.

Um analoge Signal digital weiterverarbeiten zu können, muss eine Analog-Digital-Wandlung (A/D-Wandlung) durchgeführt werden. Die A/D-Wandlung hat zwei Aufgaben:

- Quantisierung der Messwerte in diskrete Werte mit einer konstanten Stufenbreite und
- Abtastung der Messwerte an festgelegten Stützstellen mit konstanten Zeitintervallen.

Nach der A/D-Wandlung liegt das Signal an Stützstellen in bestimmten Werten vor (amplituden- und zeitdiskretes Signal). Im Folgenden werden die Einzelaspekte der Quantisierung und Abtastung behandelt.

10.7.2 Quantisierung

Durch die Quantisierung wird das kontinuierliche Signal in Digitalwerte mit einer Auflösung von N Bit als Binärzahl umgewandelt [4, 18]. Aus N Bit ergeben sich 2^N Binärzahlen. Somit stehen $2^N - 1$ Quantisierungsintervalle als Wertebereich Z_{max} zur Verfügung:

$$Z_{max} = 2^N - 1 \approx 2^N \, . \tag{10.13}$$

Die maximale Eingangsspannung U_{max} liegt nach der Quantisierung als Z_{max} Werte im Binärcode mit der Stufenbreite U_{LSB} vor:

$$U_{LSB} = \frac{U_{max}}{Z_{max}} \, . \tag{10.14}$$

Die Stufenbreite U_{LSB} der Quantisierungsintervalle entspricht dem Analogwert des niedrigwertigsten Bits (Least Significant Bit LSB). Die maximale Eingangsspannung U_{max} (Full Scale Range, FSR) wird in Z_{max} Stufen mit gleichem Abstand und der Stufenbreite U_{LSB} verarbeitet. Hierbei ist zu beachten, dass nur positive Eingangsspannungen im Bereich $0 \ldots U_{max}$ betrachtet werden. Werden hingegen Spannungen mit positiven und negativen Vorzeichen quantisiert, so ist ein Bereich von $-1/2\,U_{max} \ldots +1/2\,U_{max}$ in den Gleichungen einzusetzen.

In Abb. 10.35 ist die A/D-Wandlung eines sinusförmigen Signals mit einem beispielhaften 3-Bit-Wandler ersichtlich. Das Sinussignal wird in einen Binärcode mit 7 Quantisierungsintervallen gewandelt. Bereits an dieser Stelle sind die grobe Quantisierung und der damit einhergehende Quantisierungsfehler auffällig und sollen näher betrachtet werden.

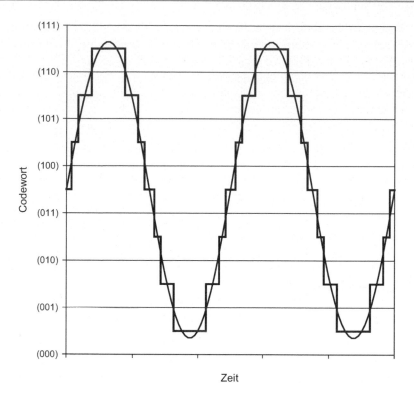

Abb. 10.35 Quantisierung eines sinusförmigen Signals mit 3-Bit-Wandler (S. Hohenbild)

Quantisierungsfehler

Die Zuordnung zwischen analogem Spannungswert (Repräsentationswert in V) und binärem Codewort erfolgt auf der Stufenmitte. Das quantisierte Signal verläuft in Stufen (Abb. 10.35). Dies ist Ausdruck des Quantisierungsfehlers ΔU, da innerhalb der Stufenbreite der Analogwert ohne Veränderung des quantisierten Signals variieren kann. Der Betrag des Quantisierungsfehlers ΔU kann höchstens die Hälfte von U_{LSB} nach Gl. 10.14 betragen:

$$\Delta U \leq \pm \frac{1}{2} U_{LSB} \, . \tag{10.15}$$

Signal-Rausch-Abstand

Das Verhältnis von maximaler Eingangsspannung U_s zu Rauschspannung U_r lässt sich in Form eines relativen Pegels mit Gl. 5.3 als Signal-Rausch-Abstand SNR schreiben:

$$SNR(dB) = 20 \cdot \lg \left(\frac{U_s}{U_r} \right) \, . \tag{10.16}$$

Bei Vollaussteuerung des A/D-Wandlers mit einem Sinussignal wird dessen doppelte Amplitude $U_{max} = 2\hat{U}$ gewandelt. Somit ergibt sich mit Gl. 10.13 und 10.14 für einen A/D-Wandler mit N Bit und einer Stufenbreite U_{LSB}:

$$2\hat{U} = (2^N - 1) \cdot U_{LSB} \approx 2^N \cdot U_{LSB} \, . \tag{10.17}$$

Da die Pegelgleichung mit den Effektivwerten gebildet werden muss, rechnet man nun den Spitzenwert unter Benutzung von $U_S = \hat{U}/\sqrt{2}$ um:

$$U_S = \frac{1}{2 \cdot \sqrt{2}} 2^N \cdot U_{LSB} \, . \tag{10.18}$$

Für die Rauschspannung U_r wird der Effektivwert des Quantisierungsrauschens mit der Stufenbreite U_{LSB} berechnet (vgl. Abschn. 11.2.1). Hierbei wird angenommen, dass im Zeitintervall $-T/2 \leq t \leq T/2$ die Rauschspannung von $-1/2\,U_{LSB}$ bis $+1/2\,U_{LSB}$ schwankt:

$$U_r = \sqrt{\frac{1}{T} \int_{-T/2}^{+T/2} \left(U_{LSB} \frac{t}{T}\right)^2 dt} = U_{LSB} \sqrt{\frac{1}{T^3} \int_{-T/2}^{+T/2} t^2 dt} = \sqrt{\frac{1}{T^3} \frac{1}{3 \cdot 4} T^3} = \frac{U_{LSB}}{\sqrt{12}} \, . \tag{10.19}$$

Durch Einsetzen der Gln. 10.18 und 10.19 in 10.16 und Auflösen erhält man schließlich:

$$SNR = 20 \cdot \lg \frac{\frac{1}{\sqrt{2}} \frac{1}{2} 2^N U_{LSB}}{\frac{1}{\sqrt{12}} U_{LSB}} = 20 \cdot \lg \left(2^N \sqrt{\frac{3}{2}}\right) \tag{10.20}$$

$$= (20 \lg 2) \cdot N + 20 \lg \sqrt{\frac{3}{2}} = 6{,}02 \cdot N + 1{,}76 \, .$$

▶ Mit höherer Auflösung (höherer Bitzahl) verringert sich das Rauschen. Mit jedem zusätzlichen Bit N verbessert sich der Signal-Rausch-Abstand um 6 dB (d. h. Faktor 2).

Dieser Wert für das Signal-Rausch-Abstand stellt eine theoretische obere Grenze für A/D-Wandler mit linearer Kennlinie, konstanter Quantisierungsbreite (konstante Bitrate) und ohne weitere Rauschquellen sowie sonstigen Fehlspannungen dar. Für reale A/D-Wandler sind deshalb für die effektive Auflösung (effective Number of Bits, ENOB) geringere Werte zu erwarten.

Zusammenfassend sind Kenngrößen zur Charakterisierung von A/D-Wandlern in Tab. 10.4 aufgeführt.

Tab. 10.4 Kenngrößen der Quantisierung von A/D-Wandlern

Auflösung N	Wertebereich 2^N	Stufenbreite U_{LSB} (ref. 1 V)	Quantisierungs-fehler $\pm \Delta U$ in V (ref. 1 V)	Signal-Rausch-Abstand SNR in dB
8	256	3,9 mV	2,0 mV	49,9
10	1024	0,98 mV	0,49 mV	62,0
12	4096	0,24 mV	0,12 mV	74,0
14	16.384	61 µV	31 µV	86,0
16	65.536	15 µV	7,6 µV	98,1
18	262.144	3,8 µV	1,9 µV	110,1
20	1.048.576	0,95 µV	0,48 µV	122,2
22	4.194.304	0,24 µV	0,12 µV	134,2
24	16.777.216	60 nV	30 nV	146,2

Beispiel

Eine Spannungsmessung mittels DMS-Viertelbrücke wird auf einem Stahlbauteil vorgenommen. Der Messbereich wird auf ± 500 MPa abgeschätzt. Welche Messabweichung infolge des Quantisierungsfehlers errechnet sich für einen 8-Bit-Wandler?

Mit dem Quantisierungsfehler aus Tab. 10.4 und dem Referenzwert 1 V erhält man über den Dreisatz:

$$\frac{2\,mV}{1\,V} = \frac{\Delta\sigma}{\pm 500\,MPa} \rightarrow \Delta\sigma = \pm 1\,MPa \; .$$

Fazit: Der 8-Bit-Wandler führt zu einer Messabweichung von ± 1 MPa. Die Messabweichung bei DMS-Messungen (Abschn. 9.1.8) von ca. 2 % entspricht für den gewählten Messbereich einem Absolutwert von ± 10 MPa. Folglich liegt der Quantisierungsfehler eine Größenordnung unter der Messabweichung und ist für dieses Beispiel als gering einzuschätzen. Die Verwendung eines A/D-Wandlers mit höherer Auflösung würde in diesem Falle nicht wesentlich die Messunsicherheit verringern.

Ein Beschleunigungsaufnehmer wird an einem 24-bit-A/D-Wandler mit ± 10 V Eingängen betrieben. Der Aufnehmer hat einen Übertragungskoeffizient von 100 mV/g und soll Beschleunigungen von $\pm 1,5$ g messen. Wie groß ist die effektive Auflösung des A/D-Wandlers?

Für eine Beschleunigung von $\pm 1,5$ g erhält man mit dem Übertragungskoeffizienten 100 mV/g einen Messwert von $\pm 0,15$ V. Damit wird die Auflösung des A/D-Umsetzers zu 1,5 % genutzt. Der genutzte Wertebereich und die effektive Auflösung (effective Number of Bits, ENOB) errechnen sich dann zu:

$$0{,}015 \cdot 2^{24} = 251.658 \rightarrow ENOB = \log_2 251.658 = 17{,}9 \; .$$

Fazit: Die effektive Auflösung entspricht etwa 18 Bit. Die Messabweichung aufgrund des Quantisierungsfehlers beträgt $30\,\text{nV/V} \cdot 20\,\text{V} = 0{,}6\,\mu\text{V}$ (relativer Fehler: $4 \cdot 10^{-6}$) und genügt damit vielen praktischen Anforderungen bei weitem. Die verfügbare Auflösung von 24 Bit kann nur dann genutzt werden, wenn der Eingang voll ausgesteuert wird und keine weiteren Nichtlinearitäten, Rauschspannungsquellen usw. auftreten. Auch wenn eine hohe Auflösung nicht ausgenutzt wird, ist die Auflösung von 24 Bit aus Gründen des Signal-Rausch-Abstandes (Abschn. 10.7.4) sinnvoll.

10.7.3 Abtastung

Die Wahl der Abtastfrequenz f_S (Abtastrate, sampling rate) muss so erfolgen, dass das ursprüngliche Analogsignal ohne Informationsverlust aus dem abgetasteten, zeitdiskreten Signal rekonstruiert werden kann. Dies ist nach dem Abtasttheorem dann erfüllt, wenn die Abtastfrequenz f_S größer ist als das Doppelte der im Signal enthaltenen, maximalen Frequenz f_{max}:

$$f_S > 2f_{max} \, .$$

In dieser Formulierung wird davon ausgegangen, dass das Analogsignal eine Bandbreite f_{max} hat, d. h. ausschließlich Frequenzen von 0 bis f_{max} enthalten sind. Für die theoretische Herleitung des Abtasttheorems wird auf die einschlägige Literatur verwiesen[2], hier sollen lediglich einige für die Messpraxis wichtige Konsequenzen aufgezeigt werden.

In anderen Worten ausgedrückt, für eine gegebene Abtastfrequenz f_S dürfen im Signal Frequenzen f im Bereich von $0 \leq f < f_S/2$ enthalten sein. Die Frequenz $f_S/2$ wird als *Nyquist-Frequenz* bezeichnet. Enthält das Signal Frequenzanteile größer oder gleich der Nyquist-Frequenz, so ist aus dem abgetasteten Signal nicht mehr eindeutig der Verlauf des Ausgangssignals zu rekonstruieren. Dies wird für das Beispiel in Abb. 10.36 nachfolgend erläutert.

In Abb. 10.36a ist der Signalverlauf für eine gegebene Frequenz $f = 50\,\text{Hz}$ und deren Abtastung mit $f_S = 400\,\text{Hz}$ ($f_S = 8 \cdot f$) dargestellt. Jede Periode wird mit 8 Punkten abgetastet. Für diesen Fall ist aus dem abgetasteten Signal eine Signalrekonstruktion möglich. Im einseitigen Amplitudenspektrum ist eine Linie bei der Frequenz $f = 50\,\text{Hz}$ erkennbar. Daneben zeigen sich noch zwei weitere Linien bei $350\,\text{Hz}$ und $450\,\text{Hz}$. Diese sind durch die Eigenschaften der diskreten Fourier-Transformation (DFT) bedingt (Abschn. 11.2) und sind aus zwei Eigenschaften des Frequenzspektrums zu erklären: Einerseits ist das Spektrum symmetrisch zu $f = 0\,\text{Hz}$, die Frequenzen treten paarweise mit positivem und negativem Vorzeichen (hier also $\pm 50\,\text{Hz}$) auf. Anderseits zeigt das Spektrum eine Periodizität mit der Abtastfrequenz f_S. Deshalb treten die Frequenzen

---

[2]In der älteren Literatur wird das Abtasttheorem als Shannonsches Abtasttheorem bezeichnet, die neuere Fachliteratur bezeichnet es als WKS-Theorem (nach Whittaker, Kotelnikov und Shannon).

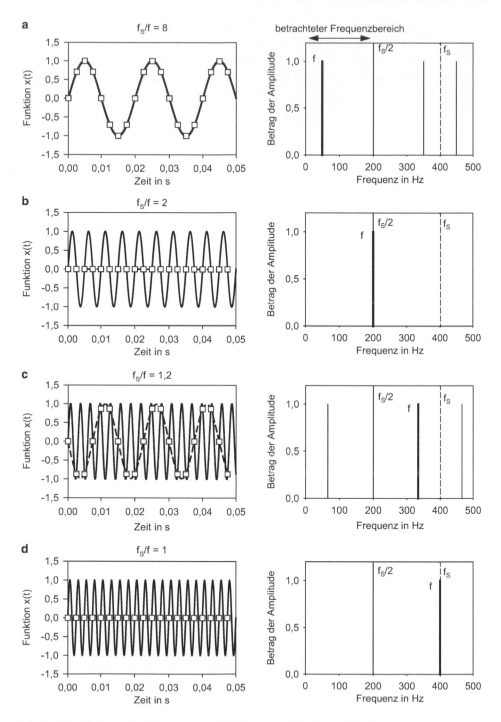

Abb. 10.36 Einfluss der Abtastfrequenz auf Abtastung eines Sinussignals. *Links*: Zeitdarstellung mit Abtastpunkten, *rechts*: Frequenzdarstellung, Abtasttheorem erfüllt **a** $f_S/f = 8$, Abtasttheorem nicht erfüllt **b** $f_S/f = 2$, **c** $f_S/f = 1{,}2$, **d** $f_S/f = 1$

400 Hz + (−50 Hz) = 350 Hz und 400 Hz + 50 Hz = 450 Hz auf. Da in diesem Fall jedoch lediglich der Frequenzbereich (Bandbreite) von 0 bis < 200 Hz betrachtet wird, sind diese Erscheinungen zunächst bedeutungslos.

Für den Fall $f = 1/2\, f_S$ (Abb. 10.36b) wird jede Periode mit zwei Punkten abgetastet. Damit ist keine eindeutige Rekonstruktion möglich: Liegen die Abtastpunkte in den Nullstellen, so führt die Rekonstruktion zur Frequenz $f = 0$ Hz, bei Lage der Punkte im Maximum und Minimum erhält man $f = f_S/2$. Dies ist wiederum eine direkte Folge und Veranschaulichung der Periodizität des Spektrums. In Abb. 10.36c ist ersichtlich, dass ein Signal mit der Frequenz $f = f_S/1{,}2$ in der Rekonstruktion aus dem abgetasteten Signal zu einer Frequenz von 66,7 Hz führt, die nicht im ursprünglichen Signal enthalten ist. Man kann sich die Entstehung dieser Frequenz so vorstellen, dass diese Signalfrequenz durch Spiegelung an der Ordinate entsteht (zweiseitiges Spektrum) und anschließend um die Abtastfrequenz f_S verschoben wurde. Damit erhält man die Frequenzen $\pm (f_S - f) = \pm 66{,}7$ Hz. Damit erhält man im abgetasteten Signal eine Frequenz, die durch die Verletzung des Abtasttheorems aufgetreten ist.

Wird mit $f_S = f$ abgetastet (Abb. 10.36d), so erhält man eine Frequenz $f = 0$ Hz. Zusätzlich sind die Amplitudenspektren dargestellt. In den Amplitudenspektren ist ersichtlich, dass die rekonstruierten Frequenzkomponenten an der Abtastfrequenz gespiegelt sind. Im Fall a) entspricht die rekonstruierte Frequenz der Frequenz des Analogsignals, im Falle der Verletzung des Abtasttheorems in b) bis d) der an der Abtastfrequenz f_S gespiegelten Frequenz. Damit wird eine andere Frequenz im Frequenzspektrum vorgetäuscht. Dieser unerwünschte Effekt wird als *Aliasing* bezeichnet (alias = anders).

▶ Signale dürfen nur Frequenzkomponenten unterhalb der halben Abtastfrequenz $f_S/2$ (Nyquist-Frequenz) enthalten. Bei Verletzung der Bedingung entsteht ein Fehler, der zu einem späteren Zeitpunkt nicht mehr zu kompensieren oder zu korrigieren wäre – das abgetastete Signal wäre in Frequenz und Amplitude falsch.

Hierbei spielt es keine Rolle, ob die Frequenzkomponenten oberhalb der Nyquist-Frequenz $f_S/2$ dem Messsignal oder Störsignalen durch z. B. elektromagnetische Beeinflussung (Abschn. 10.3) zuzurechnen sind. Da von vornherein nicht abzuschätzen ist, welche Frequenzanteile im Signal enthalten sind, werden in der Signalverarbeitung alle hochfrequenten Signalanteile oberhalb der Nyquist-Frequenz $f_S/2$ über ein Tiefpassfilter herausgefiltert. Hierbei ist darauf zu achten, dass die Sperrdämpfung des Tiefpasses in diesem Frequenzbereich hinreichend groß ist.

Aus Abb. 10.36 ist ebenso ersichtlich, dass die Erfüllung des Abtasttheorems ausreichend ist, um die Frequenz des Signals zu beschreiben. Für die Beschreibung der Amplitude des Signals aus den abgetasteten Werten ist die Erfüllung des Abtasttheorems nicht ausreichend. Im ungünstigsten Fall liegt nämlich das Maximum der Sinus- bzw.

Tab. 10.5 Einfluss der Stützstellenzahl auf die Messabweichung der Amplitude eines Sinussignals

Anzahl der Stützstellen f_S/f	2	4	10	20	40
δ in %	100	29,2	4,8	1,2	0,3

Cosinus-Funktion genau zwischen zwei Abtastpunkten. Die relative Messabweichung
ergibt sich dann zu

$$\delta = 1 - \cos\left(\frac{\pi}{f_S/f}\right).$$

Der Quotient f_S/f gibt die Anzahl der Stützstellen an, mit der eine Periode eines Sinussignals abgetastet wird. In Tab. 10.5 ist die relative Messabweichung in Abhängigkeit der
Anzahl der Stützstellen aufgelistet.

Aus Tab. 10.5 wird deutlich, dass die relative Messabweichung der Amplituden 100 %
beträgt, wenn mit der Nyquist-Frequenz abgetastet wird ($f_S/2 = f$).

▶   Um eine Amplitudenabweichung vom wahren Wert von ca. 5 % zu erhalten,
    muss mit dem 10fachen der höchsten Signalfrequenz abgetastet werden.

Wenn ein Signal mit einer Abtastfrequenz $f_S = 500$ Hz abgetastet wird, so werden für
Frequenzen 0 … 50 Hz die Amplituden mit einer Messabweichung < 5 % erfasst. Bereits
aus dieser Abschätzung wird deutlich, dass eine hohe Abtastfrequenz wünschenswert ist.

10.7.4 Technische Umsetzung in A/D-Wandlern

Eine A/D-Wandlung kann auf verschiedenen technischen Wegen in A/D-Umsetzer
(Analog Digital Converter, ADC) durchgeführt werden [4, 5, 17]. Übliche Schaltungs-
varianten sind:

- Parallel- bzw. Flash-Umsetzer: Vergleich der Spannung mit Referenzspannungs-
  werten. Für jeden digitalen Ausgangswert wird ein Komparator verwendet. Schnell
  (bis GHz-Bereich), hoher Stromverbrauch, hoher Schaltungsaufwand, teuer.
- SAR-Umsetzer: Vergleich der Spannung mit Referenzspannung durch sukzessive
  Approximation.
- Rampen-Umsetzer (Single Slope, Dual Slope): Messen der Zeit, die ein Integrator
  benötigt, um die Spannung zu erreichen. Preiswert, langsam.
- Spannungs-Frequenz-Umsetzer (Charge Balancing, U/f-Wandler): Umsetzung der
  Spannung in Impulse und deren Zählung. Langsam, geringe Auflösung.

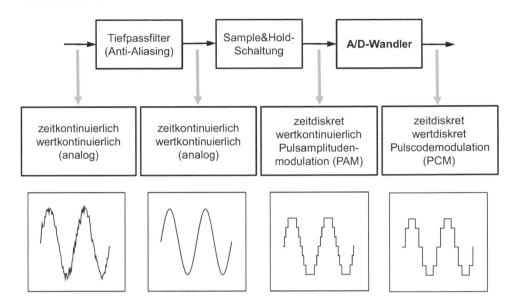

Abb. 10.37 A/D-Umsetzer mit Tiefpass und Sample&Hold-Schaltung

- Nachlauf-Umsetzer: Steuerung eines Digital-Analog-Wandlers über einen auf- und abwärtszählenden Impulsgenerator bis Gleichheit am Komparator hergestellt ist, danach Umschaltung der Zählrichtung.
- Delta-Sigma-Umsetzer: Beschreibung siehe unten, hohe Auflösung, Taktrate im MHz-Bereich, preiswert.

In der Schaltungstechnik ist vor dem A/D-Umsetzer in der Regel ein Tiefpassfilter als Anti-Aliasing-Filter angeordnet, um hochfrequente Signalanteile (z. B. Rauschen und Störsignale) abzutrennen (Abb. 10.37). Die Sample&Hold-Schaltung hat die Aufgabe, das Signal während der benötigten Zeit für die A/D-Wandlung *(Umsetzzeit)* konstant zu halten. Weil die hochfrequenten Signalanteile während der Haltezeit nicht zum Ausgang gelangen, wirkt die Sample&Hold-Schaltung ebenfalls als Tiefpass. Nach dem Tiefpassfilter liegt ein zeit- und wertkontinuierliches Signal vor, welches nach der Sample&Hold-Schaltung wertkontinuierlich, jedoch zeitdiskret gehalten wird. Diese Form der Signalverarbeitung wird als Puls-Amplituden-Modulation (PAM) bezeichnet. Nach dem A/D-Umsetzer liegt das Signal an wert- und zeitdiskreten Stützstellen vor, die zugrunde liegende Signalverarbeitung trägt die Bezeichnung Puls-Code-Modulation (PCM) (Abschn. 10.8).

Aufgrund der weiten Verbreitung von Delta-Sigma-Wandlern wird dieser Typ des A/D-Wandlers detailliert beschrieben (Abb. 10.38). Der Aufbau besteht im einfachsten Falle aus einem Differenzverstärker, einem Integrierer, einem Komparator und einem D-Flip-Flop (welches das Signal mit dem Takt zum Ausgang durchschaltet und bis zum neuen Takt hält) sowie einem Dezimator, auf dessen Funktion weiter unten eingegangen

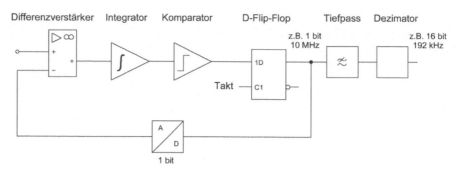

Abb. 10.38 Blockschaltbild Delta-Sigma-Wandler (S. Hohenbild)

wird. Die interne Taktfrequenz bewegt sich im Bereich mehrerer MHz und ist nicht die Abtastfrequenz aus Abschn. 10.7.3.

Liegt am Eingang zunächst eine Spannung $U_E = 0$ an, so wird die negative Referenzspannung $-U_{ref}$ auf dem invertierenden Eingang als $+U_{ref}$ auf den Integrator gegeben. Am Ausgang des Integrators steigt die Spannung an, diese bewirkt im Komparator ein Umschalten des Ausganges. Das D-Flip-Flop schaltet nun das binäre Signal im nächsten Takt am Ausgang von Low (L) auf High (H). Durch die Rückführung des Binärsignals über einen 1-Bit-DAC liegt $+U_{ref}$ am invertierenden Eingang des Differenzverstärkers an, der Integrator erhält $-U_{ref}$, die Spannung am Komparator fällt, dieser schaltet um und bewirkt den Schaltvorgang im nächsten Takt am D-Flip-Flop. Eine Eingangsspannung $+U_E$ bewirkt, dass der Integrator die Ausgangsspannung kontinuierlich erhöht, und die Referenzspannung U_{ref} so lange auf H liegen lässt, bis am Integrator eine negative Spannung ansteht, die den Komparator wieder umschalten lässt.

Am Ausgang liegt für $U_E = 0$ ein Rechtecksignal als 1-Bit-Folge vor, welches mit der Taktfrequenz umschaltet. Aus diesem Grunde wird diese Schaltung auch als 1-Bit-Technik bezeichnet. Für eine Eingangsspannung $+U_E$ werden also mehr Schaltzustände H als L gezählt und umgekehrt für $-U_E$ mehr Schaltzustände L als H. Zählt man über eine Schaltung die Schaltzustände H und L vorwärts und rückwärts auf, so erhält man den Spannungswert. Diese Aufgabe erfüllt der Dezimator, der den 1-Bit Datenstrom mit hoher Abtastfrequenz in ein Signal mit hoher Auflösung (bis 24 bit) und geringerer Taktrate (kHz-Bereich) umsetzt und eine Tiefpassfilterung des Ausgangssignals durchführt.

Das Quantisierungsrauschen des A/D-Wandlers wird als weißes Rauschen aufgefasst, dessen Rauschleistung sich gleichmäßig auf ein Frequenzband von 0 Hz bis zur Abtastfrequenz f_S verteilt. Bei Verwendung einer höheren Abtastfrequenz wird die gleiche Rauschleistung auf ein breiteres Frequenzband verteilt (Abb. 10.39). Da nur das Frequenzband $0 \dots f_{max}$ weiterverarbeitet wird, verbessert sich der Signal-Rausch-Abstand um $10 \cdot \lg(f_S/(2f_{max}))$ in dB. Eine Überabtastung um den Faktor 5 verbessert also das Signal-Rausch-Verhältnis um 7 dB bzw. um den Faktor 2,2. Eine weitere Verbesserung ist durch das sog. Noise-Shaping zu erreichen, indem das tieffrequente Rauschen unterdrückt wird.

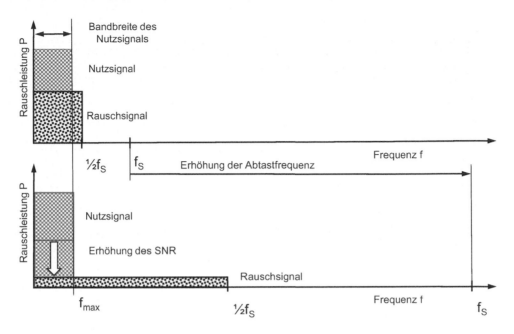

Abb. 10.39 Verbesserung des Signal-Rausch-Abstandes durch Oversampling (schematisch, nicht maßstäblich)

▶ Durch die Verwendung hoher Abtastfrequenzen verbessert sich der Signal-Rausch-Abstand [4].

In Bezug auf die Anti-Aliasing-Filter (Abschn. 10.7.3) sind hohe Abtastfrequenzen ebenfalls sehr vorteilhaft (Abb. 10.40). Im Falle geringer Abtastfrequenzen muss das Anti-Aliasing-Filter eine geringe Eckfrequenz und eine hohe Flankensteilheit haben. Damit werden die höherfrequenten Signalanteile herausgefiltert, sodass das Abtast-Theorem nicht verletzt wird. Analoge Tiefpassfilter mit hoher Flankensteilheit und niedriger Eckfrequenz stellen allerdings hohe Anforderungen an die Schaltungstechnik, sind also aufwendig und teuer.

▶ Verwendet man hohe Abtastfrequenzen (Oversampling), so liegt die benötigte Eckfrequenz des Anti-Aliasing-Filters in großem Abstand zum Frequenzband des Nutzsignals. Dadurch können einfach aufzubauende Filter mit hoher Eckfrequenz und geringerer Steilheit (Ordnung) verwendet werden, was sich positiv auf den linearen Phasenfrequenzgang und geringes Überschwingen auswirkt.

Aus der Audiotechnik kommend, haben Delta-Sigma-Wandler viele Anwendungen in der Schwingungsmesstechnik gefunden. Durch diese technischen Möglichkeiten hat die

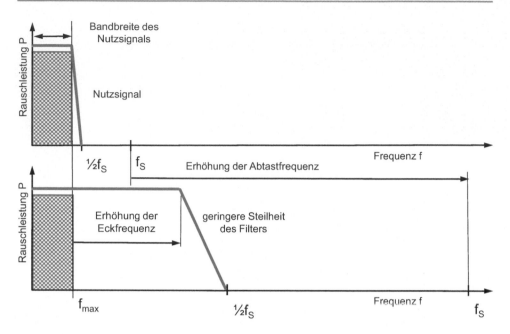

Abb. 10.40 Einfluss des Oversampling auf das Anti-Aliasing-Filter (schematisch, nicht maßstäblich)

Messtechnik selbst Veränderungen erfahren. Es sind A/D-Umsetzer mit hoher Auflösung und Abtastfrequenz nunmehr preiswert und in großer Stückzahl verfügbar. Daraus ergaben sich in den letzten Jahrzehnten folgende Umbrüche in der Signalverarbeitung:

- Die Amplitudendynamik des Eingangssignals muss nicht mehr bestmöglich an die maximale Eingangsspannung des A/D-Wandlers angepasst werden (Abb. 10.41).
  - Der gesamte Spannungsbereich kann mit geringem Quantisierungsfehler befriedigend weiter verarbeitet werden, obwohl nur ein Bruchteil der Auflösung des A/D-Umsetzers benötigt wird.
  - Analoge Schaltung wie z. B. Vorverstärker zur Anpassung des Eingangssignals können mit geringerer Verstärkung ausgelegt werden bzw. entfallen, was zu weniger Problemen mit Rauschen und Nullpunktdrift führt.
  - Störanfällige Bereichsumschalter und Potentiometer zum Abgleich von Verstärkung und Nullpunkt fallen weg, da die nachfolgende digitale Signalverarbeitung deren Funktion übernimmt.
  - Es bestehen ausreichend Reserven hinsichtlich der Übersteuerung der Eingänge, z. B. bei Transienten.
- Der Schaltungsaufwand für den Anti-Aliasing-Filter wird durch hohe Abtastfrequenzen reduziert und das Signal-Rausch-Verhältnis weiter verbessert. Da der nachfolgende Dezimator aus dem hochfrequenten Signal das interessierende

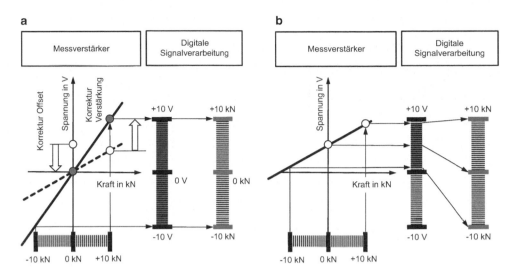

Abb. 10.41 Blockschaltbild für Vorverstärker und A/D-Wandler. Geringe Auflösung des A/D-Wandlers und hohe Vorverstärkung (**a**), hohe Auflösung des A/D-Wandlers und geringe Vor verstärkung (**b**)

Frequenzband herausschneidet und die Abtastfrequenz reduziert, werden durch das Oversampling selbst keine höheren Anforderungen an Verarbeitungs- und Speicher-kapazitäten gestellt.

Diese Entwicklungen führten zu preiswerterer und leistungsfähigerer Messtechnik, bei der die Signalverarbeitung und -speicherung ausschließlich digital erfolgt [19]. Da in den meisten Fällen bei der stationären Messtechnik die Verarbeitungs- und Speicherkapazität für die anfallenden Daten vorhanden sind, ist die Anwendung von hohen Auflösungen und Abtastfrequenzen unkritisch. Diese Technik stößt immer dann an die Grenzen in Verarbeitung und Speicherung, wenn eine hohe Anzahl zu erfassender Messkanäle bei gleichzeitig hoher Verarbeitungsgeschwindigkeit gefordert sind (z. B. Telemetrie-anwendungen (Abschn. 10.8)) oder der Speicherplatz begrenzt ist (z. B. autonome Mes-sungen mit Datenlogger). Abhängig von der Messaufgabe kann es hier durchaus sinnvoll sein, den Eingangsspannungsbereich des A/D-Umsetzers auszunutzen und mit geringer Auflösung (z. B. 12-bit) zu arbeiten.

Zur Erfassung von Signalen auf mehreren Messkanälen kommen zwei Verfahren zum Einsatz:

- Parallele taktsynchrone Erfassung A/D-Umsetzung jedes Kanales (pro Kanal ein A/D-Umsetzer),
- Serielle Erfassung der Eingangskanäle über Multiplexer (für alle Kanäle ein A/D-Umsetzer).

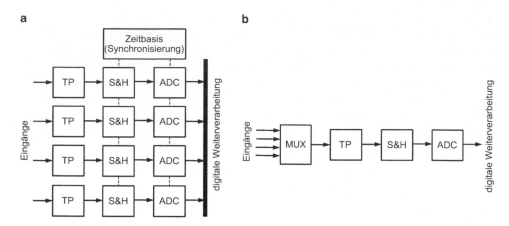

Abb. 10.42 Blockschaltbild der parallelen Erfassung mehrerer Messkanäle (**a**) und Multiplex-betrieb (**b**)

Die beiden Prinzipe sind schematisch in Abb. 10.42 dargestellt. Multiplexer fragen nacheinander die einzelnen Messkanäle ab und schalten diese nacheinander auf den A/D-Wandler. Damit erhöht sich die verfügbare Kanalanzahl, jedoch die Abtastfrequenz wird pro Kanal herabgesetzt. Die Summenabtastfrequenz muss also durch die Anzahl der Kanäle geteilt werden, um die Abtastfrequenz für jeden Kanal zu erhalten. Während der Datenerfassung summieren sich die Einschwingzeiten von Verstärker und Sample&Hold-Stufe, die Umsetzzeit des A/D-Umsetzers sowie der eigentliche Lese- und Speichervorgang. Diese Zeitverzögerungen erlauben oft keine zeitsynchrone Erfassung der einzelnen Messkanäle.

▶   Multiplexer erlauben preiswerte Messtechnik und finden bei geringen oberen Grenzfrequenzen Anwendung.

10.8   Telemetrische Signalübertragung

Für eine Reihe von Anwendungen in der Messpraxis besteht die Notwendigkeit, Messsignale in räumlich begrenzten und schwer zugänglichen Verhältnissen zu erfassen und kontaktlos von einem Sender zu einem Empfänger zu übertragen. Beispiele hierfür sind:

- Messung des Torsionsmomentes an rotierenden Wellen,
- Messung der Spannungen in Flügeln von Windkraftanlagen,
- Messung der Komponenten des Kraft- und Momentenvektors in rotierenden Messrädern.

Zur kontaktlosen Übertragung von Messdaten finden in der Schwingungsmesstechnik folgende Verfahren Anwendung [20, 21]:

Frequenzmodulierte Übertragung von Analogsignalen

Auf der Senderposition sind Aufnehmer, Messverstärker, ein Spannungs-Frequenz-Umsetzer (U/f-Umsetzer) und ggf. die Stromversorgung als sog. Rotorelektronik montiert. Das Messsignal des Aufnehmers (z. B. DMS-Brückenschaltung) wird verstärkt und im U/f-Wandler in eine der Spannung proportionale Frequenz umgewandelt. Dieses frequenzmodulierte Signal wird zum feststehenden Empfänger übertragen und dort über einen Frequenz-Spannungs-Umsetzer (f/U-Umsetzer) zurück in eine Spannung proportional zum Messsignal umgewandelt. Die Information des Messsignals ist in der Frequenzänderung (Frequenzhub) enthalten. Als drahtlose Übertragungsverfahren werden z. B. induktive, kapazitive oder Funkübertragungsstrecken eingesetzt. Da die Amplitude des übertragenen Signals keine Information enthält, ist diese Übertragungsart relativ unempfindlich gegenüber Störsignalen. Weiterhin wirken sich der technisch ausgereifte und einfache Aufbau der Rotorelektronik mit geringen Abmessungen und geringer Masse positiv aus. Nachteilig sind hingegen die Temperatur- und Langzeitdrift der verwendeten Baugruppen sowie eine begrenzte Amplitudendynamik. Jeder zu übertragende Kanal benötigt gesonderte Sende- und Empfangselektronik und eine separate Trägerfrequenz. Deshalb ist dieses Übertragungsverfahren auf die Erfassung eines Messkanals oder weniger Messkanäle beschränkt. Ein Beispiel hierfür ist in Abb. 10.43 zu sehen. Hierbei erfolgt die Stromversorgung über Induktionsschleifen, die Übertragung des Messsignals mittels Funk.

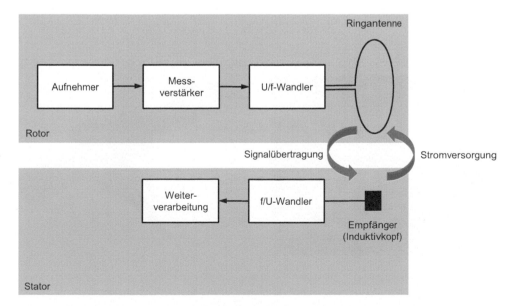

Abb. 10.43 Blockschaltbild frequenzmodulierter Übertragung von Analogsignalen

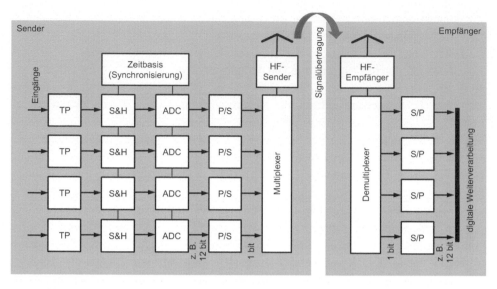

Abb. 10.44 Blockschaltbild der Telemetrieübertragung nach dem PCM-Verfahren

Digitale Übertragung nach dem PCM-Verfahren

Mit A/D-Umsetzung liegt das Messsignal bereits als digitales Signal vor (Abb. 10.38). Der Aufbau entspricht im Wesentlichen einer A/D-Wandlung am Sendeort (Abb. 10.44 und 10.45). In der telemetrischen Signalübertragung wird das parallele digitale Signal mit N Bit Wortbreite in einen seriellen 1-Bit-Datenstrom mit einem Parallel-Seriell-Umsetzer (P/S) umgesetzt, übertragen und wieder in ein paralleles digitales Signal mittels Seriell-Parallel-Umsetzer (S/P) umgesetzt.

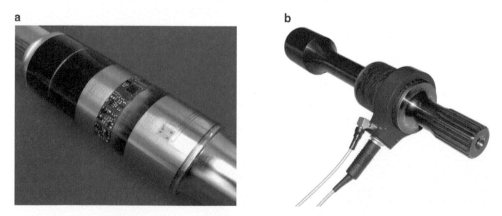

Abb. 10.45 Telemetrieübertragung des Torsionsmoments einer Welle mit 1-Kanal-Telemetrie. Applikation auf der Welle (**a**) (von *rechts* nach *links:* DMS-Messstelle, Signalverarbeitung auf flexibler Leiterplatte, Ringantenne), Welle mit Stator (**b**) (Manner Sensortelemetrie GmbH)

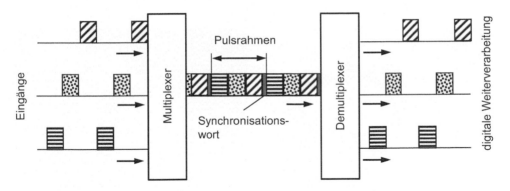

Abb. 10.46 Codierung im synchronen Zeitmultiplexbetrieb

Um mehrere Messkanäle über eine Übertragungsstrecke zu übermitteln, erfolgt die Übermittlung als Datenpakete im synchronen Zeitmultiplexbetrieb (Abb. 10.46 und 10.47). Die Übertragung erfolgt als Datenpakete aus den einzelnen Kanälen nacheinander und zeitlich gestaffelt in dem PCM-Pulsrahmen. Auf der Empfängerseite werden die Datenpakete wieder zu den Messkanälen zusammengesetzt. Voraussetzung für einen störungsfreien Betrieb ist die ausreichende Übertragungs-Bitrate der Übertragungsstrecke und zeitsynchrone Sample&Hold-Schaltungen jedes Messkanals auf Sende- und Empfangsseite. Die Synchronisierung der einzelnen Datenpakete selbst erfolgt hingegen über ein Synchronisationswort von 4 bit Länge am Beginn jedes PCM-Pulsrahmens.

Üblicherweise wird mit Funkübertragung in den ISM-Bändern (Industrial, Scientific and Medical Band) im Frequenzbereich von 433 MHz mit einer Übertragungs-Bitrate von max. 160 kbit/s bzw. 2,4 GHz mit typisch 2,56 Mbit/s, wobei letzteres eine höhere Übertragungs-Bitrate und Reichweite zulässt.

Beispiel

Wie hoch kann die maximale Abtastfrequenz bei der Übertragung von 16 Messkanälen im 2,4 GHz-Band mit 16 bit Auflösung gewählt werden?

Die Rahmenlänge berechnet sich wie folgt:

$$16 \, \text{Kanäle} \times 16 \, \text{bit/Kanal} + 4 \, \text{bit Synchronisationswort} = 260 \, \text{bit} \, .$$

Die maximale Abtastfrequenz ergibt sich, wenn die Übertragungs-Bitrate durch die Rahmenlänge dividiert wird:

$$2,56 \cdot 10^6 \, \text{bit/s} / 260 \, \text{bit} = 9,8 \, \text{kHz} \, .$$

Unter Zugrundelegung von 10 Datenpunkten bei der Abtastung erhält man eine obere Grenzfrequenz (Signalbandbreite) von 980 Hz (Abb. 10.47).

a   b

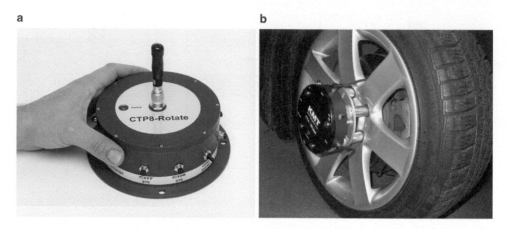

Abb. 10.47 Anwendungsbeispiel Mehrkanaltelemetrie. Messnabe für 8 Messkanäle (**a**), 8-Kanal-Telemetrie an der Radnabe eines PKW (**b**) (KMT – Kraus Messtechnik GmbH, Otterfing)

Bidirektionale asynchrone WLAN-Telemetrie

Das PCM-Verfahren gilt als technisch ausgereift. Jedoch ist dieses Übertragungsverfahren mit dem Nachteil behaftet, dass keine Rückmeldung des Empfängers auf Vollständigkeit und Richtigkeit der eingetroffenen Datenpakete vorliegt. Diese Aufgabe wird mit einer bidirektionalen Datenübertragung gelöst, d. h. die Empfangsstelle prüft die Daten, meldet dies an die Sendestelle zurück und fordert ggf. erneut Daten an (Abb. 10.48). Somit haben beide Stellen eine Sende- und Empfangsfunktion und werden als Tranceiver bezeichnet. Die Übertragung der Datenpakete erfolgt nicht mehr zeitsynchron, sondern als sog. asynchrone Datenübertragung in Datenpaketen. Die Datenübertragung kann hierbei mit WLAN-Hardware erfolgen (Abb. 10.49).

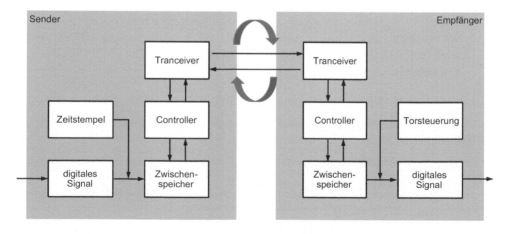

Abb. 10.48 Blockschaltbild bidirektionaler asynchroner WLAN-Telemetrie

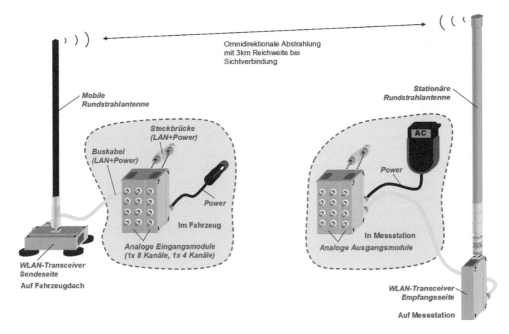

Abb. 10.49 Prinzipdarstellung der Realisierung einer fehlersicheren bidirektionalen Telemetrieübertragung von 12 analogen Kanälen (Tentaclion GmbH, Otterfing)

Die einzelnen Datenpakete erhalten eine Zeitinformation und werden auf der Sendeseite in einen Zwischenspeicher als Puffer abgelegt. Nach der Übertragung der Datenpakete werden diese von der Empfangsstelle ebenfalls zunächst in einen Zwischenspeicher abgelegt. Sind die Daten verwertbar, so erfolgt das Auslesen des Zwischenspeichers und die Rekonstruktion der Daten in digitaler oder analoger Form. Sofern die Daten unvollständig sind, erfolgt durch die Empfangsstelle eine erneute Abfrage der Daten aus dem Zwischenspeicher der Sendestelle.

Die asynchrone Übertragung erfordert eine Synchronisation zwischen Sende- und Empfangsstation, um den Datenpaketen auf beiden Seiten die gleiche Zeitmarkierung zuordnen zu können. Durch die wechselseitige Kommunikation zwischen Sender und Empfänger lassen sich neben Datenpaketen auch die Parametrierung des Senders (Nullabgleich, Verstärkung, Übertragungs-Bitrate usw.) übertragen sowie eine zeit- oder ereignisgesteuerte Abfrage des Senders oder ein zeitversetzter Download der Messergebnisse realisieren.

Literatur

1. DIN 45661:2016-3 Schwingungsmesseinrichtungen – Begriffe
2. DIN 45662:1996-12 Schwingungsmesseinrichtungen – Allgemeine Anforderungen und Begriffe

3. Lehmann, C.W.: Messelektronik. In: Hoffmann, J. (Hrsg.) Handbuch der Messtechnik. Hanser, München (2012)
4. Lerch, R.: Elektrische Messtechnik. Springer, Berlin (2016)
5. Niebuhr, J., Lindner, G.: Physikalische Messtechnik mit Sensoren. Oldenbourg, München (2011)
6. Franz, J.: EMV. Springer Vieweg, Wiesbaden (2013)
7. Schwab, A., Kürner, W.: Elektromagnetische Verträglichkeit. Springer Vieweg, Berlin (2011)
8. Gruhle, W.: Elektronisches Messen. Springer, Berlin (1987)
9. Harris, C.M.: Measurement techniques. In: Harris, Piersol (Hrsg.) Harris' Shock and Vibration Handbook, S. 15.1–15.17. McGraw-Hill, New York (2009)
10. Kleger, R.: Sensorik für Praktiker. VDE, Berlin (1998)
11. Hoffmann, J., Biermann, J.: Das Konzept Messfehler. In: Hoffmann, J. (Hrsg.) Handbuch der Messtechnik. Hanser, München (2012)
12. Zollner, M.: Frequenzanalyse (1999)
13. Ruhm, K.: Filter. In: Profos, P., Pfeifer, T. (Hrsg.) Handbuch der industriellen Meßtechnik, S. 218–249. Oldenbourg, München (1994)
14. Randall, R.: Vibration analyzers and their use. In: Harris, C.M., Piersol, A.G. (Hrsg.) Harris' Shock and Vibration Handbook, S. 14.1–14.42. McGraw-Hill, New York (2009)
15. Walter, P.L.: Guidance for the Filtering of Dynamic Force, Pressure, Acceleration (and Other) Signals (2014). http://www.pcb.com/contentstore/mktg/LinkedDocuments/Technotes/PCB%201213_TechNote%20TN29_Lowres.pdf. Zugegriffen: 2. Okt. 2018
16. Hoffmann, J.: Rechnerkopplung. In: Hoffmann, J. (Hrsg.) Handbuch der Messtechnik. Hanser, München (2012)
17. Trentmann, W.: PC-Messtechnik und rechnergestützte Messwertverarbeitung. In: Hoffmann, J. (Hrsg.) Handbuch der Messtechnik. Hanser, München (2012)
18. Woitowitz, R., Urbanski, K., Gehrke, W.: Digitaltechnik. Springer, Heidelberg (2012)
19. Kehrer, R.: Der (Un-)Sinn hoher Auflösung. Computer und Automation 5, 54–58 (2002)
20. Pauli, P.: Telemetrie. expert verlag, Grafenau (1980)
21. Schnorrenberg, W.: Telemetrie – Messtechnik Theorie und Praxis (o. J.). http://www.tele-metrie-world.de/fachartikel/Grundlagen/Telemetrie-Messtechnik_Theorie_und_Praxis.pdf. Zugegriffen: 21. Juli 2014

MATLAB® und Datenformate eine Einführung

11

▶ Dieses Kapitel dient dem Kennenlernen von MATLAB® und der Vorstellung unterschiedlicher Datenformate, welche für den Datenaustausch von MATLAB® zu anderen Anwendungen bzw. für die Archivierung von Mess- und Analysedatensätzen verwendet werden. Die beschreibenden Metadaten sind dabei von enorm großer Bedeutung. Hierüber lässt sich ein späterer Nutzen bereits vorhandener Daten erzielen. Nur wenn Daten zweifelsfrei einer bestimmten Messung, einem bestimmten Vorgang oder einer bestimmten Analyse zugeordnet werden können, erfüllt die Datenarchivierung den Sinn für eine spätere Datennutzung.

Zusatzmaterial zu diesem Kapitel ist unter http://schwingungsanalyse.com/Schwingungsanalyse/Kapitel_12.html zu finden

11.1 MATLAB® nach dem Start

Nach dem Programmstart von MATLAB® öffnet sich der MATLAB®-Desktop wie in Abb. 11.1. Der MATLAB®-Desktop unterteilt sich in fünf Bereiche.

In der Funktionsleiste (1) sind, thematisch geordnet zu einzelnen Funktionsblöcken, die interaktiven Funktionen hinterlegt. Hierüber können einzelne interaktive Toolboxen von MATLAB® aufgerufen werden.

© Springer Fachmedien Wiesbaden GmbH, ein Teil von Springer Nature 2019
T. Kuttner und A. Rohnen, *Praxis der Schwingungsmessung*,
https://doi.org/10.1007/978-3-658-25048-5_11

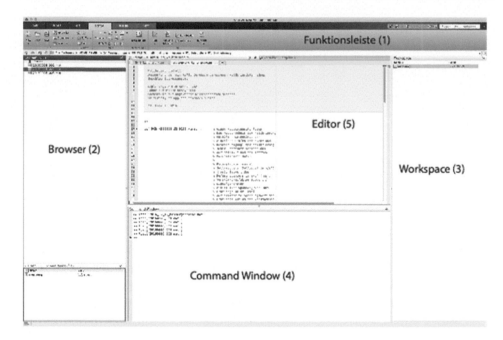

Abb. 11.1 MATLAB®-Desktop nach dem Programmstart

Über den Browser (2) ist der Zugriff auf Dateien des aktuell aktiven Arbeitsordners durch Doppelklick möglich. Öffnet man eine Datei mit der Endung .m, wird diese im Editor (5) geöffnet und kann dort als Programmskript ausgeführt werden. Öffnet man eine Datei mit der Endung .mat, wird deren Inhalt in den Workspace (3) übernommen. Für die meisten anderen Dateiformate existieren Importfunktionen. Durch Doppelklick wird in diesem Fall der zugehörige Import-Dialog geöffnet.

m-Dateien enthalten Programmanweisungen in Form eines Textskriptes.

mat-Dateien enthalten ganze Workspaces oder Teile des Workspace (3). Der Workspace enthält die Daten. Durch Doppelklick auf eine Variable wird der Inhalt dargestellt. Hierfür wechselt der Editor (5) in die Variablen-Darstellung.

Im Command Window (4) kann MATLAB® interaktiv verwendet werden. Dies ist nützlich zum Testen von Programmcode.

Mit dem Klick der rechten Maustaste öffnet sich im jeweiligen Bereich ein Kontextmenü mit weiteren Funktionen.

11.2   MATLAB® Hilfe

Die MATLAB®-Hilfe ist angesichts des unüberschaubaren Funktionsumfangs von MATLAB® für die Arbeit unentbehrlich. Dort ist Hilfe bei der Syntax von Befehlen zu finden und es sind nützliche Beispiele hinterlegt. Durch weiterführende Links lassen sich auf den Hilfeseiten neue Befehle entdecken. Die MATLAB®-Hilfe steht nur in Englisch zur Verfügung.

Weitere Quellen für die MATLAB® Hilfe bietet das Internet über die Suchmaschinen, MATLAB®-Foren, MathWorks sowie weiterführende Fachliteratur z. B. [3, 6, 7, 8].

11.3 MATLAB® Datentyp struct

Der MATLAB® Datentyp *struct* ermöglicht die strukturierte Ablage von Daten und stellt somit einen wichtigen Datentyp für die Verwaltung von Messdatensätzen dar. Für einen bereinigten Workspace wird im Command Window *clear* eingegeben.

Durch Doppelklick auf die Datei 20180318_Demodaten.mat oder der Befehlseingabe

$$load('20180318\_Demodaten.mat') \tag{11.1}$$

werden die darin enthaltenen Daten in den Workspace übernommen.

Im Workspace befindet sich nun die Variable *messung*. Hierin sind Messdaten und weitere Informationen aus einer Schwingungsmessung an einer Abgasanlage abgelegt. Durch klicken auf die Variable kann nun durch die Datenstruktur navigiert werden. Auch im Command Window lässt sich die Datenstruktur analysieren.

```
messung =
    struct with fields:


        vorname1: {'XXXXX'}
        studiengang1: {'LRB8'}
        name1: {'XXXXX'}
        vorname2: {'XXXXX'}
        studiengang2: {'LRB5P'}
        name2: {'XXXXX'}
        vorname3: {'XXXXX'}
        name3: {'XXXXX'}
        studiengang3: {'LRB6'}
        Datum: {'20.03.2017'}
        bemerkung1: {'logChirp 15hz-250hz'}
        stufe: {1×18 cell}
        bemerkung2: {''}
        bemerkung3: {''}
        bemerkung4: {''}
        bemerkung5: {''}
        bemerkung6: {''}
        bemerkung7: {''}
        bemerkung8: {''}
        bemerkung9: {''}
        bemerkung10: {''}
        messpunkt: [1×15 struct]
```

$$\tag{11.2}$$

Die Variable *messung* besteht aus mehreren Elementen. Eine Ebene tiefer betrachtet ergibt sich zum Beispiel für *messung.messpunkt*

> *messung.messpunkt*
> *ans =*
> *1×15 struct array with fields:*
>
>> *name*
>> *sensor*
>> *EU*
>> *kalibrierwert*   (11.3)
>> *kalibrierwert_unit*
>> *koord_X*
>> *koord_Y*
>> *koord_Z*
>> *offset*

Um nun mit dem Dateninhalt von *messung.messpunkt* arbeiten zu können, ist eine genauere Adressierung des Elements erforderlich.

So ergibt

> *messung.messpunkt(1)*
> *ans =*
> *struct with fields:*
>> *name: 'B11'*
>> *sensor: 'PCB 208 C02 SN16144 K-002'*
>> *EU: 'N'*
>> *kalibrierwert: 1.1241e+03*   (11.4)
>> *kalibrierwert_unit: 'mV/N'*
>> *koord_X: -30*
>> *koord_Y: 0*
>> *koord_Z: -250*
>> *offset: 0*

als Ausgabe im Command Window. Hierbei handelt es sich um eine Messpunkt-beschreibung unter Angabe eines Messpunktnamens, der Beschreibung des verwendeten Sensors nebst Kalibrierwert, Einheiten und Koordinaten.

Um einen logischen Zusammenhang zu wahren, sollte die Abfolge in *messung.mess-unkt* die gleiche sein wie in der Matrix *messung.stufe{1,1}.Data*. Nach dieser Logik bedeutet, dass es sich bei den Daten in der 1. Spalte der Matrix *messung.stufe{1,1}.Data* um Kraftwerte in der Engineering Unit N handelt. Wie später dargelegt sind dies die Daten aus Messkanal Nr 1.

Mit

> *messung.messpunkt(1).kalibrierwert*   (11.5)

wird ein bestimmtes Element in der Datenstruktur adressiert.

Mit

$$messung.messpunkt(1).bloedsinn = 'quatsch'; \quad (11.6)$$

wird die Struktur erweitert. Umlaute und Sonderzeichen sind als Variablenbezeichner nicht erlaubt. Ein abschließendes Semikolon (Strichpunkt, ";") hinter der Befehlseingabe unterbindet den anschließenden Prompt. Um den *bloedsinn* nun wieder aus den Daten zu entfernen ist die Anweisung

$$messung.messpunkt = rmfield(messung.messpunkt, 'bloedsinn'); \quad (11.7)$$

erforderlich. Soll ein ganzer Messpunkt aus der Beschreibung entfernt werden, so erfolgt dies über

$$messung.messpunkt(1) = []; \quad (11.8)$$

alle Informationen zu Messpunkt 1 sind damit Workspace entfernt. Hat man sich dabei vertan, hilft hier leider nicht die Tastenkombination ^Z, um die Eingabe rückgängig zu machen. Das Löschen von Daten im Workspace ist ein absoluter Vorgang.

11.4 Diagramme erstellen

Bei den Messdaten in dem Datensatz 20180318_Demodaten.mat handelt es sich um eine Schwingungsmessung an einer Abgasanlage (Abb. 11.2). Die Abgasanlage wird mit einem Shaker angeregt. Am Anregungspunkt wird die Kraft gemessen und an 12 Stellen die Beschleunigung. Einer der Beschleunigungsaufnehmer misst in den drei Raumachsen, alle anderen leidlich in der Z-Achse.

Mit der Anweisung

$$set(figure(1),'Position',[45\ 940\ 1050\ 425]); \quad (11.9)$$

wird ein Fenster für die Darstellung einer Grafik vorbereitet. Eine solche Anweisung ist nicht zwingend erforderlich, hilft jedoch, wenn in einer Publikation alle Diagramme in gleichen Proportionen erscheinen sollen. Werden gleichzeitig mehrere Grafiken bearbeitet, so muss lediglich in der Anweisung die Grafiknummer erhöht werden.

$$set(figure(2),'Position',[450\ 940\ 1050\ 425]); \quad (11.10)$$

Eine Darstellung des Kraft/Zeit-Verlaufs in der ersten Grafikfläche erfolgt über

```
figure(1);
plot(messung.stufe{1,1}.Time, messung.stufe{1,1}.Data(:,1), 'LineWidth', 2)
```
$$(11.11)$$

Allgemein lautet die Anweisung *plot(X,Y,Parameterpaar)*. Hierbei handelt es sich um eine X/Y-Darstellung als Linienzug. In der Anweisung *Parameterpaar* werden paar-

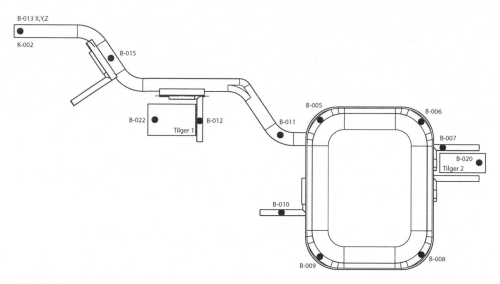

Abb. 11.2 Für das Beispiel verwendete Abgasanlage mit den Positionen der angebrachten Kraft- und Beschleunigungssensoren

weise zusätzliche Anweisungen für die Darstellung der Grafik angegeben. In diesem Beispiel wurde die Strichstärke durch *'LineWidth'*, 2 auf 2 gesetzt. Ein Blick in die MATLAB®-Hilfe gewährt den Einblick in die umfangreichen Möglichkeiten der grafischen Darstellung in MATLAB®.

Allerdings ist das dargestellt Ergebnis nicht sonderlich zufriedenstellend. Außer einem breiten blauen Balken ist erst einmal nichts zu erkennen. Erst durch eine weitere Anweisung wird der Signalverlauf sichtbar.

Über

$$axis\,([2\ 2.2\ \text{-}8\ 8]) \tag{11.12}$$

wird die ausgegebene Grafik auf einen 200 Millisekunden langen Zeitausschnitt im Wertebereich –8 N bis +8 N skaliert. Genau lautet die Anweisung

$$axis([xmin\ xmax\ ymin\ ymax\ zmin\ zmax]) \tag{11.13}$$

Die Angabe des Z-Wertebereichs erfolgt nur bei dreidimensionalen Diagrammen.

Ein Wechsel der aktiven Grafikfläche erfolgt über die Anweisung *figure(Nr)*. Hierdurch wird die jeweilige Grafikfläche aktiviert. Alle darauf folgenden Grafik-Anweisungen werden in der zuletzt aktivierte Grafikfläche abgearbeitet. Alternativ kann auch über den Mausklick die jeweilige Grafikfläche aktiviert werden.

Was nun noch fehlt wären Achsenbeschriftungen, ein Titel, das Gitternetz und eine Legende.

Zunächst wird über

$$figure(1);$$
$$set(gca, 'xgrid', 'on');$$
$$set(gca, 'ygrid', 'on');$$
$$set(gca, 'FontSize', 16);$$

(11.14)

das Gitternetz eingeschaltet und global die Schriftgröße auf 16 gesetzt.

Die Anweisungsfolge

$$text = \{['Messstelle: ' messung.messpunkt(1).name]...$$
$$['Sensor: ' messung.messpunkt(1).sensor]\};$$
$$title (text);$$

(11.15)

bewirkt einen zweizeiligen Titel, welcher aus einer Mischung von eingegebenem Text und Informationsinhalt aus den beschreibenden Variablen des Datensatzes besteht. Bei einzeiligem Titel entfällt die Einklammerung mit { }.

Achsenbeschriftungen werden über *ylabel(TEXT)* bzw. *xlabel(TEXT)* gesetzt. Der Text kann als Variable oder als Zeichenkette mit anführenden und abschließendem Hochkomma übergeben werden.

Mit

$$text = [messung.messpunkt(1).name ' [' messung.messpunkt(1).EU ']'];$$
$$ylabel(text);$$
$$xlabel('Zeit [s]');$$

(11.16)

erfolgt die Achsenbeschriftung.

Über Anweisung *legend* erfolgt die Ausgabe einer Legende.

$$legend ('Kraftverlauf', 'Location', 'northwest');$$ (11.17)

setzt eine Legende innerhalb des Diagramms an die Position oben links. Durch Angabe der Himmelsrichtung kann die Legende in die vier Ecken des Diagramms positioniert werden. Interaktiv per Maus kann jede beliebige Platzierung erfolgen.

Unter File > Save as besteht nun die Möglichkeit, die grafische Ausgabe zu speichern. Hierzu werden mehrere Dateiformate angeboten. Über Format *.fig* ist es möglich, das Diagramm zu einem späteren Zeitpunkt wieder in MATLAB® zu öffnen, um es weiter bearbeiten zu können. Für einen späteren Druck bietet sich das Format *.eps* an. Die bisherigen Anweisungen erzeugen die Ausgabe von Abb. 11.3.

Das Grafikfenster enthält ein Context-Menü über das interaktiv die grafische Ausgabe bearbeitet werden kann. Unter anderem ist unter *Tools > Basic Fitting* (Abb. 11.5) Funktionalität zum Glätten von Datenreihen zu finden.

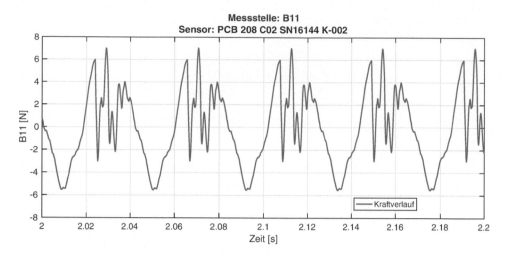

Abb. 11.3 Das aus den bisherigen MATLAB®-Anweisungen erstellte Diagramm

Die Messung des Geschwindigkeitsverlaufs (Abb. 11.4) während eines Fahrversuchs weist Streuung auf. Für die weitere Datenverarbeitung muss die Streuung aus der Messreihe entfernt werden.

Über das Context-Menü Basic Fitting können nun unterschiedliche Varianten zur Glättung der Messreihe ausprobiert werden. Dabei wird man feststellen, dass eine Glättung ohne Verfälschung der Messwerte sich durchaus schwierig darstellt. Einige Varianten (spline, shape) zeigen keine Glättungswirkung, die angebotenen Ausgleichspolynome

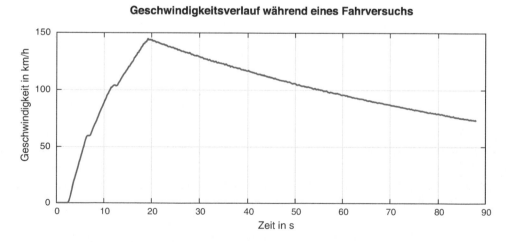

Abb. 11.4 Geschwindigkeitsverlauf eines Fahrversuchs

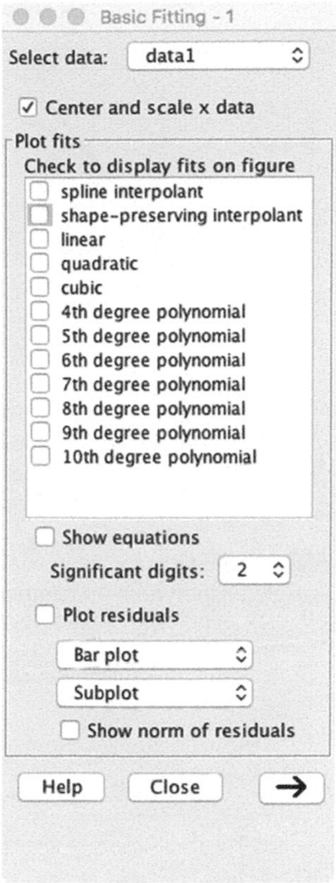

Abb. 11.5 MATLAB®
Context-Menü Basic Fitting

führen alle zu mehr oder weniger verfälschten Darstellungen des Geschwindigkeitsverlaufs (Abb. 11.6).

Erst die Trennung der Messreihe in Beschleunigungs- und Ausrolldaten lässt eine zufriedenstellende Glättung der Messdaten zu. Das beste Glättungsergebnis der Ausrolldaten wird in diesem Fall durch ein Glättungspolynom 4.Ordnung erreicht (Abb. 11.7).

Mit

$$hold\ on$$
$$plot(X1,\ Y1);$$
$$plot(X2,\ Y2);$$ (11.18)
$$.$$
$$hold\ off$$

lassen sich mehrere Kurven zu einer Y-Achse in ein Diagramm (Abb. 11.8) einzeichnen, die über die Anweisung

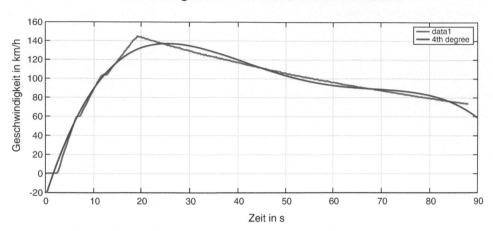

Abb. 11.6 Geschwindigkeitsverlauf eines Fahrversuchs, Messdaten (data1) geglättet mit einem Ausgleichspolynom 4.Ordnung

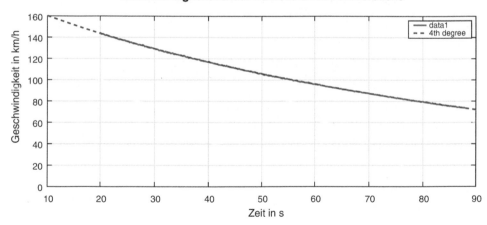

Abb. 11.7 Geschwindigkeitsverlauf eines Fahrversuchs, Messdaten Ausrollen (data1) geglättet mit einem Ausgleichspolynom 4.Ordnung

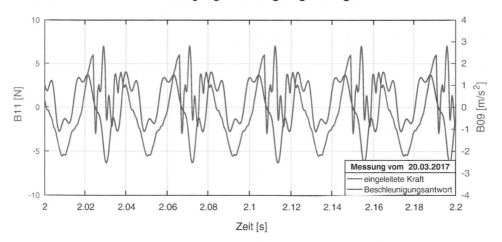

Abb. 11.8 Diagramm mit zwei Kurven und jeweils eigener Y-Achse

$$lgd = legend\ (\{name1,\ ... $$
$$name2,\ ... $$
$$\},... $$
$$'FontSize',\ 16,\ 'location',\ 'southeast'); \tag{11.19}$$

$$legend('boxoff');$$

eine Legende ohne Rahmen erhält. Die Zuweisung in eine Variable ist nicht zwingend erforderlich, wird jedoch für den nächsten Schritt benötigt. Mit der Zeichenfolge … wird die Anweisung auf mehrere Zeilen ausgedehnt. Dies führt zu lesbaren Anweisungen.

Mit

$$title(lgd,\ 'Titel\ für\ Legende'); \tag{11.20}$$

wird die Legende mit einer Überschrift versehen.

Für Diagramme mit mehreren Kurven bei ungleicher Skalierung muss ein anderer Weg für die Darstellung gewählt werden. Über die Anweisungsfolge

$$yyaxis\ left;$$
$$plot(messung.stufe\{1,1\}.Time,\ messung.stufe\{1,1\}.Data(:,1),\ 'LineWidth',\ 2);$$
$$axis([2\ 2.2\ -10\ 10]);$$

$$\tag{11.21}$$

wird die Kurve mit Bezug auf die linke Y-Achse dargestellt und skaliert, während

> *yyaxis right;*
> *plot(messung.stufe{1,1}.Time, messung.stufe{1,1}.Data(:,2), 'LineWidth', 2);*
> *axis([2 2.2 -4 4]);*

$$(11.22)$$

gleiches mit Bezug auf die rechte Y-Achse ausführt. Auch mehrere XY-Plots mit Bezug auf die jeweilige Y-Achse können dargestellt werden. Hierzu sind die *plot*-Anweisungen in *hold on/hold off* einzubetten.

Eine Besonderheit ist noch in der Legendenüberschrift anzuführen. Die Legendenüberschrift in Abb. 11.4 besteht aus einem Text und dem Inhalt einer Variablen. An anderen Stellen wurde bereits dargestellt, dass dies über die Anweisung

$$\text{\textit{text = ['Messung vom ' messung.Datum];}} \qquad (11.23)$$

erfolgt. Im Falle des Legendentitels würde die Ausgabe via

$$\text{\textit{title(lgd, text);}} \qquad (11.24)$$

jedoch zu einer zweizeiligen Darstellung des Legendentitels führen. Ein Blick in den Workspace bzw. die Eingabe im Command Window

> *text =*
> *1×2 cell array*
> *{'Messung vom '}   {'20.03.2017'}*

$$(11.25)$$

zeigt, dass es sich bei der Variablen *text* um ein *cell array* handelt. Im Legendentitel führt dies zu einer zweizeiligen Darstellung. Soll jedoch eine einzeilige Darstellung erfolgen, muss das cell array mittels *strjoin(text)* zusammengefügt werden.

Wird eine Grafik mit mehreren Diagrammen (Abb. 11.9), zum Beispiel ein Auswerteblatt, benötigt, so wird dies über die Anweisung *subplot(n, m, Nr)* realisiert. Es wird ein Raster mit n Zeilen und m Spalten angelegt. Die der Grafikausgabe vorangestellte Anweisung *subplot(n, m, Nr)* weist nun den folgenden Plotanweisungen das Flächenelement <Nr> zu. Die Zählung der Flächenelemente beginnt oben links. Sollen einzelne Flächenelemente zu einem größeren Flächenelement zusammengefasst werden, erfolgt die Nummernangabe in Matrixschreibweise. *subplot(3,2,[3 4])* erstellt zum Beispiel das Diagramm der zweiten Zeile von (Abb. 11.5).

Eine weitere Möglichkeit einzelne Diagramme in einer Grafik zu positionieren ist die Verwendung einer relativen Positionsangabe. Hierzu wird die Anweisung subplot('Position', [X Y Breite Höhe]) verwendet. Die Positionsangabe von *X* und *Y* bezieht sich auf den Ursprungspunkt der Grafik, welcher unten links mit X = 0 und Y = 0 definiert ist. Der Wertebereich der Angaben liegt zwischen 0 und 1 und ist als normierte Längenangabe zu betrachten. Das Diagramm in Zeile 3 der Abb. 11.5 wurde mit der Anweisung subplot(*'Position', [0.2 0.1 0.6 0.2]*) positioniert.

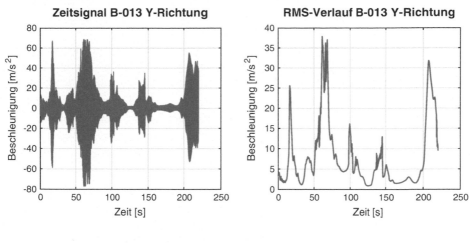

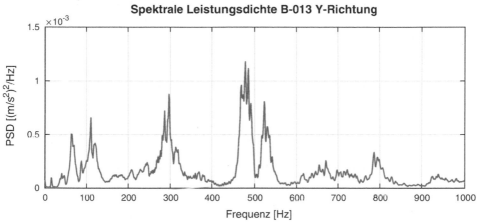

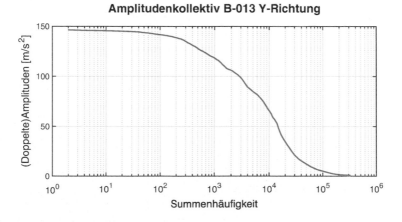

Abb. 11.9 Grafik mit mehreren Diagrammen

11.5 Datenformate für Mess- und Metadaten

Die in der Norm zum Qualitätssicherungssystem (ISO 9001) geforderte Rückverfolgbarkeit erfordert Datensätze zum Datenaustausch und Datenablage, welche zusätzlich beschreibende Informationen zur verwendeten Sensorik, der verwendeten Messtechnik und weitere, das Messobjekt sowie den Messprozess beschreibende Informationen, sogenannte Metadaten, enthalten. Optimal ist die Verwendung von Datenbanken, welche die Metadaten verwalten sowie Verweise auf die zugehörigen Datensätze enthalten. Im Ideal enthalten diese Datensätze die Messdaten sowie die Metadaten entweder als gesamthafte Datei oder in Ordnern der Datenablage zusammengefasste einzelne Datei. Eine gesamthafte Datei wäre der Zusammenfassung in Ordner vor zu ziehen. Dies ist jedoch bei Messdaten nur bei proprietären Datenformaten möglich.

Fehlende Metadaten führen dazu, dass Messdaten lediglich über einen kurzen Zeitraum nutzbar bleiben, da länger zurückliegende Messungen nicht mehr dem Messobjekt und/oder dem Messprozess zugeordnet werden können. Zudem kann im Falle festgestellter defekter Sensorik oder Messtechnik der Nachweis der betroffenen Datensätze nicht geführt werden, welcher gemäß ISO 9001 jedoch zu führen wäre.

11.5.1 Mathworks *.mat Dateien

Diese Dateien lassen sich für MATLAB®-Nutzer zum Lesen öffnen. Für die Interpretation der darin abgelegten Daten ist eine selbsterklärende Logik erforderlich. Über die Importfunktion dritter Softwarepakete zur Schwingungsanalyse lassen sich i. d. R: *.mat Dateien einlesen. Erwartet werden dort jedoch Daten-Matrizen ohne Metadaten. Als proprietäres Datenformat sind die in *.mat Dateien abgelegten Mess- und Metadaten für einen Datenaustausch nur sehr bedingt geeignet.

Erfolgt die Datenverarbeitung ausschließlich über MATLAB®, so kann über das Datenformat *struct* eine Datenstruktur erzeugt werden, welche den Anforderungen des Qualitätsmanagements genügt und die längerfristige Nutzbarkeit der Messdaten gewährleistet.

Mit *load(filename)* erfolgt das Lesen dieser Datei. Die in der Datei abgelegten Variablen werden in den Workspace übernommen.

Die Speicherung von Variablen aus dem Workspace in eine mat-Datei erfolgt über *save(filename,variables)*. *variables* kann dabei eine einzelne Variable oder durch Komma getrennte mehrere Variablen sein. Alternativ erfolgt die Speicherung von Variablen aus dem Workspace auf die Festplatte durch Auswahl im Workspace und rechten Mausklick.

11.5.2 Audiodatenformat – WAV

Beim Datenformat WAV handelt es sich um ein Audiodatenformat welches ursprünglich aus dem von Microsoft für das Betriebssystem Windows definierten Audioformat RIFF weiter entwickelt wurde. Die Weiterentwicklung umfasst die Ausdehnung auf eine beliebige Anzahl von Tonspuren, technisch betrachtet Messkanäle, sowie Variabilität in den Abtastraten und höhere Auflösungen als 16 Bits-Per-Sample. MATLAB® unterstützt Auflösungen bis zu 64 Bits-Per-Sample.

Audiodaten weisen den Wertebereich −1,0 bis 1,0 auf. Dieser wird als Full-Scale-Range bzw. Aussteuerung interpretiert. Der einzelne Zahlenwert des Samples entspricht demnach nicht der gemessenen Spannung. Zwar unterstützt MATLAB® die Speicherung von Wertebereichen größer −1,0 bis 1,0, welches die Datensicherung als Spannungswerte oder in physikalischen Werten ermöglichen würde, jedoch wird dies nicht von Software dritter Anbieter unterstützt.

Für einen Datenaustausch von Messdatensätzen im WAV-Datenformat werden hierdurch insgesamt drei Dateien erforderlich: Den Messdatensatz, einen Kalibrierdatensatz sowie eine Textdatei für die Metadaten. Die Abspeicherung der Metadaten kann in gleicher Weise erfolgen wie im Kap. 11.5.3 beschrieben wird.

Über

$$[kalibrierung,fs] = audioread('kalibrierung.wav'); \\ [casablanca,fs] = audioread('casablanca.wav'); \qquad (11.26)$$

erfolgt der Datenimport von Audiodateien. Die Audiodaten werden in einer spaltenorientierten Matrix abgelegt. Als weitere Information wird die Abtastrate des Signals übergeben. Ein Zeitvektor oder zugehörige Zeitstempel liegen nicht vor. Diese müssen aus der Länge der Tonspuren und der Abtastrate selbst erzeugt werden.

$$zeit=(0:1/fs:length(casablanca)/fs); \qquad (11.27)$$

ergibt den Zeitvektor für die eingelesenen Tonspuren in *casablanca*. Da der Vektor beim Zahlenwert 0 beginnt, ist dieser um einen Wert länger als die Länge der Tonspur. Der Zeitabstand der einzelnen Werte der Tonspur beträgt *1/fs* und der Vektor ist zeilenorientiert. Mit

$$zeit=zeit(1,1:end-1)';$$

wird der Vektor spaltenorientiert und um einen Wert gekürzt (siehe Abb. 11.10).

Schreiben von Audiodateien erfolgt über

$$audiowrite (filename, Daten, Abtasrate) \qquad (11.28)$$

11.5.3 Komma – separierte Werte – CSV

Eine der gängigsten Varianten des Datenaustauschs erfolgt über CSV-Dateien. CSV (Comma separated Values) wird von allen Tabellenkalkulationsprogrammen unterstützt. Hierbei handelt es sich um eine strukturierte Wertetabelle in From einer Textdatei. Jede Zeile der Texttabelle entspricht einer Zeile der Wertetabelle. Die einzelnen Spalten werden durch ein Trennungszeichen separiert. Das Trennungszeichen darf anderweitig nicht mehr verwendet werden. Wenn Zahlenwerte mit Komma (,) verwendet werden, darf

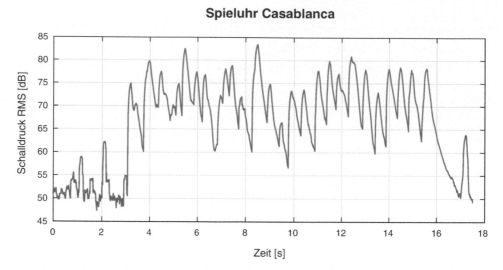

Abb. 11.10   RMS Pegelverlauf der importierten Tonspur casablanca

dieses dann nicht zusätzlich als Trennungszeichen für die Spalten verwendet werden. In diesen Fällen wird das Semikolon (Strichpunkt, ';') verwendet. Die Tabellenkalkulationsprogramme bieten aktuell Importdialoge für das Lesen von CSV-Dateien an. Hierin werden das Trennungszeichen sowie das Dezimalzeichen definiert.

MATLAB® bietet mit der Anweisung $M = csvread(filename)$ das direkte Einlesen von CSV-Dateien an. Hier muss die Notation der CSV-Datei dem Ursprung entsprechen. Es werden Kommas als Spalten- und der Punkt als Dezimaltrennzeichen erwartet und die Spaltenköpfe dürfen keine weiteren Informationen zu den Daten enthalten. Die Nutzung von *csvread* für den Datenimport von CSV-Dateien ist daher in Ausnahmefällen möglich.

Durch Doppelklick auf eine Datei mit der Endung .csv öffnet sich in MATLAB® ein Dialog (Abb. 11.11) zum Importieren von Datensätzen. Die Datei CSVDemodaten.csv weist den Aufbau auf:

Datum, Prüfer, Messobjekt, Sensor

17.03.2018, Armin Rohnen; Hochschule München, Messdaten für CSV-Import, PCB-X M353B17 SN59061 B-022

Time, Data

Sekunden, m/s^2

5573e-05,0.12268

0.00096149,0.19735

0.0019549,0.16732

0.0029249,0.19346

...

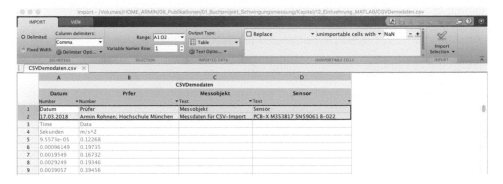

Abb. 11.11 Dialog für den Datenimport mit dem geöffneten Beispieldatensatz CSVDemodaten. csv

Sie besteht aus zwei Tabellenbereichen. Die erste Tabelle wird für die Metadaten verwendet, während in der zweiten Tabelle der Messdatensatz abgelegt wurde.

Der Import-Dialog von MATLAB® erlaubt die Konfiguration des Datenimportes. Neben dem Trennungszeichen kann interaktiv der Importbereich und das Datenformat im Workspace (Output Type) eingestellt werden. Im Beispiel wurde der Output Type auf Cell Array umgestellt. Über die Auswahl der Import Selection wird der Datenimport durchgeführt. Anstelle des direkten Imports der Daten (Import Data) kann auch eine MATLAB®-Funktion oder MATLAB®-Skript generiert werden. Für wiederkehrende Aufgaben empfiehlt sich eine der beiden letzteren Varianten. Es wird ein ausführlich kommentierter und relativ langer Programmcode erzeugt, welcher sich für eine weitere Verwendung kürzen und optimieren lässt.

$$
\begin{aligned}
&\textit{filename = 'hier\_muss\_der\_Dateiname\_stehen.csv';}\\
&\textit{delimiter = ',';}\\
&\textit{endRow = 2;}\\
&\textit{formatSpec = '\%s\%s\%s\%s\%[\^\textbackslash n\textbackslash r]';}
\end{aligned}
\tag{11.29}
$$

definiert neben dem Dateinamen, das Ende des Importbereichs und die Formatspezifikation für den Datenimport. %S steht hierin für den Import von Text. Gerade im Zusammenhang mit der Vielfalt in der Formatspezifikation ist es hilfreich, anhand eines exemplarischen Datensatzes über den Daten-Import-Dialog von MATLAB® den benötigten Programmcode zunächst generieren zu lassen.

Über *fileID2=fopen(filename,'r');* erfolgt der lesende Zugriff auf die Datei. Der Datenimport selbst erfolgt über die Anweisung

$$
\begin{aligned}
&\textit{dataArray = textscan(fileID, formatSpec, endRow, 'Delimiter', delimiter,…}\\
&\textit{'TextType', 'string', 'ReturnOnError', false, 'EndOfLine', '\textbackslash r\textbackslash n');}
\end{aligned}
\tag{11.30}
$$

Anschließend wird die Datei über *fclose(fileID);* geschlossen.

$$CSVDemodaten = [dataArray\{1:end-1\}]; \qquad (11.31)$$

erzeugt die gewünschte Datenmatrix und mit

clearvars filename delimiter endRow formatSpec fileID dataArray ans;
$$\qquad (11.32)$$

werden die nicht mehr benötigten Variablen aus dem Workspace entfernt.

Für den Import der Messdaten wird nun in gleicher Weise vorgegangen wie zuvor beim Import der Metadaten (Abb. 11.12). Die beschrifteten Spaltenköpfe können jedoch nicht importiert werden, diese würden Fehlermeldungen bei der späteren Nutzung der Daten erzeugen. Anstelle einer Matrix mit zwei Spalten könnten auch zwei Vektoren mit den Namen Time und Data importiert werden.

Der automatisch generierte Programmcode zeigt nur in wenigen Sequenzen Unterschiede zu dem vorherigen auf. Anstelle der Variablen *endRow* wird *startRow* benötigt

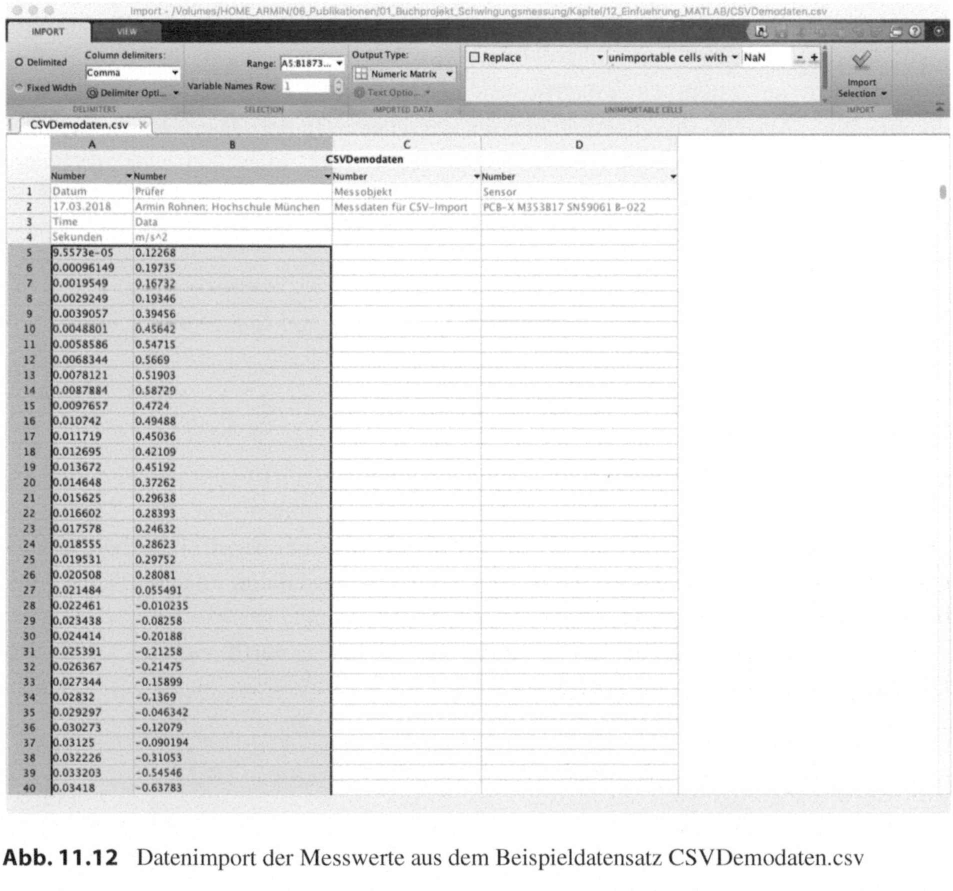

Abb. 11.12 Datenimport der Messwerte aus dem Beispieldatensatz CSVDemodaten.csv

und *formatSpec* weist nun einen anderen Inhalt auf. Die Daten stehen für die weitere Nutzung in der Matrix *CSVDemodaten* zur Verfügung.

Für den Datenexport sollten die Metadaten in einer String-Matrix (Matrix aus Zeichenketten) vorliegen. Bei größeren Datenmatrizen ist der Aufbau einer Matrix für die Spaltenköpfe wie z. B.

1	2	3	4	5
Zeit	Messpunkt 1	Messpunkt 2	Messpunkt 3	Messpunkt 4
Sekunden	m/s^2	m/s^2	N	m

ebenfalls als String-Matrix ratsam. Dies erleichtert zusätzlich die Orientierung innerhalb der Datenmatrix.

$$filename = 'CSVExport.csv';$$
$$formatSpec = '\%s\textbackslash n';$$

(11.33)

$$fileID = fopen(filename,'w');$$

Öffnet die eine Datei für den CSV-Datenexport und definiert als Ausgabeformat eine Zeichenkette, gefolgt mit dem Zeilenende. Die Anweisungsfolge

```
[zeilen, spalten] = size(Metadaten);

for inc=1:zeilen
        for inc2=1:spalten
            if inc2 == 1
                    text = Metadaten(inc,inc2);
            else
                    text = [text ',' Metadaten(inc,inc2)];
            end
        end
    text = strjoin(text);
    fprintf (fileID,formatSpec,text);
end
```

(11.34)

erzeugt aus jeder Matrizen-Zeile eine CSV-Zeile und schreibt diese in die CSV-Datei. Die einzelnen Elemente der Matrizen-Zeile sind durch Komma getrennt. Hierdurch wird erreicht, dass die Metadaten-Matrix einen beliebigen Aufbau aufweisen darf. Die Metadaten-Matrix wird 1:1 in die CSV-Datei übernommen.

Zwischen Metadaten und Messdaten sollten sich in der CSV-Datei ein oder mehrere freie Zeilen befinden. Dies wird durch *fprintf(fileID,formatSpec,'');* erreicht.

Für die Spaltenköpfe der Datenmatrix wird in gleicher Weise wie zuvor vorgegangen. Bei einfachen Datenmatrizen, wie in den Beispieldaten, kann dies auch z. B. durch

$$fprintf(fileID, formatSpec, 'Time, Data');$$
$$fprintf(fileID, formatSpec, 'Sekunden, m/s^2');$$
(11.35)

in direkter Anweisung erfolgen.

Die CSV-Datei muss nun über *fclose(fileID);* geschlossen werden. Die Anweisung

$$dlmwrite\ (filename, CSVDemodaten, '-append');$$
(11.36)

fügt abschließend die zu exportierenden Daten an die vorbereitete CSV-Datei an.

11.5.4 Universal Daten Format – UFF

Das Universal Daten Format (UFF, Universal File Format, UF Format) wurde ursprünglich von der Structural Dynamics Research Corporation (SDRC) an der University of Cincinnati Ende der 1960er bis Anfang der 1970er- Jahre entwickelt. Ziel der Entwicklung war ein Datenformat für den Datenaustausch zwischen Computer Aided Design (CAD) und Computer Aided Test (CAT) [9]. Inzwischen ist das UF Format für den Daten-Import/Export in vielen Softwareprodukten für Schwingungsanalyse und Akustik enthalten. Von einem defakto Standard, insbesondere einem definierten Standard, wie die Urheber des Datenformats angeben, kann jedoch nicht ausgegangen werden. Die einzelnen technischen Realisierungen und Interpretationen der Formatbeschreibungen sind dazu zu vielfältig. Für den Datenaustausch auf Basis des Universal Daten Formats muss demnach eine Absprache getroffen werden.

Die ursprüngliche Definition des Universal File Formats beschreibt ein Universal File Set, welches in einer Text-Datei mit der Endung .unv abgelegt wird. Dieses File Set beinhaltet mehrere einzelne Datensätze in unterschiedlichen UF Fileformaten. Von den mehr als 3000 verschiedenen UF Fileformaten werden zwei für den Aufbau eines Universal File Sets für die Schwingungsmessung und -analyse benötigt:

Typ 151 zur Beschreibung des Prüfobjekts und der Messpunkte (UFF 151)
Typ 58 für die Mess- und Analysedaten (UFF 58)

Haupteigenschaft des Universal File Format ist die strukturierte Ablage von Mess- und Analysedaten, welches überwiegend über das Format Typ 58 erfolgt. Dieses ist in Universal File Sets beliebig oft enthalten. Üblich ist auch ein ausschließlich auf dem Typ 58 basierender Datenaustausch. Diese File Sets enthalten oftmals einen einzigen UFF 58 Datensatz, was nicht der ursprünglichen Definition des Universal Daten Formats entspricht.

MATLAB® stellt keine Funktionen zum Lesen und Schreiben des Universal Daten Formats direkt zur Verfügung. Im MathWorks File Exchange [5], einer Platform zum Austausch von MATLAB®-Code, stehen die Funktionen *readuff* und *writeuff* von Primoz Cermelj [4] zum Download zur Verfügung.

Datenaustausch via UFF 58 Datei

Das MATLAB®-Skript *UFF58_Writer.m* aus den Zusatzmaterialien führt einen solchen Datenexport durch. Es kann für die eigenen Zwecke angepasst werden.

Mit der Anweisung

$$Info = writeuff('DemoUFF58.uff', UffDataSet, 'replace'); \qquad (11.37)$$

erfolgt der tatsächliche Datenexport. Dabei ist zunächst zu klären, ob eine Datei mehrere UFF 58 Datensätze enthalten darf. Wenn ja, kann das Skript zum Erstellen des *UffData-Set* so übernommen werden wie es vorliegt. Die in *UffDataSet* abgelegten Filesets werden in der Datei *DemoUFF58.uff* abgelegt. Der Parameter replace sorgt dafür, dass bei einer eventuell bereits vorhandenen Datei diese überschrieben wird. Der Parameter *add* würde dies an das Ende der Datei anhängen.

Ein UFF 58 Datensatz enthält per Definition Messdaten für die Ordinate aus einem Kanal sowie zugehöriger Daten für die Führungsgröße (Zeit, Drehzahl, etc.) der Abszisse. Beide Vektoren müssen in gleicher Länge vorliegen. Dies führt bei vielkanaligen Messungen zur entsprechenden Vervielfältigung des Vektors für die Abszisse und erhöht die Dateigröße, ermöglicht jedoch die Übermittlung kanalspezifischer Informationen.

Ein Universal Data Fileset (*UffDataSet{inc}*) besteht aus einer oder mehreren Daten-strukturen, welche das verwendete Fileset beschreiben. Einige Parameter werden zur Steuerung der Datenablage benötigt und sind daher zwingend erforderlich.

Dazu zählen *UffDataSet{inc}.dsType = 58* als Angabe des Datenformats und *UffDa-taSet{inc}.binary = 0* für die Angabe der Datenablage im Binärformat ($=1$) oder nicht ($=0$). Eine Ablage im Binärformat reduziert die Dateigröße erheblich, erfordert jedoch beim Datenempfänger die Möglichkeit eben dieses Binärformat interpretieren zu kön-nen. In *UffDataSet{inc}.x* werden die Daten der Führungsgröße in *UffDataSet{inc}.measData* die Messdaten abgelegt. Mit *UffDataSet{inc}.d1* und *UffDataSet{inc}.d2* stehen zwei Felder mit je 80 Zeichen als beschreibende Informationen zur Verfügung. Überlängen dieser Felder werden auf die Nominallänge gekürzt. Gleiches gilt für die optionalen Felder *UffDataSet{inc}.ID_4* und *UffDataSet{inc}.ID_5*. Mehr als 4 Zeilen zu je 80 Zeichen an beschreibender Information stehen im UFF 58 Datenformat nicht zur Verfügung.

Weitere Pflichtparameter:

UffDataSet{inc}.date - für das Messdatum

UffDataSet{inc}.functionType = 1 für die Datenfunktion, sollte auf 1 belassen werden

UffDataSet{inc}.rspNode für die Noden-Nummer dieses Datensatzes, wenn anderweitig eine Referenzierung zu einer Kanalliste hergestellt werden kann ist dieser Eintrag unerheblich

DataSet{inc}.rspDir - Zahl für Wirkrichtung dieses Datensatzes

0 - Scalar	
1 - + X Translation	4 - +X Rotation
-1 - -X Translation	-4 - -X Rotation
2 - +Y Translation	5 - +Y Rotation
-2 - -Y Translation	-5 - -Y Rotation
2 - +Z Translation	6 - +Z Rotation
-3 - -Z Translation	-6 - -Z Rotation

UffDataSet{inc}.refNode - Noden-Nummer des Referenzkanals

UffDataSet{inc}.refDir - wie *DataSet{inc}.rspDir*

Für die Beschreibung der Abszisse stehen optionale Felder zur Verfügung.
UffDataSet{inc}.abscAxisLabel - Textfeld für die Beschreibung der Abszisse

UffDataSet{inc}.abscDataChar - Datentyp der Abszisse

0 - unknown
1 - general
2 - stress
3 - strain
5 - temperature
6 - heat flux
8 - displacement
9 - reaction force
11 - velocity
12 - acceleration
13 - excitation force
15 - pressure
16 - mass
17 - time
18 - frequency
19 - rpm
20 - order
21 - sound pressure
22 - sound intensity
23 - sound power

UffDataSet{inc}.abscUnitsLabel{XE 'UffDataSet{inc}.abscUnitsLabel'} - Textfeld für die (SI)Einheit der Abszisse

Ebenso sind optionale Felder für die Beschreibung der Ordinate in gleicher Bedeutung wie für die Abszisse vorgesehen.

UffDataSet{inc}.ordinateAxisLabel
UffDataSet{inc}.ordDataChar
UffDataSet{inc}.ordinateNumUnitsLabel

Auch eine dritte Achse kann übermittelt werden. Die erfolgt über

UffDataSet{inc}.zUnitsLabel – für die Beschreibung
UffDataSet{inc}.zAxisValue – für die Werte

Datenaustausch/Datenarchivierung via Universal File Set

Legt man ein gesamthaftes Universal File Set als UNV-Datei an, so erhält man die Möglichkeit neben Messdaten auch umfangreichere Metadaten abzulegen. Zur besseren Orientierung innerhalb der Datenstruktur *UffDataSet* sollte eine immer gleichbleibende Abfolge der Verwendung angestrebt werden.

Die Definition des Universal File Formats geht nicht von der Notwendigkeit längerer Beschreibungstexte aus. Alle Textfelder des UFF sind auf eine Zeile mit 80 Zeichen beschränkt. Die Praxis im Messalltag und die Forderungen durch das Qualitätsmanagement hat jedoch gezeigt, dass dies nicht ausreicht. Zur zweifelsfreien Zuordnung von Mess- und Analysedaten sind ausführlichere Metadaten erforderlich als ursprünglich vorgesehen. Durch Verwendung mehrerer Typ 151 (UFF 51) Datensätze kann diese Problematik umgangen werden.

Der Typ 151 Datensatz besteht aus den Feldern

$$DemoUffDataSet\{setNr\}.dsType = 151 \tag{11.38}$$

$$DemoUffDataSet\{setNr\}.modelName$$
$$DemoUffDataSet\{setNr\}.description$$
$$DemoUffDataSet\{setNr\}.dbApp$$
$$DemoUffDataSet\{setNr\}.dateCreated$$
$$DemoUffDataSet\{setNr\}.timeCreated$$
$$DemoUffDataSet\{setNr\}.dbVersion$$
$$DemoUffDataSet\{setNr\}.dbLastSaveDate$$
$$DemoUffDataSet\{setNr\}.dbLastSaveTime$$
$$DemoUffDataSet\{setNr\}.uffApp$$

Eine inhaltliche Überprüfung, außer im Feld *dsType* findet beim Anlegen des File Sets nicht statt. Alle Felder müssen vorhanden dürfen jedoch leer sein, da es sonst zu Fehlermeldungen von *writeuff* kommt. Dies öffnet die Möglichkeit über die Felder .*modelName* und .*description* zu einer frei definierbaren Metadatenfelder-Struktur. Für jedes Metadatenfeld wird ein Datensatz Typ 151 im File Set angelegt.

Beispielsweise:

$$DemoUffDataSet\{setNr\}.modelName = \text{'Anzahl der Metadatenfelder'};$$
$$DemoUffDataSet\{setNr\}.description = \text{'XXX'};$$

$$\tag{11.39}$$

als Angabe für die zu erwartende Anzahl an Typ 151 Datensätze für die Metadaten.

> *DemoUffDataSet{setNr}.modelName = 'Vorname Name';*
> *DemoUffDataSet{setNr}.description = 'Mustervorname Mustername';*

(11.40)

usw.

Auch die Sensor- und Messpositionsbeschreibungen sowie die Kalibrierdaten lassen sich über weitere UFF 151 Sets ablegen. Im Beispiel der Abgasanlage aus den Zusatzmaterialen ergibt sich für je eine Messung eine Daten-Datei als Universal File Set mit 127 einzelnen File Sets. Im MATLAB® Workspace liegt dies als *cell array* vor.

DemoUffDataSet =

  1×127 cell array

  Columns 1 through 7

   {1×1 struct}   {1×1 struct}   {1×1 struct}   {1×1 struct}   {1×1 struct}   {1×1 struct}   {1×1 struct}

  Columns 8 through 14

   {1×1 struct}   {1×1 struct}   {1×1 struct}   {1×1 struct}   {1×1 struct}   {1×1 struct}   {1×1 struct}
  ...

(11.41)

Die oben beschriebene Nomenklatur ermöglicht die Orientierung innerhalb des Cell Arrays. Im ersten File Set ist die Anzahl der Metadatenfelder hinterlegt, dies ist gleichzeitig die Anzahl der zugehörigen File Sets.

> *DemoUffDataSet{1,1}*
>
> *ans =*
>
> > *struct with fields:*
> >
> > *dsType: 151*
> > *modelName: 'Anzahl der Metadatenfelder'*
> > *description: '5'*
> > *dbApp: []*
> > *dateCreated: '20.03.2017'*
> > *timeCreated: []*
> > *dbVersion: []*
> > *dbLastSaveDate: '20.03.2017'*
> > *dbLastSaveTime: []*
> > *uffApp: 'MATLAB UFF Writer'*

(11.42)

Der direkte Zugriff auf die Variable erfolgt über

$$DemoUffDataSet\{1,1\}.modelName$$

$$ans =$$
$$\text{'Anzahl der Metadatenfelder'}$$
(11.43)

Ab File Set 2 bis File Set 7 folgen in diesem Beispiel die Metadaten zur Mess- und Objektbeschreibung. Zwischen den Metadaten und den Messpunktbeschreibungen ist ein weiteres File Set positioniert, welches die globale Information für die Anzahl der Messkanäle dieser Messdaten enthält.

Über

$$DemoUffDataSet\{1,str2num(DemoUffDataSet\{1,1\}.description)+2\}$$

$$ans =$$
$$\text{struct with fields:}$$

$$dsType: 151$$
$$modelName: \text{'Anzahl der Messkanäle'}$$
$$description: \text{'15'}$$
$$...$$
(11.44)

erfolgt die direkte Ausgabe dieser Information.

Ein Messkanal/Messpunkt wird durch 7 File Sets beschrieben. Es folgen nun $15*7$ weitere UFF 151 File Sets. Hier die Beschreibung des ersten Messkanals:

$$modelName: \text{'Kanal Nr 1 Name'}$$
$$description: \text{'B11'}$$
$$...$$
$$modelName: \text{'Kanal Nr 1 Sensor'}$$
$$description: \text{'PCB 208 C02 SN16144 K-002'}$$
$$...$$
$$modelName: \text{'Kanal Nr 1 Kalibrierwert'}$$
$$description: \text{'1124.1'}$$
$$...$$
$$modelName: \text{'Kanal Nr 1 EU'}$$
$$description: \text{'N'}$$
$$...$$
(11.45)
$$modelName: \text{'Kanal Nr 1 X-Koordinate'}$$
$$description: \text{'-30'}$$
$$...$$
$$modelName: \text{'Kanal Nr 1 Y-Koordinate'}$$
$$description: \text{'0'}$$
$$...$$
$$modelName: \text{'Kanal Nr 1 Y-Koordinate'}$$
$$description: \text{'-250'}$$

Für die Berechnung des Index der Messdaten des ersten Messkanals werden die Informationen der description-Felder aus dem ersten File Set, Anzahl der UFF 151 File Sets für Metadaten, und aus dem entsprechenden File Set mit den Informationen zu den Messkanälen benötigt. Es ist Sinnvoll für die Erstellung von Analyseroutinen diese Index Daten in Variablen abzulegen.

```
IDX_Meta_Start = 2;
Anz_Meta = str2num(DemoUffDataSet{1,1}.description);
Anz_Channels = str2num(DemoUffDataSet{1,IDX_Meta_Start+Anz_Meta}.description);
Anz_Files_ChanMeta = 7;
IDX_last_ChanMeta = IDX_Meta_Start+Anz_Meta+Anz_Channels*Anz_Files_ChanMeta;
```

$$(11.47)$$

Der Zugriff auf die Daten eines Messkanals ist damit logisch strukturiert durchführbar.
So erzeugt

```
DemoUffDataSet{1,IDX_last_ChanMeta+7}
```

$$(11.46)$$

die Ausgabe von

```
dsType: 58
binary: 0
x: [193600×1 double]
measData: [193600×1 double]
d1: '41hz'
d2: ''
date: '20.03.2017'
functionType: 1
rspNode: 0
rspDir: 0
refNode: 1
refDir: 3
ID_4: 'CH: B10, Dysinet-X DA1102-005 SN3973 B-015, m/s^2, 28.3367'
ID_5: 'X-Koord: 180, Y-Koord: 35, Z-Koord: 70, 2.7939'
```

Ein Teil der Daten ist redundant zu den Informationen der Messkanalbeschreibungen. Dies ist jedoch beabsichtigt, da sich die Messdaten hierdurch auch für Außenstehende interpretieren und sinnvoll analysieren lassen.

Über die Anweisungsfolge

$$IDX = IDX\_Meta\_Start+Anz\_Meta;$$
$$for\ inc=1:Anz\_Channels$$
$$\qquad IDX\_ChanMeta\_Name(inc)=IDX+1+((inc-1)*7);$$
$$\qquad IDX\_ChanMeta\_Sensor(inc)=IDX+2+((inc-1)*7);$$
$$\qquad IDX\_ChanMeta\_Kalibrierwert(inc)=IDX+3+((inc-1)*7);$$
$$\qquad IDX\_ChanMeta\_EU(inc)=IDX+4+((inc-1)*7); \qquad (11.48)$$
$$\qquad IDX\_ChanMeta\_X(inc)=IDX+5+((inc-1)*7);$$
$$\qquad IDX\_ChanMeta\_Y(inc)=IDX+6+((inc-1)*7);$$
$$\qquad IDX\_ChanMeta\_Z(inc)=IDX+7+((inc-1)*7);$$
$$end$$

erfolgt die Ermittlung des Cell Array Index des jeweiligen UFF151 File Set der Messpunktbeschreibung. Der jeweilige Index wird in einem Spaltenvektor, dessen Länge der Anzahl an Messpunkten entspricht, abgelegt.

Abb. 11.13 wird durch die Anweisungsfolge

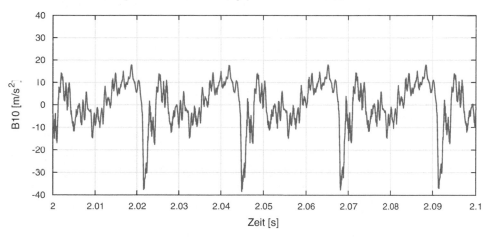

Abb. 11.13 X/Y Plot des Messpunkts B10 aus dem Demodatensatz

```
chanNr = 7;
set(figure(1),'Position',[45 940 1050 425]);
plot(DemoUffDataSet{1,IDX_last_ChanMeta+chanNr}.x, ...
       DemoUffDataSet{1,IDX_last_ChanMeta+chanNr}.measData, 'LineWidth', 2);
set(gca, 'xgrid', 'on');
set(gca, 'ygrid', 'on');
set(gca, 'FontSize', 16);
axis([2 2.1 -40 40]);
title(['Messpunkt ', ...
       DemoUffDataSet{1,IDX_ChanMeta_Name(chanNr)}.description, ...
        ' Sensor ', ...
       DemoUffDataSet{1,IDX_ChanMeta_Sensor(chanNr)}.description]);
ylabel([DemoUffDataSet{1,IDX_ChanMeta_Name(chanNr)}.description, ...
        ' [', ...
       DemoUffDataSet{1,IDX_ChanMeta_EU(chanNr)}.description, ...
        ']']);
xlabel('Zeit [s]');
```

$$\tag{11.49}$$

erzeugt.

11.5.5 ASAM ODS Format – ATF/ATFX

Durch die Wirtschaftskrise Ende der 1980er und Anfang der 1990er- Jahre stand die Automobilindustrie unter einem großen Kosten- und Rationalisierungsdruck. Hiervon waren auch die Bereiche der Messtechnik und Testautomatisierung betroffen. Die jeweiligen Softwaretools und Werkzeuge waren überwiegend Spezial- und Eigenentwicklungen mit dementsprechend proprietären zueinander inkompatiblen Datenformaten. Das Zusammenarbeiten unterschiedlicher Bereiche wurde durch die unterschiedlichen Werkzeuge behindert. Ein Datenaustausch war nur schwer möglich. Die Entwicklungsleiter der deutschen Automobilindustrie haben sich im Jahr 1991 zur diesbezüglichen Zusammenarbeit entschlossen und den Arbeitskreis zur Standardisierung von Automatisierungs- und Messsystemen (ASAM, Association for Standardization of Automation and Measuring Systems) [2] ins Leben gerufen. Im Unterschied zu früheren Standardisierungsgremien, in denen die OEMs einseitig Standards beschlossen und ihren Zulieferern diktiert haben, wurden im ASAM von Beginn an die Zulieferer in die Standardentwicklung als gleichberechtigte Partner mit einbezogen. Dadurch wurde sichergestellt, dass deren technologisches Know-how mit einfloss und die Standards mit wirtschaftlich vertretbarem Aufwand in Produkte und Dienstleistungen umsetzbar waren. Am 1. Dezember 1998 wurde in Stuttgart der ASAM e. V. gegründet, der die Standards rechtlich vertritt und für deren Verbreitung sorgt.

ASAM ODS (Open Data Services) [1] legt den Schwerpunkt der Definition auf eine nachhaltige Aufbewahrung und Rückgewinnung von Testdaten. Der Standard wird primär dazu verwendet, Mess- und Auswertesysteme dazu zu befähigen, Datensätze in

Form von ODS zu generieren bzw. zu verarbeiten. Die Arbeitsweise der jeweiligen Testsysteme bleibt von ODS unberührt.

Ein dem ODS Standard entsprechender Datensatz benötigt zusätzlich eine Schemadatei, welche die Beschreibung des verwendeten Datenmodells innerhalb des Datensatzes enthält. Insbesondere wurde bei der Definition des Standards ein sehr großes Augenmerk auf die Metadaten gelegt, die das Testobjekt, den Messprozess und die verwendete Messtechnik beschreiben. Im gleichen Zeitraum wie die Entstehung von ASAM ODS sind die Normungen und gesetzlichen Vorschriften für das Qualitätssicherungswesen entstanden, welche wiederum auch in ASAM ODS berücksichtig wurden.

ASAM ODS beschreibt das Datenmanagement von Mess- und Analysedaten, während ATF (ASAM ODS Transfer Fileformat) bzw. ATFX (ASAM ODS Transfer Fileformat XML) das zugehörige Datenformat beschreibt. Aus den jeweiligen Schemadateien lässt sich eine für das Datenmanagement erforderliche Datenbank mit allen erforderlichen Datenbanktabellen erstellen. Entsprechend umfangreich und komplex ist der Aufbau dieser Dateien. In der Praxis ist es sinnvoll vor Einsatz eines ATFX-fähigen Systems das Schema der Metadaten zu definieren. Eine spätere Überführung eines alten Metadaten-Schemas in ein Neueres ist nur mit erheblichen Aufwand möglich.

Ein ASAM ODS-fähiges Testsystem kann jeden ATF- bzw. ATFX-Datensatz einlesen und zumindest die darin enthaltenen Metadaten strukturiert darstellen. Inwieweit das jeweilige Testsystem die Mess- und Analysedaten des Datensatzes interpretieren und dementsprechend weiterverarbeiten kann, ist abhängig vom Funktionsumfang des Testsystems. So wird zum Beispiel ein Testsystem für Motorleistungsmessungen keine Schwingungsmessdaten analysieren können.

Beim Datenformat ATFX handelt es sich letztlich um ein XML-Dokument, welches mit jedem XML-Reader/XML-Writer verarbeitet werden kann. Für den effektiven Nutzen dieses Datenformats sind jedoch sind Metadaten Schemata und Lese- und Schreib-Tools erforderlich.

Literatur

1. ASAM ODS. https://www.asam.net/standards/detail/ods/. Zugegriffen: 8 Apr. 2018
2. ASAM, Association for Standardization of Automation and Measuring Systems. https://www.asam.net/. Zugegriffen: 8 Apr. 2018
3. Bosl, A: Einführung in MATLAB/Simulink Berechnung, Programmierung, Simulation. Hanser, München 2018
4. Cermelj, P: Download MATLAB-Funktionen uffwrite und uffread. https://de.mathworks.com/matlabcentral/fileexchange/6395-uff-file-reading-and-writing?focused=8851898&tab=function. Zugegriffen 2 Apr. 2018
5. MathWorks File Exchange. https://de.mathworks.com/matlabcentral/fileexchange/. Zugegriffen : 10 Nov. 2018

6. Dieter, W. P.: MATLAB® und Simulink® in der Ingenieurpraxis Modellbildung, Berechnung und Simulation (4. Aufl). Springer Vieweg, Wiesbaden (2014). ISBN 978-3-658-06419-8

7. Stein, U: Programmieren mit MATLAB, Programmiersprache, Grafische Benutzeroberflächen, Anwendungen. Hanser, München. ISBN: 978-3-446-44299-3, 2017

8. Stein, U: Objektorientierte Programmierung mit MATLAB. Hanser, München. ISBN: 978-3-446-44298-6, 2015

9. Universal File Formats. http://www.sdrl.uc.edu/sdrl/sdrl/sdrl/sdrl/referenceinfo/universalfile-formats/file-format-storehouse. Zugegriffen 2. Apr. 2018

Messen mit MATLAB®

12

▶ Schnell mal was messen …

Schnell mal was messen, ohne erst zeitaufwendig eine Messdatenerfassung zu erstellen, und dies bitte „low budget"! Welchem Messtechniker oder Ingenieur ist dieser Auftrag noch nicht erteilt worden?

Dass an dieser Aufgabenstellung die gängigen Tabellenkalkulations-programme scheitern, liegt auf der Hand. Ein wenig Investition in Messgerät und Mess-Software ist schon erforderlich. Für MATLAB® und die Alternativen wie Octave, FreeMat, Scilab als Berechnungsprogramme, Signalanalysatoren und zur Visualisierung von Messreihen steht im großen Maße Literatur und Hilfe zur Verfügung. Warum also nicht gleich diese Tools zur Erfassung der Messwerte nutzen?

Über die Alternativen zu MATLAB® (Octave, FreeMat, Scilab) ist dies rudi-mentär möglich. Für die einfache und schnelle Anwendung stehen hier jedoch keine entsprechenden Funktionen zur Verfügung.

Anders verhält es sich hier bei MATLAB®, welches durch die Data-Acquisi-tion und Instrument-Control-Toolbox nahezu alle Mess-Hardware namhafter Hersteller unterstützt. Ob HP-IB, VXI, USB oder LAN die Schnittstelle zum Mess-wert darstellt, ist letztlich zweitrangig, da MATLAB® einen Weg findet, diesen zu erreichen.

Neben der Messung mit der in den meisten PCs vorhandenen Soundkarte werden Lösungen für die sogenannten Standardmessaufgaben Strom, Span-nung, Temperatur und Kraft (Dehnungsmessstreifen) aufgezeigt. Ein weite-rer Absatz wendet sich der inzwischen weit gebräuchlichen Nutzung von IEPE-Sensorik und der immer noch im Einsatz befindlichen HP-IB/GPIB Hard-ware zu, die dank kostengünstiger Adapter und der MATLAB®-Integration nach wie vor extrem gute Dienste leisten kann.

© Springer Fachmedien Wiesbaden GmbH, ein Teil von Springer Nature 2019
T. Kuttner und A. Rohnen, *Praxis der Schwingungsmessung*,
https://doi.org/10.1007/978-3-658-25048-5_12

Für den Bereich der Akustik- und Schwingungsmessung ist das Messen mit professioneller Audio Hardware eine lohnende Alternative. Hier werden mit kostengünstigerer Mess-Hardware schnellere und verlässlichere Messergebnisse erzielt, als es mit erheblich kostenintensiverer Mess-Hardware möglich ist. Auch für die im Audiobereich unübliche Ausgabe der gemessenen Spannung stellt dieses Kapitel eine Lösung zur Verfügung.

Im Sektor „Signale erzeugen und ausgeben" werden die Methoden dargelegt, mit welchen Anregungssignale abtastsynchron zur Messdatenerfassung bereitgestellt werden können.

Zusatzmaterial zu diesem Kapitel ist unter http://schwingungsanalyse.com/Schwingungsanalyse/Kapitel_12.html zu finden.

12.1   Messen mit der OnBoard-Soundkarte

Der einfachste und schnellste Weg, um Messdaten zu generieren, ist die Nutzung der OnBoard-Soundkarte des PCs. Jeder Standard-PC besitzt eine Soundkarte mit einem Mikrofoneingang bzw. LineIn-Eingang. Diese lässt sich für einfache Messaufgaben nutzen. Zwar beträgt der Eingangsspannungsbereich lediglich $1\,V_{\text{eff}}$, jedoch handelt es sich meist um relativ hochwertige A/D-Wandler mit sehr hohen Abtastraten. Neben Adapterkabel, um von der üblichen 3,5 mm Klinke auf die im DAQ-Bereich üblichen BNC zu konvertieren, stellt der Audio-Handel Messmikrofone der Klasse 1 zur Verfügung, welche direkt an den meisten PC-Soundkarten verwendet werden können. Die Messung statischer Größen ist meistens nicht möglich, da die Soundkarten über einen Hochpassfilter im Signaleingang verfügen.

Die Anweisung

$$audio = audiodevinfo; \tag{12.1}$$

ermittelt die Konfiguration des aktuell aktivierten Audiosystems des verwendeten PCs und liefert mindestens die Antwort

$$\begin{aligned} input: [1 \times 2\ struct] \\ output: [1 \times 2\ struct] \end{aligned} \tag{12.2}$$

Die weitere Analyse des Audiosystems erfolgt über die Betrachtung der Systemvariablen.

$$audio.input$$

$$1 \times 2 \ struct \ array \ with \ fields:$$

$$Name$$
$$DriverVersion$$
$$ID$$

(12.3)

zeigt an, dass ein Audiosystem mit zwei Eingangskanälen vorhanden ist.

Der Zugriff auf Hardware erfolgt in objektorientierter Programmierung (vergl. [2]). Für den Zugriff auf das Audiosystem muss mit

$$recorder = audiorecorder(fs,nBits,nChannels,ID);$$ (12.4)

ein Objekt *(object)* angelegt werden. Entfällt der optionale Parameter *ID*, wird ein Objekt für das erste Audio-Device angelegt. Der Parameter *fs* steht für die Abtastrate, *nBits* für die Bitanzahl und *nChannels* für die Anzahl der Messkanäle. Durch Angabe dieser Parameter ist der „Audiorekorder" bereits fertig konfiguriert.

Das System weist jedoch einen Nachteil auf. Ob die vorgenommene Konfiguration funktionsfähig ist, wird erst bei der Nutzung ermittelt. Dieses kann über die Anweisung

$$audiodevinfo(IO,ID,Fs,nBits,nChannels)$$ (12.5)

bereits zu einem früheren Zeitpunkt erfolgen. Für *IO* stehen die Parameter 1 (Input) und 0 (Output) zur Verfügung. *ID* wird durch die ID der Audio-Systemvariable ersetzt. Als Antwort gibt es 1, für funktionsfähig, und 0 für nicht funktionsfähig zurück.

Die Anweisungsfolge

```
fs = 48000;                  % Abtastrate in Messwerte/Sekunde
nBits = 24;                  % Auflösung des Messwerts = 24 Bit
nChannels = 2;               %
messzeit = 20;               % Messzeit in Sekunden

ID = 2;                      % ID des verwendeten Soundkarten-Eingangs

messgeraet = audiorecorder(fs,nBits,nChannels, ID);
                             % legt das Messgerät an
messgeraet.StartFcn = disp('Messung startet');
messgeraet.StopFcn = disp('Messung beendet');
                             % gibt eine Bildschirmanzeige für Beginn
                             % und Ende der Messung

record(messgeraet, messzeit);
                             % führt eine Aufzeichnung in der Länge Messzeit
                             % in Sekunden durch
messdaten = getaudiodata(messgeraet);
                             % übernimmt die Messdaten in den Workspace
```

(12.6)

führt eine 20 s andauernde Messung mit der Soundkarte als Messgerät in der Konfiguration Abtastrate = 48.000 Messwerte/Sekunde, 24 Bit-Auflösung und zwei Messkanäle durch.

Die Messdaten werden zunächst in einem internen Puffer zwischengespeichert. Dieser Puffer muss mit *getaudiodata* ausgelesen werden, um die Messdaten zu erhalten. Jeder neue Aufruf von *record* überschreibt den bisherigen Puffer.

12.1.1   Messen mit der OnBoard-Soundkarte und etwas Bedienungskomfort

Mehr Bedienungskomfort und Interaktion bietet das zweite Beispiel für Messungen mit der Soundkarte.

$$clear;$$

$$global \; fs \; messgeraet \; diag1 \; diag2 \; kalibrierwert \; lastSample; \tag{12.7}$$

Nach dem Bereinigen des Workspace, welches für dieses Beispiel zwingend erforderlich ist, werden einige Variablen „global" gesetzt. Die Anweisung *global* hebt die Kapselung von Variablen auf und stellt diese auch außerhalb der jeweiligen *function* zur Verfügung.

Vorbereitung der Messung:

```
fs = 48000;              % Abtastrate in Messwerte/Sekunde
nBits = 24;              % Auflösung des Messwerts = 24 Bit
nChannels = 2;           % Stereo
ID = 2;                  % ID der Soundkarte
kalibrierwert = 25.4;

                         % der Kalibrierwert des Mikrofons muss aus dem
                         % Datenblatt des übertragen werden
                         % Die Angabe erfolgt in mV/Pa
```

$$messgeraet = audiorecorder(fs,nBits,nChannels,ID);$$
$$\% \; legt \; das \; Messgerät \; an \tag{12.8}$$

Wie im ersten Beispiel wird die PC-Soundkarte als *messgeraet* angelegt und konfiguriert.

Um ein flexibles Starten, Pausieren, Stoppen sowie eine Live-Visualisierung der Messung zu ermöglichen, muss das Recording im Hintergrund stattfinden und in einem möglichst definierbaren Takt eine Verarbeitung der relevanten Daten erfolgen.

Mit

$$messgeraet.TimerFcn = 'AudioTimerAction'; \tag{12.9}$$

wird dem Call ‚Timer' die Programmfunktion ‚AudioTimerAction' zugewiesen.

In dieser Anweisung stellt *messgeraet* das audiorecorder-Objekt dar, während AudioTimerAction der Funktionsname der aufzurufenden Programmfunktion ist. Die Funktion

wird in einer m-Datei gleichen Namens abgespeichert und muss sich im gleichen Ordner oder im Suchpfad von MATLAB® befinden. Jeder andere Speicherort führt zu einer
Fehlermeldung.

$$messgeraet.TimerPeriod = 1; \qquad (12.10)$$

setzt die Periodendauer für den Call ‚Timer‘ auf eine Sekunde. Die Programmfunktion
AudioTimeAction wird nun periodisch nach einer Sekunde aufgerufen. Damit ist sicher
zu stellen, dass die Abarbeitung der Programmfunktion AudioTimerAction hinreichend
kürzer als eine Sekunde ist.

$$lastSample = 0; \qquad (12.11)$$

initialisiert einen Positionsindexzähler. Dieser ist für das Extrahieren des zu
betrachtenden Datenabschnittes erforderlich.

$$diag1 = subplot(2,1,1);$$
$$diag2 = subplot(2,1,2); \qquad (12.12)$$

Es werden für zwei Diagramme Object-Handles (Zeiger auf das Diagramm) bereit
gestellt, über die aus der Programmfunktion AudioTimerAction heraus die Visualisierung der Messdaten erfolgt. Sämtliche Formatierungen und Beschriftungen werden bei
der Aktualisierung der Diagramme überschrieben, müssen demnach zu dem Zeitpunkt
der Aktualisierung erfolgen.

Für die periodische Abarbeitung der Messdaten wird in einer eigenen m-Datei die
Funktion AudioTimeAction angelegt.

$$function\ AudioTimerAction \qquad (12.13)$$

In der ersten Programmzeile einer Programmfunktion muss die Anweisung *function*
gefolgt von dem Funktionsnamen erfolgen. Die Anweisung kann um die erforderlichen
Antwort- bzw. Übergabeparatmeter erweitert werden. Es folgt kein abschließendes ‚;‘.
Ebenso wird die Funktion nicht mit dem Schlüsselwort ‚end‘ beendet.

Auf die als global definierten Variablen kann nur dann zugegriffen werden, wenn dies
am Funktionsanfang definiert wird.

$$global\ fs\ messgeraet\ diag1\ diag2\ kalibrierwert\ lastSample;$$
$$\qquad (12.14)$$
$$samples\ = getaudiodata(messgeraet);$$

übernimmt den gesamten Messdatenpuffer in die Variable *samples*. Für die Visualisierung wird jedoch nur der nicht dargestellte Bereich der Messdaten benötigt, welcher in
diesem Beispiel durch das Intervall *lastSample'+1* bis *lastSample+fs* beschrieben ist.
In

$$X1 = samples(lastSample+1:lastSample+fs,1)*1000/kalibrierwert;$$
$$X2 = samples(lastSample+1:lastSample+fs,2)*1000/kalibrierwert; \qquad (12.15)$$

erfolgt die Extrahierung der noch nicht dargestellten Messdaten sowie die Umrechnung in physikalische Werte.

$$lastSample = lastSample + fs; \qquad (12.16)$$

setzt den Index für die Extrahierung entsprechend der aktuellen Bearbeitung auf einen höheren Wert.

Für die beiden Messkanäle soll das jeweilige PSD visualisiert werden. Der operativ schnellste Weg eine Frequenzachse und das PSD aus den Messdaten zu ermitteln, ist die Nutzung der Anweisung *spectrogram,* welche im Abschn. 14.4.12 nochmals näher betrachtet wird. Die Funktion *spectrogram* benötigt als Eingabeparameter den zu analysierenden Datenvektor, die Fensterfunktion (im Beispiel Hanning), die Anzahl der Messwerte im Overlap (im Beispiel 0), die Linienanzahl des zweiseitigen Spektrums und die Abtastrate (in dieser Reihenfolge!). *spectrogram* (vergleiche Abschn. 14.4.12) liefert als Antwort n-Spektren, also nominal ein dreidimensionales Ergebnis. Die Vektoren der Frequenz- und Zeitachse werden ebenfalls als Ergebnis zurück gegeben. Wird die Blocksize gleich der Anzahl der Messwerte gesetzt, dann enthält das Ergebnis der Funktion nur ein Spektrum. Der Paramter *noverlap* muss dafür 0 sein. Es wird eine Hanning-Fensterfunktion verwendet. In *s* befindet sich das einseitige komplexe Spektrum, *f* den Vektor der Frequenzachse, *t* die Zeitachse und *psdx* das PSD.

$$[s,f,t,psd1] = spectrogram(X1, hann(length(X1)), 0, length(X1), fs);$$
$$[s,f,t,psd2] = spectrogram(X2, hann(length(X2)), 0, length(X2), fs); \qquad (12.17)$$

Mit

$$plot(diag1,f,psd1);$$
$$plot(diag2,f,psd2); \qquad (12.18)$$

erfolgt nun die Visualisierung der beiden PSD.

$$set(diag1,'FontSize',14,'XGrid','on','YGrid','on');$$
$$title(diag1,'Frequenzspektrum - Messkanal 1');$$
$$ylabel(diag1,'PSD');$$
$$xlabel(diag1,'Frequenz [Hz]');$$

$$(12.19)$$

$$set(diag2,'FontSize',14,'XGrid','on','YGrid','on');$$
$$title(diag2,'Frequenzspektrum - Messkanal 2');$$
$$ylabel(diag2,'PSD');$$
$$xlabel(diag2,'Frequenz [Hz]');$$

Die restlichen Anweisungen dienen der Diagrammbeschriftung.

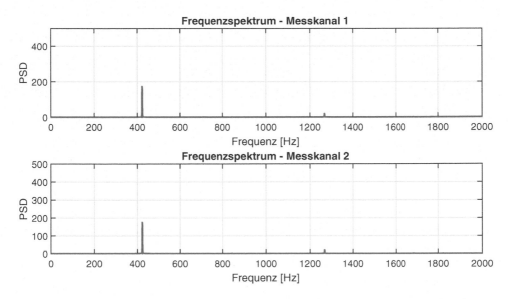

Abb. 12.1 Visualisierung der Frequenzspektren als PSD der beiden verwendeten Messkanäle

Im Command-Window kann nun die Messung mit den Anweisungen

> *record(messgeraet)*, für den Start der Aufzeichnung
> *pause(messgeraet)*, zum Pausieren der Aufzeichnung
> *resume(messgeraet)*, für die Weiterführung der Aufzeichnung   (12.20)
> *stop(messgeraet)*, zum Beenden der Aufzeichnung

gesteuert werden.

Ist die Aufzeichnung der Messdaten beendet, besteht zunächst kein Zugriff mehr auf die Messdaten. Diese müssen mit *messdaten=getaudiodata(messgeraet)* in den Zugriff gebracht werden.

Die durchgeführte Visualisierung ist lediglich temporärer Art (Abb. 12.1).

12.2   Data Acquisition Toolbox™

Die Data Acquisition Toolbox™ bietet die erforderliche Funktionalität, um MATLAB® mit Hardware zur Messdatenerfassung zu verbinden. Die Toolbox unterstützt eine Vielzahl von DAQ-Hardware, inklusive USB, PCI, PCI-Express®, PXI, und PXI-Express-Geräte.

Die Toolbox ermöglicht die Konfiguration von Hardware zur Datenerfassung und das Auslesen von Daten in MATLAB® und Simulink® zur sofortigen Analyse. Man kann damit auch Daten über analoge und digitale Ausgangskanäle versenden, die von

der Datenerfassungshardware geliefert werden. Die Datenerfassungssoftware der Tool-
box verfügt über Funktionen zur Kontrolle des analogen Input, analogen Output, Zähler/
Timer und digitale I/O-Subsysteme eines DAQ-Gerätes. Man kann gerätespezifische
Eigenschaften ansteuern und erzeugte Daten von mehreren Geräten synchronisieren.

Man kann Daten bei der Gewinnung analysieren oder sie zur späteren Bearbeitung
abspeichern. Es ist zudem möglich, automatische Tests und iterative Aktualisierun-
gen des Testaufbaus durchzuführen, die auf den Analyseergebnissen basieren. Simu-
link-Blocks aus der Toolbox ermöglichen es, Daten live in Simulink-Modelle zu
streamen, um damit ein Modell zu verifizieren und validieren gegen die live gemessenen
Daten als Teil eines Design-Verifikationsprozesses.

Um MATLAB® mit Hardware zur Messdatenerfassung verbinden zu können, ist
neben der Lizenz für die Toolbox Messhardware an sich sowie Treibersoftware für die
jeweilige Erfassungshardware erforderlich (weiterführende Informationen [3, 4, 5]).

Die Anweisung

$$daq.getDevices \qquad (12.21)$$

listet die erkannten Messgeräte. Erkannt werden Geräte, welche zum Zeitpunkt des
Starts von MATLAB® angeschlossen waren und über eine geeignete Treibersoftware mit
dem Betriebssystem eine Verbindung aufweisen konnten.

Ist dies der Fall, erscheint als Antwort zum Beispiel

Data acquisition devices:

index	Vendor	Device ID	Description	
1	ni	cDAQ2Mod1	National Instruments NI 9219	
2	ni	cDAQ2Mod2	National Instruments NI 9219	
3	ni	cDAQ2Mod7	National Instruments NI 9234	
4	ni	cDAQ2Mod8	National Instruments NI 9234	(12.22)
5	ni	cDAQ2Mod9	National Instruments NI 9234	
6	ni	cDAQ2Mod10	National Instruments NI 9234	
7	ni	cDAQ2Mod11	National Instruments NI 9215	
8	ni	cDAQ2Mod12	National Instruments NI 9237 (DSUB)	
9	ni	cDAQ2Mod13	National Instruments NI 9263	
10	ni	cDAQ2Mod14	National Instruments NI 9401	

Die Webseite https://de.mathworks.com/products/daq/ gibt Auskunft darüber, welche
Datenerfassungsgeräte von der MATLAB® Data Acquisition Toolbox™ unterstützt werden.

Wird mehr Information zum Datenerfassungsgerät benötigt, so hilft ein Doppelklick
auf die Device ID weiter.

ni: National Instruments NI 9219 (Device ID: 'cDAQ2Mod2')
  Analog input subsystem supports:
    9 ranges supported
    Rates from 0.1 to 100.0 scans/sec
    4 channels ('ai0','ai1','ai2','ai3')
    'Voltage','Current','Thermocouple','RTD','Bridge' measurement types

This module is in slot 2 of the 'cDAQ-9179' chassis with the name 'cDAQ2'.

Properties, Methods, Events

$$(12.23)$$

Die Informationen sollten nun ausreichen, um eine Messung durchführen zu können.
   Mit

$$messgeraet = daq.createSession('ni'); \qquad (12.24)$$

wird ein Session-Object für das Messgerät angelegt. Die Konfiguration des Messgerätes
erfolgt über die Anweisungen

addCounterInputChannel(messgeraet, 'cDAQ2Mod14', 'ctr0', 'EdgeCount');
addAnalogInputChannel(messgeraet, 'cDAQ2Mod7', 'ai0', 'Voltage');
addAnalogInputChannel(messgeraet, 'cDAQ2Mod7', 'ai1', 'IEPE');

$$(12.25)$$

welche die einzelnen Messkanäle und deren Funktionalität definiert.
   In diesem Beispiel wird eine Messung am cDAQ-Chasis mit dem Namen cDAQ2
konfiguriert. Als Messkanal 1 wird am Einschub 14 der Eingang ctr0 als Impuls-
zähler (EdgeCount) angelegt. Die beiden weiteren Messkanäle befinden sich mit den
Anschlüssen ai0 und ai1 in Einschub 7. Ersterer wird als Spannungsmessung, letzterer
als Spannungsmessung mit IEPE-Sensor angelegt. In eben jener Reihenfolge werden die
Messdaten in der späteren Messdatenmatrix aufgelistet.

$$messgeraet.Rate = 12800; \qquad (12.26)$$

setzt die Abtastrate auf 12.800 Messwerte je Sekunde. Da nicht immer exakt die
gewünschte Abtastrate eingestellt wird, lohnt sich zur Sicherheit die Umkehrung der
Anweisung, um die tatsächliche Abtastrate für spätere Berechnungen zu sichern.

$$fs = messgeraet.Rate; \qquad (12.27)$$

Im weiteren ist nun lediglich die Festlegung der Messzeit erforderlich, welches über

$$messgeraet.DurationInSeconds = 30; \qquad (12.28)$$

erfolgt.

$$[Data, Time] = messgeraet.startForeground; \qquad (12.29)$$

führt die Messung durch. Im Vektor Time sind anschließend die Zeitstempel jedes Messwertes abgelegt und in der Matrix Data die zugehörigen Messdaten.

Wie bereits angedeutet, unterstützt die MATLAB® Data Acquisition Toolbox™
einen weiten Bereich an Data Acquisition Hardware, die als USB, PCI, PCI Express®,
PXI oder PXI-Express Geräte im Markt verfügbar sind. Für die jeweilige Unterstützung
müssen seitens des DAQ-Hardware Herstellers geeignete Softwaretreiber zur Verfügung
gestellt werden. Da es neben MATLAB® noch weitere herstellerübergreifende Platt-
formen für die softwareseitige Realisierung von Messaufgaben gibt, ist dies außerhalb
der Spezialanwendungen i. d. R. gegeben.

Unter http://de.mathworks.com/hardware-support.html listet MathWorks® die unterstützte Hardware mit Programmbeispielen auf.

Allgemeine Hilfe zum Messen mit MATLAB® ist unter http://de.mathworks.com/
help/daq/ zu finden.

Hardwareplattform übergreifend stellt die Data Acquisition Toolbox™ Methoden für
die Abarbeitung von Messaufgaben zur Verfügung.

Analog-Input/Analog-Output *(addAnalogInputChannel, addAnalogOutputChannel)*
Digital-Input/Digital-Output *(addDigitalChannel)*
Zähler-Input/Timer-Input/Timer-Output *(addCounterInputChannel, addCounterOut-
putChannel)*
Multichannel Audio-Input/Audio-Output *(addAudioInputChannel, addAudioOutput-
Channel)*
Periodic Waveform Generation *(addFunctionGeneratorChannel)*
Synchronisierte simultane Abläufe *(addTriggerConnection, addClockConnection)*

Grundsätzlich unterscheidet die Methodenbibliothek zwischen Messen im Vordergrund,
welches schnell und sehr einfach Messwerte generiert, und dem Messen im Hintergrund,
welches zur Lösung komplexer Messaufgaben beiträgt und grafische Nutzeroberflächen
(Graphical User Interfaces, GUI) ermöglicht.

12.2.1 Data Acquisition Toolbox™ und verbesserter Bedienungskomfort

Etwas mehr Bedienungskomfort entsteht, wenn man sich der Methoden für die Messung
im Hintergrund bedient. Um nicht bei jeder Messkonfiguration im Programmcode Änderungen durchführen zu müssen, ist es zudem nützlich die jeweils konkrete Konfiguration
über eine Konfigurationsdatei steuern zu können. Start/Stopp der Messung soll über einfache Eingaben oder Tastendruck erfolgen. Zur Kontrolle des Messaufbaus sowie für den
allgemeinen Überblick soll eine Live-Visualisierung der Messdaten und ein Messvorlauf
realisiert werden.

Als Hauptfunktion bzw. Main-Programm wird der unten aufgeführte Programmcode benötigt. Eine Beschreibung der herangezogenen Funktionen erfolgt im Anschluss.

$$[messgeraet, messung.fs, messung.messpunkt] = setup\_from\_file; \quad (12.30)$$

führt eine Konfiguration der Messung durch. Die Kanalbelegung muss dazu in der Datei „setuptabelle.csv" in der Abfolge – Gerät, Kanal, Type, Name, Sensor, EU, Kalibrierwert, Unit, X-Koordinate, Y-Koordinate, Z-Koordinate – abgelegt sein. Die einzelnen Einträge müssen mit einem Komma getrennt sein und als Dezimalzeichen ist ein Punkt erforderlich. Dies entspricht der ursprünglichen Definition von CSV-Dateien (comma separated values).

$$
\begin{aligned}
&str = input('Messbeschreibung:', 's');\\
&while\ isempty(str)\\
&\qquad str = input('Messbeschreibung:', 's');\\
&end;\\
\\
&messung.beschreibung = str;
\end{aligned}
\quad (12.31)
$$

erzwingt eine Texteingabe, welche als Beschreibung der Messung verwendet wird.

$$
\begin{aligned}
&str = input('Mess-Datei:', 's');\\
&while\ isempty(str)\\
&\qquad str = input('Mess-Datei:', 's');\\
&end;
\end{aligned}
\quad (12.32)
$$

erzwingt eine weitere Texteingabe, welche als Dateiname für die Abspeicherung der Konfiguration und der Messdaten verwendet wird.

$$save([str '.mat'], 'messung'); \quad (12.33)$$

speichert die Konfigurationsbeschreibung der Messung ab.

$$dataFile = fopen([str '.bin'], 'w'); \quad (12.34)$$

öffnet den schreibenden Zugriff auf die Datei für die Messdaten.

$$messgeraet.IsContinuous = true; \quad (12.35)$$

setzt die Messgerätekonfiguration auf kontinuierliches Messen.

$$levelHandle = levelmeter(messung); \quad (12.36)$$

ruft die Funktion für die Vorbereitung der Live-Visualisierung auf. In *levelHandle* werden die Zeiger auf die einzelnen Diagramme abgelegt.

Mit *status = 0;* erfolgt die Vorbelegung einer Variablen zur Steuerung des weiteren Programmablaufs. Hierbei steht 0 für den Messvorlauf, 1 für die Messung und 2 für das Beenden der Messung.

$$messgeraet.NotifyWhenDataAvailableExceeds = ceil(messung.fs/3); \quad (12.37)$$

Das DAQ-Objekt stellt einen Function-Call ‚*DataAvailable*' zur Verfügung. In der Variablen *NotifyWhenDataAvailableExceeds* wird die Anzahl der Messwerte bis zum Auslösen des Funktions-Call (Event) abgelegt. Dieser muss ein ganzzahliger Wert sein. Da in *messung.fs* die Abtastrate (Messwerte je Sekunde) abgelegt ist, bewirkt *messung. fs/3*, dass der Event alle 1/3 s ausgelöst wird.

Die Verarbeitung der im Hintergrund angesammelten Messdaten erfolgt durch eine abarbeitende Funktion. Über die Anweisung *addlistener* erfolgt der Verweis auf die abarbeitende Funktion.

$$
\begin{aligned}
&dataListener = addlistener(messgeraet, \text{'DataAvailable'},... \\
&\qquad @(src, event)dispData(src, event, messung, levelHandle)); \\
\end{aligned}
$$
$$(12.38)$$

setzt einen Listener (Zuhörer), welcher auf den Event *DataAvailable* reagiert. @*(src, event)dispData(...)* gibt an, welche Funktion als Reaktion auf den Event ausgeführt werden soll.

$$messgeraet.startBackground; \quad (12.39)$$

startet die Messung im Hintergrund.

Bedingung für den fehlerfreien Ablauf der Hintergrundmessung ist ein erfolgreiches Setup der DAQ-Hardware und einen aktivierten Listener zur Abarbeitung der angesammelten Messdaten.

$$changed = 0;$$
$$(12.40)$$
$$while\ status < 2$$

solange *status* nicht auf 2 gesetzt ist, wird die Abfrageschleife endlos durchlaufen.

$$number = input(\text{'neuer Status (1: Start, 2: Stop) :'});$$
$$status = number;$$
$$(12.41)$$

wartet eine numerische Eingabe ab. Sobald diese erfolgt ist, wird der *status* gewechselt. Hierdurch „hängt" die Endlosschleife an der numerischen Eingabe fest.

```
if (status==1) && (changed == 0)
      changed = 1;
      delete(dataListener);
      dataListener = addlistener(messgeraet, 'DataAvailable',...
      @(src, event)logData(src, event, messung, dataFile, levelHandle));
end
```
$$(12.42)$$

status == 1 steht für die Durchführung der Messung. Um aus dem Messvorlauf in die Messaufzeichnung zu gelangen, muss dem Event *DataAvailable* für die Abarbeitung der angesammelten Messdaten eine andere Funktion zugewiesen werden. Dies erfolgt durch Löschen des bisherigen Listeners und erneutes Setzen mit dem Verweis auf die entsprechende Funktion. Das darf lediglich einmalig erfolgen und wird durch Setzen der Steuerungsvariablen *changed = 1;* abgesichert.

$$
\begin{aligned}
&\textit{if status == 2}\\
&\qquad\textit{messgeraet.stop;}\\
&\qquad\textit{fclose(dataFile);}\\
&\qquad\textit{delete(dataListener);}\\
&\textit{end}
\end{aligned}
\tag{12.43}
$$

Wird *status = 2* gesetzt, dann wird die Messung beendet. Hierzu erfolgt der Stopp der konfigurierten DAQ-Hardware, schließen das Datenfiles und Löschen des Listeners.

$$\textit{function [messgeraet, fs, messpunkt] = setup\_from\_file()} \tag{12.44}$$

legt die Funktion ‚setup_from_file‘ an, welche im gleichnamigen m-File abgelegt sein muss.

$$\textit{filename = 'setuptabelle.csv'} \tag{12.45}$$

zur (späteren) Flexibilisierung der Funktion wird der Dateiname einer Variablen zugewiesen. Dies ermöglicht es, dass der Dateiname auch als Aufrufparameter der Funktion übergeben werden kann.

```
delimiter = ',';
startRow = 2;
formatSpec = '%s%s%s%s%s%s%f%s%f%f%f%[^\r\n]';
fileID = fopen(filename,'r');
dataArray = textscan(fileID, formatSpec, 'Delimiter', delimiter, 'HeaderLines' ,startRow-1,
'ReturnOnError', false);
fclose(fileID);
```
$$\tag{12.46}$$

Die oberen Zeilen des Programmcodes wurden durch einmaliges manuelles Importieren einer CSV-Datei generiert und anschließend geringfügig modifiziert.

Durch Doppelklick auf die CSV-Datei setuptabelle.csv öffnet sich in MATLAB® ein Import-Dialog, der mit „Generate Script" oder „Generate Function" anstelle der direkten Ausführung abgeschlossen werden kann. Der so generierte Code kann anschließend auf das Wesentliche reduziert werden. Für den Import wurden die Optionen „Column Delimeters: Comma", den Import-Range – wobei dieser für spätere Ausführungen des Programmcodes unerheblich ist – und „Cell Array" gewählt.

$$\textit{messgeraet = daq.createSession('ni');} \tag{12.47}$$

legt das Objekt messgeraet an.

$$
\begin{aligned}
&\textit{fs = 51200;}\\
&\textit{messgeraet.Rate = fs;}\\
&\textit{fs = messgeraet.Rate;}
\end{aligned}
\tag{12.48}
$$

setzt die Abtastrate auf einen Wunschwert und ermittelt die tatsächlich eingestellte Abtastrate. Hierbei kommt es oft zu geringfügigen Unterschieden.

$$for\ mp=1:length(dataArray\{1,1\}) \tag{12.49}$$

die Anzahl der Messkanäle entspricht der Länge des importierten Daten-Arrays. Daher wird von 1 bis zur Länge des Daten-Arrays eine Struktur für die Messpunktbeschreibung angelegt.

$$
\begin{aligned}
&messpunkt(mp).name = dataArray\{1,4\}\{mp,1\};\\
&messpunkt(mp).sensor = dataArray\{1,5\}\{mp,1\};\\
&messpunkt(mp).EU = dataArray\{1,6\}\{mp,1\};\\
&messpunkt(mp).kalibrierwert = dataArray\{1,7\}(mp,1);\\
&messpunkt(mp).kalibrierwert\_unit = dataArray\{1,8\}\{mp,1\};\\
&messpunkt(mp).koord\_X = dataArray\{1,9\}(mp,1);\\
&messpunkt(mp).koord\_Y = dataArray\{1,10\}(mp,1);\\
&messpunkt(mp).koord\_Z = dataArray\{1,11\}(mp,1);
\end{aligned}
\tag{12.50}
$$

Darin steht

name für die Beschreibung des Messpunktes
sensor für die Beschreibung des verwendeten Sensors
EU für die physikalische Messgröße / Einheit des Messwertes
kalibriertwert für den Übertragungsfaktor Spannungswert / EU
kalibrierwert_unit für die Einheiten des Kalibrierwertes (mV oder V)
koord_X für die Koordinatenangabe des Messpunktes in X-Richtung
koord_Y für die Koordinatenangabe des Messpunktes in Y-Richtung
koord_Z für die Koordinatenangabe des Messpunktes in Z-Richtung

$$
\begin{aligned}
&addAnalogInputChannel(messgeraet, dataArray\{1,1\}\{mp,1\}, dataArray\{1,2\}\{mp,1\},\ldots\\
&\qquad dataArray\{1,3\}\{mp,1\});
\end{aligned}
\tag{12.51}
$$

konfiguriert den Messkanal.

$$end \tag{12.52}$$

schließt die Funktion ab.

$$function\ [levelHandle] = levelmeter(messung) \tag{12.53}$$

erzeugt die Handles (Zeiger, Zugriffsvariablen) auf die Diagramme für die Live-Visualisierung.

$$zeilen = ceil(length(messung.messpunkt)/8)+1; \tag{12.54}$$

legt eine Grafik in einer Zeilen/Spalten-Logik mit fest vorgegebenen acht Spalten an.

```
          for inc=1:length(messung.messpunkt)
                  levelHandle(inc,1) = subplot(zeilen, 8, inc);        (12.55)
          end
```

Hierzu muss lediglich der zugehörige *subplot* angelegt sein. Alles andere wird zum Zeitpunkt der plot-Anweisung überschrieben werden.

Solange sich die Messung im „Vorlauf" befindet, erfolgt die Live-Visualisierung über die

```
          function dispData(src, event, messung, levelHandle)
                                                                       (12.56)
                  time = event.TimeStamps;
                  data = event.Data;
```

Zeitstempel und Messdaten werden in den Vektoren *time* und *data* übernommen. Da keine weitere Sicherung der Daten erfolgt, sind diese nach dem Funktionsdurchlauf verloren!

Die Daten liegen in der bisher gewohnten Spaltenorientierung vor.

```
          for chan=1:length(messung.messpunkt)

                  maximum = max(data(:,chan));
                  farbe = 'r';
                  if maximum < 4.5
                          farbe = 'y';                                 (12.57)
                  end
                  if maximum < 4
                          farbe = 'k';
                  end
```

legt über die Ermittlung des aktuell maximalen Spannungswertes der Messwerte die Farbe der Darstellung fest.

```
          if messung.messpunkt(chan).kalibrierwert_unit == 'mV'
                  data_to_plot = sqrt((data(:,chan)*1000/...
                  messung.messpunkt(chan).kalibrierwert).^2);
          else                                                         (12.58)
                  data_to_plot = sqrt((data(:,chan)/...
                  messung.messpunkt(chan).kalibrierwert).^2);
          end
```

Es erfolgt die Umrechnung der gemessenen Spannungswerte in die physikalischen Messwerte. Dazu ist es erforderlich festzustellen, ob der Kalibrierwert für mV oder V vorliegt. Da lediglich eine Aussteuerungsüberwachung erfolgt, werden die ermittelten Messwerte durch Quadrierung und anschließender Bildung der Quadratwurzel gesichert positiv.

Jede andere mathematische Behandlung der Messwerte ist ebenso möglich, solange diese in der, durch Setzen der Variable *NotifyWhenDataAvailableExceeds,* definierten Zeit abgearbeitet werden kann. Ist dies nicht der Fall, wird die Abarbeitung der Funktion durch Ausgabe einer Fehlermeldung und ggf. Folgefehlermeldungen abgebrochen. Da die Funktion kontinuierlich aufgerufen wird, wiederholen sich die Fehlermeldungen je Funktionsaufruf was zur Unübersichtlichkeit führt. Der ursächliche Fehler ist in der ersten Fehlermeldung zu finden.

Durch

$$plot(levelHandle(chan,1), data\_to\_plot, farbe); \qquad (12.59)$$

erfolgt die Ausgabe der Messdaten als Plot.

Während der „Messung" erfolgt nun die Live-Visualisierung über die

$$function\ logData(src, event, messung, dataFile, levelHandle) \qquad (12.60)$$

Diese differiert lediglich in wenigen Codezeilen der vorherigen Funktion.

$$time = event.TimeStamps;$$
$$data = event.Data; \qquad (12.61)$$

übernimmt auch hier die Zeitstempel und Messdaten.

```
pos = 1;

for inc=1:length(time)
    stream(pos,1) = time(inc,1);
    pos = pos +1;
    for chan=1:length(messung.messpunkt)
        stream(pos,1) = data(inc,chan);
        pos = pos +1;
```
(12.62)

sortiert die Zeitstempel und Messdaten in eine streambare Datenfolge um. Damit die Messdaten endlos in eine Streamingdatei abgelegt werden können, müssen diese in der Abfolge Zeitstempel, Messwert(1), Messwert(2), ..., Zeitstempel, ... umsortiert werden. Dies erfolgt in der oberen Codesequenz.

$$fwrite(dataFile, stream, 'double'); \qquad (12.63)$$

schreibt den Stream in die Streamingdatei.

```
for chan=1:length(messung.messpunkt)

    maximum = max(data(:,chan));
    farbe = 'r';
    if maximum < 4.5
        farbe = 'y';
    end
    if maximum < 4
        farbe = 'k';
    end

    if messung.messpunkt(chan).kalibrierwert_unit == 'mV'
        data_to_plot =
sqrt((data(:,chan)*1000/messung.messpunkt(chan).kalibrierwert).^2);
    else
        data_to_plot =
sqrt((data(:,chan)/messung.messpunkt(chan).kalibrierwert).^2);
    end

    plot(levelHandle(chan,1), data_to_plot, farbe);
end
end
```
$$(12.64)$$

dient wiederum der Live-Visualisierung (Abb. 12.2).

Für die weitere Bearbeitung der Messdaten ist nach Abschluss der Messung zunächst eine Rücksortierung der Daten in die gewohnte Spaltenorientierung erforderlich.

```
clear;
fileName = 'demodaten_kap321';
load([fileName '.mat']);
anzChan = length(messung.messpunkt)+1;
```
$$(12.65)$$

Aus der Konfigurationsdatei wird über die Anzahl der Messpunkte zuzüglich dem Zeitstempel die Kanalanzahl für das Einlesen des Datenfiles ermittelt.

```
datafile=fopen([fileName '.bin']);
[data, count]= fread(datafile, [anzChan,inf], 'double');
fclose(datafile);
```
$$(12.66)$$

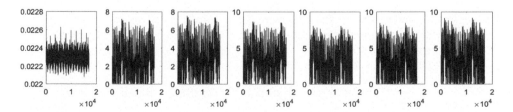

Abb. 12.2 Live-Visualisierung der erfassten Messwerte

Es erfolgt anschließend das strukturierte Auslesen des Datenfiles. Allerdings liegen die Messdaten nun zeilenorientiert vor und in der ersten Spalte befinden sich die zugehörigen Zeitstempel. Dies ist nicht mehr konform der Datenablage wie sie seitens der Data Acquisition Toolbox™ erfolgt.

messung.Time = data(1,:);
messung.Time = messung.Time';   (12.67)

for inc=1:length(messung.messpunkt)
        messung.Data(inc,:) = data(inc+1,:)*1000/messung.messpunkt(inc).kalibrierwert;
end;

messung.Data=messung.Data';

sortiert die Daten in die gewohnte spaltenorientierte Form und erstellt einen separaten Zeitvektor. Gleichzeitig werden die Daten in physikalische Werte umgerechnet. Dabei wird von einem Kalibrierwert in mV ausgegangen.

$$save([fileName \ '.mat', \ 'messung']);$$ (12.68)

legt die Daten im Konfigurationsfile ab.

12.2.2 Data Acquisition Toolbox™ – Standardaufgaben

In den Beispielen werden Messkarten von National Instruments verwenden. Für jede andere unterstützte Messkarte ist das Vorgehen gleich.

Um einzelne Messwerte für Standardmessaufgaben zu ermitteln, muss nach dem bereits bekannten Schema ein Objekt für die Messung angelegt werden. Je nach Vorgehensweise können die Messkanäle auf mehrere Objekte verteilt werden.

Über die Anweisung *daq.createSession(...)* wird zunächst das Objekt angelegt, während *addAnalogInputChannel(...)* den Messkanal definiert und pauschal konfiguriert. Weitere Konfigurationen sind je nach verwendetem Sensor und Messkarte für eine erfolgreiche Messung erforderlich.

Für die Messaufgaben Strommessung, Spannungsmessung, Temperaturmessung und Kraftmessung wird ein National Instruments Messmodul NI 9219 verwendet.

Die Abfrage *daq.getDevices* und anschließender Doppelklick auf das entsprechende Device ergibt als Antwort

ni: National Instruments NI 9219 (Device ID: 'cDAQ2Mod1')
        Analog input subsystem supports:
        9 ranges supported
        Rates from 0.1 to 100.0 scans/sec
        4 channels ('ai0','ai1','ai2','ai3')
        'Voltage','Current','Thermocouple','RTD','Bridge' measurement types

        This module is in slot 1 of the 'cDAQ-9179' chassis with the name 'cDAQ2'.

(12.69)

Mit

$$StromSpannung = daq.createSession('ni'); \qquad (12.70)$$

wird ein Objekt angelegt, welches mit je einem Messkanal für die Strom- und Spannungsmessung konfiguriert wird.

$$ch(1)=addAnalogInputChannel(StromSpannung, 'cDAQ2Mod1', 'ai0', 'Current');$$
$$ch(2)=addAnalogInputChannel(StromSpannung, 'cDAQ2Mod1', 'ai1', 'Voltage');$$
$$(12.71)$$

legt die beiden Messkanäle an.
   Mit

$$ch(1).Device \qquad (12.72)$$

lässt sich das verwendete Device prüfen.

ni: National Instruments NI 9219 (Device ID: 'cDAQ2Mod1')
      Analog input subsystem supports:
      9 ranges supported
      Rates from 0.1 to 100.0 scans/sec
      4 channels ('ai0','ai1','ai2','ai3')
      'Voltage','Current','Thermocouple','RTD','Bridge' measurement types
      This module is in slot 1 of the 'cDAQ-9179' chassis with the name 'cDAQ2'.
$$(12.73)$$

Den einzelnen Messkanälen kann mit

$$ch(1).Name = 'I';$$
$$ch(2).Name = 'U'; \qquad (12.74)$$

ein Name zugewiesen werden. Die Definition des Messbereichs erfolgt durch

$$ch(2).Range=[-1, 1]; \qquad (12.75)$$

Natürlich muss die Messkarte auch den gewünschten Messbereich unterstützen. Falls nicht, erfolgt eine Fehlermeldung. Zur Kontrolle der vorgenommen Einstellungen wird die Matrix *ch* zur Ausgabe gebracht.

ch =

Number of channels: 2

index	Type	Device	Channel	MeasurementType	Range	Name
1	ai	cDAQ2Mod1	ai0	Current	-0.025 to +0.025 A	I
2	ai	cDAQ2Mod1	ai1	Voltage (Diff)	-1.0 to +1.0 Volts	U

$$(12.76)$$

Mit

$$data = inputSingleScan(StromSpannung); \qquad (12.77)$$

wir ein Messwert je Messkanal ermittelt.

$$data =$$
$$\qquad (12.78)$$
$$0.0250 \quad 4.9857$$

In der Variation

$$[data, triggerTime] = inputSingleScan(StromSpannung); \qquad (12.79)$$

wird zu den Messwerten der Erfassungszeitpunkt als Zeitstempel ermittelt.

Durch Setzen des Parameters *StromSpannung.Rate=<Wert>* wird das Device für eine kontinuierliche Messung vorbereitet. *StromSpannung.startForeground* bzw. *StromSpannung.startBackground* führt die kontinuierliche Messung durch.

Für die Temperaturmessung wird ein weiteres Objekt angelegt.

$$Temperatur = daq.createSession('ni'); \qquad (12.80)$$

Zur Konfiguration der Temperaturmessung wird ein weiterer Messkanal definiert.

$$ch(3)=addAnalogInputChannel(Temperatur, 'cDAQ2Mod1', 'ai2', 'Thermocouple');$$
$$\qquad (12.81)$$

führt dies durch.

Über die Anweisung *set(ch(3));* werden die Konfigurationsmöglichkeiten des Messkanals ausgegeben.

```
Units:              [ Celsius | Fahrenheit | Kelvin | Rankine ]
ThermocoupleType:   [ Unknown | J | K | N | R | S | T | B | E ]
Range:                     0 to +750 Celsius
Name:               {}
ADCTimingMode:      [ HighResolution | HighSpeed | Best50HzRejection | Best60HzRejection ]
```
$$\qquad (12.82)$$

Die Definition der Unit und des Thermocouple Types ist erforderlich, um den Messkanal nutzen zu können. ADCTimingMode wird beim Anlegen des Messkanals zunächst auf einen Default-Wert eingestellt.

$$ch(3).ThermocoupleType = 'K';$$
$$ch(3).Units = 'Celsius'; \qquad (12.83)$$
$$ch(3).ADCTimingMode = 'Best50HzRejection';$$

definiert die Temperaturmessung, welche wiederum durch

$$data = inputSingleScan(Temperatur); \qquad (12.84)$$

einen Messwert erfasst.

$$data =$$
$$87.0250 \tag{12.85}$$

Die verwendete Messkarte kann über den Parameter *ADCTimingMode* in der effektiven Auflösung gesteuert werden. Insgesamt ist dies ein Kompromiss zwischen effektiver Auflösung und Geschwindigkeit (Abtastrate). Hohe Auflösung schließt hohe Geschwindigkeit aus. Da bei Messaufbauten eine Beeinflussung der Messwerte durch die verwendeten Netzteile (50 Hz bzw. 60 Hz) nicht gänzlich ausgeschlossen werden kann, bietet sich die der entsprechende *ADCTimingMode* zur bestmöglichen Unterdrückung an. Best50HzRejection bei 50 Hz Netzfrequenz bzw. Best60HzRejection bei 60 Hz Netzfrequenz.

Kraftmessungen erfolgen vielfach über Dehnungsmessstreifen bzw. mit Sensoren, welche mit Dehnungsmessstreifen als Brückenschaltung aufgebaut sind. Um hier zu gültigen Messergebnissen zu kommen ist die Kenntnis der Brückenart (1/1, 1/2, 1/4) und des nominellen Widerstandswertes der Dehnungsmessstreifen erforderlich. Das Datenblatt des Sensors sollte hierzu Auskunft geben können.

Für die Kraftmessung wird ebenfalls ein eigenes Objekt angelegt

$$Kraft = daq.createSession('ni');$$
$$ch(4)=addAnalogInputChannel(Kraft, \ 'cDAQ2Mod1', \ 'ai3', \ 'Bridge'); \tag{12.86}$$

legt nun wiederum den Messkanal an.

$$set(ch(4)); \tag{12.87}$$

liefert auch hier wiederum die nötigen Informationen, die für die Konfiguration des Messkanals erforderlich sind.

```
BridgeMode:             [ Unknown | Full | Half | Quarter ]
ExcitationSource:       [ Internal | External | None | Unknown ]
ExcitationVoltage:      {}
NominalBridgeResistance:    {}
Range:                  -0.025 to +0.025 VoltsPerVolt
Name:                   {}
ADCTimingMode:          [ HighResolution | HighSpeed | Best50HzRejection | Best60HzRejection ]
ch(4).BridgeMode = 'Half';
ch(4).ExcitationSource = 'Internal';
ch(4).ExcitationVoltage = 2.5;
ch(4).NominalBridgeResistance = 120;
```
$$\tag{12.88}$$

definiert den Sensor als 1/2-Brücke mit interner Brückenspeisung mit 2,5 V und einem nominalen Widerstandswert der Dehnungsmessstreifen von 120 Ω.

Über

$$ch(4).ADCTimingMode ='Best50HzRejection';$$
$$ch(4).Range = [-0.01, 0.01]; \tag{12.89}$$

wird der TimingMode auf beste 50 Hz Unterdrückung und der Messbereich auf 10 mV/V eingestellt.

Messwerte werden wie bereits gewohnt über

$$data = inputSingleScan(Kraft)*1000; \tag{12.90}$$

ermittelt.

$$data =$$

$$2.5019$$

Als Ergebniswert werden Werte durch die Multiplikation mit 1000 in [mV/V] erfasst. Um physikalische Werte in [N] zu erhalten, muss der ermittelte Messwert mit einem Kalibrierwert bzw. Kalibrierfunktion verrechnet werden.

Für Schwingungsanalysen werden oft Schwingungssensoren (Beschleunigung, Kraft) verwendet, die auf dem piezoelektrischen Effekt beruhen. Als hauptsächliche Beschaltung hat sich IEPE (siehe Abschn. 8.1) etabliert, welche eine Speisung des Aufnehmers mit einem konstanten Strom 2 mA ... 20 mA (üblich: 2 mA oder 4 mA) erfordern.

Für die Schwingungsmessung wird ebenfalls ein eigenes Objekt angelegt

$$Schwingung = daq.createSession('ni'); \tag{12.91}$$

sowie über

$$ch(5)=addAnalogInputChannel(Schwingung, 'cDAQ2Mod7', 'ai0', 'IEPE'); \tag{12.92}$$

ein Messkanal definiert, welcher mit

$$\begin{aligned} &ch(5).ExcitationSource = 'Intern'; \\ &ch(5).ExcitationCurrent = 0.004; \\ &ch(5).Coupling = 'AC'; \\ &ch(5).TerminalConfig = 'PseudoDifferential'; \end{aligned} \tag{12.93}$$

konfiguriert wird. Dieses Device lässt keinen *inputSingleScan* zu. Was bei einer Schwingungsmessung auch wenig sinnvoll ist. Mit

$$\begin{aligned} &Schwingung.Rate = 51200; \\ &fs = Schwingung.Rate; \end{aligned} \tag{12.94}$$

wird eine Abtastrate festgelegt sowie die tatsächlich im Device eingestellte Abtastrate ermittelt. Über das Setzen der Parameter

$$Schwingung.NumberOfScans = 25600; \tag{12.95}$$

oder

$$Schwingung.DurationInSeconds = 0.5; \tag{12.96}$$

wird die Dauer *(DurationInSeconds)* oder die Anzahl der zu erfassenden Messwerte *(NumberOfScans)* eingestellt. Beide Parameter stehen über die Abtastrate *(Rate)* in einer Abhängigkeit zueinander.

$$[data, timestamps] = startForeground(Schwingung); \qquad (12.97)$$

führt die Messung durch.

12.2.3 Instrument Control Toolbox™ – HP-IB

Hierbei handelt es sich um eine Computerschnittstelle (Bus), die in den 1960er Jahren von Hewlett-Packard (HP) als HP-IB entwickelt wurde. Der von HP definierte Bus-Stecker ist der weitverbreitete Standard. Andere Varianten sind jedoch möglich und durchaus gebräuchlich. Der HP-IB-Bus wurde als IEEE-488 standardisiert und von der IEC als IEC-625 übernommen. Für heutige PCs gibt es USB-Schnittstellen, die den Zugriff auf HP-IB/IEEE488 Bus ermöglichen.

Der Bus ist als paralleler 8-Bit-Bus definiert. Es können bis zu 15 Geräte (Messgeräte, Plotter, Drucker) verbunden werden. Jedem angeschlossenen Gerät muss einmalig eine der 30 möglichen Adressen zugewiesen werden. Der Geräte-Adressraum lässt den Anschluss von bis zu 30 Geräten zu, die Spezifikation gestattet jedoch nur den physikalischen Anschluss von 15 Geräten pro Bus.

Für die reibungslose Kommunikation zwischen PC und den angeschlossenen Geräten darf zu einem Zeitpunkt maximal eines der angeschlossenen Geräte Daten senden. Die Daten können allerdings zu mehreren Geräten gesendet werden, da alle anderen angeschlossenen Geräte gleichzeitig am Bus lesen dürfen.

Bezüglich der Datenübertragungsrate ist zu bedenken, dass bei der Definition durch HP in den 1960er Jahren auf eine sehr sichere, Datenverlust ausschließende Gerätekommunikation gesetzt wurde. Es wurde ein 3-Phasen-Handshake (Bereit/Daten → gültig/ Daten → akzeptiert) definiert. Hierdurch bestimmt bewusst das langsamste Gerät am Bus die gesicherte Datenübertragungsrate.

Im definierten Standard ist lediglich die Übertragung von Daten definiert, nicht die Kommandos zum Steuern von Peripheriegeräten. Dafür wird ein zusätzliches Protokoll oder Kommandos benötigt, welche meist als Text zum Peripheriegerät übertragen werden. Die Kommandos bzw. das Protokoll muss vom Steuerungs-PC zusammengesetzt werden.

Für den Test der Kommunikation zwischen MATLAB® und einem am HP-IB-Bus angeschlossenen Messgerät ist die Nutzung der Instrument Control Toolbox™ der einfachste Weg. Hierüber lassen sich die Funktionalität und die Kommandos am leichtesten testen. Im Falle falscher Kommandos, die jede weitere Kommunikation blockieren können, ist ein Reset möglich.

Die Instrument Control Toolbox™ öffnet mit einem Fenster (Abb. 12.3), welches in drei Bereiche aufgeteilt ist. Links Teil „1" enthält eine dateibrowser ähnliche Struktur.

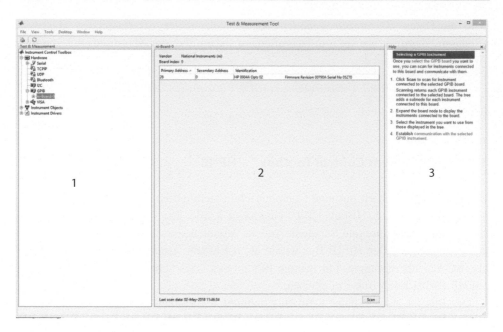

Abb. 12.3   Test & Measurement Tool der Instrument Control Toolbox™ von MATLAB®

Hier werden anstelle von Dateien Kommunikationsschnittstellen aufgelistet, wie zum Beispiel Serial, USB, Bluetooth usw. Werden diese Einträge mit der Maus angeklickt verzweigen diese weiter und es werden die angeschlossenen Geräte (Devices) sichtbar. Über den Scan-Button in der mittleren Fläche „2" kann auf der gewählten Schnittstelle nach angeschlossenen Geräten gesucht werden. In diesem Bereich erscheint spätestens nach dem Scan eine Liste der angeschlossenen Geräte welche nähere Informationen wie Gerätename, Gerätetyp und Seriennummer enthält. Über das rechte Feld „3" werden Hilfefunktionen zur Verfügung gestellt.

In diesem Beispiel ist an der Schnittstelle *GPIB ni-Board-0* das Gerät mit der Adresse 26 ein HP8904A Opts. 02 mit der Firmware Revision 00709 A und der Seriennummer 05270 angeschlossen.

Doppelklick auf *ni-Board-0* im rechten Fenster gibt den Zugriff auf die daran angeschlossenen Geräte frei. Wählt man den Eintrag für den HP 8904 A, ein Multifunktionssynthesizer, wechselt die Darstellung in der mittleren Fläche. Hier kann nun die Kommunikation mit dem ausgewählten Messgerät getestet werden. Die erforderlichen Geräteanweisungen müssen dem jeweiligen Gerätehandbuch entnommen werden.

Wenn die Kommunikation erfolgreich getestet wurde, lässt sich aus der Instrument Control Toolbox™ der erforderliche MATLAB®-Code übernehmen. In der mittleren Fläche hinter dem Reiter Session Log befindet (Abb. 12.4) sich der über den manuellen Test generierte MATLAB®-Code.

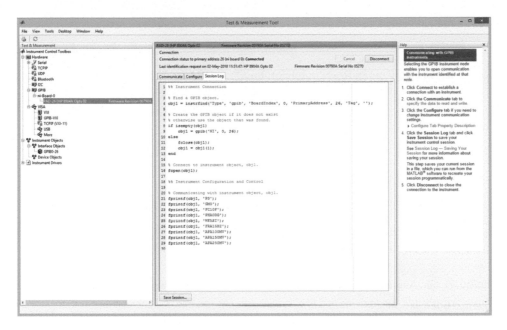

Abb. 12.4 Der von dem Test & Measurement Tool der Instrument Control Toolbox™ beim manuellen test generierte MATLAB®-Code

$$hpib = instrfind('Type', 'gpib', 'BoardIndex', 0, 'PrimaryAddress', 26, 'Tag', ''); \tag{12.98}$$

prüft, ob bereits ein GPIB-Objekt vorhanden ist. Ist dies nicht der Fall, dann wird das GPIB-Objekt mit

$$\begin{aligned} &if\ isempty(hpib) \\ &\quad hpib = gpib('NI', 0, 26); \end{aligned} \tag{12.99}$$

angelegt. Anderenfalls wird das vorhandene GPIB-Objekt für den Zugriff geschlossen und für die weitere Verwendung zur Verfügung gestellt.

$$\begin{aligned} &else \\ &\quad fclose(hpib); \\ &\quad hpib = hpib(1); \\ &end \end{aligned} \tag{12.100}$$

Das GPIB-Objekt steht nun zur Verfügung und mit dem dadurch adressierten Messgerät, im Beispiel ein HP8904A Signalsynthesizer, kann kommuniziert werden.

Die Kommunikation selbst erfolgt wie beim Zugriff auf Dateien mittels *fprintf* und *fscanf*.

$$fopen(hpib); \tag{12.101}$$

öffnet die Kommunikation zum GPIB-Gerät.

$$fprintf(hpib,'PS');\qquad\qquad(12.102)$$

weist das Gerät an, einen Reset durchzuführen.

$$fprintf(hpib,'GM0');\qquad\qquad(12.103)$$

setzt das Gerät in den Konfigurationsmodus.

$$fprintf(hpib,'FC10F');\qquad\qquad(12.104)$$

aktiviert einen OUTPUT-Kanal.

$$
\begin{aligned}
&fprintf(hpib,'PHA0DG');\\
&fprintf(hpib,'WFASI');\\
&fprintf(hpib,'FRA0HZ');\\
&fprintf(hpib,'APA0MV');
\end{aligned}\qquad\qquad(12.105)
$$

definiert ein Ausgabesignal (Sinus) mit 0° Phasenwinkel, einer Frequenz von 0 Hz bei einer Amplitude von 0 mV.

Damit ist der HP Signalsynthesizer für die weitere Nutzung vorbereitet.

In *fsoll* und *amplitude* werden in einer übergeordneten Funktion eine Sollfrequenz und Sollamplitude berechnet, welche über den Signalsynthesizer generiert werden sollen. Da die Kommunikation zum Gerät selbst über Zeichenketten (Strings) erfolgt, müssen die berechneten Zahlenwerte über *num2str* in Zeichenketten umgewandelt werden. Über

$$
\begin{aligned}
&fprintf(synth,['FRA' num2str(fsoll) 'HZ']);\\
&fprintf(synth,['APA' num2str(amplitude) 'MV']);
\end{aligned}\qquad(12.106)
$$

erfolgt die Anweisung an das GPIB-Gerät, ein Signal mit der Frequenz *fsoll* in [Hz] und der Amplitude *amplitude* in [mV] zu generieren.

12.3   Data Acquisition Toolbox™ in Verbindung mit Professional Audio Hardware

Mit professional Audio Hardware werden jene Soundkarten und A/D-Wandler bezeichnet, welche für den professionellen Einsatz vorgesehen sind. Ein besonderes Merkmal dieser Hardware ist die konsequente Auslegung auf die hohe Anzahl abtastsynchroner Eingänge und die Synchronisierung mehrerer Geräte untereinander. Diese bieten damit beste Voraussetzungen für den messtechnischen Einsatz in der Schwingungsanalyse und Akustik.

Geprägt ist professional Audio Hardware durch die bei Musikinstrumenten üblichen Spannungsbereiche der Signalaufnehmer, welche in dBu angegeben wird. So bieten die

Hersteller Geräte mit Eingangsbereichen 0 dBu[1], +10 dBu, +19 dBu sowie +21 dBu (und mehr) mit jeweils mehreren dB (durchaus 15 dB) Aussteuerungsreserve an, welche als Headroom bezeichnet wird.

Mit der Phantomspeisung steht typischerweise eine 48 ± 4 V Speisespannung zur Verfügung. Allerdings erfordert diese eine symmetrische Verkabelung, welche in Form von 6,3 mm dreipoligen Klinken- und XLR-Steckverbindungen hardwareseitig realisiert ist. Der Pluspol der Speisespannung wird dabei über zwei exakt gepaarte Entkopplungswiderstände auf die beiden Signalleitungen der symmetrischen Verkabelung gelegt. Als Minuspol wird die Abschirmung der Leitung genutzt. Die beiden Entkopplungswiderstände verhindern den Kurzschluss und begrenzen den Strom. Zwischen den beiden Signalleitungen liegt somit keine Spannung an – daher die Begrifflichkeit Phantomspeisung. Aufgrund der Symmetrie haben eventuelle Störungen keine Auswirkung auf die Signale. Verwendet wird die Phantomspeisung für die Signalaufnehmer in den Musikinstrumenten, bei Studiomikrofonen sowie bei Messmikrofonen.

Da der Aufbau professioneller Audio Hardware symmetrische Verkabelung vorsieht, ist eine Adaption der in messtechnischen Verkabelungen durch das Koaxialkabel gängige Asymmetrie erforderlich. Bei einigen Geräten sind hierzu die verwendeten 6,3 mm Klinkenbuchsen bereits für die Verwendung zweipoliger (Mono) Klinkenstecker vorbereitet. Für die dreipolige XLR-Steckverbindung stehen Adapter, welche PIN 3 mit PIN 1 brücken, zur Verfügung. Bei einer Verkabelung mit Koaxkabel kann die Phantomspeisung nicht verwendet werden.

Um Gesamtsysteme mit weit über 100 Aufzeichnungskanäle zu realisieren, verfügt professional Audio Hardware über mehrere Kommunikations- und Datenschnittstellen sowie über eine Systemsynchronisation.

Externe Audio-Geräte werden via USB 2 bzw. USB 3 oder über FireWire mit dem PC verbunden. Sie erlauben damit eine durch die verwendete PC-Schnittstelle scheinbar limitierte Datenübertragung. Für die mögliche Anzahl von Messkanälen, im Audio-Sprachgebrauch Tonspuren, in Bezug auf die verwendeten Abtastraten ergibt sich die in Tab. 12.1 dargestellte Matrix. Die A/D-Wandlung selbst erfolgt im professional Audio immer in 24 Bit.

In der Praxis werden solche Kanalzahlen nicht über ein einziges Endgerät realisiert. Es werden mehrere professional Audio Hardware miteinander verknüpft. Dazu wird mindestens ein Gerät, der Master, benötigt, welches die Verbindung zwischen PC und professional Audio Hardware über eine der möglichen PC-Schnittstellen herstellt.

Der Master selbst verfügt über eigene analoge Ein- und Ausgänge. Er stellt über die „Word Clock" ein Signal für die Abtastsynchronisierung für die Einbindung weiterer A/D-Wandler zur Verfügung. Der Datenstrom wird über die digitalen Eingänge des Masters an den PC weitergeleitet.

---

[1]dBu: Spannungspegel mit der Bezugsgröße 0,7746 mV.

Tab. 12.1 Theoretisch mögliche Kanalzahlen (Tonspuren) für Messsysteme basierend auf professional Audio Hardware in Bezug auf die verwendete PC-Schnittstelle

Abtastrate	USB 2	USB 3	FireWire
Reale Übertragungsrate	35 MByte/s	275 MByte/s	50 MByte/s
192 kHz	61	478	87
96 kHz	122	955	174
48 kHz	243	1910	347
44,1 kHz	265	2079	378

Für die Datenübertragung zwischen den Audio-Geräten stehen unterschiedliche Schnittstellen zur Verfügung.

AES/EBU

Der Begriff AES/EBU steht ursächlich für Audio Engineering Society/European Broadcast Union. Der Begriff wird ebenso für die zweikanalige digitale Übertragungsschnittstelle verwendet, welche durch die AES/EBU spezifiziert wurde.

Die Schnittstelle ist für zwei Spuren (Kanäle) mit den Abtastraten 32 kHz, 44,1 kHz, 48 kHz, 88,2 kHz, 96 kHz und 192 kHz bei 16 bzw. 24 Bit definiert.

S/PDIF elektrisch/optisch

Der Begriff steht für Sony/Philips Digital Interface und definiert eine digitale Audio-Schnittstelle aus dem Unterhaltungselektronikbereich. Außer bei den verwendeten Kabel/Steckerverbindungen und den Schnittstellenpegeln entspricht die Definition weitestgehend der AES/EBU Schnittstelle.

Als elektrische Schnittstelle wird ein koaxiales Chinch-Kabel verwendet, optisch TOSLINK (TOShiba-LINK).

ADAT

Auch der Begriff ADAT steht ursächlich für etwas anderes als er mittlerweile gebräuchlich ist. ADAT (Alesis Digital Audio Tape) ist 1992 von der gleichnamigen Firma eingeführt worden. Mit dem digitalen Tonband war es möglich, mehrspurige Audiosignale digital auf S-VHS-Kassetten aufzunehmen. Zwangsweise wurde eine digitale Schnittstelle (ADAT-Schnittstelle) für die Übertragung der Audiodaten erforderlich.

Die ursprüngliche Definition von ADAT bezieht sich auf 8 Tonspuren in 16 Bit Auflösung bei einer Abtastrate von 48 kHz. Eine weitsichtige Entscheidung bei der Schnittstellendefinition war, dass die tatsächliche Datenübertragung in 24 Bit Auflösung erfolgt, was diese weiterhin nutzbar macht.

Signale mit Abtastraten größer 48 kHz werden mit dem S/MUX-Protokoll (Sample-Multiplexing) übertragen. Darin werden die Datenströme fragmentiert und auf mehrere Tonspuren aufgeteilt. Hierdurch reduziert sich die Anzahl der real verfügbaren Tonspuren bei Abtastraten von 96 kHz auf 4 bzw. bei 192 kHz auf 2. Die Signalübertragung erfolgt meistens optisch.

TDIF (TASCAM Digital Interface)
Dieser Begriff steht für TASCAM Digital Interface und bezeichnet ebenfalls eine digitale Schnittstellendefinition. Diese wurde von der TASCAM für die direkte Überspielung zwischen digitalen Bandrecordern entwickelt. Die Übertragung erfolgt elektrisch über ein 25-poliges D-SUB-Kabel, welches nur wenige Meter lang sein darf.

MADI
Diese Schnittstelle ist zur mehrkanaligen Übertragung von Audiodaten von der AES (Audio Engineering Society) als AES10 genormt. MADI steht für Multichannel Audio Digital Interface. Die Signalübertragung erfolgt elektrisch über 75 Ω Koaxialkabel oder optisch. MADI kann bis zu 64 Tonspuren bei einer Abtastrate von 48 kHz übertragen. Bei höheren Abtastraten als 48 kHz kommt auch hier das S/MUX-Protokoll mit entsprechender Tonspurreduzierung zur Anwendung.

Je nach Audio-Schnittstellenausstattung lässt sich ein professional Audio Gerät (Master) um eine erhebliche Anzahl von Tonspuren erweitern. Das in diesem Beispiel verwendete RME Fireface 802 verfügt frontseitig über vier XLR/Klinken-Eingänge mit Phantomspeisung (XLR) mit Eingangspegel +10 dBu (XLR) bzw. +21 dBu (Klinke). An der Rückseite verfügt das RME Fireface 802 über acht Analogeingänge über Klinkenbuchsen mit Eingangspegel +19 dBu. Hieraus ergeben sich 12 Analogeingänge, welche über die digitalen Audio-Schnittstellen auf bis zu 30 erweitert werden können. Hierzu stehen zwei ADAT sowie eine AES/EBU-Schnittstelle zur Verfügung.

Werden weitere Geräte über die digitalen Audio-Schnittstellen hinzugefügt, muss es im Geräteverbund einen Master geben, welcher über die Word Clock die Synchronisierung zur Verfügung stellt. Alle anderen Geräte im Verbund müssen als Slave die Word Clock nutzen.

Es stehen ebenso viele analoge und digitale Ausgänge zur Verfügung wie Eingänge.

Für den messtechnischen Einsatz von professional Audio Hardware spricht der günstige Kanalpreis dieser Systeme bei einem nutzbaren Frequenzbereich von 1 Hz bis 75 kHz. Gleichspannungssignale können mit Audio Hardware jedoch nicht erfasst werden.

Für den Betrieb professioneller Audio Hardware in Verbindung mit der MATLAB® Data Acquisition Control Toolbox™ ist das Support Packages für Windows Sound Cards erforderlich. Nach der Installation des Support Package steht professional Audio Hardware wie jede andere unterstützte Messhardware zum Erfassen von Messdaten zur Verfügung.

Für das in diesem Beispiel verwendete RME Fireface 802 ergibt die Abfrage daq. getDevices die Ausgabe (Auszug):

index	Vendor	Device ID	Description
1	directsound	Audio0	DirectSound Primärer Soundaufnahmetreiber
2	directsound	Audio1	DirectSound ADAT 1 (1+2) (RME Fireface 802)
3	directsound	Audio2	DirectSound ADAT 2 (3+4) (RME Fireface 802)
4	directsound	Audio3	DirectSound ADAT 2 (5+6) (RME Fireface 802)
5	directsound	Audio4	DirectSound ADAT 1 (3+4) (RME Fireface 802)
6	directsound	Audio5	DirectSound ADAT 1 (5+6) (RME Fireface 802)
7	directsound	Audio6	DirectSound Analog (11+12) (RME Fireface 802)
8	directsound	Audio7	DirectSound Analog (9+10) (RME Fireface 802)
9	directsound	Audio8	DirectSound Analog (7+8) (RME Fireface 802)
10	directsound	Audio9	DirectSound Mikrofonarray (Realtek Audio)
11	directsound	Audio10	DirectSound Analog (3+4) (RME Fireface 802)
12	directsound	Audio11	DirectSound ADAT 2 (1+2) (RME Fireface 802)
13	directsound	Audio12	DirectSound ADAT 1 (7+8) (RME Fireface 802)
14	directsound	Audio13	DirectSound Analog (5+6) (RME Fireface 802)
15	directsound	Audio14	DirectSound AES (RME Fireface 802)
16	directsound	Audio15	DirectSound ADAT 2 (7+8) (RME Fireface 802)
17	directsound	Audio16	DirectSound Analog (1+2) (RME Fireface 802)
18	directsound	Audio17	DirectSound Primärer Soundtreiber
19	directsound	Audio18	DirectSound Analog (11+12) (RME Fireface 802)
20	directsound	Audio19	DirectSound ADAT 1 (1+2) (RME Fireface 802)
21	directsound	Audio20	DirectSound ADAT 2 (1+2) (RME Fireface 802)
22	directsound	Audio21	DirectSound Lautsprecher / Kopfhörer (Realtek Audio)
23	directsound	Audio22	DirectSound Analog (5+6) (RME Fireface 802)
24	directsound	Audio23	DirectSound AES (RME Fireface 802)

$$(12.107)$$

Hierin sind neben dem RME Fireface 802 auch die internen Audio Geräte aufgelistet. Die Abfolge der Device IDs ist leider nicht in der logischen Reihenfolge der Ein- und Ausgänge am Gerät. Welche Device ID einem Eingang und welcher ein Ausgang zugeordnet ist, erschließt sich auch erst nach näherer Betrachtung der zugehörigen Informationen. Ein weiterer Nachteil ist, dass die Zuordnung von Device ID zu Gerätekanal nicht dauerhaft gesichert ist. Hierin liegt eine potenzielle Fehlerquelle in der Nutzung von professional Audio Hardware.

Über

```
messgeraet = daq.createSession('directsound');

ch(1)=addAudioInputChannel(messgeraet,'Audio16', '1'); % Analog In 1
ch(2)=addAudioInputChannel(messgeraet,'Audio16', '2'); % Analog In 2
```
$$(12.108)$$

wird wie üblich das Objekt für das Messgerät angelegt und die Messkanäle definiert. Das (Audio)Messgeräte-Objekt stellt wie im bisherigen Umfang Funktionalität zur Konfiguration und zur Messdatenerfassung zur Verfügung.

Ein Audio Device besteht immer aus zwei Kanälen. Dies entspringt aus der Logik, dass es sich jeweils um Stereo-Audio-Kanäle, also zwei Tonspuren handelt. Jede Tonspur lässt sich einzeln als Messkanal definieren. *addAudioInputChannel(messgeraet,'Audio16', 1:1)* ist eine weitere Möglichkeit einen Messkanal zu definieren. *addAudioInputChannel(messgeraet,'Audio16', 1:2)* hingegen definiert beide Tonspuren des Audio Device als Messkanäle.

Mit der Anweisung *messgeraet.StandardSampleRates* erfolgt eine Auflistung der verfügbaren Abtastraten. Über *messgeraet. Rate = 47.250* wird die Abtastrate gesetzt. Sollte es sich hierbei um einen Wert handeln, der nicht als Abtastrate unterstützt wird, so wird die nächstliegende unterstützte Abtastrate eingestellt. Über *fs=messgeraet.Rate* sollte die tatsächlich eingestellte Abtastrate ermittelt werden.

Über

$$
\begin{aligned}
&messgeraet.DurationInSeconds = 30; \\
&[Data,\ Time] = messgeraet.startForeground;
\end{aligned}
\qquad (12.109)
$$

wird eine Messung mit 30 s Dauer durchgeführt.

Die Auflistung der konfigurierten Messkanäle zeigt, dass diese jeweils im Range -1 … $+1$ definiert sind.

index	Type	Device	Channel	MeasurementType	Range	Name
1	audi	Audio16	1	Audio	-1.0 to +1.0	
2	audi	Audio16	2	Audio	-1.0 to +1.0	
3	audi	Audio10	1	Audio	-1.0 to +1.0	
4	audi	Audio10	2	Audio	-1.0 to +1.0	
5	audi	Audio13	1	Audio	-1.0 to +1.0	
6	audi	Audio13	2	Audio	-1.0 to +1.0	
(und weitere)						

$$(12.110)$$

Die Typebezeichnung *audi* steht für Audio Input, während *audo* für Audio Output verwendet wird.

Wie dargestellt, weisen Audio Signale keinen Bezug zum Eingangspegel auf. Audio Hardware ermittelt einen „normierten Eingangswert" zwischen -1 und $+1$, welcher sich auf die (Voll)Aussteuerung des verwendeten Eingangskanals bezieht (vergl. Abb. 12.5). Um hieraus die anliegende Spannung ermitteln zu können, muss der Messwert mit dem maximalen Eingangspegel des jeweils verwendeten Eingangs multipliziert werden. Allerdings kann aus den abrufbaren Deviceinformationen dies nicht zweifelsfrei ermittelt werden. Eventuelle Einstellungen der Eingangsverstärkungen werden ebenso nicht vom konfigurierten Messsystem erkannt.

Hierin liegt eine weitere potenzielle Fehlerquelle, welche jedoch nicht spezifisch für professional Audio Hardware ist. Auch in anderen Messsystemen ist der Bezug zwischen ermittelten (Zahlen)Wert und anliegender Signalspannung bzw. anliegendem physikalischem Messwerte nicht immer eindeutig.

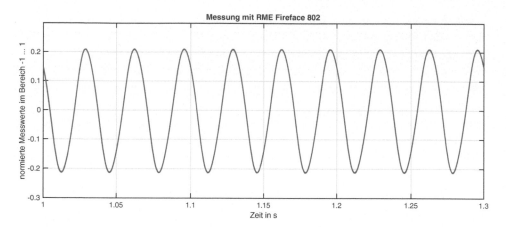

Abb. 12.5 Messung eines Beschleunigungsaufnehmersignals (10 m/s² bei 60 Hz) mit RME Fireface 802. Das anliegende Spannungssignal erzeugt eine ca. 20 %ige Aussteuerung des Eingangskanals

Im praktischen Einsatz hat sich die Referenzwertmessung etabliert. Hierzu wird der Sensor auf einen Signalkalibrator aufgebracht und der Übertragungsfaktor zwischen dem physikalischem Wert des Kalibrators und dem Aussteuerungswert ermittelt, welcher in der weiteren Abarbeitung der Messungen die gemessenen Werte in physikalische Werte umwandelt.

12.4   Mit der Data Acquisition Toolbox™ Signale generieren

Um eine Gleichspannung auszugeben, ist lediglich ein Wert für die Signalausgabe erforderlich. Signalausgabekarten, die für die Gleichspannungsausgabe geeignet sind, werden solange diesen Spannungswert ausgeben, bis ein neuer Spannungswert die bisherige Ausgabe überschreibt oder das Gerät ausgeschaltet wird.

Für die Ausgabe von Spannungsverläufen oder Schwingungssignalen muss zuvor das Signal erzeugt werden. Dieses wird bei der späteren Ausgabe einem Ausgabepuffer zugewiesen.

Für den mathematischen Signalgenerator werden zunächst einige Parameter festgelegt, welche bei einem realen Signal mit Systemparametern korrespondieren müssen.

$$fs = 41400; \tag{12.111}$$

legt die Abtastrate fest. Diese muss gleich der Abtastrate der Messung sein.

$$Zeit=12.5; \tag{12.112}$$

definiert die zeitliche Länge des generierten Signals. Ist diese länger als es der Ausgabepuffer zulässt, muss bei der Ausgabe ein Streaming-Mechanismus verwendet werden.

$$fsoll = 125;$$
$$asoll = 1.345;$$
                                                                        (12.113)

definiert die Sollfrequenz und Sollamplitude.

$$time = 0:1/fs:Zeit;$$ (12.114)

bildet den erforderlichen Zeitvektor.

$$Signal = asoll * sin(2*pi*fsoll*time);$$ (12.115)

berechnet das Ausgabesignal mit frei definierter Frequenz und Amplitude.

$$Signal = Signal';$$ (12.116)

Für die spätere Signalausgabe werden die Werte in einer Matrix mit Spaltenorientierung erwartet, daher wird die Matrix transponiert (Signalausschnitt siehe Abb. 12.6).

Eine weitere Möglichkeit, die MATLAB® direkt für die Signalgenerierung zur Verfügung stellt, ist die Funktion *chirp*. Diese erzeugt einen Signalvektor mit einer kontinuierlich Frequenzänderung.

$$Signal = asoll * chirp(time, fStart, Zeit, fStop, 'logarithmic');$$
$$Signal = Signal';$$
                                                                        (12.117)

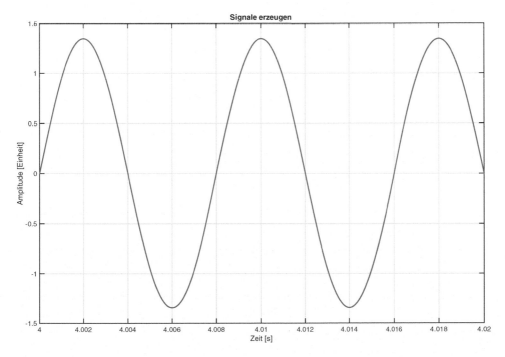

Abb. 12.6 Generiertes Sinussignal (Ausschnitt) mit Sollfreqeunz = 125 Hz und Sollamplitude = 1,345 Einheiten

Ohne den Parameter *'logarithmic'* wird der Vektor mit linearer Frequenzänderung erzeugt, mit *'logarithmic'* wird es eine logarithmische Frequenzänderung (Abb. 12.7).

Um die Aufgabe der kontinuierlichen Signalausgabe und der gleichzeitigen Durchführung einer Messung lösen zu können, wird die Eventbearbeitung von MATLAB® verwendet. Das Data-Aquisition-Objekt stellt insgesamt vier Events zur Verfügung, die mit Programmcode verknüpft werden können, um diese Aufgabe zu steuern. Hierzu werden die Events *DataAvailable* und *DataRequired* verwendet.

Da hier faktisch zwei Endlosschleifen aufgebaut werden, ist eine Programmsteuerung erforderlich (Abb. 12.8), welche unter anderem die Eventabarbeitung auch wieder beendet. Die Steuerung für den Event *DataAvailable* wurde bereits verwendet, um Messdaten kontinuierlich auf der Festplatte abzuspeichern.

In diesem Beispiel *(setup_and_main.m)* soll ein Ausgabesignal mit fester Frequenz und Amplitude kontinuierlich erzeugt und lückenlos ausgegeben werden. Gleichzeitig soll eine Messung mit zwei Messkanälen erfolgen.

Zunächst wird das Data-Aquisition-Objekt angelegt und die Messkanäle definiert. In diesem Beispiel handelt es sich bei dem Messgerät um ein RME Fireface 802.

```
messgeraet = daq.createSession('directsound');
ch(1)=addAudioInputChannel(messgeraet,'Audio16', '1') ;% Analog In 1
ch(1).Name = 'B-Aufnehmer';
ch(2)=addAudioInputChannel(messgeraet,'Audio16', '2'); % Analog In 2
ch(2).Name = 'Sollsignal';
```
$$(12.118)$$

Verwendet wird hierzu Analog In1 und Analog In2. An Kanal 1 wird ein Beschleunigungsaufnehmer angeschlossen, während Kanal 2 für die Kontrolle der Signalausgabe mit dem Ausgabekanal kurzgeschlossen wird. Beide Kanäle erhalten entsprechende Bezeichnungen.

Für die Signalausgabe wird mit

```
ch(3)=addAudioOutputChannel(messgeraet,'Audio28','1');
```
$$(12.119)$$

der Analog Out1 als Ausgabekanal defniert. Die ersten acht Ausgabekanäle sind unter dem Device „DirectSound Lautsprecher" (vergl. 12.107) auffindbar.

```
messgeraet.Rate = 48000;
fs = messgeraet.Rate;
```
$$(12.120)$$

definiert, wie bereits bekannt, die Abtastrate und stellt sicher, dass die tatsächlich verwendete Abtastrate bekannt ist.

```
frequenz = 125.5;
amplitude = 0.75;
```
$$(12.121)$$

legt die Sollfrequenz und Sollamplitude fest.

```
laenge = 1;
```
$$(12.122)$$

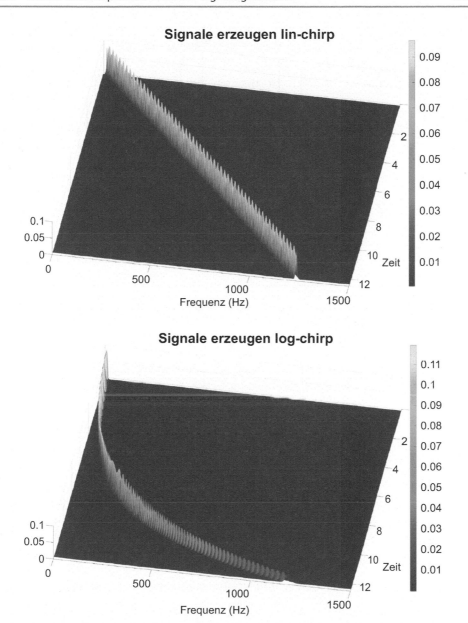

Abb. 12.7 Spektrogramme von Signalen, welche mit linearem Chirp (links) und logarithmischen Chirp (rechts) erzeugt wurden

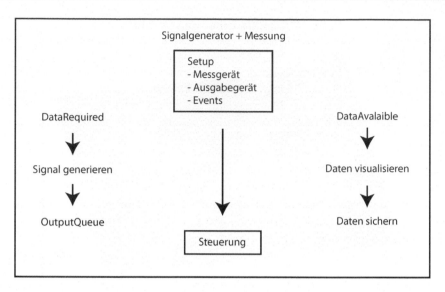

Abb. 12.8 Schematische Darstellung der Programmgestaltung für die Aufgabe „Signal ausgeben" bei gleichzeitigem Messen

Der Ausgabepuffer soll mit Ausgabesignal für eine Sekunde gefüllt werden. Das Ausgabesignal wird in der Programmfunktion *generator* erzeugt und im Ausgabepuffer abgelegt.

$$generator(frequenz, amplitude, laenge, fs, messgeraet); \qquad (12.123)$$

Über

$$[displayHandle] = create\_display(messgeraet); \qquad (12.124)$$

werden die Verweise auf die Ausgabediagramme zur Verfügung gestellt.

$$messgeraet.IsContinuous = true; \qquad (12.125)$$

schaltet auf den kontinuierlichen Modus um.

$$messgeraet.NotifyWhenDataAvailableExceeds = ceil(fs/8); \qquad (12.126)$$

definiert die Anzahl der erfassten Messwerte je Messkanal bis zum Auslösen des Events *DataAvailable*. Der Wert muss ganzzahlig sein.

$$dataListener = addlistener(messgeraet, 'DataAvailable', ... \\ @(src, event)dispData(src, event, ch, displayHandle)); \qquad (12.127)$$

legt fest, dass die Programmfunktion *dispData* aufgerufen werden soll, wenn das Event *DataAvailable* ausgelöst wurde. Diese Zeile Programmcode steuert die Messung.

$$ausgabeListener = addlistener(messgeraet, 'DataRequired',...$$
$$@(src,event)generator(frequenz, amplitude, laenge, fs, messgeraet));$$
$$(12.128)$$

legt fest, dass die Funktion *generator* aufgerufen werden soll, wenn das Event *DataRequired* ausgelöst wurde. Diese Zeile Programmcode steuert die Signalausgabe.

$$messgeraet.startBackground;\qquad (12.129)$$

startet Signalausgabe und Messung. Um den Vorgang zu stoppen, müssen die Reaktionen auf die beiden Events aufgehoben und das Messgerät wieder gestoppt werden.

Über

```
status = 0;

while status < 2
        number = input('neuer Status (2: Stop ) :') ;
        status = number;

        if status == 2                                    (12.130)
                messgeraet.stop;
                delete(dataListener);
                delete(ausgabeListener);
        end
end
```

erfolgt die Programmsteuerung. Wenn über die Tastatur die Ziffer 2 eingegeben wird, stoppt das Programm.

```
function generator(frequenz, amplitude, laenge, fs, ziel)
                                                               (12.131)
        anzahl_perioden = ceil(laenge*frequenz)-1;
```

Das Ausgabesignal soll kontinuierlich und ohne Sprünge ausgegeben werden. Dies erfordert ein generiertes Signal, an dessen Ende sich ein Periodenende befindet (Abb. 12.9). Dazu wird die ganzzahlige Anzahl der möglichen Perioden für die nominale Signallänge ermittelt und um eine Periodendauer verkürzt.

```
n=anzahl_perioden/frequenz*fs;
                                                               (12.132)
t=(0:n)/fs;
```

ermittelt den Zeitvektor, welcher für die Berechnung des Signals benötigt wird.

```
signal=amplitude*sin(2*pi*frequenz*t);
                                                               (12.133)
signal = signal';
```

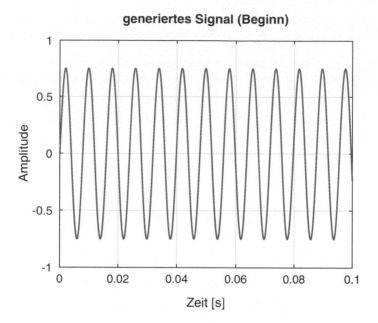

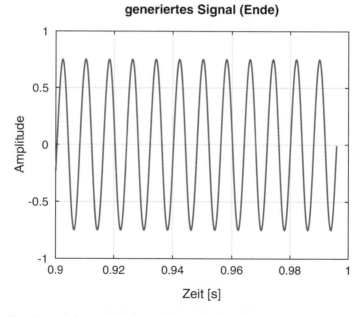

Abb. 12.9 Signalausschnitte zu Beginn und am Ende des generierten Signals. Das Signal beginnt zum Zeitpunkt 0 mit der Amplitude 0 und muss so enden, dass der nächste Wert des Signals wieder 0 wäre

generiert das Ausgabesignal und stellt es in Spaltenorientierung zur Verfügung.

$$queueOutputData(ziel, signal);\qquad(12.134)$$

schreibt das Signal in den Ausgabepuffer.

$$function\ [displayHandle] = create\_display(messgeraet);\qquad(12.135)$$

stellt die Handles (Zeiger) auf die Ausgabediagramme zur Verfügung. Hierzu wird für jeden Messkanal je ein *subplot* angelegt. Dies entspricht der Anzahl der Kanäle im Messgerät −1, da der letzte Kanal im Messgerät der Ausgabekanal ist.

```
for inc=1:length(messgeraet.Channels)-1
        displayHandle(inc,1) = subplot(1, length(messgeraet.Channels)-1, inc);
end
```
$$(12.136)$$

Die letzte benötigte Funktion visualisiert die Messdaten. Auf eine Speicherung der Messdaten wird in diesem Beispiel verzichtet. Diese Funktionalität wurde bereits weiter oben beschrieben.

$$function\ dispData(src, event, ch, displayHandle)$$

$$time = event.TimeStamps;$$
$$data = event.Data;$$
$$(12.137)$$

übernimmt die Zeitstempel und erfassten Messdaten. Die Matrix Data enthält gleich viele Spalten wie Messkanäle definiert wurden.

```
for chan=1:length(ch)-1
        plot(displayHandle(chan,1), time, data(:,chan),'LineWidth', 2);
        set(displayHandle(chan,1), 'FontSize', 20);
        title(displayHandle(chan,1),ch(chan).Name);
end
```
$$(12.138)$$

visualisiert die Messdaten, setzt die Schriftgröße auf 20 Punkt und gibt den Diagrammen eine Titelbeschriftung (Abb. 12.10).

Ist das auszugebende Signal zu komplex für eine Laufzeitberechnung, bietet sich die Streaming-Methode an, um ein zuvor erstelltes oder anderweitig generiertes Signal auszugeben. Hierfür sind lediglich wenige Änderungen an dem vorherigen Programmcode erforderlich.

Im Hauptprogramm *(setup_and_main)* werden direkt in den ersten Codezeilen zwei globale Variablen definiert.

$$global\ pos\ signal\qquad(12.139)$$

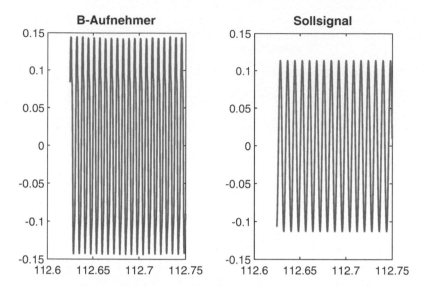

Abb. 12.10   Live-Visualisierung der erfassten Messwerte

Anstelle der Signaldefinition und der Funktion *generator* wird das Ausgabesignal (im Beispiel) in den Workspace mit *load('demosignal.mat');* eingelesen. In den darauf folgenden Zeilen wird die Funktion für das Signal-Streaming konfiguriert und einmalig aufgerufen.

$$pos = 1; \qquad\qquad (12.140)$$

ist der Positionszeiger für das Ausgabestreaming. Dieser steht zum Programmstart am Signalanfang.

$$laenge = 1; \qquad\qquad (12.141)$$

die Signalausgabe soll wieder in 1-s-Blöcken stattfinden.

$$streamer(laenge, fs, messgeraet); \qquad\qquad (12.142)$$

ruft einmalig die Funktion für das Ausgabe-Streaming auf. Auch in den folgen Zeilen wurden Veränderungen vorgenommen, welche bis auf den *ausgabeListener* einer nicht zwingend erforderlichen geänderten Live-Visualisierung dienen.

$$messgeraet.NotifyWhenDataAvailableExceeds = ceil(fs/2); \qquad (12.143)$$

wurde jetzt auf einen Wert gesetzt, der alle 500 ms zu einer Live-Visualisierung führt.

$$dataListener = addlistener(messgeraet, 'DataAvailable', ...$$
$$@(src, event)dispFT(src, event, ch, fs, displayHandle)); \qquad (12.144)$$

ruft nun die Funktion *dispFT* zur Live-Visualisierung auf.

$$\textit{ausgabeListener = addlistener(messgeraet, 'DataRequired',...}$$
$$\textit{@(src,event)streamer(laenge, fs,messgeraet));} \quad (12.145)$$

ruft für die Signalausgabe die Funktion *streamer* auf. Diese sorgt für die Blockweise des Ausgabesignals in den Ausgabepuffer

$$\textit{function streamer(laenge, fs, ziel)}$$
$$\qquad\qquad\qquad\qquad\qquad\qquad\qquad\qquad (12.146)$$
$$\textit{global pos signal;}$$

Der Positionszeiger pos und das Ausgabesignal wurden als globale Variablen definiert. Für die Nutzung dieser muss in der Funktion ebenso eine global Definition erfolgen. Anderenfalls wären es Variablen, die nur innerhalb des jeweiligen Funktionsaufrufs Gültigkeit besitzen.

$$\textit{n=laenge * fs;} \qquad\qquad\qquad (12.147)$$

berechnet die Werteanzahl, die der Ausgabepuffer lang ist.

Die Ausgabe des Signals soll so lange wiederholt werden, bis dass das Programm durch den Anwender beendet wird. Da es auch unwahrscheinlich ist, dass das Signalende mit einem Pufferende zusammenfallen wird, ist eine Abfrage für den Positionszeiger erforderlich.

$$\textit{if pos+n-1 > length(signal)} \qquad\qquad (12.148)$$

wenn das zu übernehmende Signalstück über das Signalende hinaus gehen würde, welches zu einem Programmabbruch führt, muss wieder an den Signalanfang gesprungen werden. Der Ausgabepuffer wird dann mit Signalwerten vom Signalanfang auf seine Solllänge aufgefüllt. pos enthält den Positionszeiger, welcher die Werteposition im Signal markiert, der als nächstes an den Ausgabepuffer übergeben werden soll.

$$\textit{stream=signal(pos:length(signal),1);} \qquad\qquad (12.149)$$

es wird zunächst das Restsignal übernommen.

$$\textit{streamlaenge = length(stream);} \qquad\qquad (12.150)$$

ermittelt die Länge des Restsignals.

$$\textit{rest = n-streamlaenge;} \qquad\qquad (12.151)$$

ermittelt die erforderliche Restlänge, um die das Ausgabesignal durch Werte aus dem Signalanfang aufgefüllt werden muss.

$$\textit{stream(end+1:end+rest,1)=signal(1:rest,1);}$$
$$\textit{pos = rest+1;} \qquad\qquad\qquad\qquad (12.152)$$

Füllt das Ausgabesignal mit Werten aus dem Signalanfang auf und setzt den Positionszeiger auf die nächst folgende Werteposition im Signal.

else

Wenn das Signalende noch nicht erreicht wird, wird ein n Signalwerte langes Signalstück beginnend am Positionszeiger pos an den Ausgabepuffer übergeben. Anschließend wird der Positionszeiger neu gesetzt.

$$stream = signal(pos:pos+n-1,1);$$
$$pos = pos+n; \tag{12.153}$$
$$end$$

Mit

$$queueOutputData(ziel, stream); \tag{12.154}$$

wird der Ausgabepuffer in die Output Queue geschrieben. Beim nächsten Aufruf der Funktion wird der nächste Block von Signalwerten beginnend, an der Position pos, in die Output Queue geschrieben.

In der Live-Visualisierung sollen die Betragsspektren der Messwerte dargestellt werden.

function dispFT(src, event, ch, fs, displayHandle)

$$time = event.TimeStamps; \tag{12.155}$$
$$data = event.Data;$$

übernimmt die Zeitstempel und die Messdaten.

$$for\ chan=1:length(ch)-1 \tag{12.156}$$

Für jeden Messkanal wird eine Fouriertransformation der Messdaten durchgeführt.

$$L = length(data(:,chan));$$
$$y = fft(data(:,chan)); \tag{12.157}$$
$$f = fs*(0:(L/2))/L;$$

Aus dem Zusammenhang der Abtastrate fs und der Blocklänge L wird ein Vektor für die Frequenzskalierung des Diagramms berechnet.

Eine Fouriertransformation liefert als Ergebnis ein komplexes zweiseitiges Spektrum. Das Spektrum ist auf der Frequenzachse bei 0 Hz gespiegelt. Für eine Darstellung wird lediglich der positive Teil des Spektrums benötigt. Der Wert bei 0 Hz ist der Gleichspannungsanteil des Signals. Die Funktion abs berechnet aus einem komplexen Vektor die Betragswerte. Da das Ergebnis der Fouriertransformation zweiseitig ist und die Integration des transformierten Signals wieder den gesamten Energieinhalt ergeben muss, sind die Beträge des einseitigen Betragsspektrums um den Faktor 2 zu niedrig. Dies gilt jedoch nicht für den Gleichspannungsanteil bei 0 Hz.

Die Codezeilen

$$P = abs(y(1{:}L/2+1)/L);$$
$$P(2{:}end{-}1) = 2{*}P(2{:}end{-}1);$$
(12.158)

ermitteln das einseitige Betragsspektrum des Signals.

$$plot(displayHandle(chan,1),\ f,\ P,\ 'LineWidth',\ 2);$$
$$set(displayHandle(chan,1),\ 'FontSize',\ 20);$$
$$title(displayHandle(chan,1),ch(chan).Name);$$
$$ylabel(displayHandle(chan,1),'Aussteuerung');$$
$$xlabel(displayHandle(chan,1),'Frequenz\ [Hz]');$$
(12.159)

stellt das Betragsspektrum dar und beschriftet das Diagramm.

Mit

$$if\ chan == 1$$
$$\qquad axis(displayHandle(chan,1),[0\ 200\ 0\ 0.2]);$$
$$end$$
$$if\ chan == 2$$
$$\qquad axis(displayHandle(chan,1),[0\ 400\ 0\ 0.04]);$$
$$end$$
$$end$$
(12.160)

wird eine messkanalabhängige Skalierung der Diagramme durchgeführt.

12.5 MATLAB GUI – Grafische Oberfläche

12.5.1 Grafische Oberfläche erstellen

Für die Erstellung von grafischen Oberflächen – Graphical User Interfaces (GUIs) – wird das Tool GUIDE verwendet. Durch Eingabe von *guide* in das Command Window öffnet sich ein Dialog (Abb. 12.11) für die Neuanlage eines GUI. Alternativ kann ein bereits bestehendes GUI geöffnet werden, um es zu erweitern oder als Vorlage für eine neue grafische Oberfläche zu verwenden.

Wählt man ein neues GUI (Blank GUI), erscheint eine neue Arbeitsumgebung (Abb. 12.12), mit der die grafische Oberfläche, das GUI erstellt wird.

Bevor die Funktionalität programmiert werden kann, muss das Layout der grafischen Oberfläche erstellt sein. Bereits vorhandene GUIs können nachbearbeitet und erweitert werden. Dazu später mehr.

In einem ersten Beispiel soll ein Datensatz ausgewählt werden, der in einem X-Y-Diagramm dargestellt und beschriftet werden soll. Hierzu wird eine Oberfläche wie in Abb. 12.13 angelegt.

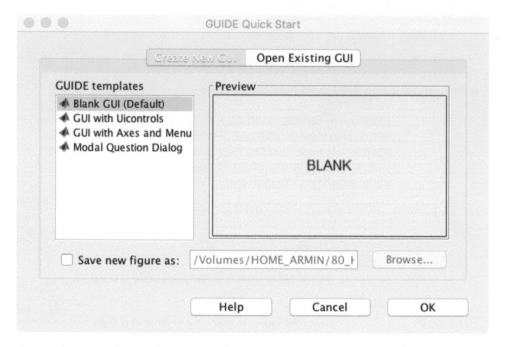

Abb. 12.11   Auswahldialog beim Start von GUIDE

Für die grafische Ausgabe der Messdaten wird ein Diagrammfeld benötigt. Dieses wird mit dem Element „*axes*" angelegt. Es stehen zwei Datensätze für die grafische Darstellung zur Verfügung. Die Auswahl erfolgt über zwei „*Push Button*". Die Auswahl der konkreten Messdaten erfolgt über eine Auswahlliste, der „*Listbox*". Für die Beschriftungen von Titelzeile, X- und Y-Achse werden „*Edit Text*" Elemente benötigt, welche wiederum mit „*Static Text*" beschriftet werden.

Wenn das Layout fertig gestellt ist, wird dies mit *File → Save as* und der Eingabe eines beliebigen Dateinamens abgespeichert. Im Editor erscheint nun ein MATLAB® Skript mit gleichem Dateinamen wie gerade eingegeben. In diesem Skript befindet sich das Grundgerüst des MATLAB®-Codes, welcher für die Ausführung des GUI benötigt wird.

In den ersten Codezeilen befindet sich eine Sektion welche mit

$$\text{\% Begin initialization code – DO NOT EDIT} \tag{12.161}$$

beginnt und mit

$$\text{\% End initialization code – DO NOT EDIT} \tag{12.162}$$

endet (vergl. [1]). Das muss zwingend beachtet werden. In diesem Abschnitt wird das GUI gestartet. Änderungen in diesem Bereich führen dazu, dass das GUI seine Funktionalität verliert.

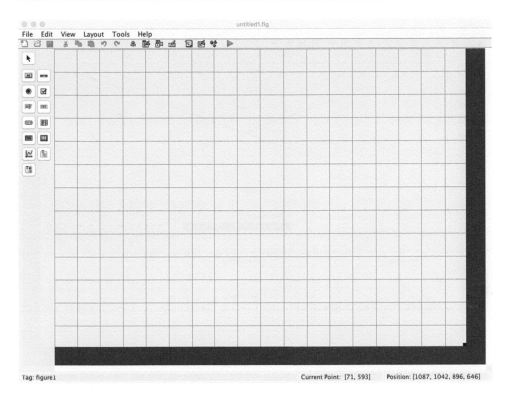

Abb. 12.12   Eine neue Arbeitsumgebung nach dem Start von GUIDE

Die wichtigeren Codezeilen folgen etwas weiter unten. Dort findet man nun unter anderem mit

$$
\begin{aligned}
&\textit{function pushbutton1\_Callback(hObject, eventdata, handles)} \\
&\textit{function pushbutton2\_Callback(hObject, eventdata, handles)} \\
&\textit{function listbox1\_Callback(hObject, eventdata, handles)} \\
&\textit{function listbox1\_CreateFcn(hObject, eventdata, handles)} \\
&\textit{function edit1\_Callback(hObject, eventdata, handles)} \\
&\textit{function edit1\_CreateFcn(hObject, eventdata, handles)} \\
&\textit{function edit2\_Callback(hObject, eventdata, handles)} \\
&\textit{function edit2\_CreateFcn(hObject, eventdata, handles)} \\
&\textit{funcnction edit3\_Callback(hObject, eventdata, handles)} \\
&\textit{function edit3\_CreateFcn(hObject, eventdata, handles)}
\end{aligned}
\tag{12.163}
$$

vorbereitete Funktionen, welche die Ausführfunktion (den Callback) und, abgesehen von den pushbutton-Funktionen, eine Entstehungsfunktion (CreateFcn) zur Verfügung stellen. Zwar befindet sich hierin noch keine wirkliche Funktionalität, aber es wurde alles durch den GUIDE vorbereitend angelegt, welches für die spätere Nutzung der grafischen Oberfläche erforderlich ist.

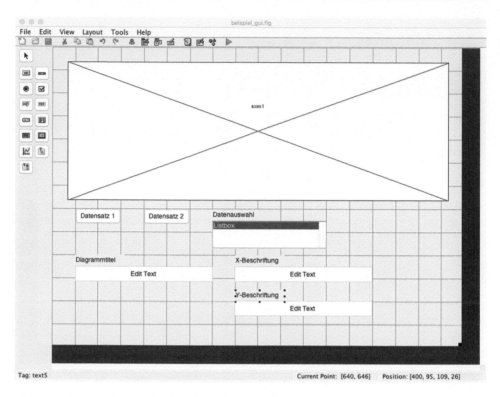

Abb. 12.13   Beispiel GUI für die grafische Darstellung von Messdaten

Eine vorbereitete Funktion für die Ausgabe in das Diagramm „axes1" ist ebenso nicht zu finden wie die Möglichkeit, die statischen Beschriftungen anzupassen. Dies erfolgt über die Anweisungen

$$plot(handles.axes1,x,y); \tag{12.164}$$

und

$$set(handles.text1, 'String', 'hier steht der neue Text'); \tag{12.165}$$

gefolgt von

$$guidata(hObject,handles); \tag{12.166}$$

welches dazu führt, dass die Änderungen auch übernommen werden.

Startet man nun das Beispiel GUI, so wird dies ausgeführt. Es erscheinen keine Fehlermeldungen, aber eine Aktivität des Programms ist auch (noch) nicht vorhanden.

12.5.2 Funktionen den Elementen der grafischen Oberfläche zuordnen

Als erste Funktionalität wird den beiden „Push Buttons" das Laden der Datensätze „20160906_002.mat" und „20160906_003.mat" zugewiesen. Dabei fällt auf, dass es gut wäre eine Statuszeile einzuführen, in der jede Aktivität des Programms durch eine Statusmeldung angezeigt wird. Eine manuelle Skalierung der Diagrammachsen wäre zudem auch nützlich.

Dafür wird noch einmal das Layout mit dem GUIDE Tool geöffnet und die noch fehlenden Elemente eingefügt (Abb. 12.14).

Zu jedem beliebigen Zeitpunkt im Entwicklungsprozess des GUI kann der GUIDE aufgerufen werden um Änderungen am Layout vorzunehmen. Die jeweils neu hinzugekommenen Funktionsaufrufe werden dabei an das Ende der zugehörigen m-Datei gestellt.

Für eine bessere Übersicht über den Programmcode lassen sich die einzelnen Funktionen in eigenständige m-Dateien auslagern.

Die zugehörige m-Datei gliedert sich in mehrere Abschnitte:

- Startfunktion – Funktionalität bevor das GUI sichtbar wird

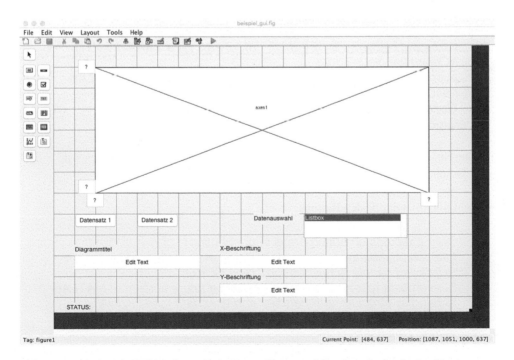

Abb. 12.14 Beispiel-GUI für die grafische Darstellung von Messdaten in der finalen Version

```
% --- Executes just before beispiel_gui is made visible.
function beispiel_gui_OpeningFcn(hObject, eventdata, handles, varargin)
% This function has no output args, see OutputFcn.
% hObject handle to figure
% eventdata reserved – to be defined in a future version of MATLAB
% handles structure with handles and user data (see GUIDATA)
% varargin command line arguments to beispiel_gui (see VARARGIN)
% Choose default command line output for beispiel_gui
handles.output = hObject;
% Update handles structure
guidata(hObject, handles);
% UIWAIT makes beispiel_gui wait for user response (see UIRESUME)
% uiwait(handles.figure1);
```

$$(12.167)$$

In diesem Bereich werden Anweisungen eingefügt, welche zum Start der grafischen Oberfläche erforderlich sind. Hier können zum Beispiel Parameter vorbelegt werden oder Daten aus Dateien geladen werden, damit diese während der Ausführung des GUI zur Verfügung stehen.

- Ausgabe in das Command Window

```
% --- Outputs from this function are returned to the command line.
function varargout = beispiel_gui_OutputFcn(hObject, eventdata, handles)
% varargout cell array for returning output args (see VARARGOUT);
% hObject handle to figure
% eventdata reserved – to be defined in a future version of MATLAB
% handles structure with handles and user data (see GUIDATA)
% Get default command line output from handles structure
varargout{1} = handles.output;
```

$$(12.168)$$

Im diesem Abschnitt erfolgt die Ausgabe in der Command Line. Auch dies wird i. d. R. so belassen, wie es durch MATLAB® vorgegeben ist.

- Funktionalität der beiden Buttons

```
% --- Executes on button press in pushbutton1.
function pushbutton1_Callback(hObject, eventdata, handles)
% hObject handle to pushbutton1 (see GCBO)
% eventdata reserved – to be defined in a future version of MATLAB
% handles structure with handles and user data (see GUIDATA)
%
% load Datensatz 1
%
```

$$(12.169)$$

In einem ersten Schritt zur besseren Lesbarkeit des MATLAB®-Codes empfiehlt es sich, weitere Kommentarzeilen einzufügen. Die einzelnen Funktionen erhalten so eine Erklärung zu ihrer Funktionalität. Dies erfolgt bestenfalls direkt nach dem Layout der grafischen Oberfläche.

$$load('20160906\_002.mat');$$
$$handles.messung = messung; \tag{12.170}$$

Die Funktionalität der beiden Buttons ist, dass ein Datensatz für die Darstellung im Diagramm eingelesen werden soll. Die Datenstruktur *handles* wird um die Daten aus dem Datensatz *(messung)* erweitert. Hierdurch werden die Daten allgemein verfügbar.

$$listbox\_aktualisieren(hObject, eventdata, handles); \tag{12.171}$$

Auf Basis der geladenen Messdaten wird der Inhalt der Listbox und damit die Auswahlmöglichkeit der dargestellten Messwerte geändert. Dies erfolgt in der Funktion *listbox_aktualisieren*.

$$listbox1\_Callback(hObject, eventdata, handles); \tag{12.172}$$

Über den Aufruf der Callback-Funktion der Listbox wird eine erste Messwertdarstellung vorgenommen.

$$guidata(hObject, handles); \tag{12.173}$$

Die Funktion *guidata* stellt sicher, dass die vorgenommenen Änderungen im GUI und an den Datensätzen auch tatsächlich durchgeführt wird. Nicht alle vorgenommenen Änderungen benötigen dies tatsächlich.

Der MATLAB® Code für den zweiten Button unterscheidet sich vom ersten lediglich im Dateinamen, aus dem die Messdaten geladen werden.

```
% --- Executes on button press in pushbutton2.
function pushbutton2_Callback(hObject, eventdata, handles)
% hObject handle to pushbutton2 (see GCBO)
% eventdata reserved – to be defined in a future version of MATLAB
% handles structure with handles and user data (see GUIDATA)
%
% load Datensatz 2
%

load('20160906_003.mat');
handles.messung = messung;
listbox_aktualisieren(hObject, eventdata, handles);
listbox1_Callback(hObject, eventdata, handles);
guidata(hObject, handles);
```
$$\tag{12.174}$$

- Funktionalität der Listbox

Es sollen die Messdaten des jeweils selektierten Eintrags aus der Listbox im Diagramm dargestellt werden. Bei Änderung der Auswahl in der Listbox und nach dem Laden der Messdaten wird diese Funktion aufgerufen.

```
% --- Executes on selection change in listbox1.
function listbox1_Callback(hObject, eventdata, handles)
% hObject handle to listbox1 (see GCBO)
% eventdata reserved – to be defined in a future version of MATLAB
% handles structure with handles and user data (see GUIDATA)
% Hints: contents = cellstr(get(hObject,'String')) returns listbox1 contents as cell array
% contents{get(hObject,'Value')} returns selected item from listbox1
item=get(hObject,'Value'); % Nr des Eintrags ermitteln
```
$$(12.175)$$

Es wird die Nummer des Eintrags ermittelt. Diese entspricht der Spaltennummer (item) der Messdatenmatrix. Dies ist durch den Aufbau der Einträge in der Listbox sichergestellt.

```
plot(handles.axes1, handles.messung.Time, handles.messung.Data(:,item), 'LineWidth',2);
```
$$(12.176)$$

Die plot-Anweisung in der Form *plot(handle, x,y)* stellt die Messdaten als zweidimensionalen Linienplot dar. Auch die anderen Anweisungen zur grafischen Datendarstellung lassen sich auf *handle.axes1* anwenden, denn es stellt lediglich die Fläche im GUI und den Zugriff darauf zur Verfügung.

```
set(handles.axes1,'FontSize',14,'XGrid','on','YGrid','on');
```
$$(12.177)$$

führt dazu, dass das Diagramm mit einem Raster überzogen wird und dass die globale Schriftgröße auf 14 eingestellt wird.

```
title(handles.axes1, get(handles.edit1,'String'));
```
$$(12.178)$$

Die Anweisung *title* erzeugt am Diagramm eine Überschrift. Der Text der Diagrammüberschrift wird dem Feld *edit1* mit der Anweisung *get(handles.edit1, 'String')* entnommen. In gleicher Weise erfolgt die Beschriftung der Ordinate und Abszisse.

```
xlabel(handles.axes1, get(handles.edit2,'String'));
ylabel(handles.axes1, get(handles.edit3,'String'));
legend(handles.axes1,handles.messung.messpunkt(item).name);
```
$$(12.179)$$

Für die Legende im Diagramm wird der Beschriftungstext aus der Messpunktbeschreibung verwendet, welcher im Datensatz *messung* hinterlegt ist.

```
xWerte = xlim(handles.axes1);
yWerte = ylim(handles.axes1);
```
$$(12.180)$$

Um eine komfortable Änderung der Achsenskalierungen anbieten zu können, wurde im GUI-Layout an den Enden der Achsen Eingabefelder positioniert. Diese Felder werden nun mit den Anfangswerten beschrieben. Die Anfangswerte selbst werden mit den Anweisungen *xlim* und *ylim* ermittelt. Das Ergebnis der Anweisung ist jeweils eine Matrix mit zwei Werten, dem Anfangswert und Endwert der betreffenden Achse.

$$
\begin{aligned}
&set(handles.edit4,\text{'String'},num2str(yWerte(1))); \\
&set(handles.edit5,\text{'String'},num2str(yWerte(2))); \\
&set(handles.edit6,\text{'String'},num2str(xWerte(1))); \\
&set(handles.edit7,\text{'String'},num2str(xWerte(2)));
\end{aligned}
\tag{12.181}
$$

Die set-Anweisungen beschreiben die jeweiligen Eingabefelder mit Vorgabewerten. Der Vorgabewert muss vom Typ String sein. Daher ist eine Konvertierung der Zahlenwerte in String über die Anweisung *num2str* erforderlich.

```
%
% Status schreiben und GUI aktualisieren
text = ['neue Auswahl: ' handles.messung.messpunkt(item).name];
set(handles.text7, 'String', text);
guidata(hObject, handles);
```
(12.182)

Im letzten Abschnitt der Funktion wird eine Statusmeldung im Textfeld text7 ausgegeben. Der Ausgabetext selbst wird zuvor aus direkter Texteingabe und einer Variablen zusammengesetzt.

```
% --- Executes during object creation, after setting all properties.
function listbox1_CreateFcn(hObject, eventdata, handles)
% hObject handle to listbox1 (see GCBO)
% eventdata reserved – to be defined in a future version of MATLAB
% handles empty – handles not created until after all CreateFcns called
% Hint: listbox controls usually have a white background on Windows.
% See ISPC and COMPUTER.

if ispc && isequal(get(hObject,'BackgroundColor'),get(0,'defaultUicontrolBackgroundColor'))
    set(hObject,'BackgroundColor','white');
end
```
(12.183)

Die Create-Funktion der Listbox ist in diesem Beispiel lediglich erforderlich, um die Hintergrundfarbe auf einen sichtbaren Wert zu setzen. In diesem Codeabschnitt kann die Befüllung der Listbox platziert werden. Im Beispiel erfolgt dies jedoch in einer eigenen Funktion.

- Funktionalität der Texteingaben (edit text)

Für die individuelle Anpassung der Diagrammausgabe wurden mehrere Texteingabe-
felder *(edit text)* im Layout des GUI platziert. Jedes dieser Elemente hat eine eigene
Callback-Funktion und Create-Funktion angelegt bekommen.

```
function edit1_Callback(hObject, eventdata, handles)
% hObject handle to edit1 (see GCBO)
% eventdata reserved – to be defined in a future version of MATLAB
% handles structure with handles and user data (see GUIDATA)
% Hints: get(hObject,'String') returns contents of edit1 as text
% str2double(get(hObject,'String')) returns contents of edit1 as a double
%
% Diagrammtitel ändern
%
title(handles.axes1, get(hObject,'String'));
set(handles.text7, 'String' , 'Diagrammtitel geändert');
% Änderungen aktiv setzen
guidata(hObject, handles);
```

$$(12.184)$$

Die Eingabefelder *edit1*, *edit2* und *edit3* werden für die Beschriftung des Diagramms
verwendet. Hier vorgenommene Einträge werden mit den Anweisungen *title*, *xlabel*
und *ylabel* an die entsprechenden Positionen des Diagramms positioniert. Über die
set-Anweisung erfolgt die Ausgabe einer Statusmeldung in der Statuszeile, welche mit
der guidata-Anweisung aktiviert wird.

```
% --- Executes during object creation, after setting all properties.
function edit1_CreateFcn(hObject, eventdata, handles)
% hObject handle to edit1 (see GCBO)
% eventdata reserved – to be defined in a future version of MATLAB
% handles empty – handles not created until after all CreateFcns called
% Hint: edit controls usually have a white background on Windows.
% See ISPC and COMPUTER.
if ispc && isequal(get(hObject,'BackgroundColor'),get(0,'defaultUicontrolBackgroundColor'))
        set(hObject,'BackgroundColor','white');
end
```

$$(12.185)$$

Wie für jedes andere aktive Element im GUI werden auch für die text edit – Felder eine
Create-Funktion im automatisch generierten MATLAB®-Code angelegt. Benötigt wird
lediglich die Funktionalität für die Hintergrundfarbe. An dieser Stelle könnten die Vorbelegungen vorgenommen werden. Da im Beispiel jedoch die Werte für die Vorbelegung
erst nach dem GUI-Start bekannt sind, wird dies zu einem späteren Zeitpunkt an anderer
Stelle des Codes vorgenommen.

```
function edit2_Callback(hObject, eventdata, handles)
% hObject handle to edit2 (see GCBO)
% eventdata reserved – to be defined in a future version of MATLAB
% handles structure with handles and user data (see GUIDATA)
% Hints: get(hObject,'String') returns contents of edit2 as text
% str2double(get(hObject,'String')) returns contents of edit2 as a double
%
% X-Achsenbeschriftung ändern
%
xlabel(handles.axes1, get(hObject,'String'));
set(handles.text7, 'String', 'X-Achsenbeschriftung geändert');
guidata(hObject, handles);
```
$$(12.186)$$

```
function edit3_Callback(hObject, eventdata, handles)
% hObject handle to edit3 (see GCBO)
% eventdata reserved – to be defined in a future version of MATLAB
% handles structure with handles and user data (see GUIDATA)
% Hints: get(hObject,'String') returns contents of edit3 as text
% str2double(get(hObject,'String')) returns contents of edit3 as a double
%
% Y-Achsenbeschriftung ändern
%
ylabel(handles.axes1, get(hObject,'String'));
set(handles.text7, 'String', 'Y-Achsenbeschriftung geändert');
guidata(hObject, handles);
```
$$(12.187)$$

Für die individuelle Anpassung der Achsenskalierungen wurden im GUI die Eingabe-felder edit4, edit5, edit6 und edit7 an den jeweiligen logischen Positionen platziert. In den zugehörigen Callback-Funktionen wird auf die Funktion *achsen_aktualisieren* weiterverwiesen, welche die tatsächliche Änderung der Achsenskalierung vornimmt.

```
function edit4_Callback(hObject, eventdata, handles)
% hObject handle to edit4 (see GCBO)
% eventdata reserved – to be defined in a future version of MATLAB
% handles structure with handles and user data (see GUIDATA)
% Hints: get(hObject,'String') returns contents of edit4 as text
% str2double(get(hObject,'String')) returns contents of edit4 as a double
%
% neue Achsenskalierung Y-MIN
%
achsen_aktualisieren(hObject, eventdata, handles);
% aktualisiert die Achsenskalierung
% Änderungen aktiv setzen
guidata(hObject, handles);
```
$$(12.188)$$

- Funktion listbox_aktualisieren

In der Funktion listbox_aktualisieren werden die auswählbaren Einträge der Listbox aus den Messpunktbeschreibungen des gewählten Messdatensatzes angelegt. Zusätzlich wird der Texteintrag für den Diagrammtitel und die Achsenbeschriftungen vorbelegt.

```
function listbox_aktualisieren(hObject, eventdata, handles)
% hObject handle to pushbutton1 (see GCBO)
% eventdata reserved – to be defined in a future version of MATLAB
% handles structure with handles and user data (see GUIDATA)
%
% listbox_aktualisieren
%
% setzt die Einträge der Listbox auf Basis der Messpunktbeschreibungen
%
for inc=1:length(handles.messung.messpunkt)
        liste{inc} = handles.messung.messpunkt(inc).name;
end;
```
(12.189)

Es wird ein Text-Array angelegt. Hierin befinden sich in gleicher Reihenfolge wie im Messdatensatz die Beschreibungen der einzelnen Messpunkte, die zur Auswahl in der Darstellung stehen.

```
set( handles.listbox1, 'String', liste ); % Listbox aktualisieren
```
(12.190)

Die set-Anweisung beschreibt die Listbox mit den Einträgen aus dem Text-Array *liste*. Die weiteren set-Anweisungen belegen die edit-Felder für den Diagrammtitel und die Achsenbeschriftungen vor.

```
set(handles.edit1, 'String', handles.messung.bemerkung);
set(handles.edit2, 'String', 'Zeit [Sekunden]'); % Beschriftung X-Achse vorbelegen
set(handles.edit3, 'String', 'Temperatur [°C ]'); % Beschriftung Y-Achse vorbelegen
%
% Status schreiben
set(handles.text7, 'String', 'Auswahlliste aktualisiert' );
```

(12.191)

Am Ende der Code-Sequenz erfolgt die Ausgabe eines Statustextes.

- Funktion achsen_aktualisieren

Eine Anpassung der Achsenskalierung erfolgt über die Änderung des jeweiligen Werte-Eintrages am Achsenanfang bzw. Achsenende. Die zugehörigen Callback-Funktionen der edit-Felder verweisen auf die Funktion *achsen_aktualisieren*, in der die tatsächliche Skalierung der Diagrammachsen erfolgt.

```
function achsen_aktualisieren(hObject, eventdata, handles)
% hObject handle to pushbutton1 (see GCBO)
% eventdata reserved – to be defined in a future version of MATLAB
% handles structure with handles and user data (see GUIDATA)
%
% achsen_aktualisieren
%
% setzt die Achsenskalierung auf die neuen Einträge
%
ymin = str2double(get(handles.edit4,'String'));
ymax = str2double(get(handles.edit5,'String'));
xmin = str2double(get(handles.edit6,'String'));
xmax = str2double(get(handles.edit7,'String'));
```

$$(12.192)$$

Es werden die Eintragswerte (Strings) aus den zugehörigen edit-Feldern ausgelesen, in numerische Werte umgewandelt und anschließend über die axis-Anweisung die Skalierung des Diagramms angepasst.

```
axis(handles.axes1,[xmin xmax ymin ymax]);
set(handles.text7 , 'String' , 'neue Achsenskalierung');
```

$$(12.193)$$

Am Ende der Code-Sequenz erfolgt wiederum die Ausgabe einer Statusmeldung.

12.6   Messprozess – ein variabler Datenlogger

Für den täglichen schnellen Messeinsatz ist ein variabler Datenlogger eine nützliche Hilfe. Er verkürzt den Zeitaufwand der eventuell benötigt wird, um für die speziell anliegende Messaufgabe ein Programm zusammen zu stellen.

Reduziert man zunächst die Messaufgabe dahin gehend, dass es sich um eine Aufzeichnung von Messwerten über eine definierte oder variable Zeit, alternativ über eine definierbaren Wertebereich einer Messgröße handelt, dann lässt sich mit einfachen Mitteln vorausschauend ein flexibler Datenlogger erstellen. Werden die Bedürfnisse zur Dokumentation und die Erfordernisse der Qualitätssicherungsprozesse mit einbezogen, wird aus dem Datenlogger ein umfassendes Projekt.

Die Anforderungen an einen solchen Datenlogger lassen sich wie folgt auflisten:

- Dokumentation des Bearbeiters
- Dokumentation des Auftraggebers
- Beschreibung des Messobjekts
- Beschreibung der Messdurchführung
- Flexible Konfiguration der Messtechnik
- Dokumentation der verwendeten Messkette

- Messdurchführung in variablen Messzyklen
- Online – Visualisierung
- Overload-Detektion
- Hinzufügen von Bemerkungen
- Standardisierte Datenformate

Auf Basis der oben dargelegten Anforderungspunkte, die nicht den Anspruch auf allumfassende Vollständigkeit erhebt, ist das Messprojekt entstanden. Das Messprojekt unterliegt der GPL (GNU General Public License) und darf nach den Statuten der GPL genutzt und verändert werden.

Das Messprojekt setzt sich zusammen aus einem Dokumentationsteil *(doku.m)*, welcher den Start in die Messaufgabe vornimmt, und dem Messteil *(messung.m)* zur durchführung der Messungen. Um den Umgang mit dem Messprojekt so einfach wie möglich zu halten, verfügt es über eine grafische Oberfläche. Die erforderlichen Parameter aus der Dokumentation werden an die Messung im Hintergrund übergeben.

Die variable Gestaltung der Messgerätekonfiguration wird über eine SETUP-Datei im CSV-Format sichergestellt. Hierdurch erfolgt die Messgerätekonfiguration, die Messpunktbeschreibung sowie die Dokumentation der verwendeten Sensorik außerhalb des Programmcodes. Das Setup ist so gestaltet, dass wahlweise Messtechnik-Hardware oder Audio-Hardware verwendet werden kann. Nicht gelöst ist die Problematik, dass National Instruments Hardware mit unterschiedlichen IDs angesprochen werden muss. Dies führt im aktuellen Stand des Messprojekts leider dazu, dass für unterschiedliche Rechner in der Setup-Datei unterschiedliche Geräte-IDs eingetragen werden müssen.

Für die Auswahl der Messzyklusbeschreibungen wurde ebenso auf die Übergabe aus einer Datei im CSV-Format zurück gegriffen.

Die Beschreibung des Programmcodes ist im weiteren Verlauf dieses Kapitels auf jene Elemente und Bereiche reduziert, welche für das Verständnis des funktionalen Ablaufs erforderlich ist.

12.6.1 Messprozess – Dokumentation

Durch Aufruf des Programms *doku.m* wird das Messprojekt gestartet. Es erscheint die in Abb. 12.15 dargestellte grafische Oberfläche zur Eingabe und Auswahl der benötigten Eingaben. Zwingend erforderlich ist die Eingabe eines Datums, eines Dateinamens und die Auswahl der Setup-Datei sowie der Messzyklus-Datei. Ohne diese Eingaben bzw. Selektionen kann die Dokumentation nicht Richtung Messen verlassen werden. Im Programmcode wird dies durch eine entsprechende Steuerung mit Boolschen-Variablen realisiert. Hierzu werden Vorbelegungen in der *doku_OpeningFcn* vorgenommen.

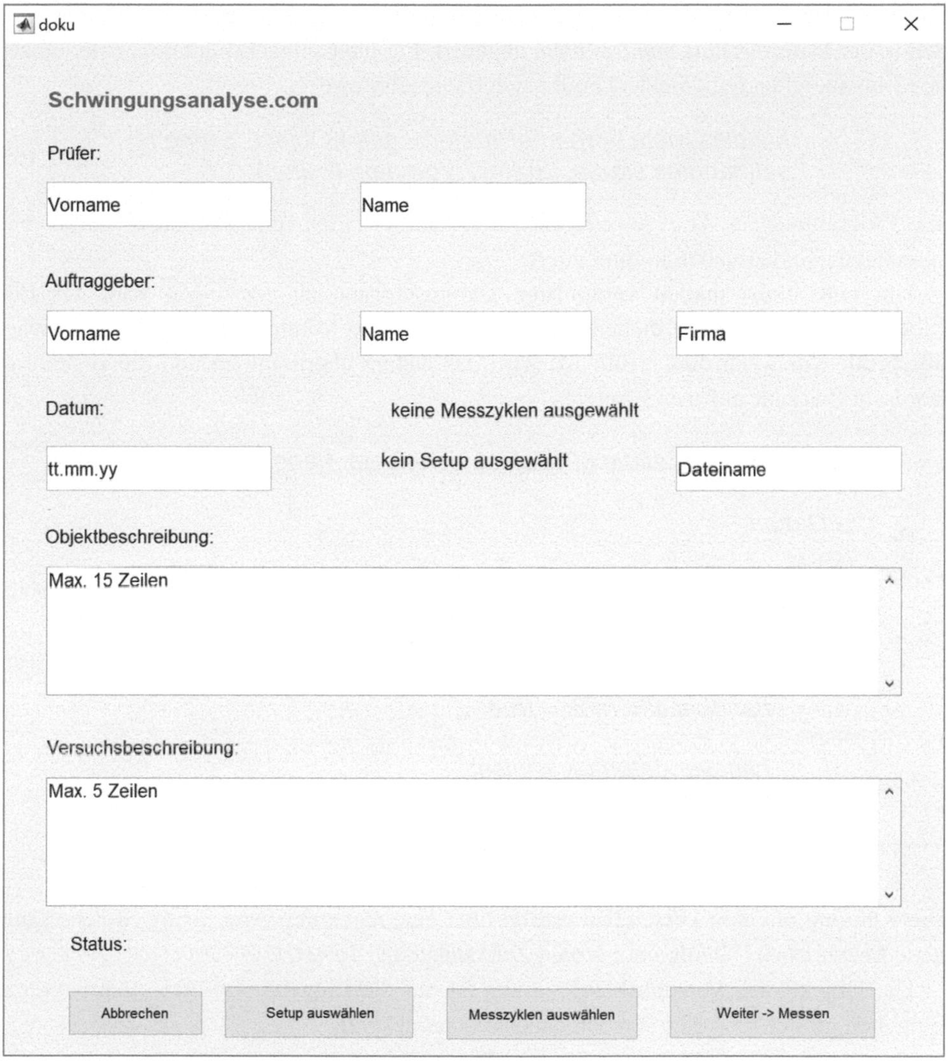

Abb. 12.15 Grafische Oberfläche der Dokumentation

```
% --- Executes just before doku is made visible.
function doku_OpeningFcn(hObject, eventdata, handles, varargin)
% Choose default command line output for doku
handles.output = hObject;
handles.setup = false; % Setup
handles.datenablage = false; % Datenablage
handles.datumok = false; % Datumseingabe
handles.meta.zyklus = 'standard'; % Vorbelegung der Messzyklusliste
```

(12.194)

Sämtliche für die Dokumentation und Messdurchführung erforderlichen Eingaben werden in der Datenstruktur *handles.meta* abgelegt. Für die Callback-Funktionen der einzelnen Eingabefelder (edit-Felder) ergibt sich (beispielsweise)

$$\begin{aligned}&\textit{handles.meta.vornamePruefer = get(hObject, 'String');}\\&\textit{set(handles.status, 'String', 'Vorname Prüfer');}\end{aligned} \qquad (12.195)$$

als Programmcode. Die jeweiligen Aktivitäten werden im Statusfeld durch entsprechende Textausgaben kommentiert.

Um eine einigermaßen vernünftige Datumseingabe zu erzwingen wird der Eingabe-String um die Leerzeichen gekürzt und auf eine Mindestlänge von acht Zeichen überprüft. Nur wenn dies erfüllt ist, wird das Datum übernommen und die zugehörige Boolsche-Variable auf *true* gesetzt.

```
function edit6_Callback(hObject, eventdata, handles)
%
% Datum
%
eingabe = regexprep(get(hObject,'String'),' ','');
if length(eingabe) > 7
        handles.meta.datum = eingabe;
        set(handles.status, 'String', 'Datum');
        handles.datumok = true;
else
        handles.datumok = false;
        handles.meta.datum = '';
        set(handles.status, 'String', 'Datumseingabe nicht korrekt');
end;
```

$$(12.196)$$

Die Kürzung um die Leerzeichen erfolgt über eine regexprep-Anweisung, welche sämtliche Leerzeichen (' ') mit einer leeren Zeichenkette (' ') ersetzt.

Die Objekt- und Versuchsbeschreibung ist auf die Eingabe von 20 Zeilen begrenzt. Eingaben größer 20 Zeilen werden entsprechend gekürzt.

```
function edit7_Callback(hObject, eventdata, handles)
%
% Objektbeschreibung
%
handles.meta.objekt = get( hObject, 'String');
if length(handles.meta.objekt) > 20
        set(hObject, 'String', handles.meta.objekt(1:20));
        set(handles.status, 'String', 'Objektbeschreibung auf 20 Zeilen reduziert');
else
        set(handles.status, 'String', 'Objektbeschreibung');
end;
```

$$(12.197)$$

Für den Dateinamen gilt ebenso wie für das Datum, dass dieser keine Leerzeichen enthalten darf. Zudem sollte er eine hinreichende Länge aufweisen und muss sich von
bereits vorhandenen Dateinamen unterscheiden. Wie bereits zuvor werden mit einer
regexprep-Anweisung eventuelle vorhandene Leerzeichen aus der Zeichenkette entfernt,
während *exist(handles.meta.dateiname)* prüft, ob der Dateiname bereits vorhanden ist.

```
function edit10_Callback(hObject, eventdata, handles)
%
% Dateiname
%
handles.meta.dateiname = regexprep(get( hObject, 'String' ),' ','');
if length(handles.meta.dateiname) > 4
        if exist(handles.meta.dateiname)>0
                handles.datenablage = false;
                set(handles.status, 'String', 'Dateiname bereits vorhanden');
                handles.meta.dateiname = '';
        else
                handles.datenablage = true;
                set(handles.status, 'String' , 'Dateiname OK');
        end
else
        handles.datenablage = false;
        set(handles.status, 'String', 'Dateiname zu kurz bzw. falsch');
end
```
$$(12.198)$$

Die Auswahl der CSV-Dateien für das Setup und den verwendeten Messzyklen erfolgt
über die Funktionalität der Anweisung *uigetfile*, in der die Selektion auf bestimmte
Dateiendungen reduziert werden kann. Wenn ein gültiges Setup ausgewählt wurde,
dann wird die zugehörige Boolsche-Variable auf *true* gesetzt. Die Auswahl der Messzyklus-Datei erfolgt in Anlehnung an die Setup-Auswahl.

```
function setupfilebutton_Callback(hObject, eventdata, handles)
% Übergeben der Variablen messgeraet, fs und messpunkt an handles
handles.meta.setupfile = uigetfile({'*.csv;','Setup Files (*.csv)'});
if length(handles.meta.setupfile) > 4
        set(handles.spfilename, 'String', handles.meta.setupfile);
        handles.setup = true;
else
        set(handles.spfilename, 'String', 'kein Setup ausgewählt');
        handles.setup = false;
end
```
$$(12.199)$$

Für den Abbruch der Aktivität ist ein entsprechender Push Button angelegt worden. Dieser löst lediglich die Löschung des gerade aktiven GUI aus.

```
function abbrechenbutton1_Callback(hObject, eventdata, handles)
%
% Abbruch
%                                                                    (12.200)
set(handles.status, 'String', 'Doku-GUI wird geschlossen');
guidata(hObject,handles); % Änderungen aktiv setzen
delete( handles.figure1 );
```

Sobald ein SETUP gewählt ist, ein Datum eingegeben wurde und ein Dateiname existiert kann die Dokumentation verlassen und die Messungen aktiviert werden. Dies ist dann der Fall, wenn die Boolschen-Variablen *handles.setup, handles.datumok* und *handles. datenablage* auf *true* gesetzt sind.

Ist eine Messdurchführung möglich, werden über die Anweisung *setappdata* die in der Dokumentation erfassten Daten an die folgende Anwendung übergeben. Für die Datenablage wird ein Messdatenverzeichnis angelegt. Darin werden die Metadaten sowie das verwendete Setup-File abgelegt. Anschließend wird das Mess-GUI aufgerufen und das Doku-GUI geschlossen.

```
function pushbutton6_Callback(hObject, eventdata, handles)
%
% Weiter -> Messdurchführung
%
if handles.setup && handles.datumok && handles.datenablage
        setappdata(0,'metadaten',handles.meta); % Metadaten übergeben
        mkdir(handles.meta.dateiname); % Anlegen Messverzeichnis
        ziel = ['./' handles.meta.dateiname '/doku.mat'];
        metadaten = handles.meta;
        save(ziel,'metadaten'); % Ablegen Metadaten in Messverzeichnis
        ziel = ['./' handles.meta.dateiname];
        quelle = ['./SETUP/' handles.meta.setupfile];
        copyfile(quelle, ziel); % Setup in Messverzeichnis kopieren
        messung; % Mess-GUI aufrufen
        delete( handles.figure1 ); % Doku-GUI schließen
else
        set(handles.status, 'String', 'Messen nicht möglich, es fehlen Eingaben');
        guidata(hObject,handles);
end
```
                                                                    (12.201)

12.6.2 Messprozess – Messung

Es öffnet sich nun das Mess-GUI, welches neben den Aussteuerungsanzeigen für bis zu 32 Messkanäle auch einen Bereich für die Online-Visualisierung eines ausgewählten Messkanals beinhaltet. Ebenso vorhanden sind einige Push Buttons, welche die Steuerung der einzelnen Messungen vornehmen (Abb. 12.16).

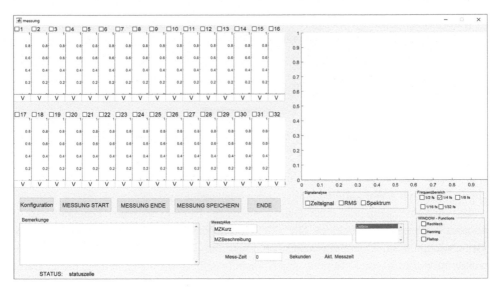

Abb. 12.16 Grafische Oberfläche der Messung

Bevor das GUI sichtbar wird, werden in der *OpeningFcn* die erforderlichen Einstellungen vorgenommen und die Übergabeparameter aus der Dokumentation übernommen. Da dieses Messprojekt nicht für die Durchführung von Impulshammermessungen vorgesehen ist, wird für die Information über das Schlagpunkt-File ein Dummy gesetzt, der lediglich dazu dient, die Anforderungen aus dem Setup zu erfüllen. Der Zähler für die durchgeführten Messungen wird auf den Startwert 1 gesetzt.

$$\begin{aligned}&\textit{handles.meta = getappdata(0,'metadaten');}\\&\textit{handles.meta.schlagpunktfile = '';}\\&\textit{handles.messinc = 1;}\end{aligned} \qquad (12.202)$$

Die Funktionalität erfolgt über die einzelnen Push-Buttons, Eingabe- und Auswahlfelder und ist wie folgt realisiert:

- Konfiguration der Messung

Aufgrund der Länge und Komplexität der Funktion wurde diese in eine eigenständige Datei ausgelagert.

Zur Steuerung des Messvorgangs müssen einige Variablen global verfügbar werden. Dies ist erforderlich, da die Variable *handles* nicht in allen Bereichen des Codes verfügbar ist. Globalsetzungen haben ihre Tücken und sollten auf das notwendige Minimum beschränkt werden. Soweit möglich sollten Daten über die Variable *handles* von den Funktionen genutzt werden. Die Variable *handles* selbst darf nicht global gesetzt werden, da sich daraufhin das Programm nicht mehr ordnungsgemäß beenden lässt. Es wäre das Schließen von MATLAB® selbst erforderlich.

global dataListener messgeraet fs messpunkt analyseChan store freqSkale;
global analyse windowname messzyklen statusMessen overloadChan;

(12.203)

Die Globalsetzung von Variablen muss zu Beginn des Programmcodes der jeweiligen
Funktion erfolgen.

[messgeraet, geraetetyp, fs, pre, df, messpunkt, schlagpunkt] = …
setup_mdynlab(hObject, eventdata, handles);   (12.204)

führt die Messgerätekonfiguration durch. Hierbei handelt es sich um eine Funktion, welche in mehreren Anwendungen immer gleich verwendet wird.

Es wird das Setup aus einer Datei eingelesen. Der einzulesende Dateiname ist in
handles.meta.setupfile abgelegt. Die Datei muss eine CSV-Datei mit; (Semikolon) als
Trennzeichen sein. Dezimaltrennzeichen muss ein Punkt sein. Vorsicht bei der Verwendung von MS-Excel mit deutscher Spracheinstellung für die Erstellung dieser Datei,
dieses setzt ein Komma als Dezimaltrennzeichen.

Die Datei muss wie folgt aufgebaut sein:

In der zweiten Zeile werden feste Parameter abgelegt. Diese sind (in dieser Reihenfolge) Messgeräte-Typ (ni oder au für audio). Diese Angabe muss aus zwei Zeichen
bestehen. Es folgen Zahlenwerte für (Default)Abtastrate, (Default)Pretrigger und
(Default)Frequenzauflösung.

```
delimiter = ';';
startRow = 2;
endRow = 2;
formatSpec = '%s%f%f%f%*s%*s%*s%*s%*s%*s%*s%*s%*s%*s%[^\n\r]';
filename = ['./' handles.meta.dateiname '/' handles.meta.setupfile];
fileID = fopen(filename,'r');
dataArray = textscan(fileID, formatSpec, endRow-startRow+1, 'Delimiter', delimiter, 'Header
Lines', startRow-1, 'ReturnOnError', false, 'EndOfLine', '\r\n');
fclose(fileID);
```

(12.205)

liest die zweite Zeile der Setup-Datei ein und legt die Werte im *dataArray* ab. Im weiteren erfolgen die Zuweisungen für Gerätetyp, Abtastrate, Pretrigger und Frequenzauflösung der Signalanalyse.

geraetetyp = cell2mat(dataArray{1,1}(1,1));
fs = dataArray{1,2};
pre = dataArray{1,3};   (12.206)
df = dataArray{1,4};

Der Gerätetyp ist eine relevante Bezeichnung für die Anlage des Messgeräte-Objekts.
In der aktuellen Version des Setups werden National Instruments Hardware und Audio
Hardware unterstützt. Das führt zu der Anweisungesfolge

```
if geraetetyp == 'ni'
        messgeraet = daq.createSession(geraetetyp);
end
if geraetetyp == 'au'                                              (12.207)
        messgeraet = daq.createSession('directsound');
end
```

zur Anlage des Messgerät-Objekts. Die Abtastrate, der Continuous-Mode sowie die
Größe des Datenpuffers werden im direkten Anschluss daran definiert.

```
messgeraet.Rate = fs;
fs = messgeraet.Rate;
messgeraet.IsContinuous = true; % Continuous-Mode
messgeraet.NotifyWhenDataAvailableExceeds = ceil(fs/df); % Messdatenpuffer
```
$$(12.208)$$

Ab Zeile 5 folgen in der Setup-Datei für jeden Messkanal eine Eingabezeile. Hier
wird in Spalte 1 die Gerätebezeichnung eingetragen (Zeichenkette). Spalte 2 enthält
die Kanalbezeichnung (Zeichenkette), Spalte 3 den Messbereich in mV (Zahl), Spalte
4 enthält die Kanalkonfiguration (Zeichenkette), in Spalte 5 wird der Name des Messpunkts (Zeichenkette) eingetragen, Spalte 6 enthält Bezeichnung und Seriennummer
des verwendeten Sensors (Zeichenkette), Spalte 7 enthält den Kalibrierwert in mV je
EU (Zahl) hier wird im Falle eines Audio-Devices der Skalierungsfaktor eingerechnet,
Spalte 8, 9 und 10 enthalten die Koordinaten X, Y, Z des Messpunktes, Spalte 11 gibt
an ob der Messkanal eine Referenz (Wert = 1) oder keine Referenz (Wert = 0) darstellt,
die letzte Spalte (12) enthält die Angabe, um was für einen Kanaltyp es sich handelt.
Hierbei steht *ai* für Analog-Input, *ao* für Analog-Output, *ci* für Counter-Input und *co* für
Counter-Output.

Weitere Kanaltypen sind möglich. Diese müssen sich jedoch bei der Nomenklatur an
die vorgegebene Zeichenlänge von zwei halten. Die Angaben erfolgen jeweils derart, wie
es die Befehle *addAnalogInputChannel* bzw. *add AudioInputChannel* erwarten.

```
startRow = 5;
formatSpec = '%s%s%s%s%s%s%s%s%s%s%s%s%[^\n\r]';
fileID = fopen(filename,'r');
dataArray = textscan(fileID, formatSpec, 'Delimiter', delimiter, 'HeaderLines' ,startRow-1,
        'ReturnOnError', false, 'EndOfLine', '\r\n');
fclose(fileID);
```
$$(12.209)$$

liest die Kanalkonfiguration aus der Setup-Datei ein und legt diese in *dataArray* ab. In
der nun folgenden Programmschleife werden die Messpunkte definiert, in der Übergabe-
variablen *messpunkt* dokumentiert und als Messkanal im Messgerät-Objekt konfiguriert.

Die Übergabevariable *messpunkt* weist die Struktur wie folgt auf:

$$
\begin{aligned}
&\textit{messpunkt(mp).messbereich} = \textit{str2num(messbereich);}\\
&\textit{messpunkt(mp).name} = \textit{name;}\\
&\textit{messpunkt(mp).sensor} = \textit{sensor;}\\
&\textit{messpunkt(mp).EU} = \textit{EU;}\\
&\textit{messpunkt(mp).kalibrierwert} = \textit{str2num(kalibrierwert\{1,1\});}\\
&\textit{messpunkt(mp).kalibrierwert\_unit} = \textit{kalibrierwert\_unit;} \qquad (12.210)\\
&\textit{messpunkt(mp).koord\_X} = \textit{str2num(koord\_X\{1,1\});}\\
&\textit{messpunkt(mp).koord\_Y} = \textit{str2num(koord\_Y\{1,1\});}\\
&\textit{messpunkt(mp).koord\_Z} = \textit{str2num(koord\_Z\{1,1\});}\\
&\textit{messpunkt(mp).referenz} = \textit{str2num(referenz\{1,1\});}\\
&\textit{messpunkt(mp).signal} = \textit{signal\{1,1\};}
\end{aligned}
$$

Die Anlage der Messkanäle im Messgerät-Objekt erfolgt je nach Inhalt der Signal-definition über die Anweisungen addAnalogInputChannel, addAnalogOutputChannel, addCounterInputChannel, addCounterOutputChannel bzw. addAudioInputChannel und addAudioOutputChannel. Für den Fall, dass es sich um eine Impulshammermessung handelt, wird eine Schlagpunktliste eingelesen. Der Dateiname der Schlagpunktliste muss sich in *handles.meta.schlagpunkte* befinden. Der Aufbau der Schlagpunkte-Datei erfolgt analog der Setup-Datei. In der ersten Spalte befindet sich die ausführliche Beschreibung des Schalgpunktes (Zeichenkette), in der zweiten Spalte die Kurz-bezeichnung (Zeichenkette) während in den folgenden Spalten 3 bis 5 sich die Koordinatenangaben X, Y und Z (jeweils Zahlenwerte) befinden. Die Schlagpunkte werden in der Rückgabevariablen *schlagpunkt* übergeben.

$$
\begin{aligned}
&\textit{schlagpunkt(sp).name} = \textit{cell2mat(dataArray\{1,1\}(sp,1));}\\
&\textit{schlagpunkt(sp).kurz} = \textit{cell2mat(dataArray\{1,2\}(sp,1));}\\
&\textit{schlagpunkt(sp).X} = \textit{str2num(cell2mat(dataArray\{1,3\}(sp,1)));} \quad (12.211)\\
&\textit{schlagpunkt(sp).Y} = \textit{str2num(cell2mat(dataArray\{1,4\}(sp,1)));}\\
&\textit{schlagpunkt(sp).Z} = \textit{str2num(cell2mat(dataArray\{1,5\}(sp,1)));}
\end{aligned}
$$

Existiert keine Schlagpunkt Datei, erfolgt die Rückgabe mit

$$
\textit{schlagpunkt(1).name} = \textit{'Keine Schlagpunkte';} \qquad (12.212)
$$

Im weiteren Verlauf der Konfiguration werden nun einige Parameter vorbelegt, welche vom Anwender später verändert werden können.

$$
\begin{aligned}
&\textit{analyseChan} = 1;\\
&\textit{analyse} = 1;\\
&\textit{store} = \textit{false;}\\
&\textit{freqSkale} = 4;\\
&\textit{windowname} = \textit{'rect';}
\end{aligned}
\qquad (12.213)
$$

Über die Variable *statusMessen*, welche vier Zustände einnehmen kann, wird das Verhalten der Messapplikation gesteuert. Die möglichen Zustände sind:

1. für Messvorlauf
2. für Messung gestartet
3. für Messung läuft
4. für Messung beendet.

An den Aussteuerungsanzeigen werden über die Anweisungsfolge

$$set(handles.axes<xx>,'XTickLabel',\{\});$$
$$set(handles.axes<xx>,'YTickLabel',\{\}); \qquad (12.214)$$

die Skalenbeschriftungen entfernt.

Durch Auslesen der Messzyklen-Datei und Aufbau einer Messzyklen-Matrix wird eine Liste für die Auswahl der vordefinierten Messzyklen aufgebaut

```
for inc=1:length(dataArray{1,1})
        messzyklen(inc).kurz = cell2mat(dataArray{1,1}(inc,1));
        messzyklen(inc).beschreibung = cell2mat(dataArray{1,2}(inc,1));
        liste{inc} = cell2mat(dataArray{1,1}(inc,1));
end
```
$$(12.215)$$

und in der *Listbox* zur Auswahl gestellt

$$set(handles.listbox1, 'String', liste); \qquad (12.216)$$

Über *handles.meta.messzeit = 30* wird die Messzeit auf 30 s vorbelegt.

```
for inc=1:length(messpunkt)
        overloadChan(inc,1) = 0;
end
```
$$(12.217)$$

belegt die Matrix für die Overload-Detektion mit 0 = kein Overload vor. Zum Ende der Funktion wird mit

```
dataListener = addlistener(messgeraet, 'DataAvailable',...
        @(src, event)dispData(src, event, handles, hObject));
messgeraet.startBackground;
```
$$(12.218)$$

die Messung im Vorlauf gestartet. Sobald nun die mit *NotifyWhenDataAvailableExceeds* gesetzte Größe des Datenpuffers erreicht ist, wird die im *dataListener* angegebene Funktion *dispData* zur Abarbeitung der erfassten Daten ausgeführt.

Die Messung befindet sich nun im Status „Vorlauf". Es kann die Online-Visualisierung konfiguriert werden und die Overload-Detektion ist aktiviert.

- Online-Visualisierung und Overload-Detektion

Die Online-Visualisierung und Overload-Detektion erfolgt in der Funktion *dispData*, welche durch den *dataListener* aufgerufen wird, wenn der Datenpuffer gefüllt ist. Auch in dieser Funktion müssen die globalen Variablen zu Beginn definiert sein.

```
global fs messpunkt analyseChan statusMessen analyse freqSkale windowname;
global aktMessung startTime store overloadChan;
time = event.TimeStamps;
data = event.Data*1000;
```
(12.219)

übernimmt den Datenpuffer und skaliert die Messwerte von [V] in [mV] um. In der weiteren Abarbeitung werden in einer Abarbeitungsschleife für jeden vorhandenen Messkanal über

```
data(:,chan) = data(:,chan)/messpunkt(chan).kalibrierwert;
data_to_plot = max(data(:,chan));
ymaxwert = messpunkt(chan).messbereich/messpunkt(chan).kalibrierwert;
```
(12.220)

die Messdaten in EU umgerechnet, den Anzeigewert sowie der Maximalwert für die Aussteuerungsanzeige ermittelt. Die Overload-Detektion erfolgt durch den Vergleich des Anzeigewerts mit dem Maximalwert der Aussteuerungsanzeige.

```
if data_to_plot > ymaxwert
        overload = true;
        overloadChan(chan,1) = 1;
else
        overload = false;
end
```
(12.221)

Für die Skalierung der Aussteuerungsanzeige sind Vorbelegungen erforderlich, welche durch das Setzen der Variablen *yminwert, xmaxwert, xminwert* erfolgt.

Die Zuordnung von Messkanal zu dem zugehörigen Diagramm, Messbereichsanzeige sowie Overload-Anzeige erfolgt über eine *switch/case* Anweisungsabfolge.

```
switch chan
case 1
        ax = handles.axes1;
        textfeld = handles.edit1;
        ovlfeld = handles.ovl1;
```
(12.222)

Die Aussteuerungsanzeige wird durch die Anweisung

```
stem(ax, data_to_plot, ...
'LineWidth', 10, ...
'MarkerSize', 10);
```
(12.223)

aktualisiert.

$$set(ax,'XTickLabel',\{\});$$
$$set(ax,'YTickLabel',\{\}); \qquad\qquad (12.224)$$
$$axis(ax,[xminwert\ xmaxwert\ yminwert\ ymaxwert]);$$

löscht die Achsenbeschriftungen und setzt die Achsenskalierung auf die erforderlichen Werte.

$$set(textfeld,\ 'String',\ num2str(messpunkt(chan).messbereich/1000));$$
$$(12.225)$$

gibt in dem Textfeld unterhalb der jeweiligen Aussteuerungsanzeige den aktuellen Messbereich aus. In einem nicht editierbaren Textfeld erfolgt der Warnhinweis, sollte ein Overload für diesen Kanal vorliegen.

```
if overload
        set(ovlfeld, 'String', 'OVL');          (12.226)
end
```

Die Overload-Warnung bleibt solange erhalten, bis ein anderer Messbereich gewählt wurde. Der Messbereich kann durch Überschreiben des Messbereichswertes geändert werden. Die Messbereichsänderung wird durch die den edit-Feldern zugeordnete Callback-Funktion durchgeführt. Die Datei *messen.m* weist insgesamt 32 Einträge dieser Art auf.

```
function edit31_Callback(hObject, eventdata, handles)
%
% Messbereich Kanal 31
%
global overloadChan;
mp = 31;                                                      (12.227)
text = messbereich(str2double(get(hObject,'String')), mp);
overloadChan(mp,1) = 0;
set(handles.ovl31, 'String', '');
set(handles.status, 'String', text);
```

Die eigentliche Änderung des Messbereichs erfolgt in der Funktion *messbereich*, welche durch die Übergabeparameter *wert* und *mp* allgemeingültig ist. In dieser Funktion wird in der Variable *messpunkt* der Messbereich neu definiert. Für Messtechnik die eine Messbereichsänderung zulässt, kann hier der zugehörige Code eingepflegt werden. Rückgabewert der Funktion ist der Text für die Statusanzeige.

Die Callback-Funktion setzt in der Overload-Matrix den Overload-Kanal wieder zurück.

```
function text = messbereich(wert, mp)
global messpunkt;
if length(messpunkt)>= mp
        messpunkt(mp).messbereich=wert*1000;
        text = ['Messbereich Kanal , num2str(mp) , geändert'];
else
        text = ['Messkanal' num2str(mp) ' steht nicht zur Verfügung'];
end
```

$$(12.228)$$

Im separaten Diagrammfeld wird für einen ausgewählten Messkanal die Signalanalyse visualisiert. Die Auswahl des Messkanals erfolgt über die *Selectboxes* am Kopf der
jeweiligen Aussteuerungsanzeige. Die Parameter *xminwert*, *xmaxwert* und *ymaxwert*
müssen für die Achsenskalierung des Diagramms definiert werden.

Die Signalanalyse und deren Visualisierung erfolgt wiederum über eine *switch/
case*-Anweisung.

```
switch analyse

case 1 % Signalanalyse Zeitsignal
        plot(handles.axes33,time-time(1,1), data(:,analyseChan);
        axis(handles.axes33,[xminwert xmaxwert -ymaxwert ymaxwert]);
```

$$(12.229)$$

Die einfachste Variante der Signalanalyse ist die Darstellung des Zeitsignals. Hier bedarf
es lediglich der Ausgabe der Messdaten des Datenpuffers.

```
case 2 % Signalanalyse RMS
        wl = ceil(fs/1000);
        [yupper,ylower] = envelope(data(:,analyseChan),wl,'rms');
        plot(handles.axes33,time-time(1,1), yupper);
        axis(handles.axes33,[xminwert xmaxwert 0 ymaxwert]);
```

$$(12.230)$$

Im zweiten Fall der Online-Visualisierung erfolgt die Darstellung der RMS-Werte.
Hierzu werden mit der Funktion *envelope* RMS-Werte für die Fensterbreite von einer
Millisekunde ermittelt. Dargestellt wird die obere Umhüllende des Zeitsignals.

```
case 3 % Signalanalyse Spektrum
```
$$(12.231)$$

Im dritten Fall der Online Visualisierung wird ein Frequenzspektrum dargestellt. Die
Parametrierung der Fouriertransformation ist durch die Abtastrate *fs* und den Datenpuffer
weitestgehend vorgegeben. Lediglich die WINDOW-Funktion für die Gewichtung des
Zeitsignals und den Anteil des dargestellten Frequenzbereiches können über Checkboxen
verändert werden. Wird die WINDOW-Funktion Rechteck gewählt, dann erfolgt faktisch
keine Gewichtung des Zeitsignals (Vergleiche Abschn. 14.4). Um die Gesamtfunktionali-
tät sicher zu stellen, werden die Analysedaten der Variablen *daten_f_ft* übergeben.

$$daten\_f\_ft = data(:,analyseChan);$$
$$nfft = length(daten\_f\_ft);$$

(12.232)

Die Fenster-Funktion erfolgt wahlweise mit Hanning- oder Flattop-Window. Die Funktionalität wird über zwei if-Abfragen, in denen das Zeitsignal mit der amplituden-korrigierten WINDOW-Funktion multipliziert wird.

```
% Daten mit WINDOW-Funktion gewichten
if windowname == 'hann' % Pegelkorrigirtes Hanning-Window
        window = hann(nfft)*nfft/sum(hann(nfft));
        daten_f_ft = daten_f_ft.*window;
end
```

(12.233)

```
if windowname == 'flat' % Pegelkorrigirtes Flattop-Window
        window = flattopwin(nfft)*nfft/sum(flattopwin(nfft));
        daten_f_ft = daten_f_ft.*window;
end
```

Abschließend erfolgt die Fouriertransformation und Bildung des Betragsspektrums sowie die Darstellung im ausgewählten Frequenzbereich.

```
betrag = 2*abs(fft(daten_f_ft))/nfft;
plot(handles.axes33,fs * (0:(nfft/2-1)) / nfft, betrag(1:nfft/2));      (12.234)
axis(handles.axes33,[0 fs/freqSkale 0 inf]);
```

Die Auswahl der Analyse erfolgt über drei Checkboxen. Die Gruppierung dieser drei Checkboxen durch den Rahmen ist lediglich optischer Natur. Der Rahmen hat keinerlei Auswirkung auf die Funktionalität der gruppierten Elemente. Die Wechselwirkung der Checkboxen untereinander muss demnach mit in die Callback-Funktion einprogrammiert werden.

```
function zeitsignal_Callback(hObject, eventdata, handles)
%
% Signalanalyse Zeitsignal
%
global analyse;
wert = get(hObject,'Value');
if wert == 1
        set(handles.status, 'String', 'Signalanalyse Zeitsignal');
        analyse = 1;
        set(handles.rms, 'Value', 0);
        set(handles.spektrum, 'Value', 0);
end
```

(12.235)

Obiger Programmcode zeigt die Funktionalität der Callback-Funktion für die Checkbox „Zeitsignal". Für die Analysen RMS und Spektrum befinden sich in der Datei *messen.m* zwei weitere Callback-Funktionen.

Der Wert *(Value)* einer Checkbox beträgt 1 wenn diese aktiviert ist und 0 wenn diese deaktiviert ist. Durch die Anweisung *set(handles.rms, 'Value', 0)* wird z. B. die Checkbox für die Signalanalyse RMS wieder deaktiviert. Durch Setzen der jeweiligen Werte von Checkboxen lassen sich die jeweiligen Abhängigkeiten herstellen. Wird eine Checkbox aktiviert, erfolgt durch die zugehörige Callback-Funktion die Deaktivierung der in diese Funktionsgruppe gehörigen weiteren Checkboxen.

In gleicher Weise wird für die Auswahl des dargestellten Frequenzbereichs und der WINDOW-Funktion verfahren.

Auch die Auswahl des Messkanals für die Analyse bedient sich des gleichen Verfahrens. Da hier insgesamt 32 Checkboxen zu betrachten sind sowie beachtet werden muss, dass die mögliche Kanalanzahl 32 mit der tatsächlich vorhandenen Kanalanzahl unterschiedlich sein können, ergibt sich für die jeweiligen Callback-Funktionen ein etwas differenter Programmcode.

$$\begin{aligned} &\textit{function CH1\_Callback(hObject, eventdata, handles)}\\ &\textit{global analyseChan messpunkt;} \end{aligned} \qquad (12.236)$$

Der Analysekanal wird über die Variable *analyseChan* gesteuert. Über die Länge des Vektors *messpunkt* kann die Überschreitung der vorhandenen Messkanäle ermittelt werden. Wird versucht, einen nicht vorhandenen Messkanal für die Analyse auszuwählen, so wird dies einfach ignoriert.

```
wert = get(hObject, 'Value');
if wert == 1
        chan = 1;
        if length(messpunkt) >= chan
                clearChanSelect(hObject, eventdata, handles);
                set(handles.CH1, 'Value', 1);                          (12.237)
                analyseChan = chan;
                text = ['Kanal ' num2str(chan) ' in der Anaylse'];
                set(handles.status, 'String', text);
        end
end
```

Zur Vereinfachung des Codes werden zunächst über die Funktion *clearChanSelect* alle Checkboxen der Kanalauswahl deaktiviert. Im Anschluss daran wird durch *set(handles.CH1, 'Value', 1)* die gerade aktivierte Checkbox als aktiv gesetzt und der Variablen *analyseChan* des gerade aktivierten Analysekanals übergeben.

- Messungen durchführen

Über die Variable *statusMessen* wird die Funktionalität des Messprojekts gesteuert. In der Funktion *dispData*, welche durch den *dataListener* kontinuierlich aufgerufen wird, ist die Abarbeitung des Messens integriert.

Befindet sich die Messung im Vorlauf, hat *statusMessen* den Wert 1. Da keine Messung durchgeführt wird, erfolgt weiter keine Abarbeitung der Messdaten, lediglich die Visualisierung wird durchgeführt.

Insgesamt sind vier Zustände von *statusMessen* definiert:

1. Messung im Vorlauf, Visualisierung und Overload-Detektion
2. Messung wurde gestartet, Visualisierung, Overload-Detektion und Datenaufzeichnung des ersten Datenblocks
3. Messung läuft, Visualisierung, Overload-Detektion und Datenaufzeichnung
4. Messung wurde beendet, Visualisierung, Overload-Detektion und Datenaufzeichnung des letzten Datenblocks

Realisiert wird diese Funktionalität durch eine *switch/case*-Anweisung in der Funktion *dispData*. Solange die Messung läuft *(statusMessen = 3)* werden die Datenblöcke aus dem Datenpuffer an die bereits erfassten Datenblöcke angehängt. Der erfasste Zeitvektor wird um die Startzeit der Messung korrigiert und die seit Start der Messung verstrichene Zeit wird in einem Statusfeld angezeigt. Es wird zudem überprüft, ob die eingegebene Messzeit überschritten oder erreicht wurde. Ist dies der Fall, wird *statusMessen* auf 1 (Vorlauf) gesetzt und die Statusvariable *store,* welche das Abspeichern der Messungen absichert wird, auf *true* gesetzt.

Das Anhängen der Datenblöcke aus dem Puffer an die bereits vorhandenen spaltenorientierten Datenblöcke erfolgt über die Anweisung *vertcat.*

```
case 3 % Messung läuft
        aktMessung.data = vertcat(aktMessung.data, data);
        time = time-startTime;
        aktMessung.time = vertcat(aktMessung.time, time);
        set(handles.aktzeit, 'String', num2str(aktMessung.time(end,1)));

        if (aktMessung.time(end,1) >= handles.meta.messzeit)
            statusMessen = 1;
            store = true;
            set(handles.status, 'String',...
                    'Messung beendet und kann nun gespeichert werden');
        end
```

$$(12.238)$$

- Messzyklus

Über die Listbox können vordefinierte Messzyklen ausgewählt werden. Nach der Auswahl eines Messzykluses erscheint im Feld *MZKurz* das Kürzel, welches bei der Datenablage zum Dateinamen wird und im Feld *MZBeschreibung* der ausführliche Beschreibungstext für den gewählten Messzyklus.

Beide Felder sind als edit-Felder ausgeführt und können somit auch direkt beschrieben werden.

- Messung starten und beenden

Der Start einer Messung erfolgt über den Push Button „MESSUNG START". In der zugehörigen Callback-Funktion wird lediglich *statusMessen* auf 2 gesetzt und eine Statusmeldung in der Statuszeile ausgegeben. Die eigentliche Abarbeitung für den Start der Messung erfolgt in der Funktion *dispData*.

Eine zuvor durchgeführte, jedoch nicht abgespeicherte Messung wird durch den erneuten Start einer Messung überschrieben.

```
case 2 % Messung wurde gestartet
       aktMessung.data = data;
       startTime = time(1,1);
       aktMessung.time = time-startTime;
       statusMessen = 3;
       store = false;
       set(handles.aktzeit, 'String', num2str(aktMessung.time(end,1)));
       set(handles.status, 'String', 'Messung');
```

$$(12.239)$$

Es werden die Messdaten aus dem Datenpuffer in den Zwischenspeicher für die aktuelle Messung *(aktMessung)* geschrieben. Eventuell bereits vorhandene Daten in *aktMessung* werden hierdurch überschrieben. Die Steuerungsvariable *statusMessen* wird auf 3 (Messung läuft) gesetzt und das Abspeichern von Messdaten wird durch *store=false* blockiert.

Messungen werden beendet, wenn, entweder die eingegebene Messzeit überschritten wurde oder der Push Button „MESSUNG ENDE" gedrückt wird. Beide Vorgänge setzten *statusMessen* auf 4.

```
case 4 % Messung wurde beendet
       aktMessung.data = vertcat(aktMessung.data, data);
       time = time-startTime;
       aktMessung.time = vertcat(aktMessung.time, time);
       set(handles.aktzeit, 'String', num2str(aktMessung.time(end,1)));
       statusMessen = 1;
       store = true;
       set(handles.status, 'String', 'Messung beendet und kann nun gespeichert werden');
```
$$(12.240)$$

Ist die Messung beendet, also *statusMessen=4*, dann wird lediglich der noch zugehörige letzte Datenblock aus dem Puffer in die Messdaten übernommen. Die Messung wird nun wieder in den Status „Vorlauf" gesetzt und die Datenspeicherung wird durch *store=true* freigegeben.

- Bemerkungen

Um den einzelnen Messdatensätzen zusätzliche Informationen oder Notizen beifügen zu können, wurde ein Bemerkungsfeld in das GUI aufgenommen. Der Inhalt aus diesem Feld wird den Metadaten beigefügt.

- Messdaten ablegen

Durch drücken des Push Buttons „MESSUNG SPEICHERN" erfolgt die Daten-ablage der letzten Messung. Ist die Steuerungsvariable *store = true,* dann kann eine Abspeicherung von Messdaten durchgeführt werden.

$$\begin{array}{ll} \textit{if store} & \\ \qquad \textit{messgeraet.stop;} & (12.241) \\ \qquad \textit{delete(dataListener);} & \end{array}$$

Um dies ohne Unterbrechungen durch die im Hintergrund weiterlaufende Daten-erfassung durchführen zu können, wird diese gestoppt und er *dataListener* beendet.

$$\begin{array}{l} \textit{messung.data = aktMessung.data;} \\ \textit{messung.time = aktMessung.time;} \\ \textit{messung.messpunkt = messpunkt;} \\ \textit{messung.overloadChan = overloadChan;} \\ \textit{messung.meta = handles.meta; \% aktueller Stand der Metadaten} \\ \textit{messung.mzkurz = get(handles.mzkurz,'String');} \\ \textit{messung.MZBeschreibung = get(handles.MZBeschreibung,'String');} \end{array}$$

$$(12.242)$$

Die Messdaten, die Messpunktbeschreibungen, die Overload-Matrix, alle vorhandenen Metadaten sowie die Beschreibung des Messzykluses werden in einer Datenstruktur abgelegt.

$$\begin{array}{l} \textit{filename = ['./' handles.meta.dateiname '/' messung.mzkurz '\_' ...} \\ \qquad \textit{num2str(handles.messinc)];} \qquad (12.243) \\ \textit{save(filename,'messung','-v7.3');} \end{array}$$

Der Dateiname wird aus der Kurzbezeichnung des Messzyklus und der Messreihen-nummer *(handles.messinc)* gebildet. Die Messdaten werden in Version 7.3 abgespeichert. Dies lässt auch die Abspeicherung großer Datenmengen zu.

$$\begin{array}{l} \textit{store = false;} \\ \textit{handles.messinc = handles.messinc + 1;} \\ \textit{dataListener = addlistener(messgeraet, 'DataAvailable', ...} \qquad (12.244) \\ \qquad \textit{@(src, event)dispData(src, event, handles, hObject));} \\ \textit{messgeraet.startBackground;} \end{array}$$

Anschließend wird ein weiteres Speichern der Messdaten durch *store = false* blockiert und der Messreihenzähler um eins erhöht sowie der *dataListener* wieder aktiviert und die Messdatenerfassung erneut gestartet.

Die Messdatenerfassung befindet sich nun wieder im Status „Vorlauf".

- GUI beenden

Die grafische Oberfläche darf nicht einfach geschlossen werden. Dies würde die im Hintergrund ablaufenden Funktionen nicht beenden. Da das GUI selbst nicht mehr vorhanden ist, würde keine Interaktion mehr abgearbeitet werden. Alle anderen aktivierten Aktionen würden jedoch weiter arbeiten.

Daher wird über die Anweisungsfolge

$$\textit{delete(dataListener);} \\ \textit{delete(messgeraet);} \tag{12.245}$$

der dataListener gestoppt und das Messgerät beendet. Erst jetzt ist das Schließen des GUI-Fensters zulässig.

Literatur

1. Stein, U.: Programmieren mit MATLAB, Programmiersprache, Grafische Benutzeroberflächen, Anwendungen. Hanser, München. ISBN 978-3-446-44299-3, 2017
2. Stein, U.: Objektorientierte Programmierung mit MATLAB. Hanser, München. ISBN 978-3-446-44298-6, 2015
3. MATLAB: Connect to data acquisition cards, devices, and modules. https://de.mathworks.com/products/daq/. Zugegriffen: 29. Apr. 2018
4. MATLAB: Request hardware support. http://de.mathworks.com/hardware-support.html. Zugegriffen: 29. Apr. 2018
5. MATLAB: Data acquisition toolbox. http://de.mathworks.com/help/daq/. Zugegriffen: 29. Apr. 2018

Raspberry Pi als Messgerät **13**

▶ Ursprünglich als Schulprojekt initiiert, ist der Raspberry Pi inzwischen in der Messtechnik angekommen. In diesem Kapitel werden die Möglichkeiten dargelegt, wie die mannigfaltigen Elektronikschnittstellen des Raspberry Pi für Messungen und Prozesssteuerung genutzt werden können. Großer Vorteil des Raspberry Pi neben dem günstigen Preis ist die Kommunikation über die LAN-Schnittstelle, welche weitverzweigte dezentrale Mess- und Steuerungsstellen möglich macht.

Zusatzmaterial zu diesem Kapitel ist unter http://schwingungsanalyse.com/ Schwingungsanalyse/Kapitel_14.html zu finden.

13.1 Raspberry Pi

Beim Raspberry Pi handelt es sich um einen Einplatinencomputer, der von der britischen Raspberry Pi Foundation entwickelt wurde. Der im Vergleich zu üblichen PCs sehr einfach aufgebaute Rechner wurde von der Stiftung mit dem Ziel entwickelt, junge Menschen wieder vermehrt für Programmieren und Computer-Hardware-, Robotik usw. zu begeistern. Der Rechner enthält ein Ein-Chip-System von Broadcom mit einem ARM-Mikroprozessor. Die Grundfläche der Platine entspricht etwa den Abmessungen einer Visitenkarte.

© Springer Fachmedien Wiesbaden GmbH, ein Teil von Springer Nature 2019   373
T. Kuttner und A. Rohnen, *Praxis der Schwingungsmessung*,
https://doi.org/10.1007/978-3-658-25048-5_13

Abb. 13.1 Raspberry Pi (unterste Ebene) mit aufgesteckten Versuchs- und Messkarten. In der mittleren Ebene ein 24 Bit-A/D-Wandlerkarte in der obersten Ebene das vorgestellte Explorer Hat Pro

Bis September 2016 wurden mehr als zehn Millionen Geräte verkauft. Es existiert ein großes Zubehör- und Softwareangebot für zahlreiche Anwendungsbereiche. Verbreitet ist beispielsweise die Verwendung als Mediacenter, da der Rechner Videodaten mit voller HD-Auflösung (1080p) dekodieren und über die HDMI-Schnittstelle ausgeben kann.

Der Raspberry Pi (Abb. 13.1) bietet eine frei programmierbare Schnittstelle (auch bekannt als GPIO, General Purpose Input/Output), worüber Geräte und anderweitige Elektronik angesteuert werden können.

Die GPIO-Schnittstelle besteht bei Modell A und Modell B aus 26 Pins, bei Modell A+ und Modell B+ aus 40 Pins, jeweils ausgeführt als doppelreihige Stiftleiste, wovon

- 2 Pins eine Spannung von 5 V bereitstellen, aber auch genutzt werden können, um den Raspberry Pi zu versorgen
- 2 Pins eine Spannung von 3,3 V bereitstellen
- 1 Pin als Masse dient
- 4 Pins, die zukünftig eine andere Belegung bekommen könnten, derzeit ebenfalls mit Masse verbunden sind

- 17 Pins (Modell A und B) bzw. 26 Pins (Modell A+ und B+, sowie Raspberry Pi 2 Modell B), welche frei programmierbar sind. Sie sind für eine Spannung von 3,3 V ausgelegt. Einige von ihnen können Sonderfunktionen übernehmen.
- 5 Pins davon können als SPI-Schnittstelle[1] verwendet werden
- 2 Pins haben einen 1,8-kΩ-Pull-up-Widerstand (auf 3,3 V) und können als I^{2}C-Schnittstelle[2] verwendet werden
- 2 Pins können als UART-Schnittstelle verwendet werden und stellen über eine entsprechende Adaption eine RS232 Schnittstelle zur Verfügung.

Mit dem Modell B+ wurde eine offizielle Spezifikation für Erweiterungsplatinen, sogenannte Hardware attached on top (HAT), vorgestellt. Jeder HAT muss über einen EEPROM-Chip verfügen; darin finden sich Herstellerinformationen, die Zuordnung der GPIO-Pins sowie eine Beschreibung der angeschlossenen Hardware in Form eines „device tree"-Abschnitts. Dadurch können die nötigen Treiber für den HAT automatisch geladen werden. Auch die genaue Größe und Geometrie des HAT sowie die Position der Steckverbinder wurden dadurch festgelegt. Modell A+ und Raspberry Pi 2 Modell B sind mit diesen ebenfalls kompatibel.

Zur Steuerung der GPIOs existieren Bibliotheken für zahlreiche Programmiersprachen. Auch eine Steuerung durch ein Terminal oder Webinterfaces ist möglich [1–3].

Als Betriebssystem kommen vor allem angepasste Linux-Distributionen mit grafischer Benutzeroberfläche zum Einsatz; für das neueste Modell existiert auch Windows 10 in einer speziellen Internet-of-Things-Version ohne grafische Benutzeroberfläche. Der Startvorgang erfolgt von einer wechselbaren SD-Speicherkarte als internes Boot-Medium. Eine Schnittstelle für Festplattenlaufwerke ist nicht vorhanden, zusätzlicher Massenspeicher kann per USB-Schnittstelle angeschlossen werden.

Für die Raspberry Pi/MATLAB® Verbindung wird das entsprechende Hardware Support Package von MathWorks benötigt [5].

Nach dem Download des Installationspaketes erfolgt eine menügesteuerte Installation des Support Packages in der lokalen MATLAB® – Installation. Am Ende des Installationsvorganges wird die Konfiguration des Raspberry Pi vorgenommen und es wird ein Betriebssystem für den Raspberry Pi auf einer SD-Speicherkarte abgelegt.

---

[1]SPI: Serial Peripheral Interface ist ein vom Halbleiterhersteller Motorola (heute NXP) entwickeltes Bus-System, welches sich als einer der Standards für den synchronen seriellen Datenbus etabliert hat. Mit SPI können digitale Schaltungen nach dem Master-Slave-Prinzip miteinander verbunden werden. Zur eindeutigen Kommunikation wird eine Chip-Select-Leitung verwendet.

[2]I2C: Inter-Integrated Circuit (Deutsch: I-Quadrat-C) ist ein von Philips Semiconductors (heute NXP) entwickeltes Bus-System, welches sich als ein weiterer Standard für den Datenaustausch zwischen Schaltungsteilen etabliert hat. Zur eindeutigen Kommunikation wird eine 7-Bit-Adressierung verwendet.

Die Verbindung zwischen Raspberry Pi und MATLAB® erfolgt über das Netzwerk. Bestenfalls sollte hierzu die LAN-Verbindung verwendet werden. Zu beachten ist dabei, dass die Adressen des Raspberry Pi und des MATLAB® PCs zueinander kompatibel sind. Beide Geräte müssen sich im gleichen Adressraum befinden, was sicher gestellt ist, wenn diese sich im gleichen Netzwerksegment befinden und die Adressvergabe via DHCP erfolgt. Dies ist in der Raspberry Pi Konfiguration während des Installationsprozesses anzugeben.

Sobald die SD-Speicherkarte beschrieben ist, kann die Verbindung zwischen MATLAB® und Raspberry Pi getestet werden. Dazu die SD-Speicherkarte in den Raspberry Pi einstecken, diesen mit dem Netzwerk verbinden, einschalten und nach wenigen Sekunden kann die Raspberry Pi/MATLAB® Verbindung hergestellt werden.

Die Konfiguration des Raspberry Pi enthält für den User pi ein allseits bekanntes Passwort. Dieses sollte umgehend auf ein individuelles Passwort geändert werden, da sonst der Raspberry missbräuchlich im Netzwerk verwendet werden kann.

Mit

$$openShell(rpi) \tag{13.1}$$

wird ein Terminalfenster am Raspberry geöffnet. Hier kann nun mit der Anweisung

$$sudo\ raspi\text{-}config \tag{13.2}$$

die individuelle Konfiguration des Raspberrys (Abb. 13.2) vorgenommen werden.

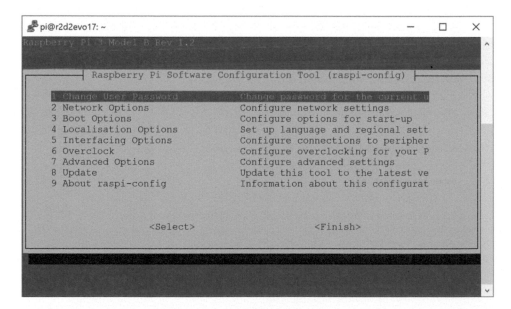

Abb. 13.2 Raspberry Pi Konfigurationstool

13.2   Digital IO

Für erste Experimente mit der Raspberry Pi/MATLAB® Verbindung empfiehlt sich die Anschaffung von einem HAT, wie zum Beispiel das Explorer HAT Pro von Pimoroni, welches für wenige Euro im einschlägigen Handel verfügbar ist. Das HAT wird einfach auf die 40 Pin Leiste des Raspberry Pi aufgesteckt und stellt über seine Elektronik nun weitere Funktionalität zur Verfügung.

- 4 gepufferte 5 V tolerante Eingänge
- 4 schaltbare 5 V Ausgänge (bis zu 500 mA in Summe über alle Ausgänge)
- insgesamt 8 kapazitive Tasten
- 4 farbige LEDs (rot, grün, blau und gelb)
- 4 analoge Eingänge
- 2 Motortreiber mit jeweils maximal 200 mA
- ein kleines Breadboard zum Testen von elektronischen Schaltungen

Hiermit können nun die ersten Gehversuche der Raspberry Pi/MATLAB® Verbindung durchgeführt werden.

An einen der beiden Motortreiber wird ein kleiner Motor angeschlossen Mit der Taste 1 soll der Motor zum Linksdrehen, mit der Taste 4 zum Rechtsdrehen und mit den Tasten 2 und 3 der Motor gestoppt und das Programm beendet werden. Mit der blauen LED soll die Linksdrehung und mit der grünen LED die Rechtsdrehung angezeigt werden. Mit

$$rpi = raspi('r2d2evo17', 'pi', '<pwd>'); \qquad (13.3)$$

wird das Objekt für die Raspberry Pi/MATLAB® Verbindung angelegt. Ohne; am Ende der Anweisung erfolgt folgende Ausgabe, welche einen Einblick in die Hardware gibt.

rpi =

> *raspi with properties:*
>
> *DeviceAddress: r2d2evo17*
> *Port: 18732*
> *BoardName: Raspberry Pi 3 Model B*
> *AvailableLEDs: {'led0'}*
> *AvailableDigitalPins: [4,5,6,12,13,14,15,16,17,18,19,20,21,22,23,24,25,26,27]*
> *AvailableSPICHannels: {'CE0','CE1'}*
> *AvailableI2VBuses: {'i2c-1'}*
> *AvailableWebcams: {}*
> *I2CBusSpeed: 0*

$$\qquad\qquad\qquad\qquad\qquad\qquad\qquad\qquad\qquad\qquad (13.4)$$

Supported peripherals öffnet die MATLAB®-Hilfe für die Raspberry Pi/MATLAB® Verbindung.

Im Weiteren müssen nun die verwendeten Hardware Devices konfiguriert werden. Die LEDs und der Motor werden über GPIO Pins gesteuert.

$$
\begin{aligned}
&ledBlau = 4; && \text{\% GPIO Pin für LED blau} \\
&ledGruen = 5; && \text{\% GPIO Pin für LED grün} \\
&motorPlus = 19; && \text{\% GPIO Pin für Motor + Anschluss} \\
&motorMinus = 20; && \text{\% GPIO Pin für Motor - Anschluss}
\end{aligned}
\tag{13.5}
$$

definiert die Adressen der benötigten GPIO-Pins, welche im nächsten Schritt konfiguriert werden.

```
configurePin(rpi,ledBlau,'DigitalOutput');    % GPIO konfiguriern
configurePin(rpi,ledGruen,'DigitalOutput');

configurePin(rpi,motorPlus,'DigitalOutput');
configurePin(rpi,motorMinus,'DigitalOutput');
```
$$\tag{13.6}$$

Die Vorbereitungen für das Schalten der LEDs und zum Steuern des Motors sind nun getroffen und es kann ein kurzer Test durchgeführt werden.

```
writeDigitalPin(rpi,ledBlau,1);      % LED blau on
writeDigitalPin(rpi,ledGruen,1);     % LED grün on

writeDigitalPin(rpi,ledBlau,0);      % LED blau off
writeDigitalPin(rpi,ledGruen,0);     % LED grün off
```
$$\tag{13.7}$$

schaltet die LEDs ein und aus, während

```
writeDigitalPin(rpi,motorPlus,1);    % Motor Rechtslauf
writeDigitalPin(rpi,motorMinus,0);

writeDigitalPin(rpi,motorPlus,0);    % Motor Linkslauf
writeDigitalPin(rpi,motorMinus,1);

writeDigitalPin(rpi,motorPlus,0);    % Motor halt
writeDigitalPin(rpi,motorMinus,0);
```
$$\tag{13.8}$$

die Steuerung des Motors übernimmt.

Für das Schalten des Motors über die kapazitiven Tasten ist eine Erkennung des Tastendrucks erforderlich. Die kapazitiven Tasten werden über den Elektronikbaustein CAP1208 erkannt. Dieser Baustein ist am I2C-Bus angeschlossen.

Mit

$$scanI2CBus(rpi, 'i2c-1') \qquad (13.9)$$

wird die am I2C-Bus angeschlossene Elektronik erkannt. Ausgegeben werden die I2C-Bus-Adressen der angeschlossenen Elektronikbausteine. Im Falle des Explorer Hat Pro sind es die Adressen 0×28 und 0×48. Hinter der Adresse 0×28 verbirgt sich der CAP1208 Elektronikbaustein. Die Adresse 0×48 steht für den Analog-Digital-Wandler.

$$tasten = i2cdev(rpi, 'i2c-1', '0x28')$$

$$tasten =$$

$$i2cdev \ with \ properties: \qquad (13.10)$$

$$Bus: \ 'i2c-1'$$
$$Address: \ '0x28'$$

legt nun das Device *tasten* an. Für die Kommunikation mit dem CAP1208 Elektronik-baustein bzw. allgemein für die Kommunikation mit Elektronikbausteinen am I2C-Bus, ist die Kenntnis der Arbeitsweise der jeweiligen Elektronikbausteine erforderlich.

Der CAP1208 Elektronikbaustein speichert die Ereignisse an bis zu acht PINs als Zustände in Speicherregister ab. Über ein Konfigurationsregister (Register 0) wird u. a. der Elektronikbaustein zurückgesetzt.

Um Tastendrücke erkennen zu können, muss lediglich in einer Endlosschleife das Register mit Ereigniserkennung kontinuierlich ausgelesen werden. Wird ein Ereignis erkannt, wird der Elektronikbaustein zurückgesetzt. Die Ereignisse werden im Register 3 erfasst. Je nach gedrückter Taste enthält das Register einen Wert.

Taste	Registerwert (Hexadezimal)	Registerwert (Dezimal)
1	0×10	16
2	0×20	32
3	0×30	64
4	0×40	128

Durch Auswerten des Registerwertes kann demnach die gedrückte Taste ermittelt werden.

$$writeRegister(tasten, 0, 0, 'uint8'); \qquad (13.11)$$

setzt die Register der Ereigniserkennung zurück. Eventuell vorhandene Ereignis-erkennungen werden damit aus dem Speicher entfernt. Hierbei wird in das Register 0 der Wert 0 geschrieben. Die Anweisung lautet im Detail

$$writeRegister(myi2cdevice, register, value, dataPrecision) \qquad (13.12)$$

mit den Parametern

- myi2cdevice – dem Devicenamen
- register – der Registernummer
- value – dem zu schreibenden Wert
- dataPrecision – dem Datenformat

Das Datenformat uint8 steht für unsigned (vorzeichenloser) integer (Ganzzahlenwert) 8 Bit (entspricht einem Byte).

Für das eigentliche Programm wird eine „Endlosschleife" über eine *while-Loop* realisiert. Die Variable *lauf* wird auf *true (=wahr)* gesetzt. Solange die Variable lauf *true* bleibt, wird diese Schleife ausgeführt.

$$lauf = true;$$

$$while\ lauf \qquad (13.13)$$

$$wer = readRegister(tasten,\ 3,\ 'uint8');$$

einlesen des Wertes aus Register 3 als 8-Bit-Integerwert.

$$writeRegister(tasten,\ 0,\ 0,\ 'uint8'); \qquad (13.14)$$

setzt die Register der Ereigniserkennung wieder zurück.

$$switch\ (wert) \qquad (13.15)$$

Auswertung des eingelesenen Wertes über ein switch – case – Konstrukt. Entsprechend der erkannten Tastendrücke, welche einen Dezimalwert in der Ereigniserkennung ablegen, werden über die GPIO-PINs die LEDs geschaltet und die Motorlaufrichtung eingestellt. Bei den Tastendrücken von Taste 2 und Taste 3 (Dezimal 32 und Dezimal 64) wird der Motor angehalten, die LEDs ausgeschaltet und das Programm endet.

```
        case 16
        writeDigitalPin(rpi,motorPlus,0);        % Motor Linkslauf
        writeDigitalPin(rpi,motorMinus,1);
        writeDigitalPin(rpi,ledBlau,1);
        writeDigitalPin(rpi,ledGruen,0);
        case 32
        writeDigitalPin(rpi,motorPlus,0);        % Motor Halt
        writeDigitalPin(rpi,motorMinus,0);
        lauf = false;
        writeDigitalPin(rpi,ledBlau,0);
        writeDigitalPin(rpi,ledGruen,0);

        case 64
        writeDigitalPin(rpi,motorPlus,0);        % Motor Halt
        writeDigitalPin(rpi,motorMinus,0);
        lauf = false;
        writeDigitalPin(rpi,ledBlau,0);
        writeDigitalPin(rpi,ledGruen,0);

        case 128
        writeDigitalPin(rpi,motorPlus,1);        % Motor Rechtslauf
        writeDigitalPin(rpi,motorMinus,0);
        writeDigitalPin(rpi,ledBlau,0);
        writeDigitalPin(rpi,ledGruen,1);

    end

    pause(1);                                    % eine Sekunde Pause
end
```

$$(13.16)$$

13.3   Spannungsmessung mit dem A/D-Wandler ads1015

Das bereits für den GPIO-Test verwendete Explorer HAT Pro verfügt mit dem ads1015 über einen vierkanaligen 12 Bit Analog/Digital-Wandler. Hierüber lassen sich einfache Spannungsmessungen ausführen.

Der ads1015 [6] ist spezifiziert für Messungen im Temperaturbereich $-40\,°C$ bis $+125\,°C$. Als Abtastraten steht die Einzelmessung sowie 128 Messwerte je Sekunde (Samples per Second, SPS) bis 3300 SPS zur Verfügung. Er verfügt über vier nutzbare Messbereiche: 1024 V, 2048 V, 4096 V und 6144 V. Eine Messbereichsüberschreitung wird über den maximalen Messwert erkannt. Der nutzbare Vertrauensbereich der Messwerte liegt demnach bei 99 % des jeweiligen Messbereichs.

Die vier Eingangskanäle ermöglichen Messungen von vier Kanälen gegen Masse (single ended) oder wahlweise zwei Kanäle differenziell. Realisiert ist dies über einen Multiplexer. Die Messwerte der einzelnen Messkanäle selbst sind demnach nicht abtastsynchron.

Die Kommunikation zwischen Raspberry Pi und dem ads1015 erfolgt über die I2C-Schnittstelle. Die jeweilige Messung erfolgt über das 16Bit-Konfigurationsregister des ads1015 [5, Seite 22 ff.]. Im Explorer Hat Pro kann der ads1015 über die Adresse 0×48 angesprochen werden. In anderen Applikationen der ads1 × 15 Reihe sind bis zu vier ads1 × 15 am I2C-Bus möglich. Die Adressierung wird über einen Adressselektor (ADDR PIN am Elektronikbaustein) realisiert.

Adresse 0×48 = ADDR mit GND verbunden

Adresse 0×49 = ADDR mit V verbunden

Adresse $0 \times 4\,A$ = ADDR mit SDA verbunden

Adresse $0 \times 4B$ = ADDR mit SCL verbunden

$$
\begin{aligned}
&rpi = raspi('r2d2evo17', 'pi', '<pwd>');\\
&ads1015 = i2cdev(rpi, 'i2c-1', '0x48');
\end{aligned}
\qquad (13.17)
$$

legt das Objekt *rpi* an und definiert den AD-Wandler. Über die Anweisung *writeRegister(myi2cdevice,register,value,dataPrecision)* wird das Konfigurationsregister beschrieben.

Über den Parameter *value* wird das erforderliche Bitmuster im Konfigurationsregister gesetzt. Für dieses Beispiel sind für die Konfiguration die Bits 14 bis 12 für die Multiplexerkonfiguration und die Bits 11 bis 9 für den Messbereich entscheidend. Details hierzu sind im Datenblatt des ads1015 [5, Seite 22 ff.] hinterlegt.

```
basis = 0;                        % Basiswert, schaltet Comperator-Mode aus

kanal(1) = 192;                   % wert für Analog in 1
kanal(2) = 208;                   % wert für Analog in 2
kanal(3) = 224;                   % wert für Analog in 3
kanal(4) = 240;                   % wert für Analog in 4

bereich(1,1) = 1;          % Messbereich 1 = 6.144 V
bereich(1,2) = 6.144;      %
bereich(2,1) = 3;          % Messbereich 2 = 4.096 V
bereich(2,2) = 4.096;      %
bereich(3,1) = 5;          % Messbereich 3 = 2.048 V
bereich(3,2) = 2.048;      %
bereich(4,1) = 7;          % Messbereich 4 = 1.028 V
bereich(4,2) = 1.028;      %
```
$$(13.18)$$

Bit 1	Bit 2	Bit 3	Bit 4	Bit 5	Bit 6	Bit 7	Bit 8	Bit 9	Bit 10	Bit 11	Bit 12	Bit 13	Bit 14	Bit 15	Bit 16
erstes 1/2-Byte				zweites 1/2-Byte				drittes 1/2-Byte				viertes 1/2-Byte			
erstes Byte								zweites Byte							
hexwert(3)				hexwert(4)				hexwert(1)				hexwert(2)			

Abb. 13.3 Schematische Darstellung des ads1015 Messwertregisters und dessen Übernahme in die Variable *hexwert*

Der Wert für das Konfigurationsregister berechnet sich über die Summe aus basis + kanal + messbereich.

kanal_nr = 1;   *% Kanal Nr und Messbereich Nr festlegen*
bereich_nr = 1;

$$cfg = basis + kanal(kanal\_nr) + bereich(bereich\_nr, 1); \qquad (13.19)$$

berechnet den Wert für das Konfigurationsregister und schreibt über die Anweisung

$$writeRegister(ads1015, cfg, 'uint16'); \qquad (13.20)$$

diesen in das Konfigurationsregister.

$$hexwert = dec2hex(readregister(ads1015, 0, 'uint16'), 4); \qquad (13.21)$$

liest den ADC-Wandler-Wert aus. Die Messwerte werden als Ganzahlwerte übernommen.

Der Messwert des ads1015 wird als 12-Bit-Wert in den ersten drei 1/2-Bytes des Datenregisters abgelegt (Abb. 13.3). Die letzten vier Bits bzw. das letzte 1/2-Byte ist für die byteweise Kommunikation erforderlich, enthält jedoch keine Werte und wird in der Datenbearbeitung ignoriert. Die Datenübertragung erfolgt in der Abfolge „zweites Byte", „erstes Byte" und damit in der falschen Reihenfolge.

$$hexwert = dec2hex(readregister(ads1015, 0, 'uint16'), 4); \qquad (13.22)$$

liest den ADC-Wandler-Wert aus. Die Messwerte werden als Ganzahlwerte übernommen und durch *dec2hex* ins Hexadezimalsystem[3] überführt. *hexwert* ist eine Zeichenkette mit 4 Zeichen. Jedes Zeichen steht darin für ein 1/2-Byte des Messwertes. Das vierte 1/2-Byte aus dem Datenregister ist abgelegt in *hexwert(2)* und wird weiter nicht benötigt.

$$digits = hex2dec([hexwert(3) \ hexwert(4) \ hexwert(1)]); \qquad (13.23)$$

erzeugt dann den richtigen Zahlenwert der A/D-Wandlung. Das Ergebnis liegt in Wandlungsstufen digits vor. Bei einem 12Bit ADC kann dies den Wertebereich 0 bis 4096 einnehmen. Die Interpretation der Werte erfolgt über das Diagramm in Abb. 13.4.

---

[3]Im Hexadezimalsystem werden Zahlen zur Basis 16 mit den Zeichen 0 bis 9 und A bis F dargestellt. Im Binärsystem werden für einen Hexadezimalwert 4 Bits verwendet.

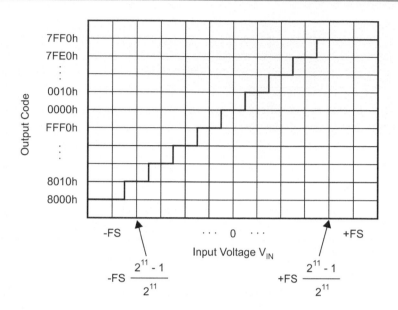

Abb. 13.4 Im Wertebereich $0 \times 0000h$ bis $0 \times 7ff0h$ liegen die Spannungswerte von 0 V bis zum Messbereichsende. Der Wertebereich $0 \times 8000h$ bis $0xfff0h$, also oberhalb $0 \times 770h$, deckt den Spannungsbereich vom negativen Messbereichsende bis 0 V ab. [5, Seite 22]

$$\begin{aligned} &\textit{if digits>2047}\\ &\qquad \textit{digits = (-1)*(4096-digits);}\\ &\textit{end;} \end{aligned} \qquad (13.24)$$

Die Werte oberhalb $0 \times 7ff0h$ decken den negativen Spannungsbereich ab. Dieser reicht von 0 V ($0xfff0h$) bis zum negativen Messbereichsende ($0 \times 8000h$) mit umgekehrter Reihenfolge. Hierdurch wird eine einfache Umrechnung der negativen Spannungswerte ermöglicht.

$$\textit{messwert = bereich(bereich\_nr,2)/2048*digits;} \qquad (13.25)$$

berechnet den Spannungswert.

13.4 Drehzahlmessung via Interrupt an Digital IO

Eine Drehzahlmessung wird technisch derart realisiert, dass die Periodendauer zwischen zwei Inkrementen bzw. zwischen zwei Impulsen erfasst wird. Der Raspberry Pi stellt ausreichend Hardware und Rechenleistung zur Verfügung, sodass eine Periodendauermessung in Mikrosekundengenauigkeit (Abb. 13.5) realisiert werden kann.

Abb. 13.5 Schematische Darstellung der Periodendauermessung am Raspberry Pi. Das Steuersignal eines Inkrementalsensors wird an eine Transistorschaltung angelegt, welche einen GPIO-PIN des Raspberry Pi auf Masse schaltet

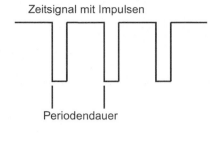

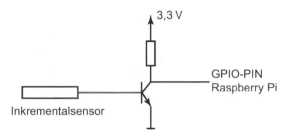

Ein Python-Skript löst auf dem Raspberry Pi die Aufgabe der Periodendauermessung. Genau genommen wird zum Zeitpunkt der fallenden Signalflanke an einem GPIO-PIN ein Interrupt ausgelöst, welcher einen mikrosekundengenauen Zeitstempel in einen Zwischenspeicher schreibt.

Ein weiteres Phyton-Skript, welches von MATLAB® periodisch aufgerufen wird, liest den Zwischenspeicher aus und transportiert die Zeitstempel zum MATLAB®-PC. Der Zwischenspeicher ist als FIFO-Datei im Linux-Betriebssystem des Raspberry Pi angelegt. Dies hat den Vorteil, dass die Periodendauermessung nur dann Zeitstempel in den Zwischenspeicher ablegen kann, wenn gleichzeitig aus dem Zwischenspeicher ausgelesen wird. So wird sichergestellt, dass der Raspberry Pi nicht überlastet wird.

Diese Art der Drehzahlmessung ist jedoch lediglich für langsame Zustandsüberwachungen und langsame Prozesse (Impulsraten bis 10 kHz) sinnvoll.

Das Python-Skript für die Zeitstempel:

$$
\begin{aligned}
&\textit{\#! /usr/bin/python} \\
&\textit{import RPi.GPIO as GPIO} \\
&\textit{import datetime} \\
&\textit{import time} \\
&\textit{import os}
\end{aligned}
\tag{13.26}
$$

stellt den Programmheader dar und definiert die erforderlichen Module.

$$
\begin{aligned}
&\textit{\# Variablen definieren} \\
&\textit{global target} \\
&\textit{target=os.open('fifo1', os.O\_WRONLY)}
\end{aligned}
\tag{13.27}
$$

Die Variable *target* wird global zur Verfügung gestellt. Diese enthält den Zeiger auf den geöffneten FIFO. Mit der Anweisung

$$\begin{array}{ll} \textit{\# Pinreferenz waehlen} \\ \textit{GPIO.setmode(GPIO.BOARD)} & (13.28) \end{array}$$

wird definiert, wie die GPIO-PINs nummeriert sind. Diese sind nicht einfach von 0 bis 40 durchnummeriert, sondern haben, je nach Betrachtungsweise eine unterschiedliche, jedenfalls der Logik abweichende, PIN-Nummer.

$$\begin{array}{ll} \textit{\# Pin 18 als Input deklarieren} \\ \textit{GPIO.setup(18, GPIO.IN)} & (13.29) \end{array}$$

Im Beispiel wird PIN 18, nach Board-Schema, als verwendeter GPIO-PIN definiert.

```
# ISR
def Interrupt(channel):

    global target

    # aktuelle Zeit in Mikrosekunden                          (13.30)
    t = datetime.datetime.now()
    t2 = (t.hour*60*60*1000000)
        +(t.minute*60*1000000)
        +t.second*1000000)+t.microsecond
    out=str(t2)+'\n'
    os.write(target, out)
```

Dies ist die eigentliche Routine welche den Interrupt abarbeitet. Es wird die aktuelle Zeit in Mikrosekunden seit 0 Uhr berechnet und in einen String mit Zeilenende umgewandelt (out = str(t2) + '\n'). os.write(target, out) schreibt diesen Wert anschließend in das FIFO.

```
# Interrupt Event hinzufuegen.
# PIN 18, auf fallende Flanke reagieren und ISR „Interrupt" deklarieren

GPIO.add_event_detect(18, GPIO.FALLING, callback = Interrupt, bouncetime = 10)
```
$$(13.31)$$

deklariert PIN 18 als Interruptquelle. Bei fallender Flanke wird die Funktion Interrupt aufgerufen. Um ein prellendes Verhalten zu unterbinden, wird eine „Bouncetime" auf 10 ms gesetzt.

```
# Endlosschleife
while True:                                                   (13.32)
    time.sleep(1)
```

Das Programm selbst läuft als Endlosschleife.

$$os.close(target) \tag{13.33}$$

schließt formal die Datei.

Die Textdatei muss mittels *chmod 755 <Dateiname>* ausführbar gesetzt werden und wird mit *nohup ./<Dateiname> &* von einer Shell aus gestartet. *nohup* bewirkt, dass die Shell nach dem Programmstart geschlossen werden kann, ohne dass das Programm terminiert wird.

Damit läuft ein Programm, welches auf Inkremente an GPIO-PIN 18 reagiert und in eine Pufferdatei Werte ablegt.

Zum Auslesen der Werte aus der Pufferdatei wird das Phyton-Skript read_n verwendet.

```
#! /usr/bin/python
f=open('fifo1')
inc = 0
while inc < 10:
        ret = f.readline()                                    (13.34)
        print(ret)
        inc = inc +1

f.close()
```

Dieses liest zehn Werte aus dem Pufferspeicher und gibt diese an der Standardausgabe aus. Auch diese Datei muss als ausführbar mittels chmod 755 gesetzt werden.

Auf dem MATLAB®-PC sollen periodisch die Zeitstempel in Drehzahlwerte umgerechnet und weiterverarbeitet werden. Zur Demonstration wird wiederum das Explorer Hat Pro verwendet, welches über zwei Motortreiber verfügt. An einem dieser Treiber wird ein kleiner DC-Motor (Abb. 13.6) angeschlossen, der über eine Lichtschranke das Impulssignal für den Interrupt am GPIO-PIN generiert.

```
global rpi;
rpi = raspi('r2d2evo17', 'pi', '<pwd>');                      (13.35)
```

Das Device-Objekt des Raspberry Pi muss global verfügbar sein.

```
putFile(rpi, 'read_n');              % Zeitwerte aus dem FiFo auslesen
putFile(rpi, 'intrtest.py');         % Interruptbehandlung, Zeitwerte in FiFo schreiben
```
$$\tag{13.36}$$

Die beiden Python-Skripte werden auf dem Raspberry Pi abgelegt. Dadurch ist sichergestellt, dass diese in der aktuellen Form vorliegen. Die Anweisungen

```
configurePin(rpi, 19, 'DigitalOutput');
configure(rpi, 20, 'DigitalOutput');
writeDigitalPin(rpi,19,1);           % startet den Motor          (13.37)
writeDigitalPin(rpi,20,0);
```

Abb. 13.6 Versuchsaufbau zur Drehzahlmessung

definieren die GPIO-PINs für den Motortreiber und schalten den Motor ein. Danach legt

$$t = createTimer();$$
$$start(t);$$

(13.38)

einen Timer an und startet diesen.

Nun muss über *openShell(rpi)* das Interrupt-Skript via *nohup ./intrtest.py* & auf dem Raspberry Pi gestartet werden.

Der Timer wird über die Funktion *createTimer()* konfiguriert.

```
function t = createTimer()

    t = timer;
    t.Name = 'Drehzahlmessung';        % Name des Timers
    t.ObjectVisibility = 'on';         % Sichtbarkeit des Timers muss on sein
    t.ExecutionMode = 'fixedRate';     % Ausführung in fester Timerrate
    t.Period = 2;                      % Periodendauer in Sekunden für die
                                       % Timerausführung
    t.StartDelay = 0;                  % Verzögerung bis zum ersten Aufruf der
                                       % Timerfunktion
    t.StartFcn = '';                   % Funktion zum Start des Timers
    t.StopFcn = '';                    % Funktion nach Beendigung des Timers
    t.TimerFcn = @readNWerte;          % Funktion die mit Timerrate ausgeführt
                                       % werden soll
    t.UserData = '';                   % Daten die der Timerfunktion hinzugefügt
                                       % werden sollen

end
```
$$(13.39)$$

Der Timer ruft nun alle zwei Sekunden die Funktion *readNWerte* auf. Die Funktion

```
function readNWerte(hObj, eventdata)
    global rpi;
    werte = strsplit(system(rpi, './read_n');
```
$$(13.40)$$

liest (10, siehe Anweisungen in 14.33) Zeitstempelwerte über das Python-Skript *read_n* auf dem Raspberry Pi (*rpi*, siehe Anweisungen 14.34) ein. Die Übergabe erfolgt in einem String, welcher über strsplit in seine einzelnen Teile zerlegt wird.

```
for inc=3:length(werte)-1
    period(1,inc-2)=60*1000000/(24*(str2num(werte{inc})-...
        str2num(werte{inc-1})));
end;
```
$$(13.41)$$

berechnet nun aus den Zeitstemelwerten in Mikrosekunden Drehzahlwerte in $\min^{-1}$. Die Inkrementalscheibe verfügt über 24 Inkremente. Der erste Zeitstempelwert wird, um Fehlinterpretationen vollkommen auszuschließen, ignoriert. Die Periodendauer der Drehfrequenz ist das 24fache (24 Inkremente der Inkrementalscheibe) der einzelnen Periodendauer, welche über die Differenz der beiden Zeitstempel ermittelt wird. Anweisung

$$mean(period) \qquad\qquad (13.42)$$

gibt den Mittelwert der Drehzahlwerte aus.

13.5   Brückenschaltung mit Gleichspannungs-Messverstärker

Für die Messung von Kräften und Drücken werden häufig Schaltungen mit Dehnungs-messstreifen in Brückenschaltung verwendet (siehe Abschn. 9.1). Als Standardver-fahren für die Signalverarbeitung kommen Trägerfrequenz-Messverstärker zum Einsatz, da diese über eine ausgezeichnete Langzeitstabilität und Störfestigkeit gegen Thermo-spannungen, elektrischen und magnetischen Feldern besitzen. DMS-Messbrücken lassen sich auch in Gleichspannungsschaltung betreiben. Damit lassen sich einfache Beschal-tungen aufbauen. Die in [4] dargelegte Brückenschaltung erlaubt grundsätzlich auch eine Messung ohne zwischengeschalteten Trägerfrequenz-Messverstärker. Bedingung hierzu ist eine stabile niederohmig (120 Ω) belastbare Speisespannung sowie eine gute Auf-lösung des verwendeten A/D-Wandlers.

Mit dem ADS1115 von Texas Instruments steht ein 16-Bit A/D-Wandler zur Ver-fügung, welcher bei einem Eingangsmessbereich von 0,256 V eine Messauflösung von 0,0078 mV erreicht. Dieser verfügt über eine I2C-Kommunikation und kann auf ver-schiedene Adressen konfiguriert werden. Der integrierte Multiplexer kann die Analogein-gänge auf vier single-ended oder zwei differenzial Kanäle verschalten.

Für das Beispiel wurden auf einem Biegebalken (Abb. 13.8) für die Dehnungsmessung zwei Dehnungsmessstreifen (DMS) aufgeklebt und entsprechend Abb. 13.7 verschaltet. Die Halbbrücke wird durch zwei Widerstände (R1, R2) zur Vollbrücke vervollständigt.

Die Speisung der Messbrücke erfolgt über VDD des A/D-Wandlers und damit aus der 3,3 V Versorgungsspannung des Raspberry Pi.

Für die Ermittlung der Speisespannung U_E reicht eine einmalige Spannungsmessung zu Beginn der Messwerterfassung vollkommen aus. Hierzu wird die Differenzspannung zwischen A0 und A1 ermittelt. Die Brückenspannung (Ausgangsspannung) U_A wird durch die Differenzmessung zwischen A2 und A3 ermittelt. Aus den so erfassten Mess-werten kann anschließend auf die Spannungswert umgerechnet werden.

Abb. 13.7 Schaltbild des Versuchsaufbaus für die Brückenschaltung ohne Trägefrequenz-Messverstärker

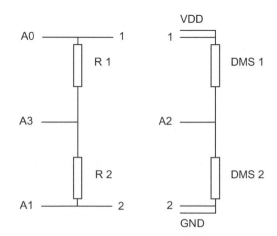

Mit dem k der verwendeten Dehnungsmessstreifen und der Dehnung ε am jeweiligen Dehnungsmessstreifen

$$\varepsilon = \frac{\Delta L}{L_0} \tag{13.43}$$

gilt für die Vollbrücke:

$$\frac{U_A}{U_E} = \frac{k}{4} \cdot (\varepsilon_1 - \varepsilon_2 + \varepsilon_3 - \varepsilon_4) \tag{13.44}$$

Besser ist die Kalibrierung von U_A/U_E mit bekannten Dehnungen oder Kräften.

Zunächst muss wiederum die Session für den Raspberry Pi angelegt werden,

$$rpi = raspi('RPI\text{-}Adresse', 'pi', '<pwd>'); \tag{13.45}$$

um im Anschluss daran die angeschlossenen Devices am I2C-Bus zu ermitteln.

$$[i2cAddresses] = scanI2CBus(rpi, 'i2c\text{-}1')$$

$$i2cAddresses =$$

$$1 \times 3 \; cell \; array$$

$$'0x28' \; '0x48' \; '0x49' \tag{13.46}$$

Abb. 13.8 Versuchsaufbau mit ADS1115 für die Brückenschaltung

Der ads1115 lässt sich über die Beschaltung des ADR-Pins auf vier verschiedene Adressen einstellen.

ADR-Pin	Adresse
GND	0×48
VDD	0×49
SDA	$0 \times 4A$
SCL	$0 \times 4B$

Da in dem Beispielaufbau die Adresse 0×48 bereits durch einen ads1015 belegt ist, wurde der verwendete ads1115 mit der Adresse 0×49 beschaltet.

$$ads1115 = i2cdev(rpi, 'i2c\text{-}1', '0x49')$$

$$ads1015 =$$

$$i2cdev \ with \ properties: \tag{13.47}$$

$$Bus: \ 'i2c\text{-}1'$$
$$Address: \ '0x49'$$

legt das Device an, welches im folgenden Code direkt angesprochen werden kann. Wie bereits bei der Spannungsmessung mit dem ads1015 muss die Konfiguration in ein Register des A/D-Wandlers geschrieben werden. Dieses löst die konfigurierte Spannungsmessung aus und das A/D-Wandlungsergebnis kann im Register 0 ausgelesen werden.

Im Folgenden werden die erforderlichen Parameter für die Konfiguration bereit gestellt. Als „operational status" wird die Einzelmessung (single conversion) fest definiert.

$$os = 128; \qquad\qquad \%0: \ no \ effect$$
$$\%128: \ single \ conversion \tag{13.48}$$

Die Spannungsmessung des A/D-Wandlers erfolgt immer zwischen AINp und AINn. Über den integrierten Multiplexer lassen sich acht unterschiedliche Konfigurationen der Analogeingänge (A0 bis A1) für die Messungen definieren.

Die für die Konfiguration erforderlichen Werte werden in der Matrix mux abgelegt.

$$
\begin{aligned}
&mux(1) = 0; && \%AINp = AIN0 \ ; \ AINn = AIN1 \\
&mux(2) = 16; && \%AINp = AIN0 \ ; \ AINn = AIN3 \\
&mux(3) = 32; && \%AINp = AIN1 \ ; \ AINn = AIN3 \\
&mux(4) = 48; && \%AINp = AIN2 \ ; \ AINn = AIN3 \\
&mux(5) = 64; && \%AINp = AIN0 \ ; \ AINn = GND \\
&mux(6) = 80; && \%AINp = AIN1 \ ; \ AINn = GND \\
&mux(7) = 96; && \%AINp = AIN2 \ ; \ AINn = GND \\
&mux(8) = 112; && \%AINp = AIN3 \ ; \ AINn = GND
\end{aligned}
\tag{13.49}
$$

In der Matrix pga werden die Werte für den Messbereich abgelegt. In der ersten Spalte befindet sich der Konfigurationswert und der zweiten Spalte der zugehörige Spannungsbereich, welcher für die Berechnung der ermittelten Spannung benötigt wird.

$$
\begin{aligned}
&pga(1,1) = 0; && \text{\%Messbereich 1 = 6.144V} \\
&pga(1,2) = 6.144; && \\
&pga(2,1) = 2; && \text{\%Messbereich 2 = 4.096V} \\
&pga(2,2) = 4.096; && \\
&pga(3,1) = 4; && \text{\%Messbereich 3 = 2.048V} \\
&pga(3,2) = 2.048; && \\
&pga(4,1) = 6; && \text{\%Messbereich 4 = 1.024V} \\
&pga(4,2) = 1.028; && \\
&pga(5,1) = 8; && \text{\%Messbereich 5 = 0.512V} \\
&pga(5,2) = 0.512; && \\
&pga(6,1) = 10; && \text{\%Messbereich 6 = 0.256V} \\
&pga(6,2) = 0.256;
\end{aligned}
\tag{13.50}
$$

Im Mode wird zwischen Einzelmessung und kontinuierliche Messung unterschieden.

$$
mode = 1; \qquad \text{\%1: single shot (Einzelmessung)} \tag{13.51}
$$

Der Wert für das Konfigurationsregister cfg berechnet sich nun aus der Summe aus „operational status", Multiplexereinstellung, Messbereich und dem Mode.

$$
\begin{aligned}
&mux\_nr = 4; \\
&pga\_nr = 6;
\end{aligned}
\tag{13.52}
$$

$$
cfg = os + mux(mux\_nr) + pga(pga\_nr,1) + mode;
$$

Dieser wird in das Konfigurationsregister des ads1115 geschrieben.

$$
writeRegister(ads1115, 1, cfg, 'uint16'); \tag{13.53}
$$

Für das Beschreiben des Konfigurationsregisters und der Durchführung der A/D-Wandlung wird eine Zeitspanne von 150 ms benötigt. Für diese Zeit wird die Ausführung des Codes unterbrochen.

$$
pause(0.15); \tag{13.54}
$$

Danach steht der A/D-Wandlungswert im Register 0 des ads1115 zur Verfügung und kann mit

$$
hexwert = dec2hex(readRegister(ads1115, 0, 'uint16'),4); \tag{13.55}
$$

ausgelesen und in Hexadezimal umgewandelt werden. Da die Bytes in der falschen Reihenfolge kommen, muss Byte1 mit Byte2 getauscht werden, bevor der digitale Wert (digits) bestimmt werden können.

$$digits = hex2dec([hexwert(3),hexwert(4),hexwert(1),hexwert(2)]); \quad (13.56)$$

Im letzten Schritt erfolgt nun die Umrechnung aus dem digitalem Wert (Digits) in die gemessene Spannung. Hierbei ist zu beachten, dass der digitale Wertebereich oberhalb 2^{15} für die negativen Spannungswerte vorgesehen ist. Dieser Bereich ist gespiegelt, welches eine einfache Umrechnung zulässt.

$$
\begin{aligned}
&if\ digits > (2\char`^15) \\
&\quad digits =(-1)^*((2\char`^16)-digits); \\
&end;
\end{aligned}
$$

(13.57)

$$
\begin{aligned}
&mess = (pga(pga\_nr,2)^*digits)/(2\char`^15); \\
&\qquad \%\ den\ Spannungswert\ berechnen
\end{aligned}
$$

Die in [7] beschriebene Klassenbibliothek für den ads1115 vereinfacht den Programm-code erheblich vereinfacht. Der Code der Klassenbibliothek muss als *ads1115.m* abgelegt sein. Lediglich in Zeile 48 des Codes muss, falls erforderlich, die Adresse des ads1115 angepasst werden.

Mit

$$adc = ads1115(rpi,\ 'i2c\text{-}1')$$

$$ads1115\ with\ properties:$$

$$
\begin{aligned}
&Address:\ 0x49 \\
&OperationMode:\ single\text{-}shot \quad ('single\text{-}shot'\ or\ 'continuous') \\
&SamplesPerSecond:\ 128 \qquad\ (8,\ 16,\ 32,\ 64,\ 128,\ 250,\ 475,\ or\ 860) \\
&VoltageScale:\ 2.048 \qquad (6.144,\ 4.096,\ 2.048,\ 1.024,\ 0.512,\ or\ 0.256)
\end{aligned}
$$

(13.58)

erfolgt die Konfiguration des ads1115. Durch Setzen der entsprechenden Parameter wird der A/D-Wandler konfiguriert.

$$
\begin{aligned}
&adc.SamplesPerSecond = 128; \\
&adc.OperatingMode = 'single\text{-}shot';
\end{aligned}
$$

(13.59)

Im ersten Schritt wird nun die Speisespannung der Halbbrücke ermittelt. Hierzu wird der Mittelwert aus 100 Messwerten gebildet. Da die Speisespannung einen Nennwert von 3,3 V aufweist, muss der nächst höhere Messbereich gewählt werden.

$$adc.VoltageScale = 4.096;$$
$$werte = 0;$$

$$for\ inc=1:1:100$$
$$\qquad werte(inc)=readVoltage(adc,\ 0,\ 1);$$
$$end$$

(13.60)

$$speisespannung = mean(werte);$$

Im zweiten Schritt erfolgt nun die Messung der Brückenspannung. Bei der Brückenspannung sind Werte mit wenigen mV zu erwarten. Daher wird der Messbereich auf den niedrigsten eingestellt.

$$adc.VoltageScale = 0.256;$$
$$werte = 0;$$
$$zeit = 0;$$

(13.61)

Um einen Zeitvektor zu erhalten, wird auf die Funktion *datevec* zurückgegriffen. Diese stellt einen numerischen Datumsvektor zur Verfügung.

$$DateVector = datevec(datetime('now'));$$

$$DateVector =$$

2017	4	21	14	15	12.538
Jahr	Monat	Tag	Stunden	Minuten	Sekunden

$$Startzeit = DateVector(4)*60*60 + DateVector(5)*60 + DateVector(6);$$

(13.62)

Hieraus lässt sich ein Zeitstempel für die einzelnen Messwerte bilden.

$$for\ inc=1:1:1000$$
$$\qquad werte(inc)=readVoltage(adc,\ 2,\ 3)*1000/speisespannung;$$
$$\qquad DateVector = datevec(datetime('now'));$$
$$\qquad zeit(inc) = DateVector(4)*60*60 + DateVector(5)*60 + DateVector(6)- Startzeit;$$
$$end$$

(13.63)

Um das Messergebnis in den üblichen mV/V zu erhalten, wurden die ermittelten Spannungswerte der Brückenspannung durch die Speisespannung dividiert.
Über

$$plot(zeit,werte)$$

(13.64)

erfolgt die Visualisierung der durchgeführten Messung (Abb. 13.9).

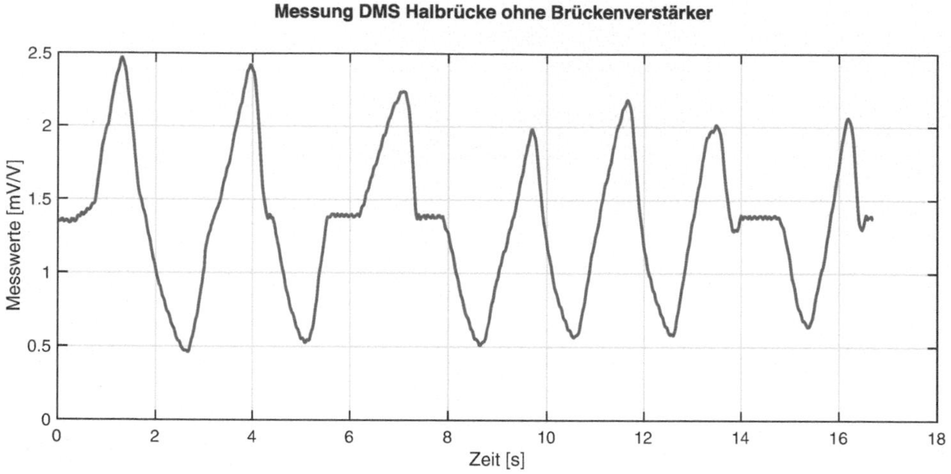

Abb. 13.9 Messergebnis der Brückenschaltungsmessung

Obwohl diese Schaltung in Bezug auf Langzeitkonstanz und Temperaturstabilität nicht mit kommerziellen Messverstärker konkurrieren kann, illustriert das Beispiel sehr deutlich, wie mit einfachen Mitteln bereits sinnvolle Ergebnisse erzielt werden können.

Literatur

1. Bartmann, E.: Die elektronische Welt mit Raspberry Pi entdecken. O'Reilly, Köln (2013)
2. Dembowski, K.: Raspberry Pi – Das Handbuch. Springer Fachmedien, Wiesbaden (2013)
3. Dembowski, K.: Raspberry Pi – Das technische Handbuch. Springer Fachmedien, Wiesbaden (2013, 2015)
4. Hoffmann, K.: Anwendung der Wheatstoneschen Brückenschaltung. Hottinger Baldwin Messtechnik GmbH, Darmstadt (1974)
5. MathWorks Hardware Support Raspberry Pi. https://de.mathworks.com/hardware-support/raspberry-pi-matlab.html
6. Datenblatt ads101x Reihe. http://www.ti.com/lit/ds/symlink/ads1015.pdf
7. Open Source Klassenbliothek für ads1115, ADS1115 interface with raspberry pi in Matlab. https://www.raspberrypi.org/forums/viewtopic.php?f=91&t=84491

Verfahren und Beispiele zur Signalanalyse

14

> Mittels Signalanalyse sollen die anfallenden Daten so aufbereitet werden, dass deren sinnvolle Darstellung und Interpretation ermöglicht wird. Das Kapitel stellt eine Auswahl grundlegender und zeitgemäßer Verfahren zur Signalanalyse im Zeitbereich, Häufigkeitsbereich und Frequenzbereich vor. Besonderen Raum erhalten dabei die Verfahren zur Spektraldarstellung mittels Fourier-Transformation. Die Darstellung erfolgt praxisorientiert mit zahlreichen Beispielen in MATLAB®.

Zusatzmaterial zu diesem Kapitel ist unter http://schwingungsanalyse.com/Schwingungsanalyse/Kapitel_14.html zu finden

14.1 Aufgaben und Methoden der Signalanalyse

In der Messdatenerfassung von Schwingungen fallen große Datenmengen an. Aufgabe der Signalanalyse ist es, diese Datenmengen so aufzubereiten, dass eine weitere Interpretation der Ergebnisse möglich wird. Dies kann zum Beispiel folgende Aufgaben umfassen:

1. Messung der Schwingungen an einer Maschine und Vergleich mit einem Grenzwert,
2. Erfassung der Änderung von Lagerschwingungen an einer Maschine,

3. Ermittlung eines Beanspruchungskollektives an einer Fahrwerkskomponente,
4. Ermittlung der Eigenfrequenz einer Aggregatelagerung.

Jede der Aufgaben verlangt eine andere Herangehensweise und auch Messtechnik. Für alle Aufgaben ist es jedoch notwendig die Datenmenge zu reduzieren, damit Aussagen getroffen werden können.

Im Beispiel 1 sind die Messungen der Schwingungsantwort so aufzubereiten, dass ein kennzeichnender Zahlenwert gewonnen wird. Dieser wird dann mit dem Grenzwert verglichen.

Dieses anschauliche Verfahren setzt voraus, dass der Grenzwert mit einer Zahl beschrieben werden kann und bedingt häufig eine Aufbereitung (Filterung) der Signale. Die Veränderung von Schwingungen an Maschinen ist ein Aufgabengebiet der Zustandsüberwachung von Maschinen (Beispiel 2). Hier steht nicht der einzelne Schwingungsvorgang im Mittelpunkt der Betrachtung, sondern der langfristige Trend zwischen zwei Instandsetzungen. Somit muss die Signalanalyse Indikatoren für Trends liefern und gleichzeitig die nicht benötigten Signalanteile vor der Bewertung abtrennen.

Bei der Ermittlung des Beanspruchungskollektives für nachfolgende Berechnungen und Versuche wird auf die Erfassung der Reihenfolge und Frequenz der Beanspruchung verzichtet. Damit werden die Daten so verdichtet, dass diese Beanspruchungen und (Summen-)Häufigkeiten enthalten.

Die Ermittlung von Kenngrößen an schwingungsfähigen Systemen – wie z. B. Eigenfrequenzen – wird i. d. R. nicht im Zeitbereich, sondern durch Auswertung im Frequenzbereich durchgeführt. Bei linearen zeitinvarianten Systemen spielen Zeitverlauf sowie die Erregungsamplitude keine Rolle, sodass diese Größen in der Auswertung eliminiert werden. Signalanalyse ist also i. d. R. mit einer Datenreduktion verbunden. Es werden die nicht relevanten Daten entfernt, damit die Ergebnisse besser interpretiert werden können. Diese Verfahren sind keinesfalls nur als kosmetische Verschönerung der Daten zu verstehen. Hingegen lassen sich mit den Werkzeugen der Signalanalyse Zusammenhänge aufzeigen, die durch die Sichtung der erzeugten Messsignale nicht herzustellen sind. Eine in sich geschlossene Vorgehensweise bei der Signalanalyse entlang z. B. eines Entscheidungsbaumes ist nicht durchgängig möglich. In den einzelnen Anwendungsfeldern haben sich z. T. unterschiedliche Herangehensweisen etabliert und haben den Niederschlag in Normen und Regelwerken gefunden. Nachfolgend wird eine Reihe von zeitgemäßen Verfahren zur Auswertung beschrieben, wobei kein Anspruch auf Vollständigkeit erhoben wird.

14.2   Signalanalyse im Zeitbereich

14.2.1 Effektivwert, Leistung, Mittelwert und verwandte Größen

Der Effektivwert einer Schwingung wird nach (14.1) gebildet

$$\tilde{x} = \sqrt{\frac{1}{T} \int\limits_0^T x^2(t)\, dt} \qquad\qquad (14.1)$$

Der Zeitverlauf der betrachteten Schwingung x(t) wird quadriert und anschließend über die Beobachtungsdauer T integriert. Anschließend erfolgt die Mittelwertbildung des sog. Intervall-Mittelwertes über die Beobachtungsdauer und das Wurzelziehen. Der Effektivwert ist eine sog. Einzahlangabe und wird auch als „quadratischer Mittelwert" oder als „RMS-Wert" (Root Mean Square) bezeichnet. Ein konstanter Wert für x würde als Effektivwert ebenfalls den Wert |x| ergeben. Dieser Zahlenwert ist jedoch kein Effektivwert einer Schwingung. Aus diesem Grund werden in den folgenden Betrachtungen nur die Wechselgrößen betrachtet, der Gleichanteil (Offset) entfällt. Der Gleichanteil muss vor der Effektivwertbildung z. B. durch Offsetkorrektur, Subtraktion oder Hochpassfilterung eliminiert werden, andernfalls ist der gebildete Effektivwert falsch. Bei einer periodischen Schwingung mit Gleichanteil von Null wird das Betragsmaximum als Scheitelwert bezeichnet.

In der Messpraxis wird sehr häufig der Effektivwert der Schwingung gemessen. Die Amplitude bzw. der Maximalwert und die Schwingungsbreite (Spitze-Spitze-Wert, Peak-to-Peak) werden ebenfalls häufig in der Messtechnik verwendet. Aus diesem Grunde ist es wichtig immer anzugeben, welcher Wert verwendet wurde.

Für periodische Schwingungen wird eine Periodendauer oder ein ganzzahliges Vielfaches der Periodendauer integriert. In diesem Falle erhält man den exakten Effektivwert. Bei stationären stochastischen Schwingungen wird über eine Beobachtungsdauer T integriert und dieser Wert als Schätzwert für den Effektivwert benutzt. Die Beobachtungsdauer muss hierbei so lang sein, dass die statistische Sicherheit hoch genug für die Messaufgabe ist. Andererseits muss die Beobachtungsdauer kurz genug gewählt werden, um instationäre Veränderungen in der Schwingung zu erfassen (Maschinendiagnostik) und den Messaufwand insgesamt vertretbar zu halten. Für die Vergleichbarkeit von Messergebnissen ist die zusätzliche Angabe der Beobachtungsdauer erforderlich.

Der Mittelwert der Leistung ergibt sich nach

$$\overline{x^2} = \frac{1}{T} \int\limits_0^T x^2(t)\, dt \qquad\qquad (14.2)$$

Den Mittelwert der Leistung der gemessenen elektrischen Größe kann man sich als die im Zeitraum T an einem Ohmschen Widerstand R umgesetzte Leistung einer Gleichspannung U vorstellen, d. h. $P = U^2/R$ und erklärt das Quadrieren der Zeitfunktion. Der Widerstand R hat hierbei die Funktion einer Normierungsgröße. Durch die Integration über die Zeit T erhält man die Fläche unter der Kurve. Diese wird durch Division durch T in ein flächengleiches Rechteck (Gleichgröße) umgeformt.

Tab. 14.1 Umrechnung von Kenngrößen harmonischer Schwingungen

Umrechnungsfaktor (Zeile = Faktor × Spalte)	Amplitude (Scheitelwert)	Schwingungsbreite (Spitze-Spitze-Wert, Peakt-to-Peak)	Effektivwert
Amplitude	1	0,5	1,414
Schwingungsbreite	2	1	2,828
Effektivwert	0,707	0,353	1

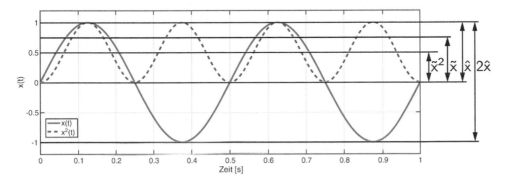

Abb. 14.1 Amplitude, Effektivwert und Mittelwert der Leistung einer harmonischen Schwingung

Der arithmetische Mittelwert ergibt sich zu

$$\overline{x} = \frac{1}{T} \int_0^T x(t)\, dt \tag{14.3}$$

Der arithmetische Mittelwert entspricht damit dem Gleichanteil eines Signals. Bei Integration über die Beträge erhält man hingegen den sog. Gleichrichtwert, der hier nicht weiter betrachtet werden soll.

Für harmonische Schwingungen (Amplitude $\hat{x} = 1$ und arithmetischer Mittelwert $\overline{x} = 0$) sind die Zusammenhänge von Amplitude, Schwingungsbreite und Effektivwert in Tab. 14.1 und in Abb. 14.1 zusammengestellt.

Die Integration erfolgt vom Anfangszeitpunkt $t_0 = 0$, auf den der Nullpunkt der Zeitzählung gesetzt wird, entlang der Zeitachse für $T > 0$ in einem Intervall bis $t_0 + T$. Im Falle eines aufgezeichneten Messsignales ist dies vorstellbar, bis das Ende des Datensatzes erreicht ist. Bei der gleichzeitigen Erfassung und Verarbeitung in Echtzeit liegen die zukünftigen Daten ab dem Anfangszeitpunkt t_0 noch nicht vor. In diesem Fall wird über die in der Vergangenheit erfassten Daten integriert ($T < 0$).[1] Diese freie Wahl der Integrations-

---

[1]Eine negativ verlaufende Zeitachse konnte sich in der Darstellung nicht durchsetzen, sodass in beiden Fällen die Zeitachse positiv verläuft.

grenzen ist im Falle periodischer oder stationärer Schwingungen gerechtfertigt. Bei periodischen Schwingungen wiederholt sich der Schwingungsvorgang mit der Periode T. Bei stationären Schwingungen sind die Kenngrößen definitionsgemäß zeitunabhängig.

Der gleitende Effektivwert gewichtet die Einzelwerte im Gesamtergebnis umso geringer, je länger diese zeitlich zurückliegen. Diese zeitliche Bewertung erfolgt mit der Exponentialfunktion

$$\tilde{x}_r(t) = \sqrt{\frac{1}{\tau} \int\limits_{\xi=0}^{t} e^{\frac{-(t-\xi)}{\tau}} x^2(\xi)\, d\xi} \qquad (14.4)$$

Die Variable ξ dient hierbei als Integrationsvariable, die Zeitbewertung erfolgt über die Zeitkonstante τ. Insgesamt drei Zeitbeträge für die Zeitkonstante τ sind durch Normung (u. a. DIN EN 61672–1:2014–07) und üblichen Gebrauch definiert

- Slow $\tau = 1$ s
- Fast $\tau = 0{,}125$ s
- Impuls $\tau = 0{,}035$ s für das Einschwingen und $\tau = 1{,}5$ s für das Abklingen [26]

Jede andere Zeitkonstante τ ist je nach Anwendungsfall anwendbar, sollte jedoch durch Angabe am Messergebnis gekennzeichnet sein.

Für eine Reihe von Anwendungsfällen sind in den Normen spezielle Kenngrößen festgelegt. In der Norm zur Bewertung im Zeitbereich Menschen (DIN EN ISO 8041, EN ISO 5349) wird z. B. zur Beurteilung von Hand-Arm-Schwingungen ein frequenzabhängiger Bewertungsfilter W_h vorgeschrieben, mit dem die Beschleunigungen in den drei Raumrichtungen a_x, a_y, a_z zu filtern sind. Aus den frequenzbewerteten Beschleunigungen wird durch vektorielle Addition der Schwingungsgesamtwert gebildet

$$a_w = \sqrt{a_x^2 + a_y^2 + a_z^2} \qquad (14.5)$$

Mit diesem Schwingungsgesamtwert wird der Effektivwert mit einer Mittelungsdauer T = 2000s berechnet

$$a_{hv} = \sqrt{\frac{1}{T} \int\limits_{0}^{T} a_w^2(t)\, dt} \qquad (14.6)$$

Für unterschiedliche Belastungsabschnitte i mit der Zeitdauer T_i wird aus den Schwingungsgesamtwerten a_{hvi} die Tages-Schwingungsbelastung eines achtstündigen Arbeitstages A(8) gebildet.

$$A(8) = \sqrt{\frac{1}{T_0} \sum\limits_{i=1}^{N} (a_{hvi}^2\, T_i)} \qquad (14.7)$$

Beispiel

Berechnung einer Tages-Schwingungsbelastung

Hierzu liegen die die Messwerte 1,5 m/s^2 mit einer Einwirkdauer von 4 h, 2 m/s^2 mit 2 h und 0,5 m/s^2 mit 9 h vor.

$$A(8) = \sqrt{\frac{1}{T_0} \sum_{i=1}^{N} (a_{hvi}^2 \, T_i)}$$

$$A(8) = \sqrt{\frac{1}{8h} \left(\left(1{,}5\frac{m}{s^2}\right)^2 \cdot 4h + \left(2\frac{m}{s^2}\right)^2 \cdot 2h + \left(0{,}5\frac{m}{s^2}\right)^2 \cdot 9h \right)}$$

$$A(8) = 1{,}55\frac{m}{s^2}$$

14.2.2 Anwendungsbeispiele: Effektivwert, Leistung, Mittelwert und verwandte Größen

Der Effektivwert nach Gl. 14.1 eines digitalisierten Signals wird mit der MATLAB$^®$-Anweisung

$$\textit{Effektivwert = rms(Signal)} \qquad (14.8)$$

bestimmt. Der Mittelwert der Leistung nach (14.2) wird, da Mathworks keine MATLAB$^®$-Funktion hierzu anbietet durch Quadrieren des RMS-Wertes

$$\textit{Mittelwert\_Leistung = rms(Signal)^2} \qquad (14.9)$$

ermittelt und für die Bestimmung des arithmetischen Mittelwertes eines Signals wird die Anweisung

$$\textit{Mittelwert\_Leistung = rms(Signal)^2} \qquad (14.10)$$

verwendet.

Für den ersten Test dieser Funktionen bietet sich ein synthetisches Signal an. Dies bietet den Vorteil, dass das Signal bereits vor der Signalanalyse bekannt ist und somit die angewendeten Signalanalysen erwartbare Ergebnisse liefern müssen.

Für das spätere Anwendungsbeispiel wird ein 10 s langes 10 Hz Zeitsignal mit der Abtastrate $f_s = 51200$ Messwerte/Sekunde und der Amplitude = 1 generiert.

```
frequenz = 10;
fs = 51200;
Amplitude = 1;
blocksize = 10 * fs;
timebase = (0:(blocksize-1)) / fs;
signal = sin(2*pi*frequenz*timebase);
```
$\qquad (14.11)$

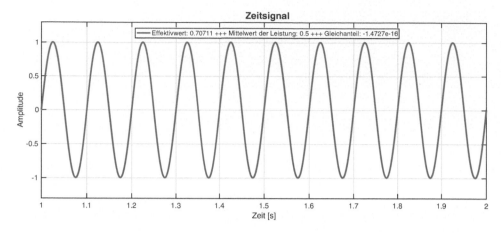

Abb. 14.2 Ausschnitt von $t = 1$ s bis $t = 2$ des generierten 10 Hz Signals

Nach der in (14.1) bis (14.3) dargelegten Theorie ist das zu erwartende Ergebnis

$$\tilde{x} = 0{,}707$$

$$\overline{x^2} = 0{,}5$$

$$\bar{x} = 0$$

Aus Abb. 14.2 kann entnommen werden, dass Theorie und Umsetzung in MATLAB® zu gleichwertigen Ergebnissen führen. Der Wert des Gleichanteils ($\bar{x}$) mit $-1{.}4727 10^{-16}$ ist so gering, dass er 0 gleichgesetzt werden kann.

Die Legende des Diagramms erfolgte über

> *text = ['Effektivwert: ' num2str(rms(signal))];*
> *text = [text ' +++ Mittelwert der Leistung: ' num2str(rms(signal)^2)];*
> *text = [text ' +++ Gleichanteil: ' num2str(mean(signal))];*   (14.12)
>
> *legend(text);*

Die Anweisung *num2str* wandelt die Zahlenwerte in Zeichenketten um, während *legend* die Legende setzt.

Beispiel

Messung der Schwingungen an zwei Lagerböcken eines Condition-Monitoring-Demonstrationsprüfstands (Abb. 14.3).

Bei unterschiedlichen Drehzahlen und einer gestuften Drehzahlrampe wurden die Signale der Beschleunigungsaufnehmer am linken Lagerbock mit einer Abtastrate $f_s = 51200$ Messwerte/Sekunde erfasst. Die Signale werden als Beschleunigungswerte über der Zeit aufgetragen und es werden wie beim Testsignal die Werte des Effektivwertes (RMS), dem Mittelwert der Leistung (Leistung) und des Gleichanteils des gesamten Signals in der Legende dargestellt (Abb. 14.4).

Die Auswertung der drei Zeitsignale zeigt, dass die Zusammenhänge zwischen Signalamplitude, Effektivwert, Mittelwert der Leistung sowie dem Gleichanteil nicht mehr die gleichen sind wie bei einem Sinussignal. Die Effektivwerte sind zunächst überraschend niedrig gegenüber den sichtbaren Signalamplituden.

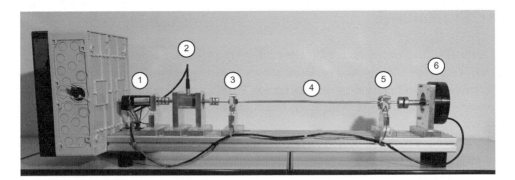

Abb. 14.3 Messaufbau am Condition-Monitoring-Prüfstand: 1) Antriebsmotor, 2) Drehmomentenmesswelle, 3) Lagerbock links mit Temperaturmessstelle, 4) Welle mit Radialschlag, 5) Lagerbock rechts mit Temperaturmessstelle, 6) Magnetpulverbremse

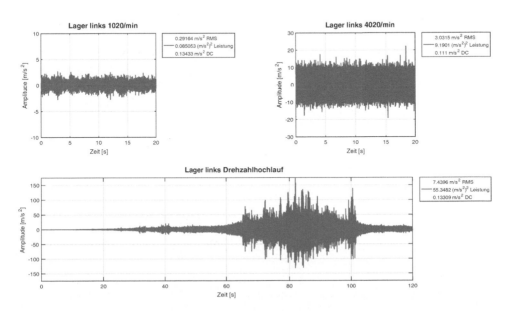

Abb. 14.4 Darstellung der erfassten Zeitsignale am Lagerbock links des Condition-Monitoring-Prüfstands für die Drehzahlen 1020/min, 4020/min sowie einem gestuften Drehzahlhochlauf

Höhere Drehzahl führt zu höheren Signalamplituden, zu höheren Werten des Effektivwertes und des Mittelwerts der Leistung. Einzelwerte über den gesamten gestuften Drehzahlhochlauf zu berechnen, führt nicht zu aussagekräftigen Ergebnissen. Der ermittelte Einzahlenwert ist zwar eine erhebliche Datenreduktion, stellt jedoch den Mittelwert über die gesamte Messzeit dar. Für die Beschreibung der Signalveränderung über einen zeitlichen Verlauf ist daher eine Aufteilung des Zeitsignals in Zeitabschnitte erforderlich.

14.2.3 Hüllkurven

Zu den Hüllkurvenverfahren gehört der unter Gl. 14.4 beschriebene gleitende Effektivwert. Dieser ist in analogen Pegelmessgeräten realisiert und wird in der digitalen Messtechnik u. a. zur Echtzeit-Visualisierung von Zeitsignalen verwendet. Die nachträgliche Anwendung auf lange Zeitsignale ist rechenintensiv und benötigt daher lange Rechenzeiten.

Abb. 14.5 enthält die Darstellung des Zeitsignals (oberes Diagramm) und den Verlauf des gleitenden Effektivwerts (unteres Diagramm) über die Zeit, bei einer Zeitkonstante $\tau = 0,125$ s.

Jeder einzelne Wert im Verlauf des gleitenden Effektivwertes ist dabei der Effektivwert über den Zeitraum $\tau = 0,125$ s eines mit $e^{\frac{-(t-\xi)}{\tau}}$ gewichteten Signalabschnittes. Der

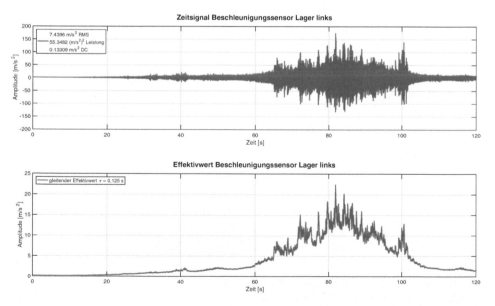

Abb. 14.5 Darstellung des Zeitsignals des Beschleunigungsaufnehmers am Lagerbock links des Condition-Monitoring-Prüfstands während des gestuften Drehzahlhochlaufs. Im oberen Diagramm ist das Zeitsignal über die Zeit dargestellt, im unteren der gleitende Effektivwert

Signalabschnitt wird in die „Vergangenheit" berechnet. Für die Bestimmung des gleitenden Effektivwerts wird die Gewichtungsfunktion

$$w(\xi) \; = \; e^{\frac{-(t-\xi)}{\tau}} \; mit \; \xi \; = \; 0, \, \ldots \, , t \tag{14.13}$$

für die verwendete Zeitkonstante τ und der durch die Messung gegebenen Abtastrate f_s bestimmt. In Anwendungsbeispiel ist dies $\tau = 0{,}125\,\text{s}$ und $f_s = 51200$ Messwerte / Sekunde.

Dies erfolgt durch die Anweisungsabfolge

```
blocksize = ceil(tau*fs);
```

```
for xi=1:blocksize                                          (14.14)
        window(xi,1)=exp((-1)*(blocksize-xi)/blocksize);
end
```

Dabei ist sicher zu stellen, dass *blocksize* ein ganzzahliger Wert wird.

Die Gewichtungsfunktion (Abb. 14.6) erhält hierdurch im Anwendungsbeispiel 6400 Werte. Zur ablaufoptimierten Berechnung des gleitenden Effektivwerts werden die Messwerte quadriert und mit $1/f_s$ multipliziert, dies bildet $x^2(\xi)\,d\xi$ aus (14.14) ab.

```
signal = signal.^2/fs                                       (14.15)
```

Hierdurch reduziert sich der Rechenaufwand, welcher für jeden einzelnen Messwert durchgeführt werden muss, auf

$$\tilde{x}_r(n) = \; \sqrt{\frac{\sum_{\xi \, = \, 1}^{t} w(\xi)\, x(\xi)}{\tau}} \tag{14.16}$$

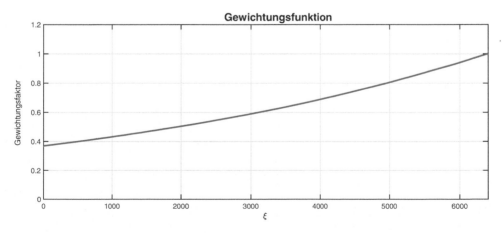

Abb. 14.6 Darstellung der Gewichtungsfunktion für das Anwendungsbeispiel

bzw. in MATALB-Schreibweise

$$sqrt(sum(signal(pos\text{-}blocksize\text{+}1\text{:}pos,1).\text{*}window)/tau) \qquad (14.17)$$

n dient als Laufvariable und bildet die Anzahl der ursprünglichen Messwerte des Signals ab. Zu Beginn des Rechendurchlaufs, so lange n noch nicht *blocksize* überschritten hat, wird mit entsprechend gekürzter Gewichtungsfunktion gerechnet.

Die Berechnung des gleitenden Effektivwerts für das Anwendungsbeispiel benötigt mehrere Minuten Rechenzeit und führt zu keiner Datenreduktion.

Soll zudem eine Datenreduktion erfolgen, dann kann dies über eine veränderte Zeitauflösung des gleitenden Effektivwertes erreicht werden. In der bisherigen Ermittlung beträgt die zeitliche Auflösung $1/f_s$, im Anwendungsbeispiel $1/51200$ s. Wird z. B. für die zeitliche Auflösung der Signalanalyse $\Delta t = 1$ ms gewählt, reduziert sich die Datenmenge um den Faktor 52. Numerisch korrekt wäre Faktor 51,2. Da jedoch keine Interpolation für Zwischenwerte durchgeführt wird, weicht das tatsächliche Δt geringfügig von 1 ms ab. Die Berechnung nach (14.16 bzw. (14.17) erfolgt dann nur noch für jeden 52sten Messwert.

In Abb. 14.7 ist der Vergleich zwischen einer Zeitauflösung $\Delta t = 1/51200$ s zu $\Delta t = 0.001$ s dargestellt. Beide Verläufe des gleitenden Effektivwertes weisen nahezu keine Abweichungen zueinander auf. Eine vergleichende Darstellung in einem Diagramm würde nur einen Signalverlauf sichtbar darstellen.

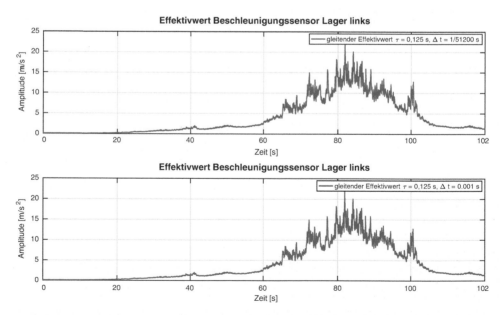

Abb. 14.7 Vergleich unterschiedlicher Zeitauflösungen des gleitenden Effektivwertes. Das obere Diagramm weist eine Zeitauflösung $\Delta t = 1/51200$ s auf, während das untere Diagramm mit $\Delta t = 0.001$ s eine erheblich gröbere Zeitauflösung aufweist

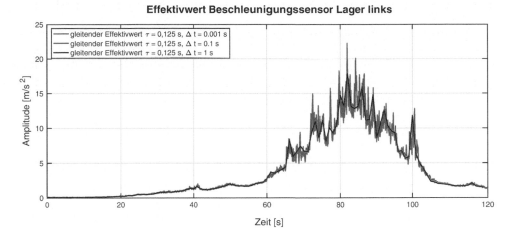

Abb. 14.8 Vergleich unterschiedlicher Zeitauflösungen des gleitenden Effektivwerts

Eine Datenreduktion mittels Verringerung der zeitlichen Auflösung ist demnach zulässig. Aus Abb. 14.8 lässt sich jedoch auch entnehmen, dass durch Verringerung der zeitlichen Auflösung Informationsverlust entstehen kann. Ein Δt bis 0,1 s erscheint im Anwendungsbeispiel noch als vertretbar, während für $\Delta t = 1$ s der Informationsverlust deutlich sichtbar ist. Dies kann sich je nach Anwendung anderweitig darstellen. Dies gilt ebenfalls für alle anderen Methoden zur Darstellung von Hüllkurven.

Eine weitere Methode zur Bestimmung der Hüllkurve eines Zeitsignals stellt die MATLAB®-Funktion

$$[up, lo] = envelope(Daten, Blocksize, Methode) \qquad (14.18)$$

dar. Es wird zu jedem Wert aus dem Datenvektor, entsprechend der gewählten Methode und der angegebenen Blocksize, je ein Wert für die obere und untere Hüllkurve berechnet. Das Verfahren ist zum gleitenden Effektivwert ähnlich, es wird nicht in die „Vergangenheit" berechnet und es nimmt keine Gewichtung der Werte vor. Als Methoden stehen

- rms – bildet den Effektivwert über die in Blocksize angegebenen Werteanzahl aus dem Datenvektor
- peak – bestimmt den Maximalwert aus dem Blocksize breiten Intervall
- analytic – bestimmt die analytisch korrekte Hüllkurve

zur Verfügung. Blocksize gibt die Anzahl der Werte an, die für die jeweilige Methode zur Berechnung verwendet werden sollen. Die Blocksize muss ein ganzzahliger Wert sein. Je größer die Blocksize gewählt wird, desto glatter wird der Kurvenverlauf der Hüllkurve.

Beispiel

Es liegt eine Luftschallaufzeichnung eines elektrischen Verstellantriebes zur Fahrzeugsitzverstellung vor. Die Aufzeichnung erfolgte während eines Verstellvorganges.
In Abb. 14.9 ist das Zeitsignal dazu dargestellt. Das Signal wurde als „jammernd"
bezeichnet. Die Qualifizierung des Geräusches als „jammernd" deutet auf eine Modulation des Signales hin, welche in der Zeitsignaldarstellung bereits sichtbar wird.
    Über

$$[huelle\_oben,\ huelle\_unten] = envelope(data,\ 4800,\ 'peak');\qquad (14.19)$$

werden die Umhüllenden der positiven und negativen Signalausschläge ermittelt.
Die Methode „peak" liefert oftmals das besser verwertbare Ergebnis als die Methode
„analytic". Insbesondere dann, wenn es sich um Messsignale mit höheren Abtastraten
handelt, wie z. B. mit $fs = 48000$ Messwerte/Sekunde in diesem Anwendungsbeispiel (Abb. 14.10).

Beide Umhüllende, die obere wie die untere, können für weitere Analysen und Darstellungen verwendet werden. Weiterführende Analysen auf die Umhüllende werden
i. d. R. auf die obere, die positive Umhüllende vorgenommen. Die Umhüllende liegt in
gleicher Datendichte, also auch in gleicher Abtastrate wie das ursprüngliche Zeitsignal
vor. Als weiterführende Analyse kann jetzt auf das gesamte Signal z. B. eine Frequenzanalyse durchgeführt werden.

Der Modulationsgrad m, das Verhältnis der Modulationsamplitude zur Trägeramplitude wird aus der Umhüllenden berechnet. Da die Trägeramplitude aus einem
gemessenen Signal meist nicht korrekt bestimmt werden kann, wird hierfür ersatzweise
der arithmetische Mittelwert der Umhüllenden verwendet. Die Modulationsamplitude

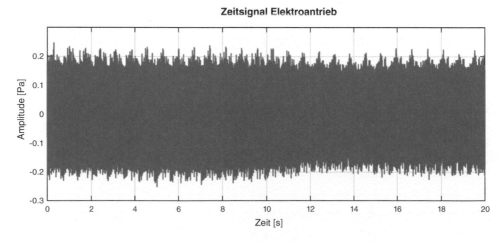

Abb. 14.9 Zeitsignal des als „jammernd" bewerteten elektrischen Verstellantriebs

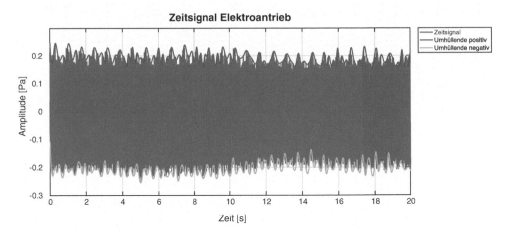

Abb. 14.10 Zeitsignal des als „jammernd" bewerteten elektrischen Verstellantriebs mit den Umhüllenden des positiven und negativen Signalausschlags

ist jener Scheitelwert, um welcher das arithmetische Mittel der Umhüllende schwankt. Unter dieser Bedingung ergibt sich der Modulationsgrad zu

$$m = \frac{\hat{x} - \bar{x}}{\bar{x}} \, 100\% \qquad (14.20)$$

Dieser Modulationsgrad wird auch als Schwankungsstärke oder Schwankungsgrad bezeichnet. Die Verwendung der Begrifflichkeit „Schwankungsstärke" führt allerdings zur Verwechslung mit der phsycoakustischen Größe Schwankungsstärke, welche gänzlich anders definiert ist.

Ausgeführt in MATLAB®-Anweisungen berechnet sich der Modulationsgrad über

```
meanPeaks = mean(findpeaks(huelle_oben));
Mittelwert = mean(huelle_oben);                          (14.21)
Modulation = (meanPeaks-Mittelwert)/Mittelwert*100;
```

In der praktischen Anwendung stellt sich noch die Problematik, dass kein eindeutiges $\hat{x}$ bestimmt werden kann. Anstelle $\hat{x}$ wird dann der arithmetische Mittelwert aus den in der Umhüllenden auffindbaren Signalspitzen verwendet. Strenggenommen handelt es sich dann um eine mittlere Modulation. Im Anwendungsbeispiel beträgt diese $\bar{m} = 9.97\,\%$.

Über die MATLAB®-Funktion

$$findpeaks(huelle\_oben) \qquad (14.22)$$

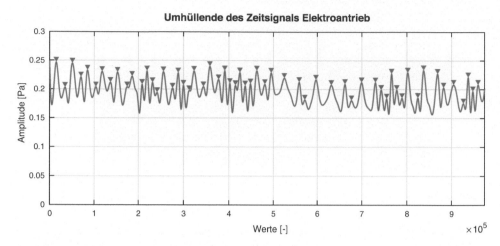

Abb. 14.11 Umhüllende des Zeitsignals Elektroantrieb. Die Markierungen am Signalverlauf stellen die ermittelten Spitzen dar

wird die Abb. 14.11 erstellt. Hierin sind neben dem Signalverlauf der Umhüllenden die ermittelten Signalspitzen (peaks) markiert. Wird die Funktion *findpeaks* in eine weitere Funktion eingebettet bzw. wird das Ergebnis von *findpeaks* einer Variablen zugewiesen, dann erfolgt keine grafische Darstellung.

14.2.4 Crestfaktor

Der Scheitel-Faktor, englisch crest-factor, ist als das Verhältnis des Scheitelwerts zum Effektivwert definiert. Er dient zur Charakterisierung der Impulshaltigkeit von periodischen und stochastischen Schwingungen:

$$C_F = \frac{|x_{max}|}{\tilde{x}} \tag{14.23}$$

Hierbei wird der Betragsmaximalwert[2] durch den Effektivwert dividiert. Ein hoher Crestfaktor weist auf eine starke Impulshaltigkeit des Signals hin. Für eine Sinusschwingung ergibt sich beispielsweise ein Crestfaktor $C_F = \sqrt{2}$. Die Ermittlung des Betragsmaximalwertes hängt von der Beobachtungsdauer ab: je länger gemessen wird, desto größer ist die Wahrscheinlichkeit, einen noch größeren Betragsmaximalwert zu erfassen. Aufgrund des Integrationsprozesses wird der Effektivwert von der Beobachtungdauer

---

[2]Es werden Definition und Formelzeichen des Betragsmaximalwertes nach DIN 1311-1 herangezogen, der als größter Wert des Betrages definiert ist (erst Betrag bilden, dann Maximum berechnen).

hingegen geringer beeinflusst. Für die Signalanalyse ist der Crestfaktor als Trendindikator für Signale mit regelmäßig auftretenden Impulsen in der Beobachtungsdauer zu verstehen. Gemessene stationäre Rauschsignale zeigen einen Crestfaktor von ≤ 3, da die Normalverteilung zu den großen Betragsmaximalwerten hin abgeschnitten wird (z. B. durch den Eingangsspannungsbereich der Messtechnik). In der Wälzlagerdiagnose wird ein Crestfaktor von >3,6 als ein Warnzustand angesehen [5].

Mit der MATLAB®-Funktion

$$CF = peak2rms(x) \tag{14.24}$$

wird der Crestfaktor des Vektors x bestimmt.

Wie aus Abb. 14.12 zu entnehmen ist, besteht zwar grundsätzlich der Zusammenhang, dass ein Crestfaktor abweichend von $C_F = 1{,}4142$ darauf hinweist, dass es sich bei dem bewerteten Signal nicht um eine Sinusschwingung handelt. Jedoch ist dies nicht in allen Fällen gesichert. Der Crestfaktor eines Rechtecksignals mit 50 %iger Teilung beträgt ebenfalls $C_F = 1{,}4142$.

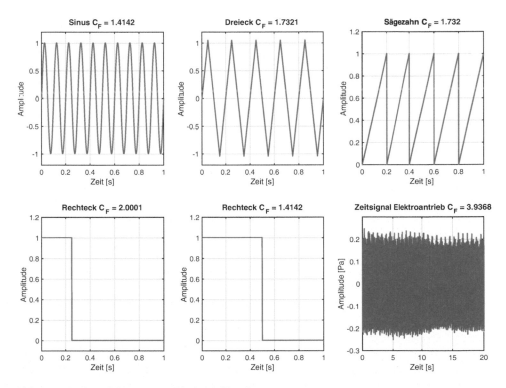

Abb. 14.12 Crestfaktoren verschiedener Signale

14.2.5 Autokorrelation und Kreuzkorrelation

Die Autokorrelationsfunktion $R_{xx}(\tau)$ beschreibt die Ähnlichkeit der Schwingung $x(t)$ mit sich selbst und berechnet sich für stationäre Signale nach

$$R_{xx}(\tau) = \lim_{T \to \infty} \frac{1}{2T} \int_{-T}^{T} x(t)\,x(t + \tau)\,dt \qquad (14.25)$$

Die Schwingung $x(t)$ wird mit der um die Zeit τ auf der Abszisse verschobenen Schwingung $x(t + \tau)$ multipliziert, das Produkt wird im betrachteten Zeitintervall integriert und auf das Zeitintervall der Beobachtungsdauer normiert.

Die Autokorrelationsfunktion wird als Funktion der Zeitverschiebung τ aufgetragen und hat die Eigenschaften:

- Die Autokorrelationsfunktion ist eine gerade Funktion $R_{xx}(-\tau) = R_{xx}(\tau)$. Eine Verschiebung um τ erzeugt den gleichen Funktionswert wie die Verschiebung um $+\tau$. Deshalb wird die Autokorrelationsfunktion nur für $\tau > 0$ aufgetragen.
- Das globale Maximum erreicht die Autokorrelationsfunktion für einen Wert von $\tau = 0$. Dies entspricht der – ebenso einleuchtenden wie trivialen – Tatsache, dass die Funktion mit sich selbst am ähnlichsten ist, wenn man sie nicht entlang der Zeitachse verschiebt.
- Für eine periodische Funktion $x(t)$ ist die Autokorrelationsfunktion ebenfalls periodisch und hat die gleiche Periodendauer T. Für Rauschen erhält man ein Maximum bei $\tau = 0$ und keine weiteren, periodisch auftretenden Maxima.
- Für $\tau = 0$ erhält man in der Autokorrelationsfunktion das Quadrat des Effektivwertes bzw. die mittlere Leistung $R_{xx}(\tau) = \tilde{x}^2$.
- Die Fourier-Transformierte der Autokorrelationsfunktion ist die spektrale Leistungsdichte $S_{xx}(f)$. Diese Größe wird auch als Autospektraldichte, Autoleistungsdichte oder Power Spectral Density (PSD) bezeichnet und beschreibt den Frequenzinhalt der Autokorrelationsfunktion.

Ersetzt man im Integranden von Gl. 14.25 die zeitverschobene Funktion $x(t + \tau)$ durch eine Funktion $y(t + \tau)$, so erhält man die Kreuzkorrelationsfunktion $R_{xy}(\tau)$.

$$R_{xy}(\tau) = \lim_{T \to \infty} \frac{1}{2T} \int_{-T}^{T} x(t)\,y(t + \tau)\,dt \qquad (14.26)$$

Die Kreuzkorrelationsfunktion beschreibt die gegenseitige Abhängigkeit der zwei Funktionen $x(t)$ und $y(t)$, wenn $y(t)$ gegenüber $x(t)$ um den Parameter τ auf der Zeitachse verschoben wird. Ähnlich wie in der Autokorrelationsfunktion erhält man ein Maximum in der Kreuzkorrelationsfunktion, wenn beide Funktionen einander ähnlich sind. Durch Fourier-Transformation der Kreuzkorrelationsfunktion erhält man die spektrale Kreuzleistungsdichte $S_{xy}(f)$. Spektrale Leistungsdichte und Kreuzleistungsdichte werden für die

Berechnung der Übertragungsfunktion und der Kohärenz benötigt, die den Zusammenhang zwischen zwei Signalen weiter quantitativ beschreiben.

Anwendungsfelder für die Auto- und Kreuzkorrelationsfunktion:

- Ermittlung der Periodendauer in einem verrauschten Signal:
  Bei einem überlagerten periodischen Signal findet man die Periodendauer T in der Autokorrelationsfunktion wieder. Liegt hingegen nur Rauschen vor, so erhält man ein einziges Maximum bei $\tau = 0$. Dies kann z. B. angewendet werden, wenn Druckpulsationen in Rohrleitungen durch ein starkes Strömungsgeräusch überdeckt werden.
- Ermittlung von Echos in einem Signal:
  Mit der Autokorrelationsfunktion können Laufzeiten in einem Signal ermittelt werden und ein oder mehrere Echos identifiziert werden. Bei mittelwertfreien Signalen klingt die Autokorrelationsfunktion für $\tau \rightarrow \infty$ auf den Wert Null ab.
- Identifikation eines gemeinsamen Signales in verrauschten Signalen:
  Über die Kreuzkorrelation lassen sich Signalanteile detektieren, die in beiden Funktionen auftreten.
- Ermittlung von Laufzeiten zwischen zwei Signalen:
  Aus der Kreuzkorrelationsfunktion erhält man eine konstante Laufzeitdifferenz zwischen zwei Signalen. Ist die Funktion $y(t)$ mit $x(t)$ identisch, jedoch um die Laufzeit τ verschoben, so liefert die Kreuzkorrelationsfunktion ein Maximum bei $+\tau$. Liegen zwei Signale aus unabhängigen Messsystemen vor, die zu unterschiedlichen Zeitpunkten gestartet wurden, so kann man auf diesem Wege die Zeitdifferenz zwischen den beiden Signalen ermitteln und eine gemeinsame Zeitbasis schaffen. Das Messverfahren setzt eine konstante Laufzeit bzw. Phasenverschiebung im betrachteten Signalabschnitt voraus, ist also z. B. für die Ermittlung des Phasenverschiebungswinkels bei konstanter Frequenz bzw. Drehzahl geeignet.

Mit steigender Verschiebung um den Parameter τ ergibt sich das Problem, dass die beiden Funktionen $x(t)$ und $x(t + \tau)$ bzw. $y(t + \tau)$ aus zwei unterschiedlichen Zeitabschnitten stammen. In der Definitionsgleichung wird die Problematik umgangen, indem die Integrationsgrenzen ins Unendliche geschoben werden. Bei einem endlichen Signalausschnitt wird mit steigender Verschiebung um τ schließlich das Ende des Intervalls erreicht. Setzt man den Signalausschnitt nun periodisch fort, so muss diese Schätzung des zukünftigen Signalverlaufes nicht mit dem tatsächlichen Signalverlauf (wenn man die Beobachtungsdauer länger gewählt hätte) übereinstimmen. Man vergleicht somit also nicht zwei Signale, sondern umlaufende (zirkulierende) Signalabschnitte, was zu falschen Ergebnissen führen kann. Dieser Effekt wird als zirkuläre Korrelation (circular correlation) bezeichnet. Diese tritt sowohl bei Korrelationsfunktionen im Zeitbereich auf, als auch bei der üblichen Auswertung im Frequenzbereich über Auto- und Kreuzleistungsdichtespektren. Man behilft sich z. B. damit, dass man die Länge des Signalabschnittes verdoppelt und die zweite Hälfte mit Nullen auffüllt (zero padding). Die Korrelation ist dann bis zur halben Intervalllänge des erweiterten Signals möglich (entspricht der

Signallänge des Ausgangssignals vor dem zero padding). Für stationäre Signale wird das Produkt im Integranden umso kleiner, je mehr Nullen aus dem zweiten Signalabschnitt hinzukommen. Die Korrektur erfolgt durch Division durch eine linear auf null abfallende Korrekturfunktion („Bow-tie correction") [1–3].

Die Wahl des Signals ist entscheidend für die Korrelationsanalyse. Um die Maxima deutlich hervortreten zu lassen, empfiehlt sich ein mittelwertfreies Signal. Da sich die Signalausschnitte nicht beliebig weit gegeneinander verschieben lassen, sollte für periodische Signale die Länge des Signalausschnittes ein Vielfaches der vermuteten Periodendauer entsprechen.

Beispiel – Anwendung der Autokorrelationsfunktion

Am Condition-Monitoring-Demoprüfstand wird bei einer Soll-Drehzahl $n \approx 4000/\text{min}$ eine Messung mit einem Beschleunigungsaufnehmer am linken Lagerbock durchgeführt. Die normierte Autokorrelationsfunktion (Abb. 14.13 unten) weist eine strenge Periodizität der Funktion mit $\tau = 0{,}0153$ s auf. Dies entspricht dem Istwert der Drehzahl $n = 3922/\text{min}$. Aus dem Zeitsignal des Beschleunigungsaufnehmers (Abb. 14.13 oben) lässt sich dies nicht erkennen.

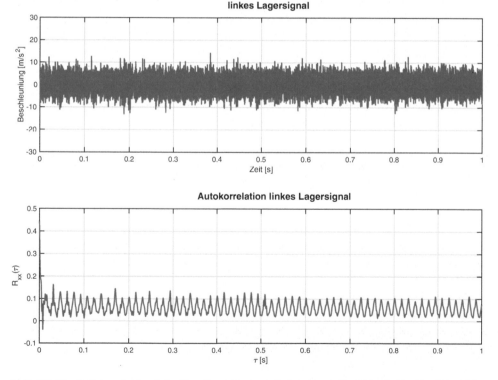

Abb. 14.13 Zeitsignal (oben) des Beschleunigungsaufnehmers am Lagerbock des Condition-Monitoring-Demoprüfstands und deren normierte Autokorrelationsfunktion (unten)

Die Berechnung der normierten Korrelationsfunktionen erfolgt über die MATLAB®-Funktion *xcorr* für die Autokorrelationsfunktion in der Aufrufvariante

$$[Rxx, tau] = xcorr(x, 'coef'); \tag{14.27}$$

und für die Kreuzkorrelationsfunktion in der Aufrufvariante

$$[Rxy, tau] = xcorr(x,y, 'coef'); \tag{14.28}$$

xcorr liefert ein zweiseitiges Ergebnis von $\tau = -T$ bis $\tau = T$ zurück, sodass für die praktische Anwendung die Werte nur für den Bereich $\tau > 0$ verwendet werden. Die Reduzierung erfolgt über

$$
\begin{aligned}
&Rxx = Rxx(tau>0); \\
&Rxy = Rxy(tau>0); \\
&tau = tau(tau>0);
\end{aligned}
\tag{14.29}
$$

Es fehlt nun der Wert für $\tau = 0$, was aber in der Praxis zu keinem Problem führt. Die Bildung einer Hüllkurve um das Ergebnis der Korrelationsanalyse führt häufig zu einer verbesserten Interpretierbarkeit der Ergebnisse.

14.2.6   1/n-Oktav-Bandpassfilterung

Im Anwendungsbereich der technischen Akustik bezieht sich die Normung und die Gesetzgebung oftmals auf Oktav- bzw. Terzpegel. Gemäß den Lärmschutzverordnungen (TRLV Lärm, Arbeitsstättenverordnung, usw.), reichen z. B. Oktav- bzw. Terzanalysen für die Bestimmung der sequenziellen Anteile des Lärms vollkommen aus. Naturgemäß leiten hierdurch Hersteller technischer Produkte und Komponenten Vorschriften und technische Anleitungen für die Beurteilung akustischer und mechanischer Schwingungen ab.

Ausgangspunkt ist die musikalische Definition der Oktave, welche als Intervall zwischen zwei Tönen deren Frequenzen im Verhältnis 2 : 1 definiert ist und acht Zwischentöne aufweist (siehe Abschn. 7.3).[3] Hieraus abgeleitet ergibt sich für jede Frequenzverdoppelung ein eigenes, wie in Abschn. 10.6 beschriebenes, Bandpassfilter, welches aus einem Zeitsignal nur jenen Frequenzbereich passieren lässt, der die jeweilige Oktave [27] umfasst. Frühere technische Realisierungen von Oktav-Analysatoren wurden durch parallel angeordnete analoge Bandpassfilter realisiert (siehe Abb. 14.14). Moderne digitale Realisierungen von 1/n-Oktav-Analysatoren arbeiten nach dem gleichen Prinzip.

Für die Bestimmung der Grenzfrequenzen des Oktav-Bandpassfilters gilt

$$f_1 = \frac{f_2}{2} \tag{14.30}$$

---

[3]Der Begriff Oktave stammt aus dem lateinischen *octava* und bedeutet „die Achte".

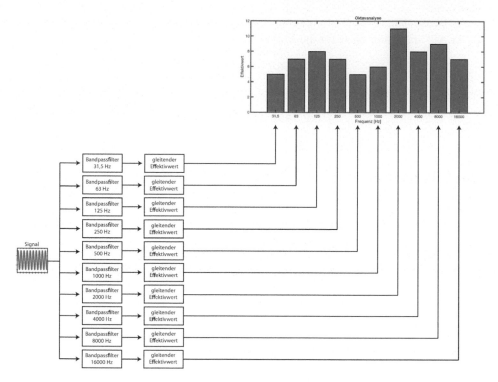

Abb. 14.14 Schematische Darstellung eines Oktav-Analysators

sowie

$$f_0 = \sqrt{f_1 \cdot f_2} \qquad\qquad (14.31)$$

mit

 f_0 der Mittenfrequenz des Bandpassfilters
 f_1 der unteren Grenzfrequenz des Bandpassfilters
 f_2 der oberen Grenzfrequenz des Bandpassfilters

1/n-Oktav-Filter für Messungen sind nach DIN EN 61260 genormt, wobei z. B. Grenzfrequenzen f_1 und f_2, Mittenfrequenz f_0, Bandbreite B und Filtergüte Q, jedoch nicht die Flankensteilheiten in dB/Dec festgelegt sind. Die meisten Messungen werden mit Filtern und Normfrequenzen der Reihe b nach DIN EN ISO 266 [28] ausgeführt, bei denen die Frequenz $f_0 = 1000$ Hz als Mittenfrequenz definiert ist. Andere Normfrequenzen sind möglich und je nach Anwendungsbereich auch üblich. So gelten für den Anwendungsbereich im Schiffsbau aufgrund der Energieversorgung $f_0 = 50$ Hz und $f_0 = 60$ Hz, für Bahnen zusätzlich $f_0 = 16\frac{2}{3}$ Hz als Normfrequenz. Ausgehend von den Normfrequenzen werden über die Gl. 14.31 und 14.30 die für die Analyse benötigten Bandpassfilter bestimmt.

Terzfilter entsprechen 1/3-Oktavfilter. Für eine Frequenzverdoppelung werden bei der Terzfilter-Analyse drei anstelle einem Filter, wie bei der Oktivfilter-Analyse verwendet. Auch weitere, noch schmälere Frequenzbänder sind üblich. Für die Bestimmung der Grenzfrequenzen der 1/n-Oktav-Filter gilt

$$f_1 = \frac{f_2}{\sqrt[n]{2}} \qquad (14.32)$$

sowie

$$f_0 = \sqrt{f_1 \cdot f_2} = f_1 \cdot \sqrt{\sqrt[n]{2}} \qquad (14.33)$$

Tab. 14.2 listet die üblichen 1/n-Oktav-Filter auf, welche für Schwingungsanalysen eingesetzt werden. Die 1/8-Oktav-Filter-Analyse ist unüblich, sie bildet jedoch die acht Zwischentöne der musikalischen Oktave ab.

Bei der Realisierung von 1/n-Oktav-Analysatoren handelt es sich, wie in Abb. 14.14 dargestellt, um eine Parallelschaltung von Bandpassfiltern. Filter, auch digitale Filter, weisen, die für diesen Anwendungsfall unangenehme Eigenschaft des Einschwingens auf. Es benötigt eine von der Filterbandbreite abhängige Zeitspanne bis dass das verwendete Filter verwendbare gefilterte Signale liefert. Die für die Analyse zu berücksichtigende Einschwingzeit t_r lässt sich ohne Kenntnis der konkreten Filtergestaltung bzw. Filterprogrammierung nicht genau bestimmen. Für die 1/3-Oktav-Analyse mit einer kleinsten Filterbandbreite von 4,6 Hz wird nach [29] für die Einschwingkeit $t_r = 0,8$ s angesetzt. Bei einer 1/24-Oktav-Analyse mit einer kleinsten Filterbandbreite von 0,024 Hz beträgt diese $t_r = 137$ s. Das Einschwingverhalten eines Filters wird immer dann wirksam, wenn im zu analysierenden Signal große Amplitudenunterschiede, also Signalsprünge auftreten. Dies ist zumindest am Signalanfang der Fall.

In Abb. 14.15 ist das Einschwingverhalten exemplarisch dargestellt. Hierzu wurde jeweils ein Sinussignal mit der Mittenfrequenz des ersten 1/n-Oktavfilters mit der Einheitsamplitude 1 generiert. Für die 1/1-Oktavfilterung ist dies $f = 31,5$ Hz für die

Tab. 14.2 Bandbreiten bei $f_0 = 1000$ Hz und Grenzfrequenzen 1/n-Oktav-Filter

Filter	f_2/f_1	f_1/f_0	f_2/f_0	f_1 bei 1000 Hz	f_2 bei 1000 Hz	Bandbreite
1/1 Oktav	2,0000	0,7071	1,4142	707 Hz	1414 Hz	707,1 Hz
1/3 Oktav (Terz)	1,2599	0,8909	1,1225	891 Hz	1122 Hz	231,6 Hz
1/6 Oktav	1,1225	0,9439	1,0595	944 Hz	1060 Hz	115,6 Hz
1/8 Oktav (unüblich)	1,0905	0,9576	1,0443	958 Hz	1044 Hz	86,7 Hz
1/12 Oktav	1,0595	0,9715	1,0293	972 Hz	1029 Hz	57,7 Hz
1/24 Oktav	1,0293	0,9857	1,0145	986 Hz	1014 Hz	28,9 Hz

Einschwingverhalten 1/n-Oktavfilter

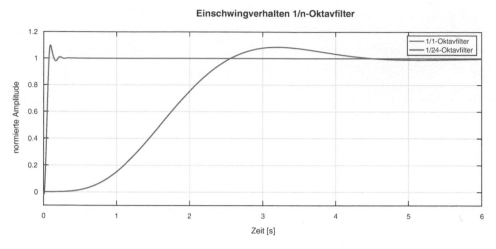

Abb. 14.15 Einschwingverhalten der 1/n-Oktavfilterung am Beispiel des jeweils ersten 1/n-Oktavfilters für 1/1-Oktavfilter und 1/24-Oktavfilter

1/24-Oktavfilterung $f = 20{,}2$ Hz. Die Signale wurden 1/n-Oktavgefiltert mit anschließender Hüllkurvenbildung. Die 1/n-Oktavfilter wurden mit einer Flankensteilheit 8. Ordnung definiert.

Für Abb. 14.16 wurde der Versuch erweitert, indem ein komplexeres Signal generiert wurde. Das Signal weist in den ersten 10 s eine Schwingung mit der Einheitsamplitude 1 bei $f = 20{,}2$ Hz auf. Für die zweiten 10 s wurde die Amplitude des Signals sprunghaft auf 0,5 reduziert. In den dritten 10 s wird die Amplitude auf 0 abgesenkt und zu Beginn dieses Segments wird ein kurzer Impuls mit der Amplitude 1 gesetzt.

In der praktischen Anwendung bedeutet dies, dass Signale mit stark sprunghaften Amplitudenänderungen – z. B. impulshaltige Signale – 1/n-Oktav-Analysen mit möglichst breiten Bandpassfilter wie 1/1-Oktav oder 1/3-Oktav bessere Ergebnisse liefern werden. Für jede 1/n-Oktav-Analyse gilt, dass für das Einschwingen der Bandpassfilter ausreichend Signaldauer vorhanden sein muss.

Eine weitere Problematik, die bei der Anwendung von 1/n-Oktav-Analysen zu beachten ist, ist in Abb. 14.17 dargestellt. Hierzu wurde an einem Zeitsignal, weißes Rauschen mit Abtastrate $f_s = 64000$ Hz eine 1/1-Oktav-Analyse durchgeführt. Anschließend wurde für die gefilterten Signale mit $f_0 = 1000$ Hz und $f_0 = 2000$ Hz eine Fouriertransformation durchgeführt und das jeweilige Betragsspektrum normiert aufgetragen.

Die beiden betrachteten Filterbereiche schließen nicht lückenlos aneinander an, sondern überlappen in einem nicht unerheblichen Frequenzbereich zueinander. Signalanteile werden somit sowohl in der einen Oktave als auch in der benachbarten Oktave in das Ergebnis einfließen; allerdings mit sehr geringer Gewichtung und daher in der praktischen Anwendung von untergeordneter Bedeutung. Problematischer ist der Bereich zwischen den benachbarten Oktaven. Hier entsteht eine Bewertungslücke.

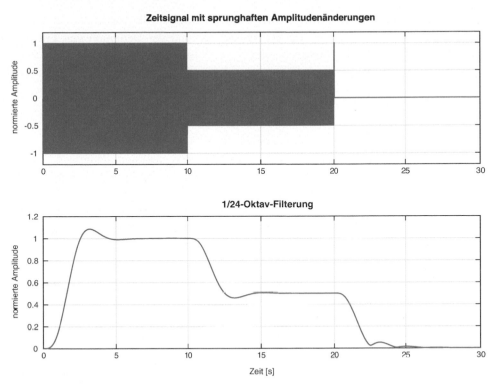

Abb. 14.16 Zeitsignal mit der Frequenz $f = 20{,}2$ Hz und sprunghaft ändernden Amplituden (oben) und Signalverlauf des ersten Oktavfilters einer 1/24-Oktavfilterung (unten)

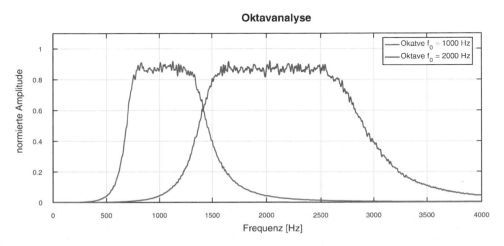

Abb. 14.17 Betragsspektren für die Signalanteile mit $f_0 = 1000$ Hz und $f_0 = 2000$ Hz eines oktavgefilterten Rauschsignals

Bei der Frequenz f_2 der linken Oktave liegt der Schnittpunkt zur rechten Oktave (f_1 der rechten Oktave). Aufgrund der Flankensteilheit und der Definition von Filter hat das Bandpassfilter bei den Grenzfrequenzen f_1 und f_2 bereits 1/3 (-3 dB) seiner Filterwirkung. Signalanteile in diesem Frequenzbereich werden mit verringerten Pegelwerten im Analyseergebnis erscheinen. Eine größere Flankensteilheit der Filter führt nur bedingt zur Problemlösung. Es wird hierbei lediglich der Frequenzbereich des Übergangs verringert. Eine andere Normfrequenz anstelle 1000 Hz führt zu einer anderen Positionierung der Übergangsbereiche und kann eine Problemlösung darstellen.

Wird, wie in Abb. 14.18 dargestellt, weißes Rauschen analysiert, dann lässt sich mit einer 1/n-Oktav-Analyse der subjektive Eindruck dieses Signals visualisieren. Weißes Rauschen ist ein Testsignal mit konstanter Leistungsdichte über den gesamten Frequenzbereich. Als Geräusch wird weißes Rauschen als sehr stark höhenbetont empfunden. Da 1/n-Oktav-Filter zu höheren Frequenzen breitere Bandbreiten der Bandpassfilter aufweisen, ergeben sich höhere Pegelwerte.

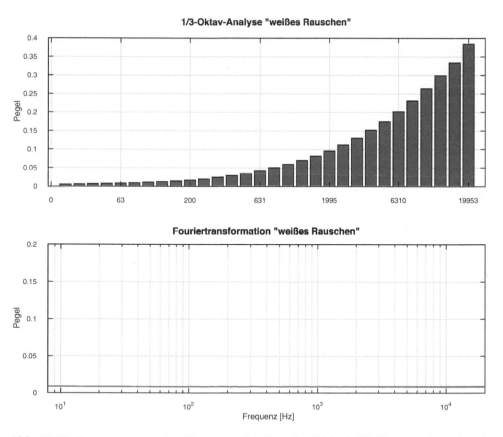

Abb. 14.18 Frequenzanalyse des Signals „weißes Rauschen" (oben) 1/3-Oktav-Analyse (unten) Fouriertransformation

Beispiel

Für die, bereits in Abb. 14.9 verwendete Luftschallaufzeichnung eines elektrischen Verstellantriebes zur Fahrzeugsitzverstellung, wird der Modulationsgrad für die verschiedenen Frequenzbänder ermittelt.

```
function [dataFilt, frequenzen] = ntelOktav(tdata, ntel, filterord, f0, fs)

filterdefs = fdesign.octave(ntel,'Class 1','N,F0',filterord,f0,fs);

frequenzen = validfrequencies(filterdefs);
Nfc = length(frequenzen);

for inc=1:Nfc,
        filterdefs.F0 = frequenzen(inc);
        Hd = design(filterdefs,'butter');
        dataFilt(:,inc) = filter(Hd,tdata);
end
```

$$(14.34)$$

Um via MATLAB® eine 1/n-Oktav-Analyse durchführen zu wollen, ist lediglich der Aufruf der unter Gl. 14.34 dargestellten Funktion erforderlich. Benötigt werden die Daten

tdata, das zu analysierende Zeitsignal
ntel, den Divisor aus 1/n als ganzzahligen Wert
filterord, die Ordnungsnummer der Flankensteilheit z. B. 8 für 80 dB je Dekade
f_0, die Normfrequenz i. d. R. 1000
f_s, die Abtastrate des Zeitsignals

Über die Anweisung *fdesign.octave* erfolgt die Definition der Filter und es lassen sich die Mittenfrequenzen via *validfrequencies* bestimmen. In der darauffolgenden Schleife wird für jedes Bandpassfilter der 1/n-Oktav-Filter aus dem Zeitsignal herausgefiltert. Die Signalfilterung erfolgt durch die Anweisung *filter*, während *design* das jeweilige Filter erstellt.

Die Funktion wird über

$$[dataFilt, frequenzen] = ntelOktav(tdata, ntel, filterord, f0, fs) \quad (14.35)$$

aufgerufen. Im nächsten Schritt der Analyse erfolgt die Hüllkurvenbildung. Hierzu ist lediglich die Anweisung

$$[huelle, lo] = envelope(dataFilt, 480, 'peak'); \quad (14.36)$$

erforderlich, welche für alle n gefilterten Signale je eine Hüllkurve bestimmt. Für alle n Hüllkurven wird im nächsten Schritt, wie bereits unter Gl. (14.21) beschrieben, der Modulationsgrad für das jeweilige Frequenzband bestimmt. Die Bestimmung des

Modulationsgrades berücksichtigt den Zeitbereich ab der 3. bis zur 17. s des Signals. Hierdurch wird das Einschwingverhalten der 1/n-Oktav-Filterung für die Analyse ausgeblendet.

Der Abb. 14.19 ist zu entnehmen, dass nicht einzelne Frequenzbereiche des Messsignals stark moduliert sind, sondern das nahezu alle Frequenzbereiche bis ca. 4000 Hz der 1/3-Okativ-Analyse moduliert sind.

Die Darstellung erfolgt über die Anweisung

$$bar(Modulation) \tag{14.37}$$

Hierin ist die Variable *Modulation* ein Vektor und enthält die berechneten Modulationsgrade. Die Abszissenachse wird zunächst mit 0 20 40 … 120 beschriftet, da insgesamt 120 Modulationswerte für die 120 einzelnen bandpassgefilterten Zeitsignale der 1/3-Oktav-Filterung vorliegen. Über den Austausch der entsprechenden Labels an der Abszissenachse wird die numerisch korrekte Abszissenbeschriftung erreicht. Hierzu werden die Werte aus dem Vektor *frequenzen* verwendet.

$$
\begin{aligned}
&set(gca, , XTickLabel', \{'0' \ldots \\
&\quad num2str(round(frequenzen(1,20))) \ldots \\
&\quad num2str(round(frequenzen(1,40))) \ldots \\
&\quad num2str(round(frequenzen(1,60))) \ldots \\
&\quad num2str(round(frequenzen(1,80))) \ldots \\
&\quad num2str(round(frequenzen(1,100))) \ldots \\
&\quad num2str(round(frequenzen(1,120)))\});
\end{aligned} \tag{14.38}
$$

Da der Vektor die numerische korrekten Frequenzen enthält werden diese durch *round* aufgerundet.

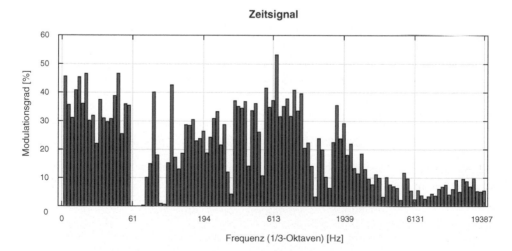

Abb. 14.19 Darstellung der Modulationsgrade zu den Frequenzbereichen einer 1/3-Oktav-Filterung des Messsignals

14.3   Signalanalyse im Häufigkeitsbereich

14.3.1 Amplitudendichte

Teilt man die gemessenen Schwingungswerte $x(t)$ in Klassen mit konstanter Breite ein und bestimmt die Häufigkeit, mit der bestimmte Werte in die Klassen fallen, so erhält man eine Häufigkeitsverteilung [4–7]. Bei unendlich langer Messzeit und unendlich schmaler Breite der Klassen konvergiert diese gegen die Amplitudendichte $p(x)$. Die Amplitudendichte (bzw. Wahrscheinlichkeitsdichte) gibt an, mit welcher Wahrscheinlichkeit ein Wert auftritt. Überlagern sich viele gleichartige und statistisch unabhängige Ereignisse, so entsteht als Verteilung eine Normalverteilung (Zentraler Grenzwertsatz). Für eine normalverteilte Zufallsgröße wird die Amplitudendichte $p(x)$ durch die Normalverteilung (Gaussverteilung) mit dem Mittelwert μ und der Standardabweichung σ beschrieben

$$p(x) \ = \ \frac{1}{\sigma\sqrt{2\pi}} \, e^{\,\frac{1}{2}\left(\frac{x-\mu}{\sigma}\right)^2} \tag{14.39}$$

Diese Funktion hat die Eigenschaften:

- Das Maximum ist der Mittelwert μ
- Die Funktion ist spiegelsymmetrisch zu einer parallel zur Ordinate mit $x = \mu$ verlaufenden Geraden.
- Integriert man die Fläche unter der Amplitudendichte, so erhält man die Wahrscheinlichkeitsverteilung $P(x) = \int\limits_{-\infty}^{x} p(x)dx$. Bei Integration im Intervall $-\infty$ bis $+\infty$ ergibt sich $P(x) = 1$, d. h. die Funktion p(x) ist normiert.
- Die Standardabweichung σ beeinflusst Breite und Höhe der Verteilung.

Bei der Darstellung der Amplitudendichte gehen die Informationen zur Frequenz und der Reihenfolge verloren.

Für eine Sinusschwingung und ein synthetisch erzeugtes, normalverteiltes Rauschen sind Ausschnitte aus der Zeitfunktion und die Amplitudendichte als Histogramm in Abb. 14.20 dargestellt. Die Amplitudendichteverteilung eines normalverteilten Rauschens (Abb. 14.20 oben) nähert sich bei langer Beobachtungsdauer T der Normalverteilung an, welche als durchgezogene Kurve zusätzlich eingezeichnet ist. Für die Sinusfunktion (Abb. 14.20 unten) erhält man die größten Werte der Amplitudendichte an den Umkehrpunkten (Maxima und Minima).

Liegt eine Normalverteilung vor, lassen sich aus der Messung der Mittelwert μ und die Varianz σ^2 abschätzen. Der arithmetische Mittelwert $\bar{x}$ gilt als Schätzung für den Mittelwert der Normalverteilung μ in Gl. 14.39. Die Varianz errechnet sich als die mittlere quadratische Abweichung vom arithmetischen Mittelwert.

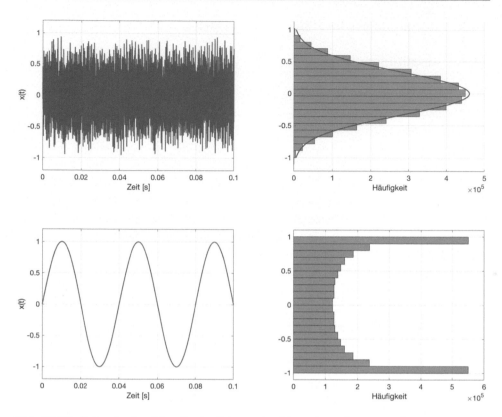

Abb. 14.20 Zeitverlauf und Amplitudendichte – oben Normalverteilung unten Sinusschwingung

$$\sigma^2 = \frac{1}{T} \int\limits_0^T (x(t) - \bar{x})^2 \, dt \tag{14.40}$$

Die Standardabweichung σ als Quadratwurzel der Varianz hat zwei Bedeutungen:

- Bei einem arithmetischen Mittelwert von Null ($\bar{x} = 0$) entspricht die Standardabweichung dem Effektivwert $\sigma = \tilde{x}$
- Im Intervall von $-k\sigma$ bis $+k\sigma$ gibt die Fläche unter der Kurve der Amplitudendichte $p(x)$ die Wahrscheinlichkeit an, wieviel Prozent der Abtastwerte innerhalb der Grenzen von $\pm k\sigma$ zu finden sind.

Über

h=histogram(data, 20, 'Orientation', 'horizontal')

h =

Histogram with properties:

Data: [3840000×1 double]
Values: [1×20 double]   (14.41)
NumBins: 20
BinEdges: [1×21 double]
BinWidth: 0.1060
BinLimits: [-1.1000 1.0200]
Normalization: 'count'
FaceColor: 'auto'
EdgeColor: [0 0 0]

wird das Histogramm in MATLAB® erzeugt. Durch Zuweisung an eine Variable kann auf das Ergebnis der Klassierung so lange zugegriffen werden, bis das Diagramm geschlossen wurde. Für eine weitere Nutzung der Klassierung empfiehlt sich mit

haeufigkeit = h.Values;
klassenbreite = h.BinWidth;
klassengrenzen = h.BinEdges;   (14.42)
anz_klassen = h.NumBins;

in Variablen zu sichern.

14.3.2 Zählverfahren

Zählverfahren können als spezielle Schreibweise der Amplitudendichte aufgefasst werden und finden breite Anwendung in der Betriebsfestigkeit [8]. Grundsätzlich ergeben sich folgende Möglichkeiten zur Zählung:

- Umkehrpunkt (Maximum/Minimum),
- Bereich wird überstrichen (Spanne vom Minimum zum Maximum),
- Hystereseschleifen im Spannungs-Dehnungs-Diagramm werden bei wiederholter Belastung geschlossen,
- Klassengrenze wird gekreuzt oder überstrichen,
- Messgröße wird in festen Zeitintervallen bestimmt,
- Messgröße wird in Abhängigkeit einer vorgegebenen anderen Größe (Drehzahl, Drehwinkel) bestimmt.

Allen Verfahren gemeinsam ist, dass

- diese eine Häufigkeitsverteilung der Amplituden ergeben und
- Frequenz und Reihenfolge aus der Zeitfunktion eliminiert werden.

Hierbei wird unterschieden zwischen sog. einparametrischen und zweiparametrischen Zählverfahren. Einparametrische Zählverfahren erfassen eine Häufigkeitsverteilung in Abhängigkeit von einem Parameter (z. B. Absolutwert oder Schwingbreite). Zweiparametrische Zählverfahren liefern eine Häufigkeitsverteilung in Abhängigkeit von zwei Parametern (z. B. Schwingbreite und Mittelwert).

Das vorliegende Messsignal wird in Klassen gleicher Breite unterteilt und diese aufsteigend durchnummeriert. In jeder Klasse wird eine sog. Rückstellbreite definiert. Die Rückstellbreite verhindert, dass die Zählung ausgelöst wird, wenn das Messsignal aufgrund von kleinen Amplitudenänderungen um eine Klassengrenze schwankt. Dies kann z. B. der Fall bei feiner Klasseneinteilung und geringer Rückstellbreite sein. In der Auswahl der Klassenanzahl (bzw. Klassenbreite) kann als Orientierung die zu erwartende Maximalbeanspruchung und die erwünschte Informationsverdichtung dienen. Üblich sind z. B. 64 Klassen.

Aus der historischen Entwicklung heraus existiert eine Reihe von Zählverfahren, welchen unterschiedliche Algorithmen zur Datenreduktion zugrunde liegen. Stellvertretend für zeitgemäße Zählverfahren wird die Rainflow-Zählung vorgestellt, welche sich als Verfahren eine weit verbreitete Anwendung erschlossen hat.

Die Rainflow-Zählung beruht auf der Vorstellung, dass Regentropfen von links nach rechts auf der Zeitachse fließen. Das vorliegende Beispiel legt wegen der besseren Übersichtlichkeit 8 Klassen zugrunde. Die Zählung beginnt an einem Maximum. Die Regentropfen laufen in Abb. 14.21 vom Maximum a) bis zum Minimum b) und tropfen dann auf das darunter (d. h. rechts davon) liegende Dach. Am Punkt d wird der Tropfen am Umkehrpunkt gestoppt und ergibt einen ersten Halbzyklus (öffnende Hystereseschleife). Dieser Halbzyklus wird von einem zweiten Halbzyklus d-e (schließende Hystereseschleife) zu einem Vollzyklus (a–d–e) ergänzt (Tab. 14.3).

An der Stelle b laufen die Tropfen auf der Innenseite von b zum Umkehrpunkt c entlang (1. Halbzyklus) und vereinigen sich wieder mit den Tropfen, die am Punkt b heruntergetropft sind (2. Halbzyklus) zum Vollzyklus.

Abb. 14.21 Prinzip der Rainflow-Zählung. (Daten aus [8], modifiziert)

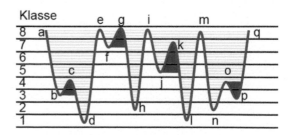

Tab. 14.3 Rainflow-Zählverfahren aus Abb. 14.21

Vollzyklus	Von	Nach	Mittelwert	Schwingbreite
a–d–e	8	1	5	7
b–c–b	3	4	4	1
e–h–i	8	2	5	6
f–g–f	7	8	7	1
i–l–m	8	1	5	7
j–k–j	5	7	6	2
m–n–q	8	2	5	6
o–p–p	4	3	4	1

Es werden nun die Vollzyklen gezählt und als Häufigkeit in einer quadratischen Matrix dargestellt (Abb. 14.22). Die Zeilen der Matrix geben die Maxima jedes Vollzyklus an, die Spalten die Minima. Diese Matrix wird als Vollmatrix bezeichnet. Durch Spiegelung an der Diagonalen erhält man die sog. Halbmatrix und damit eine weitere Informationsverdichtung (Abb. 14.23). Hierbei werden die stehenden und hängenden

Abb. 14.22 Vollmatrix

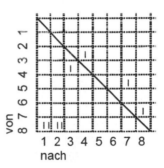

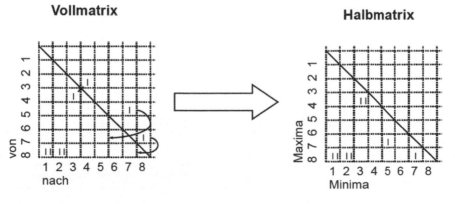

Abb. 14.23 Ableitung der Halbmatrix aus der Vollmatrix

Vollzyklen zusammenfasst (z. B. b–c–b und o–p–o). Damit wird aus dem Signal die Richtung entfernt, in welche die Vollzyklen durchfahren werden. Für Anwendungen in der Betriebsfestigkeit wird dieser Information keine Rolle beigemessen.

Ebenso ist es möglich, die Zählung so auszuführen, dass in einer Vollmatrix die Schwingbreiten über den Mittelwerten erfasst werden (Abb. 14.24).

Aus der Halbmatrix können u. a. folgende Informationen abgeleitet werden:

- Anzahl der Maxima und Minima pro Klasse durch Summation. Die Maxima erhält man durch zeilenweise Summation, die Minima durch spaltenweise Summation (Abb. 14.25).
- Schwingbreite und Mittelwert durch diagonale Summation (Abb. 14.26). Auf der Hauptdiagonale ist die Schwingbreite gleich null. Linien parallel zur Hauptdiagonalen geben Linien gleicher Schwingbreite an. Mit wachsendem Abstand zur

Abb. 14.24 Vollmatrix
Schwingbreite über Mittelwert

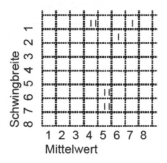

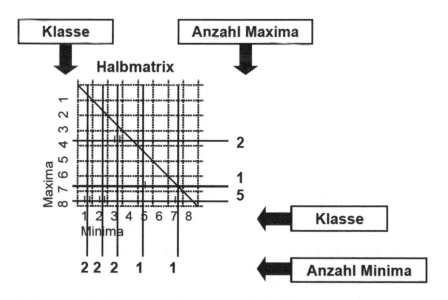

Abb. 14.25 Anzahl der Maxima und Minima aus der Halbmatrix

Halbmatrix

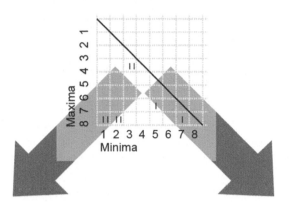

Schwingbreite nimmt zu   **Mittelwert nimmt zu**

Abb. 14.26 Schwingbreite und Mittelwert aus der Halbmatrix

Hauptdiagonale steigt die Schwingbreite an. Entlang der Hauptdiagonalen steigen die Mittelwerte von „links oben" nach „rechts unten" an. Linien senkrecht zur Hauptdiagonalen geben Linien gleicher Mittelwerte an.

- Vollmatrix in der Form der Schwingbreite und Mittelwert (Abb. 14.27).

Die verbleibenden offenen Zyklen werden als Residuen bezeichnet und gehen zunächst nicht in das Zählergebnis ein. Bei hinreichend langem Zeitsignal kann davon ausgegangen werden, dass jede öffnende Hysterese eine schließende Hysterese findet.

Aus der Rainflow-Zählung ist es ebenso möglich, einparametrische Zählverfahren abzuleiten. Die Bereichspaar-Zählung erhält man beispielsweise, indem man nur die Schwingbreite betrachtet und die Information zum Mittelwert nicht berücksichtigt.

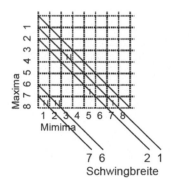

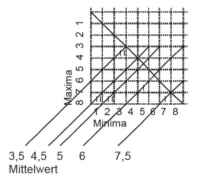

Abb. 14.27 Ableitung der Vollmatrix

Ergebnisse aus einparametrischen Zählverfahren werden als Kollektiv aufgetragen. Auf der Abszisse wird die Summenhäufigkeit logarithmisch aufgetragen, die Ordinate enthält in linearer Auftragung die Amplitude (z. B. Kraft, Spannung usw.). Kollektive werden durch die vier Merkmale beschrieben: Kollektivgrößtwert, Kollektivumfang, Kollektivform und konstante Mittelspannung bzw. konstantes Lastverhältnis (als Verhältnis von Unter- zu Oberlast).

Oftmals wird der zweidimensionalen Darstellung in Kollektiven der Vorzug gegeben, da diese anschaulicher sind als dreidimensionale Rainflow-Matrizen. Aus den Kollektiven können bereits eine Reihe von Schlussfolgerungen und Interpretationen abgeleitet werden, wie z. B. Plausibilitätsprüfungen der Messungen und Vergleiche zwischen mehreren Messungen. Ebenso lassen sich unterschiedliche Betriebszustände und deren Wirkung auf die Beanspruchung erkennen und auf die Lebensdauer abschätzen. Für Lebensdauerabschätzungen sollten hingegen Rainflow-Matrizen verwendet werden, da diese Informationen über den Mittelwert mit beinhalten [8].

Anwendungsbeispiel mit MATLAB®-Code

Während einer Schlechtwegfahrt wurden an einer Baugruppe eines Fahrzeugs in Z-Richtung die Beschleunigungen erfasst. Mit diesem Signal wird eine Rainflow-Zählung durchgeführt und die Vorgehensweise in MATLAB® erläutert (Abb. 14.28).

Für die Rainflow-Zählung steht die MATLAB®-Funktion

$$[c,rm,rmr,rmm] = rainflow(daten) \hspace{2cm} (14.43)$$

zur Verfügen, welche die Rainflow-Zählung durchführt. Und als Funktionsergebnis

- c – Amplitudenzahlen (cycle counts)
- rm – Rainflow-Matrix, aus der die Klassenhäufigkeiten und Summenhäufigkeiten berechnet werden, Schwingbreite (rmr) x Klassenmittelwerte (rmm)

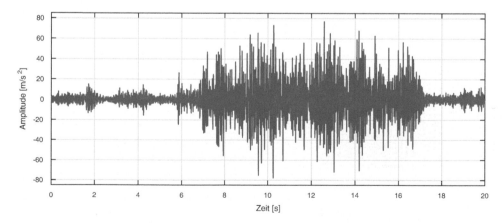

Abb. 14.28 Zeitsignal für die Rainflow-Zählung

- rmm – Mittelwerte der Klassen (Cycle Average)
- rmr – Schwingbreiten der Klassen in Peak-to-Peak (Cycle Range)

übermittelt. Üblich ist die Darstellung der Schwingbreiten über der Summenhäufigkeit aus der Rainflow-Zählung.

Im ersten Schritt (siehe Abb. 14.29) nach dem Aufruf der MATLAB®-Funktion *rainflow* erfolgt die Bildung der Klassenhäufigkeiten aus der Rainflow-Matrix über

$$klassenhaeufigkeit = sum(rm,2).$$ (14.44)

Da der Klassenmittelwert $= 0$ und die Schwingbreite $= 0$ nicht vorkommen, hat die Rainflow-Matrix *(rm)* den Aufbau rmr-1 Zeilen x rmm-1 Spalten. Die Anweisung *sum(rm,2)* summiert die Rainflow-Matrix zum Klassenhäufigkeitsvektor. Für jede Schwingbreite > 0 enthält *klassenhaeufigkeit* einen Wert.

Die Darstellung (Abb. 14.29) erfolgt über

$$bar(klassenhaeufigkeit)$$ (14.45)

mit anschließendem Austausch der *XTickLabels* für die richtige Beschriftung der Abszissenachse. Diese Darstellungsform ist in der Betriebsfestigkeit jedoch unüblich. Üblich ist die Darstellung von Summenhäufigkeiten H_i welche die Summierung der Klassenhäufigkeiten h_i der jeweiligen Klasse bis zur höchsten Klasse enthält und damit der Rechenvorschrift

$$H_i = \sum_{\xi=i}^{n} h_\xi \ \ mit \ i \ = \ 1 \ldots n$$ (14.46)

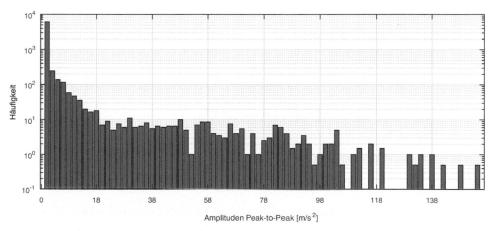

Abb. 14.29 Auf den Klassenhäufigkeitsvektor reduzierte Rainflow-Matrix, Klassenhäufigkeiten dargestellt über die Schwingbreiten (Peak-to-Peak)

entspricht. Zudem werden die Schwingbreiten als Ordninatenwerte aufgetragen.
Gl. 14.46 in MATLAB®-Code

```
for inc=1:length(rmr)
        if inc > 1
                        summenhaeufigkeit(inc,1) = sum(klassenhaeufigkeit(inc-1:end,1));
        end
end
```
$$\tag{14.47}$$

Die Klassenhäufigkeiten enthalten keine Werte für die Schwingbreite $= 0$, daher muss in der Schleife um eine Klasse verschoben werden.

Die Darstellung (Abb. 14.30) erfolgt zunächst über die MATALB-Funktion *bar*, welche die Werte in Balkenform, jedoch als Summenhäufigkeit über Schwingbreiten darstellt. Danach werden sämtliche Beschriftungen vorgenommen und als letzte Anweisung erfolgt mit

$$view(90, -90) \tag{14.48}$$

der Tausch von Abszisse und Ordininate, sodass das Diagramm als Schwingbreite über der Summenhäufigkeit dargestellt wird.

Die MATLAB®-Funktion *rainflow* weist in der aktuellen Realisierung (eingeführt in MATLAB® 2017b) keinen Konfigurationsparameter auf, mit dem die Klassen- anzahl beeinflusst werden kann. Der Berechnungsalgorithmus basiert auf der in [31] dargelegten Rechenvorschrift, welche keine Festlegung der Klassenanzahl enthält.

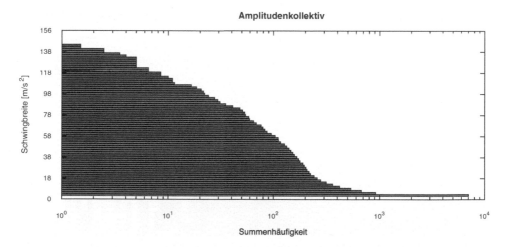

Abb. 14.30 Darstellung der Schwingbreite (Peak-to-Peak) über die Summenhäufigkeit

14.4 Signalanalyse im Frequenzbereich

14.4.1 Fourier-Transformation – FFT oder DFT?

Wie bereits in Abschn. 2.3.2 dargestellt, werden Signale als additive Überlagerung harmonischer Schwingungen aufgefasst und im Frequenzbereich als Spektrum in der Form Amplitude und Phase über der Frequenz dargestellt. Aus Amplitude und Phase können grundlegende und wichtige Informationen zur Analyse des Schwingungsvorganges abgeleitet werden, von denen einige herausgegriffen werden sollen:
Auswertung des Amplitudenspektrums:

- Aussagen zu den Erregerfrequenzen (z. B. durch den Antrieb) und den angeregten Eigenfrequenzen (z. B. durch Unwuchten),
- Vergleich des gemessenen Spektrums mit einem Grenzwertspektrum,
- Aussagen zu Mechanismen, die dem Schwingungsvorgang zugrunde liegen (Zustandsüberwachung, Schwingungsminderung),

Auswertung des Phasenspektrums:

- Auswuchttechnik,
- notwendig zur Synthese des Zeitsignals aus Spektren.

Ziel der Fourier-Transformation (FT) ist es, diskrete Signale aus dem Zeitbereich in den Frequenzbereich zu überführen. Die folgenden Darstellungen sollen dem Anwender eine Anleitung geben, FT Spektren zu erhalten und die Ergebnisse zu interpretieren. Auf die wesentlichen Einstellmöglichkeiten und Stolperfallen wird hingewiesen, sodass der Anwender durch vernünftig gewählte Einstellungen (in den meisten Fällen) ein sinnvolles Resultat erhalten wird. Die Darstellung erhebt nicht den Anspruch, die FT mathematisch umfassend darzustellen. Deshalb wird nur ein Mindestmaß an mathematischem Instrumentarium verwendet (d. h. ohne mathematische Darstellung der Faltungsoperation, der Drichlet-Funktion und des Dirac-Kammes). Ebenso bleiben einige Verfahren unbehandelt, die über die Grundlagen hinausgehen und dem Experten vorbehalten sind. Hierfür wird auf die Literatur verwiesen [2–7, 9–16, 24].

Aus der Zielsetzung der Fourier-Transformation, diskrete Signale aus dem Zeitbereich in den Frequenzbereich zu überführen, leitet sich die Begrifflichkeit Diskrete-Fourier-Transformation (DFT) ab. Die zweite, dem Anwender bekanntere Begrifflichkeit, die Fast-Foruier-Transformation (FFT), ist ein recheneffizienter Algorithmus für die Diskrete-Fourier-Transformation. Für die mathematische Durchführung der FFT gibt es mehrere Verfahren. Das bekannteste und am häufigsten eingesetzte stammt von James Cooley und John W. Tukey [17], welche dieses 1965 veröffentlichten. Voraussetzung für die Anwendbarkeit ist, dass die Anzahl der diskreten Signalwerte eine Zweierpotenz ist.

Dies stellt i. d. R. kein Problem dar, da die Anzahl von diskreten Signalwerten frei wählbar ist. Die Berechnung einer Fourier-Transformation als FFT benötigt erheblich weniger Speicherplatz und weniger Rechenkapazität, als die einer DFT.

Bei heutigen Rechen- und Speicherkapazitäten spielen Überlegungen bezüglich Rechenzeiten und Speicherplatzverbrauch in der praktischen Anwendung der
Fourier-Transformation eine untergeordnete Rolle. Dies war zu Beginn der Digitalisie-
rung, in den 60er Jahren des 20sten Jahrhunderts nicht der Fall. Historisch bedingt ist
daher die Nutzung der FFT weiter verbreitet als die der DFT. Nahezu alle technischen
Realisierungen als Hardware- und/oder Software-Analysator nutzen einen FFT-Algorithmus für die Überführung der Signale aus dem Zeitbereich in den Frequenzbereich. Dies
ist unter Umständen problembelastet, da hiermit auch zwangsweise die benötigte Werteanzahl als Zweierpotenz vorhanden sein muss. Zeitgemäßer ist es dem durchführenden
Analysator bzw. dem durchführenden Programm die Entscheidung zu überlassen ob die
Transformation als FFT oder DFT berechnet wird. Dies führt auch dann zu „glatten"
Frequenzauflösungen (... 0,5; 1; 1,5; ... Hz) wenn Digitalisierungsgeräte verwendet
werden, welche nicht an die 2^n-Gesetzmäßigkeiten angepasst sind. Das Transformations-
ergebnis beider Rechenwege wird keinen Unterschied zeigen.

14.4.2 Grundlagen zur Diskreten-Fourier-Transformation

Üblicherweise liegt das Messsignal im Zeitbereich in Form eines abgetasteten Signales, d. h. an diskreten Stützstellen vor (Abb. 14.31). Der Zeitausschnitt hat die Länge T
(Blocklänge) mit N Abtastwerten und einem Abtastintervall t. Der Zählindex k läuft von
null (linke Intervallgrenze) bis $N - 1$. Die zugehörigen Werte im Zeitbereich werden als
$x(k)$ bezeichnet. Die Transformation erfolgt blockweise. Die Gleichung für die Transformation vom Zeit- in den Frequenzbereich lautet in dieser Notation

$$\underline{X}(n) = \frac{1}{N} \sum_{k=0}^{N-1} x(k)\, e^{-j2\pi \frac{kn}{N}} \tag{14.49}$$

Der Zählindex n läuft in der Frequenzdarstellung von 0 bis $N - 1$. Nach Transformation
in den Frequenzbereich liegen dann N diskrete Frequenzwerte (Linien) als diskretes Spektrum mit den komplexen Werten $\underline{X}(n)$ vor. Der Linienabstand zwischen zwei
Frequenzlinien des Spektrums beträgt Δf und ordnet dem Zählindex eine Frequenz zu.
Wie man durch Einsetzen von n = 0 in Gl. 14.49 sofort erhält, ist die 0. Frequenzlinie
reell und enthält den arithmetischen Mittelwert $\bar{x}$ des Signals

$$\underline{X}(0) = \frac{1}{N} \sum_{k=0}^{N-1} x(k) \tag{14.50}$$

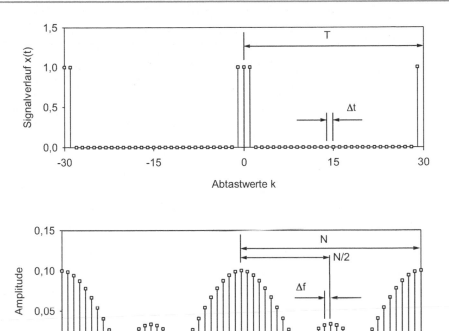

Abb. 14.31 Zeit und Frequenzbereich der DFT

Für die Rücktransformation (Inverse) schreibt sich die Vorschrift zu

$$x(k) = \sum_{n=0}^{N-1} \underline{X}(n)\, e^{j2\pi \frac{kn}{N}} \tag{14.51}$$

Neben dieser Formulierung gibt es eine Reihe von gleichwertigen Schreibweisen z. B. [3, 7, 13]. Speziell wird oft der Vorfaktor vor dem Summenzeichen 1/N statt der Rücktransformation der Hintransformation zugeordnet. Eine detaillierte Diskussion findet sich hierzu in [1].

Wie bereits beim Fourier-Integral für kontinuierliche Funktionen dargestellt (Abschn. 2.3.3), ist es zweckmäßig, den Zeitbereich um negative Werte auf der Zeitachse zu erweitern. Die Wahl des Nullpunktes auf der Zeitachse ist von der Messtechnik her ohnehin beliebig. Zusätzlich wird der Frequenzbereich um negative Frequenzen erweitert. Diese Darstellung als zweiseitiges Spektrum ist für die mathematische Umsetzung der DFT vorteilhaft. Das zweiseitige Spektrum wird häufig in der Signalverarbeitung herangezogen, in der Schwingungstechnik und deren Anwendungen bevorzugt man das einseitige Spektrum, in dem lediglich positive Frequenzen aufgetragen sind.

In Abb. 14.31 liegt ein periodisches, abgetastetes Rechtecksignal mit $N = 30$ vor. Der Nullpunkt $t = 0$ befindet sich bei $k = 0$, d. h. das Signal ist im Zeitbereich zur Ordinate symmetrisch. Im Zeitbereich gilt dann für die Abtastwerte

$$x(0) = 1,\ x(1) = 1,\ x(29) = 1$$
$$x(2)\ldots x(28) = 0$$

Für diese drei Abtastwerte ergibt sich die Summe zu

$$\underline{X}(n) \;=\; \frac{1}{N} \sum_{k=0}^{N-1} x(k)\, e^{-j2\pi \frac{kn}{N}} \;=\; \frac{1}{30}\left[1 \cdot e^{-j2\pi \frac{0 \cdot n}{30}} + 1 \cdot e^{-j2\pi \frac{1 \cdot n}{30}} + 1 \cdot e^{-j2\pi \frac{29 \cdot n}{30}} \right]$$

Für den ersten Summanden erhält man sofort

$$1 \cdot e^{-j2\pi \frac{0 \cdot n}{30}} = 1$$

Nun wird die Periodizität im Zeitbereich vorteilhaft genutzt, der vorletzte Abtastwert (Nr. 29) entspricht dem 1. Abtastwert bei einer periodischen Fortsetzung des Signalabschnittes

$$e^{-j2\pi \frac{29\, n}{30}} = e^{-j2\pi \frac{-1 \cdot n}{30}}$$

Durch Zusammenfassen der beiden Minuszeichen erhält man einen im mathematisch positiven Sinne umlaufenden Zeiger. Dieser bildet mit dem zweiten Summanden aus der eckigen Klammer eine konjugiert komplexe Größe. Damit ergeben beide Summanden eine reelle Größe

$$e^{+j2\pi \frac{1 \cdot n}{30}} + e^{-j2\pi \frac{1 \cdot n}{30}} = 2 \cdot cos\left(2\pi \frac{n}{30}\right)$$

Bereits hier können zwei Erkenntnisse formuliert werden:

- Durch die Einführung eines zweiseitigen Spektrums (und damit des negativen Frequenzbereiches) wird die Rechnung vereinfacht.
- In diesem Beispiel erhält man damit ein rein reelles Spektrum, d. h. dieses ist nur aus Cosinus-Termen zusammengesetzt. Die Sinus-Terme – welche die Imaginäranteile enthalten – entfallen durch die geschickte Form der Wahl des Nullpunktes der Zeitzählung. In der Messpraxis ist dies natürlich nicht möglich – dort wird jedoch auch nicht „von Hand" gerechnet.

Das Amplituden-Spektrum erhält dann die Form

$$|\underline{X}(n)| \;=\; \frac{1}{30}\left| \left[1 + 2 \cdot cos\left(2\pi \frac{n}{30}\right) \right] \right|$$

Für $n = 0$ erhält man

$$|\underline{X}(0)| = \frac{1}{30}[1 + 2] = 0,1$$

Die 0. Frequenzlinie entspricht dem arithmetischen Mittelwert, den man im Zeitbereich durch $\bar{x} = 3/30 = 0,1$ erhält.

Für $n = 10$ ergibt sich beispielsweise

$$|\underline{X}(10)| = \frac{1}{30}[1 + 2 \cdot -\frac{1}{2})] = 0$$

Beide Werte kann man aus dem Spektrum leicht ablesen.

Für die Messpraxis ergibt sich für die Anwendung der DFT eine Reihe von Konsequenzen:

Linienspektrum

Aus der DFT erhält man ein diskretes Linienspektrum, d. h. das Spektrum ist nur an den Stützstellen (Linien) n definiert. Die Frequenzauflösung als der Abstand zwischen zwei Linien ist gegeben durch $\Delta f = 1/T$. Zwischen zwei Stützstellen n und $n + 1$ ist das Spektrum nicht definiert und enthält keine Informationen. Die praktische Darstellung des Spektrums erfolgt jedoch häufig als durchgezogene Linie und interpoliert damit zwischen den Stützstellen.

Periodizität im Zeitbereich

Die N Abtastwerte werden als Ausschnitt aus dem Intervall der Blocklänge T periodisch fortgesetzt. Dies ist in Abb. 14.32 für ein Sinussignal dargestellt, bei der die Signallänge (Beobachtungdauer) größer ist als die Blocklänge. Aus dem fortlaufend gemessenen

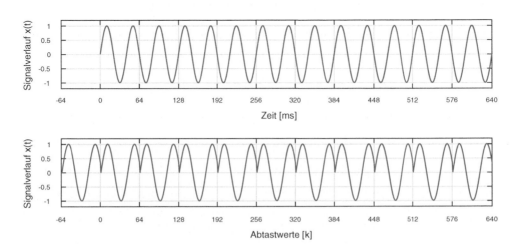

Abb. 14.32 Zeitsignal (oben), dessen periodische Fortsetzung für die DFT (unten)

und abgetasteten Signal (oberes Teilbild) wird durch die DFT ein Zeitausschnitt mit der Blocklänge T entnommen und in beide Richtungen auf der Zeitachse fortgesetzt (unteres Teilbild). Wie Abb. 14.32, liefert die periodische Fortsetzung des Blockes ein anderes Zeitsignal als die Fortsetzung des Zeitsignals in der Messung. Dies erkennt man durch Vergleich des oberen und unteren Teilbildes. Damit das Spektrum den Informationsgehalt aus den anderen Signalabschnitten des gemessenen Signals enthält, muss entweder die Blocklänge hinreichend lang gewählt werden oder – oft zweckmäßiger – es wird eine Mittelwertbildung über mehrere Zeitausschnitte durchgeführt.

An den Intervallgrenzen der Blocklänge dürfen keine Unstetigkeiten (Knicke und Sprünge) auftreten. Ist die Blocklänge T ein ganzzahliges Vielfaches der Periodendauer aller im Signal enthaltenen Frequenzen, so ist diese Bedingung erfüllt. Im Allgemeinen ist diese Bedingung jedoch nicht erfüllt. Um Fehler zu reduzieren, werden Fensterfunktionen eingesetzt.

Periodizität im Frequenzbereich

Das Spektrum der DFT ist ebenfalls periodisch (Abb. 14.31). Die Periodizität ergibt sich, wenn n/N in Gl. 14.49 ganzzahlig wird und wiederholt sich mit einer Periode von N Linien im Spektrum. Die Spektren werden also periodisch fortgesetzt und überlagern sich additiv. Im zweiseitigen Spektrum der Abb. 14.31 kann man sich die Linien $n = 0 \ldots 29(N-1)$ des Spektrums nach links auf der Frequenzachse fortgesetzt vorstellen ($n = -30 \ldots -1$), es gilt $\underline{X}(-n) = \underline{X}(N-n)$. Ebenso ist das Spektrum ab der Linie $n = 30$ auf der Abszisse nach rechts fortgesetzt.

Symmetrie im Frequenzbereich

Ausgangspunkt für die DFT sind N reelle Werte $x(k)$. Um deren Informationen in N komplexen Werten $\underline{X}(n)$ „unterzubringen", ist nur die Hälfte der Linien $N/2$ nötig. Diese sind in der 0. bis $N/2 - 1$. Spektrallinie enthalten. Der Teil des Spektrums von der $N/2$. bis zur $N - 1$. Spektrallinie enthält die konjugiert komplexen Werte $\underline{X}^*(n)$ und stellt damit keine zusätzliche Information dar. Da andererseits Periodizität im Frequenzbereich vorliegt, befinden sich die konjugiert komplexen Werte $\underline{X}^*(n)$ auf der negativen Frequenzachse symmetrisch zur Ordinate $\underline{X}^*(n) = \underline{X}(-n)$. Die konjugiert komplexen Werte müssen nicht berechnet werden, sondern man erhält diese durch Spiegelung des Spektrums an der Ordinatenachse (Abb. 14.31). Dies erklärt, weshalb eine Frequenzanalyse mit 1024 Linien im einseitigen Spektrum maximal 512 Linien darstellt (wegen der begrenzten Flankensteilheit des Antialiasing-Filters oft 400 Linien).

Bandbegrenzung und Antialiasing

Aus der Verwendung von $N/2$ Spektrallinien folgt, dass die maximal darstellbare Frequenz (Höchstfrequenz) f_{max} kleiner als die halbe Abtastfrequenz $f_s/2$ sein muss. Die Höchstfrequenz f_{max} berechnet sich aus dem Linienabstand $\Delta f = 1/T$ und einer genutzten Linienzahl $N/2$ zu:

$$f_{max} = \frac{N}{2} \Delta f \qquad (14.52)$$

Die Darstellung im Frequenzbereich kann nur ein Frequenzband $0 \ldots f_{max}$ darstellen, ist also bandbegrenzt. Um diese Bedingung zu erfüllen, muss das Signal auch im Zeitbereich bandbegrenzt sein. Zum Zweiten muss die Abtastbedingung eingehalten werden, d. h. die Abtastfrequenz muss größer als das Doppelte von f_{max} sein (Abschn. 10.7.3). Die Bandbegrenzung wird durch Tiefpassfilter (Antialiasing-Filter) realisiert. Bei Verletzung der Abtastbedingung treten zusätzliche Linien im Spektrum auf, die sog. Spiegel oder Alias-Frequenzen. Diese können durch nachträgliche Filterung nicht mehr aus dem Spektrum entfernt werden. Deshalb müssen vor der DFT alle Frequenzen oberhalb der Nyquistfrequenz durch ein Tiefpassfilter herausfiltert werden.

Komplexe Größe

Die DFT erzeugt das diskrete, komplexe Spektrum $\underline{X}(n)$. Dieses lässt sich anschaulich in einen Amplitudenanteil $|\underline{X}(n)|$ (Amplituden- oder Betragsspektrum) und Phasenanteil $\varsigma(n)$ (Phasenspektrum) aufteilen. Ebenso ist eine Zerlegung in Real- und Imaginärteil möglich. Dies soll in Abb. 14.33 am Beispiel einer Cosinus-Funktion $x(t) = cos(2\pi ft)$ dargestellt werden.

Das zweiseitige Amplitudenspektrum ergibt demnach 8 Frequenzlinien, wobei die 0. Linie den Gleichanteil enthält. Dieser ergibt null für eine volle Periode. Für $n = 1$ und $n = 7$ ergibt sich der Wert 0,5. Um eine Aussage zur Frequenz zu erhalten, muss das diskrete Linienspektrum mit dem Linienabstand Δf skaliert werden. Für das zweiseitige Spektrum liefert die Transformationsgleichung also die Hälfte der Amplituden (bzw. in Pegeldarstellung 6 dB).

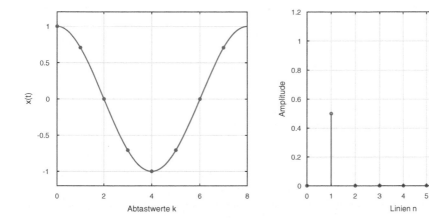

Abb. 14.33 Funktion $x(t) = cos(2\pi ft)$, Abtastung mit $N = 8$. links – Zeitverlauf, rechts – zweiseitiges Amplitudenspektrum

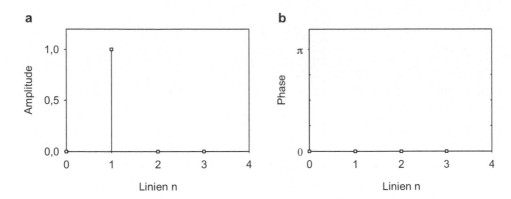

Abb. 14.34 Funktion $x(t) = cos(2\pi f t)$, Abtastung mit N = 8. links – einseitiges Amplituden-spektrum, rechts – Phasenspektrum

Durch Übergang auf das einseitige Spektrum (Abb. 14.34) fallen aus Symmetrie-gründen immer zwei Linien zusammen, deren Amplitude betragsmäßig addiert wer-den. Somit erhält man für $n = 1$ den Wert $|\underline{X}(1)| = 1$, welcher die Amplitude der Cosinus-Funktion ist. Das Phasenspektrum $\varsigma(n)$ enthält für alle n den Wert null. Um die analysierte Cosinus- Funktion auf die (reelle) Cosinus-Achse zu drehen, ist ein Phasen-winkel von null erforderlich, der Zeiger ist somit reell und das Amplitudenspektrum spiegelsymmetrisch zur Ordinate. Das Spektrum der Sinusfunktion $x(t) = sin(2\pi f t)$, würde für die Amplituden kein Unterschied zur Cosinus-Funktion ergeben. Schließlich stellt auch die Sinusfunktion eine reelle Messgröße dar, ergibt jedoch in der DFT einen Zeiger in Richtung imaginärer Achse und ein punktsymmetrisches Spektrum zur Ordi-nate. Im Phasenspektrum ergibt sich für die Sinus-Funktion ein Phasenwinkel $-\pi/2$.

▶   **Merksätze**

Reelle Achse:	Cosinus-Anteile (gerade Funktion → spiegelsymmetrisch zu Ordinate),
Imaginäre Achse:	Sinus-Anteile (ungerade Funktion → punktsymmetrisch zu Ordinate),
Amplitude:	Betrag des Zeigers,
Phasenwinkel:	dreht im mathematisch positiven Drehsinn von der reel-len Achse in Richtung des Zeigers.

Informationsinhalt

Zeit- und Frequenzbereich sind lediglich unterschiedliche Darstellungsweisen der glei-chen Daten. Die Transformation vom Zeit- in den Frequenzbereich führt also nicht zum Verlust von Informationen (d. h. informationserhaltende Transformation). Aus die-sem Grund ist es durch die inverse Transformation möglich, aus dem Amplituden- und Phasenspektrum wieder den Zeitverlauf zu erzeugen (sog. Resynthese). Dies soll detail-lierter anhand von zwei überlagerten Cosinus-Schwingungen untersucht werden.

$$x_1(t) = 0{,}75 \cdot cos(2\pi\,\mathrm{ft}) + 0{,}25 \cdot cos(2\pi\,3ft)$$
$$x_2(t) = 0{,}75 \cdot cos(2\pi ft) + 0{,}25 \cdot cos(2\pi\,3ft + \tfrac{3}{4}\pi) \qquad (14.53)$$

Die Funktionen x_1 und x_2 unterscheiden sich nur durch den Phasenverschiebungswinkel $3/4\pi$ im zweiten Summanden. Anhand von Abb. 14.35 sollen die beiden Funktionen verglichen werden, die mit $N = 8$ Punkten so abgetastet werden, dass die Blocklänge eine Periode mit der Periodendauer $T = 1/f$ beträgt.

Der Zeitverlauf der beiden Funktionen ist deutlich unterschiedlich, das Amplitudenspektrum beider Funktionen ist jedoch gleich. Das Amplitudenspektrum zeigt für $n = 1$ (d. h. Frequenz f) die Amplitude 0,75 und für $n = 3$ (d. h. Frequenz $3f$) die Amplitude 0,25. Der Unterschied liegt im Phasenspektrum, dort ist für $n = 3$ der Phasenwinkel von null für $x_1(t)$ und $3/4$ für $x_2(t)$ abzulesen. Folglich ist allein aus dem Amplitudenspektrum keine eindeutige Rekonstruktion des Zeitverlaufes möglich. Hierzu ist das Phasenspektrum notwendig (oder es müssen von vornherein Annahmen zum Phasenwinkel getroffen werden).

▶ Im Spektrum können nur Informationen dargestellt werden, die bereits im Zeitbereich enthalten sind. Dies ist eine Konsequenz aus der informationserhaltenden Transformation. Deshalb führt die Darstellung als Spektrum zu keinem Gewinn an Informationen (d. h. es ist keine höhere Frequenzauflösung im Spektrum möglich, als das abgetastete Signal über die endliche Blocklänge mitbringt). Der Gewinn liegt in der Darstellung: aus dem Spektrum lassen sich Informationen unmittelbar entnehmen, die im Zeitbereich nicht direkt ablesbar sind (z. B. Frequenz).

Die Informationserhaltung gilt ebenso für die Leistungen. Das Parsevalsche Theorem besagt, dass die zeitliche Leistung gleich der spektralen Leistung ist

$$P = \frac{1}{N} \sum_{k=0}^{N-1} (x(k))^2 = \sum_{n=0}^{N-1} |\underline{X}(n)|^2 \qquad (14.54)$$

Anhand des einführenden Beispiels kann für den Impuls die zeitliche Leistung $P = (1^2 + 1^2 + 0 + \cdots + 0 + 1^2)/30 = 0{,}1$ errechnet werden und mit physikalischen Einheiten skaliert werden. Addiert man nun die Quadrate der 30 Spektrallinien, so erhält man $P = 0, +0{,}0985^2 + 0{,}0942^2 + \cdots + 0{,}0942^2 + 0{,}0985^2 = 0{,}0999$.

Zusammenfassend kann man sich den Übergang vom Fourier-Integral zur DFT als Abtastung des kontinuierlichen Fourier-Spektrums an diskreten Stützstellen und dessen periodische Kopien im Abstand von N Frequenzlinien vorstellen. Sowohl das Zeitsignal als auch das Spektrum liegen dann in diskreter und periodischer Form vor, was eine effiziente numerische Berechnung ermöglicht.

Die Berechnung erfordert N^2 komplexe Additionen und Multiplikationen. Durch den FFT-Algorithmus kann bei gleichem Ergebnis die Anzahl der Rechenoperationen auf

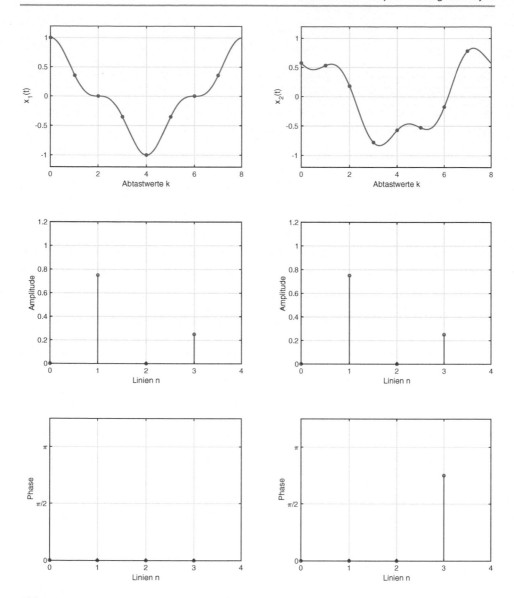

Abb. 14.35 Vergleich der Funktionen $x_1(t)$ und $x_2(t)$. oben – Zeitverlauf, mitte – einseitiges Amplitudenspektrum, unten – Phasenspektrum

$N \cdot log_2 N$ reduziert und damit die Geschwindigkeit der Verarbeitung erhöht werden. Dies wird durch die Nutzung einer Linienzahl N als Zweierpotenz (z. B. 1024, 2048, 4096, 8192 Linien) und die mehrfache Verwendung von berechneten Zwischenergebnissen erreicht. Die FFT ist also ein besonders effizienter Algorithmus zur Umsetzung der DFT, jedoch keine spezielle Form der DFT [9].

Der Fourier-Transformations-Algorithmus ist im Normalfall in einer Softwarelösung implementiert, für die eine Reihe von Einstellungen und Parameter vorgenommen werden müssen. Die Wahl der Einstellungen ist vom Messproblem abhängig, ebenso beeinflussen sich einige Parameter gegenseitig. Mit Auswahl der Einstellungen steht und fällt die Aussage der Frequenzanalyse, da die FT (DFT oder FFT) nicht prüfen kann, ob die gewählten Einstellungen der Lösung der Messaufgabe zuträglich sind. Durch eine Vorbetrachtung zur Messaufgabe und Erkennen der Wirkung der einzelnen Größen lassen sich allerdings verhältnismäßig einfach sinnvolle Einstellungen finden.

14.4.3 Aliasing

Durch die Einhaltung des Abtasttheorems muss sichergestellt sein, dass das Messsignal nur Frequenzanteile unterhalb der Nyquistfrequenz enthält. Wie in Abb. 10.36 ersichtlich, werden durch die Verletzung des Abtasttheorems (d. h. Aliasing) Frequenzanteile oberhalb der Nyquistfrequenz in das Spektrum verschoben und an der Ordinate gespiegelt. Dies ist eine – höchst unvorteilhafte – Auswirkung von Symmetrie und Periodizität des DFT Spektrums.

> Eine Tiefpassfilterung des Messsignals vor der A/D-Wandlung unterdrückt wirkungsvoll das Aliasing. Eine Verletzung dieser Bedingung ist nicht nachträglich (z. B. durch Filterung nach der Abtastung oder Abschneiden der höheren Frequenzen in der FFT) zu korrigieren.

In Abschn. 10.7.3 wurde darauf hingewiesen, dass das Abtasttheorem nur für Frequenzen unterhalb der Nyquistfrequenz $f = f_s/2$ erfüllt ist. Eine Frequenz, die der Nyquistfrequenz entspricht wird bereits falsch abgetastet. In der üblichen Spektrendarstellung erscheint bei $f = f_s/2$ eine Linie. Dieser scheinbare Widerspruch ist dadurch aufzulösen, dass die Abtastung bei Null beginnt und der Zwischenraum t vom vorletzten zum letzten Datenpunkt mitzählt [3]. Wird dann im Spektrum bei der Höchstfrequenz f_{max} die Frequenzlinie $N/2$ aufgetragen, so enthält die Frequenzlinie mit dem Zählindex Null den Gleichanteil.

▶ Da Tiefpassfilter eine begrenzte Flankensteilheit im Übergangsbereich haben (Abschn. 10.6.2), wird oft nur ein Teil der verfügbaren Linienanzahl genutzt (z. B. $N' = 400$ Linien von $N/2 = 512$ Linien) und somit falsch dargestellte Anteile im Spektrum vermieden.

In neueren Geräten und Messkarten wird eine sehr hohe Abtastfrequenz (Oversampling) in Verbindung mit einem analogen Tiefpass niedriger Ordnung (vgl. Abb. 10.42) gewählt.

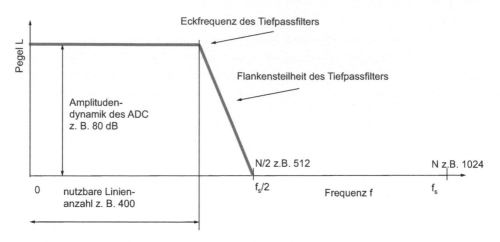

Abb. 14.36 Einfluss der Tiefpassfilterung auf Höchstfrequenz und Linienzahl

Ein nachfolgender (digitaler) Tiefpass erhöht die Sperrdämpfung weiter. In diesem Fall werden auch $N/2$ Linien (z. B. 512 Linien) verwendet und dargestellt (Abb. 14.36).

14.4.4 Zusammenhänge zwischen den DFT-Parametern

Durch die blockweise Transformation und die Diskretisierung im Zeit- und Frequenzbereich sind die Einstellparameter der DFT nicht unabhängig voneinander wählbar. Im Zeitbereich wird hierbei die Blocklänge T in N Abtastwerte mit einem Abtastintervall Δt zerlegt

$$T = N \cdot \Delta t \qquad (14.55)$$

Der Frequenzbereich umfasst bis zur Abtastfrequenz f_s wiederum N Frequenzlinien mit dem Linienabstand (d. h. Frequenzauflösung) Δf

$$f_s = N \cdot \Delta f \qquad (14.56)$$

Im Spektrum soll die Höchstfrequenz f_{max} dargestellt werden, die kleiner als die halbe Abtastfrequenz (Nyquist-Frequenz) ist. Somit ergibt sich

$$f_{max} < \frac{f_s}{2} = \frac{N}{2} \cdot \Delta f \qquad (14.57)$$

Das Spektrum des Frequenzbandes von $0 \ldots f_{max}$ stellt also nicht N Abtastwerte dar, sondern die Hälfte der verwendeten Abtastwerte $N/2$. Durch das Grundgesetz der Nachrichtentechnik (Unschärferelation) sind die Gl. 14.55 und 14.56 miteinander verknüpft.

$$T \cdot \Delta f = 1 \qquad (14.58)$$

Anschaulich kann die Gl. 14.58 so interpretiert werden, dass in einer Blocklänge $T = 0,5\,\text{s}$ eine Periode einer Sinusschwingung einer Frequenz von mindestens $\Delta f = 2\,\text{Hz}$ vollständig hineinpasst und an den Intervallgrenzen periodisch fortgesetzt werden kann. Die Bedingung ist auch für ganzzahlige Vielfache von Δf erfüllt. Damit hat Δf zwei Bedeutungen:

- Kleinste (von null verschiedene) Frequenz im Spektrum,
- Frequenzauflösung, d. h. Linienabstand.

In der Literatur wird die Frequenzauflösung Δf auch häufig mit der Bandbreite B bezeichnet. Damit ist nicht die Bandbreite $0 \ldots f_{max}$ des Signals im Spektrum gemeint. Vielmehr liegt der Bandbreite B die Vorstellung zugrunde, dass jede Frequenzlinie im Spektrum aus der schmalbandigen Filterung über Bandpassfilter mit einer Mittenfrequenz f_m und einer Bandbreite $B = \pm 1/2\Delta f$ erzeugt werden kann. Derartige Analysatoren auf der Basis parallel geschalteter Bandpassfilter werden über Filterbänke realisiert (vgl. Abschn. 14.2.6), sollen hier jedoch nicht weiter betrachtet werden. In der Fouriertransformation werden die Linienzahl N und die Höchstfrequenz f_{max} verwendet, um daraus die Frequenzauflösung Δf und die Blocklänge T zu berechnen. Für die Frequenzauflösung Δf ergibt sich:

$$\Delta f = \frac{f_s}{N} = \frac{1}{T} \tag{14.59}$$

In der Zeitdarstellung erhält man daraus das Abtastintervall Δt

$$\Delta t - \frac{1}{f_s} = \frac{T}{N} \tag{14.60}$$

und die Blocklänge T

$$T = \frac{N}{f_s} \tag{14.61}$$

Das Abtastintervall Δt ist die Mindestforderung zur Einhaltung des Antialiasing, um die Höchstfrequenz f_{max}. Aus den Gl. 14.59 und 14.60 ist ersichtlich, dass mit der Wahl von Abtastfrequenz f_s und Linienzahl N im Zeitbereich Blocklänge T und Abtastintervall Δt nicht mehr frei wählbar sind (Abb. 14.37).

Abhängig vom verwendeten FFT-Analysator wird oft nur ein Teil der Linien dargestellt (Abschn. 14.4.3). In diesem Fall ist in den Gl. (14.59–14.61) die Abtastfrequenz f_s durch die Höchstfrequenz f_{max} zu ersetzen und die tatsächlich dargestellte Linienanzahl $N^{'}$ (z. B. $N^{'} = 400$ Linien für $N = 1024$) anstelle von N zu verwenden. Diese Zusammenhänge sind für oft verwendete Linienzahlen in Tab. 14.4 aufgelistet.

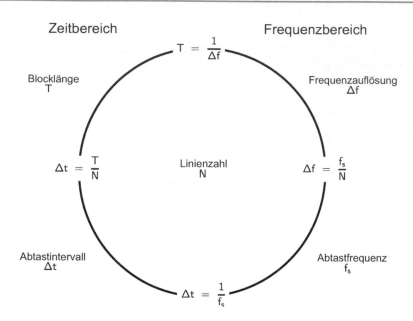

Abb. 14.37 Zusammenhang zwischen FT-Parametern

Tab. 14.4 Zusammenhang zwischen den FFT-Parametern für häufig dargestellte Linienzahlen und Höchstfrequenzen

Linienzahl N	1024	2048	4096	8192	16384	1024	2048	4096	8192	16384
Dargestellte Linien N'	400	800	1600	3200	6400	400	800	1600	3200	6400
fmax in Hz	Blocklänge T in s					Frequenzauflösung Δf in Hz				
10	40	80	160	320	640	0,025	0,0125	0,00625	0,003125	0,0015625
20	20	40	80	160	320	0,05	0,025	0,0125	0,00625	0,003125
50	8	16	32	64	128	0,125	0,0625	0,03125	0,015625	0,0078125
100	4	8	16	32	64	0,25	0,125	0,0625	0,03125	0,015625
200	2	4	8	16	32	0,5	0,25	0,125	0,0625	0,03125
500	0,8	1,6	3,2	6,4	12,8	1,25	0,625	0,3125	0,15625	0,078125
1000	0,4	0,8	1,6	3,2	6,4	2,5	1,25	0,625	0,3125	0,15625
2000	0,2	0,4	0,8	1,6	3,2	5	2,5	1,25	0,625	0,3125
5000	0,08	0,16	0,32	0,64	1,28	12,5	6,25	3,125	1,5625	0,78125
10000	0,04	0,08	0,16	0,32	0,64	25	12,5	6,25	3,125	1,5625
20000	0,2	0,04	0,08	0,16	0,32	50	25	12,5	6,25	3,125

Aus der Tab. 14.4 lassen sich folgende Zusammenhänge ablesen:

- Linienzahl: Eine Erhöhung der Linienzahl N' bei konstanter Höchstfrequenz f_{max} erhöht die Frequenzauflösung Δf. Damit steigt jedoch die Blocklänge T (Messzeit) an.
- Höchstfrequenz: Erhöht man die Höchstfrequenz f_{max} bei konstanter Linienzahl N', so verringert sich die benötigte Blocklänge T. Damit verringert sich jedoch die Frequenzauflösung Δf. Verdoppelt man gleichzeitig Höchstfrequenz f_{max} und Linienzahl N', so bleiben die Blocklänge T und Frequenzauflösung Δf konstant.
- Messzeit: Für Signale mit vorgegebener Blocklänge T und Abtastrate f_s (z. B. aufgezeichnete Signale) sind die Linienzahl N' und die Frequenzauflösung Δf definiert. Erhält man eine zu hohe Frequenzauflösung Δf (bei langer Messzeit), so kann man über mehrere Spektren mitteln.

▶ Durch die Abhängigkeit der Parameter in der FT fühlt man sich oftmals im Kreise gedreht. Von den vier Parametern (Blocklänge T, Abtastintervall Δt, Frequenzauflösung Δf und Abtastfrequenz f_s) sind nur zwei unabhängig wählbar. Die verbleibenden zwei Parameter sind damit festgelegt.

   In der Praxis hat es sich bewährt die Abtastfrequenz f_s so zu wählen, dass sich das hieraus berechenbare $f_{max} < f_s/2$ oberhalb der für die Analyse erforderliche Grenzfrequenz liegt. Man wähle hohe Abtastraten, jedoch nicht verschwenderisch hohe um die Datenmengen in überschaubaren Grenzen zu halten. Für Δf wird für die Entscheidung der Bedarf an Trennschärfe zwischen Frequenzauflösung und Zeitauflösung herangezogen. Ist das zu analysierende Signal stationär, kann ein kleines Δf gewählt werden. Befinden sich Veränderungen, z. B. bei einer Drehzahländerung, im Signal, so ist es sinnvoll ein großes Δf zu wählen. Die restlichen Parameter ergeben sich durch Umstellung der Gl. (14.59–14.61).

   Bei der Analyse von impulshaltigen Signalen ist zu beachten, dass für die Bestimmung der wahren Impulsamplitude u. U. sehr hohe Abtastraten erforderlich sind.

   Mit einer ersten Parameterschätzung wird eine Messung und Fouriertransformation durchgeführt und anhand des Ergebnisses die Parameter optimiert.

Beispiel

Die Messaufgabe an einer Maschine gibt eine Höchstfrequenz $f_{max} = 1000\,\text{Hz}$ vor. Es steht ein FFT-Analysator mit 400 Linien zur Verfügung.

Wie lange dauert eine Messung?

Für 1000 Hz und 400 Linien liest man aus dem linken Teil der Tabelle eine Blockzeit

   T = 0,4 s ab.

Wie groß ist die kleinste Frequenz ($f > 0$) im Spektrum?

Für 1000 Hz und 400 Linien ergibt der rechte Teil der Tabelle $f = 2,5\,\text{Hz}$. Das ist der Wert der kleinsten, von null verschiedenen Linie im Spektrum (und gleichzeitig die Frequenzauflösung Δf). Der Frequenzbereich des verwendeten Schwingungsaufnehmers muss diese untere Grenzfrequenz abdecken.

Beispiel

Bei Durchführung einer Messaufgabe wird die zeitverzögerte Darstellung von Spektren bemängelt und eine geringe Rechnerleistung als Ursache vermutet. Für die Messaufgabe wurde eine Höchstfrequenz $f_{max} = 100\,\text{Hz}$ und eine Linienzahl von 1600 Linien gewählt.

Wie lange dauert eine Messung?

Für 100 Hz und 1600 Linien liest man aus dem linken Teil der Tabelle eine resultierende Blocklänge $T = 16\,\text{s}$ ab. Die Ursache der „langsamen" Darstellung liegt demnach in der Wahl der FT-Parameter. Als Abhilfemöglichkeit kommen die Verringerung der Linienzahl oder Erhöhung der Höchstfrequenz in frage.

Beispiel

Es soll das Spektrum eines aufgezeichneten Signals mit einer Dauer von 2 s und einem Abtastintervall von 1 ms ermittelt werden.

Wie groß sind die Linienzahl und Linienabstand?

Der Kehrwert des Abtastintervalls ist die Abtastfrequenz $f_s = 1000\,\text{Hz}$. Damit gilt $f_{max} < 500\,\text{Hz}$ (Einhalten der Abtastbedingung). Sucht man im linken Tabellenteil die nächst kleinere Blocklänge (1,6 s) auf, so erhält man eine Linienzahl von 800 Linien und eine Frequenzauflösung von 0,625 Hz.

Von einem Echtzeitbetrieb (real-time analysis) spricht man dann, wenn die Ergebnisse der DFT schneller berechnet und dargestellt werden als die Zeitdauer der Datenerfassung der Blocklänge T erfordert. Die Darstellung erfolgt dann in Blöcken mit dem Zeittakt T und wird nicht durch die Berechnung zusätzlich verzögert dargestellt. Praktisch erfolgt die Verarbeitung mit zwei Wechselpuffern pro Kanal. In einen Puffer wird die Blocklänge T eingelesen, in dem zweiten Puffer werden die Daten mit DFT verarbeitet.

14.4.5 Leakage und Fensterfunktionen

Aus der Forderung der DFT nach der periodischen Fortsetzung des Signals im Zeitbereich resultiert die Bedingung, dass der betrachtete Zeitausschnitt des Signals mit der Blocklänge T periodisch aneinandergereiht und somit an beiden Intervallgrenzen des Zeitfensters fortgesetzt werden kann. Für eine reine Sinusschwingung bedeutet dies, dass die Blocklänge eine ganzzahlige Anzahl von Perioden des Signals beinhalten muss. In diesem Falle fügen sich an den Intervallgrenzen die Perioden der Sinusschwingung ohne Knicke und Sprünge aneinander. Ist diese Bedingung erfüllt, so spricht man von *synchroner Abtastung*. Diese Annahme ist in der Messpraxis in der Regel nicht erfüllt, da die Frequenz des Signals unbekannt ist. In diesem Falle gibt es an den Intervallgrenzen Knicke und Sprünge im Funktionsverlauf und man spricht von *asynchroner Abtastung*.

Bei einem asynchronen Signal haben die Knicke und Sprünge an den Intervallgrenzen einen Einfluss auf das Spektrum. Dies ist nicht verwunderlich, da die DFT das Signal innerhalb der Blocklänge und dessen periodische Fortsetzung analysiert. Dies wird am Beispiel einer Sinusschwingung erläutert, die mit $N = 32$ abgetastet wird. Die Ordinatenachse wurde logarithmisch als Pegel skaliert, um einen großen Wertebereich darstellen zu können. In dieser Darstellung entsprechen 0 dB der Amplitude. In der oberen Zeile der Abb. 14.38 ist die Frequenz mit $f/\Delta f = 4$ so gewählt, dass vier Perioden vollständig in ein Zeitfenster passen und das Signal an beiden Grenzen periodisch fortgesetzt werden kann (synchrone Abtastung). Im Amplitudenspektrum ergibt sich erwartungsgemäß eine Linie bei $n = 4$. Durch eine Veränderung der Frequenz $f/\Delta f = 4{,}5$ in Abb. 14.38 untere Zeile kommt es zu Sprüngen an den Rändern des betrachteten Zeitfensters. Was wäre im Spektrum zu erwarten? Da die Frequenz 4,5 Linien entspricht, liegt die Vermutung nahe,

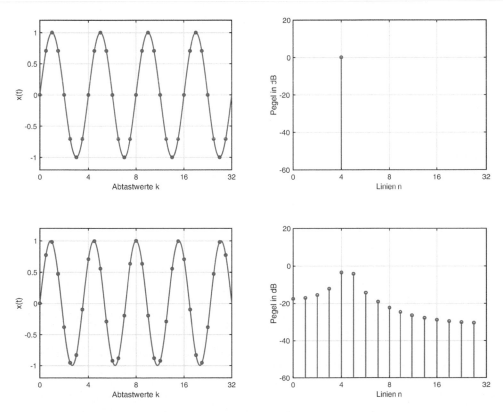

Abb. 14.38 Sinussignal synchroner Abtastung $f/\Delta f = 4$ (obere Reihe) und asynchroner Abtastung $f/\Delta f = 4{,}5$ (untere Reihe), jeweils $N = 32$

zwei Linien bei $n = 4$ und $n = 5$ zu erhalten. Bei grundsatztreuer Auffassung erwartet man möglicherweise gar keine Linie, da das Spektrum zwischen den ganzzahligen n nicht definiert ist. Tatsächlich ist im Spektrum eine Gruppe benachbarter Linien zu beobachten. Das Spektrum fließt – bildlich gesprochen – auseinander. Dieser Effekt wird deshalb als Leakage bezeichnet.

Bei genauerer Betrachtung des Spektrums fällt auf, dass die Frequenzlinien bei $n = 4$ und $n = 5$ nicht gleich groß sind. Ändert man nun den Phasenwinkel des Signals um $\pi/2$, verändert sich das Spektrum (vgl. Abb. 14.39). Der Phasenwinkel des Signals beeinflusst offensichtlich das Amplitudenspektrum. Bei Zeitausschnitten aus einem fortlaufend analysierten Signal kann sich der Phasenwinkel über die Zeitausschnitte ändern und das Amplitudenspektrum zwischen den beiden Grenzzuständen hin- und herschwappen. Den unerwünschten Effekt des Leakage kann man – je nach Problemstellung – mit unterschiedlichen Methoden unterbinden:

Synchronisierung

Der Effekt des Leakage tritt nicht auf, wenn man die Blocklänge der laufenden Messung an die Periodendauer des Signals anpasst. Dies setzt voraus, dass die Periodendauer der tiefsten, im Signal enthaltenen Frequenz vorliegt und zur Synchronisierung verfügbar ist und dass hochfrequente Signalanteile durch eine Tiefpassfilterung wirkungsvoll unterdrückt werden. Die Blocklänge der Messung wird über die Periodendauer getaktet und damit das Signal synchron abgetastet. Anwendung findet diese Methode z. B. bei der sog. Ordnungsanalyse. Zur Synchronisierung wird z. B. die umlaufende Welle benutzt. Bei Drehzahländerungen ändert sich in diesem Fall die Blocklänge.

Blocklänge

Wird die Blocklänge so gewählt, dass an beiden Rändern des Blockes das Signal abgeklungen ist, so tritt kein Leakage auf. Diese Möglichkeit kommt insbesondere bei

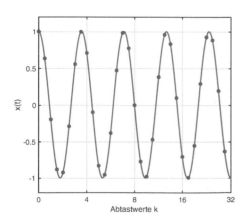
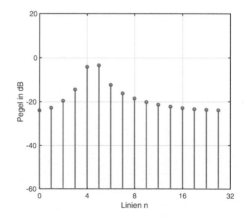

Abb. 14.39 Sinussignal asynchroner Abtastung $f/\Delta f = 4{,}5$ und Phasenwinkel $\pi/2$, $N = 32$

Einzelimpulsen in Betracht. Die Blocklänge ist hierbei lang genug zu wählen, damit der gesamte Impuls in der Blocklänge liegt, sowie vor und nach dem Impuls das Signal auf 0 abgeklungen ist.

Fensterfunktionen

Eine Periodizität im Zeitbereich kann ebenfalls erzeugt werden, indem das Signal an den Rändern des Blockes abgeblendet wird. Damit erreicht man einen „knick- und sprung-freien" Übergang in den nächsten Block.

Man kann sich Abblenden als Multiplikation des Signals im Zeitbereich mit einer geeigneten Fensterfunktion $w(t)$ vorstellen. Insofern ist das Ausschneiden von Blöcken aus dem Zeitsignal auch eine Fensterfunktion, bei der das Signal mit dem Wert 1 in der Blocklänge multipliziert wird und mit dem Wert 0 außerhalb. Aus diesem Grunde trägt die Fensterfunktion die Bezeichnung *Rechteckfenster.*

Ein häufig angewendetes Fenster ist das *Hanning-Fenster.* Exemplarisch für diese Fensterfunktion werden die Eigenschaften im Vergleich mit dem Rechteckfenster dar-gestellt und anschließend auf weitere Funktionen erweitert. Das Hanning-Fenster blendet im Zeitbereich über eine cos^2-Funktion das Signal an den Intervallgrenzen aus.

$$ w(t) \; = \; cos^2 \left(\pi \, \frac{t}{T} \right) \; = \; \frac{1}{2} \left[1 \, + \, cos \left(2\pi \, \frac{t}{T} \right) \right] \qquad (14.62) $$

Der Nullpunkt der Zeitzählung $t = 0$ für die Fensterfunktion liegt hierbei in der Mitte des betrachteten Zeitintervalls. In Abb. 14.40 oben ist die Wirkung des Hanning-Fens-ters auf ein synchrones Zeitsignal (Abb. 14.38 oben) dargestellt. Die Fensterfunktion bewirkt im Zeitbereich ein Abblenden des Funktionsverlaufes auf 0. Im Frequenzbereich sind nun drei benachbarte Linien bei n = 3, 4 und 5 zu erkennen. Für n = 4 ergibt sich der Pegel von 0 dB, die Linien bei n = 3 und 5 zeigen einen Pegelfehler von −6 dB. In Abb. 14.40 unten ist das asynchrone Sinussignal aus Abb. 14.38 unten aufgetragen. Es treten die beiden Linien bei n = 4 und n = 5 deutlich hervor. Die unerwünschten Neben-maxima sind nun deutlich gedämpft worden. Allerdings erreichen die Amplituden nicht den Wert 0 dB, sondern zeigen einen Pegelfehler von −1,4 dB).

Das Beispiel hat gezeigt, dass das Hanning-Fenster den Leakage-Effekt verringern, jedoch nicht vollständig aufheben kann. Im Vergleich mit der synchronen Abtastung führt das Hanning-Fenster eine Gruppe von drei Linien im Spektrum. Da man in der Messpraxis jedoch in der überwiegenden Zahl der Fälle von asynchroner Abtastung aus-gehen muss, nimmt man die Nachteile der Fensterung in Kauf.

Durch das Abblenden an den Fenstergrenzen verringert die Fensterfunktion aller-dings auch die Amplitude und Leistung des Signals. Der *Fenstermittelwert* FM entspricht einem gefensterten Gleichanteil von 1 und kann als linearer Mittelwert des gefensterten Zeitsignals interpretiert werden

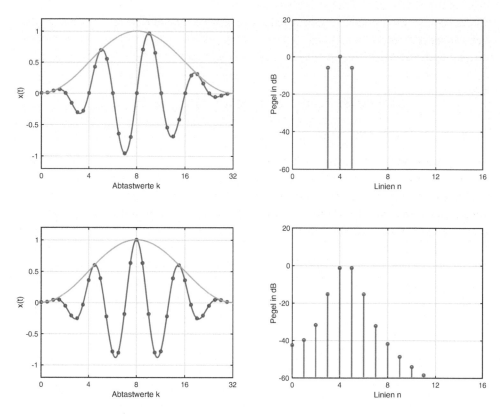

Abb. 14.40 Fensterung mit Hanning-Fenster (oben) synchroner Abtastung $f/\Delta f = 4$ und (unten) asynchroner Abtastung $f/\Delta f = 4{,}5$, jeweils $N = 32$

$$FM = \frac{1}{N}\sum_{k=0}^{N-1} w(k) \tag{14.63}$$

Für ein Rechteckfenster erhält man $FM = 1$, für das Hanning-Fenster $FM = 0{,}5$. Das Amplitudenspektrum muss dann mit dem Kehrwert $1/FM$ multipliziert werden, um die Maxima richtig darzustellen. In Pegeldarstellung entspricht dies einer Addition von 6,02 dB. Diese Korrektur wird als Schmalbandkorrektur bezeichnet und ist in den Analysatoren bzw. der Software bereits enthalten.

Für die Signalleistung wird der *Leistungsmittelwert* PM über die Summe der Quadrate im Zeitbereich berechnet

$$PM = \frac{1}{N}\sum_{k=0}^{N-1} w^2(k) \tag{14.64}$$

Das Rechteckfenster ergibt $PM = 1$, das Hanning-Fenster $PM = 0{,}375$.

Neben der Korrektur der Amplituden wird die Korrektur der Fensterdauer mit der Breite eines flächengleichen Rechtecks über der quadrierten Fensterfunktion berücksichtigt. Die zeitliche Fensterung verkürzt die effektive Fensterdauer auf den Wert T_{eff}. Im Frequenzbereich führt die Verkürzung der effektiven Fensterdauer zu einer Erhöhung der effektiven Bandbreite B_{eff}

$$B_{eff} = \frac{PM}{T \cdot FM^2} \qquad (14.65)$$

Die effektive Bandbreite wird oft als Vielfaches des Linienabstandes Δf angegeben $B_L = B_{eff}/\Delta f$ bzw. als Pegel $10 \cdot log_{10}B_L$ in dB. Nur für das Rechteckfenster liefert die Skalierung nach Fenstermittelwert FM und Leistungsmittelwert PM das gleiche Ergebnis, für die Skalierung nach dem Hanning-Fenster jedoch nicht. In Bezug auf die effektive Bandbreite liefert das Hanning-Fenster einen Zahlenwert $B_L = 1{,}5$. Die Unterdrückung des Leakage-Effektes bei asynchronen Signalen wird folglich mit einer Erhöhung der Bandbreite, d. h. schlechterer Frequenzauflösung erkauft.

▶ Fensterfunktionen verringern Leakage-Effekte, können diese jedoch nicht beseitigen. Im Spektrum können Amplituden und Leistungen nicht gleichzeitig richtig skaliert werden (Ausnahme: synchrones Signal und Rechteckfenster). Fensterfunktionen erhöhen die effektive Bandbreite B_{eff}.

In der Praxis gibt man dann der amplitudenrichtigen Darstellung den Vorzug und schaltet auf die leistungsrichtige Darstellung dann um, wenn Leistungsgrößen dargestellt werden. Wenn das Signal jedoch sinusförmige Anteile und Rauschanteile beinhaltet, so steht man vor einem Dilemma (z. B. Messung Signal-Rausch-Abstand). Die Sinusanteile verlangen eine amplitudenrichtige Darstellung, die Rauschanteile eine leistungsrichtige Darstellung.

Die Wirkung von Fensterfunktionen im Spektrum kann man sich veranschaulichen, wenn man die verwendete Fensterfunktion selbst in den Frequenzbereich überführt. Vereinfachend wird hierbei die kontinuierliche Fensterfunktion als Pegel über der normierten Frequenz f_T im zweiseitigen Spektrum dargestellt (Abb. 14.41). Im Vergleich des Rechteck- zum Hanning-Fenster fällt auf, dass das Hanning-Fenster

- eine stärkere Bedämpfung der Seitenkeulen bewirkt (damit den Leakage-Effekt verringert) und
- eine breitere Hauptkeule hat (folglich die effektive Bandbreite erhöht).

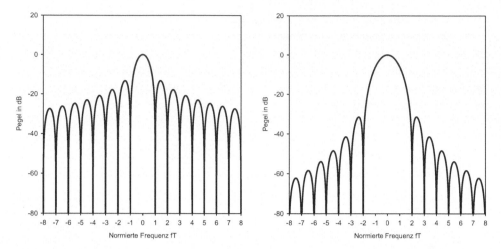

Abb. 14.41 Fensterfunktion im Frequenzbereich. Links Rechteckfenster, rechts Hanning-Fenster (zeitkontinuierliches Fenster)

Im Spektrum wird nun die Fensterfunktion über die Frequenzlinie gestülpt (mathematisch ausgedrückt: Faltungsoperation) und diskret abgetastet. Es können hierbei zwei Extremfälle unterschieden werden:

- Synchrone Abtastung (Abb. 14.42 links):
  - Hier fällt das Maximum der Fensterfunktion mit der Frequenzlinie zusammen. Im Spektrum wird eine Linie L_4 mit der Amplitude 0 dB dargestellt. Es ergeben sich zwei Nebenlinien L_3 und L_5, die einen um -6 dB geringeren Pegel (vgl. Abb. 14.40 oben) aufweisen. Nach dem Parsevalschen Theorem muss die zeitliche Leistung gleich der spektralen Leistung sein. Im Zeitbereich ergibt sich ein

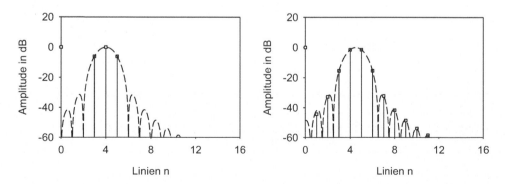

Abb. 14.42 Spektren mit eingezeichnetem Hanningfenster. Synchrone Abtastung (links), asynchrone Abtastung (rechts)

Leistungspegel $L = 0$. Eine energetische Addition der Pegel würde zu einem höheren spektralen Leistungspegel $(L > 0)$ und damit zu einem unsinnigen Ergebnis führen.

Die Lösung des Problems liegt in der Bandbreite, da die Leistung sich in diesem Falle auf drei Frequenzbänder mit einer effektiven Bandbreite B_{eff} verteilt. Somit muss die energetische Pegeladdition nach der Gl. 14.62) erfolgen. Dies unterstreicht wieder die Tatsache, dass trotz amplitudenrichtiger Darstellung die Leistung nicht richtig dargestellt wird. Erst über die Bandbreitenkorrektur gelingt es, beide Darstellungsformen in Deckung zu bringen.

– Mit Ausnahme der drei im Spektrum sichtbaren Linien werden die Nullstellen der Fensterfunktion abgetastet und erscheinen demnach nicht im Spektrum.

$$L = 10 \cdot lg\left[\frac{1}{B_r}\left(10^{\frac{L_3}{10}} + 10^{\frac{L_4}{10}} + 10^{\frac{L_5}{10}}\right)\right]$$

$$L = 10 \cdot lg\left[\frac{1}{1,5}\left(10^{\frac{0}{10}} + 10^{\frac{-6}{10}} + 10^{\frac{-6}{10}}\right)\right] \tag{14.66}$$

$$L = 0\,dB$$

• Asynchrone Abtastung (Abb. 14.42 rechts):
  – In diesem Extremfall liegt das Maximum der Fensterfunktion zwischen zwei Frequenzlinien. Durch den Verlauf der Fensterfunktion werden die Amplituden um den Pegelfehler ΔL zu gering dargestellt. Dieser Pegelfehler ΔL wird als Picket-Fence-Effekt bezeichnet und resultiert dadurch, dass das Spektrum nur an den Linien (durch den „Lattenzaun") betrachtet wird. Für das Hanning-Fenster beträgt der Pegelfehler für diesen Fall $\Delta L = 1,4\,dB$, wie aus Abb. 14.40 unten zu entnehmen ist. Bei der energetischen Pegeladdition ist zu berücksichtigen, dass die Energie nun nicht nur auf die zwei Frequenzlinien verteilt ist – bei der spektralen Leistung muss über alle Spektrallinien summiert werden.
  – Im Spektrum werden vier Frequenzlinien aus der Hauptkeule der Fensterfunktion abgetastet. Die weiteren Frequenzlinien des Spektrums ergeben sich aus der Abtastung der Nebenmaxima. In diesem Fall erfolgt die Abtastung nicht an den Nullstellen, was die Linien unterdrücken würde.

In der Messpraxis stellen die diskutierten Fälle in erster Linie theoretische Grenzfälle dar. Selten wird die Frequenz genau mit einer Linie zusammenfallen oder in der Mitte zwischen zwei Linien liegen. Um die Frequenz zu korrigieren, gibt es für Sinussignale einen Korrekturfakor KF, welcher den Pegelunterschied ΔL^* (zu Unterscheidung zum Pegelfehler ΔL) zwischen den beiden Frequenzlinien heranzieht

$$K_F = \left(1 - \frac{\Delta L^*}{6dB}\right)\frac{\Delta f}{2} \tag{14.67}$$

In analoger Weise kann der Pegel korrigiert werden.

Im Folgenden sollen weitere, häufig verwendete Fensterfunktionen diskutiert werden. Bereits jetzt sei vorausgeschickt, dass es ein Universalfenster für alle Messaufgaben nicht gibt – sonst gäbe es nicht die Vielzahl von Fensterfunktionen.

Zur Charakterisierung der Fensterfunktion werden die Parameter Nebenmaximumdämpfung SLA (Sidelobe Attenuation), Hauptkeulenbreite MLW (Mainlobe Width) als Vielfaches des Linienabstandes sowie der oben bereits eingeführte Pegelfehler ΔL bei halber Linienbreite verwendet (Abb. 14.43). Diese Definitionen sind zwar verbreitet [7], jedoch nicht bindend – deshalb existieren auch andere Angaben [15, 18]. Eine ideale Fensterfunktion sollte Nebenmaxima stark dämpfen (hohes SLA), einen möglichst geringen Pegelfehler in den Amplituden hervorrufen (kleines ΔL), überdies eine hohe Selektivität (kleines MLW und geringe effektive Bandbreite B_L) aufweisen. Die Parameter für die Fensterfunktionen sind in Tab. 14.5 zusammengefasst.

Die Wahl der passenden Fensterfunktion ist ein ebenso wichtiger wie schwieriger Teil der Messaufgabe. Einerseits entscheidet das Fenster über Interpretation oder Fehlinterpretation der Messung – andererseits müsste der Frequenzinhalt des Signals von vornherein bekannt sein, um das optimale Fenster festzulegen. Da es das Universalfenster nicht gibt, muss die Wahl der Fensterfunktion auf die Messaufgabe angepasst erfolgen

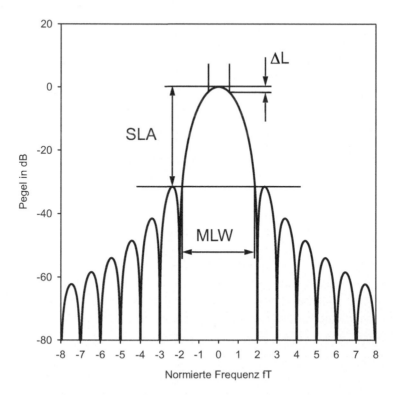

Abb. 14.43   Definition von Fenster-Parametern SLA, MLW und ΔL

Tab. 14.5 Eigenschaften häufig verwendeter Fensterfunktionen. [7]

Fenster	Nebenmaximum-dämpfung SLA (dB)	Pegelfehler ΔL (dB)	Hauptkeulenbreite MLW (Linien)	Effekktive Bandbreite (normiert auf den Linien-abstand Δf) $B_L = B_{eff}/\Delta f$
Rechteck	13,3	0	1,62	1
Dreieck	26,5	1,82	3,24	1,33
Hanning	31,5	1,42	3,37	1,5
Hamming	42,7	1,75	3,38	1,36
Blackmann (approximiert)	58,1	1,1	5,87	1,73
Kaiser-Bessel*	60	1,16	5,45	1,68
Gauss*	60	1,06	7,1	1,79
Flat-Top*	60	0,05	7,01	3,14
Exponential	12,6	3,65	1,72	1,08

Die mit * gekennzeichneten Fensterfunktion haben zusätzliche Parameter, welche die Eigenschaften beeinflussen. Es erfolgt eine exemplarische Darstellung. In [2, 13, 18] sind andere Parameter zugrunde gelegt worden, deshalb ergeben sich dort abweichende Zahlenwerte

(Tab. 14.6). Im Zweifelsfall muss man die Wirkung von unterschiedlichen Fenstern auf das Spektrum beurteilen und daraus das optimale Fenster festlegen.

▶ Die Auswahl der Fensterfunktion ist stets ein Kompromiss zwischen Dynamik, Bandbreite und Pegelfehler

Häufig schreibt für die Messung das technische Regelwerk oder die zugrunde liegende Norm die Fensterfunktion vor bzw. empfiehlt diese im informativen Teil. In den Regelwerken erfolgt allerdings häufig nicht die Angabe der Parameter, wie sie z. B. zur vollständigen Definition des Kaiser-Bessel-Fensters nötig wären.

Enthalten die Signale Sinus und Rauschen, so sind Fensterfunktionen kleiner Bandbreite sinnvoll, um den Pegelfehler zwischen sinusförmigen Signalen und stochastischen Signalen (Rauschen) klein zu halten. Sollen hingegen Sinus-Signale mit annähernd gleicher Amplitude und großem Frequenzabstand getrennt werden, so sind Fensterfunktionen mit hoher Nebenkeulenunterdrückung (SLA) – also einer hohen Dynamik – zu bevorzugen. Bei eng zusammenliegenden Frequenzlinien annähernd gleicher Amplitude ist hingegen eine hohe SLA nicht sinnvoll. Diese Fensterfunktionen zeigen mit besserer Nebenkeulenunterdrückung (SLA) eine immer schlechtere Selektivität, die jedoch für dieses Messproblem gerade gewünscht wäre.

Tab. 14.6 Auswahl der Fensterfunktionen

Fenster	Eigenschaften und Anwendung
Rechteck	Standardfenster für synchrone Signale sowie transiente Signale, die vollständig ins Fenster passen
Dreieck	Literatur, historisch
Hanning	Standardfenster für asynchrone Signale, geringe Dynamik
Hamming	Eigenschaften ähnlich Hanning
Blackmann (approximiert)	Bessere Selektivität als Hanningfenster
Kaiser-Bessel	Je nach Parameter gute spektrale Selektivität
Gauss	Für Kurzzeit-FFT verwendet
Flat-Top	Sehr kleiner Pegelfehler, zu Kalibrierzwecken mit monofrequenten Sinussignalen
Exponential	Dämpfung von abklingenden Schwingungen, Transiente Signale bei schwach gedämpften Systemen

Der maximale Pegelfehler der Fenster ΔL beschreibt die Abweichung des im Spektrum angezeigten Wertes vom tatsächlichen Wert. Der Pegelfehler von $\Delta L = 1,4\,\mathrm{dB}$ entspricht einer relativen Abweichung von 15 % (allein durch die verwendete Fensterfunktion), was für viele Anwendungsfälle bereits nicht mehr akzeptabel ist. Das Flat-Top-Fenster weist hingegen einen sehr kleinen Pegelfehler $\Delta L < 0,05\,\mathrm{dB}$ auf. Deshalb wird dieses Fenster für Kalibrierzwecke von Messketten mit einem Sinussignal eingesetzt. Nachteilig in der Anwendung ist die hohe Bandbreite und schlechte Selektivität, was für praktische Anwendungsfälle die falsche Wahl sein kann (z. B. Trennung benachbarter Frequenzen). Deshalb kann die Empfehlung im Einzelfall falsch sein, das Flat-Top-Fenster für periodische Signale zu verwenden [18, 19].

Bei transienten Signalen ist die Wahl des Zeit-Nullpunktes im Fenster entscheidend, der über den Triggerzeitpunkt festgelegt werden kann. Die Fensterfunktion muss den zu untersuchenden Signalabschnitt an den Rändern auf 0 abblenden. Bei schwacher Dämpfung schwingt das System jedoch lange nach. Die Schwingungen sind also noch nicht vollständig abgeklungen, wenn das Fensterende erreicht ist. In diesem Fall muss z. B. mit einem Exponentialfenster das Signal abgeblendet werden. Dies führt in der Anzeige jedoch zu höherer Dämpfung.

Die Fensterfunktion muss weiterhin den zu untersuchenden Signalabschnitt vollständig einhüllen. Wird diese Bedingung verletzt, so kann es dazu kommen, dass nur ein Teilstück des Signals oder mehrere Signale weiterverarbeitet werden. Es wird nicht das Zeitsignal selbst, sondern immer das Signal analysiert, welches durch Multiplikation des Zeitsignals mit der Fensterfunktion entsteht. Dies illustriert Abb. 14.44 mit einem Kraftimpuls. Für Einzelimpulse kann das Rechteckfenster angewendet werden, wenn an den Fenstergrenzen auf null abgeblendet ist. Es ist zu beachten, dass stets nur ein Impuls in einem Fenster erscheint. Liegen mehrere Impulse innerhalb des Fensters, so

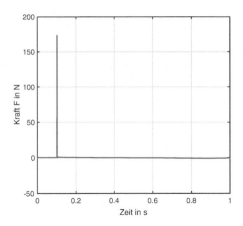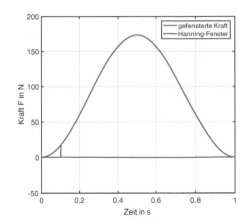

Abb. 14.44 Kraftimpuls eines Hammerschlages. Anwendung des Rechteckfensters (richtig) (links), Anwendung des Hanningfensters (falsch) (rechts)

werden diese als ein periodisches Signal (aus mehreren Impulsen) analysiert. Es liegt auf der Hand, dass dies zu einem anderen Ergebnis führt. Aus dem Zeitverlauf (des ungefensterten Signals) ist ersichtlich, dass die Schwingung an beiden Fenstergrenzen abgeklungen ist. Mit dem Hanning-Fenster erhält man eine Zeitfunktion mit kleinerem Maximum. Ursache hierfür ist die Multiplikation mit der verwendeten cos^2-Funktion des Hanning-Fensters. In diesem Falle liefert ein Hanning-Fenster unsinnige Ergebnisse.

Aus diesem Grund verbietet sich z. B. die Nutzung eines Hanning-Fensters bei transienten Signalen (z. B. Impuls). Wird z. B. ein Impuls mit einem Hanning-Fenster zeitbewertet, so müsste der Impuls genau in der Mitte des Fensters liegen und überdies noch schmal im Vergleich zur Fensterlänge sein, um dessen Amplituden richtig zu erfassen.

▶   Um die Fensterfunktionen sinnvoll zu wählen, sind neben den Spektren auch immer das ungefensterte und gefensterte Zeitsignal zu vergleichen und auf Plausibilität zu prüfen.

14.4.6 Triggerung

Mit der Triggerung kann der Startpunkt der Messung festgelegt werden [2, 4, 5, 10, 20]. Dies spielt immer dann eine Rolle, wenn es sich um einen transienten Vorgang (z. B. Impuls) oder um Messungen in Abhängigkeit von einem übergeordneten Vorgang (z. B. hochfrequente Schwingungen am Motor in Abhängigkeit vom Zündzeitpunkt) handelt (Abb. 14.45).

Um Triggerung auszuführen, werden die Messsignale in einem Zwischenspeicher abgelegt und alte Daten kontinuierlich mit neuen Daten überschrieben. In dieser Betriebsart können Daten kontinuierlich analysiert werden (sog. Freilaufanalyse). Mit Festlegung eines

Abb. 14.45 Einstellungen für
die Triggerung

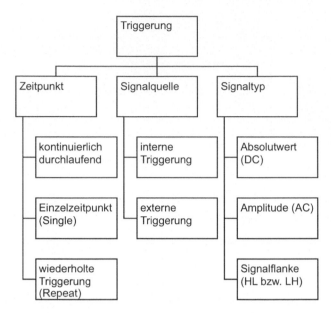

Triggerzeitpunktes werden die bisher im Speicher abgelegten Werte genutzt (Pre-Trigger). Damit erfasst die Analyse auch Signalabschnitte vor dem Auslösen des Triggers bzw. kann die notwendige Fensterung des Signals erfüllen (vgl. Abschn. 14.4.5). Der Speicherinhalt ab dem Auslösen der Triggerbedingung wird als Post-Trigger bezeichnet. Für die weitere Verarbeitung kann eine Blocklänge T des Messignals nach einmaliger Erfüllung der Triggerbedingung aufgezeichnet werden (Single) oder jeweils ein Block nach jeder Erfüllung der Triggerbedingung zur Aufzeichnung kommen (kontinuierliche Triggerung, Repeat). Letztere Verarbeitung ist Voraussetzung, wenn eine Mittelung über mehrere Messungen (Abschn. 14.4.7) erfolgen soll.

Das Auslösen des Triggers erfolgt abhängig von der Signalquelle als interne oder externe Triggerung. Bei der internen Triggerung wird das Triggerereignis aus dem zu analysierenden Signal abgeleitet. Notwendig ist hierfür die Vorgabe eines Triggerwertes und dessen Auslösung bei Überschreitung (Low-High-Flanke) oder Unterschreitung (High-Low-Flanke). Zusätzlich kann nach dem Signaltyp unterschieden werden. Triggerung auf den Absolutwert (direct current, DC) löst die Messung an der festgelegten Schwelle aus. Mit einer DC-Triggerung lassen sich langsam ablaufende Vorgänge (z. B. Befüllen eines Behälters) als Triggerung verwenden. Die Triggerung auf eine Amplitude (alternating current, AC) vergleicht hingegen die Veränderung im Signal mit der eingestellten Schwelle und kann als Hochpassfilterung des Signals verstanden werden. Die AC-Triggerung ist vorteilhaft dann einzusetzen, wenn im Signal unerwünschte Gleichanteile auftreten (z. B. durch Nullpunktdrift des Aufnehmers).

Eine externe Triggerung erfordert dazu ein zusätzliches Triggersignal (z. B. den Impuls einer Lichtschranke). Externe Triggerung wird häufig für den Fall verwendet, die Datenaufzeichnung in Abhängigkeit von einem übergeordneten Vorgang zu starten. Dies kann z. B. der Zündzeitpunkt eines Verbrennungsmotors sein, die Endlage bei einem sich zyklisch wiederholenden Bearbeitungsvorgang oder der (Phasen-)Winkel einer umlaufenden Welle. Durch eine wiederholte Mittelung der erfassten Werte im Zeitbereich lassen sich statistische Schwankungen im Messsignal verringern und den Signal-Rausch-Abstand verbessern. Sind die Triggersignale verrauscht und mit Störungen behaftet, so können Fehlmessungen auftreten. In diesem Fall empfiehlt es sich, die Triggersignale zu filtern.

14.4.7 Mittelung und Überlappung

Mittelung

Aus periodischen Signalen kann das Linienspektrum im mathematischen Sinne exakt durch DFT ermittelt werden, sofern die Bedingungen der Bandbegrenzung, Aliasing und Periodizität im Zeitbereich erfüllt sind [3, 7]. Rein periodische Signale kommen in der Messpraxis selten vor, sondern sind mit einem Rauschen (z. B. vom Aufnehmer) überlagert. Sehr häufig liegen Signale vor, die ausschließlich aus stochastischen Signalanteilen (Rauschen) bestehen. Beispiele sind hierfür die Anregung von Fahrwerken durch unregelmäßige Straßenprofile oder Schwingungen, die durch turbulente Strömungen hervorgerufen werden.

Wird aus einem Messsignal eines stochastischen Signals nun eine Blocklänge T herausgegriffen und mittels DFT analysiert, so liefert dies zunächst eine mehr oder weniger gute Schätzung für das Spektrum des Signals. Die einmalige Schätzung aus einer Blocklänge ist also mit hohen Streuungen behaftet, d. h. weitere Messungen liefern abweichende Spektren.

Die Verwendung von mehr Messwerten führt nicht automatisch zu einer besseren Schätzung. Erhöht man z. B. die Blocklänge T, so werden zwar mehr Messwerte verwendet, allerdings auch mehr Spektrallinien N erzeugt. Dies führt jedoch nicht zu einer Mittelung des Spektrums, sondern zu einer Verringerung des Linienabstandes Δf im Spektrum und damit zur Erhöhung der Frequenzauflösung.

Die Schätzung des Mittelwertes wird hingegen besser, wenn über mehrere Blöcke T gemittelt wird. Mathematisch ausgedrückt konvergiert dann die Schätzung gegen den wahren Mittelwert. Voraussetzung hierfür ist, dass der Prozess stationär ist (Beispiel: Motor mit konstanter Drehzahl, Gegenbeispiel: Hochlauf eines Motors).

Die Mittelung kann in unterschiedlicher Form angewendet werden (Tab. 14.7) [2, 4, 5, 10, 20].

Der Einfluss einer linearen Mittelung wird in Abb. 14.46 dargestellt. Bei Mittelung über 5 und 50 Blöcke ist deutlich eine Glättung im Spektrum sichtbar. Auf die periodischen Signalanteile hat die Mittelung keinen Einfluss.

Für die praktische Anwendung stellt sich die Frage, welche *Mittelungszeit* T_A erforderlich ist. Einerseits ist die Abschätzung der Mittelungszeit für die Planung

Tab. 14.7 Mittelungsarten

Mittelungsart	Durchführung	Anwendung
Lineare Mittelung	Jedes Spektrum wird gleich gewichtet (quadratischer Mittelwert)	– Kurze Signallänge – Verringerung der statistischen Messabweichung bei stochastischen Signalen
Exponentielle Mittelung	Die jüngsten Spektren werden am stärksten gewichtet, ältere Spektren bekommen exponentiell weniger Gewicht.	– Verfolgung des Einflusses von langsamen zeitlichen Änderungen auf ein Signal (z. B. Betriebszustände, Veränderungen in Parametern) – Statistische Messabweichung ist frequenzunabhängig
Spitzen-wert-Mittelung	Mittelung über den Spektren mit den höchsten Amplituden (d. h. kein statistisches Verfahren)	Erfassung der Spitzenwerte (Worst case scenario)
Zeitbereichs-mittelung	– Mittelung im Zeitbereich („Ausmitteln" von positiven und negativen Amplituden) – Verbesserung des Signal-Rausch-Abstandes	– Periodisch wiederholende Daten, Synchronisierung über Trigger erforderlich – Transiente Signale, rotierende Maschinen

der Messung sinnvoll, andererseits gibt diese Abschätzung eine Auskunft über die zu erwartende Aussagekraft einer durchgeführten Messung. In einer laufenden Messung kann die Mittelung beobachtet und eine Stabilisierung des Spektrums abgewartet werden. Eine Abschätzung der erforderlichen Mittelungszeit kann in Abhängigkeit von dem Signal erfolgen.

Periodische Signale

Für gemessene periodische Signale berücksichtigt eine Mittelung die Einschwingvorgänge in der Messkette und verbessert generell den Signal-Rausch-Abstand. Aus der Einschwingzeit eines Filters (vgl. Abschn. 10.6.3) folgt als erforderliche Mittelungszeit die 3 bis 5fache Periodendauer der kleinsten interessierenden Frequenz im Spektrum. Ist die kleinste interessierende Frequenz gleich der Frequenzauflösung im Spektrum Δf, so ergibt sich daraus unmittelbar die Mittelung über drei bis fünf Blöcke der Blocklänge T. Diese Vorgehensweise stößt an ihre Grenzen bei eng benachbarten Frequenzlinien innerhalb der Bandbreite der Fensterfunktion B_{eff} oder bei amplitudenmodulierten Signalen. In diesem Fall wird für die Mittelungszeit nicht die kleinste interessierende Frequenz im Signal, sondern die Modulationsfrequenz (beat frequency [13]) herangezogen. Die Modulationsfrequenz kann aus der Darstellung im Zeitbereich abgelesen werden.

Stochastische und transiente Signale

Für stochastische Signale liegt ein stationäres Rauschsignal zugrunde, für dessen statistische Beschreibung eine standardisierte Normalverteilung mit dem Mittelwert $\mu = 0$ und

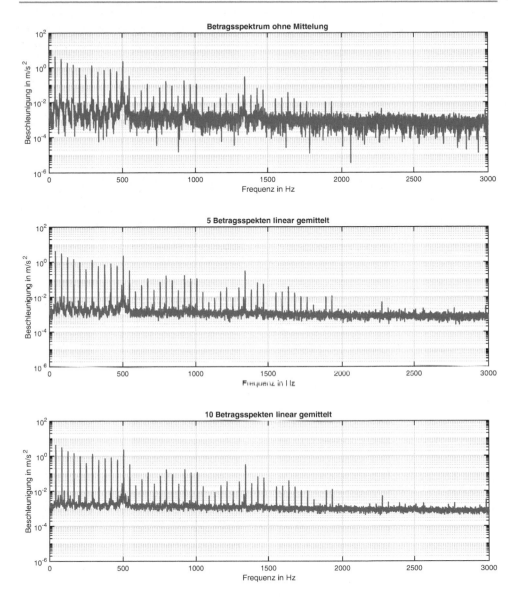

Abb. 14.46 Einfluss der Mittelung auf Spektren. Oben – keine Mittelung, mitte – Mittelung über 5 Spektren, unten – Mittelung über 10 Spektren

dem Effektivwert $\tilde{x} = 1$ herangezogen wird. In diesem Signal wird ein Frequenzband mit der effektiven Bandbreite B_{eff} betrachtet. Wird nun über die Mittelungszeit T_A gemessen, so kann die Mittelung als zusätzliches Bandpassfilter mit der Bandbreite $1/(2T_A)$ aufgefasst werden. Damit errechnet sich die relative Standardabweichung ε zu

$$\varepsilon = \frac{\sigma}{\tilde{x}} = \frac{1}{2} \cdot \frac{1}{\sqrt{B_{eff} T_A}} \qquad (14.68)$$

Die relative Standardabweichung ε beschreibt dann die Abweichung des gemessenen Mittelwertes vom wahren Mittelwert. Mit einer Wahrscheinlichkeit von 68,3 % liegt der wahre Mittelwert im Intervall $-\varepsilon \ldots +\varepsilon$. Den wahren Mittelwert erhält man für eine unendlich lange Mittelungszeit T_A. In Tab. 14.8 sind für häufig verwendete Werte von ε die zugehörigen $B_{eff} T_A$-Produkte zusammengefasst.

Aus der Gl. 14.68 folgt sofort, dass die Mittelungszeit durch die effektive Bandbreite, d. h. Frequenzauflösung bzw. kleinste Frequenz im Spektrum bestimmt wird. Abb. 14.46 lässt erkennen, dass für hohe Frequenzen bereits nach kurzer Mittelung ein stabiler Zustand im Spektrum eingetreten ist (mitte) und die weitere Mittelung (unten) auf die tiefen Frequenzen im Spektrum wirkt. Bei Verwendung von Fensterfunktionen ist die effektive Bandbreite B_{eff} in Gl. 14.68 einzusetzen. Mit höherer Frequenzauflösung (kleineres B_{eff}) steigt die notwendige Mittelungszeit T_A an, da allein durch die höhere Frequenzauflösung die benötigte Blocklänge T ansteigt. Für eine vorgegebene Mittelungszeit T_A (z. B. aus einer aufgezeichneten Messung) erhält man demnach für eine geringere Frequenzauflösung eine bessere Schätzung des Mittelwertes. Anders ausgedrückt: Gleichzeitige Forderung nach hoher Frequenzauflösung (kleines B_{eff}) und geringer statistischer Abweichung vom Mittelwert bedingen eine lange Mittelungszeit T_A (großes $B_{eff} T_A$-Produkt). In der Literatur werden Mindestwerte für das $B_{eff} T_A$-Produkt von 10 [2, 5] bis 16 [13] vorgeschlagen.

Beispiel

Welche Mittelungszeit T_A ist notwendig bei einer FFT-Analyse mit $N = 4096$ Linien, Abtastfrequenz $f_s = 2048\,\text{Hz}$ und Hanning-Fenster, wenn eine relative Standardabweichung $\varepsilon = 5\,\%$ nicht überschritten werden soll?

Mit der Linienzahl N und der Abtastfrequenz f_s ergibt sich:

$$\Delta f = \frac{f_s}{N} = \frac{2048\,\text{Hz}}{4096} = 0,5\,\text{Hz}$$

Durch die Verwendung des Hanning-Fensters errechnet sich mit Tab. 14.5

$$B_{eff} = B_L \cdot \Delta f = 1,5 \cdot 0,5\,\text{Hz} = 0,75\,\text{Hz}$$

Für $\varepsilon = 5\,\%$ liest man aus Tab. 14.8 ein Produkt $B_{eff} T_A = 100$ ab. Somit errechnet sich die erforderliche Mittelungszeit T_A zu

$$T_A = \frac{100}{B_{eff}} = \frac{100}{0,75} = 133\frac{1}{3}\,s$$

Überlappung

Die verwendeten Fensterfunktionen blenden in jedem Block das Zeitsignal an den Fenstergrenzen ab. Dies ist notwendig, um Leakage zu reduzieren, jedoch werden Teile

Tab. 14.8 Relative Standardabweichung ε und $B_{eff}T_A$-Produkt

ε in dB	ε in %	$B_{eff}T_A$
1	12,2	17
0,5	5,9	71
	5	100
	1	2500

des Signals weggeblendet und nicht berücksichtigt (vgl. Abb. 14.44). Als Abhilfe kann man den Beginn des aktuellen Fensters schon vor Ende des vergangenen Fensters legen, die Fenster überlappen in diesem Fall. Die Überlappung wird in Prozent angegeben, eine Überlappung von 75 % bedeutet, dass sich die Fenster zu 75 % überlappen und nach 25 % der abgelaufenen Zeit das nächste Fenster beginnt. Für die Darstellung der Signalleistungen (Quadrat des Effektivwertes) wird die Fensterfunktion quadriert und man erhält die sog. Leistungsgewichtung. Summiert man nun die überlappende Leistungsgewichtung, so wird die Welligkeit mit steigender Überlappung kleiner (Abb. 14.47). Ab einer Überlappung von 66,67 % ist die Leistungssumme konstant, eine weitere Erhöhung bringt keine Verbesserung. Mit steigender Überlappung erfolgt die mehrfache DFT-Analyse der gleichen, sich überlappenden Signalabschnitte, sodass keine statistische Verbesserung eintritt. Dennoch kann es sinnvoll sein, mit höherer Überlappung zu arbeiten (z. B. Impulse, die nicht in einem Block analysiert werden können). Werden hingegen Ausschnitte aus einem stationären Signal analysiert, so sind die weggeblendeten Signalanteile statistisch gleichwertig zu den Signalanteilen, die analysiert werden. In diesem Fall kann mit Überlappung aus einem Signal begrenzter Länge der größtmögliche Informationsgehalt entnommen bzw. die Messzeit verkürzt werden [13]. Durch die Überlappung erhält man eine andere Fensterfunktion als mit einem Fenster größerer Länge. Es unterscheiden sich sowohl die Leakage-Effekte als auch die effektive Bandbreite. In der Überlagerung der Einzelspektren zu einem Summenspektrum werden in der Regel die Leistungsspektren addiert. Der Phasenanteil kann berücksichtigt werden, indem die Laufzeit zwischen den Einzelspektren als Phasenwinkel einbezogen wird [7].

14.4.8   Spektrale Größen

In den Spektren wird der Ordinatenwert unterschiedlich dargestellt. Die verwendete Ordinatendarstellung hängt vom Signaltyp ab. Hierfür ist zu unterscheiden, ob es sich um Energie- oder Leistungssignale handelt.

- Energiesignale
  Energiesignale haben eine endliche Energie. Bei transienten Signalen, wie z. B. Einzelimpulsen ist diese Voraussetzung gegeben. Die Energie ist andererseits das Integral der momentanen Leistung über der Zeit. Wird die Messung über unendlich lange Zeit fortgesetzt, so geht die gemessene Leistung gegen null.

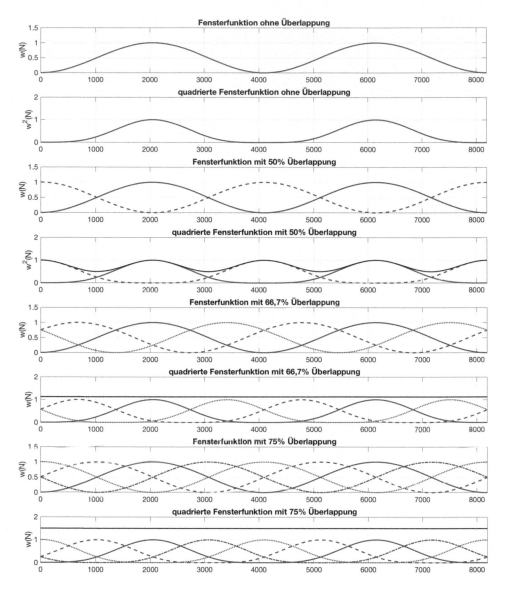

Abb. 14.47 Einfluss steigender Überlappung, jeweils oberes Teilbild: Verlauf der Fensterfunktion über zwei Fensterlängen, jeweils unteres Teilbild: quadrierte Fensterfunktion und Leistungssumme

- Leistungssignale

  Leistungssignale sind durch endliche Leistung gekennzeichnet. Als Beispiel sind Sinusschwingung oder stochastisches Rauschen zu nennen. Die Leistung als gemittelte Summe über die Amplitudenquadrate ist konstant. Die Energie des Signals nimmt jedoch mit zunehmender Messzeit zu und erreicht den Wert unendlich bei unendlich langer Messzeit.

Die elektrische Messkette liefert zunächst nur die elektrischen Feldgrößen Spannung U und Strom I. Der Übertragungskoeffizient (Abschn. 10.4.2) skaliert in der Messkette die elektrische Größe (Spannung U in V) auf die Messgröße (physikalische Größe). In der Signalverarbeitung werden die Größen Energie und Leistung abweichend von der physikalischen Definition ausgedrückt. Das Produkt aus Spannung U und Strom I ist die Leistung P. Mit einem ohmschen Widerstand R kann die Leistung nur mit einer Feldgröße – üblicherweise der Spannung U – als $P = U^2/R$ ausgedrückt werden. In der Signalverarbeitung wird nun als Normierung ein ohmscher Widerstand von 1 Ω angenommen, man erhält dann $P = U^2$. Damit erhält man als Leistung jedoch nicht mehr eine physikalische Leistung als z. B. W, sondern in V^2.

In der Darstellung von Leistungssignalen muss nochmals unterschieden werden in periodische Signale (z. B. Sinus) und stochastische Signale (z. B. Rauschen):

Periodische Signale
Periodische Signale werden als Amplitudenwert dargestellt. Das zugehörige Spektrum heißt Amplitudenspektrum oder Betragsspektrum (MAG, Magnitude). Für ein sinusförmiges Signal mit der Amplitude von 1 V zeigt das Spektrum eine Spektrallinie mit 1 V Amplitude an. Abweichungen sind u. a. durch verwendete Fensterfunktionen bedingt.

Üblich ist ebenfalls die Darstellung als Effektivwert (RMS, Root Mean Square). Für ein Sinussignal mit 1 V Amplitude erhält man eine Spektrallinie $1\,\text{V}/\sqrt{2} = 0{,}707\,\text{V}$. Die Bildung des Effektivwertes im Spektrum erfolgt jedoch nicht durch Quadrieren und Wurzelziehen wie in der Zeitdarstellung, sondern durch Umskalieren des Amplitudenspektrums. Deshalb enthält der so gebildete Effektivwert im Spektrum eine Phaseninformation.

Quadriert man den Effektivwert, so erhält man die (normierte) Leistung P. Durch das Quadrieren geht jedoch die Phaseninformation verloren. Das Spektrum wird als Leistungsspektrum bezeichnet (PWR, Power Spectrum). In dieser Darstellung erhält man für das Sinussignal mit 1 V Amplitude eine Anzeige von $P = 0{,}5\,\text{V}^2$. Durch das Quadrieren werden in der Darstellung die kleinen Amplituden unterdrückt, die zusätzlich im Signal enthalten sind (z. B. 0,1 V Amplitude ergibt in der Anzeige des Leistungsspektrums einen Wert von $P = 0{,}005\,\text{V}^2$). Dies könnte den – fälschlichen – Anschein erwecken, dass durch Verwendung des Leistungsspektrums eine Verbesserung des Signal-Rausch-Abstandes eintritt. Dieser Effekt ist in [1] beschrieben.

Ein Pegelspektrum (vgl. Abschn. 5.4) erhält man aus dem Effektivwert bzw. aus der Leistung. Üblicherweise wird hierbei ein Bezugswert von 1 V_{eff} für dBV und 0,775 V für dBu verwendet. Liegt das Spektrum als Amplituden vor, müssen diese in Effektivwerte umgerechnet werden. Aus dem o. a. Sinussignal mit 1 V Amplitude und einem Bezugswert von 1 V_{eff} ergibt sich ein Pegel von $L = 20 \cdot lg((1\,\text{V}/\sqrt{2})/1\,\text{V}) = -3\,\text{dB}$.

Wird das Spektrum nicht mit sich selbst, sondern mit dem natürlichen Logarithmus multipliziert, so erhält man das sog. Cepstrum (der Name leitet sich aus dem engl. Spectrum ab, dabei wurden die ersten vier Buchstaben umgekehrt). Durch diese Darstellung

werden die kleinen Amplituden hervorgehoben. Diese Darstellung wird in der Zustandsüberwachung von Maschinen angewendet.

Stochastische Signale

Stochastische Signale werden als spektrale Leistungsdichte (Autoleistungsspektrum,
Autospektrum, Autospektraldichte oder Power Spectral Density) (PSD) angegeben, da
die Fourier-Transformierte eines stochastischen stationären Signals nicht definiert ist.
Die spektrale Leistungsdichte ergibt sich, wenn man im Spektrum die Signalleistung
$P(f)$ durch die Bandbreite B_{eff} (bzw. im Falle des Rechteckfensters durch den Abstand
der Frequenzlinien Δf) dividiert.

$$G_{xx}(f) \;=\; \frac{P(f)}{B_{eff}} \tag{14.69}$$

Die spektrale Leistungsdichte hat die Einheit V^2/Hz (bzw. Quadrat der physikalischen Größe pro Frequenz, z. B. $(m/s^2)^2/Hz$). Als Größe, die von den Einstellungen des
Analysators unabhängig ist, erfolgt die Angabe als Wurzel aus der spektralen Leistungsdichte *als spektrale Spannungsdichte* in $V/\sqrt{Hz}$. Die spektrale Leistungsdichte kann
man sich anschaulich jeweils in der Zeit- oder Frequenzdarstellung vorstellen.

In Zeitdarstellung wird das Signal mit einem Schmalbandfilter mit der Mittenfrequenz
f_m und der Bandbreite B_{eff} gefiltert und anschließend dessen Effektivwert $\tilde{x}_M$ nach
Gl. 14.1 gebildet. Das Quadrat des Effektivwertes $\tilde{x}_M^2$ ist die Leistung $P(f)$ des Signals
mit der Mittenfrequenz $f = f_m$ und Bandbreite B_{eff}. Wird nun die Bandbreite des Filters
verkleinert $B_{eff} \to 0$, so erhält man aus diesem Grenzübergang die einseitige spektrale
Leistungsdichte

$$G_{rr}(f) \;=\; \lim_{B_{eff} \to 0} \frac{\tilde{x}_M^2(f)}{B_{eff}} \;-\; \frac{d}{df}\tilde{x}_M^2 \tag{14.70}$$

Durch das Quadrieren bei der Berechnung des Effektivwertes geht die Phaseninformation verloren. Die einseitige spektrale Leistungsdichte ist nur für Frequenzen
$f \geq 0$ definiert. Das zweiseitige Leistungsdichtespektrum $S_{xx}(f)$ ist symmetrisch zur
Ordinate (d. h. eine gerade Funktion) und wird wie folgt gebildet:

$$S_{xx}(f) \;=\; S_{xx}(-f) \;=\; \frac{1}{2}\, G_{xx}(f) \quad f \neq 0 \tag{14.71}$$

Die Gesamtleistung des Signals P, d. h. das Quadrat des Effektivwertes $\tilde{x}^2$ erhält man
durch Integration aller gefilterten Signale über die Frequenz:

$$P = \tilde{x}^2 = \int\limits_{0}^{\infty} G_{xx}(f)df = \int\limits_{-\infty}^{\infty} S_{xx}(f)df = \frac{1}{2\pi} \int\limits_{-\infty}^{\infty} S_{xx}(\omega)d\omega \tag{14.72}$$

Dies folgt aus dem *Parsevalschen Theorem*, dass sich die gleiche Leistung durch Integration über der Zeit und im Spektrum durch Integration über der Frequenz ergibt. Der Faktor $2\pi^2$ ist ein Skalierungsfaktor beim Übergang von der Frequenz f zur Kreisfrequenz ω.

▶   Die Fläche unter der Kurve des Leistungsdichtespektrums entspricht der zeitunabhängigen Gesamtleistung des Signals P.

In der Frequenzdarstellung kann man sich als gleichwertigen Ansatz vorstellen, dass aus dem Signal $x_T(t)$ über einem Zeitintervall T das komplexe Fourier-Spektrum $\underline{X}_T(f)$ gebildet wird. Das Signal $x_T(t)$ ist hierbei für positive Werte von t, d. h. im Intervall $0 \leq t \leq T$ definiert. Summiert man nun im zweiseitigen Spektrum über eine unendlich lange Messzeit T die Quadrate der Amplituden auf, so erhält man wiederum das reelle Spektrum

$$S_{xx}(f) = \lim_{T\to\infty} \frac{1}{T}|\underline{X}_T(f)|^2 \tag{14.73}$$

Für eine gegebene Frequenz werden die komplexen Amplituden $\underline{X}_T(f)$ quadriert, auf die Messzeit normiert und die Grenzwertbildung durchgeführt. Durch das Quadrieren fällt wiederum die Phaseninformation weg. Die Reihenfolge von DFT und Quadrieren darf nicht vertauscht werden, da das Quadrieren eine nichtlineare Operation ist (es dürfen also nicht z. B. die Quadrate der Effektivwerte $\tilde{x}^2$ im Zeitbereich gebildet werden und anschließend davon das Spektrum).

Für ein stationäres stochastisches Signal und hinreichend lange Mittelung ist die spektrale Leistungsdichte zeitunabhängig. Wird dieses Signal über das Leistungsspektrum (PWR) analysiert – was periodischen Signalen vorbehalten sein sollte – so ist das Leistungsspektrum von der effektiven Bandbreite der verwendeten Fensterfunktion abhängig.

Beispiel

Ein periodisches Signal mit einer konstanten Frequenz von 40 Hz und einer Signalleistung von $1\,V^2$ soll im Leistungsspektrum (PWR) und in der spektralen Leistungsdichte (PSD) dargestellt werden.

Es werden die Annahmen

- konstante Frequenz,
- synchrone Abtastung,
- $B_{eff} = 0,5\,Hz$ und $B_{eff} = 0,25\,Hz$ (d. h. Verdopplung der Linienzahl)

getroffen.

Das Ergebnis ist in Tab. 14.9 dargestellt.

Der Vergleich (Tab. 14.9) zwischen dem Leistungsspektrum (PWR) und der spektralen

Tab. 14.9 Einfluss der spektralen Darstellung auf ein periodisches Signal

Effektive Bandbreite	$B_{eff} = 0{,}5$ Hz	$B_{eff} = 0{,}25$ Hz
Leistungsspektrum (PWR)	$P = 1$ V^2	$P = 1$ V^2
Spektrale Leistungsdichte (PSD)	$Gxx = P/B_{eff}$ $= 1$ V^2/0,5 Hz=2 V^2/Hz	$Gxx = P/B_{eff}$ $= 1$ V^2/0,25 Hz=4 V^2/Hz

Leistungsdichte (PSD) zeigt:

- Die Bandbreite (Linienabstand) hat für periodische Signale keinen Einfluss auf die Amplituden im Leistungsspektrum.
- Der Wert der spektralen Leistungsdichte ist für periodische Signale von der Bandbreite abhängig.
- Mit Halbierung der Bandbreite verdoppelt sich die spektrale Leistungsdichte periodischer Signale (bzw. Erhöhung des Leistungsdichtepegels um +3 dB).

Ein stationäres stochastisches Signal mit einer frequenzunabhängigen spektralen Leistungsdichte von 1 V^2/Hz soll im Leistungsspektrum und in der spektralen Leistungsdichte dargestellt werden.

Das Ergebnis ist in Tab. 14.10 dargestellt.

Der Vergleich (Tab. 14.10) zwischen dem Leistungsspektrum (PWR) und der spektralen Leistungsdichte (PSD) zeigt:

- Die effektive Bandbreite (Frequenzauflösung, Linienabstand) hat für stationäre stochastische Signale keinen Einfluss auf die Amplituden der spektralen Leistungsdichte.
- Die Amplituden im Leistungsspektrum sind für stationäre stochastische Signale von der Bandbreite abhängig.
- Mit Halbierung der Bandbreite halbiert sich die Leistung stationärer stochastischer Signale (bzw. Verringerung des Leistungspegels um -3 dB).

Tab. 14.10 Einfluss der spektralen Darstellung auf ein stationäres stochastisches Signal

Effektive Bandbreite	$B_{eff} = 0{,}5$ Hz	$B_{eff} = 0{,}25$ Hz
Leistungsspektrum (PWR)	$P = Gxx\, B_{eff}$ $= 1$ V^2/0,5 Hz= 0,5 V^2/Hz	$P = Gxx\, B_{eff}$ $= 1$ V^2/0,25 Hz = 0,25 V^2/Hz
Spektrale Leistungsdichte (PSD)	$Gxx = P / B_{eff}$ $= 0{,}5$ V^2/0,5 Hz=1 V^2/Hz	$Gxx = P/B_{eff}$ $= 0{,}25$ V^2/0,25 Hz = 1 V^2/Hz

▶   Leistungspegel für periodische Signale, spektrale Leistungsdichte für statio-
    näre stochastische Signale verwenden.

Kurzzeitige Energiesignale (Impulse, transiente Signale) werden über die spektrale
Energiedichte $E(f)$ (ESD) als reelle Größe beschrieben

$$E(f) \ = \ |\underline{X}_T(f)|^2 \qquad (14.74)$$

Die Signalenergie W als Ausdruck für Leistung mal Zeit erhält man durch Integration des
Zeitsignals bzw. durch Integration über die Quadrate der Amplituden im Spektrum

$$W = \int_0^\infty x^2(t)dt = \int_{-\infty}^\infty |\underline{X}_T(f)|^2 df = \frac{1}{2\pi} \int_{-\infty}^\infty |\underline{X}_T(\omega)|^2 d\omega \qquad (14.75)$$

Dies ist wiederum ein Ausdruck des Parsevalschen Theorems (zeitliche Signalenergie = spektrale Signalenergie).
    Passt das transiente Signal vollständig in die Blocklänge T, so kann man das Recht-
eckfenster anwenden. Ein Korrekturfaktor für die Bandbreite ist wegen des verwendeten
Rechteckfensters nicht notwendig. In der spektralen Energiedichte $E(f)$ ist die Fensterlänge T nicht enthalten. Dies ist für Energiesignale sinnvoll, da die Energie transienter
Signale unabhängig von der Fensterlänge ist, die Leistung hingegen mit zunehmender
Fensterlänge abnimmt. Wie bei der spektralen Leistungsdichte $G_{xx}(f)$ darf die Reihenfolge DFT und Quadrieren nicht vertauscht werden. Die spektrale Energiedichte $E(f)$
wird in V^2s/Hz oder V^2s^2 angegeben. Durch das Quadrieren geht im Energiedichte-
spektrum die Phaseninformation verloren (Phasenwinkel für alle Frequenzen gleich
null).
    Die spektrale Energiedichte $E(f)$ wird als Abtastung des kontinuierlichen Spektrums
eines Einzelimpulses aufgefasst. Das Ergebnis ist dann eine Energiedichte. In einer anderen Betrachtungsweise für Energiesignale werden die transienten Signale als periodische
Folge von z. B. Impulsen aufgefasst. In diesem Fall kann das Spektrum als diskretes
Amplitudenspektrum eines periodischen Signals (z. B. in V oder N) aufgetragen werden. Allerdings ist diese Darstellung dann von der Periodendauer des Signals, d. h. von
dessen Fensterlänge T abhängig. Beide Darstellungen können durch Quadrieren (um die
Leistung $P(f)$ zu erhalten), Multiplikation mit der Blocklänge T und anschließende Normierung auf die effektive Bandbreite B_{eff} ineinander überführt werden

$$E(f) \ = \ \frac{P(f)}{B_{eff}} \cdot T \ = \ G_{xx}(f) \cdot T \qquad (14.76)$$

Den Einfluss der Blocklänge T kann man gezielt durch das Auffüllen des Signals mit
zusätzlichen Nullen, dem sog. *zero padding* ausnutzen. Hierbei werden an das Zeitsignal zusätzliche Nullen angefügt oder vorangestellt. Dadurch steigt die Linienzahl N

Tab. 14.11 Zusammenfassung der Achseskalierung in SpektrenPegel sind nur für Effektivwerte nach Gl. 5.3 und Leistungen nach Gl. 5.4 definiert. Werte mit Index 0 sind Bezugswerte nach Abschn. 5.4

Signal	Skalierung	Pegel (Abschn. 6.4)
periodisch	Amplitude, Spitzenwert, Magnitude, MAG, Effektivwert, RMS Leistung, PWR, RMS2	Signalpegel Leistungspegel
stochastisch	Leistungsdichte, Power Spectral Density, PSD Gl. 14.69	Leistungsdichtepegel
transient	Energiedichte, ESD Gl. 14.74 und 14.76	Energiedichtepegel

bei der DFT an. Der Linienabstand Δf bzw. die effektive Bandbreite B_{eff} verringert sich hingegen. In der Folge erhält man eine höhere Frequenzauflösung im Spektrum. Diese Erhöhung der Frequenzauflösung ist nicht mit einem Zugewinn an Information verbunden, es handelt sich vielmehr um eine Interpolation des Spektrums an zusätzlich eingefügten Stützstellen. Das Verfahren wird außerdem in den FFT-Algorithmen verwendet, um vorhandene Signale auf die notwendige Länge einer Zweierpotenz 2^N zu bringen.

Tab. 14.11 fasst die Darstellung grundsätzlicher Signaltypen zusammen. Schwierigkeiten in der Darstellung ergeben sich immer dann, wenn unterschiedliche Signale, wie z. B. periodische und stationäre stochastische Signale, in einem Spektrum darzustellen sind. Während periodische Signale eine Skalierung auf z. B. die Leistung erfordern, verlangen stationäre stochastische Signale eine Darstellung als spektrale Leistungsdichte.

▶ Leistungsdichtespektren periodischer Signale sind miteinander dann vergleichbar, wenn diese die gleiche effektive Bandbreite B_{eff} haben. Die Skalierung ist dann nicht amplitudenrichtig, jedoch liefert diese Darstellung zumindest einen Vergleichswert.

Um die Leistungen periodischer Signale zu erhalten, muss deren spektrale Leistungsdichte mit der effektiven Bandbreite multipliziert werden. Im Falle der Impulse kommt hinzu, dass für Impulse das Rechteckfenster sinnvoll ist, im Falle asynchroner Abtastung führt dies bei periodischen und stationären stochastischen Signalen zu Leakage-Effekten. In der Praxis behilft man sich meist so, dass entweder die Darstellung gewählt wird, die dem zugrunde liegenden Signal am meisten entspricht oder versucht wird, über zwei getrennte Messungen zum Ziel zu kommen [3, 20].

14.4.9 Achsenskalierung

Die Achsenskalierung in den Spektren ist abhängig von der jeweiligen Messaufgabe, von den verwendeten Messaufnehmern und von ggf. Vorgaben aus Normen und Regelwerken.

In der Darstellung der Spektren ist es üblich, die Frequenzachse (Abszisse) linear oder logarithmisch zu skalieren.

- Lineare Skalierung der Frequenzachse erleichtert das Auffinden von Harmonischen. Da diese im ganzzahligen Verhältnis zueinander stehen, erscheinen die Frequenzlinien in gleichmäßigen Abständen. Mit zunehmender Höchstfrequenz werden die Abstände zwischen den Frequenzlinien in der Darstellung zunehmend enger und unübersichtlicher, sodass die Darstellung auf etwa eine bis zwei Zehnerpotenzen beschränkt werden sollte.
- Logarithmische Skalierung der Frequenzachse erfasst einen größeren Frequenzbereich von typischerweise 3 bis 4 Dekaden und ist die Standard-Darstellung in Frequenzbändern. Da eine Oktave als Frequenzverhältnis 2:1 definiert ist (z. B. 32 und 16 Hz sowie 2000 und 1000 Hz sind jeweils eine Oktave), erscheinen in logarithmischer Darstellung die Frequenzbänder gleich breit, obwohl diese eine unterschiedliche absolute Bandbreite haben. Mit steigender Frequenz werden immer mehr Linien auf engem Raum dargestellt, was die Auswertbarkeit in diesem Frequenzbereich einschränkt.

Der Ordinatenwert wird je nach Messaufgabe entweder linear oder logarithmisch dargestellt.

- Lineare Skalierung erlaubt die Darstellung einer Amplitudendynamik von ca. 20:1 bis 50:1 (entspricht ca. 13 bis 34 dB). Bei einer Achsenlänge von 100 mm entspricht diesem Verhältnis ein kleinster Ordinatenabschnitt von 5 bzw. 2 mm. In linearer Darstellung können folglich annähernd gleich große Amplituden dargestellt werden, eine große Amplitudendynamik ist nicht realisierbar.
- Logarithmische bzw. Pegelskalierung erweitert die Darstellung auf ca. 10^6:1 (entspricht 120 dB). Damit wird die Amplitudendynamik von Aufnehmern und A/D-Wandlern ausgenutzt. Im logarithmischen Maßstab können auch kleinere Amplituden dargestellt werden. Dies ist dann von Vorteil, wenn kleinere Amplituden für die Interpretation wichtig sind (z. B. Zustandsüberwachung). Eine logarithmische Skalierung entspricht ebenfalls der menschlichen Wahrnehmung der Stärke von Schwingungen (Weber-Fechnersches-Gesetz). Deshalb wird in Normen und Regelwerken nahezu ausschließlich ein logarithmischer Bewertungsmaßstab zugrunde gelegt.

In Abb. 14.48 ist der Einfluss einer unterschiedlichen Achsenskalierung anhand einer Schwingungsmessung an einer Shakerangeregten Abgasanlage. Beim Übergang von der linearen zur logarithmischen Amplitudenskalierungen (Abb. 14.48 oben, mitte) wird deutlich, dass die logarithmische Skalierung eine detailliertere Darstellung der kleineren Amplituden ergibt. Die lineare Darstellung ermöglicht hingegen eine Übersicht über die Maximalamplituden im Spektrum.

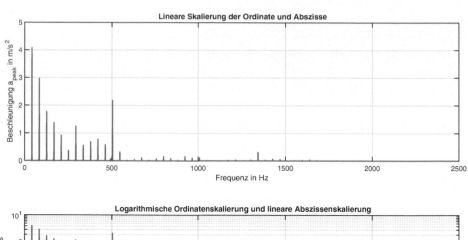

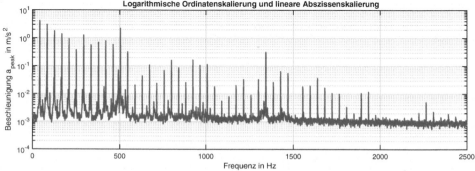

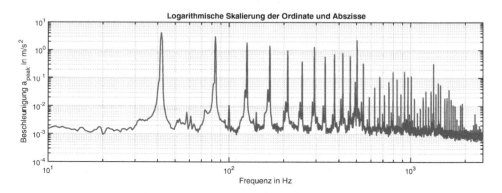

Abb. 14.48 Einfluss der Skalierung auf die Schwingungsmessung (Beschleunigungsamplitude a_{peak}) an einer Abgasanlage unter Shakeranregung

▶   Die Darstellung mit linearer Frequenzskalierung und logarithmischer Amplitudenskalierung als Pegel wird häufig in der Beurteilung von Spektren verwendet. Hierbei erscheinen auf der linear skalierten Frequenzachse die Harmonischen als Linien mit gleichem Abstand.

Ebenso sind sog. Seitenbänder durch Amplitudenmodulation leicht an der Aufspaltung der Harmonischen in symmetrische Nebenlinien zu erkennen. Die logarithmische Skalierung der Amplituden ergibt eine höhere Vielfalt an Einzelheiten. Es ist hierbei zu beachten, dass die größten Amplituden nicht unbedingt die maßgeblichen Indikatoren für die Zustandsüberwachung der Maschine sind. Häufig ist in dieser Messaufgabe die zeitliche Entwicklung von kleineren Amplituden der Indikator für Veränderungen an der Maschine [5].

Wählt man statt der linearen Skalierung der Frequenzachse eine logarithmische Skalierung (Abb. 14.48 mitte, unten), so wird die Darstellung bei geringen Frequenzen gestreckt und bei höheren Frequenzen gestaucht.

▶   Eine doppelt logarithmische Darstellung wird häufig dann verwendet, wenn im Spektrum zwei Parameter (Anstieg und Achsenabschnitt) identifiziert werden sollen oder ein mathematischer Zusammenhang mit einem Potenzansatz experimentell verifiziert werden soll.

Durch das Logarithmieren erscheint dann der Exponent als Anstieg im Spektrum, aus dem Achsenabschnitt lässt sich ein Parameter ablesen. Durch eine doppelt logarithmische Darstellung ist der Exponent als Neigung einer Geraden direkt ablesbar.

14.4.10 Differenzieren und Integrieren

Im Spektrum ist eine Differentiation und Integration durch die Anwendung der komplexen Rechnung sehr einfach möglich. Einer Differenziation entspricht der Multiplikation jeder Spektrallinie mit $j\omega$. Die Integration erfolgt durch die Division mit $j\omega$. Damit ist es z. B. möglich, aus der Messgröße Beschleunigung ein Schnelle- oder Auslenkungsspektrum darzustellen. Dies wird in Abb. 14.49 beispielhaft dargestellt.

Neben der einfachen Rechenvorschrift hat das Verfahren den Vorteil, dass sich der Gleichanteil im Signal nicht störend auf das Ergebnis einer Integration auswirkt. Im Gegensatz dazu bewirkt bei einer Integration im Zeitbereich der Gleichanteil einen linearen Anstieg im integrierten Signal. Diese Erscheinung ist sehr störend, da der laufende Anstieg im Signal den Wertebereich ausschöpft und es schließlich zum numerischen Überlauf kommt. Nachteilig wirkt sich hingegen aus, dass die Amplituden im Spektrum als positive Werte definiert sind. Bei der Integration im Spektrum werden diese durch die Kreisfrequenz dividiert, bleiben also positive Amplituden. Hingegen werden bei Integration im Zeitbereich positive und negative Amplituden berücksichtigt, die nach der Integration null ergeben. Somit kann die Integration im Zeitbereich zu einem besseren Signal-Rausch-Abstand als die Integration im Frequenzbereich führen, was für die Zeitbereichsmittelung (Abschn. 14.4.7) genutzt wird.

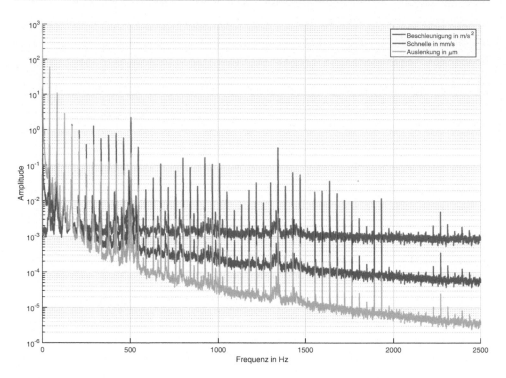

Abb. 14.49 Integration eines Beschleunigungsspektrums zum Schnelle- und Auslenkungs-spektrum

Für die Beurteilung von Spektren wird häufig auf das Schnellespektrum zurück-gegriffen. Dies hat mehrere Gründe:

- Das Schnellespektrum zeigt für viele Maschinen einen geringen Anstieg (maximum flatness criterion [6]). Diese Eigenschaft erlaubt es, im Signal eine hohe Amplituden-dynamik auszunutzen. In der Umkehrung bedeutet dies: Zeigt der Verlauf des Spekt-rums über der Frequenz einen Anstieg über mehrere Dekaden, so ist dieser Anteil an der Amplitudendynamik bereits verbraucht und kann nicht mehr für die Messaufgabe genutzt werden.
- Das Quadrat der Schnelle ist unter bestimmten Voraussetzungen proportional zur abgestrahlten Schallleistung P_{ak} an einer schwingenden Oberfläche.

$$P_{ak} \sim \hat{\ddot{x}}^2 \qquad (14.77)$$

Die Messung der Beschleunigung z. B. mittels piezoelektrischen Beschleunigungsaufnehmern (Abschn. 8.1) ist an Oberflächen leichter zu bewerkstelligen als die Messung der Schnelle (Kap. 8). Die Ursachen hierfür liegen in einem größeren Frequenzbereich der Beschleunigungsaufnehmer, geringerer Masse und damit Rückwirkung sowie einer größeren mechanischen Robustheit der Beschleunigungsaufnehmer. Durch Integration der Beschleunigung erhält man die Schnelle und kann mit dem erzeugten Schnellesignal weiterarbeiten.

Auf Einschränkungen bei der Differenziation und Integration soll abschließend hingewiesen werden. Die Differenziation bringt eine Aufrauhung des Messsignals bei hohen Frequenzen mit sich. Dies ist durch die Multiplikation mit der Kreisfrequenz zu erklären. Das Spektrum wird mit +20 dB pro Dekade verstärkt (vgl. Abschn. 5.7). Mit dem Messsignal werden jedoch auch die überlagerten hochfrequenten Störsignale verstärkt. Es ist demzufolge nicht sinnvoll, ein Wegsignal zu messen und dieses durch zweimalige Differenziation in ein Beschleunigungssignal „umwandeln" zu wollen, da die Störsignale ebenfalls um +40 dB pro Dekade verstärkt würden.

Auch bei der Integration sind die physikalischen Grenzen der Aufnehmer zu beachten. Da das Signal durch die Kreisfrequenz dividiert wird, tritt eine Glättung der hochfrequenten Signalanteile ein. Gleichzeitig werden die tieffrequenten Anteile stark angehoben und damit Messabweichungen verstärkt. In diesem Fall ist der Frequenzgang des verwendeten Beschleunigungsaufnehmers zu beachten. Im Falle piezoelektrischer Beschleunigungsaufnehmer wird der Frequenzgang bei tiefen Frequenzen nichtlinear und führt wiederum zu großen Messabweichungen. Aus diesem Grund ist das Integrieren von Beschleunigungssignalen im niederfrequenten Bereich nur mit Beschleunigungsaufnehmern möglich, deren Frequenzgang dies gestattet.

14.4.11 Praxisgerechte Einstellungen für Orientierungsmessungen

Die bisher erläuterten Zusammenhänge haben gezeigt, dass die Wahl der Einstellungen am Analysator entscheidend für richtige und verwertbare Ergebnisse ist. Diese Einstellungen hängen stets von der jeweiligen Messaufgabe ab. Aus diesem Grunde gibt es keine universell passenden Vorgaben, die für alle Anwendungsfälle zutreffend sind. Zusammenfassend wird die Herangehensweise beschrieben, wie aus der Messaufgabe die Einstellungen am Analysator bzw. im Auswerteprogramm abzuleiten sind.

Vorbereiten der Messaufgabe
Für die Qualität der Ergebnisse und deren Interpretation ist entscheidend, zunächst die Messaufgabe inhaltlich festzulegen, abzugrenzen und ein Erwartungsbild festzulegen: Was soll gemessen werden und was wird erwartet?

▶   Je genauer die Messaufgabe umrissen ist und je konkreter ein Erwartungsbild
    formuliert ist, umso gezielter kann die Messaufgabe gelöst werden.

Beispiel

Ein Motor (M) treibt über ein Getriebe (G) eine Kreiselpumpe (P) an (Abb. 14.50).

Motordrehzahl:	1500 U/min
Getriebe:	motorseitig $Z_1 = 100$ Zähne, pumpenseitig $Z_2 = 250$ Zähne
Pumpe:	8 Schaufeln
Frequenz des Motors:	$f_M = \frac{1500}{60} = 25\,\text{Hz}$
Frequenz der Pumpe:	$f_P = f_M \cdot i = f_M \cdot \frac{100}{250} = 10\,\text{Hz}$
Zahneingriffsfrequenz im Getriebe:	$f_E = f_M \cdot Z_1 = 25\,\text{Hz} \cdot 100 = 2{,}5\,\text{kHz}$ $f_E = f_P \cdot Z_2 = 10\,\text{Hz} \cdot 250 = 2{,}5\,\text{kHz}$
Schaufelpassierfrequenz in der Pumpe:	$f_{SP} = f_P \cdot Z_S = 10\,\text{Hz} \cdot 8 = 80\,\text{Hz}$

Im Spektrum werden Frequenzlinien bei 10 Hz, 25 Hz, 80 Hz und 2,5 kHz erwartet
und können Baugruppen zugeordnet werden. Weitere Frequenzlinien treten wahr-
scheinlich durch z. B. Seitenbänder der Zahneingriffsfrequenz, Lagerschwingungen
und höhere Harmonische der berechneten Frequenzen auf.

Im Umkehrschluss ist es ebenfalls klar, dass Mängel in der Planung und Vorbereitung
nicht durch eine Mehrinvestition an Zeit und Aufwand in der Auswertung ausgeglichen
werden können. Im schlimmsten Fall wird die Messung falsch ausgewertet und falsch
interpretiert. In der Regel führen derartige Schwächen in der Vorbereitung zu einer
Wiederholung der Messung, im minderschweren Fall zu unschön langen Messzeiten und
extrem großen Datenmengen.

Abb. 14.50   Kreiselpumpe
mit Motor und Getriebe

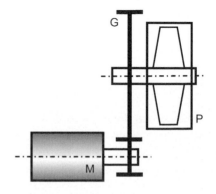

Einstellparameter

Die in Tab. 14.12 aufgelisteten Einstellungen sollen als Leitfaden für die Vorbereitung der Messung am Analysator dienen. Hierbei werden asynchrone Abtastung und stationäre Signale vorausgesetzt. Die Einstellungen geben einen ersten und in den meisten Fällen brauchbaren Eindruck von den Spektren.

Mit den Einstellungen kann ein erster Versuch unternommen werden, der in nachfolgenden Schritten der Auswertung und Interpretation verfeinert werden kann. Werden in den zugrunde liegenden Normen und technischen Regelwerken andere Einstellungen vorgeschrieben, so sind diese zu bevorzugen. Diese Einstellungen basieren auf Erfahrungswerten, beschreiben häufig vorkommende Messaufgaben und können damit für den speziellen Einzelfall nicht geeignet sein.

Tab. 14.12 Einstellungen am Analysator

Einstellungen	Erläuterungen
Frequenzbereich Abschn. 14.4.4	– Untere Grenze (Linienabstand) – Null bzw. geringste Drehzahl (Wälzlager) bzw. Hälfte der geringsten Drehzahl (Gleitlager) – Obere Grenze (Höchstfrequenz) – 3. Harmonische der höchsten Frequenz im untersuchten System (z. B. Zahneingriffsfrequenz)
Frequenzauflösung Abschn. 14.4.4	Trennung benachbarter Komponenten, Seitenbänder, Einfluss von Störsignalen
Mittelung Abschn. 14.4.7	– Periodische Signale: 3 … 5 Mittelungen – Stationäre stochastische Signale: Gl. 14.68 – Lineare Mittelung – 66,7 % Überlappung
Messzeit Abschn. 14.4.4 und 14.4.7	– Messzeit ist abhängig von Frequenzbereich, -auflösung, Mittelung und Überlappung – Kritischer Punkt: Signalstabilität bzw. Messzeit der vorhandenen Aufzeichnung
Fensterfunktion Abschn. 14.4.5	– Periodisches und stationäres stochastisches Signal: Hanning-Fenster – Impuls: Rechteck-Fenster
Achsenskalierung Abschn. 14.4.8 und 14.4.9	– Periodisches Signal: Amplitude, Effektivwert (RMS) oder Leistung (PWR) – Stationäres stochastisches Signal: spektrale Leistungsdichte (PSD) – Impuls: Amplitude oder spektrale Energiedichte (ESD)
Triggerung Abschn. 14.4.6	– Für Testzwecke: Freilaufmessung – Transienten: interne Triggerung – Übergeordnete Prozesse: externe Triggerung

Testmessung

Nach dem Vornehmen der Einstellungen bietet es sich an, eine Testmessung bzw. Auswertung vorzunehmen. Hierbei ist das Signal im Zeitbereich und im Frequenzbereich zu beurteilen:

- Zeitbereich
  - Keine Übersteuerung/Begrenzung des Signals (ggf. mit Oszilloskop vor dem Tiefpass messen),
  - Beurteilung Stabilität und Drift des Signals,
  - Modulation des Signals (Abschätzung der Modulationsfrequenz, Modulationsfrequenz muss größer sein als untere Grenze der Frequenz),
  - Ausreichender Rausch- und Störabstand (wenn möglich, eine Messung ohne Nutzsignal durchführen),
  - Fensterfunktion: kein Ausblenden relevanter Signalabschnitte durch das Fenster, beim Rechteckfenster muss das Signal an beiden Fenstergrenzen den Wert null haben.
- Frequenzbereich
  - Beurteilung des Frequenzinhaltes im Spektrum (Anpassung der unteren bzw. oberen Frequenzgrenze an die Form des Spektrums),
  - Beurteilung der Frequenzauflösung (Trennung benachbarter Frequenzen und Seitenbänder),
  - Rausch- und Störabstand (Netzfrequenz und deren Harmonische, qualitative Abschätzung des Rauschens),
  - Beurteilung zunächst ohne, dann mit Mittelung (Schwankungen der Einzelspektren, Einfluss der Mittelung).

Hierbei bietet es sich im Zweifelsfall an, zunächst eine Analyse in einem breiten Frequenzbereich und geringer Frequenzauflösung durchzuführen. Auf dieser Basis kann man die untere und obere Grenze des interessierenden Frequenzbereiches eingrenzen. Danach wird die Linienzahl im Spektrum erhöht und damit der Einfluss einer höheren Frequenzauflösung auf das Spektrum beurteilt.

14.4.12 Praktische Umsetzung in MATLAB® mit Testsignalen

Im Zusatzmaterial zu diesem Kapitel sind Testsignale hinterlegt. Die Testsignale sind überwiegend als AUDIO-Dateien abgelegt und können über jede gängige PC-Soundkarte abgespielt werden. So lassen sich FFT-Analysatoren und Messgeräte testen. Nahezu alle Testsignale sind mit der Abtastfrequenz 44,1 kHz erzeugt. Lediglich ein Testsignal weist die Abtastfrequenz 96 kHz auf (Abb. 14.51). Auch dieses Signal sollte mit jeder PC-Soundkarte abgespielt werden können. Das Besondere an diesem Signal ist, dass dies aus zwei Sinustönen besteht mit $f_1 = 100\,\text{Hz}$ und $f_2 = 45\,\text{kHz}$ mit dem

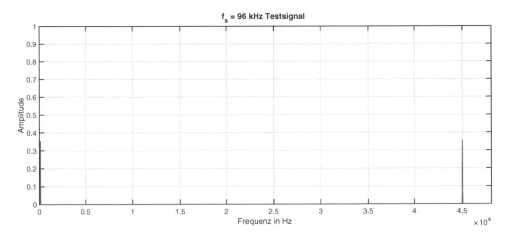

Abb. 14.51 Amplituden-Spektrum des Testsignals mit Abtastfrequenz $f_s = 96$ kHz. Das Testsignal enthält zwei Sinustöne $f_1 = 100$ Hz und $f_2 = 45$ kHz. Dieses Signal dient zum Testen des Aliasingfilters

Amplitudenwert $= 0{,}354$. Eine korrekt durchgeführte und skalierte DFT sollte zu den gleichen Amplitudenwerten wie in Abb. 14.51 führen. Hierzu wäre eine Abtastfrequenz des Analysators von wiederum 96 kHz erforderlich. Steht diese Abtastfrequenz nicht zur Verfügung oder wird eine andere Abtastfrequenz des Analysators verwendet, darf in keinem anderen Frequenzband außer bei 100 Hz ein Signalanteil dargestellt werden. Dieses Testsignal dient zum Testen des Aliasingfilters.

Die Transformation eines Signals aus dem Zeitbereich in den Frequenzbereich auf Basis der Fourier-Transformation erfolgt in MATLAB® mit der Anweisung

$$s = fft(x). \tag{14.78}$$

Das Ergebnis s enthält einen Vektor mit N komplexen Zahlen. Tatsächlich durchgeführt wird eine DFT nach Gl. 14.45 jedoch ohne den Multiplikator $1/N$ (die Normierung). Für Linienzahlen $N = 2^n$ (z. B. 1024, 2048, usw.) wird ein rechenoptimierter Algorithmus verwendet. Für die Durchführung der Fourier-Transformation greift MATLAB® auf die Programmbibliothek FFTW [30] zurück.

Um ein gebrauchsfähiges Ergebnis der Transformation zu erhalten, ist die Normierung

$$sNorm = s/N \tag{14.79}$$

erforderlich. Nun liegt ein zweiseitiges komplexes Spektrum vor, woraus sich über

$$stem(abs(sNorm)) \tag{14.80}$$

ein zweiseitiges Amplitudenspektrum darstellen lässt (Abb. 14.52).

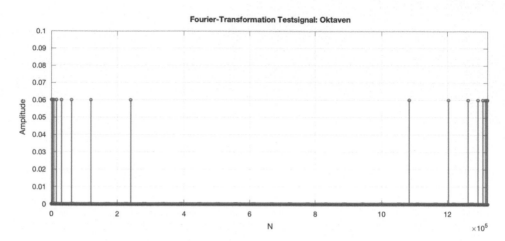

Abb. 14.52 Zweiseitiges Amplituden-Spektrum des Testsignals Oktaven

Die MATLAB®-Funktion benötigt keine Information über die Abtastfrequenz f_s. Sie liefert damit auch keinen Frequenzvektor f für die Skalierung der Abszisse. Über

$$f = fs*(0:(N/2)-1)/N;$$
$$sNorm\_einseitig = sNorm(1:N/2); \qquad (14.81)$$
$$stem(f,2*abs(sNorm\_einseitig),'LineWidth', 2);$$

wird ein einseitiges Amplitudenspektrum mit korrekten Amplitudenwerten und Frequenzachse dargestellt. Die Bedingung des Parsevalschen Theorems, dass zeitliche Leistung gleich der spektralen Leistung ist (Gl. 14.54), hat weiterhin seine Gültigkeit. Allerdings liegen im einseitigen Spektrum lediglich $N/2$ Linien vor. Hierdurch ergibt sich eine Korrektur an Gl. 14.54

$$P = \frac{1}{N} \sum_{k=0}^{N-1} (x(k))^2 = \sum_{n=0}^{\frac{N}{2}-1} (2 \cdot |\underline{X}(n)|)^2 \qquad (14.82)$$

Die Betragswerte des einseitigen Spektrums werden aufgrund der fehlenden Spiegelung mit dem Faktor 2 multipliziert.

Zur Kontrolle der richtigen Vorgehensweise wurde, da das Testsignal aus neun Sinustönen mit Oktavmittenfrequenz besteht, eine 1/n-Oktav-Filterung durchgeführt und anschließend die Scheitelwerte bestimmt (Abb. 14.53).

Will man den Empfehlungen aus Abschn. 14.4.11 folgen, so ist dies mit der MATLAB®-Funktion *fft()* nur sehr mühsam zu bewerkstelligen. Eine für die Fourier-Transformation im praktischen Gebrauch vielseitigere Funktion ist

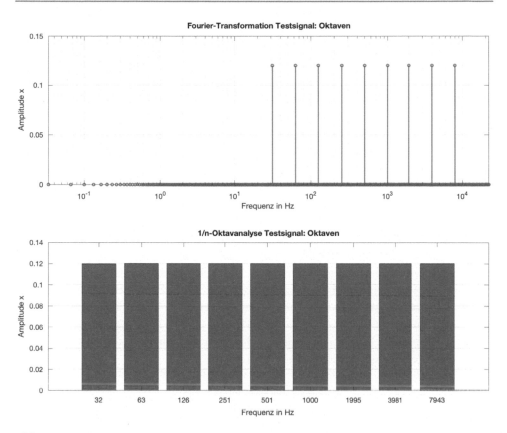

Abb. 14.53 Einseitiges Amplituden-Spektrum des Testsignals Oktaven in amplitudenrichtiger Darstellung (oben) und Kontrolle der Amplituden durch 1/n-Oktavfilterung des Testsignals und Scheitelwertbildung (unten). In beiden Diagrammen weisen die Amplituden einen Wert von 0,12 auf

$$[s,f,t,p] = spectrogram(x,w,overlap,N,fs)$$

mit

s, dem einseitigen komplexen Spektrum
f, dem Frequenzvektor
t, einem Zeitvektor
p, der spektralen Leistungsdichte PSD

x, Zeitdaten   (14.83)
w, Fensterfunktion
overlap, Anzahl Werte der Überlappung
N, Werteanzahl für die DFT
fs, Abtastfrequenz

Ist hierbei der Zeitdaten-Vektor x länger als die Werteanzahl, welche für die Fourier-
transformation benötigt werden (Parameter N), wird der Zeitdaten-Vektor in einzelne
N-lange Datenblöcke zerlegt und jeweils eine Fouriertransformation durchgeführt. Vor
der Durchführung der Fouriertransformation werden die Datenblöcke mit der Fensterfunktion w multipliziert. Das erfordert zumindest das Rechteckfenster. Alternativ kann
für den Parameter w der ganzzahlige Wert N angegeben werden, dies hat die gleiche Auswirkung in der Segmentierung wie die Rechteck-Fensterfunktion. Aus s wird dann eine
Matrix mit den einseitigen komplexen Spektren. Ebenso enthält p dann die Matrix der
spektralen Leistungsdichten. Aus t wird in diesem Falle aus einem Wert ein Vektor, welcher für die Skalierung einer Zeitachse verwendet werden kann. Die dreidimensionale
Darstellung wird als Spektrogramm (engl. spectrogram) bezeichnet.

Abb. 14.54 zeigt hierzu die Anwendung von *spectrogram* auf das Testsignal
fs_44_1 kHz_Oktaven.wav.

Aus Abb. 14.37 werden die FT-Paramter für das Spektrogramm abgeleitet. Ausgehend
von der oftmals gegebenen bzw. anhand $f_{max} < f_s/2$ festgelegten Abtastfrequenz f_s wird
die gewünschte Linienbreite bzw. Δf festgelegt. Diese Vorgehensweise hat sich bewährt,
da sie der strukturierten Lösung technischer Probleme am nähesten ist. Die maximal
auftretende Frequenz f_{max} und die erforderliche Trennschärfe Δf sind aus der Aufgabenstellung ermittelbar. Daraus ergibt sich für die Erstellung des Spektrogramms in
Abb. 14.54 die Anweisungsabfolge in Tab. 14.13.

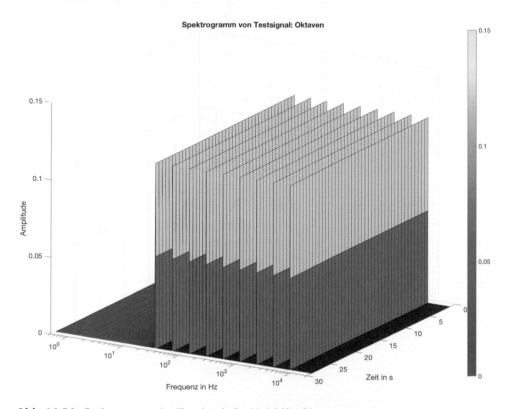

Abb. 14.54 Spektrogramm des Testsignals fs_44_1 kHz_Oktaven.wav

Tab. 14.13 Anweisungsabfolge für die Erstellung des Spektrogramms in Abb. 14.54

Anweisung	Erklärung
df = 0.5	Festlegung der Frequenzauflösung Δf
N = ceil(fs/df)	Anzahl der Linien des zweiseitigen Spektrums, mit der Funktion ceil() auf einen ganzzahligen Wert gebracht
T = N/fs	Blocklänge
overlap = ceil(2/3*N)	Überlappung, Abschn. 14.4.7, muss ein ganzzahliger Wert sein
w = hann(N)	Fensterfunktion, Abschn. 14.4.5, weitere Fensterfunktionen in der MATLAB® Hilfe unter window
FM = sum(w)/N	Fenstermittelwert nach Gl. 14.68
PM = sum(w.^2)/N	Leistungsmitelwert nach Gl. 14.64
B_eff = PM/(T * FM^2)	effektive Bandbreite nach Gl. 14.65
[s, f, t, p] = spectrogram(x, w, overlap, N, fs)	Berechnung des Spektrogramms. Werden die PSDs nicht benötigt, dann kann als Platzhalter das Tildezeichen (~) verwendet werden. Dies bewirkt, dass dieses Ergebnis nicht übernommen wird
sNorm = s/N	Normierung der einseitigen komplexen Spektren
MAG = 2*abs(sNorm)/FM	Berechnung des Amplitudenspektrums
surf(t, f, MAG)	Darstellung des Amplituden-Spektrogramms
colormap(spring)	Festlegung des Farbverlaus, weitere Ververlaufe in der MATLAB Hilfe unter colormap
c = colorbar	Darstellung einer Colorbar für die Farbskalierung der Amplitudenwerte
set(gca, 'FontSize', 16)	Festlegung der Schriftgröße
title('Spektrogramm von Testsignal: Oktaven')	Überschrift des Spektrogramms
xlabel('Zeit in s')	Beschriftung X-Achse
ylabel('Frequenz in Hz')	Beschriftung Y-Achse
set(gca, 'yscale', 'log')	Umstellung der Y-Achse auf logarithmische Teilung
zlabel('Amplitude')	Beschriftung Z-Achse
view(120, 20)	Drehen des Spektrogramms für eine bessere Visualisierung
axis([0 30 0 20000 0 0.15])	Festlegung der Wertebereiche der Achsenskalierungen
caxis([0 0.15])	Anpassung der Farbskalierung an die Achsenskalierung

Zur Bestimmung der Laufruhe wurden an einem Zweizylinder Dieselmotor Schwingungsmessungen mit Beschleunigungsaufnehmern durchgeführt. Das Messsignal ist mit einer Abtastfrequenz $f_s = 44100\,\text{Hz}$ vorgegeben. Als Frequenzauflösung wird $\Delta f = 2\,\text{Hz}$ gewählt. Dies hat eine Blocklänge von $T = 0{,}5\,\text{s}$ zur Folge. Die restlichen Parameter zur Durchführung der Fourier-Transformation wurden wie in Tab. 14.13 gewählt. Leichte Drehzahlschwankungen und die Drehzahländerung während der Messung dürften demnach sichtbar werden.

Abb. 14.55 zeigt das Spektrogramm der RMS Beschleunigungsamplituden aus der Schwingungsmessung am Dieselmotor. In der vorliegenden Form kann dieser Darstellungsform wenig Information entnommen werden. Interessant an diesem Messsignal sind zunächst die darin enthaltenen Frequenzen. Für die Information, welche Frequenzen im Signal enthalten sind, ist eine lineare Mittelung der schnellste Weg sich einen Überblick zu verschaffen. Die Darstellung erfolgt in einem einfachen zweidimensionalen Diagramm.

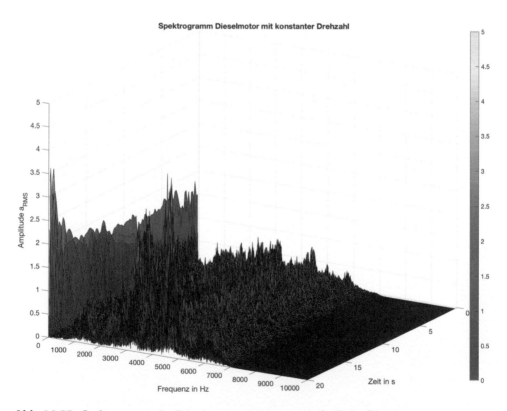

Abb. 14.55 Spektrogramm der Schwingungsmessung am zweizylinder Dieselmotor

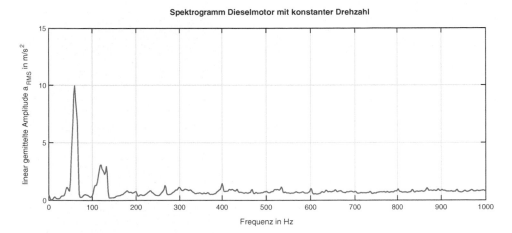

Abb. 14.56 Spektrogramm der Schwingungsmessung am Zweizylinder-Dieselmotor im relevanten Frequenzbereich und zur Bestimmung der enthaltenen Frequenzen linear über die gesamte Messzeit gemittelt

Aus dem Diagramm in Abb. 14.56 können zwei Frequenzen abgelesen werden:

- 1. Frequenz 60 Hz
  1. Motorordnung, entsteht durch die Zündfolge und den freien Massenkräften 1. Ordnung
- 2. Frequenz 120 Hz
  2. Motorordnung, entsteht durch die freien Massenkräfte 2. Ordnung

Im weiteren Frequenzbereich sind keine besonderen Auffälligkeiten zu entdecken. Für den Frequenzbereich bis 1000 Hz wird ein dreidimensionales Spektrogramm dargestellt (Abb. 14.57), jedoch mit einem geändertem Blickwinkel auf die Darstellung. Der Blick von „oben" auf das Diagramm zeigt, dass die Frequenzspitzen erst durch die Anregung in den letzten 10 s entstanden sind. Es wurde während der Messung die Motorlast erhöht und die Motordrehzahl hat zwischen der 20ten und 25ten Sekunde eine stärkere Änderung als zuvor und danach. Beides ist im Blick von „oben" (Draufsicht) gut sichtbar.

Der Blick von „oben" wird durch die Anweisung

$$view(90, -90) \tag{14.84}$$

erreicht.

Abb. 14.57 Spektrogramm
der Schwingungsmessung am
Zweizylinder-Dieselmotor im
relevanten Frequenzbereich im
Block von „oben"

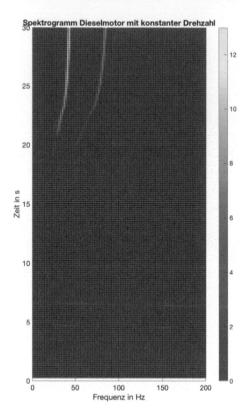

Diese Darstellungsform wird im Weiteren an einem zeitlich veränderlichen Signal verwendet. Auch hierzu wird in einem ersten Schritt die Methode an einem bekannten Signal erprobt. Es steht die Datei fs_44_1 kHz_sweep.wav in den Zusatzmaterialien zur
Verfügung. Dieses Testsignal besteht aus einem Cosinus mit der Amplitude 1. Innerhalb
der 30 s verändert sich das Signal von $f_1 = 25\,\text{Hz}$ auf $f_2 = 2500\,\text{Hz}$.

In Abb. 14.58 enthält eine weitere Darstellungsform von Spektrogrammen. Dargestellt werden drei Diagramme. Im Diagramm oben links (groß) ist das Spektrogramm
von „oben" dargestellt. Anhand der Farbcodierung kann der jeweilige Amplitudenwert (Z-Achse) entnommen werden. In den beiden weiteren Diagrammen wurden die
Horizontlinien dargestellt. In der Darstellung rechts wird die Zeit in der Ordinate und die
Amplitude als Abszisse dargestellt. Dies führt zu einer besseren Interpretierbarkeit dieser Teildarstellung, da es den Blick von rechts in das Spektrogramm darstellt. In dieses
Diagramm können Schnitte entlang einer Frequenzlinie bzw. die Horizontallinie, welche
über

$$plot(max(MAG,[],1),t, 'LineWidth', 2) \tag{14.85}$$

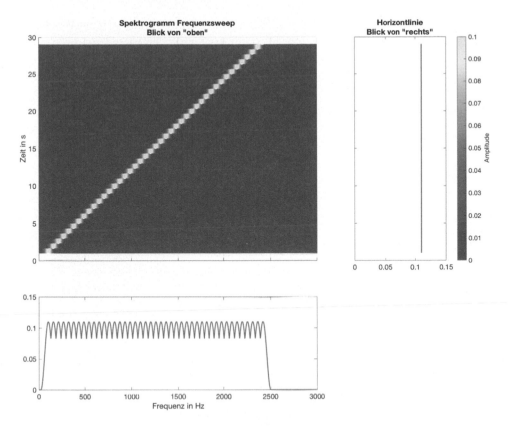

Abb. 14.58 Spektrogramm Frequenzsweep in einer 3-Diagramme-Darstellung. Diagramm oben links (groß) zeigt das Spektrogramm von „oben". Diagramm oben rechts zeigt den Blick von rechts und stellt in diesem Fall die „Horizontallinie" über die Zeit dar. Das untere Diagramm ist der Blick entlang der Frequenzachse und zeigt in diesem Fall die entsprechende Horizontallinie

dargestellt wurde. Analog hierzu enthält das untere Diagramm den Blick in das Spektrogramm von der Frequenzachse aus betrachtet. In dieses Diagramm können Schnitte entlang einer Zeit(linie) dargestellt werden bzw. die entsprechende Horizontallinie, welche über

$$plot(max(MAG,[],2),t,\ 'LineWidth',\ 2) \tag{14.86}$$

dargestellt wurde.

Betrachtet man die Amplitudenwerte der Horizontallinien des rechten und unteren Diagramms, so ist zu erkennen, dass diese lediglich ca. 1/10 des Sollwertes 1 betragen. Bei der Darstellung über die Frequenz ist zusätzlich ein kammartiger Verlauf der Amplitudenlinie zu sehen. Die Ursache hierzu ist in der nicht passenden Frequenzauflösung für diesen Sweep zu suchen. Der Sweep weist mit einer Frequenzänderung von $f_1 = 25$ Hz bis $f_2 = 2500$ Hz während 30 s eine Steigung von

$$f_{ST} = \frac{f_2 - f_1}{t} = \frac{2500\,Hz - 25\,Hz}{30\,s} = 82{,}5\frac{Hz}{s} \tag{14.87}$$

auf. Die DFT wurde mit einem $\Delta f = 0,5\,\text{Hz}$ durchgeführt. Woraus sich ein Blocklänge $T = 2\,\text{s}$ ableitet. Während der Blocklänge erfährt das Signal eine Veränderung von

$$\Delta f_{Signal} = T \cdot f_{ST} = 2\,s \cdot 82,5 \frac{Hz}{s} = 165\,Hz \tag{14.88}$$

Dies entspricht 330 Linien des Spektrums. Zwar „rettet" die 66,7 %ige Überlappung ein wenig und hebt die Amplitudenwerte wieder an. Insgesamt betrachtet ist die Parametrierung für diesen Fall jedoch falsch. Für Δf muss mindestens der Wert von $f_{ST} = 82,5\,\text{Hz}$ übernommen werden um die wahren Amplitudenwerte zu erhalten (Abb. 14.59).

In Abb. 14.59 ist das Ergebnis der DFT mit $\Delta f = 82,5\,\text{Hz}$ dargestellt. Zu sehen sind nun weitestgehend Amplitudenwerte die aus dem Signal mit Amplitude $= 1$ zu erwarten sind. Jedoch im Bereich f nahe 0 und t nahe 0 sind nun zu hohe Amplitudenwerte zu erkennen. Dies ist ein Effekt der aus der Kombination der Signalform (Cosinus), der verwendeten Fensterfunktion (Hanning), der durchgeführten Überlappung (66,7 %) und der daraus erforderlichen Amplitudenkorrektur. Die Amplitudenkorrektur ist für das erste Spektrum des Spektrogramms schlichtweg falsch. Der einzig beschreitbare Lösungsweg ist der Verzicht auf den Signalanfang.

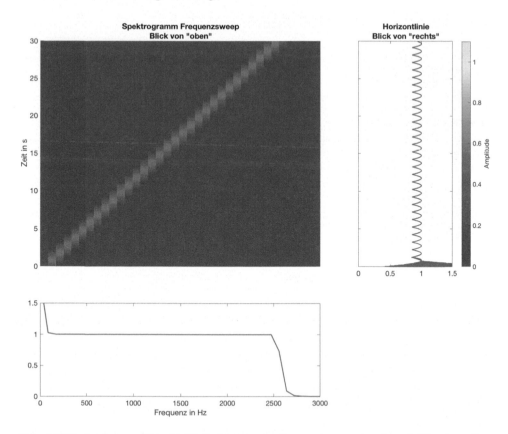

Abb. 14.59 Analog zu Abb. 14.58 Spektrogramm Frequenzsweep in einer 3-Diagramm-Darstellung, jedoch mit $\Delta f = 82,5\,\text{Hz}$

Beispiel

An dem Motor aus dem vorherigen Beispiel wird eine Messung während des Drehzahl-Hoch/Runterlaufs durchgeführt. Dieser verläuft über 180 s. Während der ersten 150 s erfolgt der Drehzahlhochlauf von $n = 700/\text{min}$ bis $n = 4000/\text{min}$. Nach Gl. 14.87 ergibt sich für die 2. Motorordnung $f_{ST} = 0{,}74\,\text{Hz/s}$, sodass mit einem $\Delta f = 2\,\text{Hz}$ die DFT für dieses Signal berechnet werden kann.

In Abb. 14.60 sind das Spektrogramm sowie Frequenz- und Zeitschnitte dargestellt. Die Frequenzschnitte (rechtes Diagramm) zeigen die Frequenzlinien welche im Zeitschnitt bei 140 s als Frequenzspitzen zeigen. Die entsprechende Linie berechnet sich zu

$$Linie = \frac{f}{\Delta f} + 1 \qquad\qquad (14.89)$$

welche in der Anweisung

$$plot(MAG(Linie,:),t, 'LineWidth', 2) \qquad\qquad (14.90)$$

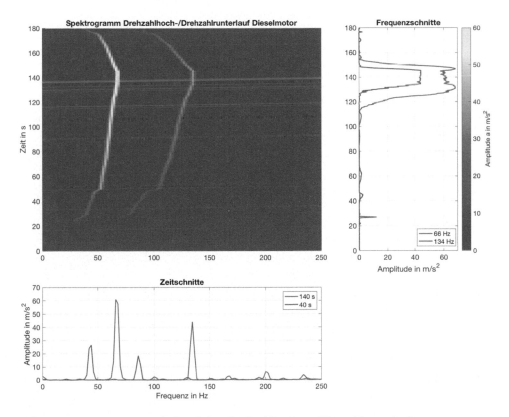

Abb. 14.60 Spektrogramm der DFT eines Drehzahlhoch- und Drezahlrunterlaufs

zur Darstellung als Amplitudenverlauf über der Zeit führt. Die Ermittlung des Index für den Zeitschnitt erfolgt über die Ermittlung der Zeitabstände aus dem Vektor t. In $t(1,1)$ befindet sich der nominelle Zeitpunkt für das erste Spektrum t_1. Der Zeitabstand aller anderen Spektren ist aufgrund der Überlappung ein anderer. Δt kann z. B. über $t(5,1) - t(4,1)$ ermittelt werden. Der Index für den Zeitschnitt berechnet sich dann zu

$$Index = \frac{t - t_1}{\Delta t} + 1 \qquad (14.91)$$

Hierin wird für die Zeitspanne $t - t_1$, t abzüglich des nominellen Zeitpunkts des ersten Spektrums die Anzahl der Spektren bestimmt. Verwendet wird als Index der nächst größere ganzzahlige Wert, welcher geringfügig von dem gewünschten Zeitschnitt abweichen wird.

Wie im Abschn. 14.4.7 dargelegt, verbessert eine Mittelung von Spektren die Aussagekraft des Ergebnisses. Das Spektrogramm in Abb. 14.60 besteht aus 1078 Spektren in einem Zeitabstand von $\Delta t_{Spek} = 0{,}1666$ s. Bei einer Frequenzänderung der 2. Motorordnung von $f_{ST} = 0{,}74$ Hz/s und der gewählten Parametrierung der DFT mit $\Delta f = 2$ Hz und 66,7 %iger Überlappung werden eine berechenbare Anzahl an Spektren durchlaufen, bis das Signal eine Frequenzänderung von 2 Hz erfahren hat. Diese kann man dazu nutzen eine Mittelung durchzuführen, ohne dass ein Informationsverlust entsteht. Das Verhältnis $\Delta f / f_{ST}$ ergibt die Zeitspanne, welche für eine Signalveränderung von Δf benötigt wird. Während dieser Zeitspanne werden n Spektren mit einem Zeitabstand von Δt_{Spek} ein lediglich durch Messwertstreuung unterschiedliches Spektrum aufweisen. Dabei ist zu berücksichtigen, dass Δt_{Spek} den zeitlichen Versatz der Spektren zueinander beschreibt, während T die Blocklänge eines Spektrum beschreibt (Abb. 14.61). Die Berechnung der Mittelungsanzahl ergibt sich damit zu

$$n = \frac{\frac{\Delta f}{f_{ST}} - T}{\Delta t_{Spek}} + 1 \qquad (14.92)$$

Als Anzahl der zur Mittelung verwendbaren Spektren wird dann der nächst kleinere ganzzahlige Wert verwendet. Sollte n kleiner 1 werden, ist die Parametrierung der DFT für diese Analyse nicht korrekt gewählt.

Für das Spektrogramm aus Abb. 14.60 ergibt sich für die mögliche Mittelungszahl von $n = 14.2$ mit einer Mittelungszeit

$$\begin{aligned} T_A &= T + (n - 1)\Delta t_{Spek} \\ T_A &= 2{,}7\,s \end{aligned} \qquad (14.93)$$

welches zu einem $B_{eff} T_A$-Produkt der Größe 4,05 und zu einer relativen Standardabweichung ε nach Gl. 14.68 von 24,8 % führt. Im MATLAB®-Code wird die Mittelung durch eine Schleife realisiert.

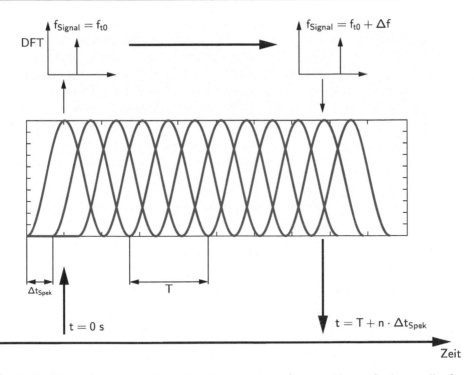

Abb. 14.61 Schematische Darstellung für die Ermittlung der Anzahl von Spektren, die für eine Mittelung eines sich zeitlich verändernden Signals verwendet werden können, ohne dass Informationsverlust entsteht

```
for inc=1:14:anzSpektren
        step = step +1 ;
        if inc+13 > anzSpektren
                gemMAG(:,step) = mean(MAG(:,inc:end),2);
                t2(1,step) = t(1,inc)+(t(1,end)-t(1,inc))/2;
        else
                gemMAG(:,step)= mean(MAG(:,inc:inc+13),2);
                t2(1,step) = t(1,inc)+(t(1,inc+13)-t(1,inc))/2;
        end
end
```

$$(14.94)$$

Dabei muss neben den gemittelten Spektren auch ein neuer Zeitvektor t_2 gebildet werden. Die letzte Mittelung erfolgt, falls es sich so ergibt, mit weniger als 14 Spektren.

Eine andere Form des Rechendurchlaufs ist ebenfalls denkbar, indem die Mittelung ab dem siebten. Spektrum beginnt und gleitend bis zum siebentletzten durchgeführt

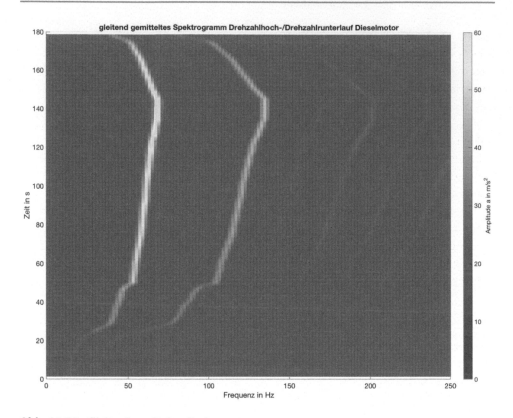

Abb. 14.62 Gleitend gemitteltes Spektrogramm

wird (Abb. 14.62). Am Anfang und am Ende des Spektrogramms gehen in diesem Fall insgesamt 14 Spektren aufgrund der Mittelung gegenüber der ursprünglichen DFT verloren. Der MATLAB®-Code hierzu lautet:

```
for inc=7:anzSpektren-7
    step = step + 1;
    gemMAG(:,step)= mean(MAG(:,inc-6:inc+7),2);
    t2(1,step) = t(1,inc-6)+(t(1,inc+7)-t(1,inc-6))/2;
end
```
$$(14.95)$$

Ein anderer Ansatz zur Mittelung von Spektren kann verfolgt werden, wenn man die Messzeit in diskrete Zeitabstände t_{Step} (Stützstellenabstand in Sekunden) aufteilt und jeweils n Mittelungen dem jeweiligen Zeitpunkt als Spektrum zuordnet. Dabei ist es wichtig, den nominellen Zeitpunkt eines Spektrums zu definieren. Dieser kann zu Beginn, in der Mitte und an das Ende der Blocklänge T gesetzt werden. Üblich ist die

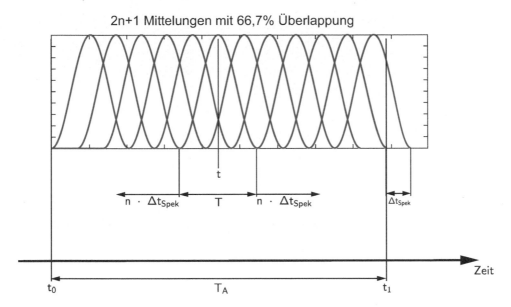

Abb. 14.63 Schematische Darstellung der Mittelung von $2n + 1$ Spektren zu einem nominellen Zeitpunkt t, welcher in die Mitte der Mittelungszeit T_A definiert wurde

Mitte, dies entspricht den Zeiten im Zeitvektor t der MATLAB®-Funktion *spectrogram*. Eine Mittelung erfolgt mit n-Spektren linksseitig und n-Spektren rechtsseitig zum Zeitpunkt t des mittleren Blocks mit der Blocklänge T. In Abb. 14.63 ist das Schema für diese Art der Mittelung dargestellt.

Im MATLAB®-Code sind hierfür die Festlegungen

$$tStep = 0.5;$$
$$nMittelungen = 6;$$
$$(14.96)$$

für den Stützstellenabstand und die einseitigen Mittelungen zu treffen. Daraus werden im weiteren die Parameter für die stufenweise Berechnung des Spektrogramms ermittelt:

$$nStep = ceil(fs*tStep);$$
$$TA = T+2*nMittelungen*dtSpektrum;$$
$$nTAhalbe = ceil(TA*fs/2);$$
$$(14.97)$$

Für die Berechnung des Spektrogramms wird entlang des Signals über eine Schleife in den Abständen *nStep* je einmal die Anweisung *spectrogram* aufgerufen und die berechneten Spektren gemittelt. Zusätzlich muss ein Zeitvektor t berechnet werden.

$$
\begin{aligned}
&\textit{for inc=nTAhalbe+1:nStep:length(signal)-nTAhalbe} \\
&\quad \textit{step = step + 1;} \\
&\quad \textit{x=signal(inc-nTAhalbe:inc+nTAhalbe-1);} \\
&\quad \textit{[s,f,\~{},\~{}] = spectrogram(x,w,overlap,N,fs);} \\
&\quad \textit{MAG(:,step) = mean(2*abs(s/N)/FM,2);} \\
\\
&\quad \textit{if step == 1} \\
&\quad\quad \textit{t(1,step) = tStep;} \\
&\quad \textit{else} \\
&\quad\quad \textit{t(1,step) = t(1,step-1) + tStep;} \\
&\quad \textit{end} \\
&\textit{end}
\end{aligned}
\tag{14.98}
$$

Analog hierzu erfolgen Mittelungen bei Signalen ohne zeitliche Veränderung. Die Überlegung zur Anzahl der Spektren für die Mittelung erfolgt dann ausschließlich über Gl. 14.68.

Neben der linearen Mittelung stehen noch weitere Möglichkeiten der Mittelung bzw. Bewertung der jeweils berechneten Spektren zur Verfügung. Diese sind in Tab. 14.14 beschrieben. Die Matrix der von der MATLAB®-Funktion berechneten Spektren ist spaltenorientiert. Das bedeutet, dass in Spalte 1 das 1. Spektrum, in Spalte 2 das 2. Spektrum usw. abgelegt ist. Eine Mittelung oder anderweitige Bewertung der Spektren muss demnach Zeilenweise erfolgen, was durch den zusätzlichen Parameter $dim=2$ in den entsprechenden Anweisungen angegeben wird.

Tab. 14.14 Auflistung möglicher MATLAB®-Funktion zur Aufbereitung von Spektren

Funktionalität	Funktion	Beschreibung
linearer Mittelwert	mean(s,dim)	Berechnet den linearen Mittelwert der Matrix s entlang der in dim vorgegebenen Berechnungsrichtung gemäß $\bar{x} = \frac{1}{n} \sum\limits_{\xi=1}^{n} x(\xi)$
Quadratischer Mittelwert	rms(s,dim)	Berechnet den quadratischen Mittelwert der Matrix s entlang der in dim vorgegebenen Berechnungsrichtung gemäß $X_{RMS} = \sqrt{\frac{1}{n} \sum\limits_{\xi=1}^{n} x(\xi)^2}$
Summe	sum(s,dim)	Berechnet die Summe der Matrix s entlang der in dim vorgegebenen Berechnungsrichtung
Standardab-weichung	std(s,[ ],dim)	Berechnet die Standardabweichung der Matrix s entlang der in dim vorgegebenen Berechnungsrichtung
Maximalwert	max(s,[ ],dim)	Bestimmt den Maximalwert aus der Matrix s entlang der in dim vorgegebenen Berechnungsrichtung
häufigster Wert	mode(s,dim)	Bestimmt den am häufigsten vorkommenden Wert der Matrix s entlang der in dim vorgegebenen Berechnungsrichtung

14.4.13 Spektrale Größen in MATLAB®

Wie in Abschn. 14.4.8 dargelegt, wird in den Spektren der Ordinatenwert je nach Signal-
typ, Anwendungsfall und Vereinbarung unterschiedlich dargestellt. Die Umsetzung in
MATLAB®-Code (Tab. 14.13) ist dabei nicht nur eine Neuskalierung der Ordinate.
Die MATLAB®-Anweisungen

$$[s,f,\sim,\sim] = spectrogram(x,w,overlap,N,fs);$$
$$sNorm = s/N; \tag{14.99}$$

transformieren das Signal x aus dem Zeitbereich in den Frequenzbereich. $sNorm$ enthält
das normierte einseitige komplexe Spektrogramm. Im Sonderfall, dass das Zeitsignal
ebensoviel Werte enthält wie die angestrebte Linienzahl N/2, wird das Spektrogramm zu
einem Spektrum reduziert. Die weitere Bearbeitung durch Mittelung etc. ist daraufhin
nicht erforderlich.

Amplitudenspektrum, Betragsspektrum – MAG
Das linear gemittelte Amplitudenspektrum wird durch die Anweisung

$$MAG=mean(2*abs(sNorm)/FM,2); \tag{14.100}$$

berechnet. Das Ergebnis sind die gemittelten Scheitelwerte $\bar{\hat{x}}(f)$. Weitere Mittelungsarten
sind in Tab. 14.14 dargestellt. Für den Effektivwert erfolgt die Berechnung über

$$MAG=mean(2*abs(sNorm/sqrt(2))/FM,2); \tag{14.101}$$

und dargestellt als Pegel in dBV ($L_V(re\,1V)$)

$$MAG=20*log10(mean(2*abs(sNorm)/FM,2)/1000); \tag{14.102}$$

Die Multiplikation des normierten Spektrums (sNorm) mit 1/FM (FM nach Gl. 14.63)
führt in den Gl. 14.100…14.102 die erforderliche Amplitudenkorrektur durch.

Leistungsspektrum, Power Spectrum – PWR
Das gemittelte Leistungsspektrum berechnet sich nach den MATALAB-Anweisungen

$$MAG = 2*abs(sNorm)/FM;$$
$$MAG\_eff = MAG/sqrt(2);$$
$$PWR = MAG\_eff.\wedge2;$$
$$PWR = mean(PWD,2); \tag{14.103}$$

Da die Reihenfolge der Anweisungen eine entscheidende Rolle für das Ergebnis spielt,
ist es oftmals pragmatischer – und besser lesbar – wenn anstelle der Verschachtelung der
Anweisungen ineinander, diese in einzelnen Schritten durchgeführt werden. Zunächst
werden aus der Matrix der normierten komplexen Spektren s das Betragsspektrum
gebildet. Im nächsten Schritte die Effektivwerte durch Division mit $\sqrt{2}$, während im
dritten Schritte die Quadrierung zum Leistungsspektrum erfolgt und anschließend durch
lineare Mittelung auf ein Spektrum reduziert. Zur korrekten Leistungsdarstellung wurde
das Betragsspektrum mit dem Korrekturwert 1/FM (FM nach Gl. 14.63) multipliziert.

Spektrale Energiedichte, Auto-Power-Spektrum – ESD, APS

$$MAG = 2^*abs(sNorm)/FM;$$
$$ESD = mean(MAG.^2,2);$$ (14.104)

Spektrale Leistungsdichte, Autoleistungsspektrum, Autospektrum, Autospektral-dichte, Power Spectral Density – PSD
Für die Bestimmung des PSDs bieten sich drei Möglichkeiten an:

1. über die MATLAB-Funktion *spectrogram* und anschließende lineare Mittelung

$$[\sim,f,\sim,p] = spectrogram(x,w,overlap,N,fs);$$
$$Gxx = mean(p,2);$$ (14.105)

2. durch die MATLAB®-Funktion *pwelch*, die bereits eine Mittelung durchführt

$$[Gxx, f] = pwelch(x,w,overlap,N,fs);$$ (14.106)

3. in einzelnen Anweisungsschritten nach Gl. 14.68

$$sNorm = 2^*s/N;$$
$$PWD = (abs(sNorm)/sqrt(2)/FM).^2;$$
$$Gxx = mean(PWD / B\_eff,2);$$ (14.107)

Wie Abb. 14.64 zeigt führen alle drei Rechenwege zum gleichen Ergebnis.

Cepstrum
Die Berechnung des Cepstrums erfolgt durch die MATLAB®-Funktion

$$c=rceps(x).$$ (14.108)

14.4.14 Modulationsanalyse

Als Amplitudenmodulation wird die Addition einer niederfrequenten Schwingung auf eine höherfrequente bezeichnet. Die Addition beider Schwingungen führt zur zeitlichen Veränderung der Amplitude. In Maschinen kommen amplitudenmodulierte Schwingungen z. B. in Getrieben vor. Ausgelöst wird dies z. B. durch Wellenexzentrizität.

Beispiel
Eine Getriebestufe (Abb. 14.65) besteht aus den Zahnrädern $Z_1 = 40$ Zähne und $Z_2 = 25$ Zähne. Bei einer Drehzahl von Z_1 mit $n_{Z1} = 3000/min$ bzw. Drehfrequenz $f_{D,Z1} = 50\,Hz$ ergibt sich eine Zahneingriffsfrequenz $f_Z = 2000\,Hz$ und für die Drehzahl von Z_2 durch das Übersetzungsverhältnis $n_{Z2} = 4800/min$ bzw. die Drehfrequenz $f_{D,Z2} = 80\,Hz$.

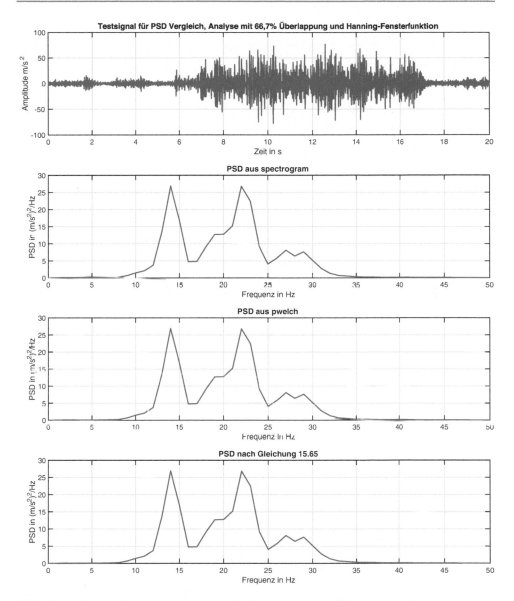

Abb. 14.64 Vergleich der Rechenwege für die Bestimmung des PSD aus einem Messsignal

Durch Amplitudenmodulation in der jeweiligen Drehfrequenz können die Zahnräder die Zahneingriffsfrequenz modulieren. Durch die Modulationsanalyse wird die Modulationsfrequenz und der Modulationsgrad der Trägerfrequenz, in diesem Beispiel die Zahneingriffsfrequenz, bestimmt.

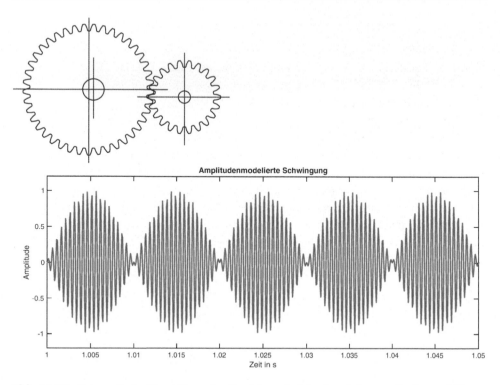

Abb. 14.65 Schematische Darstellung der Getriebestufe (oben) und der amplitudenmodulierten Schwingung (unten)

Für die Durchführung einer Modulationsanalyse sind mehrere Schritte erforderlich:

- Mittels 1/n-Oktav-Filterung das Signal in Frequenzbänder aufteilen
- Für jedes Frequenzband die Umhüllende bilden
- DFT der Umhüllenden

Das Ergebnis wird als farbskaliertes zweidimensionales Bild aufgetragen. Die Abszisse wird mit der Trägerfrequenz, die Ordinate mit der Modulationsfrequenz skaliert und die Farbinformation als Modulationsgrad. Aus Abb. 14.66 kann abgelesen werden, dass für das Beispiel die Trägerfrequenz $f \sim 2000\,\text{Hz}$ mit $f \sim 50\,\text{Hz}$ stark moduliert ist. Daraus lässt sich ableiten, dass die Zahneingriffsfrequenz $f_Z = 2000\,\text{Hz}$ durch die Drehfrequenz des Zahnrades Z1 moduliert ist ($f_{D,Z1} = 50\,\text{Hz}$).

MATLAB®-Code (Auszug)

Um Ein- und Ausschwingen der Filter nicht in der späteren Fouriertransformation mit zu analysieren, wird das gefilterte Signal und der Zeitvektor um jeweils 5 s am Anfang und am Ende gekürzt.

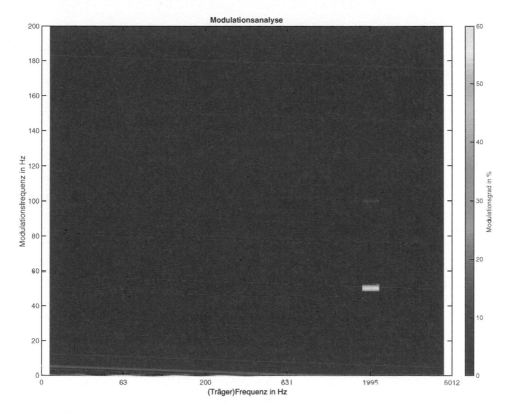

Abb. 14.66 Modulationsanalyse für das Getriebebeispiel

$$NStart = 5*fs;$$
$$NEnde = length(data)-5*fs; \qquad (14.109)$$
$$t=t(1,NStart:NEnde)-t(1,NStart);$$

Für die 1/3-Oktav-Filterung werden die Filterparameter definiert:

$$filterdefs = fdesign.octave(3,'Class\ 1','N,F0',8,1000,fs);$$
$$frequenzen = validfrequencies(filterdefs); \qquad (14.110)$$
$$Nfc = length(frequenzen);$$

Die Signalfilterung, Berechnung der Umhüllenden und die Fouriertransformation werden für jedes Frequenzband innerhalb einer Schleife durchgeführt:

$$for\ inc=1:Nfc$$

$$filterdefs.F0 = frequenzen(inc); \qquad (14.111)$$
$$Hd = design(filterdefs,'butter');$$
$$dataFilt = filter(Hd,data);$$

führt die Signalfilterung durch (vgl. Anweisung 14.34).

$$[x,\sim]= envelope(dataFilt(NStart{:}NEnde,1),32,'peak'); \qquad (14.112)$$

bildet die Hüllkurve um das Signal und

$$[s,f,\sim,\sim] = spectrogram(x\text{-}mean(x),w,overlap,N,fs); \qquad (14.113)$$

führt die Fouriertransformation durch.

$$sNorm = s/N;$$
$$MOD(:,inc) = mean(2^*abs(sNorm)/FM,2); \qquad (14.114)$$

bildet das gemittelte Amplitudenspektrum. Dies ist das Modulationsamplituden-
spektrum des Frequenzbandes.

$$end \qquad (14.115)$$

schließt die Schleife.

Die Variable *MOD* enthält eine 6401×24 Matrix mit den Modulationsamplituden.
Dies ist als Modulationsfrequenz x Trägerfrequenzband zu interpretieren. Die
Modulationsfrequenzen liegen im Vektor *f* aus den *spectrogram*-Funktionsaufrufen
vor. Für die Dartsellung wird der „Platzhalter"-Vektor

$$xVektor = (1{:}Nfc); \qquad (14.116)$$

gebildet. Über

$$imagesc(xVektor,f,MOD/rms(data)^*100); \qquad (14.117)$$

erfolgt die grafische Darstellung der Modulationsanalyse. Zum Abschluss werden
über

$$
\begin{aligned}
set(gca, \, &'XTickLabel', \, \{'0'... \\
&num2str(round(frequenzen(5))) \, ... \\
&num2str(round(frequenzen(10))) \, ... \\
&num2str(round(frequenzen(15))) \, ... \\
&num2str(round(frequenzen(20))) \, ... \\
&num2str(round(frequenzen(end))) \, \});
\end{aligned} \qquad (14.118)
$$

die korrekten Frequenzwerte der Trägerfrequenzbänder der Abszisse beschriftet.

Beispiel

Mit der bereits in Abb. 14.9 verwendete Luftschallaufzeichnung eines elektrischen
Verstellantriebes zur Fahrzeugsitzverstellung, wird eine Modulationsanalyse durchgeführt (Abb. 14.67).

Der Modulationsanalyse kann entnommen werden, dass mehrere Frequenzbänder
mit einer Modulationsfrequenz $f_{MOD} = 101$ Hz moduliert sind.

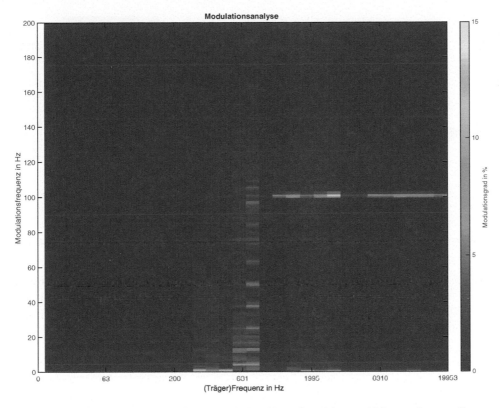

Abb. 14.67 Modulationsanalyse eines elektrischen Verstellantriebes zur Fahrzeugsitzverstellung

Für die Ergebnisdarstellung de Modulationsanalyse hat sich die farbcodierte X/Y-Darstellung etabliert. Um hierzu die Bereichsgrenzen der Achsen definieren zu können ist es ratsam, zunächst sich über die Darstellung (Abb. 14.68 links)

$$surf(xVektor,f,MOD/rms(data)*100) \tag{14.119}$$

und schrittweiser Anpassung der Skalierung (Abb. 14.68 mitte)

$$axis([0\ 30\ 0\ 20\ 0\ 15]) \tag{14.120}$$

sich zur endgültigen Darstellung (Abb. 14.68 rechts)

$$imagesc(xVektor,f,MOD/rms(data)*100) \tag{14.121}$$

vor zu arbeiten.

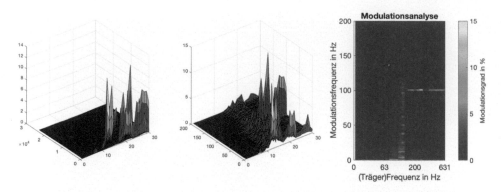

Abb. 14.68 Schrittweise Bearbeitung der grafischen Darstellung bis zur endgültigen Version

14.5   Übertragungsfunktion

Die Übertragungsfunktion verknüpft die Größen von Ausgang und Eingang an einem schwingungsfähigen System. Mit der Übertragungsfunktion ist die vollständige Beschreibung eines linearen zeitunabhängigen Systems (LTI-System) möglich. Aus den Ergebnissen lassen sich Rückschlüsse auf das System selbst und dessen Parameter ziehen. Als Parameter in mechanischen Systemen können z. B. Masse, Federkonstante, Dämpfung durch die Übertragungsfunktion ermittelt werden; in der Elektrotechnik und Akustik können die Verstärkung, nichtlineare Verzerrungen und Phasenverschiebungswinkel über die Übertragungsfunktion ermittelt werden.

Liegen die Größen als Zeitfunktion für den Eingang $x(t)$ und für den Ausgang $y(t)$ des schwingungsfähigen Systems vor, so erhält man für die Funktion $h(t)$

$$y(t) = \int\limits_{-\infty}^{\infty} x(t)\, h(t - \tau) d\tau \qquad (14.122)$$

Die Funktion h(t) wird als Gewichtsfunktion (engl. Impulse Response) bezeichnet. Symbolisch schreibt man für die ausgeführte Faltungsoperation

$$y(t) = x(t) * h(t) \qquad (14.123)$$

In der Messpraxis gibt man jedoch in der Regel der Formulierung in der Frequenzdarstellung den Vorzug

$$H(j\omega) = \frac{Y(j\omega)}{X(j\omega)} \qquad (14.124)$$

Der Quotient aus den komplexen Spektren des Einganges $X(j\omega)$ und des Ausganges $Y(j\omega)$ ergibt die komplexe Funktion $H(j\omega)$ als Funktion der Kreisfrequenz ω. Die Funktion $H(j\omega)$ wird als Übertragungsfunktion (engl. Frequency Response Function, FRF) bezeichnet. Alernativ ist die Schreibweise

$$FRF(j\omega) = \frac{A(j\omega)}{E(j\omega)} \quad bzw. \quad FRF = \frac{A}{E} \tag{14.125}$$

möglich, wobei bei letzterer Schreibweise eine Verwechslung mit dem Betragswert der Übertragungsfunktion möglich ist. Abb. 14.69 stellt die Beziehungen zwischen Signaleingang und Signalausgang in einem linearen zeitinvarianten System dar.

Eingang und Ausgang sind in der Frequenzdarstellung durch die Übertragungsfunktion verknüpft; in der Zeitdarstellung durch die Gewichtsfunktion. Die experimentelle Ermittlung der Übertragungsfunktion am Beispiel der Vertikalschwingungen einer Motorradgabel ist in Abb. 14.70 dargestellt. Als Eingang $x(t)$ wird die Anregung am Reifenaufstandspunkt verstanden, der Ausgang $y(t)$ wird als Schwingungsantwort verstanden. Beide Schwingungsgrößen werden in diesem Beispiel in vertikaler Richtung gemessen. Die Signale am Eingang $x(t)$ und Ausgang $y(t)$ des schwingungsfähigen Systems werden zeitsynchron auf zwei Kanälen erfasst. Danach erfolgt die Fouriertransformation beider Signale (Abschn. 14.4.2). Diese liegen dann als komplexe Spektren $X(j\omega)$ und $Y(j\omega)$ des Einganges und des Ausganges vor. Aus den Spektren $X(j\omega)$ und $Y(j\omega)$ erfolgt danach die Bildung der Übertragungsfunktion $H(j\omega)$. Die Übertragungsfunktion $H(j\omega)$ ist ebenfalls komplex, d. h. enthält für jede (Kreis-)Frequenz zwei Zahlenwerte (Amplitude und Phasenwinkel oder Real und Imaginärteil). Üblicherweise werden Amplituden- und Phasenfrequenzgang über der Kreisfrequenz ω bzw. Frequenz f aufgetragen (Bodediagramm, vgl. Abschn. 4.3). Ebenfalls wird die Darstellung als Nyquistdiagramm (Ortskurve) praktiziert (Abschn. 4.4).

Die Übertragungsfunktion kann jedoch nicht einfach als „Ausgangsspektrum Y dividiert durch Eingangsspektrum X" gebildet werden, da überlagertes Rauschen die Übertragungsfunktion verfälschen würde. Aus diesem Grund muss die Übertragungsfunktion H für die messtechnische Erfassung modifiziert werden, indem Zähler und Nenner mit

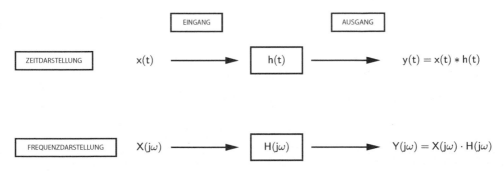

Abb. 14.69 Beziehungen zwischen Eingang und Ausgang an einem linearen, zeitinvarianten System

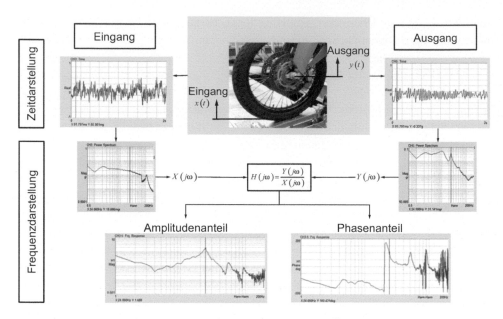

Abb. 14.70 Blockschaltbild zur experimentellen Ermittlung der Übertragungsfunktion

der komplex Konjugierten X^* multipliziert werden [2, 3, 21]. Das Ergebnis wird als Übertragungsfunktion H_1 bezeichnet

$$H_1(j\omega) = \frac{Y(j\omega) \cdot X^*(j\omega)}{X(j\omega) \cdot X^*(j\omega)} \tag{14.126}$$

Im Nenner erhält man nun mit der formalen Definition des zweiseitigen Autoleistungs spektrums $S_{XX}(\omega) = X(j\omega) \cdot X^*(j\omega)$ und im Zähler mit dem Kreuzleistungsspektrum $S_{XY}(\omega) = Y(j\omega) \cdot X^*(j\omega)$

$$H_1(j\omega) = \frac{S_{XY}(j\omega)}{S_{XX}(\omega)} \tag{14.127}$$

Das Autoleistungsspektrum S_{XX} ist reell, das Kreuzleistungsspektrum ist hingegen komplex. Beim Übergang zum einseitigem Autoleistungsspektrum[4] G_{XX} und einseitigem Kreuzleistungsspektrum G_{XY} erhält man unter Benutzung von Gl. 14.67

$$H_1(j\omega) = \frac{G_{XY}(j\omega)}{G_{XX}(\omega)} \tag{14.128}$$

---

[4]Das Formelzeichen G wird in der Regelungstechnik auch für die Übertragungsfunktion verwendet; hier hat es die Bedeutung des einseitigen Leistungsspektrums

Somit erfolgt die Angabe der Übertragungsfunktion nicht mehr als „Ausgang dividiert durch Eingang", sondern als „Kreuzleistungsspektrum dividiert durch Autoleistungsspektrum des Einganges".

Analog kann man vorgehen, indem die Multiplikation des Zählers und Nenners mit der komplex Konjugierten Y^* erfolgt. Dann erhält man die Übertragungsfunktion $H_2(j\omega)$ in der Formulierung „Autoleistungsspektrum des Ausgangs G_{YY} dividiert durch das Kreuzleistungsspektrum des Eingangs G_{YX} ".

$$H_2(j\omega) = \frac{Y(j\omega) \cdot Y^*(j\omega)}{X(j\omega) \cdot Y^*(j\omega)} = \frac{S_{YY}(\omega)}{S_{YX}(j\omega)} = \frac{G_{YY}(\omega)}{G_{YX}(j\omega)} \tag{14.129}$$

In der Benutzeroberfläche von Signalanalysatoren bzw. der Software muss dann die Auswahl zwischen H_1 und H_2 getroffen werden.

Der Unterschied zwischen den Übertragungsfunktionen H_1 und H_2 tritt zutage, wenn ein Störsignal dem Eingang oder dem Ausgang eines schwingungsfähigen Systems überlagert wird. Hierbei werden folgende Fälle unterschieden [2, 3, 21]:

- Rauschen auf dem Ausgang: Das System wird mit der Größe $e(t)$ angeregt, diese wird als Messsignal $x(t)$ ohne Störung gemessen. Dem Ausgangssignal $a(t)$ hingegen ist eine Störung additiv überlagert. Diese Störung kann am Eingang als $m(t)$ oder am Ausgang als $n(t)$ wirken. Es wird angenommen, dass das Rauschen $m(t)$ bzw. $n(t)$ in keinem Zusammenhang mit der Anregung $e(t)$ steht. Man bezeichnet beide Signale in diesem Falle als „identisch unkorreliert". Aufgrund der getroffenen Annahmen (LTI-System, identisch unkorreliertes Rauschen) ist die Reihenfolge der Anordnung der einzelnen Elemente im Signalfluss austauschbar. Diese Störung kann z. B. am Ausgang das Rauschen des Aufnehmers oder des Messverstärkers sein und wird im verrauschten Messsignal $y(t)$ gemessen.
- Rauschen auf dem Eingang: Der Anregung $e(t)$ am Eingang des Systems ist eine Störung $m(t)$ additiv überlagert und wird als verrauschtes Messignal $x(t)$ gemessen. Auch in diesem Falle sind Eingangssignal $e(t)$ und Rauschen $m(t)$ identisch unkorreliert. Das Ausgangssignal $a(t)$ wird hingegen ohne Störung als Messsignal $y(t)$ gemessen.
- Rauschen auf Eingang und Ausgang: Der Anregung $e(t)$ und dem Ausgang $a(t)$ sind die Rauschsignale $m(t)$ bzw. $n(t)$ überlagert. Die gemessenen Größen am Eingang $x(t)$ und am Ausgang $y(t)$ sind folglich beide verrauscht. Die Rauschsignale $m(t)$ und $n(t)$ sind untereinander und zum Eingang $e(t)$ identisch unkorreliert.

Die Übertragungsfunktionen für diese Fälle sind in Abb. 14.71 aufgeführt.

Im Falle des Rauschens auf dem Eingang liefert die Übertragungsfunktion H_1 eine Schätzung für die Übertragungsfunktion H, die nur einen statistischen Fehler enthält. Die Übertragungsfunktion H_2 enthält zusätzlich den systematischen Fehler G_{nn}/G_{aa}. Zur Fehlerkorrektur müssten die Autoleistungsdichten des Rauschens selbst und des nicht verrauschten Signales herangezogen werden, die jedoch messtechnisch i. d. R. nicht

Ersatzschaltbild   Übertragungsfunktion

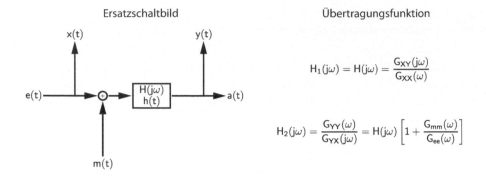

$$H_1(j\omega) = H(j\omega) = \frac{G_{XY}(j\omega)}{G_{XX}(\omega)}$$

$$H_2(j\omega) = \frac{G_{YY}(\omega)}{G_{YX}(j\omega)} = H(j\omega)\left[1 + \frac{G_{mm}(\omega)}{G_{ee}(\omega)}\right]$$

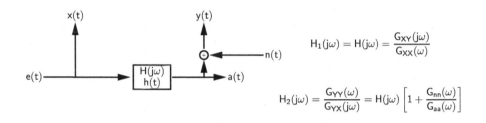

$$H_1(j\omega) = H(j\omega) = \frac{G_{XY}(j\omega)}{G_{XX}(\omega)}$$

$$H_2(j\omega) = \frac{G_{YY}(\omega)}{G_{YX}(j\omega)} = H(j\omega)\left[1 + \frac{G_{nn}(\omega)}{G_{aa}(\omega)}\right]$$

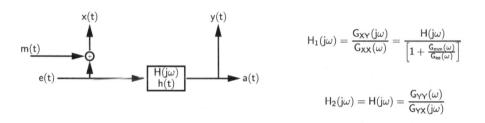

$$H_1(j\omega) = \frac{G_{XY}(j\omega)}{G_{XX}(\omega)} = \frac{H(j\omega)}{\left[1 + \frac{G_{mm}(\omega)}{G_{ee}(\omega)}\right]}$$

$$H_2(j\omega) = H(j\omega) = \frac{G_{YY}(\omega)}{G_{YX}(j\omega)}$$

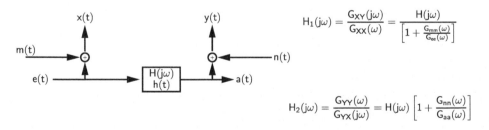

$$H_1(j\omega) = \frac{G_{XY}(j\omega)}{G_{XX}(\omega)} = \frac{H(j\omega)}{\left[1 + \frac{G_{mm}(\omega)}{G_{ee}(\omega)}\right]}$$

$$H_2(j\omega) = \frac{G_{YY}(\omega)}{G_{YX}(j\omega)} = H(j\omega)\left[1 + \frac{G_{nn}(\omega)}{G_{aa}(\omega)}\right]$$

Abb. 14.71 Übertragungsfunktion bei überlagerten Störungen

zugänglich sind. Für den Fall des Rauschens auf dem Ausgang liefert hingegen die Übertragungsfunktion H_2 eine Schätzung für die Übertragungsfunktion H ohne systematischen Fehler.

▶ Rauschen auf dem Ausgang: Übertragungsfunktion H_1 verwenden.
Rauschen auf dem Eingang: Übertragungsfunktion H_2 verwenden.

Sind sowohl Eingang als auch Ausgang verrauscht, so haben sowohl H_1 als auch H_2 einen systematischen Fehler. Da der systematische Fehler größer als 1 ist, liefert H_1 zu kleine Werte, während H_2 zu große Werte liefert. Die Übertragungsfunktion H liegt für diesen Fall zwischen den beiden Grenzen H_1 und H_2. Meist ergibt H_1 eine bessere Näherung in der Übertragungsfunktion H für die Minima [3]. Das Anregungssignal ist deutlich größer als das Ausgangssignal, d. h. $G_{ee} > G_{aa}$, somit wird der Klammerausdruck in H_1 klein. Maxima können mit H_2 besser angenähert werden, da $G_{aa} > G_{ee}$. Diese Unsicherheiten in der Abschätzung der Übertragungsfunktion H zeigen, dass es sinnvoll ist, Störquellen weitgehend auszuschalten. Dies bedeutet, die Messsignale $x(t)$ und $y(t)$ möglichst ohne zwischengeschaltete Störquellen zu erfassen. Ist dies nicht möglich, sollte der Messaufbau so optimiert werden, dass die Störquellen entweder dem Ausgang oder dem Eingang zuzuordnen sind.

Um die lineare Abhängigkeit des Ausgangsspektrum Y gegenüber dem Eingangsspektrum X beurteilen zu können, wird die Kohärenzfunktion γ^2 (Kohärenzspektrum, Kohärenz) herangezogen.

$$\gamma^2(\omega) = \frac{|S_{YX}(j\omega)|^2}{S_{XX}(\omega) \cdot S_{YY}(\omega)} \tag{14.130}$$

Die Kohärenzfunktion γ^2 ist reell und umfasst den Wertebereich zwischen 0 und 1. Der Wert der Kohärenz γ^2 sagt für die Frequenz aus, inwieweit das Signal $y(t)$ aus dem Signal $x(t)$ stammt. Die Kohärenzfunktion beantwortet damit die Frage nach dem kausalen Zusammenhang zwischen zwei Signalen. Zwischen der Kohärenzfunktion γ^2 und den experimentellen Übertragungsfunktionen H_1 und H_2 besteht der Zusammenhang

$$\gamma^2 = \frac{H_1(j\omega)}{H_2(j\omega)} \tag{14.131}$$

Damit stellt die Kohärenzfunktion γ^2 u. a. das Bindeglied zwischen den Übertragungsfunktionen dar. Ordnet man das Messsignal $y(t)$ dem Ausgang und das Messsignal $x(t)$ dem Eingang zu, so ergibt sich:

- $\gamma^2 = 1$ für vollkommene lineare Abhängigkeit, d. h. die Signale sind voll korreliert. Die Messsignale am Ausgang und am Eingang haben in der Anregung eine gemeinsame Ursache. Das System ist linear und zeitinvariant.

- $\gamma^2 = 0$ für vollkommene lineare Unabhängigkeit, d. h. die Signale sind unkorreliert. Die Signale hängen somit ursächlich nicht miteinander zusammen.

Diese Aussagen gelten ohne Offset und ohne Rauschstörungen in den Signalen. Oft werden Werte für die Kohärenz von $0 < \gamma^2 < 1$ gemessen. Die Ursachen findet man in folgenden Fällen:

- Überlagerte Störungen (Rauschen) auf dem Eingang und/oder Ausgang (vgl. Abb. 14.71),
- Nichtlinearer Zusammenhang zwischen den Signalen $y(t)$ und $x(t)$ (Nichtlinearität im schwingungsfähigen System, z. B. Klappern, Reibung, usw.; Nichtlinearität im Messsignal, z. B. Filterung, Übersteuerung),
- Leakage durch Fensterfunktionen (vgl. Abschn. 14.4.5),
- Laufzeitdifferenz zwischen beiden Signalen im Bereich der Blocklänge (vgl. Abschn. 14.4.4).

Damit kann eine Messkette so optimiert werden, dass die Kohärenzfunktion im interessierenden Frequenzbereich maximal wird. Neben der Interpretation als Quotient der Übertragungsfunktionen H_1 und H_2 lässt sich die Kohärenz auch als Signal-Rausch-Abstand SNR für die jeweilige Frequenz interpretieren

$$SNR = \frac{\gamma^2}{1 - \gamma^2} \tag{14.132}$$

Dabei wird in dem Bruch der Zähler als proportionale Größe zur Ausgangsleistung, der Nenner als proportional zur Rauschleistung angesehen.

▶   Die gemessene Übertragungsfunktion muss stets in Zusammenhang mit der Kohärenzfunktion betrachtet werden.

Aus der Übertragungsfunktion lässt sich nicht ablesen, ob ein kausaler Zusammenhang zwischen Ausgang und Eingang für diese Frequenz vorliegt. Hierfür ist die Kohärenz als zusätzlicher Indikator heranzuziehen. In der Praxis wird häufig für $\gamma^2 \geq 0{,}8$ als ausreichend für einen kausalen Zusammenhang und damit Korrelation der beiden Signale angesehen [20]. Ist hingegen die Kohärenz klein, so wird bei dieser Frequenz die Übertragungsfunktion nicht interpretiert. Für Werte in der Kohärenzfunktion von $\gamma^2 \leq 0{,}2$ wird kein kausaler Zusammenhang zwischen Ausgang und Eingang mehr angenommen [20].

Im Folgenden wird ein lineares schwingungsfähiges System, bestehend aus einer Masse, Feder und Dämpfer, betrachtet. Aus der experimentell ermittelten Übertragungsfunktion lassen sich nach Abschn. 4.3 die dynamische Masse, die Federkonstante und die Dämpferkonstante errechnen. Hierfür wird auf die weiterführende Literatur verwiesen

[12, 22, 23]. Als einfaches Beispiel wird die Ermittlung der dynamischen Masse an einem Pendel behandelt. Diese Vorgehensweise wird praktisch für die Kalibrierung eines Impulshammers angewendet.

Zum Test des Messprozesses wird eine kompakte Masse, welche an zwei Drähten pendelnd aufgehängt ist, mit einem Impulshammer angeschlagen. Die Eigenfrequenz dieses Pendels liegt bei ca 1 Hz und wird nicht betrachtet. Der Impulshammer verfügt über einen piezoelektrischen Kraftaufnehmer (Abschn. 9.4) und ist mit einer Stahlspitze (hard tip) verwendet worden. Beim Anschlagen der Masse wird die Beschleunigung durch einen piezoelektrischen Beschleunigungsaufnehmer gemessen (Abschn. 8.1). Die Messsignale des Beschleunigungsaufnehmers und des Impulshammers (Kraftaufnehmer) werden in einer Signalverarbeitung in die Frequenzdarstellung transformiert und die Übertragungsfunktion $H_1(f)$ gebildet. Die gesamte Messanordnung und Signalverarbeitung ist in Abb. 14.72 ersichtlich.

Fasst man die Beschleunigung als Eingang in m/s^2 und die Kraft als Ausgang in N auf, so kann die dynamische Masse m_{dyn} als Quotient „Ausgang dividiert durch Eingang"

$$m_{dyn} = H(f) = \frac{\hat{F}}{\hat{\ddot{x}}} \qquad (14.133)$$

errechnet werden.

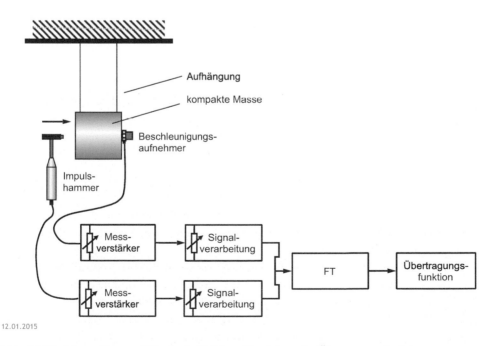

Abb. 14.72 Messaufbau und Blockschaltbild zur Ermittlung der Übertragungsfunktion

Die dynamische Masse m_{dyn} in Gl. 14.133 stellt den Amplitudenfrequenzgang der Übertragungsfunktion dar. Der Phasenfrequenzgang wird in diesem Beispiel nicht weiter betrachtet. Da die Messung an einer kompakten Masse erfolgt, ist ein frequenzunabhängiger Verlauf des Amplitudenfrequenzganges zu erwarten.

Eingangs- und Ausgangssignal wurden mit gleichen Einstellparametern für die Messkanäle erfasst. Die Datenerfassung erfolgte abtastsynchron jedoch ohne Starttrigger, sodass die Zeitsignale (Abb. 14.73) für die weitere Analyse zunächst zugeschnitten werden müssen.

Für die Signalanalyse wird ein Signal der Blocklänge T benötigt, welche in Abhängigkeit zu der gewünschten Frequenzauflösung steht. Für die Bestimmung der korrekten Übertragungsfunktion muss im Eingangs- und Ausgangssignal der gesamte Impulshammerschlag enthalten sein. Daher werden die Zeitsignale so beschnitten, dass eine kurze Zeitspanne vor dem Impuls erhalten bleibt, z. B. 5 ms.

```
pre = 0.005;
preN = ceil(pre * fs);
schwelle = 100;


for inc=1:length(Kraftsignal)
        if Kraftsignal(inc,1) > schwelle
                    break;
        end
end


Startpunkt = inc-preN;
Endpunkt = Startpunkt+N-1;


kraft=Kraftsignal(Startpunkt:Endpunkt,1);
beschleunigung = Beschleunigungssignal(Startpunkt:Endpunkt,1);
zeit = zeit(Startpunkt:Endpunkt,1)-zeit(Startpunkt,1);
```

$$(14.134)$$

Der in Gl. 14.121 dargestellte MATLAB®-Code führt den Beschnitt (siehe Abb. 14.74) der Zeitsignale durch. In der *for-Schleife* wird der Index des Kraftvektors (Zeitsignal aus der Kraftmessung) ermittelt, an der der Kraftwert erstmalig den Schwellwert *(schwelle)* überschritten hat. Die Anweisung break beendet die Ausführung der *for-Schleife*. Hierdurch enthält *inc* den gesuchten Index. Startpunkt für den Zuschnitt der Signale ist der ermittelte Index abzüglich des festgelegten Pre-Triggers. Der Endpunkt ergibt aus dem Startpunkt zuzüglich der Blocklänge N.

Da die impulsförmigen Signale an beiden Fenstergrenzen den Wert null haben, kann ein Rechteckfenster verwendet werden (vgl. Abschn. 14.4.5). Die Verwendung des Rechteckfensters hat in diesem Fall den Vorteil, dass im Spektrum keine Korrektur vorgenommen werden muss. Das Signal wird als periodische Impulsfolge der Blocklänge T aufgefasst. Deshalb erfolgt keine Angabe der Energiedichte, sondern als diskretes Spektrum in m/s^2 bzw. in N (vgl. Abschn. 14.4.8).

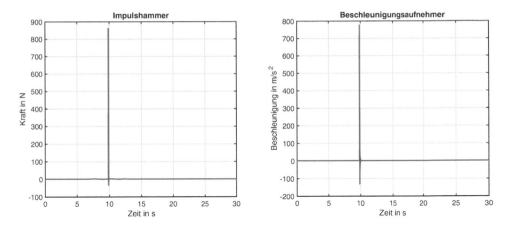

Abb. 14.73 Zeitsignale der Kraft am Impulshammer und der Beschleunigung an der Masse

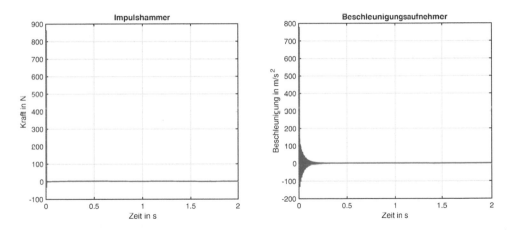

Abb. 14.74 Zeitdarstellung der Kraft und der Beschleunigung an der Masse, wie sie für die Bestimmung der Übertragungsfunktion verwendet werden

Die Messergebnisse der Kraft und der Beschleunigung sind in Zeitdarstellung der Abb. 14.74 und in Frequenzdarstellung der Abb. 14.75 zu entnehmen. Der Zeitverlauf des Beschleunigungssignals ist durch einen Impuls, gefolgt von einem hochfrequenten Nachschwingvorgang gekennzeichnet. Dieser Nachschwingvorgang ist ebenso bei einer Frequenz von 15 kHz im Spektrum erkennbar (Abb. 14.75 unten) und stimmt mit der Eigenfrequenz des montierten Beschleunigungsaufnehmers überein.

Die Berechnung der Übertragungsfunktion (FRF) erfolgt durch elementweise Division des Kraftspektrums mit dem Beschleunigungsspektrum.

$$FRF = sKraft./sBeschleunigung \qquad (14.135)$$

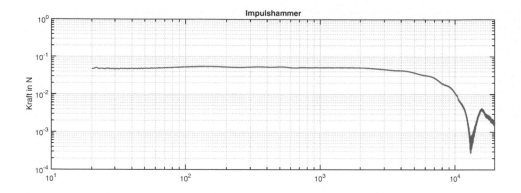

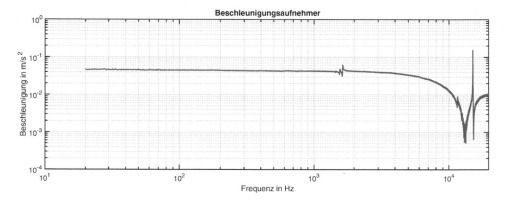

Abb. 14.75 Frequenzdarstellung der Kraft und der Beschleunigung

Das Ergebnis ist die Komplexe Übertragungsfunktion *FRF*. Für die Darstellung als Amplitudenfrequenzgang erfolgt über

$$abs(FRF) \tag{14.136}$$

bzw. als Phasenfrequenzgang

$$angle(FRF) . \tag{14.137}$$

Der Amplitudenfrequenzgang der Übertragungsfunktion ist in Abb. 14.76 dargestellt. Im Frequenzbereich von 20 Hz bis ca. 5 kHz zeigt der Frequenzgang einen nahezu konstanten, d. h. frequenzunabhängigen Verlauf. Bei höheren Frequenzen weicht der Verlauf von der Konstanten zunehmend ab. Die Ursache ist im Verlauf des Beschleunigungs- und Kraftspektrums zu finden. Bei höheren Frequenzen knicken sowohl das Beschleunigungs- als auch das Kraftspektrum ab. Somit erhält die Übertragungsfunktion zunehmend die Gestalt „Null dividiert durch Null", wodurch es zu den erwähnten Abweichungen bei höheren Frequenzen kommt.

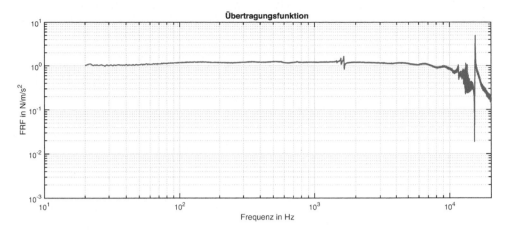

Abb. 14.76 Amplitudenfrequenzgang der Übertragungsfunktion

Die Kohärenzfunktion (Abb. 14.77) hat über den gesamten Frequenzbereich den Wert von 1 als Ausdruck der linearen Abhängigkeit. Im Frequenzbereich > 5 kHz ist die lineare Abhängigkeit weiterhin gegeben, obwohl die Resultate der Übertragungsfunktion in diesem Bereich offensichtlich falsch sind. Als Konsequenz für die Praxis ist aus dem Verlauf der Übertragungsfunktion zu entnehmen, dass die Anregung im gesamten interessierenden Frequenzbereich mit hinreichender Leistung erfolgen muss, um ein ausreichendes Antwortsignal zu erhalten. Dies gilt insbesondere für Dämpfungen und für in der Praxis nie zu vermeidende Nichtlinearitäten (Spiel, Reibung, nichtlineare Feder- und Dämpferkennlinien usw.) entspricht.

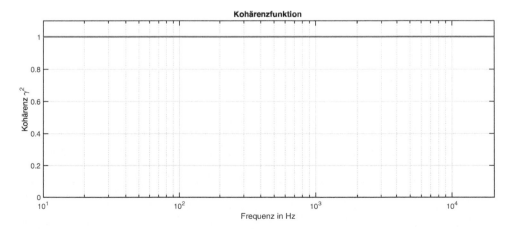

Abb. 14.77 Kohärenzfunktion der Messsignale

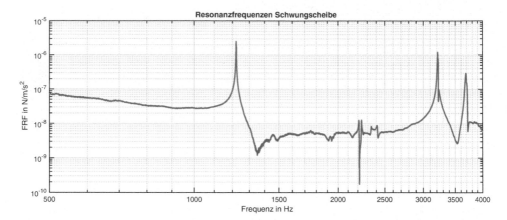

Abb. 14.78 Bestimmung der Resonanzfrequenzen einer Schwungscheibe anhand der Übertragungsfunktion

In einem weiteren Beispiel werden die klangbestimmenden Resonanzfrequenzen und deren Dämpfung einer Schwungscheibe bestimmt. Wie in Kap. 15 ausführlich dargestellt, können anhand der Übertragungsfunktion die Resonanzfrequenzen der gedämpften Schwingung f_d (bzw. ω_d Resonanzkreisfrequenz) bestimmt werden. Die Vorgehensweise ist identisch wie zum Messaufbau aus Abb. 14.72. Die exakte Bestimmung der Resonanzfrequenzen über die MATLAB®-Funktion *modalfit*, welche ebenfalls in Kap. 15 besprochen wird.

Aus Abb. 14.78 können die Frequenzen 1222 Hz, 3215 Hz und 3235 Hz als Resonanzfrequenzen entnommen werden. Die Überprüfung der Frequenzbereiche über die MATLAB®-Funktion *modalfit* weist 1221,2 Hz, 3214,3 Hz und 3222,1 Hz als die genaue Resonanzfrequenzen aus. Weitere MATLAB® – Beispiele sind in [25] zu finden.

Literatur

1. Butz, T.: Fouriertransformation für Fußgänger. Springer Vieweg, Wiesbaden (2012)
2. Randall, R.B.: Frequency Analysis. Bruel & Kjaer, Naerum (1987)
3. Zollner, M.: Frequenzanalyse. Autoren-Selbstverlag, Regensburg (1999)
4. Klein, U.: Schwingungsdiagnostische Beurteilung von Maschinen und Anlagen. Stahleisen, Düsseldorf (2003)
5. Kolerus, J., Wassermann, J.: Zustandsüberwachung von Maschinen. expert verlag, Renningen (2011)
6. Piersol, A: Vibration data analysis. In: Piersol, S. (Hrsg.) Paez: Harris' shock an vibration handbook. McGraw-Hill Education, New York (2009)
7. Zollner, M.: Signalverarbeitung. Autoren-Selbstverlag Regensburg (1999)
8. Jenne, S., Pötter, K., Zenner, H.: Zählverfahren und Lastannahme in der Betriebsfestigkeit. Springer, Heidelberg (2012)

9. Brigham, E.O.: FFT: Schnelle Fourier-Transformation. Oldenbourg, München (1992)
10. Broch, J.: Mechanical vibration and shock measurements. Bruel & Kjaer, Naerum (1984)
11. Hoffmann, R.: Grundlagen der Frequenzanalyse, Bd. 620. expert verlag, Renningen (2011)
12. Heymann, J., Lingener, A.: Experimentelle Festkörpermechanik. VEB Fachbuchverlag, Leipzig (1986)
13. Randall, R.B.: Vibration analyzers and their use. In: Piersol, S. (Hrsg.) Paez: Harris' shock an vibration handbook. McGraw-Hill Education, New York (2009)
14. Randall, R.B.: Vibration-based condition monitoring: industrial, aerospace and automotive applications. John Wiley & Sons, Hoboken (2011)
15. Schrüfer, E., Reindl, L.M., König, A., Zagar, B.: Elektrische Messtechnik: Messung elektrischer und nichtelektrischer Größen. Hanser, München (2012)
16. Thrane, N.: The discrete fourier transform and FFT analysers. Bruel & Kjaer, Naerum (1979)
17. Cooley, J.W., Tukey, J.W.: An algorithm for the machine calculation of complex Fourier series. Math. Comput. **19**(90), 297–301 (1965)
18. Gade, S., Herlufsen, H.: Use of Weighting Functions in DFT/FFT Analysis. Bruel & Kjaer, Naerum (1987)
19. DIN 45662:1996-12 Schwingungsmesseinrichtung – Allgemeine Anforderungen und Begriffe
20. Goldman, S.: Vibration spectrum analysis: a practical approach. Industrial Press, New York (1999)
21. Herlufsen, H.: Dual channel FFT analysis part I and II. Bruel & Kjaer, Naerum (1984)
22. Dresig, H., Holzweißig, F.: Maschinendynamik, 12. Aufl. Springer Vieweg, Berlin (2016)
23. Sinambari, G.R., Sentpali, S.: Ingenieurakustik. Springer Vieweg, Wiesbaden (2014)
24. Brandt, A.: Noise and Vibration Analysis: Signal Analysis and Experimental Procedures. Wiley & Sons, Ltd (2010)
25. ABRAVIBE toolbox http://www.abravibe.com/toolbox.html. Zugegriffen: 18. Nov. 2018
26. Möser, M. (Hrsg.): Messtechnik der Akustik. Springer-Verlag, Berlin (2010)
27. Elektroakustik – Bandfilter für Oktaven und Bruchteile von Oktaven – Teil 1: Anforderungen (IEC 61260-1:2014); Deutsche Fassung EN 61260-1:2014, Ausgabe 2014-10 (2014)
28. Akustik – Normfrequenzen (ISO 266:1997); Deutsche Fassung EN ISO 266:1997, Ausgabe 1997-08 (1997)
29. Peter Zeller (Hrsg.): Handbuch Fahrzeugakustik, 3. Aufl. Springer Vieweg, Wiesbaden (2018)
30. C-Bibliothek FFTW. http://www.fftw.org/.Zugegriffen: 23. Aug. 2018
31. ASTM Standard E 1049, 1985 (2011), Standard practices for cycle counting in fatigue analysis, West Conshohocken: ASTM International (2011)

Experimentelle Modalanalyse

15

▷ Dieses Kapitel behandelt die Abfolge der einzelnen Arbeitsschritte der experimentellen Modalanalyse. Der Fokus liegt hierbei auf der praktischen operativen Durchführung sowie der Umsetzung unter Zuhilfenahme von MATLAB®. Die hierzu erforderlichen theoretischen Grundlagen werden zusammengefasst mit Quellenhinweisen versehen und ohne weitere Herleitung dargestellt. Dieses Kapitel stellt nicht den Anspruch, zur Diskussion der theoretischen Grundlagen der Modalanalyse beizutragen. Hierzu wird insbesondere auf die Literatur [1, 7] verwiesen.

In der Schreibweise von Gleichungen und Formelbezeichner gibt es Unterschiede zwischen der bisher in diesem Buch verwendeten Schreibweise und jener im Umfeld der Modalanalyse. Soweit Schreibweisen differieren, so sind diese in Tab. 15.1 aufgeführt.

Um Schwingungsprobleme zu analysieren, ist die Kenntnis der Eigenfrequenzen, der zugehörigen Schwingform und der jeweiligen modalen Dämpfung der betrachteten Struktur erforderlich. Hierbei ist man auf rechnergestützte Messungen und Analysen angewiesen. Das wichtigste Verfahren in diesem Bereich ist die experimentelle Modalanalyse. Hierbei handelt es sich nicht um einen in sich geschlossenen Rechenvorgang, der durch eine einzelne Funktion in der Analysesoftware realisiert ist, sondern um einen Prozess der aus Methoden der Messung und Funktionen zur Analyse besteht. Die experimentelle Modalanalyse ist der Prozess mit dem dieses für den betrachteten Frequenzbereich ermittelt wird.

Benötigt werden abtastsynchrone Messungen der Strukturanregung sowie der Strukturantworten(en). Es werden aus den Messwerten Übertragungsfunktionen berechnet, welche dazu dienen, Systemparameter der

© Springer Fachmedien Wiesbaden GmbH, ein Teil von Springer Nature 2019
T. Kuttner und A. Rohnen, *Praxis der Schwingungsmessung*,
https://doi.org/10.1007/978-3-658-25048-5_15

Tab. 15.1 Gegenüberstellung unterschiedlicher Schreibweisen

Benennung	Schreibweise nach DIN 1311	Alternative Schreibweise	Quelle	Schreibweise in der exp. Modalanalyse
Masse	m			m
Federkonstante	k			k
Dämpfungskonstante	d			c
Auslenkung	x(t)	ξ	Literatur [7]	x(t)
Rezeptanz, dynamische Nachgiebigkeit	H_{xF}	$\underline{n}_{dyn}$	Literatur [7]	H_{xF}
Admittanz, Beweglichkeit, Mobilität, Mobility	H_{vF}	$\underline{Y}$	Literatur [7]	H_{vF}
Akzeleranz, Inertance, Accelerance, Trägheit	H_{aF}	$\underline{a}_{cc}$	Literatur [7]	H_{aF}
Kraft	F(t)	f(t)	Literatur [4]	F(t)

Objektstruktur zu identifizieren. Klassische Erreger für die Objektanregung sind dabei der Impulshammer und der Shaker.

Mit der Version 2017a führte Mathworks Funktionen der MATLAB® Signal Processing Toolbox für die Modalanalyse ein, welche in diesem Kapitel für die experimentelle Modalanalyse angewendet werden.

Zusatzmaterial zu diesem Kapitel ist unter http://schwingungsanalyse.com/ Schwingungsanalyse/Experimentelle_Modalanalyse.html zu finden

15.1 Annahmen und Begriffserklärungen

Eine mechanische Struktur weist i. d. R. mehrere Eigenfrequenzen mit zugehörigen Schwingungsmustern auf. Als Mode (Erscheinungsform, mathematisch Eigenfunktion ψ) wird eine Eigenfrequenz mit ihrem Schwingungsmuster, der Schwingform verstanden. Daraus leitet sich ab, dass eine Struktur einen 1. Mode, 2. Mode usw. aufweist. Diese Form der Darstellung listet die Moden der Struktur in der Abfolge der Eigenfrequenz auf. Es ist eine Beschreibung üblich, welche das Schwingungsmuster der Mode verbal beschreibt. Der Index r wird für die Moden-Nummer verwendet.

Beispiel

1. (erste) Torsions-Mode, für eine Mode deren Schwingungsmuster auf Verdrehung entlang der Hauptachse der Struktur mit der niedrigsten (1.) Torsions-Eigenfrequenz hinweist.

2. (zweite) Biege-Mode, für eine Mode deren Schwingungsmuster auf Biegung der Struktur in der 2. Biege-Eigenfrequenz hinweist.

Eine der wichtigsten Annahmen für die experimentelle Modalanalyse ist die Orthogonalität der Eigenfunktionen und damit die Unabhängigkeit der Moden voneinander. Für jede Mode wird ein eigenes abgeschlossenes System in Form des in Kap. 3 beschriebenen Einmassenschwingsystems bestehend aus der Masse m, der Federsteifigkeit k und der Dämpfungskonstante c, mit einem Freiheitsgrad angenommen (Abb. 15.1). Das bedeutet für die Grenzen des jeweiligen Systems, dass diese entweder ideal freie oder absolut starre Ränder aufweisen. In der Praxis ist diese Annahme erfüllt, wenn über die ermittelten Übertragungsfunktionen die Eigenfrequenzen bestimmbar sind.

Das Einmassenschwingsystem wird auch als Einmassenschwinger oder SDOF (Single Degree Of Freedom) System bezeichnet.

Eine weitere wichtige Annahme ist, dass es sich um lineare zeitinvariante Systeme[1] handelt.

Ist dies nicht der Fall, so ist die Analyse so weit zu begrenzen, dass diese Annahme erfüllt wird. Zum Beispiel durch Reduzierung des betrachteten Frequenzbereichs bzw. Kürzung der Messzeit auf ein Zeitintervall, in dem sich die Bedingung der Zeitinvarianz erfüllen lässt.

Es wird vom Prinzip der Superposition ausgegangen. Die Überlagerung einzelner Systemantworten ist als die Summe der Systemantworten zu verstehen, ohne dass die einzelnen Systemantworten sich gegenseitig beeinflussen. Das bedeutet auch, dass die Antwort des Systems auf gleichzeitige Anregung mit mehreren Signalen identisch zu der Summe der Systemantworten auf die einzelnen Anregungssignale ist.

Es wird Proportionalität angenommen. Proportionalität liegt z. B. dann vor, wenn die Anregungskraft um einen bestimmten Faktor y verändert wird und die Systemantwort sich ebenfalls um den gleichen Faktor y verändert.

Es liegt Reziprozität vor. Damit kann der Ort der Anregung mit dem Ort der Antwort vertauscht werden. Dies ist für die Durchführung der experimentellen Modalanalyse eine sehr wichtige und zu überprüfende Annahme, da der Ortstausch zwischen Anregung und Antwort sehr oft durchgeführt wird. Orte der Anregung werden mit dem Index n versehen, Orte der Antwort mit dem Index m.

---

[1]Linear bedeutet, dass eine Verdopplung der Anregung zu einer Verdopplung der Antwort führt. Zeitinvariant bedeutet, das die Systemeigenschaften sich zeitlich nicht ändern.

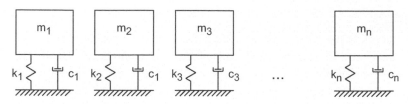

Abb. 15.1 Modell für die Annahme einer Struktur mit n ungekoppelten Moden

Es liegt Kausalität vor. Demnach gibt es keine Systemantwort ohne eine Systemanregung. Daher ist bei den erforderlichen Messungen zu berücksichtigen, dass die
Systemantwort und die Systemanregung gesamthaft erfasst wird.

Das System ist stabil. Wird die Systemanregung beendet, klingen die Schwingungen
des Systems ab. Das Abklingverhalten wird durch die Dämpfung des Systems bestimmt.

15.2 Zusammenfassung der analytischen Grundlagen der Modalanalyse

Grundlage der Theorie zur experimentellen Modalanalyse ist die Bewegungsgleichung
der erzwungenen Schwingung des Einmassenschwingers mit geschwindigkeitsproportionaler Dämpfung, eine Differenzialgleichung zweiter Ordnung (Vergleiche
Gl. 15.1). Unter Beachtung der unterschiedlichen Schreibweisen und durch Multiplikation mit (-1) wird Gl. 4.1 zu

$$m\ddot{x} + c\dot{x} + kx = F(t) \tag{15.1}$$

Zur Beschreibung der Schwingform werden an mehreren Punkten der untersuchten
Struktur Auslenkungswerte benötigt. Zudem ist davon auszugehen, dass es sich real nicht
um ein System mit einem, sondern um ein System mit mehreren Freiheitsgraden handelt, welches als MDOF (Multi Degree Of Freedom) System bezeichnet wird, für das,
die in Abb. 15.1 getroffene Annahme gilt. Aus den durchgeführten Messungen ergibt
sich die in [1, 5, 7] diskutierte Übetragungsfunktionsmatrix und die Schreibweise der
Bewegungsgleichung zu

$$M\ddot{x} + C\dot{x} + Kx = F \tag{15.2}$$

Hierin ist

- M die Matrix der modalen Masse
- C die Dämpfungsmatrix
- K die Steifigkeitsmatrix

Ein mathematisch besser zu handhabendes Modell liefert die Betrachtung im Frequenzbereich.

Durch Verwendung der Übertragungsfunktion(en), (Vergleiche Abschn. 4.3 bzw. Tab. 4.2)

- dynamische Steifigkeit, $\underline{H}_{xF}(\omega)$, bei Messung der eingeleiteten Kraft und der Auslenkung als Systemantwort, welches operativ seltener der Fall ist
- Mobilität, $\underline{H}_{vF}(\omega)$, bei Messung der eingeleiteten Kraft und der Schnelle als Systemantwort
- Trägheit, $\underline{H}_{aF}(\omega)$, bei Messung der eingeleiteten Kraft und der Beschleunigung als Systemantwort

lässt sich ein Modal-Parameter-Modell für den Einmassenschwinger ableiten. Benötigt wird hierzu die Übertragungsfunktion $\underline{H}_{xF}(\omega)$. Diese kann entweder direkt aus den Fouriertransformationen der Messung oder durch Ableitung aus den Übertragungsfunktionen $\underline{H}_{vF}(\omega)$ und $\underline{H}_{aF}(\omega)$ ermittelt werden.

$$\underline{H}_{xF}(\omega) = \frac{\hat{\underline{X}}(\omega)}{\hat{\underline{F}}(\omega)} = \frac{\underline{H}_{vF}(\omega)}{j\omega} = \frac{\underline{H}_{aF}(\omega)}{(j\omega)^2} \qquad (15.3)$$

Die Übertragungsfunktion ist durch eine praktikable Messung ermittelbar (Vergleiche Abschn. 14.5). In [4] wird die Übertragungsfunktion $\underline{H}_{xF}(\omega)$ durch Einsetzen der Bewegungsgleichung in

$$\underline{H}_{xF}(\omega) = \frac{1}{k} + \frac{1}{j\omega c} - \frac{1}{\omega^2 m} \qquad (15.4)$$

überführt. Dies beschreibt mathematisch den charakteristischen Verlauf der Übertragungsfunktion des Einmassenschwingers mit geschwindigkeitsproportionaler Dämpfung (Abb. 15.2).

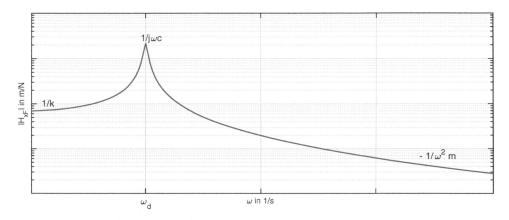

Abb. 15.2 Charakteristischer Verlauf der Übertragungsfunktion des Einmassenschwingers mit geschwindigkeitsproportionaler Dämpfung

Im Frequenzbereich bis zur Resonanzkreisfrequenz der gedämpften Schwingung ω_d wird dieser geprägt durch die Feder und wird beschrieben durch die Steifigkeit. Je höher die Steifigkeit des Systems, desto niedriger ist der Betrag der Übertragungsfunktion.

Im Frequenzbereich oberhalb Resonanzkreisfrequenz der gedämpften Schwingung ω_d ist die Kreisfrequenz und die Masse für den Verlauf der Übertragungsfunktion bestimmend. Je höher die Kreisfrequenz, desto niedriger ist der Betrag der Übertragungsfunktion.

Im Frequenzbereich der Resonanzkreisfrequenz der gedämpften Schwingung ω_d, auch als Modalfrequenz bezeichnet (siehe [7]), ist die Dämpfung des Systems für den Betrag der Übertragungsfunktion bestimmend. Systeme mit ausgeprägten und deutlich erkennbaren Resonanzspitzen weisen niedrige Dämpfung auf. Hier lässt sich die Resonanzkreisfrequenz der gedämpften Schwingung ω_d leicht ermitteln, die Ermittlung der Dämpfung ist jedoch aufgrund des schmalen Frequenzbereichs schwieriger. Umgekehrt verhält es sich bei Systemen mit hoher Dämpfung. Diese weisen einen flacheren und breiteren Verlauf der Resonanzspitze auf.

Für die Bestimmung der Modalparameter

- Modalfrequenz $\omega_d(r)$
- Schwingform beschrieben durch den Auslenkungsvektor $\vec{\phi}(r)$
- modale Dämpfung $\delta(r)$

werden die Eigenwerte aus Gl. 15.1 benötigt.

Es werden drei Fälle unterschieden:

1. Dem Grenzfall der kritischen Dämpfung c_k
   Diese liegt bei $c = c_k = 2\sqrt{mk}$ vor, bei dem die beiden Eigenwerte gleich sind und zu $\underline{s} = -c/2m$ werden.
2. Aperiodische Dämpfung $c \geq 2\sqrt{mk}$
   Hier klingt die Auslenkung nicht schwingend exponentiell ab und die Eigenwerte werden reell.
3. Unkritische Dämpfung $c < 2\sqrt{mk}$
   Hier klingt die Auslenkung schwingend exponentiell ab und die Lösung weist konjugiert komplexe Eigenwerte auf.

$$\underline{s} = -\frac{c}{2m} + j\sqrt{\frac{k}{m} - \left(\frac{c}{2m}\right)^2} = -\delta + j\omega_d \tag{15.5}$$

$$\underline{s}^* = -\frac{c}{2m} - j\sqrt{\frac{k}{m} - \left(\frac{c}{2m}\right)^2} = -\delta - j\omega_d \tag{15.6}$$

Aus

$$\underline{s} = Re\{\underline{s}\} + Im\{\underline{s}\} \tag{15.7}$$

leitet sich ab, dass

$$\delta = -Re\{\underline{s}\} = \frac{c}{2m} \tag{15.8}$$

und

$$\omega_d = Im\{\underline{s}\} = \sqrt{\frac{k}{m} - \left(\frac{c}{2m}\right)^2} = \sqrt{\omega_0^2 - \delta^2} \tag{15.9}$$

ist, wobei ω_0 die Eigenkreisfrequenz des ungedämpften Systems darstellt.

Die Eigenwerte des betrachteten Systems werden als Polstellen[2] bezeichnet und setzen sich aus der modalen Dämpfung δ und der Modalfrequenz ω_d zusammen. Die Eigenwerte und damit die Polstellen sind in der Übertragungsfunktion $\underline{H}_{xF}(\omega)$ bei $\omega_d(r)$ zu finden.

Führt man die Lösung der Eigenwerte als Matrizenrechnung durch (siehe [5, 7]), so kann jedes einzelne Element der Übertragungsfunktionsmatrix durch

$$\underline{H}_{xF,mn} = \sum_{r=1}^{N} \frac{\phi_m(r) \cdot \phi_n(r)}{-\omega^2 + j\omega 2\delta(r) + \omega_0^2(r)} \tag{15.10}$$

bestimmt werden.

Für die Betrachtung der einzelnen Mode r bedeutet dies in mathematischer Schreibweise

$$\underline{H}_{xF,mn} = \frac{\phi_m(r) \cdot \phi_n(r)}{-\omega^2 + j\omega 2\delta(r) + \omega_0^2(r)} + \underbrace{\sum_{\substack{q=1 \\ q \neq r}}^{N} \frac{\phi_m(q) \cdot \phi_n(q)}{-\omega^2 + j\omega 2\delta(q) + \omega_0^2(r)}}_{B_{mn}} \tag{15.11}$$

Durch die getroffene Annahme der Orthogonalität gilt, dass die Übertragungsfunktion im Intervall um die r-te Resonanz alleine durch den Anteil der r-ten Mode bestimmt wird. Der Einfluss der benachbarten Moden, der in der Gl. 15.11 mit B_{mn} beschrieben ist, wird bei der Parameterermittlung durch $B_{mn} = 0$ vernachlässigt.

Die Ermittlung der Modalparameter ist vertrauenswürdig, wenn die einzelnen Moden als Resonanzstellen in der Übertragungsfunktion eindeutig erkennbar sind, was als schwache modale Kopplung bezeichnet wird. Ist dies nicht der Fall, liegt eine starke modale Kopplung vor und es können $\omega_d(r)$ und $\delta(r)$ nicht eindeutig bestimmt werden.

---

[2]Als Polstellen werden die Nullstellen eines charakteristischen Polynoms bezeichnet.

Für Gl. 15.11 als Übertragungsfunktion $\underline{H}_{aF,mn}$ gilt mit $B_{mn} = 0$ und $\omega = \omega_d(r)$

$$\underline{H}_{aF,mn} = \frac{\omega_d^2(r) \cdot \phi_m(r) \cdot \phi_n(r)}{-\omega_d^2(r) + j\omega 2\delta(r) + \omega_0^2(r)} \tag{15.12}$$

Mit dem Dämpfungsgrad D

$$D(r) = \frac{\delta(r)}{\omega_d(r)} \tag{15.13}$$

und $\omega_0^2 = \omega_d^2(r) + \delta^2(r)$ aus Gl. 15.9 wird die Amplitude $|H_{aF}(d(r))|$ zu

$$|\underline{H}_{aF}(\omega_d(r))| = \frac{\phi_m(r) \cdot \phi_n(r)}{\sqrt{D^4(r) + 4 \cdot D^2(r)}} \tag{15.14}$$

Zur Bestimmung der Auslenkungen $\phi_m(r)$, der Auslenkung im Antwortpunkt, und $\phi_n(r)$, der Auslenkung im Anregungspunkt ist eine Messung erforderlich in der, der Antwortpunkt m gleich dem Anregungspunkt n ist. Diese Messung wird als Anregungs-Antwortpunkt-Messung (engl. Driving-Point-Measure) bezeichnet. In diesem Fall wird Gl. 15.15 zu

$$|\underline{H}_{aF}(\omega_d(r))| = \frac{\phi_n(r)^2}{\sqrt{D^4(r) + 4 \cdot D^2(r)}} \tag{15.15}$$

und es kann $\phi_n(r)$ über

$$\phi_n(r) = \sqrt{|\underline{H}_{aF,mn}(\omega_d(r))| \cdot \sqrt{D^4(r) + 4 \cdot D^2(r)}} \quad mit\ m = n \tag{15.16}$$

ermittelt werden. Für für $\phi_m(r)$ gilt dann

$$\phi_m(r) = \sqrt{D^4(r) + 4D^2(r)} \cdot \frac{|\underline{H}_{aF,mn}(\omega_d(r))|}{\phi_n(r)} \quad mit\ m \neq n \tag{15.17}$$

▶	**Merksatz** Um die Schwingformen der Moden r einer Struktur mit den hier vorgestellten Möglichkeiten mittels MATLAB® zu ermitteln, werden benötigt:

- die Amplituden aus den Übertragungsfunktionen $|\underline{H}_{aF,mn}(\omega_d(r))|$ bei $\omega = \omega_d(r)$ für den Anregungs-Antwortpunkt $m = n$, um daraus die Auslenkung des Anregungspunktes ϕ_n zu bestimmen
- die Amplituden aus den Übertragungsfunktionen $|\underline{H}_{aF,mn}(\omega_d(r))|$ bei $\omega = \omega_d(r)$ für alle Antwortmesspunkte $m \neq n$, um daraus die Auslenkungen der Antwortpunkte ϕ_m zu bestimmen

- den Bereich um $\omega_\mathrm{d}(r)$ der Übertragungsfunktionen $|\underline{H}_{\mathrm{xF,mn}}(\omega_\mathrm{d}(r))|$, um daraus die Dämpfung $D(r)$ und die genaue Resonanzkreisfrequenz $\omega_\mathrm{d}(r)$ bzw. alternativ die Resonanzfrequenz $f_\mathrm{d}(r)$ zu bestimmen.
- das Vorzeichen des Imaginärteils der Polstelle s, um daraus die Richtung der Auslenkung zu bestimmen.

Dieser Lösungsweg bedingt, dass es sich bei den zugrundeliegenden Messungen um Messungen mit einem Anregungspunkt n und mehreren Antwortpunkten m handelt. Ist dies nicht der Fall, kann aufgrund der Reziprozität der Index n mit m in den Gleichungen vertauscht werden.

15.3 Operative Durchführung der experimentellen Modalanalyse

Die Messung selbst erfolgt als Impulshammermessung (Abb. 15.3) mit einem oder mehreren Anregungspunkten mit einer oder mehreren Antwortmessstellen, welche idealerweise mit Beschleunigungsaufnehmern bestückt sind. Alternativ kann mit einem Shaker (Abb. 15.4), dann meist jedoch an einem Anregungspunkt, angeregt werden.

Abb. 15.3 Messaufbau der experimentellen Modalanalyse an einer Schwungscheibe. Die Messung des Antwortsignals erfolgt an einem Antwortpunkt m mit einem Beschleunigungsaufnehmer an der Innenseite der Schwungscheibe. Die Anregung erfolgt an insgesamt 10-Punkten entlang der Schwungscheibe mit einem Impulshammer. Im Bild dargestellt ist die Anregungs-Antwortpunkt-Messung

Abb. 15.4 Messaufbau der experimentellen Modalanalyse an einem Balken. Die Messung des Antwortsignals erfolgt über die beiden Beschleunigungsaufnehmer auf dem Balken, während die Anregung an einem Punkt durch einen elektrodynamischen Shaker erfolgt, der über einen Kraftsensor an dem Balken angekoppelt ist

Das Analyseobjekt ist für die Modalanalyse sinnvoll zu diskretisieren. Auf der zu untersuchenden Struktur müssen einzelne Mess- bzw. Anregungspunkte festgelegt werden – ein Vorgang, der zunächst als einfach erscheint. Jedoch ist dabei zu bedenken, dass bei gleichmäßiger Verteilung der Messpunkte einzelne Moden nicht erkannt werden können. Wird z. B. im Schwingungsknoten einer Mode angeregt oder gemessen, so kann diese Mode nicht bestimmt werden. Auch für die Bestimmung der Schwingform gilt das Shannonsche Abtasttheorem, wonach für die Bestimmung einer Schwingung mehr als zwei Messwerte benötigt werden. Angewendet auf die experimentelle Modalanalyse bedeutet dies, das nur jene Moden ermittelt werden können deren Wellenlänge länger als der doppelte Minimalabstand zwischen zwei Messpunkten ist.

Bei komplexen Strukturen ist darauf zu achten, dass alle Schwingungen jedes charakteristischen Bauteils erfasst werden.

Wird das Ergebnis der experimentellen Modalanalyse auch für den Abgleich mit einem Simulationsmodell verwendet, ist darauf zu achten, dass die Messpunkte der Messungen mit den Simulationspunkten übereinstimmen. Nur dann ist ein Abgleich möglich.

Die Anzahl der Messpunkte hängt von der Geometrie der Struktur, dem betrachteten Frequenzbereich und der Anzahl der Moden ab. Dies ist demnach zu Beginn einer Analyse nicht eindeutig bestimmbar. Über die Erfahrung mit ähnlichen Objekten und dem Vergleich mit einem Simulationsmodell lässt sich diese Aufgabe jedoch hinreichend bewältigen.

Jeder einzelne Messpunkt besitzt sechs Freiheitsgrade, wovon meistens nur ein bis drei Translationsfreiheitsgrade gemessen werden.

Sind die Eigenfrequenzen und Eigenschwingformen bereits bekannt (z. B. aus einer Berechnung oder anhand ähnlicher Bauteile), so reichen zur messtechnischen Überprüfung einige wenige Messpunkte bereits aus. Soll aus der experimentellen Modalanalyse jedoch ein komplexes Modell analysiert werden, sind sehr viele, bis zu mehreren hundert, Messpunkte erforderlich. Entsprechend hoch wird der operative Aufwand in der Messdurchführung.

15.3.1 Lagerung

Für die Qualität des Ergebnisses einer experimentellen Modalanalyse sind die Randbedingungen, unter der die erforderlichen Messungen durchgeführt werden, mit entscheidend. Es ist sinnvoll die zu analysierenden Strukturen in möglichst realistischen Randbedingungen zu untersuchen. Immer dann, wenn die Anregungs- und Messpunkte im eingebauten Zustand nur schwer oder gar nicht erreichbar sind, wird auf idealisierte Lagerungs- und Randbedingungen ausgewichen. Dies ist in der Praxis allerdings sehr oft der Fall.

Dient die Messung dem Abgleich eines FEM-Modells, so sind die Rahmenbedingungen des FEM-Modells auch für die Messung einzuhalten. Oft stimmen die Mess- und Simulationsergebnisse nicht überein, da die Rand- und Übergangsbedingungen des Rechen- und des Messmodells unterschiedlich sind.

Der Einfluss einer hohen Strukturdämpfung und Nichtlinearitäten werden das Ergebnis im eingebauten Objektzustand stark beeinflussen, da diese im Gegensatz zu den Voraussetzungen einer Modalanalyse stehen. In der praktischen Umsetzung wird versucht, möglichst nahe an die reale Randbedingung heran zu kommen.

Ein alternativer Ansatz ist extrem gegenteilig zu arbeiten, indem versucht wird, die ideal freien Randbedingungen zu erreichen. Hierzu muss erreicht werden, dass die Eigenfrequenz der Aufhängung möglichst weit von den zu untersuchenden Frequenzbereichen entfernt sind, z. B. Eigenfrequenz der Aufhängung maximal 1/5 der ersten Mode der zu untersuchenden Struktur.

15.3.2 Objektanregung mittels Impulshammer

Der ideale Impuls mit einem einmaligen Ereignis bei $t = 0$ ist lediglich ein Gedankenmodell. Die Fouriertransformation dieses Gedankenmodells ist die unendlich breitbandige Frequenzanregung. Mit einem Impulshammer ist lediglich eine reale Impulsanregung möglich. Der reale zeitliche Impuls bewirkt eine breitbandige Anregung in einem begrenzten Frequenzbereich (vergleiche Abschn. 14.5).

Der in Abb. 15.5 und 15.6 dargestellte simulierte Versuch mit Impulshammerschlägen unterschiedlicher Breite zeigt, dass für die Durchführung von Impulshammermessungen auf sehr schmale Impulse zu achten ist. Impulsbreiten von deutlich kleiner 1 ms sind für brauchbare Messungen erforderlich.

Die in Abb. 15.7 dargestellt gemessene Zeitreihe des Kraftsignals eines Impulshammerschlages weist bei einer Abtastrate $f_s = 51.200$ Hz insgesamt 10 nutzbare Messwerte für den Impuls auf. Messungen von Impulshammerschlägen bedürfen demnach hinreichend hoher Abtastraten. Die in diesem Beispiel verwendeten 51.200 Hz als Abtastrate des Messwandlers sind als grenzwertig niedrig anzusehen.

Aus Abb. 15.8 lässt sich nun die nutzbare Frequenzbandbreite des gemessenen Impulshammerschlages ablesen. Als nutzbar wird dabei der Frequenzbereich bis 2 kHz

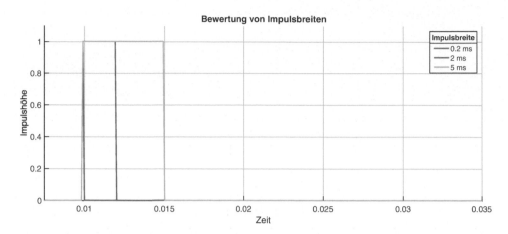

Abb. 15.5 Zeitreihe simulierter Impulshammerschläge zur Bewertung der Eignung von Impuls-hammermessungen für die experimentelle Modalanalyse

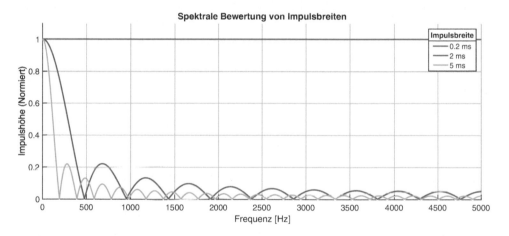

Abb. 15.6 Frequenzspektrum von simulierten Impulshammerschlägen unterschiedlicher Breite

(max. 2,5 kHz) ablesen. Bis zu dieser Eckfrequenz ist der Frequenzgang hinreichend linear und in der Amplitude bzw. normierten Amplitude nicht weiter als 20 % abgesenkt, jedoch nicht optimal. Im ganz tiefen Frequenzbereich (0 bis 10 Hz) ist diese Messung unbrauchbar. Die Ursache hierzu ist auch in der verwendeten Messtechnik zu suchen, da diese in diesem Falle erst ab 10 Hz keine Einflüsse auf das Messergebnis aufweist.

Die erforderliche Impulshöhe d. h. die Stärke des Impulshammerschlages hängt von der benötigten Energie für die Anregung der zu untersuchenden Struktur ab. Hierzu bietet der Handel verschiedene schwere Impulshämmer an. Zusätzlich können ver-schiedene Impulshämmer mit unterschiedlichen Hammerspitzen bestückt werden. Je nach

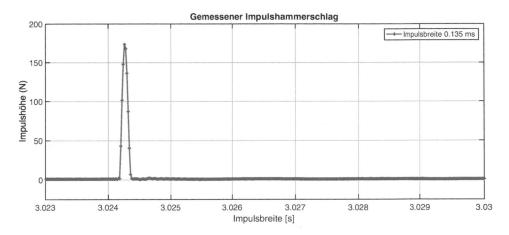

Abb. 15.7 Gemessener Impulshammerschlag mit 0,135 ms Impulsbreite

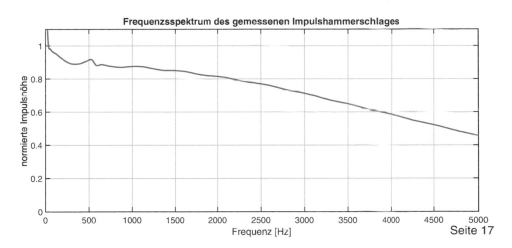

Abb. 15.8 Amplitudenspektrum des gemessenen Impulshammerschlages

Materialbeschaffenheit der Hammerspitze ist der gleiche Impulshammer für unterschiedliche Frequenzbereiche nutzbar.

Im Frequenzbereich bis zu einem Amplitudenabfall von 3 … 5 dB ist die Kraftanregung des Impulshammers nutzbar. Für das Beispiel aus Abb. 15.9 bedeutet dies einen nutzbaren Frequenzbereich bis

- 4200 Hz bei Verwendung einer Metallspitze
- 1400 Hz bei Verwendung einer Kunststoffspitze
- 380 Hz bei Verwendung einer Gummispitze

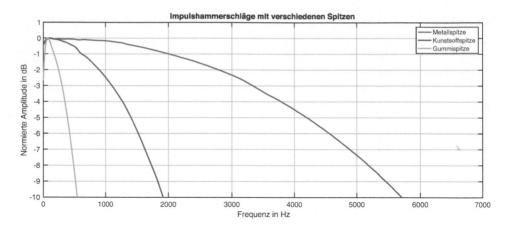

Abb. 15.9 Amplitudenspektrum unterschiedlicher Impulshammerspitzen bei gleichem Anschlagpunkt

Bei einem anderen Impulshammer, bei einer anderen zu untersuchenden Struktur und bei anderen Kontaktpartnern werden sich diese Grenzfrequenzen (und Anregungs-amplituden) anders darstellen. Es empfiehlt sich dies individuell für die jeweilige Messaufgabe zu ermitteln.

Die Qualität des gemessenen Impulses ist zusätzlich stark davon abhängig, wie mit dem Impulshammer die Struktur angeschlagen wird. Eine Bewertung der Schlagqualität ist daher zwingend erforderlich und einige Testschläge vor der Messung sind empfehlenswert. Die Bewertung erfolgt in Impulshöhe und Impulsbreite. Zudem muss geprüft werden, ob nicht versehentlich ein Schlag mit mehreren Anregungsimpulsen vorgenommen wurde (vergleiche Abb. 15.10).

Für die Anregungs-Antwortpunkt-Messung wird ein Messpunkt benötigt für den die Bedingung $m = n$ gilt. Dies wird erreicht, indem in unmittelbarer Nähe des angebrachten

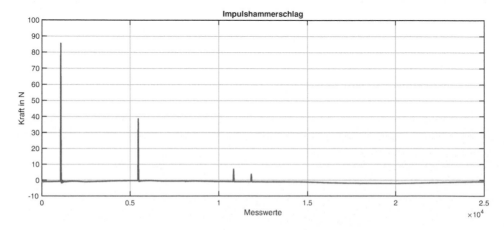

Abb. 15.10 Impulshammerschlag mit mehreren Anregungsimpulsen

Antwortsensors, z. B. ein Beschleunigungssensor, mit dem Impulshammer angeschlagen wird. Dabei ist natürlich darauf zu achten, dass der Antwortsensor selbst nicht durch den Impulshammerschlag getroffen wird. Im Beispiel der Schwungscheibe wurde dies erreicht, indem der Beschleunigungssensor innen angebracht wurde. Die Impulsanregung erfolgte durch Anschlagen der Schwungscheibe von außen (siehe Abb. 15.3).

15.3.3 Objektanregung mittels Shaker

Shaker (elektrodynamisch oder hydraulisch) ermöglichen die Anregung von Strukturen mit beliebigen Signalen. Dank eines breiten Leistungsangebots können hierdurch auch große, damit sehr komplexe, stark gedämpfte und sehr schwere Strukturen angeregt werden. Zu beachten ist dabei, dass Shaker mit hohen Leistungswerten eine geringere höchste Anregungsfrequenz aufweisen. Dies ist jedoch oft nicht problematisch, da schwere Strukturen, welche hohe Anregungsleistungen benötigen, niedrige Modalfrequenzen aufweisen. Dieser Umstand ist lediglich bei der Gestaltung des Anregungssignals zu beachten.

Die Messung der Anregungskraft erfolgt zwischen Shaker und der zu untersuchenden Struktur, bestenfalls direkt am Einleitungspunkt. Dieses Kraftsignal wird für die Berechnung der Übertragungsfunktionen verwendet. Alternativ kann an diesem Messpunkt auch ein Impedanzmesskopf verwendet werden, welcher neben dem Kraftsignal auch das Beschleunigungssignal liefert. Anderenfalls ist am Krafteinleitungspunkt zusätzlich ein Beschleunigungsaufnehmer zu platzieren. An allen festgelegten Messpunkten werden üblicherweise Beschleunigungen gemessen.

Als Anregungssignal können Rauschen, Sinussignale, Sinus-Sweep (Chirp) oder andere beliebige Signalformen verwendet werden. Auch die Nutzung von gemessenen Signalen aus dem Betrieb (wird als Road-Load bezeichnet) ist möglich.

Beim Shaker ist auf sicheren Stand und sorgfältige Ausrichtung zu achten. In die zu untersuchende Struktur dürfen keine statischen Kräfte eingeleitet werden und der Einleitungsmechanismus darf auf keinen Fall Spiel aufweisen. Beides würde zu erheblichen Abweichungen in den berechneten Übertragungsfunktionen führen. Rückwirkungen vom Testobjekt auf die Spule des Shakers müssen weitestgehend verhindert werden. Beides wird erreicht, indem der Shaker über einen dünnen Stab (als Stinger bezeichnet), oftmals ausgeführt wie eine Dehnschaftschraube, mit dem Anregungspunkt verbunden wird.

15.4   Auswertung der experimentellen Modalanalyse in MATLB®

15.4.1 Auswertung von Messungen mit Impulshammeranregung

An dem Beispiel einer Schwungscheibe eines Verbrennungsmotors soll die Vorgehensweise für die Auswertung der experimentellen Modalanalyse mit Impulshammeranregung dargelegt werden (Abb. 15.11).

Abb. 15.11 Messobjekt
Schwungscheibe

Die Schwungscheibe wurde an 10 Positionen, also in einem Abstand von je 36 Grad, von außen mit dem Impulshammer angeregt. An Position 3 wurde innen ein Beschleunigungsaufnehmer angebracht. Daraus ergibt sich für die Anregungs-Antwort-punkt-Messung, also zur Bestimmung der Anregungsauslenkung ϕ_n, die Messungen aus der Position 3, mit der dieses Beispiel beginnt.

Gemessen wurde ohne jede weitere programmierte interaktive Hilfestellung. Die verwendete Messtechnik wurde lediglich angelegt und durch *startForeground* die Messungen jeweils einzeln durchgeführt. Es stehen bis zu 16 einzelne Impulshammerschläge je Position zur weiteren Auswertung zur Verfügung.

Abb. 15.12 zeigt nun zwar die gemessenen Zeitreihen von Impulshammer und Beschleunigungsantwort, die Darstellung zeigt jedoch auch, dass die einzelnen Zeitreihen zueinander einen durch das Messverfahren bedingten Zeitversatz aufweisen.

Die für die Bestimmung der Übertragungsfunktionen verwendete MATLAB®-Funktion *modalfrf* erlaubt es mehrere zueinander gehörige Messungen auszuwerten. Dazu sind die einzelnen Messungen auf gleiche Messlänge zu bringen. Aus der Betrachtung der Impulsantworten ergibt sich, dass eine Abklingzeit von 3 s vollkommen ausreichend ist. Der Impulshammerschlag muss zudem immer zum gleichen Zeitpunkt erfolgen, dieser wird mit 2 ms festgelegt. Durch Parametrierung werden diese und weitere für *modalfrf* erforderliche Daten festgelegt.

```
laenge = 3;                      % Abklingzeit in Sekunden
pre = 0.002;                     % Pre-Trigger
df = 1/laenge;                   % Frequenzauflösung
blocksize = ceil(fs * laenge);   % Blocksize für die FT
npre = ceil(fs * pre);           % Anzahl der Messwerte des Pre-Tiggers
```
$$(15.18)$$

Das „Zuschneiden" der Zeitreihen wird über eine Schleife realisiert. Diese ermittelt die Datenposition einer Schwellwertüberschreitung der Impulshammerzeitreihe. Der Matrixindex *position* steht für die Messposition, während *inc* für die Nummer des

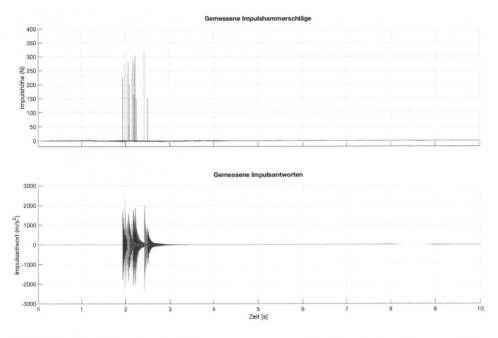

Abb. 15.12 Darstellung der ohne Triggerung gemessenen Zeitreihen der Impulshammerschläge sowie der Impulsantworten durch Anregung an Position 3

durchgeführten Schlages steht. Schließlich muss das Skript alle Schlagpositionen mit der Gesamtheit der Schläge auswerten.

$$
\begin{aligned}
&for\ k{=}1{:}length(messung.pos(position,inc).Data(:,1)) \\
&\qquad if(messung.pos(position,inc).Data(k,1)*1000/kaliHammer > 50) \\
&\qquad\qquad break; \\
&\qquad end \\
&end
\end{aligned}
\tag{15.19}
$$

Der Schwellwert für den Impulshammerschlag ist hier mit 50 N definiert. Durch die Anweisung *1000/kaliHammer* erfolgt die Umrechnung der in Volt gemessenen Spannung in die erforderliche physikalische Größe Newton. Die Kalibrierfaktoren liegen üblich in mV je physikalische Größe vor.

Die ermittelte Datenposition wird nun um die Anzahl der Messwerte des Pre-Triggers nach vorne korrigiert, während das Ende sich um *blocksize-1* weiter hinten in der Zeitreihe befindet.

$$
\begin{aligned}
start &= k\text{-}npre; \\
stop &= start{+}blocksize\text{-}1;
\end{aligned}
\tag{15.20}
$$

Aus den Messzeitreihen können nun die jeweiligen Rohdaten von Antwort und Anregung gebildet werden. Dies erfolgt bei gleichzeitiger Umrechnung in physikalische Werte.

*antwortRoh(position,inc).Data = messung.pos(position,inc).Data(start:stop,2)*1000/kaliAufnehmer;*
*anregungRoh(position,inc).Data = messung.pos(position,inc).Data(start:stop,1)*1000/kaliHammer;*

(15.21)

Für die Auswahl der zur Modalanalyse geeigneten Messungen eignet sich im ersten Schritt eine Betrachtung der Impulsbreiten in Millisekunden und Impulshöhen in Newton der Impulshammerzeitreihen. Für die Bestimmung der Impulsbreite stellt MATLAB® die Funktion *pulsewidth(daten, fs)* zur Verfügung. Die Impulshöhe kann mittels *max(daten)* bestimmt werden.

*anregungRoh(position,inc).Breite = pulsewidth(anregungRoh(position,inc).Data,fs)*1000;*
anregungRoh(position,inc).Hoehe = max(anregungRoh(position,inc).Data);

(15.22)

Die so ermittelten Impulshöhen und Impulsbreiten werden über einen X-Y-Plot zunächst auf Plausibilität und Verwendbarkeit bewertet.

Nicht alle der in Abb. 15.13 dargestellten Impulshammerschläge sind für die weitere Auswertung geeignet. Eine geeignete Impulsbreite scheint im Bereich von 0,12 bis 0,13 ms zu liegen, eine nutzbare Impulshöhe zwischen 200 und 300 N. Diese Werte sind nicht allgemeingültig und unterscheiden sich von Versuchsobjekt zu Versuchsobjekt.

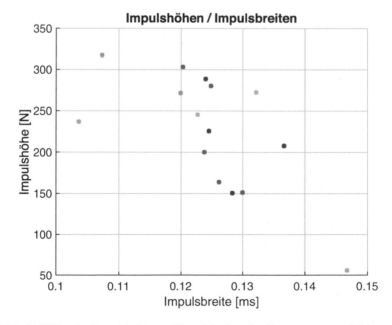

Abb. 15.13 X-Y-Plot der Impulshöhen und Impulsbreiten für die ausgewertete Schlagposition

Eine Bestätigung der subjektiven Entscheidung erfolgt über die Berechnung der Kohärenz (vergleiche Abschn. 14.5, Gl. 14.117) der Signale zueinander. Diese ist einer der Ergebnisvektoren der verwendeten MATLAB®-Funktion *modalfrf.* Mittels

$$[frf, f, coh] = modalfrf(anregung, antwort, fs, blocksize, noverlap);   (15.23)$$

werden die Übertragungsfunktionen sowie die Kohärenz ermittelt. Zuvor müssen jedoch die Anregungs- und Antwortsignale zusammengesetzt werden (Abb. 15.15). Dies erfolgt durch einfaches Aneinanderfügen der anhand der Impulshöhe und Impulsbreite ausgewählten Signale. *modalfrf* basiert auf der Fouriertransformation (vergleiche Abschn. 14.4). Zur Verringerung des Leakage müssen die Signale mit einer Fensterfunktion (vergleiche Abschn. 14.4.5) gewichtet werden. Allerdings ist hierbei die in Abb. 14.44 dargestellte Problematik zu beachten. Es wird eine Fensterfunktion benötigt, welche ein Abklingen des Signals zu Null am Signalende erzwingt. Am Signalanfang sollte keine Gewichtung vorgenommen werden, da hier das System in Ruhe ist und damit die Messwerte Null sind.

In den Zusatzmaterialien wird hierzu die Funktion *RectExpo* zur Verfügung gestellt. Diese Fensterfunktion besteht am Fensteranfang aus einem Rechteck-(*Rect)*Anteil und zum Fensterende hin zu einem abklingenden Anteil.

$$function\ y = RectExpo\ (nfft, fs, rect, nrect, weighting, type)   (15.24)$$

Wie bei allen Fensterfunktionen ist die Länge (Fensterlänge) der Fensterfunktion erforderlich, diese muss identisch zur Angabe N bzw. *nfft* in der Fouriertransformation und ganzzahlig sein. Der Parameter fs steht für die verwendete Abtastrate der durchgeführten Messung. *rect* gibt an, wie die Angabe in *nrect,* die Länge des *rect*-Anteils, zu interpretieren ist. Zur Verfügung stehen die Parameter

- %: als Prozentangabe
- time: als Zeitangabe in ms
- n: als Anzahl der Messwerte

Je nach verwendetem Parameter wird die Anzahl der Messwerte des *rect*-Anteils unterschiedlich berechnet. Der Parameter *weighting* gibt die Gewichtung der Abklingfunktion an. Der letzte Parameter *type* gibt die Form der Abklingfunktion an. Hierin steht

- 1 für lineares Abklingen. Der Parameter *weighting* hat hier keine Funktion, er muss lediglich einen Wert enthalten.
- 2 für eine Abklingkurve $e^{-t \cdot weighting}$. Diese Fensterfunktion klingt in der vorgegebenen Fensterlänge nicht zwangsweise mit 0 aus!
- 3 für eine Abklingkurve $sin(x)^2$. *weighting* gibt hier den Datenbereich in % an, über den sich die Abklingfunktion erstrecken soll. Ist die Addition aus dem *rect*-Anteil und der Länge der Abklingfunktion kleiner der Fensterlänge, so wird mit 0-Werten auf

die definierte Fensterlänge erweitert. Auch diese Fensterfunktion klingt innerhalb der Fensterlänge nicht zwangsweise zu 0 aus.

Abb. 15.14 zeigt am Beispiel der Fensterfunktion für das Antwortsignal den Verlauf der Gewichtung.

Die Fensterfunktion für Anregung und Antwort müssen nicht identisch sein.

$$\textit{anrWindow} = \textit{RectExpo(blocksize, fs, 'time', Impulszeit, 1, 3)};$$
$$\textit{antWindow} = \textit{RectExpo(blocksize, fs, '\%', 25, 1, 2)};$$
(15.25)

stellt für das Anregungssignal und die Antwortsignale jeweils unterschiedliche Fensterfunktionen zur Verfügung. Für die Fensterfunktion des anregenden Impulshammersignals empfiehlt sich ein schnelles Abklingen auf Null. Dies bewirkt, dass der Signalanteil nach dem Anregungsimpuls zwangsweise zu Null wird. Damit werden keine störenden Signalanteile, z. B. durch die Handhabung des Impulshammers nach dem Schlag, mit in die Berechnung der Übertragungsfunktion einbezogen.

Für die Berechnung der Übertragungsfunktion wurden die in Abb. 15.15 dargestellten Anregungs- und Antwortsignale verwendet. Die MATLAB®-Funktion *modalfrf* verwendet aus den Signalen *blocksize* lange Einzelsegmente zur Mittelung des Ergebnisses. Die Bewertung der berechneten Übertragungsfunktion $|\underline{H}_{xF}(f)|$(Abb. 15.16, blaue Linie) kann über die Kohärenz (Abb. 15.16, rote Linie) erfolgen. Liegt diese im Bereich 0,8 bis 1 für die infrage kommenden Frequenzbereiche, so ist das Ergebnis vertrauenswürdig. Einbrüche der Kohärenz in den Frequenzbereichen mit Übertragungsfunktionswerten nahe Null (wird als Antiresonanz bezeichnet) sind üblich.

Für die Nutzung der MATLAB®-Funktion *modalfrf* ist zu beachten, dass das Anregungssignal eine Zeitreihe der Kraft sein muss. Eine andere physikalische Größe ist hier nicht vorgesehen. Als Antwortsignal sind Zeitreihen als Beschleunigung, Schnelle

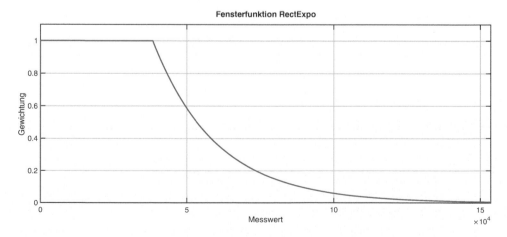

Abb. 15.14 Verlauf der Fensterfunktion von antWindow

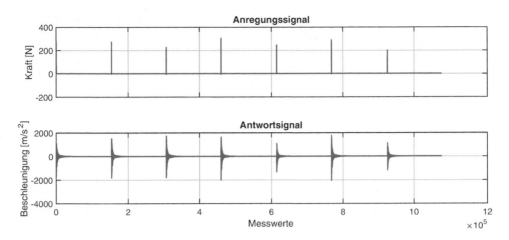

Abb. 15.15 Zusammengesetztes Anregungs- und Antwortsignal für die Berechnung der Übertragungsfunktion mittels modalfrf

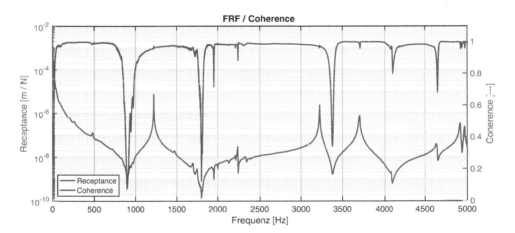

Abb. 15.16 Darstellung der Übertragungsfunktion und der Kohärenz in einem Diagramm, wodurch eine qualitative Bewertung der Übertragungsfunktion erleichtert wird

oder Weg möglich. In der Standradeinstellung wIn wird von der gemessenen Objektbeschleunigung ausgegangen. Ist dies nicht der Fall, kann durch ein zusätzliches Parameterpaar die Interpretation des Antwortsignals geändert werden.

$$\textit{modalfrf(anregung, antwort, fs, blocksize, noverlap, ,Sensor', ,dis')} \qquad (15.26)$$

Durch Erweiterung der Anweisung um das Parameterpaar ‚Sensor', ‚dis' wird nun von einem Antwortsignal als Displacement ausgegangen. Mögliche Werte für ‚Sensor' sind ‚acc' für die den Beschleunigungssensor (acceleration, default), ‚dis' für die Auslenkung (displacement) und ‚vel' für die Schnelle (velocity).

Eine weitere Besonderheit ist im Parameter *blocksize* (in der MATLAB®-Hilfe als window bezeichnet) zu beachten. Ist dies ein Ganzzahlwert, so wird dies als Länge der einzelnen Signalsegmente betrachtet. Ist der Parameter *blocksize* ein als Fensterfunktion (window) zu betrachtender Vektor, so wird das Anregungs- als auch das Antwortsignal mit diesem Vektor gewichtet und die Länge des Vektors zur Segmentierung verwendet. Es ist jedoch nicht sinnvoll bei Impulshammermessungen Anregungssignal und Antwortsignal mit gleichen Gewichtungsvektoren zu gewichten (siehe Anweisung 15.25).

Der Parameter *noverlap* hat in der Funktion *modalfrf* eine ähnliche Wirkung wie in der Funktion *spectrogram* (siehe Tab. 14.13 overlap). Für Impulshammermessungen muss dieser 0 sein, da es sich um aneinandergehängte einzelne Impulshammermessungen handelt.

Dank der schwach gedämpften Struktur lassen sich die Frequenzen von drei Moden direkt aus der Übertragungsfunktion ablesen. Die gefundenen Frequenzen werden in dem Vektor

$$frequenzen = [1222\ 3220\ 3707];\qquad\qquad (15.27)$$

für die weitere Analyse abgelegt.

Für die Berechnung der Schwingform werden genaue Modalfrequenzen und die zugehörigen Dämpfungsgrade benötigt. Hierzu wird die MATLAB®-Funktion *modalfit* verwendet.

$$[fn,\ dn] = modalfit(frf,f,fs,10,'FitMethod','lsce',\ 'FreqRange',[0\ 5000],\ 'PhysFreq',\ frequenzen)$$
$$(15.28)$$

Diese benötigt für die Kalkulation die Übertragungsfunktion *frf*, den zugehörigen Frequenzvektor *f*, die Abtastrate fs sowie eine Angabe für die maximale Modennummer bis zu der die Berechnung erfolgen soll. Ohne die weiteren Parameter wird eine „Standard"-Kalkulation durchgeführt. Dies ergibt einen ersten Überblick über die vorhandenen Moden und ist vor allem dann von Interesse, wenn in den Übertragungsfunktionen keine eindeutig erkennbaren Spitzen zu finden sind. Sind Spitzen der Übertragungsfunktion zu erkennen, dann wird *modalfit* um die Angabe *PhysFreq* gefolgt von einem Vektor der Frequenzen eine Vorgabe durchgeführt. Der zu betrachtende Frequenzbereich kann über entsprechende Parametrierung eingegrenzt werden. Dies sollte genutzt werden, da bei Impulshammeranregungen die Abtastraten immer sehr hoch sein müssen und hierdurch der Analysefrequenzbereich oberhalb interessierenden Frequenzbereichs liegt.

Zur Ermittlung der Dämpfung werden unterschiedliche Fitting-Methoden angeboten:

- *lsce* (default) steht für least-squares complex exponential Methode. Die lsce Methode bedient sich der Methodik der kleinsten Fehlerquadrate. Sie berechnet die Impulsantwort der FRF und fittet diese durch Summierung der Komplexen gedämpften (Sinus-)Schwingungen. Verwendet wird hier ein Algorithmus der als Prony analysis bzw. Prony's method (siehe [8]) beschrieben wird und 1795 vom französischen Mathematiker und Ingenieur Gaspard Riche de Prony entwickelt wurde.

- *lsrf* steht für Least-squares rational function und entstammt der MATLAB® System Identification Toolbox. Dieser Algorithmus benötigt weniger Daten als die beiden anderen Methoden zur Ermittlung der Dämpfung. Er ist die einzig anwendbare Methode, wenn ein Frequenzvektor f mit nicht einheitlichen Frequenzabständen vorliegt.
- *pp* steht für peak picking Methode. Die peak picking Methode unterstellt, dass zu jeder signifikanten Spitze in der Übertragungsfunktion genau eine Strukturmode existiert. Dieser repräsentiert ein Einmassenschschwingsystem. Die Peak-Picking Methode liefert bei Übertragungsfunktionen mit signifikanten Spitzen das vertrauenswürdigste Ergebnis.

Im subjektiven Vergleich durch Begutachtung der Übertragungsfunktion in Abb. 15.16 müssten die Dämpfungen der 1. Mode (1222 Hz) und der 2. Mode (3220 Hz) annähernd gleich sein, während die Dämpfung der 3. Mode (3707 Hz) deutlich größer sein muss als die der ersten beiden Moden. Dies wird durch das lsce- und das pp-Ergebnis bestätigt. Mit der lsrf-Methode wird die 3. Mode gar nicht erkannt. (siehe Tab. 15.2).

Allgemein ist die Ermittlung der modalen Parameter großen Streuungen ausgesetzt. Hintergrund dazu ist die Komplexität der auf Fouriertransformationen angewiesenen Methode.

Im weiteren Fortschritt der Analyse gilt es nun die Auslenkungswerte ϕ zu ermitteln, welche für die Beschreibung der Schwingform erforderlich sind. Die Schwingform selbst kann erst nach der Analyse sämtlicher gemessenen Positionen bestimmt werden.

Aus der in Anweisung 15.24 ermittelten *frf* wird in der Spannweite *(span)* um die jeweilige Polstelle *(idx)* das Betragsmaximum ermittelt.

$$H_{xF}(r) = max(abs(frf((idx\text{-}span){:}(idx\text{+}span),1)));$$ (15.29)

idx ist darin der Index der Polstelle welcher über

$$idx = ceil(fn(r)/df);$$ (15.30)

ermittelt wird. Die Spannweite wird mit

$$span = ceil(100/df);$$ (15.31)

Tab. 15.2 Ergebnisvergleich der Fitting-Methoden zur Bestimmung der Modalfrequenzen und Dämpfungen

Vergleich von Modalfrequenz und Dämpfung					
lsce-Ergebnis		lsrf-Ergebnis		pp-ergebnis	
fn	dn	fn	dn	fn	dn
1221,9	0,0005	1222,0	0,0004750	1222,1	0,0005
3222,0	0,0004	3222,9	0,0004605	3218,7	0,0006
3700,3	0,0010	3222,9	0,0004605	3702,9	0,0018

Analytisch betrachtet muss das Maximum der Übertragungsfunktion $H_{xF} \pm 1$ Index um die Polstelle zu finden sein. Diese Abweichung ergibt sich aus der Bedingung der ganzzahligen Werte der *blocksize* in *modalfrf* (Anweisung 15.26).

Aus

$$imag(frf(idx\text{-}span{:}idx\text{+}span,1)) \tag{15.32}$$

wird die Auslenkungsrichtung bestimmt. Zur Berechnung der Auslenkung selbst ist als erstes die Auswertung der Anregungs-Antwortpunkt-Messung erforderlich. Die Auslenkung ϕ_n ergibt sich aus Gl. 15.16 als MATLAB®-Anweisung aus der Übertragungsfunktion $\underline{H}_{xF,nm}$ zu

$$Phi(r) = sqrt(HxF(r)/((fn(r)*2*pi)^2)*sqrt(dn(r)^4+4*dn(r)^2)); \tag{15.33}$$

und die Auslenkung ϕ_m aus Gl. 15.17 zu

$$Phi(r) = sqrt(dn(r)^4+4*dn(r)^2)*HxF(r)/((fn(r)*2*pi)^2)... \\ /ergebnis.point(drivingPoint).Phi(r); \tag{15.34}$$

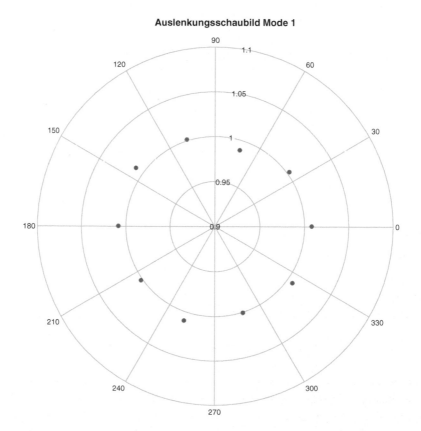

Abb. 15.17 Darstellung der Schwingform der 1. Mode der Schwungscheibe in einem Polarplot

Die numerischen Ergebnisse werden zur Archivierung und weiteren Nutzung in einer Datenstruktur abgelegt.

```
%
% Datenablage
%

ergebnis.point(position).anregung = anregung;      % gewichtete Zeitreihe der Anregung
ergebnis.point(position).antwort = antwort;        % gewichtete Zeitreihe der Antwort
ergebnis.point(position).frf = frf;                % berechnete Übertragungsfunktion
ergebnis.point(position).f = f;                    % Frequenzvektor
ergebnis.point(position).fn = fn;                  % Frequenzen der Moden
ergebnis.point(position).D = dn;                   % Dämpfung der Moden
ergebnis.point(position).HxF = HxF;                % Betragswerte HxF
ergebnis.point(position).Phi = Phi;                % Auslenkungen der Moden
ergebnis.point(position).Richtung = Richtung;      % Auslenkungsrichtung
```

$$(15.35)$$

Die Visualisierung kann bei einfachen Strukturen als Diagramm erfolgen, wie z. B. Abb. 15.17, oder über eine animierte 3D-Visualisierung.

Die Bestimmung der Schwingformen der experimentellen Modalanalyse liefert ein qualitatives Ergebnis. Bei den ermittelten Auslenkungsbeträgen handelt es sich um eine relative Auslenkung zur Anregungsauslenkung. Sämtliche variablen Parameter der Schwingungsmessung sowie der durchgeführten Analyse- und Berechnungsschritte weisen einen Einfluss auf das numerische Ergebnis auf.

Ein weiteres Problem in der Berechnung der Schwingform liegt darin begründet, dass die Werte aus dem Resonanzpunkt übernommen werden müssen. Im Resonanzpunkt selbst ist jedoch die Ermittlungsgenauigkeit am geringsten. Das numerische Ergebnis ist demnach erheblichen Streuungen unterworfen.

Für die Auswertung der experimentellen Modalanalyse sind insgesamt sechs Arbeitsschritte erforderlich.

1. Rohdaten begutachten (Beispielskript: Mod01_ImpulsRohdaten.m).
2. Zuschneiden der einzelnen Messungen (Beispielskript: Mod02_ImpulsBewerten.m). Der Impulsschlag muss dabei immer zum gleichen Zeitpunkt in der Zeitreihe positioniert sein. Dies wird durch Triggerung der Daten erreicht. Aus der Begutachtung der Rohdaten kann eine Abschätzung erfolgen, wann die Schwingung des Objekts abgeklungen ist und demnach, welche zeitlichen Länge die Auswertedaten aufweisen sollen.
3. Über die Bewertung der Impulsbreiten und Impulshöhen erfolgt danach die erste Selektion der für die Auswertung verwendeten Impulshammermessungen (Beispielskript: Mod03_ImpulsAufbereiten.m).
4. Es wird die Kohärenz der bisher verwendeten Impulshammerschläge ermittelt. Nur wenn diese hinreichend gut ist, erfolgen die weiteren Schritte in der Auswertung, wenn nicht, wird die erste Selektion verfeinert. Im gleichen Arbeitsschritt wurde die FRF berechnet (Beispielskript: Mod04_FRF.m).

5. Ist die Datenqualität als hinreichend gut befunden worden, so erfolgt als letzter Berechnungsschritt die Ermittlung der Auslenkungswerte (Beispielskript: Mod05_BerDat.m).

6. Im letzten Schritt werden die Schwingformen dargestellt.

15.4.2 Auswertung von Messungen mit Shaker-Anregung

Die Auswertung der experimentellen Modalanalyse mit Shaker-Anregung erfolgt grundlegend mit den gleichen Arbeitsschritten wie bei der Impulshammeranregung. Beispielhaft wurde an einer Abgasanlage eine experimentelle Modalanalyse mit Shaker-Anregung durchgeführt (Abb. 15.18).

Im Beispiel wurde die Abgasanlage mit einem Frequenz-Sweep von 15 bis 250 Hz über 2 s angeregt. Die Messung wurde mehrmals wiederholt. Der Vergleich der Messungen untereinander über die Kohärenzfunktion ergab, dass eine Mittelung über mehrere Messungen in diesem Falle nicht möglich ist. Der Ablauf des Frequenz-Sweep ist nur sehr schwer gleich zu halten.

Abb. 15.19 zeigt die Übertragungsfunktionen aus der Messung mit Shaker-Anregung. Im Gegensatz zu der Impulshammermessung an der Schwungscheibe sind keine eindeutig ausgeprägten Resonanzstellen zu finden. Ursache dafür ist nicht das Messverfahren, sondern die Dämpfung in der Struktur, die zu einer höheren modalen Kopplung führt. Bei realen Messobjekten ist eher mit dieser Qualität der ermittelten Übertragungsfunktionen zu rechnen als mit jenen aus der Schwungscheibenmessung.

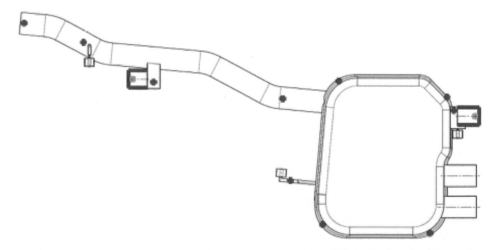

Abb. 15.18 CAD Modell der betrachteten Abgasanlage. An den mit roten Punkten markierten Positionen wurden Beschleunigungssensoren angebracht. Bei den blauen Elementen handelt es sich um Tilger, welche vom Hersteller der Abgasanlage zur Schwingungsreduzierung angebracht wurden. Diese Tilger sind ebenso mit Beschleunigungsaufnehmern bestückt (grüne Punkte)

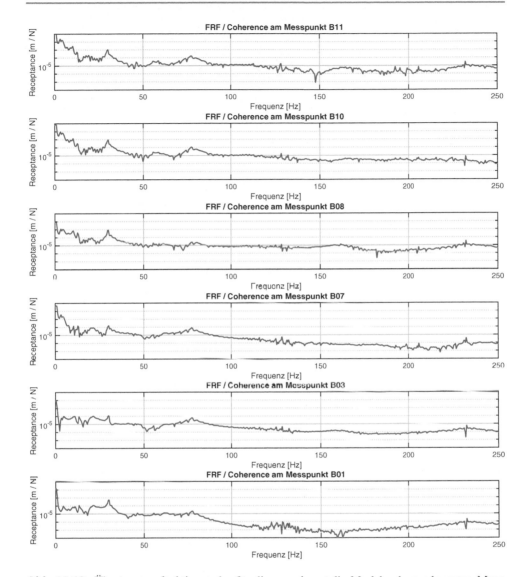

Abb. 15.19 Übertragungsfunktionen der für die experimentelle Modalanalyse relevanten Messpunkte an der Abgasanlage

Bei den Frequenzen 30 Hz und 78 Hz können Eigenfrequenzen vermutet werden. Hilfreich wird nun das in Abb. 15.20 dargestellte Stabilitätsdiagramm, welches über

$$modalsd(frf,f,fs, 'FreqRange', [0\ 250]) \tag{15.36}$$

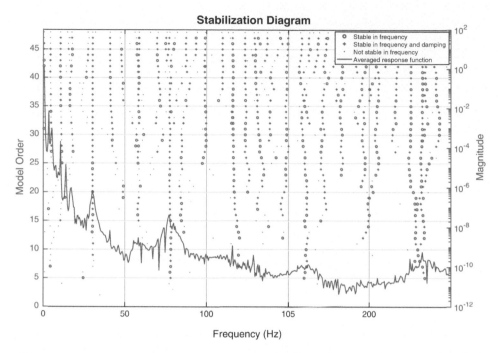

Abb. 15.20 Das Stabilitätsdiagramm mit der über alle Übertragungsstrecken gemittelten Übertragungsfunktion und Marker für die Stabilitätskriterien „stabil in Frequenz", „stabil in Frequenz und Dämpfung" sowie „instabil in Frequenz"

erzeugt wird. Eingabeparameter für diese Funktion ist die FRF-Matrix, in der sich alle Übertragungsfunktionen vom Anregungspunkt zu den jeweiligen Antwortpunkten befinden. Im Beispiel sind dies sechs Antwortpunkte. Hieraus wird ein Mittelwert gebildet, welcher als rote Linie in Abb. 15.20 dargestellt ist.

Zusätzlich werden die, durch mathematische Approximationen ermittelten, „stabilen" Frequenzen durch ein o-Zeichen, die „stabilen" Frequenzen und Dämpfungen durch ein +-Zeichen sowie die Instabilitäten durch ein.-Zeichen dargestellt.

Die Interpretation des Diagramms erfolgt unabhängig von der Art der Messung über die gemittelten Übertragungsfunktionen. Pole liegen nur dann vor, wenn in der Übertragungsfunktion eine lokale Spitze zu erkennen ist. In mathematischen Approximationen höherer Ordnung werden allerdings sehr viele Pole in einer Übertragungsfunktion gefunden, auch wenn diese kaum sichtbare Spitzen im Linienverlauf der Übertragungsfunktion erzeugen. Ein weiteres Kriterium für das Vorliegen eines Pols ist, dass die Frequenz und die Dämpfung über alle Modell-Ordnungen (Model Order in Abb. 15.20) – den mathematischen Approximationen – hinweg gleich sein müssen.

Die Linien aus + und o müssen demnach Senkrechte sein und sich mit der Spitze der Übertragungsfunktion kreuzen. Nur dann handelt es sich um eine ausgeprägte Eigenfrequenz in der untersuchten Struktur.

Im Beispiel werden die Modalfrequenzen 30,34 und 77,8 Hz mit einem mittleren D von 2,4 % bzw. 1,9 % aus der Anweisung

*[fn, dn] = **modalfit**(frf,f,fs,100,'FitMethod','pp', 'FreqRange',[0 500], 'PhysFreq', frequenzen);*
ermittelt.

$$(15.37)$$

ermittelt.

Die Berechnung der Auslenkungen erfolgt über zwei miteinander verschachtelten *for*-Schleifen aus der FRF-Matrix die erforderlichen Werte wie in der Impuls-hammer-Auswertung beschrieben ermittelt.

```
fdf =f(10,1)-f(9,1);        % Frequenzauflösung bestimmen
span = ceil(10/df);         % Spannweite für die Maxima-Suche
freqs = 2;                  % Anzahl der Modalfrequenzen
positionen = 6;             % Anzahl der Positionen
                           % diese Parameter können auch auf anderem Wege
                           % programatisch bestimmt werden
                           % Bedingung ist, dass der Anregungs-Antwortpunkt die
                           % erste Position ist

for r = 1:freqs
        for pos = 1:positionen
            idx = ceil(fn(r,pos)/df);    % Ermittlung des Index für die Resonanzfrequenz
                                         % Bestimmung des Betrags der
                                         % Übertragungsfunktion
            HxF(r,pos) = max(abs(frf((idx-span):(idx+span),r)));
                                         % Ermittlung der Auslenkungsrichtung
            if max(imag(trf(idx-span:idx+span,r))) < 0
                    Richtung(r,pos) = (-1);
            else
                    Richtung(r,pos) = 1;
            end

            if pos == 1
                    %
                    % Ermittlung der Auslenkung im Anregungs-Antwortpunkt
                    % dieser Rechenschritt wird lediglich für die Auswertung
                    % der Anregungs-Antwortpunkt-Messung durchgeführt
                    %
                    Phi(r,pos) = sqrt(HxF(r,pos)/((fn(r,pos)*2*pi)^2)*sqrt(dn_r^4+4*dn_r^2));
            else
                    %
                    % Ermittlung der Auslenkung
                    % dieser Rechenschritt wird für alle Antwortpunkte
                    % außerhalb der Anregungs-Antwortpunkt-Messung
                    % durchgeführt

                    Phi(r,pos) = sqrt(dn(r,pos)^4+4*dn(r,pos)^2)*...
                                 HxF(r,pos)/((fn(r,pos)*2*pi)^2)/Phi(r,1);
            end
        end
end
```

$$(15.38)$$

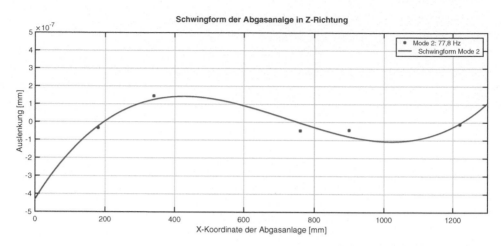

Abb. 15.21 Darstellung der Schwingformen der 2. Mode an der Abgasanlage

Die Abgasanlage ist an insgesamt drei Positionen gelagert. Der Driving Point befindet sich in X-Richtung betrachtet vor der ersten Lagerung, welche sich bei ca. X = 200 mm befindet. Abb. 15.21 zeigt die Schwingform der zweiten Mode bei 77,8 Hz.

Literatur

1. Ewins, D. J.: Modal Testing: Theory, Practice and Application, Aufl. 2. Research Studies Press, Baldock (2003)
2. Natke, H. G.: Einführung in Theorie und Praxis der Zeitreihen- und Modalanalyse – Identifikation schwingungsfähiger elastomechanischer Systeme, Aufl. 3. Vieweg + Teubner, Wiesbaden (1992)
3. Døssing, O.: Structural Testing Part I: Mechanical Mobility Measurements. Brüel & Kjær, Nærum (Revision April 1988)
4. Døssing, O.: Structural Testing Part II: Modal Analysis and Simulation. Brüel & Kjær, Nærum (March 1988)
5. Brandt, A.: Noise and Vibration Analysis: Signal Analysis and Experimental Procedures. Wiley, Chichester (2011)
6. Strohschein, D.: Experimentelle Modalanalyse und aktive Schwingungsdämpfung eines biegeelastischen Rotors. Dissertation (2011)
7. Kokavecz, Judith: Messtechnik der Akustik, Kapitel 8, Modalanalyse. Springer, Berlin (2010)
8. Peter, T.: Generalized Prony Method. Dissertation, Göttingen (2013)

Stichwortverzeichnis

© Springer Fachmedien Wiesbaden GmbH, ein Teil von Springer Nature 2019   551
T. Kuttner und A. Rohnen, *Praxis der Schwingungsmessung,*
https://doi.org/10.1007/978-3-658-25048-5

Ihr kostenloses eBook

Vielen Dank für den Kauf dieses Buches. Sie haben die Möglichkeit, das eBook zu diesem Titel kostenlos zu nutzen. Das eBook können Sie dauerhaft in Ihrem persönlichen, digitalen Bücherregal auf **springer.com** speichern, oder es auf Ihren PC/Tablet/eReader herunterladen.

1. Gehen Sie auf **www.springer.com** und loggen Sie sich ein. Falls Sie noch kein Kundenkonto haben, registrieren Sie sich bitte auf der Webseite.
2. Geben Sie die eISBN (siehe unten) in das Suchfeld ein und klicken Sie auf den angezeigten Titel. Legen Sie im nächsten Schritt das eBook über **eBook kaufen** in Ihren Warenkorb. Klicken Sie auf **Warenkorb und zur Kasse gehen**.
3. Geben Sie in das Feld **Coupon/Token** Ihren persönlichen Coupon ein, den Sie unten auf dieser Seite finden. Der Coupon wird vom System erkannt und der Preis auf 0,00 Euro reduziert.
4. Klicken Sie auf **Weiter zur Anmeldung**. Geben Sie Ihre Adressdaten ein und klicken Sie auf **Details speichern und fortfahren**.
5. Klicken Sie nun auf **kostenfrei bestellen**.
6. Sie können das eBook nun auf der Bestätigungsseite herunterladen und auf einem Gerät Ihrer Wahl lesen. Das eBook bleibt dauerhaft in Ihrem digitalen Bücherregal gespeichert. Zudem können Sie das eBook zu jedem späteren Zeitpunkt über Ihr Bücherregal herunterladen. Das Bücherregal erreichen Sie, wenn Sie im oberen Teil der Webseite auf Ihren Namen klicken und dort **Mein Bücherregal** auswählen.

EBOOK INSIDE

eISBN
Ihr persönlicher Coupon

Sollte der Coupon fehlen oder nicht funktionieren, senden Sie uns bitte eine E-Mail mit dem Betreff: **eBook inside** an **customerservice@springer.com**.